天然高分子材料

段久芳 编 著

华中科技大学出版社

中国·武汉

内 容 简 介

本书较全面、系统地介绍了天然高分子材料的来源、分类、结构、性能、功能及材料改性。

本书共 11 章。在第 1 章和第 2 章详细介绍了天然高分子材料的应用、天然高分子材料的改性结构基础，主要包含高分子链结构、高分子聚集态结构等。第 3 章至第 11 章重点介绍了纤维素、壳聚糖、淀粉、蛋白质、天然橡胶、生漆、糠醛、植物多酚等几种天然高分子材料的结构、基本性质、化学性质、物理改性、化学改性、产品开发应用及其进展。

本书适合从事天然高分子材料相关领域的科研人员、教师和研究生阅读，也适合用作研究生、本科院校学生的专业教材。

图书在版编目(CIP)数据

天然高分子材料/段久芳编著.—武汉：华中科技大学出版社，2016.9（2023.2重印）
全国普通高等院校工科化学规划精品教材
ISBN 978-7-5680-1309-3

Ⅰ.①天…　Ⅱ.①段…　Ⅲ.①高分子材料-高等学校-教材　Ⅳ.①TB324

中国版本图书馆 CIP 数据核字（2015）第 248889 号

天然高分子材料
Tianran Gaofenzi Cailiao

段久芳　编著

策划编辑：罗　伟
责任编辑：程　芳　罗　伟
封面设计：原色设计
责任校对：张会军
责任监印：周治超
出版发行：华中科技大学出版社（中国·武汉）　　电话：(027)81321913
　　　　　武汉市东湖新技术开发区华工科技园　　邮编：430223
录　　排：华中科技大学惠友文印中心
印　　刷：广东虎彩云印刷有限公司
开　　本：787mm×1092mm　1/16
印　　张：24.25
字　　数：715 千字
版　　次：2023 年 2 月第 1 版第 3 次印刷
定　　价：68.00 元

前　言

随着开发使用石化资源带来的环境污染问题日益突出,传统合成高分子材料的使用和开发受到越来越多的限制,开发和利用绿色环保新技术成为经济社会发展的新趋势。"不使用也不产生有害物质,利用可再生资源合成环境友好化学品"也因此成为当前国内外科技前沿课题。纤维素、木质素、淀粉、甲壳素、壳聚糖及其他多糖、蛋白质以及天然橡胶等天然高分子材料作为一种可再生、环境友好型材料受到越来越多的青睐。研究、利用天然高分子材料并开发出各种新型功能材料以替代传统合成高分子材料,在能源问题、环境问题日益紧迫的今天,具有十分重要的经济和战略意义。

本书共 11 章。第 1 章和第 2 章详细介绍了天然高分子材料的应用、天然高分子材料的改性结构基础,主要包含高分子链结构、高分子聚集态结构等。第 3 章至第 11 章重点介绍了纤维素、淀粉、壳聚糖、蛋白质、天然橡胶、生漆、糠醛、植物多酚等几种天然高分子材料的结构、基本性质、化学性质、物理改性、化学改性、产品开发应用及其进展。

本书作者长期从事天然高分子材料的研究工作,在前人的研究基础上结合自己的研究成果编写成此书。其中,半乳甘露聚糖部分由蒋建新教授撰写,其余部分由编者撰写。在图书出版的过程中得到了郑玉斌、韩春蕊、刘六军、杨俊等专家的大力支持;编者在本书编著的过程中,参考了大量国内外有关资料,在此一并表示衷心感谢。

本书涉及内容广泛,由于编者水平及编写时间所限,书中难免存在不足之处,敬请各位读者批评指正。

段久芳

目　　录

第1章　绪论 ……………………………………………………………………………… (1)

1.1　概述 ………………………………………………………………………………… (1)

1.2　天然高分子材料的来源、分类与提取 …………………………………………… (1)

　1.2.1　天然高分子材料的来源 ……………………………………………………… (1)

　1.2.2　天然高分子材料的分类 ……………………………………………………… (2)

1.3　天然高分子材料的发展历史 ……………………………………………………… (3)

1.4　天然高分子材料的利用现状 ……………………………………………………… (3)

　1.4.1　水处理 ………………………………………………………………………… (4)

　1.4.2　生物医用高分子材料 ………………………………………………………… (6)

　1.4.3　组织工程材料 ………………………………………………………………… (8)

　1.4.4　聚氨酯材料 …………………………………………………………………… (9)

　1.4.5　农药 …………………………………………………………………………… (12)

　1.4.6　高吸水性材料 ………………………………………………………………… (12)

　1.4.7　纤维 …………………………………………………………………………… (13)

　1.4.8　胶束 …………………………………………………………………………… (15)

　1.4.9　微球 …………………………………………………………………………… (18)

　1.4.10　油田钻井液 …………………………………………………………………… (20)

　1.4.11　胶黏剂 ………………………………………………………………………… (22)

　1.4.12　天然高分子表面活性剂 ……………………………………………………… (24)

参考文献 …………………………………………………………………………………… (26)

第2章　天然高分子改性结构基础 …………………………………………………… (29)

2.1　高分子的结构 ……………………………………………………………………… (29)

　2.1.1　高分子链的近程结构 ………………………………………………………… (30)

　2.1.2　高分子链的远程结构 ………………………………………………………… (33)

2.2　高分子聚集态结构 ………………………………………………………………… (34)

　2.2.1　高聚物分子间作用力 ………………………………………………………… (35)

　2.2.2　聚合物晶态结构 ……………………………………………………………… (36)

　2.2.3　高聚物的非结晶态结构 ……………………………………………………… (41)

　2.2.4　聚合物液晶态 ………………………………………………………………… (43)

　2.2.5　聚合物取向态结构 …………………………………………………………… (44)

　2.2.6　聚合物织态结构 ……………………………………………………………… (44)

参考文献 …………………………………………………………………………………… (44)

第3章　纤　维　素 ……………………………………………………………………… (46)

3.1　概述 ………………………………………………………………………………… (46)

3.2　纤维素的溶解 ……………………………………………………………………… (47)

　3.2.1　非反应性溶剂 ………………………………………………………………… (48)

　3.2.2　反应性溶剂 …………………………………………………………………… (51)

3.3　纤维素的化学性质……………………………………………………（52）
　　3.3.1　纤维素化学改性的基本原理………………………………（52）
　　3.3.2　纤维素羟基的氧化…………………………………………（53）
　　3.3.3　纤维素羟基的酯化…………………………………………（53）
　　3.3.4　纤维素的醚化反应…………………………………………（55）
　　3.3.5　纤维素羟基的接枝共聚……………………………………（56）
　　3.3.6　纤维素交联共聚物…………………………………………（58）
　　3.3.7　纤维素功能化修饰…………………………………………（59）
3.4　纤维素物理改性………………………………………………………（69）
　　3.4.1　纯纤维素功能材料…………………………………………（70）
　　3.4.2　纤维素复合材料……………………………………………（71）
参考文献……………………………………………………………………（79）

第4章　淀粉………………………………………………………………（81）
4.1　概述……………………………………………………………………（81）
4.2　淀粉的化学结构………………………………………………………（81）
　　4.2.1　直链淀粉……………………………………………………（82）
　　4.2.2　支链淀粉……………………………………………………（82）
　　4.2.3　直链淀粉、支链淀粉的分离…………………………………（83）
4.3　淀粉的基本性质………………………………………………………（83）
　　4.3.1　物理性质……………………………………………………（83）
　　4.3.2　淀粉粒的大小和形貌………………………………………（84）
　　4.3.3　淀粉的晶体结构……………………………………………（85）
　　4.3.4　淀粉的理化特性……………………………………………（85）
4.4　淀粉的化学改性………………………………………………………（88）
　　4.4.1　水解…………………………………………………………（88）
　　4.4.2　酯化…………………………………………………………（90）
　　4.4.3　醚化反应……………………………………………………（93）
　　4.4.4　氧化淀粉……………………………………………………（95）
　　4.4.5　交联…………………………………………………………（98）
　　4.4.6　接枝淀粉……………………………………………………（99）
4.5　淀粉的物理改性………………………………………………………（101）
　　4.5.1　物理共混……………………………………………………（101）
　　4.5.2　全淀粉塑料…………………………………………………（105）
　　4.5.3　淀粉纳米晶…………………………………………………（106）
4.6　淀粉材料、研究进展及其应用…………………………………………（106）
　　4.6.1　农用薄膜……………………………………………………（106）
　　4.6.2　包装材料……………………………………………………（107）
　　4.6.3　胶黏剂………………………………………………………（107）
　　4.6.4　降解塑料……………………………………………………（108）
　　4.6.5　医药…………………………………………………………（108）
　　4.6.6　吸附材料……………………………………………………（109）

4.6.7 淀粉生产小分子有机化学品 ……………………………………… (109)

4.6.8 其他应用 …………………………………………………………… (110)

4.7 以淀粉为原料的生化合成聚合物——聚乳酸 …………………………… (110)

4.7.1 聚乳酸 ……………………………………………………………… (111)

4.7.2 乳酸/乙醇酸/4-羟基-脯氨酸共聚物 ……………………………… (127)

4.7.3 乳酸/4-羟基脯氨酸/聚乙二醇共聚物 …………………………… (139)

4.7.4 乳酸/乙醇酸/4-羟基脯氨酸/聚乙二醇共聚物 ………………… (151)

4.7.5 端基含磺胺嘧啶的 PLA 和 PLLGA-HPr-PEG …………………… (167)

参考文献 ……………………………………………………………………… (177)

第5章　甲壳素与壳聚糖 ……………………………………………………… (179)

5.1 概述 ………………………………………………………………………… (179)

5.2 甲壳素与壳聚糖的化学结构 ……………………………………………… (180)

5.3 甲壳素与壳聚糖的物理性质 ……………………………………………… (181)

5.3.1 甲壳素与壳聚糖的结晶结构 ……………………………………… (181)

5.3.2 甲壳素和壳聚糖的溶解 …………………………………………… (182)

5.3.3 壳聚糖一般物理性质 ……………………………………………… (182)

5.4 甲壳素与壳聚糖的化学性质 ……………………………………………… (183)

5.4.1 主链水解 …………………………………………………………… (183)

5.4.2 羧基化反应 ………………………………………………………… (184)

5.4.3 酰化反应 …………………………………………………………… (184)

5.4.4 酯化反应 …………………………………………………………… (186)

5.4.5 烷基化反应 ………………………………………………………… (186)

5.4.6 醚化反应 …………………………………………………………… (187)

5.4.7 羧基化反应 ………………………………………………………… (187)

5.4.8 硅烷化反应 ………………………………………………………… (188)

5.4.9 接枝改性 …………………………………………………………… (188)

5.4.10 交联改性 …………………………………………………………… (189)

5.4.11 树型衍生物 ………………………………………………………… (190)

5.4.12 壳聚糖季铵盐 ……………………………………………………… (190)

5.4.13 其他衍生物 ………………………………………………………… (190)

5.5 壳聚糖的制备 ……………………………………………………………… (191)

5.6 甲壳素与壳聚糖材料应用 ………………………………………………… (192)

5.6.1 医用生物材料 ……………………………………………………… (192)

5.6.2 环保材料 …………………………………………………………… (193)

5.6.3 食品材料 …………………………………………………………… (193)

5.6.4 化学工业材料 ……………………………………………………… (194)

5.6.5 功能材料 …………………………………………………………… (195)

参考文献 ……………………………………………………………………… (202)

第6章　其他天然多糖 ………………………………………………………… (204)

6.1 概述 ………………………………………………………………………… (204)

6.2 海藻酸钠 …………………………………………………………………… (204)

　　　6.2.1　海藻酸的结构 ·· (205)

　　　6.2.2　海藻酸钠的理化性质 ······································ (206)

　　　6.2.3　海藻酸钠的提取 ·· (207)

　　　6.2.4　改性 ·· (207)

　　　6.2.5　应用 ·· (218)

　6.3　魔芋葡甘聚糖 ··· (221)

　　　6.3.1　魔芋葡甘聚糖的提取和纯化 ··························· (222)

　　　6.3.2　魔芋葡甘聚糖的基本性质 ······························ (222)

　　　6.3.3　魔芋葡甘聚糖改性 ······································· (224)

　　　6.3.4　魔芋葡甘聚糖的应用研究 ······························ (227)

　6.4　黄　原　胶 ·· (228)

　　　6.4.1　黄原胶分子结构 ·· (228)

　　　6.4.2　黄原胶的特性 ·· (229)

　　　6.4.3　黄原胶的提取 ·· (231)

　　　6.4.4　黄原胶的应用 ·· (231)

　6.5　半乳甘露聚糖 ··· (232)

　　　6.5.1　半乳甘露聚糖的性质 ····································· (232)

　　　6.5.2　半乳甘露聚糖的应用 ····································· (233)

　　　6.5.3　皂荚半乳甘露聚糖亲水性凝胶骨架片 ················ (244)

　　　6.5.4　皂荚甘露聚糖与黄原胶二元凝胶骨架材料 ··········· (250)

　　　6.5.5　皂荚多糖胶与黄原胶二元凝胶骨架材料的缓释性能 ·· (256)

　参考文献 ··· (267)

第7章　蛋　白　质 ··· (269)

　7.1　概述 ·· (269)

　7.2　蛋白质的化学结构 ·· (270)

　　　7.2.1　蛋白质的一级结构 ·· (270)

　　　7.2.2　蛋白质的二级结构 ·· (270)

　　　7.2.3　蛋白质的三级结构 ·· (273)

　　　7.2.4　蛋白质的四级结构 ·· (273)

　7.3　蛋白质的物理性质 ·· (273)

　　　7.3.1　蛋白质的胶体性质 ·· (273)

　　　7.3.2　蛋白质的两性电离和等电点 ···························· (274)

　　　7.3.3　蛋白质的变性 ··· (274)

　　　7.3.4　蛋白质沉淀 ··· (274)

　　　7.3.5　蛋白质的颜色反应 ·· (275)

　7.4　玉米醇溶蛋白 ··· (275)

　　　7.4.1　玉米醇溶蛋白组成 ·· (276)

　　　7.4.2　玉米醇溶蛋白结构 ·· (276)

　　　7.4.3　玉米醇溶蛋白物理化学性质 ···························· (277)

　　　7.4.4　玉米醇溶蛋白的提取 ····································· (278)

　　　7.4.5　玉米醇溶蛋白的化学改性 ······························ (278)

　　　7.4.6　玉米醇溶蛋白的应用 ……………………………………… (281)
　7.5　大豆蛋白 …………………………………………………………… (283)
　　　7.5.1　大豆蛋白的组成 ……………………………………………… (283)
　　　7.5.2　大豆蛋白的结构 ……………………………………………… (284)
　　　7.5.3　大豆蛋白的特性 ……………………………………………… (285)
　　　7.5.4　大豆蛋白的改性 ……………………………………………… (286)
　　　7.5.5　大豆蛋白的应用 ……………………………………………… (288)
　7.6　蚕丝 ………………………………………………………………… (290)
　　　7.6.1　蚕丝蛋白的结构及组成 ……………………………………… (290)
　　　7.6.2　丝素的结构 …………………………………………………… (291)
　　　7.6.3　丝素蛋白性质与功能 ………………………………………… (291)
　　　7.6.4　丝素蛋白的改性 ……………………………………………… (292)
　　　7.6.5　蚕丝的应用 …………………………………………………… (294)
　7.7　蜘蛛丝 ……………………………………………………………… (296)
　　　7.7.1　前言 …………………………………………………………… (296)
　　　7.7.2　蜘蛛丝蛋白结构及组成 ……………………………………… (296)
　　　7.7.3　蜘蛛丝的性能 ………………………………………………… (297)
　　　7.7.4　蜘蛛丝蛋白的制备 …………………………………………… (299)
　　　7.7.5　蜘蛛丝的应用 ………………………………………………… (300)
　参考文献 ………………………………………………………………… (300)
第 8 章　天然橡胶 ………………………………………………………… (302)
　8.1　天然橡胶 …………………………………………………………… (302)
　8.2　橡胶的硫化历程 …………………………………………………… (303)
　　　8.2.1　橡胶硫化反应过程 …………………………………………… (304)
　　　8.2.2　天然橡胶硫化胶的结构 ……………………………………… (304)
　8.3　天然橡胶的改性 …………………………………………………… (304)
　　　8.3.1　物理改性 ……………………………………………………… (305)
　　　8.3.2　化学改性 ……………………………………………………… (310)
　8.4　天然橡胶应用 ……………………………………………………… (316)
　8.5　杜仲胶 ……………………………………………………………… (317)
　　　8.5.1　概述 …………………………………………………………… (317)
　　　8.5.2　杜仲胶的性能与提取工艺 …………………………………… (319)
　　　8.5.3　杜仲胶的性能 ………………………………………………… (319)
　　　8.5.4　杜仲胶的物理结构 …………………………………………… (321)
　　　8.5.5　杜仲胶改性 …………………………………………………… (323)
　　　8.5.6　杜仲胶的应用 ………………………………………………… (324)
　参考文献 ………………………………………………………………… (325)
第 9 章　生漆 ……………………………………………………………… (327)
　9.1　概述 ………………………………………………………………… (327)
　9.2　生漆的化学组成 …………………………………………………… (328)
　　　9.2.1　漆酚 …………………………………………………………… (329)

　　9.2.2　漆酶 ……………………………………………………………………… (331)

　　9.2.3　漆多糖 …………………………………………………………………… (332)

　　9.2.4　糖蛋白 …………………………………………………………………… (332)

　　9.2.5　水分及其他物质 ………………………………………………………… (333)

　　9.2.6　漆蜡与漆油 ……………………………………………………………… (333)

9.3　生漆的成膜与老化 ……………………………………………………………… (334)

　　9.3.1　生漆成膜的物质基础 …………………………………………………… (334)

　　9.3.2　生漆成膜的分子机理 …………………………………………………… (334)

　　9.3.3　生漆的老化机理 ………………………………………………………… (335)

9.4　生漆的化学性质 ………………………………………………………………… (336)

　　9.4.1　聚合反应 ………………………………………………………………… (336)

　　9.4.2　氧化还原反应 …………………………………………………………… (337)

　　9.4.3　酰化反应 ………………………………………………………………… (337)

　　9.4.4　醚化 ……………………………………………………………………… (337)

　　9.4.5　金属配位反应 …………………………………………………………… (337)

　　9.4.6　加氢反应 ………………………………………………………………… (338)

　　9.4.7　氧化反应 ………………………………………………………………… (338)

　　9.4.8　加成反应 ………………………………………………………………… (338)

9.5　生漆的改性方法 ………………………………………………………………… (339)

　　9.5.1　漆酚改性树脂 …………………………………………………………… (340)

　　9.5.2　生漆水基化 ……………………………………………………………… (341)

　　9.5.3　漆酚金属螯合高聚物 …………………………………………………… (341)

　　9.5.4　纳米粒子改性 …………………………………………………………… (342)

9.6　生漆的应用 ……………………………………………………………………… (342)

　　9.6.1　涂料 ……………………………………………………………………… (342)

　　9.6.2　催化剂 …………………………………………………………………… (343)

　　9.6.3　吸附材料 ………………………………………………………………… (343)

　　9.6.4　传感器 …………………………………………………………………… (344)

　　9.6.5　医药应用 ………………………………………………………………… (344)

　　9.6.6　其他 ……………………………………………………………………… (344)

　　9.6.7　漆酶的应用 ……………………………………………………………… (345)

参考文献 ………………………………………………………………………………… (345)

第10章　植物单宁 ……………………………………………………………………… (347)

10.1　概述 ……………………………………………………………………………… (347)

10.2　植物单宁的制备、组成和特性 ………………………………………………… (348)

　　10.2.1　植物单宁的提取 ………………………………………………………… (348)

　　10.2.2　植物单宁的纯化 ………………………………………………………… (350)

　　10.2.3　植物单宁的分析 ………………………………………………………… (350)

　　10.2.4　单宁的特性 ……………………………………………………………… (351)

10.3　植物单宁的化学结构 …………………………………………………………… (353)

10.4　植物单宁的化学特性 …………………………………………………………… (355)

10.4.1　植物单宁与蛋白质、生物碱、多糖的反应 ················ （355）

10.4.2　植物单宁与金属离子的配合反应 ················ （355）

10.4.3　植物单宁的抗氧化性 ················ （356）

10.4.4　衍生化反应 ················ （356）

10.4.5　固化单宁 ················ （357）

10.5　植物单宁的应用 ················ （358）

10.5.1　单宁制备功能材料 ················ （358）

10.5.2　在水处理领域的应用 ················ （359）

10.5.3　单宁在医药中的应用 ················ （360）

10.5.4　单宁在食品中的应用 ················ （361）

10.5.5　单宁在日用化学品中的应用 ················ （361）

10.5.6　单宁基胶黏剂 ················ （362）

参考文献 ················ （362）

第 11 章　糠醛 ················ （364）

11.1　概述 ················ （364）

11.2　糠醛生产原理 ················ （364）

11.3　产品应用 ················ （365）

11.3.1　糠醛的主要衍生物 ················ （366）

11.3.2　在香料合成中的应用 ················ （367）

11.3.3　医药合成 ················ （368）

11.3.4　合成树脂 ················ （368）

11.3.5　有机溶剂 ················ （369）

11.3.6　合成纤维 ················ （369）

11.3.7　食品行业 ················ （369）

11.3.8　生物燃料 ················ （369）

11.4　糠醛及糠醛聚合物的研究进展 ················ （370）

11.4.1　糠醛和 5-羟甲基糠醛 ················ （371）

11.4.2　糠醇及其聚合物 ················ （371）

11.4.3　共轭聚合物 ················ （372）

11.4.4　聚酯 ················ （372）

11.4.5　D-A 反应系统 ················ （373）

11.4.6　其他体系 ················ （375）

11.4.7　展望 ················ （375）

参考文献 ················ （375）

第1章 绪 论

1.1 概 述

高分子材料(macromolecular material)是由相对分子质量较高的化合物构成的材料,包括橡胶、塑料、纤维、涂料、胶黏剂和高分子基复合材料,按合成来源可分为天然高分子材料和化学合成高分子材料。天然高分子材料是指没有经过人工合成,天然存在于动植物和微生物体内的大分子有机化合物,主要包括纤维素、木质素、淀粉、甲壳素、壳聚糖、其他多糖、蛋白质以及天然橡胶等。

天然高分子材料是生命起源和进化的基础。人类社会一开始就利用天然高分子材料作为生活资料和生产资料,并掌握了其加工技术,如棉、麻、丝、毛的加工纺织,用木材、棉、麻造纸,鞣革和生漆调制等分别是人类对天然高分子材料进行物理加工和化学加工的早期例证。人类的进化和社会进步的历史,始终与人类对天然高分子材料的加工和利用的进步过程密不可分。19世纪30年代末期,进入天然高分子材料化学改性阶段,出现了半合成高分子材料。1839年,人类首次对天然橡胶进行硫化加工;1868年,赛璐珞(硝化纤维素)问世;1898年,黏胶纤维问世。20世纪20—40年代是高分子材料科学建立和发展的时期,30—50年代是高分子材料工业蓬勃发展的时期,60年代以来合成高分子材料进入了高速发展期,迎来了功能化、特种化、高性能化、大规模工业化的阶段。天然高分子材料已经渗透到医药、商业、国防、农业、工业的各个方面,与人们的日常生活密不可分。

天然高分子以高度有序的结构排列起来,具有完整而严谨的超分子体系,因此,天然高分子材料具有多种功能基团,可以利用化学、物理方法改性成为新材料。天然高分子材料的研究是材料科学、生命科学、农林学、高分子科学等几个学科的交叉利用。当今世界各国都在逐渐增加对天然资源尤其是天然高分子材料的开发和利用方面人力和财力的投入。天然高分子材料的开发及应用正在高速发展,预计到2050年来源于天然资源的材料将达到50%,可再生的天然高分子资源的开发会极大地促进生物可降解材料、医药材料、生物大分子自组装、绿色化学、生物催化剂、纳米技术等新技术的发展。

1.2 天然高分子材料的来源、分类与提取

1.2.1 天然高分子材料的来源

天然高分子材料是指自然界生物体内存在的高分子化合物(表1-1)。天然存在的高分子材料很多,包括作为生命基础的蛋白质,以及动物体细胞内的毛、角、革、胶,存在于生物细胞中的核酸,植物细胞壁中的纤维素、木质素、淀粉,橡胶植物中的天然橡胶,凝结的桐油,某些昆虫分泌的虫胶,针叶树埋于地下数万年后形成的琥珀,漆树中的生漆以及存在于海洋中的甲壳素、藻类植物等。

表 1-1　主要天然高分子材料来源

天然高分子材料	来源		
	植物	动物	微生物
多糖类	瓜尔胶、卡拉胶、果胶、海藻酸盐、淀粉、纤维素	肝素、硫酸软骨素、透明质酸、壳聚糖	裂褶菌多糖、香菇多糖、黄原胶、葡聚糖、细菌纤维素
蛋白质类	玉米醇溶蛋白、大豆蛋白	血清蛋白、干酪素	胶原蛋白

1.2.2　天然高分子材料的分类

　　天然高分子材料主要分为：多聚糖类，包含淀粉、纤维素、木质素、甲壳素等；多聚肽类，主要包含蛋白质、酶、激素、蚕丝等；遗传信息物质类，主要包含 DNA、RNA；动、植物分泌物类，主要包含生漆、天然橡胶、虫胶等。天然多聚糖高分子材料主要分为中性多糖聚合物、阳离子多糖聚合物、阴离子多糖聚合物、氨基聚合物、芳香族聚合物。自然界中主要的天然有机高分子材料如表 1-2 所示。

表 1-2　自然界中主要的天然有机高分子材料

	植物/海藻多糖	动物多糖	细菌多糖
多糖类	淀粉	透明质酸	甲壳素、壳聚糖(真菌)
	纤维素		果聚糖
	果胶		黄原胶
	魔芋葡甘聚糖	多糖(真菌)	聚氨基半乳糖
	海藻酸钠	出芽酶聚糖	凝胶多糖
	鹿角莱酸	胞外 α-D-葡聚糖	吉兰多糖
	胶质	硬质葡聚糖	葡聚糖
蛋白质类	大豆、玉米蛋白	酪蛋白、血清蛋白	胶原蛋白、凝胶
	丝蛋白	节肢弹性蛋白	聚赖氨酸
	弹性蛋白质	聚氨基酸	聚谷氨酸
聚酯类	聚羟基烷酸酯	聚乳酸	聚羟基丁二酸
脂类	乙酸甘油酯、石蜡		
其他高分子材料	木质素	紫虫胶	天然橡胶

　　其中，天然高分子材料主要有中性多糖聚合物、阳离子多糖聚合物、阴离子多糖聚合物、氨基聚合物、芳香族聚合物等，中性多糖聚合物主要有纤维素、淀粉、琼脂糖(琼脂)、葡萄糖。

　　纤维素主要来源于植物细胞壁、背囊动物、部分微生物，是地球上含量最多的天然线型高分子物质。纤维素难溶于水和常规有机溶剂，溶于离子液体，硫脲(尿素)/NaOH、DMAC/LiCl、NMMO。通过强酸处理可以得到纳米晶体。纤维素易改性，如羧甲基纤维素等。

　　淀粉是高等植物中储存能量的高分子，α-D-葡萄糖均聚物(直链淀粉和支链淀粉)的混合物，其结构与来源有关，具有结晶区和无定形区。其化学结构决定其亲水程度，通过乙酰化、水解等可得到功能化衍生物。

琼脂糖(琼脂)是红藻中酸或碱的提取物,属于线型交替共聚物。溶于沸水后呈无序状态;冷却后形成左手双螺旋结构,双螺旋间通过分子间氢键聚集成纤丝网络,形成热可逆凝胶。

阳离子多糖聚合物主要是壳聚糖(甲壳素),壳聚糖是节肢动物经脱乙酰化的产物,是地球上第二大多糖聚合物,壳聚糖的特性取决于其脱乙酰度,难溶于水和常规有机溶剂,溶于离子液体、DMAC/LiCl、$CaCl_2$/甲醇、稀酸溶液,对过渡金属离子有很强的吸附性。壳聚糖功能性强,应用面广。

阴离子多糖聚合物主要包括海藻酸(海藻酸盐)、角叉菜胶等。海藻酸是一类从褐藻中提取出的天然线性多糖,是甘露糖醛酸(M)与古洛糖醛酸(G)的线型共聚物。海藻酸不溶于水,Na^+、K^+、NH_4^+ 的海藻酸盐可溶于水。多价金属离子会引发海藻酸交联。

角叉菜胶(又称卡拉胶)是红藻中热碱提取物,属于线型高分子,角叉菜胶在水中形成双螺旋,并通过无序卷曲状双螺旋结构转换形成热可逆的硬凝胶或弹性凝胶;金属阳离子会形成双螺旋间的连接域,从而引发聚合。

氨基聚合物明胶是动物界中最丰富的蛋白质,明胶的提取方法对化学特性有影响。分子链的肽序列、链长度取决于生物质来源,通常有 1/3 是甘氨酸。在水中形成热可逆凝胶,凝胶强度取决于明胶类型。可溶于部分醇。

芳香族聚合物是造纸业主要副产品,是复杂的异质共聚物,具有三维结构,有疏水性质。硫酸盐制浆法制成的木质素磺酸盐则可溶于水。

1.3　天然高分子材料的发展历史

人们在远古时期,就已经利用天然高分子材料作为生活资料和生产工具,特别是纤维、皮革和橡胶。例如,我国商朝时蚕丝业就已极为发达,汉唐时代丝绸已行销国外,战国时代纺织业也很发达。公元 105 年(东汉)已发明了造纸术。至于用皮革、毛裘作为衣着和利用淀粉发酵的历史就更为久远了。

由于工业的发展,天然高分子材料已远远不能满足需要。19 世纪开始,人们发明了加工和改性天然高分子材料的方法,开始把天然高分子材料制成最早的塑料和化学纤维。例如,用天然橡胶经过硫化制成橡皮和硬质橡胶,用化学方法使纤维素改性为硝酸纤维等。1845 年舍恩拜因用硝酸和硫酸的混合酸硝化纤维素制成的高分子材料即是硝酸纤维素。1851 年硝酸纤维素被作为照相胶片使用。1869 年海厄特用樟脑与硝酸纤维素混合制成赛璐珞,这是第一种用作增塑剂的塑料制品。1865 年许岑贝格尔把纤维素乙酰化制成醋酸纤维素,1919 年被用作塑料。它们还先后被制成人造丝,例如硝酸人造丝和醋酸人造丝先后于 1889 年和 1921 年问世。这些以天然高分子材料为基础的塑料在 19 世纪末,已经具有一定的工业价值。20 世纪初,又开始了醋酸纤维的生产。合成纤维工业就是在天然纤维改性的基础上建立和发展起来的。

1.4　天然高分子材料的利用现状

天然高分子材料属于环境友好型材料。天然高分子材料具有多种功能基团,可以通过改性成为功能材料。纤维素是地球上最古老、最丰富的可再生资源,主要来源于树木、棉花、麻、谷类植物和其他高等植物,也可通过细菌的酶解过程产生。长期以来,人们利用传统的黏胶法使用纤维素生产人造丝和玻璃纸,后来人们开发出一种价廉且无污染的在低温下能迅速溶解纤维素得到透明溶液的技术,这项技术具有广泛的市场前景。再生的纤维素性能优越,具有抗静电性、天然透气性、悬垂感、良好的舒适感,再生纤维素膜在安全性、耐 γ 射线性、耐热性、对蛋白质和血球的吸附性、亲水性等方面性能突出,具有较小孔径(<10 nm)的再生纤维素膜适宜作为透析膜、包装材料使用,利用再生纤维素制备的无纺布在绷带、纱布、膏布底基、药棉、揩手布等方面用途较广。

淀粉改性后制成的热塑性塑料具有完全生物降解的特征,强度与常见塑料相当,伸长率略低,目前已经在日用品、缓冲材料、零件、餐具、衣架、食品包装等领域广泛应用。

甲壳素是重要的海洋生物资源,壳聚糖是它的乙酰化产物。甲壳素和壳聚糖具有生物相容性、抗菌性及多种生物活性、吸附功能和生物可降解性等,由于具有突出的抗菌消炎功能,在医用材料方面应用较多。用甲壳素制作的手术缝合线具有较好的力学性能,能满足临床对手术缝合线的性能要求,将胶原蛋白与甲壳素共混,在特制纺丝机上纺制出外科缝合线,其优点是手术后组织反应轻,无毒副作用,可完全吸收,伤口愈合后缝线针脚处无疤痕。壳聚糖在抑制细菌生长、创面止痛、促进创面皮肤愈合方面具有较好的效果,可以作为纱布涂层、膜、无纺布、人造皮肤等医用敷料使用,具有舒适、柔软、透气、吸水、创面贴合性好、抑制疼痛、止血、消炎、抑菌等作用及功能。

多糖除作为能量物质外,在医药、生物材料、食品、日用品等领域有着广泛的应用。比如易溶于水的海藻酸钠是理想的微胶囊材料,具有良好的生物相容性和免疫隔离作用,能有效延长细胞发挥功能的时间。

蛋白质来源广泛,在所有动植物的细胞中均存在,是由氨基酸组成的天然高分子材料,相对分子质量分布较广,一般可以从几万至上百万,乃至上千万。常见的蛋白质有角蛋白、丝蛋白、鱼肌原纤维蛋白、菜豆蛋白、玉米醇溶蛋白、大豆分离蛋白、面筋蛋白等。蛋白质中加入增塑剂交联后,经过一定工艺流程可以制备出生物可降解性塑料,可用于制作各种一次性用品,如盒子、杯子、瓶子、勺子、片材,以及玩具等日用品,育苗盆、花盆等农林业用品,以及各种功能材料、旅游和体育用品等。

天然橡胶具有很强的弹性和良好的绝缘性、可塑性、隔水隔气、抗拉和耐磨等特点,广泛应用于农业、国防、交通、运输、机械制造、医药卫生领域和日常生活等方面,其中,天然橡胶玩具由于无毒无害,已引起儿童玩具制造商的关注。

一般的天然高分子材料加工性能都很差,难以通过常用塑料的加工方法成型,并且存在力学性能、耐环境性能不良,应用范围较窄等问题,因此为了拓展天然高分子材料的应用范围、提高其使用性能,天然高分子材料的改性研究成为近年来的研究热点。目前对天然高分子材料开发利用的主要领域如下。

1.4.1 水处理

1. 絮凝剂

改性天然高分子材料用于废水处理具有无毒、生产成本低、合成方法简单、经济效益高、不会造成环境污染等诸多优点。城市生活污水和工业废水须经过处理除去水中的悬浮物、杂质、颗粒物和一些有害重金属离子等才能排放到天然水体之中。絮凝沉降法是目前国内外普遍采用的处理废水的一种既经济又简便的水质处理方法。天然有机高分子絮凝剂具有活性基团多、结构多样化、原料来源广泛、价格低廉、易于生物降解、无二次污染等特点,可以采用纯天然高分子材料制备,也可以采用碳水化合物、甲壳素类、微生物等天然产物经官能团的化学改性和接枝共聚反应改性制备而成。

广泛存在于植物中的淀粉、纤维素、木素和单宁等含有较活泼的羟基、酚羟基等活性基团,可发生酯化、醚化、氧化、交联、接枝共聚等化学反应,增加材料的活性基团,聚合物呈枝化结构,可增强对悬浮体系中的颗粒物的捕捉与沉淀作用,絮凝效果得到大大提高。

天然淀粉资源十分丰富,如土豆、玉米、木薯、菱角、小麦中均有高含量的淀粉,乙烯类单体如丙烯腈、丙烯酸、丙烯酰胺等可以与淀粉起接枝共聚反应生成共聚物,用作絮凝剂、增稠剂、黏合剂、造纸助留剂等。

木薯粉阳离子絮凝剂用于污水处理厂二级污水的处理,可缩短泥水分离的絮凝沉降过程,提高出水水质。环氧氯丙烷改性玉米淀粉制成高交联淀粉,应用于含重金属离子废水的处理,取得了较好的效果。淀粉中引入季铵基团制备阳离子化淀粉絮凝剂,絮凝效果好、沉降速度快。用工业盐酸、三甲胺、环氧氯丙烷合成 R 型阳离子,再以氯化铵作保护剂与玉米淀粉反应而制得高级阳离子淀粉,用于污水处理时絮凝性能好,且生产成本低。

阳离子淀粉-二甲基二烯丙基氯化铵接枝淀粉具有优良的絮凝性,作为絮凝剂可以高效地处理生活废水、炼油废水。化学需氧量(COD)去除率较高(>70%),具有较低的色度残留率(<20%)。丙烯腈接枝菱角粉改性淀粉在碱式氯化铝助凝剂的配合下,对印染废水的浊度去除率大于 70%。

用木薯淀粉为原料制备接枝型阳离子淀粉絮凝剂,对洗煤废水的絮凝沉降速度和上层清液的透光率都比均聚丙烯酰胺好。淀粉-丙烯酰胺接枝共聚物高分子絮凝剂,产品的成本大大降低,也容易改性成阳离子、阴离子型系列产品,可抵抗各种条件介质的酸碱度、离子杂质、温度等变化的影响。以淀粉为基本原料,加入丙烯酰胺、三乙胺、甲醛和适量的盐酸进行接枝共聚反应,制备阳离子型高分子絮凝剂,对城市污水在较低用量(10 mg/L)时能达到较理想的净化效果,如色度、浊度物质的去除率均大于 90%。木质素含有羰基、羧基、羟基等官能团,木质素及其衍生物在螯合、黏合、分散等方面有一定的效果,造纸废液(含约 50% 的木质素)的排放污染环境,且浪费资源。木质素本身也可以作为絮凝剂使用,如从草浆黑液中提取木质素,木质素絮凝剂在处理味精废液和印染废水中的性能优越。

木质素(从造纸黑液中提取)经过改性也可以制备各种絮凝剂,如以木质素为原料,使用强碱催化体系,与季铵盐单体进行阳离子反应合成木质素的季铵盐型絮凝剂,对丁酸染料废水色度物质去除率达 90%。

木质素经过碱处理(增加酚基团)、胺烷化反应(增加链长)、交联(双酯试剂),最后可制得木质素阳离子表面活性剂。木质素阳离子表面活性剂在絮凝性能方面较突出,对染料的脱色率超过 90%。硫酸盐木质素与甲醛、二甲胺发生 Mannich 反应制备得到的木质素季铵盐衍生物可以作为絮凝剂,用于硫酸盐水厂的废水漂白处理,效果显著。

木质素接枝共聚物絮凝剂不论在最小投量、残留浊度和絮体平均粒径变化方面,还是对 pH 值波动的适应能力等方面都优于其他改性木质素。

单宁含有酚羟基、羟基等,具有活泼的化学性质,是资源丰富、价廉、易得的天然有机高分子化合物,作为絮凝剂、脱色剂、吸附剂等的研究从 20 世纪 70 年代就开始了。阳离子单宁与其他混凝剂制备复合絮凝剂用于钻井废水处理,在处理效果增高、处理费用降低方面效果良好。植物单宁与环氧氯丙烷、甲醛、二甲胺等发生季铵化反应得到的阳离子植物单宁改性絮凝剂,其絮凝效果优于硫酸铝、三氯化铁、壳聚糖,可以与无机絮凝剂一起复配使用,效果更好。

甲壳素是自然界含量仅次于纤维素的第二大天然有机高分子化合物,壳聚糖则是甲壳素重要的衍生物,是脱乙酰度达到 70％以上的甲壳素衍生物,壳聚糖含有羟基、氨基、酰胺基等功能基团,壳聚糖的氨基溶于酸性介质会发生质子化,可以螯合吸附重金属及带负电荷的微细颗粒,呈现阳离子聚电解质的特征,因此具有絮凝、吸附等功能。壳聚糖接枝丙烯腈单体后进一步皂化可以得到接枝羟基壳聚糖,对 Pb^{2+}、Cd^{2+} 等金属离子的吸附容量比较大,在 Pb-Cr-Cd 三元体系中对 Pb^{2+} 的选择性吸附有较好效果。

羧甲基壳聚糖由壳聚糖经酸化反应制得,引入羧甲基后,在水中具有极好的水溶性,作为高分子絮凝剂,处理毛巾厂的印染废水,在废水的脱色和 COD 的去除方面优于常用的絮凝剂。将甲壳素、纤维素、活性碳、矿化石等混合制得甲壳素多聚糖废水净化剂,再生容易(用少量水洗涤后,在空气中氧化 6～8 h,即可恢复吸附功能,可重复再生 12 次),处理后废水 COD 物质去除率达到 90％以上,脱色率达 94％以上。

2. 重金属离子去除剂

重金属离子在水中不易除去,对健康、环境都具有较大的危害,如早期日本发生的镉、汞等重金属的污染事件,都产生了较大的影响。离子交换法是一种在水处理中常用的方法,是指用重金属离子与离子交换树脂发生离子交换以去除废水中重金属离子的方法,这种方法具有处理效果好、处理容量大的优点,并且经过该方法处理的重金属资源、水均可回收利用。纤维素、淀粉、壳聚糖、瓜尔胶、香胶粉、角蛋白、淀粉、壳聚糖、纤维素等可改性成为阴离子交换树脂、阳离子交换树脂或同时具备阴、阳离子基团的两性物质,可应用在治理重金属离子废水方面。

将壳聚糖在碱性条件下,经环氧氯丙烷交联制得水不溶性交联壳聚糖(CCTS),在 pH7～8 时,对 Cu^{2+}、Cr^{3+}、Cd^{2+}、Ni^{2+}、Pb^{2+}、Zn^{2+}、Hg^{2+} 等有很好的吸附效果。

淀粉经交联反应和黄原酸化反应制得的不溶性淀粉黄原酸酯,具有离子交换的功能,处理含重金属离子的废水,操作简单,工作温度范围广,在 pH 3～11 范围内均可有效地去除废水中的重金属离子。以可溶性淀粉为基体,经环氧氯丙烷交联、丙烯腈接枝,制得水不溶性接枝羧基淀粉,在 pH7～10 范围内可有效地去除水体中的 Cd^{2+}、Pb^{2+}、Cu^{2+}、Hg^{2+}、Cr^{3+} 等重金属离子,稀酸可脱附,回收重金属,再生离子交换树脂。淀粉的羟基基团可以与阴、阳离子醚化试剂分别反应,得到两性淀粉,如红薯改性两性淀粉具有对正、负重金属离子的螯合能力,且具有较高的吸附容量,并能重复利用,在污水处理、冶金工业提取重金属离子、电镀废水处理等行业有较好的应用。对羧甲基纤维素分子中的羧基酰胺化可制备具有多乙烯多胺螯合基团的螯合树脂,对 Cu^{2+}、Ni^{2+}、Zn^{2+}、Co^{2+}、Pb^{2+} 具有良好的吸附性能。利用纤维素含羟基进行转化可制备各种离子交换纤维,如将棉纤维环氧化后分别与二乙烯三胺、三乙烯四胺、四乙烯五胺反应,可制得阴离子交换剂——多胺型系列离子螯合棉纤维。

对天然植物香胶粉 F691 分子中葡萄糖苷的羟基进行化学改性,可制备出含不同阴、阳离子基团的两性高分子水处理剂。

将羽毛用稀碱液、CS_2 等改性处理后,对于高浓度的含铅溶液其吸附量可达到 1.9％,对于低浓度的含镉溶液其吸附量为 0.2％,且经再生处理后,吸附能力可基本恢复。

1.4.2　生物医用高分子材料

多糖、蛋白质及其衍生物具有非常好的生物相容性、可降解性和低毒性,在生物、医学和药学领域有广泛的应用前景。生物医用高分子材料可用于疾病的诊断和治疗、损伤组织和器官的替换或修复、合成或再生等。天然生物医用高分子原材料源于自然界,资源丰富、容易获取,具有很好的生物相容性、可降解性和较低的毒性,有着广阔的应用前景。

多糖具有良好的生物相容性和降解性,是理想的药物载体原材料。羧甲基纤维素、海藻酸钠、葡聚糖、支链淀粉、壳聚糖、麦芽七糖、羧甲基-羟丙基瓜尔胶、羧甲基纤维素、葡聚糖等水溶性多糖链上存在大量可反应的活性基团(如羟基、氨基和羧基),通过化学反应在亲水性的多糖主链上偶联一些疏水基团(如长链烷基、胆甾基团、胆固醇、聚乳酸、聚己内酯、N-聚异丙基丙烯酰胺、N-聚乙烯己内酰胺等),可合成两亲性多糖衍生物。两亲性多糖衍生物在水溶液中通过疏水基团间的非极性相互作用力,自聚集形成热力学稳定的纳米胶束,可作为载体材料用于药物的传输。

纤维素(cellulose)是地球上最丰富的天然高分子,甲基纤维素、羧甲基纤维素以及羟乙基纤维素等纤维素衍生物,常用作药物载体、药片黏合剂、药用薄膜、包衣及微胶囊材料。细菌纤维素是通过细菌的酶解过程产生的,具有良好的生物相容性、湿态时高的力学强度、优良的液体和气体通透性,能防止细菌感染,促使伤口愈合,如可用作人造皮肤和外科敷料,Biofill 和 Gengiflex 是两个典型的细菌纤维素产品,已成功地用于二级和三级烧伤、溃疡等的人造皮肤临时替代品、牙根膜组织的恢复;内径为 1 mm 的 BASYC(bacterial synthesized cellulose)在湿的状态下具有高机械强度、高持水能力以及完善的生物活性等优良特性,可作为人工血管;将未经修饰的细菌纤维素应用于人软骨细胞,发现它作为生物支架材料可以支持软骨细胞增殖,软骨细胞可在支架内部生长;细菌纤维素具有良好的机械性能、抗形变和撕裂能力,可以用来生产外科手术的手套,用于擦拭血液、汗液等的带子等外科手术用品。

疏水性胆固醇与羧甲基纤维素和海藻酸钠反应后可得到两亲性的多糖衍生物胶束,它们在水溶液中聚集成为粒径约为 50 nm 的球状粒子。在 pH6～8 范围内,胶束负载药物的能力随 pH 值升高而增加,pH 值越高,载药胶束释放药物的速度越快,吲哚美辛大约在 8 h 后被完全释放出来。

甲壳素(chitin)是一种广泛存在于真菌细胞、昆虫、海洋无脊椎动物的外壳中的天然多糖高分子。壳聚糖、甲壳素具有较好的生物可降解性、生物相容性。壳聚糖具有促进伤口愈合、治疗心血管疾病、抗肿瘤、选择性促进表皮细胞生长等功能,在医药学领域可应用于皮肤、骨、软骨、神经等组织工程,制成人工皮肤、人造血管、手术缝合线等医疗产品,如软骨细胞在将壳聚糖静电纺丝的纳米纤维上面繁殖良好。聚乳酸、聚己内酯作为疏水性单体与不同的多糖通过化学反应可合成各种两亲性多糖衍生物。含聚乳酸侧链的两亲性壳聚糖衍生物胶束对肝癌细胞(HepG-2)的生长无抑制作用,显示出良好的生物相容性,衍生物胶束的转染效率为 18%,优于未改性壳聚糖的转染效率,可作为基因载体。

从香菇子实体、菌丝体或发酵液中提取出来的水溶性香菇多糖(lentinan)具有抑制肿瘤、抗菌消炎、抗辐射、提高机体免疫力等多种生理活性。将香菇多糖用于临床治疗恶性肿瘤及病毒性肝炎等疾病显示出较好的疗效。从裂褶菌(又名白参、树花)子实体、菌丝体或发酵液中提取出的水溶性裂褶菌多糖(schizophyllan),在生理活性、化学结构、三螺旋构象等方面与香菇多糖相似。

前药(prodrug)是原药与载体通过化学键连接起来的一种暂时性化合物,它可以修饰原药或改变原药的理化性质,在体内降解成原药后再发挥药效,从而改善药物的一些性质,如产生组织或黏膜刺激性,或者克服靶向性差、药物透膜能力低、半衰期不适宜、易降解等对发挥药效有影响的因素。天然高分子材料具有在体内易降解、有良好的生物相容性等特点,适宜作为前药载体使用。

在 pH4～9 的范围内血清白蛋白(albumin)性质稳定、生物可降解性好、无毒性、无免疫活性,易被受感染的组织和肿瘤所吞噬,适宜作为治疗肿瘤的前药载体材料。

果胶(pectin)存在于植物细胞壁中,它在人体胃和小肠生理环境下能保持结构的完整性,但是在结肠中能被双歧杆菌、梭杆菌、真杆菌等降解,在结肠靶向药物的载体中应用广泛。胶-酮洛芬是经共价键链接的前药,酮洛芬主要释放在大鼠的结肠、盲肠,是一种良好的结肠定位释放前药。

葡聚糖(dextran)是一种主要由 1,6-α-D-吡喃葡糖苷键连接而成的多糖,该糖苷键可以被结肠中的细菌酶以及哺乳动物细胞中的葡聚糖酶降解,可作为前药载体。葡聚糖分子链末端偶联地塞米松、甲基脱氢皮质甾醇、5-氨基水杨酸、布洛芬、萘普生等药物分子制备葡聚糖前药,这种前药在结肠中缓慢释放药物,释放速度与糖苷键被降解速率有关。葡聚糖大分子前药系统能实现药物在结肠部位的靶向缓释,从而提高药物的生物利用度。硫酸软骨素(chondroitin sulphate)是一种存在于动物结缔组织中的黏多糖,它能被人体大肠产生的厌氧细菌降解。

水凝胶是一种具有三维网络结构的高聚物,吸水后呈现溶胀状态,不溶解,可以吸附大量水分。化学交联和物理交联均可以获得这种网络结构,化学交联是经过化学反应形成化学键达到交联形成网络结构的目的,物理交联是通过疏水作用、氢键、静电作用力等分子间相互作用力达到形成网络结构的目的。

天然高分子材料经交联反应形成的水凝胶在溶胀性、生物相容性、保持药物活性等方面性能突出,在组织工程、药物释放等医学、药学领域应用广泛。含丙烯酸和乳酸的壳聚糖衍生物在引发剂的作用下生成化学交联水凝胶,软骨细胞能在该水凝胶中生存 12 天,该水凝胶有望作为可注射的支架材料在组织工程和矫形外科中获得应用。从栀子果提取出的一种天然葡萄糖配基化合物——京尼平(genipin)也能与壳聚糖的氨基反应,形成强度较高、可生物降解的水凝胶。值得注意的是京尼平的毒性是戊二醛的 1/10000～1/5000,因而更适合在生物医学领域中应用。大豆蛋白经京尼平交联的水凝胶能吸附蛋白质的模型化合物——牛血清蛋白(BSA),可作为蛋白类药物载体在肠部位缓释药物,在 pH7.4 的 PBS 缓冲溶液中 5 h 内能缓释 BSA。大豆蛋白化学交联水凝胶的制备受凝胶化时间、谷氨酰胺转移酶用量等因素影响,可以负载 5-氨基水杨酸,这种大豆蛋白水凝胶有良好的缓释药物性能。

1.4.3　组织工程材料

海藻酸盐、糖胺聚糖(如肝素、硫酸软骨素、透明质酸等)、壳聚糖、淀粉、纤维素、弹性蛋白、纤维蛋白、丝素蛋白、胶原蛋白等天然高分子材料有良好的生物相容性和生物可降解性,且降解产物无毒副作用,天然高分子材料本身就具有相同或类似于细胞外基质的结构,在抗原性、免疫性、细胞生长等方面性能突出,被广泛应用于皮肤组织工程支架材料。

1. 胶原蛋白

胶原蛋白又称胶原(collagen),含量丰富,广泛存在于脊椎动物的结缔组织、皮肤和肌腱中,胶原属于正常皮肤细胞外基质的重要组成部分,抗原性低,降解产物不会引起不良反应,被广泛用作组织工程化皮肤支架材料。1980 年美国开发的硅橡胶/胶原-硫酸软骨素-6 海绵双层皮肤经进一步改进,开发了人工皮肤(integra artificial skin,IAS)产品,在治疗深度烧伤方面性能优异,IAS 可在 20～30 天内吸收。以胶原、壳聚糖为主要材料,通过冷冻、干燥和改性,可获得适用于真皮再生的多孔支架。细胞能够非常容易地侵入到支架内部并扩增生长,分布均匀,该材料能够被血管化,即能够成活。

2. 明胶

胶原热变性或者经物理、化学降解可以制备生物可降解性、生物相容性良好的明胶,明胶具有溶胶-凝胶的可逆转换性、极好的成膜性,海藻酸盐-明胶海绵应用在大鼠背部的皮肤修复中,12 天就可形成几乎完整的新上皮。明胶交联后与其他材料复合后,在伤口愈合中性能较好,可以作为皮肤组织工程支架及伤口敷料。

3. 丝素蛋白

丝素蛋白具有良好的生物相容性和细胞亲和性,对机体无毒性、无致敏和刺激作用,具有良好的生物相容性,对成纤维细胞、皮肤表皮细胞的黏附性相当好,又可部分生物降解,其降解产物本身不仅对组织无毒副作用,还对如皮肤、神经组织等有营养与修复作用。丝素创面保护膜临床试验取得成功后,经鉴定于 1996 年进入市场且申请了中国专利。

聚氨酯降低了丝素的结晶度,增加了可自由伸展链段,丝素/聚氨酯共混膜的柔软性、弹性明显比普通丝素膜好,弥补了生丝素膜在力学性能方面存在的不足。

4. 纤维素

细菌纤维素(bacterial cellulose,BC)是一种天然的生物可降解高分子聚合物,有良好的生物活性、生物适应性,具有高结晶度、高持水性、超细纳米纤维网络、高抗张强度和弹性模量等独特的物理、化学和机械性能,用 BC 制成特殊的组织工程化皮肤支架材料,部分产品已经商品化(如 Gengiflex 和 Biofill),Gengiflex 可用来修复牙龈组织,Biofill 作为人类临时皮肤替代品已成功用于治疗Ⅱ~Ⅲ度烧伤、溃疡及皮肤移植和慢性皮肤溃疡,使用后健康皮肤可很快生长以取代人工皮肤,这种组织工程化皮肤支架材料具有快速减轻疼痛、消除术后不适感、有效防止细菌入侵、减小感染概率、快速愈合伤口、有良好的黏附性、对于水及电解质有良好的通透性、易于检查伤口、可随表皮再生而自然脱落、治疗时间短和成本低等优点。

5. 甲壳素

组织相容性较好的壳聚糖、甲壳质可以有选择性地促进上皮细胞的生长,抑制成纤维细胞的过度增生,作为人工皮肤应用时,质地舒适、透气、吸水、贴合性好、柔软,具有抑菌、消炎、止血、抑制疼痛等独特的生物活性,随着皮肤生长创面的自然愈合,能自行降解并被机体吸收,并促进皮肤再生,还能治疗增殖性瘢痕。日本应用人工皮肤 Beschitin 治疗了 657 例皮肤损伤,其中 41.4% 非常有效,39.9% 有效,在烧伤病人中有 91.1% 出现表皮再生现象。壳聚糖-胶原二元膜和壳聚糖-胶原-硫酸软骨素三元膜无细胞毒性,可促进细胞增殖,细胞与膜材料黏附良好,修复膜与创面之间贴合紧密,有防止术后粘连、止血、促进伤口愈合和诱导皮肤再生的作用。

1.4.4 聚氨酯材料

可生物降解的天然高分子化合物纤维素和淀粉都含有丰富的羟基,木质素也含有大量醇羟基和酚羟基,这些化合物可以代替聚醚多元醇作为廉价的聚氨酯工业原料,与高活性异氰酸酯基团(—NCO)发生亲核加成反应制备各种聚氨酯(polyurethane,PU)材料。天然高分子化合物还可以作为活性填料添加到聚氨酯体系中,同时起到交联剂和填充剂的作用。聚氨酯大分子链会因天然高分子化合物被微生物降解而断裂,聚氨酯相对分子质量下降,同时生成容易受到微生物攻击的链段和弱键,大分子链易被氧化或发生水解而进一步降解,最终完全降解。

1. 糖类聚氨酯

异氰酸酯基团可以与低聚糖的羟基发生反应制备氨基甲酸酯,如葡萄糖、果糖、蔗糖可分别与聚乙二醇(PEG)-二苯甲烷二异氰酸酯(MDI)预聚物反应制备聚氨酯材料。蔗糖和葡萄糖的含量为 8%、果糖的含量为 14% 时,聚氨酯材料具有均匀的成膜性能。提高糖组分含量,聚氨酯的 T_g 会上升,熔点会降低,随着糖组分含量的增加,储能模量和损耗因子增加,断裂应力增加,断裂应变降低,说明随糖组分质量分数的增加,所得试样的弹性增加,黏性下降。

2. 淀粉聚氨酯材料

直链和支链淀粉部分(50%)取代聚醚多元醇制备聚氨酯泡沫时,直链、支链淀粉与聚醚多元醇对材料的形态、物理和机械性能具有一种协同效应。淀粉的加入大大增加了聚氨酯泡沫材料的密度。直链和支链淀粉部分取代相对分子质量为 300 和 6000 的聚醚多元醇制得的泡沫材料其密度都出现了极大值,如图 1-1 所示。相对分子质量为 300 的聚醚多元醇被淀粉部分取代后,制得的泡沫材料易脆。相对分子质量为 1000~3000 的聚醚多元醇被取代后,压缩强度从不加淀粉的极大值 53.7 kN/m³(如图 1-2 所示)变为 40 kN/m³。聚醚多元醇相对分子质量增加后 T_g 降低。聚醚多元醇相对分子质量相同时,加支链淀粉的泡沫材料 T_g 高于加直链淀粉的和不加淀粉的泡沫材料。

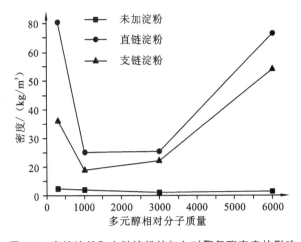

图 1-1 直接淀粉和支链淀粉的加入对聚氨酯密度的影响

3. 纤维素聚氨酯材料

纤维素作为多羟基化合物与异氰酸酯反应形成聚氨酯材料,如天然纤维制备聚氨酯板,将木质纤维制成板坯后均匀地施加一定浓度的多苯基多异氰酸酯和催化剂有机锡溶液,在一定温度下热压即得到聚氨酯板。

麻纤维液化后与催化剂、发泡剂、交联剂、表面活性剂等反应,经过注模、发泡、固化等步骤制备聚氨酯发泡材料,其弹性模量、压缩强度、密度分别为 4 MP、150 kPa、40 kg/m³,材料中植物原料的用量越高,其性能越好,植物原料的引入提高了聚氨酯泡沫体的热解温度,引入单宁材料的密度降低、压缩强度提高、生物降解性良好。

4. 木质素、单宁及树皮制备可降解聚氨酯材料

芳香族高分子化合物木质素含有羧基、酚羟基和醇羟基等多种基团,可以与异氰酸酯进行反应,代替部分或全部的聚醚或聚酯多元醇用于制备聚氨酯。将木质素分级后,采用中等相对分子质量、分布较为均一的木质素($M_w = 1700, M_w/M_n = 2.0$)与 MDI 和聚醚三元醇为原料制

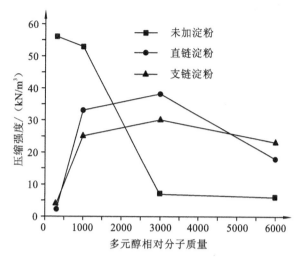

图 1-2　直接淀粉和支链淀粉的加入对聚氨酯材料压缩强度的影响

备的聚氨酯可制成透明且相均匀的薄膜。当木质素含量为 15%～20% 时，聚氨酯的物理机械性能比单独使用聚醚三元醇有了很大的提高，木质素在此体系中充当交联剂及硬链段的双重作用。

　　单宁是具有大量酚羟基和醇羟基的天然高分子化合物，通过单宁的重复单元儿茶素的 3'、4'-酚羟基和异氰酸酯反应生成氨酯化儿茶素，合成单宁聚氨酯弹性体，单宁改性聚氨酯后，具有了微生物降解性，可用作包装材料。聚氨酯弹性体中，单宁在聚氨酯中起了交联的作用，随单宁含量的增加，弹性体的密度线性缓慢上升，而其强度和弹性模量却呈指数上升。以茶叶中浸取的茶单宁为原料合成聚氨酯泡沫材料，通过碱煮、微生物侵蚀及酶水解实验可以定性地说明茶单宁聚氨酯比普通聚氨酯易于生物降解。

　　5. 木材溶液制备聚氨酯材料

　　利用木材代替聚醚多元醇使用最有效的方法就是将其液化后与异氰酸酯反应制备聚氨酯材料。

　　苯甲基化木材能够代替聚醚多元醇参加反应来制备聚氨酯黏合剂。以甲苯为液化试剂，盐酸为催化剂，于一定温度条件下进行反应，经过减压脱水处理后，可制得木材的溶液产品。将催化剂、增塑剂、聚乙二醇、木材溶液与多苯基异氰酸酯混合均匀制得聚氨酯黏合剂，其黏合性能良好。

　　将该木材溶液与二苯基甲烷二异氰酸酯反应可以制备聚氨酯黏合剂，用于三层胶合板的制备，黏合强度在较低的施胶量下仍然较高。甲基化木材、烯丙基化木材的己二醇醇解溶液与聚合 MDI 甲苯溶液混合后，经发泡、固化可获得具有良好抗张强度的泡沫材料。若用双酚 A 代替己二醇，则木材更易溶解，发泡固化条件更温和。

　　天然高分子材料在聚氨酯材料的制备过程中可以作为聚醚的廉价替代品，降低产品成本，且产物具有生物降解的特性。天然高分子材料还具有刚性较强的主链（天然高分子主链一般为五元环或六元环），以及较大的官能度（通常羟基数量大于 2），这样可以大大增加材料的交联密度，提高其机械性能及热稳定性，因而显示出卓越的优越性。天然高分子材料作为制备聚氨酯的原料，除了可以提高资源的利用率，而且在降低成本以及资源及环境方面都具有现实意义。

1.4.5　农药

可生物降解的天然高分子化合物因为具有无毒、可生物降解、来源广、易化学改良以及良好的生物相容性等优点,针对农药缓释体系的研究,微胶囊剂型的研究与应用具有重要意义和广阔前景。

1. 淀粉

淀粉来源广泛,农药的活性成分可以有效地囊化在淀粉基质中。马来酸酐(MAH)接枝改性聚苯乙烯(PS)与淀粉共混制成的可降解材料,可作为多菌灵控制释放载体。以淀粉为基材的可降解农药释放材料有很好的缓释性能,经过 3 个月左右包埋材料能够全部释放。通过交联制备的以淀粉和变性淀粉为囊材的胶囊制品,可对羧基类除草剂进行包埋及缓释。不同来源的淀粉作载体对农药的包埋与释放行为不同。木薯淀粉、玉米淀粉、马铃薯淀粉、小麦淀粉做成的药剂载体对 2,4-滴的释放速率顺序是木薯淀粉＞玉米淀粉＞马铃薯淀粉＞小麦淀粉,对于 2,4,5-涕的释放速率顺序是木薯淀粉＞玉米淀粉＞马铃薯淀粉＞小麦淀粉。

淀粉水解产物环糊精具有特殊的分子结构,即分子略呈锥形,锥腔内呈疏水性,锥腔外呈亲水性。疏水的内腔能与多种外来分子形成包合复合物。β-环糊精(β-CD)在农药中的研究与应用备受关注。如采用液相法制备 β-CD/氯氰菊酯水包油型包合物,氯氰菊酯的稳定性增加,热挥发性降低,并且通过空间阻碍干扰了靶标害虫体内解毒酶系的作用。采用饱和水溶液法也能用 β-CD 包合印楝素,制成新型漂浮性缓释型灭蚊制剂,对蚊虫滋生地有良好的控制效果,持效期长。

2. 纤维素

纤维素是自然界中最丰富的天然高分子材料,纤维素改性后其衍生物繁多,性质各异,以乙基纤维素(EC)为载体控制释放 2,4-滴遵循 Fick 扩散原理,释放速率可通过改变载体的制备方法来调节。以羧甲基纤维素(CMC)水凝胶控制释放乙草胺,50％乙草胺被释放所需时间(t_{50})不足 8 h,当将 CMC 水凝胶干燥处理后,t_{50}可以达到 100 h。用氯化铝交联羧甲基纤维素后对涕灭威进行包埋发现,在棉花田防治烟粉虱有很好的缓释效果,持效期可达到 7 周以上。羧甲基纤维素控制释放苯甲酰脲类几丁质抑制剂、倍硫磷防治致倦库蚊幼虫效果显著。

3. 甲壳素及壳聚糖

甲壳素是自然界中仅次于纤维素的第二大天然聚合物,在农药上可用作昆虫生长调节剂和杀菌剂。甲壳素具有抑制辣椒上的立枯丝核菌(*R. solani*)的活性,降低发病率,对辣椒有很好的保护作用。壳聚糖自身就可以作杀菌剂使用,它对蔬果炭疽病、棉花角斑病、水稻白叶枯病、番茄茎腐病以及黄瓜霜霉病等 20 多种疾病的病原菌都有一定的抑制作用,壳聚糖的相对分子质量不同,其杀菌效果也不同,它是一种很好的农药载体和优秀的种子包衣材料。

4. 明胶

利用明胶与海藻酸三钠、异氰酸酯聚合制成微胶囊,并测定包合 50％乙草胺的作用效果。试验表明,乙草胺微胶囊剂可以延长药效,减少用药次数,达到高效、安全用药的目的。

1.4.6　高吸水性材料

高吸水性树脂吸水时主要是靠内部的三维空间网络结构吸收大量的自由水,高吸水性树脂三维空间网络的孔径越大,吸水倍率越高。高吸水性树脂一般是高分子电解质,具有强吸氨、盐水、尿液和血液能力。天然高分子改性高吸水性树脂是指对淀粉、纤维素、海藻酸钠、甲壳质等天然高分子材料进行结构改造得到的高吸水材料。天然高分子材料采用各种引发体系产生自由基,通过接枝共聚与高分子单体反应,制备天然高分子高吸水性树脂。天然高分子改性的高吸水材料具有生产成本低、可生物降解、材料来源广、吸水能力强、无毒、减少环境污染等优势,日益受到人们的重视。天然高分子高吸水性树脂由于具有优越的性能,已在卫生、化妆品生产、废水处理、油田钻探等各个领域得到应用,成为极有价值的重要材料。

　　1961 年将丙烯腈接枝到淀粉上就是早期利用天然高分子材料为原料开发高吸水性树脂的例子。1966 年,将丙烯腈接枝到部分水解的淀粉上,并且由亨克尔股份公司工业化成功。1975 年,开发了丙烯酸、交联性单体等接枝到淀粉上的技术,并且于 1978 年开始工业化生产。20 世纪 70 年代中期,日本开始研究以纤维素为原料制造高吸水性树脂,90 年代日本以大豆蛋白或氨基酸为原料用 γ 射线开发了吸水能力为 3500 倍的可生物降解的高吸水性树脂。进入 21 世纪,高吸水性树脂在品种、合成途径、性能及应用领域等方面的研究日趋成熟。

　　以天然淀粉或经糊化、酸改性、氧化改性、交联的淀粉,淀粉磷酸酯,淀粉黄原酸酯,淀粉的醚化物等淀粉的衍生物为骨架,通过与其他单体接枝共聚可形成淀粉系高吸水性材料,淀粉骨架具有生物降解性,有利于自然分解。常见的接枝单体有:丙烯腈、丙烯酸、丙烯酰胺,其他的还有 2-丙烯酰胺-2-甲基丙磺酸、丙烯酸酯和丙烯酸钠等,接枝共聚的引发剂有硝酸铈、过渡金属乙酰丙酮配合物、过硫酸盐等,一般采用自由基引发、阴离子引发和偶联反应等方法合成。

　　天然纤维素的来源广泛,可与水亲和,易被微生物降解。以纤维素为骨架,通过与其他单体接枝共聚形成纤维素系高吸水性材料。将甲基丙烯酸、丙烯酸、丙烯酰胺、丙烯腈等烯类单体接枝到纤维素分子链上,开发的高吸水性树脂材料由于性能优良,是当前应用较多的纤维素产品。如丙烯酰胺接枝纤维素吸水剂具有较快的吸水速率,且有较好的耐盐性。

　　通过高吸水性树脂与无机物、有机物和高分子等复合,可制备出性能优良、成本低廉的高吸水性复合材料。在淀粉复合凝胶材料中,淀粉的主要作用是提供交联网络的骨架,它的用量将影响复合材料的空间结构。引入无机材料可改善纯有机吸水树脂凝胶强度、耐盐性以及降低生产成本,提高吸水材料的综合性能。羟乙基纤维素/丙烯酰胺/二氧化硅,羧甲基纤维素/有机单体/无基物高吸水复合材料是纤维素复合改性的主要产品。

　　海藻酸钠是一种高黏性的、相对分子质量较大、可生物降解的天然多羟基高分子化合物,具有亲水性,能与丙烯酸等多种单体、交联剂、醚化剂进行反应制取高吸水性树酯。过氧化氢-硫脲、过硫酸钾、尿素、Ce^{4+} 等都可以作为烯单体与海藻酸的接枝共聚反应的引发剂。

　　壳聚糖是甲壳素在碱性条件下脱 N-乙酰基的产物,分子链中含有大量具有反应活性的—NH_2 和—OH,能通过双官能团的戊二醛、乙二醛等醛,酸酐,环氧氯丙烷等环氧化物等进行分子内和分子间的交联,形成各种衍生物。用壳聚糖进行丙烯酸接枝改性,可制得吸收 800 倍蒸馏水、130 倍 0.9% NaCl 溶液的吸水材料。通过 UV 辐射引发或硝酸铈铵、过硫酸铵(APS)作引发剂在 2% 乙酸溶液、水溶液中将常见的接枝单体如聚乙烯醇、丙烯酰胺、N,N-双甲基-N-甲基丙烯酸乙氧基-N-(3-磺基丙酯)铵、甲基丙烯酸等接枝到壳聚糖、羧甲基化壳聚糖等壳聚糖衍生物上,可制备水凝胶。

1.4.7　纤维

　　纤维素及其衍生物、海藻酸钠、透明质酸、胶原蛋白、明胶、甲壳素及其衍生物等天然高分子材料通过静电纺丝制成纳米纤维,具有较好的生物相容性、可降解性及生物活性,可应用于外科高柔韧性单丝手术缝合线、促进伤口愈合的创伤敷料、柔软性导管和其他组织工程等领域。

静电纺丝是一种简便、高效的可生产低模量、高柔顺性、高强度的可降解高分子纤维材料的新型加工技术,高分子溶液或熔体在高压静电的作用下,由于同性电荷的相互排斥,产生一个与表面张力相反的电场力。当电场强度达到一个临界值时,电场力与液体的表面张力平衡,继续增大电场强度,在喷丝口处形成一股带电的喷射流,细流在喷射过程中溶剂蒸发或固化,受到静电力的牵伸,最终落在接收装置上,形成纳米纤维,其装置如图 1-3 所示。

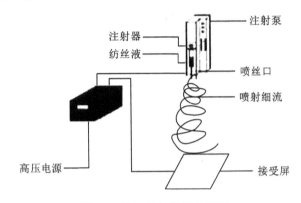

图 1-3　静电纺丝装置示意图

1. 海藻酸钠

海藻酸纤维具有高吸湿成胶性、高透氧性、生物相容性、生物降解吸收性、高离子吸附性等优异特性,作为伤口辅料,吸湿性高,止血性能好,能促进伤口愈合,伤口复愈后可无疼痛地揭除。当海藻酸纤维与伤口接触时会产生亲水性的凝胶,可让氧气通过而细菌不能通过。

在海藻酸钠水溶液(海藻酸钠的质量分数为 2%)中加入共溶剂甘油(甘油和水的体积比为 2∶1),以含 $CaCl_2$ 的乙醇/水为凝固浴,采用静电纺丝可制备平均直径约为 200 nm 的均匀光滑超细纤维。改性盐酸莫西沙星/聚乙烯醇/海藻酸钠静电纺载药纤维在 pH 值为 7.4 的人工模拟体液中药物体外释放,且采用质量分数为 3% 的氯化钙的无水乙醇溶液为交联剂改性的聚乙烯醇/海藻酸钠静电纺丝的耐水和溶胀性能良好,交联时间增加,使药物释放速度减慢,适合于用作伤口敷料。

2. 天然纤维素

纤维素具有亲水性、可降解性及生物兼容性,以静电纺丝方式制备的纤维素纳米纤维非织造布可广泛应用于医用缝合线、医用敷料、生物医药、污水处理等领域。羟丙基甲基纤维素磷酸盐(HPMCP)复合红霉素纤维,在人工肠液内红霉素的释放速率比在人工胃液内的释放速率高 2.5 倍左右。

纤维素溶液体系的高溶液黏度不利于纤维素纺丝过程的连续与稳定,如以 1-烯丙基-3-甲基氯咪唑盐作为溶剂,通过加入共溶剂二甲基亚砜(DMSO),可以在一定程度上改善链的运动能力,大大降低纺丝液的表面张力及黏度,从而使纤维素溶液的静电纺丝喷射流趋于连续、稳定。

3. 透明质酸

透明质酸(hyaluronic acid)具有可生物降解性、高黏弹性及生物相容性,是一种线型大分子黏多糖,由 N-乙酰氨基葡萄糖和葡萄糖醛酸构成的双糖单位进行反复交替连接构成,在1934 年由美国的哥伦比亚大学 Meyer 教授分离得到。透明质酸在机体内显示出多种重要的生理功能,如润滑关节,调节血管壁的通透性,调节蛋白质,促进创伤愈合等,它具有特殊的保水作用,可以改善皮肤营养代谢。透明质酸在整形、医药、化妆品、眼科等方面有巨大的发展前景。

明胶水溶液对透明质酸的纺丝过程有稳定的作用,这是由于明胶可以有效降低纺丝液的表面张力,提高纺丝液的法向应力。在玻璃基底和质量比为 100/80 的明胶/透明质酸纤维基底上培养细胞 3 天后,玻璃基底上几乎完全被细胞覆盖,细胞的不连续丝状伪足铺展良好,细胞以少量的团簇形式存在,每个团簇有十几个细胞聚集在一起,细胞呈球形黏附在纤维表面。

4. 明胶

明胶的氨基酸组成和胶原相似,具有生物相容性好、成膜性好、亲水性强、侧链基团反应活性高等诸多优良的物理与化学性质。明胶电纺纳米纤维可以应用于生物医药、组织工程等领域。明胶在三氟乙醇(TFE)溶液(TFE 质量分数在 5%～12.5%)中静电纺丝可得到平均直径 100～340 nm 的纤维,还可以进一步采用戊二醛蒸汽交联的方法改善明胶纤维的耐水性。采用 TFE 作溶剂还可以制备具有良好细胞黏附性的明胶/聚己内酯静电纺丝。将明胶溶解在含有质量分数 2.5% 的 $AgNO_3$ 纳米粒子的乙酸溶液中,制备含 Ag^+ 的具有良好的抗菌效果的明胶静电纺纤维膜,Ag^+ 在模拟体液的环境中具有较好的缓释效果,有望应用于医用创伤敷料。

5. 胶原蛋白

胶原是动物结缔组织(皮、韧带、肌腱、软骨等)的主要蛋白成分,具有良好的生物相容性、亲水性、细胞黏附性,作为细胞外基质成分可以促进细胞诱导分化。六氟异丙醇(HFIP)可作为胶原蛋白纳米纤维静电纺丝的溶剂,胶原蛋白和黏多糖(glycosaminoglycan,GAG)的 TFE 和 HFIP 共混溶液进行静电纺丝,可制备胶原蛋白/GAG 复合纳米纤维膜,引入胶原蛋白能有效地提高细胞在 GAG 上的黏附性。

作为人造血管的胶原蛋白/聚环氧乙烯共混纳米纤维膜,可通过在盐酸/水混合溶剂中将胶原蛋白和聚环氧乙烯进行静电纺丝(使用 1-乙基-(3-二甲基氨基丙基)碳化二亚胺盐酸盐和 N-羧基琥珀酰亚胺作为交联剂),制备出具有良好抗水性能的胶原蛋白纤维。

生物材料胶原蛋白戊二醛交联静电纺纳米纤维,具备多孔隙、高比表面积等特点,其特有的结构能有效地促进伤口愈合,有利于细胞黏附、生长和繁殖。

6. 甲壳素和壳聚糖

甲壳素类纤维是重要的生物医学材料之一,具有可生物降解、安全无毒、生物相容性良好、化学性质稳定、组织亲和性、无免疫抗原性、促愈合性、抑菌性等特点。利用静电纺丝法通过共混和原位矿化沉积制备壳聚糖/羟基磷灰石复合纳米纤维膜,羟基磷灰石的加入增加了纤维膜的刚性,复合纤维对小鼠成纤维细胞(L929)没有毒性,细胞在纺丝支架上培育 48 h 后,发现与纤维膜黏附紧密,生长状况良好。

将胶原蛋白/壳聚糖以混合溶剂(HFIP、TFE 体积比为 9/1)静电纺纤维膜进行戊二醛蒸汽交联,提高纤维膜的平均断裂强度,对小鼠的心肌主动脉平滑肌细胞的黏附量和细胞增殖情况都较好,有望作为组织工程化人工器官。

1.4.8　胶束

天然高分子材料来源于生物,生物相容性好,最终产物为多糖或氨基酸,容易吸收且不易发生炎症反应,降解产物因对人体无毒而备受重视。聚合物胶束是指两亲性聚合物在溶液中,由非共价键驱动力形成具有特定结构和功能的自组装体系,作为药物载体,具有稳定性好、增加难溶性药物溶解度,使药物靶向肿瘤部位并缓慢释放,降低不良反应,提高药物生物利用度等优点(表1-3)。形成聚合物胶束的高分子材料,分子链上通常具有长的不对称结构单元或支链结构,由水溶性和脂溶性两种组分组成,通过嵌段、接枝或其他形式共聚反应形成两亲性共聚物。常用天然聚合物胶束材料有纤维素衍生物、壳聚糖衍生物、葡聚糖衍生物、淀粉衍生物、酪蛋白等。

表 1-3　聚合物胶束作为药物载体特点

项　目	特　点
临界胶束浓度	临界胶束浓度(CMC)较低,具有高度的热力学和动力学稳定性。即使在 CMC 以下也不易破坏,具有很高的耐血液稀释能力
亲水的表面	聚合物胶束亲水的表面,能够防止血浆中调理素的吸附,从而躲避网状内皮系统(RES)的识别与吞噬,易于实现长循环;疏水的内核作为难溶性药物的储存器,具有较高的药物负载能力
聚合物胶束粒径	聚合物胶束粒径小且分布窄,不被肾排泄,不易被网状内皮系统吞噬,无法进入细胞间紧密连接的正常组织,但可通过 EPR 效应穿透肿瘤部位的毛细血管壁进入肿瘤组织,在肿瘤部位蓄积并释药,从而达到被动靶向作用
包裹药物	聚合物胶束包裹药物,具有缓释功能,使药物在体液中的浓度得到控制,降低药物的不良反应
表面修饰	对聚合物胶束表面进行修饰(如接入配体或抗体),或应用温敏性材料、pH 敏感性材料制备聚合物胶束,可达到主动靶向作用

1. 壳聚糖

利用壳聚糖上的氨基、羟基的反应活性,在壳聚糖上引入侧链,如在 2 位 NH_2 上引入长链的烷基、酰基等(一般为 8～18 碳链)等疏水基,以及进行羧甲基化、琥珀酰化、季铵化、聚乙二醇(PEG)化等亲水改性,6 位 OH 上引入磺酸基、羧甲基、羟乙(丙)基等亲水基。通常改性后的壳聚糖形成氢键的能力降低,在水中溶解性增加,在有机溶剂中的溶解性改善。用 PEG 接枝壳聚糖制备了载有甘草酸二铵的聚离子复合物胶束,平均粒径为 21.6 nm 左右,胶束在室温下可以稳定储存。载药胶束的释放机制主要为由离子交换诱导的溶胀和扩散。

羧甲基壳聚糖(在壳聚糖的 6 位 OH、2 位 NH_2 上引入羧甲基)与辛醛反应得到 N-辛醛-O,N-羧甲基壳聚糖(OCC)(调节疏水烷基取代度在 37.9％～72.1％),采用透析法制备紫杉醇 OCC 载药聚合物胶束,当疏水烷基取代度为 58.6％时,对紫杉醇的载药量高达 34.4％,包封率达89.3％,远远高于国内外报道的最高水平。随着疏水烷基取代度的增加,胶束粒径略有减小,药物 15 天累计释放量为 60％～95％,且随着疏水烷基取代度的增加,药物释放速度更加缓慢。

两亲性的 N-胆甾醇琥珀酰基-O-羧甲基壳聚糖(CCMC)包载紫杉醇,载药量高达 34.9％,在水性介质中能形成均一分散的胶束溶液,呈规则球形状态,紫杉醇 CCMC 纳米胶束在中性磷酸盐缓冲液中释放较慢,而在偏酸性或碱性溶液中,释放速度有所增加。

N-辛基壳聚糖衍生物(壳聚糖与正辛醛反应,加用硼氢化钠氢化制备)与环氧乙烷反应生成 N-辛基-O,N-羟乙基壳聚糖(OGC)。将水飞蓟素(SM)的乙醇溶液加到 OGC 的水溶液中采用透析法制得 SM-OGC 球形大小均一纳米胶束,载药胶束粒径为(162.4±3.0)nm,SM 的包封率为(39.17±0.98)％,SM-OGC 胶束在肠道吸收水平显著提高。

通过脂肪酸与醋酸酐反应分别得到硬脂酸酐、棕榈酸酐、辛酸酐,以及取代度为 0.9％～29.6％的两亲性壳聚糖衍生物。硬脂酸酐与壳聚糖摩尔分数越高及酰基基团的链越短,酰化壳聚糖衍生物的取代度越大。壳聚糖衍生物胶束为粒径在 140～278 nm 的球形,临界胶束浓度可以达到 1.99×10^{-3} mg/mL,具有很高的耐稀释能力。

壳寡糖链上的氨基和硬脂酸的羧基反应,形成低聚硬脂酸壳聚糖共聚物,这种共聚物能够在水溶液中自发形成胶束,粒径为(32.7±0.1) nm,并将多柔比星化学结合到共聚物胶束上,当载药量为 3％～10％时,其粒径在 30～110 nm 内。顺式乌头酸具有一定的 pH 敏感性,药物的释放速度随着释放介质 pH 的减少而增加,这种释放行为有利于药物靶向肿瘤部位。

2. 葡聚糖

单糖、葡萄糖聚合成高聚物葡聚糖,葡聚糖具有良好的生物相容性和可降解性,葡聚糖的主链上含有大量的可反应基团,易于改性。其中 β-葡聚糖最具生理活性,能够活化巨噬细胞、中性白血球等,因此能提高白细胞素、细胞分裂素和特殊抗体的含量,全面刺激机体的免疫系统。

通过氧化葡聚糖得到亲水性葡聚糖缩醛,然后接枝疏水性胆固醇,得到的两亲性聚合物可以自发形成 pH 响应性胶束。同时氧化后的葡聚糖由于醛基的活性,可以进行进一步的接枝改造。

以葡聚糖为原料可合成具有良好生物相容性的葡聚糖接枝聚乳酸(DEX-g-PLA)共聚物,制备的 DEX-g-PLA 球形纳米胶束粒径在 50～190 nm 之间,其有效直径随聚乳酸含量的增大而增大。载药纳米胶束对疏水性维生素 B_2 的缓释效果明显优于亲水性的 5-氟尿嘧啶。

通过葡聚糖偶联聚己内酯(PCL)和甲基聚乙二醇(mPEG)链,得到了不同接枝率的双亲性共聚物,可以作为潜在的药物载体。共聚物能够形成稳定的壳核结构的胶束,疏水的 PCL 链形成了中心核,亲水的 mPEG 链形成外部的壳,葡聚糖由于接枝了 PCL 链,其亲水性大大降低,在胶束壳、核结构中都出现。临界胶束浓度和 mPEG、PCL 的取代度有关。

3. 纤维素

将乙基纤维素(EC)接枝聚苯乙烯(PS),EC 易溶于丙酮,PS 不溶于丙酮,在丙酮溶液中,共聚物能形成以 PS 为核、EC 为表层的胶束,采用较长的 PS 链时,当聚合物浓度为 0.002～0.05 mg/mL 时共聚物能够形成半径 50～350 nm 的胶束,胶束的尺寸随着共聚物浓度的增加而增加。采用稍短 PS 链时,聚合物在低浓度(≤0.002 mg/mL)时,形成单分子胶束,在高浓度(≥0.02 mg/mL)时形成多分子胶束,在其他选择性溶剂中,可以形成乙基纤维素接枝聚苯乙烯的单分子和多分子胶束。在采用更短 PS 链时,聚合物较难聚集形成胶束,当浓度达到 0.05 mg/mL 时,聚合物形成独特的项链状的胶束。羟乙基纤维素(HEC)可和聚 N-异丙基丙烯酰胺(PNIPAAm)共聚制备成具有温敏性的嵌段、接枝共聚物胶束。聚 N-异丙基丙烯酰胺链段在水溶液中随着水溶液温度升高其溶解性下降,达到临界胶束浓度时,则形成具有壳核结构的胶束。

4. 酪蛋白

酪蛋白是主要的牛奶蛋白质,是一些含磷蛋白的混合物,酪蛋白分子中有较多的脯氨酸残基,既含有亲水性氨基酸,又含有疏水性氨基酸,酪蛋白大分子相当于两亲性嵌段型共聚物,在溶液中较易形成胶束,可用于包载水不溶性药物。

在 20～70 ℃内,加热会导致酪蛋白胶束解离,其平均流体学半径(Rh)值逐渐减少,在冷却过程中,酪蛋白溶液在低浓度时为热可逆体系,高浓度时为热不可逆体系。酪蛋白胶束的 R_h 随蛋白浓度及离子强度的增加呈先减小后增大的趋势。当 pH 值为 6~8 时,酪蛋白胶束的 R_h 随 pH 值增加而先增后减,并在 pH 值为 7.0 附近到达最大。

5. 淀粉

淀粉的疏水改性主要是通过酯化反应(在淀粉分子链中引入烷基脂肪酸或烯基琥珀酸基团),对淀粉进行疏水化改性,以破坏分子间的氢键,提高淀粉的溶解性。疏水化改性的淀粉可以作为自组装生物高分子,用于包载水难溶性生物活性物质(如水难溶性药物姜黄素)。疏水化改性淀粉(HMS)是一类食品级的两亲性材料,通过蜡质玉米淀粉和聚辛烯基琥珀酐合成。HMS 包载的姜黄素具有更高的抗癌活性。

1.4.9 微球

微球(microsphere)一般是指药物溶解或者分散在高分子材料基质中形成的微小球状结构,粒径在 1~250 μm 之间,使用方式多样,如关节腔给药、皮下埋植、口服、注射、滴鼻等。利用天然高分子材料制备的可降解药物控释系统性能优异,在提高疗效、掩盖药物不良口味、增加药物稳定性、减少给药次数、降低毒副作用、减少药物刺激、控制药物释放速度等方面效果显著。微球输送体系因表面积比较大,载药量增加,和黏液具有较高的亲和性,可以增加药物吸收和靶向性,利于黏膜如眼睛、鼻腔、泌尿系统和消化系统等部位的给药。

1. 丝素蛋白

丝素蛋白(fibroin protein)是生丝的主要成分,其多肽链在稀水溶液中呈无规则线团状,具有良好的生物相容性和生物可降解性,不易引起机体免疫反应等特点,可作为药物缓释载体材料。采用喷雾干燥的方法可制备成大小在 2.0~10 μm、粒径分布不均一的丝素蛋白微球。

2. 白蛋白

白蛋白(albumin)又称清蛋白,主要存在于哺乳动物、细菌、霉菌和植物中,呈球状,能溶于水。白蛋白微球制剂是人或动物血清白蛋白与药物一起制成的一种制剂。20 世纪 60 年代含 γ 射线源的人血清白蛋白微球(直径 5~15 μm)就已用于检查肺循环异常现象,利用白蛋白制备的微球释放药物有延缓临界释放和快速释放阶段,影响药物释放的因素较多,主要影响因素有微球中药物分布、药物的相对分子质量及浓度、微球的尺寸、微球与药物的作用、介质的酸碱性及温度等。

3. 淀粉

淀粉(starch)是由葡萄糖构成的天然高分子材料,不溶于水,与水接触后易膨胀。淀粉的非刚性性质使其具有了结构的可变性,这有利于它在人体内的分布和靶区的浓集。淀粉微球作为鼻癌治疗中药物的载体材料应用十分广泛。通过环氧氯丙烷、偏磷酸盐、乙二酸盐和丙烯酰胺类化合物等小分子交联剂的作用可以制备淀粉微球,淀粉微球的载药主要靠溶胀、吸附和交联三种方法。

4. 甲壳素和壳聚糖

甲壳素主要存在于无脊椎动物如昆虫、蟹虾、螺蚌中,是自然界中存在量仅次于纤维素的多糖,壳聚糖(chitosan)是甲壳素的脱乙酰基衍生物,具有生物相容性好、毒性低、生物可降解、可被吸收利用的特点,以及抗酸、抗溃疡,减缓药物对胃的刺激等能力,是理想的药物载体材料。采用化学交联、盐析、喷雾干燥等方法均可以制备壳聚糖微球。

5. 胶原蛋白和明胶微球

胶原蛋白(collagen)也称作胶原,是纤维状糖蛋白质,结构呈螺旋形,胶原水解可得到明胶。明胶微球(gelatin)是目前动脉栓塞的主要材料,其栓塞时间从数日到数周不等,是一种中效栓塞剂,可在一般的血管造影导管内快速注射。临床上常用已商品化的直径 $150 \sim 300~\mu m$ 的三丙烯基微球作术前栓塞脑膜瘤的供血动脉,术中止血效果优于同样粒径的 PVA 微球。明胶微球在末梢动脉栓塞中性能较其他材料优异,如微球直径在 $300 \sim 500~\mu m$ 时对椎动脉、支气管动脉选择栓塞效果较好。羟基喜树碱、甲氨蝶呤、丝裂霉素、5-Fu 等药物可以制成粒径均匀的明胶微球,这些微球的理化性质优良,在体外、体内抗瘤实验中均取得了良好的效果。

6. 透明质酸

透明质酸(hyaluronic acid,HA)分子中含有大量的羧基和羟基,是酸性黏多糖类大分子物质,在水溶液中可形成分子内和分子间氢键。可以采用溶剂挥发法、喷雾干燥法制备透明质酸载药微球。如硫酸庆大霉素的释药微球可以采用透明质酸为载体经溶剂挥发法制得,微球药物硫酸庆大霉素的包封率和粒径尺寸分别为 46.9% 和 $(19.91 \pm 1.57)~\mu m$,该药物微球在体外释放实验中可以持续 5 h。

7. 酪蛋白

牛奶总蛋白质中酪蛋白(casein)的含量约为 82%,有一定的吸湿性,在有机溶剂及水中溶解性不好,但是溶于浓酸、稀碱。利用戊二醛交联载体酪蛋白可以制成酪蛋白载药微球,如茶碱-酪蛋白载药微球,粒径尺寸为 $710 \sim 850~\mu m$,茶碱包封率可以达到 54%,在模拟胃液的环境中,最长释放时间达到 24 h。孕酮-酪蛋白载药微球尺寸大小分布在 $100 \sim 200~\mu m$,孕酮的包封率可以达到 61%,在体外磷酸缓冲液中 30 天,药物释放了约 64%。

8. 海藻酸盐

天然线型多糖海藻酸钠可溶于不同温度的水中,溶于乙醇、乙醚及其他有机溶剂,稳定,无毒,成膜性或成球性较好。利用乳化-交联法制备的 DNA 疫苗海藻酸钠微球,其粒径在 $(12.03 \pm 6.9)~\mu m$,载药量为 5%,包封率为 56%,药物释放可维持 10 天。

9. 玉米醇溶蛋白

玉米醇溶蛋白(zein)的氨基酸组成决定了它不能溶于水,但可溶于一定浓度的乙醇水溶液,高浓度的尿素、强碱溶液和阴离子去垢剂的溶液中。在老鼠糖尿病模型中,胰岛素-玉米醇溶蛋白微球给药使胰岛素有效血药浓度维持时间长于单独注射胰岛素。玉米醇溶蛋白制备成的载药蛋白粒径在 $1 \sim 20~\mu m$ 之间分布不等,微球作为缓释药物的载体材料用于口服给药,药物存在突释效应,突释后进入 $50 \sim 80$ h 缓释期,药物释放均表现为不完全释放。

10. 天然高分子材料纳米颗粒

基于天然高分子材料(如壳聚糖、淀粉等)的纳米颗粒基因载体具有小尺寸效应、量子尺寸效应和宏观量子隧道效应,呈现出许多奇特的物理化学性能,纳米基因载体具有免疫原性低、低毒、装载容量大、制备简单等优点。天然高分子材料(如壳聚糖、淀粉等)纳米颗粒基因载体在人体内较容易降解,且基本不产生免疫原性。纳米-DNA 复合物表面带有阳离了,可与细胞膜上带有负电荷的糖蛋白及磷脂发生静电作用而吸附于细胞膜表面,然后通过胞吞作用(对复合物中 DNA 或载体的放射性标记实验证实为胞吞作用)进入细胞。

壳聚糖纳米颗粒具有安全无毒的优良特性,通过修饰改性可增加壳聚糖纳米颗粒的疏水性,改善壳聚糖纳米颗粒的水溶性,强化壳聚糖的质子海绵作用,采用与配基交联等方法可提高壳聚糖纳米颗粒的转染效率。

淀粉已被广泛应用于药物载体,用 W/O 型微乳法制备球形直链淀粉纳米颗粒,直径为 (45±0.80) nm,纳米颗粒浓度为 1000 μg/mL 时,细胞仍然具有 100% 的存活率。利用反向微乳液法制备直径为 50 nm 左右的带负电荷的淀粉纳米颗粒,然后用多聚赖氨酸进行修饰,赖氨酸淀粉纳米颗粒具有基因装载量多、转染率高、细胞毒性低以及可生物降解等优点,可作为基因载体。

1.4.10　油田钻井液

天然高分子碳水化合物原料可再生、价格低廉、可生物降解,具有低浓度的高溶胀性、高效悬浮性、高假塑性、耐高温等特性,已经广泛应用于油田钻井液开发应用的各个环节,如天然高分子化合物作为油田堵水剂不仅改善了注水井的吸水剖面和驱替效果,扩大了油井的见效层位和方向,而且从整体上提高了原油采收率。英国、美国、挪威、加拿大等国已经有了从油气井钻井液中利用天然高分子聚合糖的产品,江苏油田在油田钻探环节也已经有了杂多糖产品的应用,在环保性、经济性上效果显著。

1. 淀粉

淀粉因为其价格低廉、来源广泛、可降解的优势,在石油生产中被广泛作为油污水处理剂、调剖堵水剂、石油钻井液等使用。油田化学品中应用淀粉的研究已有 50 多年的历史,化学改性淀粉在苛刻的盐环境中不会水解,具有强的抗盐性,可以被制成岩性堵剂,来提高原油采收率,是饱和盐水钻井液理想的降滤失剂。醚化改性淀粉(如淀粉与氯乙酸在碱性条件下醚化可得羧甲基淀粉(CMS))作为钻井液降滤失剂时抗盐能力强,常用于淡水、盐水、饱和盐水和低固相钻井液的降滤失。此外,羧丙基淀粉(淀粉与环氧丙烷在碱性条件下制备)抗盐、抗金属离子的能力远大于羧甲基淀粉。

淀粉接枝共聚物有淀粉与丙烯酰胺、丙烯腈、丙烯酸、阳离子单体等的接枝共聚物,淀粉接枝产物保持了淀粉的抗盐性,还具有抗温能力,在淡水、盐水、饱和盐水和复合盐水钻井液中均具有较强的降滤失、抗盐、抗温能力,可作为钻井液降滤失剂。如淀粉接枝丙烯腈聚合物再经碱性水解转化得到强亲水性酰胺基和羧酸钠基,具有吸水膨胀的特性(膨胀率大于 50 倍),凝胶后堵剂黏度高(最高可达 500 Pa·s),热稳定性好,适于 60~120 ℃ 高渗透地层油田堵水调剖,已广泛应用于油田领域。淀粉接枝丙烯酰胺共聚物(SPA)在成胶温度较低时,可加入促凝剂缩短成胶时间,这种堵水调剖剂强度高、耐冲刷、热稳定性及选择性堵水作用好。在淀粉与丙烯酸、丙烯酰胺的接枝改性产物中引入磺酸基团,产物在抗钙镁、抗盐、抗温等方面能力突出。阳离子单体接枝淀粉改性产物在抗高价离子污染、抗温、抗盐、吸附页岩表面、抑制页岩膨胀分散等方面性能优良,适宜作为钻井液处理剂。淀粉还可以利用通过光、热、电等物理手段或酶法进行改性,得到预糊化淀粉、分离淀粉、酶降解淀粉等,作为钻井液的处理剂,具有非常广阔的发展前景。

2. 纤维素

纤维素分子中的羟基可以通过接枝、酯化、醚化、氧化等化学反应,将功能基团引入纤维素,得到改性纤维素。纤维素衍生物在石油工业中广泛作为稠化剂、降失水剂、增黏剂、降滤失剂等产品使用,如非离子型的羟乙基纤维素具有较强的耐盐性能,在岩石孔道中能对水产生较强的亲和能力,能降低多孔介质的水相渗透率,或者作为调剖剂将其溶液在地下交联形成冻胶封堵裂缝及高渗透层带。

在一定条件下,水溶性聚合物羟丙基纤维素(HPC)和表面活性剂十二烷基硫酸钠(SDS)

的淡水溶液与盐水混合,聚合物水溶液立即从透明、低黏度的流体变成晶莹的盐致冻胶堵剂,这种冻胶可有效地将纵向和横向的盐水渗透率降低 95% 以上。

纤维素改性产物(中、高黏度型)具有较长的分子链和较大的分子间相互作用力,能在长分子链之间形成网状结构,可很大程度上提高钻井液的黏度。

3. 生物聚合物

1)植物胶

天然高分子聚合物植物胶是由含半乳糖、甘露糖的豆科植物的胚乳加工制成的白色粉末。油田堵剂目前应用最多的为瓜胶,瓜胶因其优异的性能、低廉的价格成为目前已知的水溶性最好的天然高分子材料之一,瓜胶在钻井液中可保持体系具有适当的黏度和切力,通过向瓜胶液中加入适当的交联剂和处理剂,使其发生交联作用、桥接作用和水化作用,使胶粒变得更为致密。如用环氧乙烷、环氧丙烷或氯乙酸钠处理可得到改性瓜胶,改性瓜胶(如羟丙基瓜胶)对盐的配伍性比瓜胶要好,它在较低的温度下水合速度较快,同时还具有较高的热稳定性和较小的生物降解性。

2)黄原胶

高分子链状多糖聚合物黄原胶(XG)可用作增稠剂、乳化剂、稳定剂、成型剂和悬浮剂,在油田开发中,黄原胶可应用于钻井、完井、调剖堵水及三次采油,低浓度的黄原胶溶液有较高的黏度并且流变性较好,对钻井液的流变性能、黏度都有较好的控制作用。黄原胶的盐溶液具有较强的抗温性,是优良的增黏剂。黄原胶作为增黏剂具有较好的乳化稳定性且提黏效果优于其他增黏剂。黄原胶在抗剪切、抗盐、抗温、增黏方面的性能优于变性淀粉、聚丙烯酰胺及其部分水解物等,更适合应用于油田,作为钻井液,特别适合用于海洋、高卤层油田开采。此外,黄原胶具有优良的分散性和兼容性,所配制钻井液无固相残渣,且乳化悬浮性能好,溶液均匀,还能与多种物质(如酸、碱、盐、表面活性剂和其他生物胶等)配伍,应用广泛。黄原胶作为钻井液的增黏剂已被日益增多的油田钻井公司所使用,如辽河石油勘探局钻井二公司、中国石油长城公司等。

3)硬葡聚糖

硬葡聚糖是一种非离子型水溶分散性多糖,相对分子质量大,在水溶液中呈刚性棒状,由于具有良好的热稳定性、耐温性、耐盐、耐剪切、强增稠能力和抗剪切性能,在钻井液等方面有很好的应用前景,最常用的硬葡聚糖堵剂为冻胶体系。

在钻井液中,随着 NaCl 浓度的增加,硬葡聚糖的黏度变化比黄原胶小,且其 pH 值的适应范围广,最高可达 12。由于它可用于高温(70~130 ℃)、高矿化度、高 pH 值及高剪切下堵水,因此既可应用于注水井,也可应用于生产井,进行近井地带或油层深层调剖。重铬酸盐可把硬葡聚糖上的羟基氧化成羧基后,与 Cr^{3+} 交联而形成冻胶,以阻止水进入生产井,从而降低产出液的含水量。由于硬葡聚糖具有降低失水量、增黏、抑制黏土膨胀等作用,可应用于恶劣条件的钻井。

4. 甲壳素/壳聚糖类

壳聚糖分子链中含有大量反应性基团($-NH_2$、$-OH$),在酸性溶液中会形成高电荷密度的阳离子聚电解质。甲壳素与壳聚糖无毒,无害,易于生物降解,不污染环境,在钻井液中主要用于絮凝和废弃钻井液的处理。

壳聚糖类絮凝剂已成功用于油田废弃钻井液的固液分离处理,利用聚丙烯酰胺接枝合成得到聚壳糖接枝聚丙烯酰胺,得到的壳聚糖类改性高分子具有絮凝效果好、制备简单、用量少、效果显著、综合性价比高的特点,具有与聚乙烯亚胺(PEI)相似的反应机理。壳聚糖类改性凝胶作为油田堵水剂使用,测试效果十分理想,如聚丙烯酰胺-壳聚糖共聚物凝胶作为高效堵水剂使用,具有较好(耐120 ℃高温)的热稳定性。

5. 木质素类

木质素来源广泛、价格低廉、可生物降解、对环境无污染,被广泛用于钻井液处理剂的制备,是目前国内外用途较广、种类最多、价格较低的钻井液处理剂。

以木质素磺酸钙为主要原料,通过甲醛缩合、接枝共聚、金属配合及磺化处理等一系列改性反应,制备的降黏剂在抑制性、抗盐、抗高温等方面性能出众。

2-丙烯酰胺-2-甲基丙磺酸、丙烯酰胺、木质素磺酸钙的接枝改性产物,在钻井液中抗钙污染、耐温、降滤失作用等方面性能优良,并且适用于复合盐水、饱和盐水及淡水环境。

1.4.11　胶黏剂

1. 蛋白质胶黏剂

蛋白质经过接枝、化合、复合及物理改性等多种工艺技术处理可制得多种用途的优质蛋白质胶黏剂,大豆资源丰富、可再生、价格低廉、容易获得,制成的蛋白基胶黏剂环保性能优异。在大豆基胶黏剂的制备过程中,对大豆产品进行改性,使其具有天然高分子合成树脂的性能,可直接用作木材胶黏剂。把多巴胺接到大豆分离蛋白上,大豆基胶黏剂的黏接强度和耐水性有较大提高,将大豆榨油后残留的豆粕制成生物基胶黏剂,可用于人造板的制造。

小麦深加工的副产品谷朊粉具有黏弹性、伸长性、薄膜成型性和吸脂乳化性等独特性质,谷朊粉改性后力学强度高、黏接强度大,可用于各种热塑产品、胶黏剂、包裹材料。如小麦面筋蛋白通过十二烷基硫酸钠进行化学改性,可提高黏接强度和耐水性。

花生蛋白粉用碱、十二烷基苯磺酸钠、尿素、氢氧化钙进行改性,合成改性花生蛋白胶黏剂,黏接性能良好。微波改性花生蛋白可用作啤酒瓶标签胶黏剂。

废弃的动物皮革和腐烂变质的骨头熬制的动物胶,不能用于食品业,只能用于工业,统称为工业明胶,一般用于家具、木材加工、胶黏带等。骨胶是利用动物骨头、皮及肌腱等人不能食用的部分,经简单处理而得到的一种胶黏剂,具有比合成高分子材料更好的生物相容性和可降解性,在食品、医学、化妆品、饲料、农业、皮革等行业占有很重要的地位。但其常温下呈凝胶状态、使用前需加热熔融、贮存稳定性差等,限制了其应用。戊二醛作为接枝改性剂可制备改性骨胶黏合剂,所得改性骨胶黏合剂的剪切强度为10.7 MPa,并具有良好的热稳定性能。

血胶也是最早被用于胶合板生产的动物胶。血球蛋白粉是新鲜动物血液经过抗凝处理后,将血浆从血液中分离出去,经过压缩和低温保存,采用瞬间高温喷雾干燥方法制成的一种褐色粉末状产品,在胶合板生产中可以根据生产需要随用随配。

2. 淀粉基胶黏剂

淀粉基胶黏剂是以淀粉为基料,加入交联剂、氧化剂等添加剂制成的,主要用于纸张、包装材料、瓦楞板及木材工业等。传统的淀粉基胶黏剂,不能用于人造板的胶接,必须用物理、化学或生物方法对淀粉的黏度、溶解度等性能进行改进。研究发现,淀粉分子中存在糖苷键和活性羟基,可以用氧化、酯化、交联等化学改性方法激活淀粉的活性,能使其克服黏接强度低、初黏性小、耐水性差和干燥速率慢等缺点。淀粉纸箱胶黏剂是一种玉米变性淀粉黏合剂,配制的胶水透明,干燥速度快。

3. 生物分泌物胶黏剂

动植物的分泌物成分复杂,一般经过处理后都可以成为良好的胶黏剂,且大部分可用于食品中,表 1-4 介绍了几种常见类型。

表 1-4 生物分泌物胶黏剂

类型	来源	特点
虫胶	虫胶是寄生在寄主植物上的紫胶虫吸取树液,分泌出来的一种紫红色胶质物质,是桐油酸、虫胶酸等组分形成的天然缩合物	虫胶的加工过程如下:首先将虫胶溶于碳酸钠溶液,然后经过活性炭或次氯酸钠脱色处理,经过沉淀、分离、干燥等步骤得到粒状、片状产物。其黏着力强,光泽好,对紫外线稳定,电绝缘性能良好,兼有热塑性和热固性,对人无毒、无刺激,广泛用于国防、电气、涂料、橡胶、塑料、医药、制革、造纸、印刷、食品等领域
黄原胶	黄原胶是一种由假黄单胞菌属发酵产生的单孢多糖	黄原胶可以溶于冷水和热水中,黏度高,可以用于日用化工、食品、医药、采油、纺织、陶瓷及印染等领域。使用浓度为 1.5 g/L 硫代硫酸钠处理黄原胶时,耐热稳定性提高了 1.85 倍
阿拉伯胶	阿拉伯胶是非洲豆科类植物因创伤或逆境引起的树干分泌物,因多产于阿拉伯国家而得名,有着复杂的分子结构,主要包括树胶醛糖、半乳糖、葡萄糖醛酸等,其应用至今已有几千年的历史	阿拉伯胶是目前国际上最为廉价而又广泛应用的亲水胶体之一,可用作黏合剂、成膜剂等。张建荣等研究发现,其溶解性较好,随着浓度的增加,黏度亦增大;pH 值变化时,阿拉伯胶黏度几乎保持恒定,同时有较好的保持香气的能力
桃胶	桃胶是由桃树上分泌的桃树油经进一步反应得到的浅黄色黏稠状液体物质,经过干燥、粉碎得到浅黄色、透明、固体颗粒状天然树脂,具有与阿拉伯胶大致相同的组成	桃胶的主要成分是多糖、蛋白质等,通过风干、脱水等处理变成的固态物质称为原桃胶。原桃胶经去杂、水解或改性、干燥等工艺处理后所得产品为商品桃胶。商品桃胶已被用于食品、医药、化妆、印刷、纤维等轻化工领域,常作为进口阿拉伯胶的代用品。尹楠等研究发现桃胶在某些性能上优于阿拉伯胶
卡拉胶	卡拉胶是从某些红藻类海草中提炼出来的亲水性胶体,化学结构是由半乳糖及脱水半乳糖所组成的多糖类硫酸酯的钙、钾、钠、铵盐。卡拉胶的反应活性主要来自半乳糖残基上带有的半酯式硫酸基($ROSO_3^-$),由于其中 $ROSO_3^-$ 结合形态的不同,可分为 K 型、I 型、L 型(见图 1-4)	卡拉胶稳定性强,干粉长期放置不易降解。它在中性和碱性溶液中也很稳定,即使加热也不会水解,但在酸性溶液(当 pH≤4.0)中易发生酸水解,凝胶强度和黏度下降。K 型卡拉胶因具有优良的热可逆凝胶、抗蛋白凝结、亲水无毒等独特性能,在食品、化工、包装、医药和生物工程等领域应用广泛

续表

类型	来　　源	特　　点
松香胶	松香胶是以松香为基体,松香是松香树脂除去松节油后的产品。广泛用于造纸行业	松香/阳离子无皂苯丙聚合物复合乳液产品具有工艺简单、投资低、成本低且性能优良的特点
冷杉胶	冷杉树脂经提取、分离加工可得到冷杉胶,采用加压蒸馏、低温干馏、蒸汽蒸煮等方法提取冷杉树脂,进一步提取冷杉胶,效果好	冷杉胶在光学用胶中大量应用。按使用要求可分为普通、改性和液体冷杉胶三种。改性冷杉胶是在普通冷杉胶中添加一定数量的增塑剂,可满足精密光学仪器零件的胶接要求。在普通冷杉胶中添加 $14\%\sim20\%$ 的增塑剂时,可提高抗寒性能,作为特殊光学胶件胶接剂

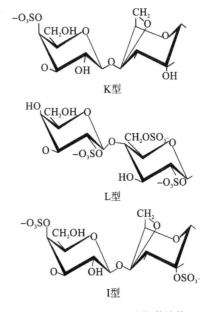

图 1-4　卡拉胶的三种化学结构

1.4.12　天然高分子表面活性剂

　　表面活性剂具有洗涤、分散、乳化、降低表面张力的作用,表面活性剂是一类分子中既有亲水基又有疏水基,能富集于界面并降低界面张力的物质,广泛用于纸张增强剂、乳化剂、增黏剂、絮凝剂、分散剂等领域。作为新型高分子表面活性剂的原料,淀粉、纤维素和壳聚糖等具有的可生物降解性、环境友好性、生物相容性及安全性是石油化工原料无法比拟的。

　　1. 淀粉衍生物表面活性剂

　　淀粉分子因为含有众多羟基而具有亲水性,如果将亲油性基团引入淀粉结构中,则可以得到同时具有亲油、亲水的结构,成为具有一定表面活性的材料。这类材料作为表面活性剂具有优良的成膜、增溶、增稠、乳化、分散、使用安全、可生物降解等性能。通过对淀粉进行改性制备羧甲基淀粉、两性改性淀粉、淀粉酯类等淀粉衍生物表面活性剂,淀粉水解产物葡萄糖,经过改性处理也可以制备山梨醇类、烷基糖苷类和葡糖胺类表面活性剂(表 1-5)。

表 1-5　淀粉直接利用制作表面活性剂

分　　类	特　　点
淀粉酯类表面活性剂	取代度高的辛烯基琥珀酸淀粉酯可作为高品质的表面活性剂使用,可实现低水溶性药物分散。十二烯基琥珀酸淀粉酯具有较好的耐剪切力,可用作增稠剂
羧甲基淀粉	羧甲基淀粉(CMS)是一种可溶于冷水的阴离子型淀粉醚,具有易糊化、透明度高、耐酸碱等优良性质,可作为增稠剂、稳定剂、乳化剂等,被广泛用于洗涤用品、制药、食品、印染等行业
两性改性淀粉	在弱碱性条件下用次氯酸钠将淀粉氧化后,再用 3-氯-2-羟基丙基十二烷基二甲基氯化铵进行疏水改性,可得到含季铵基团的两性淀粉,在水中易自聚集
山梨醇类	山梨醇酐脂肪酸酯是一种优良的表面活性剂,可以采用脂肪酸和山梨醇发生酯化反应制备
烷基糖苷类	烷基糖苷(APG)的主要原料是淀粉及其水解产物,是葡萄糖的半缩醛羟基与脂肪醇羟基,在酸的催化下失去一分子水而得到的产物,是一种新型非离子表面活性剂
葡糖胺类	葡糖胺(GA)在生物降解性、刺激性、生理性能等方面性能优良,葡糖胺二乙酸有较好的洗涤能力,在一定范围内 Na_2SO_4 与葡糖胺二乙酸共同使用时,去污能力有所提高,同 STPP 相比可减少用量

2. 纤维素衍生物表面活性剂

纤维素结构的单元糖环上具有 3 个活泼的羟基,可以发生降解、酸解、交联、酯化、接枝、氧化、醚化等系列反应。在纤维素分子上同时引入亲水性和疏水基团,可以破坏大分子间的氢键作用力,阻止其结晶,从而溶于水,制备高分子表面活性剂。反应改性方法有大分子反应和接枝共聚等。

纤维素类表面活性剂主要有含长链烷基纤维素类表面活性剂、含碳氟基团纤维素类表面活性剂、双亲链段纤维素类表面活性剂、含多环芳基疏水链纤维素类表面活性剂。

将疏水性长链烷基引入到一般水溶性纤维素衍生物(如甲基纤维素、羟乙基纤维素)中,可得到具有表面活性的含长链烷基纤维素类高分子表面活性剂。含长链烷基纤维素类表面活性剂中引入烷基疏水链的长短、数量以及所用原料和改性剂种类对含长链烷基纤维素类表面活性剂的性能有很大的影响。疏水基碳数的增加在引起产物的临界聚集浓度值下降的同时,也会在一定程度上导致溶液表面张力的增大。含长链烷基的纤维素类表面活性剂由于其溶液中疏水效应的影响,其溶液还具有独特的增黏性、耐盐性和抗剪切稳定性。苯乙烯(4%)、十六烷醇丙烯酸酯(4%)、羟乙基纤维素经紫外光作用发生共聚反应,可以制备表面活性优良的纤维素衍生物。2-羟基-3-(N,N-二甲基-N-十二烷基胺基)丙基纤维素硫酸酯在水溶液中的表面张力低于其原料纤维素硫酸酯。

含碳氟基团的纤维素衍生物表面活性高,并且性能独特,如具有优良的热稳定性、化学稳定性,能降低水表面张力等,因为碳氟链的表面能、内聚能均较小,疏水性优于碳氢链,所以该类衍生物的表面张力、临界胶束浓度均小于碳氢类衍生物。含碳氟基团的纤维素衍生物可以通过水溶性羟乙基纤维素与疏水性改性剂(如 1,1-二氢全氟烷基对甲苯磺酸酯、1,1-二氢全氟烷基缩水甘油醚等)反应制备。

含双亲链段纤维素类表面活性剂可以通过降解形成大分子游离基,再引发具有双亲结构的表面活性剂大单体反应来制备,也可以通过先将纤维素溶解再反应的方法制备。如纤维素高级脂肪酰化后再磺化制备具有双亲功能的纤维素衍生物。高分子表面活性剂羧甲基纤维素(CMC)-十二烷基醇聚氧乙烯醚丙烯酸酯共聚物,亲水和疏水链段的引入使共聚物分子聚集形成了以疏水链段为核心的棍状胶束,其中 CMC 链段保证了共聚物的增黏性能,双亲性嵌段赋予共聚物优良的表面活性。

3. 壳聚糖类表面活性剂

壳聚糖的水溶性可以经过壳聚糖的季铵化、羧甲基化、酰化、磺化等化学反应进行改善,这些水溶性壳聚糖衍生物可以用于表面活性剂的制备。

1) 非离子型表面活性剂

壳聚糖溶于冰醋酸后,将该溶液与磷酸进行化学反应,制备 N-亚甲基磷酸壳聚糖衍生物,该壳聚糖衍生物的溶解能力得到了显著提高,进一步与烷基链发生接枝反应可以制备表面活性剂。

壳聚糖基高分子活性剂还可以向壳聚糖分子结构中引进疏水基来制备,疏水基可通过壳聚糖的酰化改性的方法来引入。如通过羧酸酐与壳聚糖反应,得到带有硬脂酰基结构的壳聚糖酰基化衍生物,在水中可自组装成粒径为 $140\sim278$ nm 的球状胶束。在碱性条件下用琥珀酰基壳聚糖与丁基缩水甘油醚进行改性反应,可得到表面活性良好的壳聚糖衍生物。

2) 阴离子型表面活性剂

油酰基羧甲基壳聚糖可以去除废水中的残油,这一产品可以采用酰基化处理羧甲基壳聚糖来制备。羧甲基壳聚糖经过十二烷基缩水甘油醚处理后的衍生物具有降低水溶液的表面张力的特点。

3) 两性表面活性剂

羧甲基壳聚糖与烷基缩水甘油醚反应可以制备系列两亲性壳聚糖衍生物,烷基疏水链碳数的多少对产物的表面活性有显著影响。

壳聚糖经过环氧丙基二甲基十四烷基氯化铵、氯磺酸等试剂处理后可得到具有优良表面活性及吸湿性的两性壳聚糖衍生物,作为表面活性剂在膜材料、医药、环保、化妆品等方面具有较大的应用潜力。

壳聚糖类高分子表面活性剂应用范围广泛。利用壳聚糖月桂酸盐在水溶液中自组织形成的胶束为模板,可以制备具有纳米结构的 ZnS 材料。利用 N-十二烷基壳聚糖醋酸盐/SDS 的良好表面活性,可用于制备皮肤适应性良好的化妆品;N-十二烷基壳聚糖在稀醋酸溶液中的聚集特性可用于药物负载的胶束颗粒,己酸酐等改性壳聚糖生成的酰基化衍生物成功用于含 Cd^{2+} 等重金属离子及正辛酸等脂肪酸的废水处理。

参 考 文 献

[1] 彭伟,周达江,谢家理.改性天然高分子絮凝剂的研究与应用现状展望[J].四川环境,2003,22(1): 18-22.

[2] 何乐,陈复生,刘伯业,孙倩.天然高分子可降解材料的研究与发展[J].化工新型材料,2011,39(5): 4-6.

[3] 张俐娜.天然高分子改性材料[M].北京:化学工业出版社,2005.

[4] 姚健,陶卫东.绿色纤维素醚类热致调光材料的研制及节能效果[J].土木建筑与环境工程,2009,31 (5):95-99.

[5] 张龙彬,王金花,朱光明,等.可完全生物降解高分子材料的研究进展[J].塑料工业,2005,5(33):

20-23.

[6] 贾国雁.羟乙基纤维素对轻涂纸涂料保水性的提高[J].造纸化学品,2009,21(5):28-29.

[7] 黄海金.改性天然高分子絮凝剂的研究与应用进展[J].江西化工,2006,(1):57-60.

[8] 曾德芳,余刚,张彭义,等.天然有机高分子絮凝剂壳聚糖制备工艺的改进[J].环境科学,2001,22(3):123-125.

[9] 王康建,曾睿,但卫华,等.基于天然高分子材料的组织工程化[J].生物医学工程与临床,2009,13(2):161-166.

[10] 王岩,陈复生,刘东亮,等.质构化大豆分离蛋白可生物降解材料研究[J].河南工业大学学报(自然科学版),2005,26(3):9-13.

[11] Hu F Q,Liu L N,Du Y Z,et al. Synthesis and antitumor activity of doxorubicin conjugated stearic acid-g-chitosan oligosaccharide polymeric micelles[J]. Biomaterials,2009,30(36):6955-6963.

[12] 李旭祥,周心艳.改性淀粉絮凝剂处理印染废水[J].化工环保,1994,14(5):313-314.

[13] 杨波,赵榆林.天然改性高分子絮凝剂在污水处理中的应用[J].昆明理工大学学报,2000,25(3):85-87.

[14] 荣利,张彦焘,胡巧红.天然高分子聚合物胶束的研究进展[J].中国现代应用药学,2010,27(13):1182-1187.

[15] 魏玉萍,程发,李厚萍,等.基于天然高分子的聚氨酯材料[J].高分子通报,2004,4:22-29.

[16] 高振华,原建龙,谭海.苯酚液化落叶松全树皮胶粘剂的制备[J].中国胶粘剂,2010,19(12):1-5.

[17] Liu W,Liu R,Li Y,et al. Self-assembly of ethyl cellucose graft-polystyrene copolymers in acetone[J]. Polymer,2009,50(1):211-217.

[18] 吴徵宇.丝素蛋白作为生物医用材料的研究[J].材料导报,2000,14(9):62-64.

[19] 谭玉静,洪枫,邵志宇.细菌纤维素在生物医学材料中的应用[J].中国生物工程杂志,2007,27(4):126-131.

[20] 杨立群,张黎明.天然生物医用高分子材料的研究进展[J].中国医疗器械信息,2009,15(5):21-27.

[21] 唐有根,蒋刚彪,谢光东.新型壳聚糖两性高分子表面活性剂的合成[J].湖南化工,2000,30(1):30-33.

[22] 裴立军,蔡照胜,商士斌,等.表面活性剂,天然高分子表面活性剂的研究进展[J].化工科技,2012,2(6):52-56.

[23] 邱存家,陈礼仪.植物胶的改性及其在钻探工程中的应用[J].成都理工大学学报(自然科学版),2003,30(2):198-201.

[24] 杜冠乐,段凡.天然高分子在油田钻井液的应用研究[J].石油化工应用,2013,32(8):1-4.

[25] 王古月,朱锦,刘小青.化学改性淀粉及木材胶粘剂的研究概况[J].林产工业,2011,38(6):3-7.

[26] 潘虹,程发,魏玉萍.天然高分子用于油田堵水调剖的研究进展[J].高分子通报,2005,12:118-121.

[27] 叶易春.胶原基体表创伤修复膜的研制和性能表征[D].四川大学,2007.

[28] 许杉杉.天然高分子无纺布的电纺制备及其生物物理性能研究[D].北京:中国科学院化学研究所,2009.

[29] 靳钰.静电纺丝法制备壳聚糖纳米纤维及其性能研究[D].北京:北京化工大学,2008.

[30] 赖子尼,崔英德,黎新明.天然高分子改性高吸水性材料研究进展[J].化工时刊,2007,21(1):55-58.

[31] Yu H L,Huang Q R. Enhanced in vitro anti-cancer activity of curcumin encapsulated in hydrophobically modified starch[J]. Food Chemistry,2010,119(2):669-674.

[32] 王磊,徐汉虹,张志祥.可生物降解的天然高分子材料应用于农药的研究现状与展望[J].植物保护,2009,35(5):6-9.

[33] 赖明河,陈向标,陈海宏.天然高分子静电纺纳米纤维的研究进展[J].合成纤维,2013,42(1):30-33.

[34] 陈宗刚.静电纺丝制备胶原蛋白-壳聚糖纳米纤维仿生细胞外基质[D].上海:东华大学,2007.

天然高分子材料

［35］傅伟昌，王继徽.改性天然高分子重金属离子去除剂的研究现状［J］.吉首大学学报（自然科学版），2001,22(3):86-90.

［36］盛家荣，覃志英，许东颖.甲壳素及其衍生物在农业上的应用研究进展［J］.广西师范学院学报（自然科学版），2002,19(4):15-17.

第 2 章　天然高分子改性结构基础

高分子材料结构包括大分子本身的结构和大分子之间的排列(凝聚态结构)两个方面。化学组成、结构、聚集态、相对分子质量与相对分子质量分布等是决定高分子材料性能的主要因素。

2.1　高分子的结构

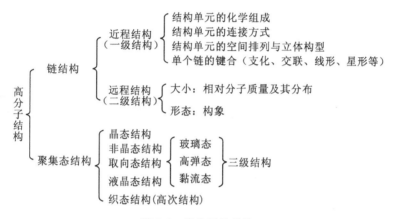

图 2-1　高分子的结构

高分子结构(图 2-1)的内容可分为链结构与聚集态结构两个组成部分。链结构是指单个分子的结构和形态,又分为近程结构和远程结构。近程和远程概念在高分子科学中不是指空间距离的远近,而是指沿高分子链走向的远近(图 2-2)。近程结构属于化学结构,又称一级结构,包括结构单元的化学组成、连接方式和连接序列结构单元的立体构型与空间排列、高分子的支化与交联。远程结构包括分子的大小与形态、链的柔顺性及分子在各种环境中所采取的构象等内容。远程结构又称二级结构,包括高分子的形态、高分子的大小。聚合物结构决定材料性能,如近程结构直接影响熔点(T_m)、密度(ρ)、溶解性、黏度、黏附性等,对高分子基本性能

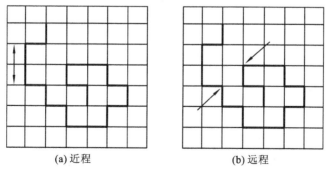

(a)近程　　　　　　　　(b)远程

图 2-2　高分子近程结构和远程结构的区分

具有决定性影响。远程结构赋予高分子链柔性,使聚合物有高弹性等。

聚集态结构是指高分子材料整体的内部结构,包括晶态结构、非晶态结构、取向态结构、液晶态结构以及织态结构,它是描述高分子聚集态中的分子之间是如何堆砌的,又称三级结构。

2.1.1 高分子链的近程结构

1. 分子链的化学组成

在高分子材料合成中,同样的单体化学组成完全相同,由于合成工艺不同,生成的聚合物结构即链结构或取代基空间取向不同,性能也不同。

1)碳链高分子

碳链高分子的分子链全部由碳原子以共价键相连接而组成,多由加聚反应制得。如聚丙烯(PP)、聚苯乙烯(PS)、聚氯乙烯(PVC)、聚丙烯腈(PAN)和顺丁橡胶(BR)都属于碳链高分子。碳链高分子一般可塑性较好,易加工,化学性质稳定,强度一般,耐热性较差,可作为通用高分子使用。碳链高分子通常不易水解,易燃,耐老化性能差。

2)杂链高分子

杂链高分子的分子主链上除碳原子以外,还含有氧、氮、硫等两种或两种以上的原子并以共价键相连接而成,如聚酯、聚酰胺、聚砜、聚醚、聚甲醛(POM)、聚碳酸酯(PC)等都属于杂链高分子。杂链高分子相对于碳链高分子,耐热性、机械强度明显提高,化学稳定性较差,易水解、醇解或酸解,芳香族杂链聚合物可用作工程塑料。

3)元素高分子

元素高分子主链不含碳原子,而是由硅、磷、锗、铝、钛、砷、锑等元素以共价键结合而成的高分子。侧基含有有机基团时称作有机元素高分子,如有机硅橡胶、有机钛聚合物。侧基不含有机基团时称作无机高分子,无机高分子主链上不含碳元素,也不含有机取代基,完全由其他元素组成。

4)高分子材料的端基

如果高分子材料的相对分子质量足够大,那么端基对聚合物力学性能的影响较小,分子链端基主要影响聚合物的热稳定性。聚合物降解一般从端基开始,如聚甲醛(POM)端羟基受热后易分解,释放出甲醛。用乙酸酐进行酯化封端,可消除 POM 端羟基,提高热稳定性。

2. 结构单元的连接方式

高分子链的构型是对分子中的最邻近的原子间的相对位置的表征,这种排列是稳定的,要改变构型必须经过化学键的断裂和重组。结构单元在高分子链中的连接方式称作构型,即分子中由化学键所固定的原子或基团在空间的几何排列。构型异构包括几何异构和光学异构。由双键或环状结构引起的异构称为几何异构,由手性中心引起的异构称为光学异构。

两个相同基团在双键同一侧的称为顺式,在异侧的称为反式。这种由于分子中的原子或基团在空间的排布方式不同而产生的同分异构现象,称为顺反异构。如丁烯有顺式-2-丁烯和反式-2-丁烯两种几何异构(图 2-3)。

光学异构也称旋光异构(optical isomerism),旋光异构(空间立构)饱和碳氢化合物分子中的碳,以 4 个共价键与 4 个不同的基团相连,该碳原子称为不对称碳原子,这种有机物构成互为镜影的表现出不同旋光性的两种异构体,称为旋光异构体。

对结构中 4 个取代基或原子是不对称的高聚物,可能产生两种旋光异构体,每一个结构单元中有一个不对称的碳原子,它们在高分子中有三种键接方式:全同立构、间同立构、无规立构

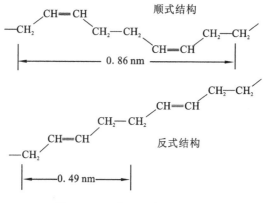

图 2-3 1,4-聚丁二烯几何异构

（图 2-4）。全同立构是指取代基全部处在主链平面的一侧或者说高分子全部由一种旋光异构单元键接而成。间同立构是指取代基相间分布在主链平面的两侧或者说两种旋光异构单元交替键接。无规立构是指两种旋光异构单元完全无规键接。

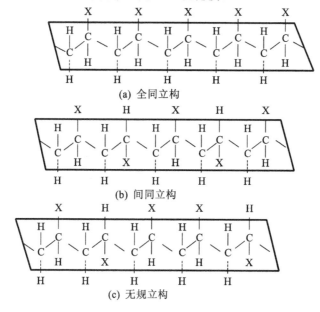

(a) 全同立构

(b) 间同立构

(c) 无规立构

图 2-4 乙烯类聚合物分子的三种立体构型

结构单元的键接方式会影响聚合物性能，主要是结晶性能和化学性能（表 2-1）。高分子链虽然含有许多不对称碳原子，但由于内消旋或外消旋作用，即使空间规整性很好的高聚物，也没有旋光性。

表 2-1 聚丙烯旋光异构对性能的影响

聚 丙 烯	密度/(g/cm³)	结晶度/(%)	熔点/℃	弯曲模量/MPa
全同立构	0.90～0.91	50～70	186	1389
间同立构	0.87～0.89	21～29	156	600
无规立构	0.85～0.86	0～5		

3. 高分子链的构造

高分子的构造（construction）是指在不考虑化学键内旋转的情况下，聚合物分子链的各种几何形状。一般为线型高分子,如有多官能团存在就可以进行支化,形成支化大分子。由于分子间没有化学键的存在,高分子在受热后会从固体状态逐步转变为流动状态——热塑性高分子。

根据支链的长度,支化高分子可以分为短链支化、长链支化;根据支链的连接方式不同,支化可以分为无规支化(random branching)、梳形支化(comb branching)、星形支化(star branching)。支化会影响聚合物的性能,短支链会影响聚合物的结晶性能,长支链主要影响聚合物的流动性能,支链使橡胶的硫化网状结构不完全,导致强度下降。双烯烃的乳液聚合温度对其分子链的支化影响很大,聚合温度高,分子链的支化大,低温聚合应尽量避免支链产生。支化程度可以采用单位体积内支化点的数目,两个相邻支化点之间的平均相对分子质量,相同相对分子质量的支化高分子链和线型高分子链均方半径之比进行表征。

树枝状高分子也称为超支化高分子,树状高分子链特别规整,树枝状高分子在相同相对分子质量时具有更小的流体力学体积,分子更紧密,黏度小,有利于其加工。

交联高分子是指大分子链之间通过化学键或短支链相互连接形成的三维网状结构,如橡胶硫化、不饱和聚酯固化、体型缩聚、含多个双键的(甲基)丙烯酸酯的自由基交联聚合、具有一定相对分子质量的齐聚物进行链端交联。原有大分子通过共价键连接为整体,这里的"分子"的含义已不同于一般分子。这种交联聚合物的特点是不溶解、不熔融。不存在单个分子链聚合物是热固性聚合物。只有当交联程度不高时,才可发生溶胀。这种交联结构的参数可用单位体积内交联点的数目或两个相邻交联点之间平均相对分子质量 M_C 来表示,交联度越大,M_C 越小。

支化与交联的质的区别在于支化的高分子能够溶解在某些溶剂中,而交联的高分子是不溶解、不熔融的,只有当交联度不是太大时才能在溶剂中发生一定的溶胀。热固性塑料(如酚醛树脂、环氧树脂、不饱和聚酯等)和硫化的橡胶都是交联的高分子。

4. 共聚物大分子链的序列结构

共聚物是指由两种以上单体单元所组成的聚合物。由两种或两种以上结构单元构成的共聚物大分子都有一定的序列结构。序列结构是指各个不同结构单元在大分子中的排列顺序。共聚物大分子的序列结构可分为以下几种基本类型。

1) 无规共聚物

两种单体单元 M_1、M_2 无规排列,且 M_1 和 M_2 的连续单元数较少,从一至几十不等。共聚物中两种单体单元的排列是无规则的。由自由基共聚得到的多为此类产物。

2) 交替共聚物

两种单体单元 M_1、M_2 严格交替排列,可看成无规共聚物的一种特例,如苯乙烯-马来酸酐共聚物就是这类产物的代表。

3) 嵌段共聚物

由较长的 M_1 链段和较长的 M_2 链段构成的大分子,每个链段的长度为几百个单体单元以上。嵌段共聚物中的各链段之间仅通过少量化学键连接,因此各链段基本保持原有的性能,类似于不同聚合物之间的共混物。

4) 接枝共聚物

主链由 M_1 单元构成,支链由 M_2 单元构成。如 ABS 树脂是丙烯腈(acrylonitrile)、1,3-丁二烯(butadiene)、苯乙烯(styrene)三种单体的接枝共聚物(图 2-5)。共聚方式是无规共聚与接枝共聚相结合,即以 SB 为主链,A 为支链(亦可以 AB 为主链,S 为支链)。ABS 三元接枝共聚物兼有三种组分的特性,是一类性能优良的热塑性塑料。

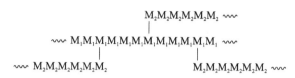

图 2-5　接枝共聚物

2.1.2　高分子链的远程结构

高分子链的远程结构是指整个高分子链的结构,是高分子链结构的第二个层次。远程结构包括高分子链的大小和形态两个方面。高分子链的大小主要是指相对分子质量、相对分子质量分布;高分子链的形态主要是指高分子链构象与柔顺性。

1. 高分子链的大小

聚合物的相对分子质量有两个基本特点:一是相对分子质量大,二是相对分子质量具有多分散性。对于一根高分子链,其聚合度或相对分子质量是确定的,但对于全部高分子而言,高分子的相对分子质量非常大且具有"多分散性",即高分子是由结构相同、组成相同,但相对分子质量不同的同系高分子混合物聚集而成的,高分子的相对分子质量只有统计意义,用统计平均值来表示。

相对分子质量和相对分子质量分布对材料性能有重要影响,如对于合成纤维,考虑到可纺性和纤维的机械强度,要求相对分子质量分布较窄,而对于塑料来说,要求相对分子质量分布窄,橡胶的平均相对分子质量很大,加工困难,相对分子质量分布宽。对具有相同相对分子质量的聚合物来讲,相对分子质量分布宽对加工有利,如内增塑 PVC 雨衣需专门加入低相对分子质量增塑剂,对刚性聚合物来讲,低相对分子质量部分会填充聚合物间的空隙,从而使得冲击强度下降。

2. 高分子链的构象

高分子链的构象是指化学键的内旋转所导致的原子或基团在空间的几何排列,由于高分子链上的化学键的不同取向引起的结构单元在空间的不同排布引起构象的改变。构象的改变并不需要化学键的断裂,只要化学键的旋转就可实现。

高分子链的形态有微构象与宏构象,分别指高分子主链键构象与整个高分子链的形态。分子链中的某个单键发生内旋转所出现的构象,称为微构象。沿大分子主链分布的许多微构象所构成的分子链构象,称为宏构象。典型构象包括伸直链构象(具有非常大的刚性)、无规线团构象(不规则蜷曲的高分子链,其在不同的溶剂中有不同的形态)、折叠链构象(在结晶高聚物中存在)、螺旋链构象(不同的结构单元,有不同的螺旋结构)等。

3. 高分子链的内旋转现象

C—C 单键是由 σ 电子组成的 σ 键,电子云的分布是轴性对称的。因此 C—C 单键可以以C—C 键轴向进行旋转,这种旋转称作内旋转(图 2-6)。由于单键内旋转而产生的分子在空间的不同形态称作构象。顺式(重叠)构象具有位能最高、最不稳定的特点,反式构象具有位能最低、最稳定的特点。

4. 高分子链的柔顺性

高分子链的柔顺性是指大分子链的各种可卷曲的性能或者说高分子链能改变其构象的性质,简称柔性。也就是说,柔性是从一种构象过渡到另一种构象的可能性,它是聚合物的许多

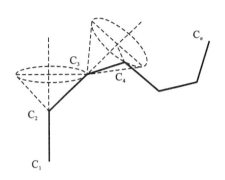

图 2-6　高分子链的内旋转构象

性能不同于低分子物质的主要原因。高分子链的柔性是因为它可以有无数的构象。高分子的分子结构,包括主链结构、取代基、支链和交联等,决定了实现其可能构象的难易程度,因而直接影响高分子链的柔性。

主链的结构是影响柔性的主要因素。如果主链全是单键相连,则键长较长、键角较大的键,因近程的排斥力较小,内旋转容易,柔性大。例如,聚二甲基硅氧烷(硅橡胶)>聚己二酸己二酯(一种涂料)>聚乙烯。如果主链上含有孤立双键,组成双键的碳原子上减少了一个基团,则非近邻原子间的距离增大,相互间的排斥力减弱,使双键临近的单键内旋转容易,链的柔性好。主链上含共轭双键时,由于共轭双键的 p 电子云没有轴对称性,分子链不能内旋转,因此具有高度的刚性,如聚乙炔、聚苯。如果主链含有芳杂环结构,芳杂环不能内旋转,柔性则较差,如聚碳酸酯、芳香尼龙。

取代基显著影响高分子的柔性,如取代基是极性的,会增加分子间作用力,单键的内旋转受到阻碍,则减少高分子链的柔性,而且极性越大,柔性越差,但一般聚合物的耐热性增加。如果取代基是非极性的,非极性取代基的体积对高分子链柔性的影响又使主链间距离增大,减弱了分子间作用力,因而有增加柔性的趋势,还可以使空间位阻增加,阻碍内旋转,又有减少柔性的趋势。取代基的位置和数量也影响高分子的柔性。同一碳原子上相同的取代基,分子间距增大,易旋转,柔顺性增大;同一碳原子上不同的取代基,空间位阻增大,难旋转,柔顺性减小。如聚异丁烯>聚乙烯>聚丙烯聚偏二氯乙烯>1,2-聚二氯乙烯。

支链和交联对高分子的柔性有较大的影响,支链短时,能阻碍分子链间的接近,有助于各个分子链的内旋转,使柔性增加。但支链过长,阻碍链的内旋转起主导作用,导致柔性下降。对于交联结构,当交联程度不大时,如含硫 2%～3% 的橡胶,对链的柔性影响不大,当交联程度达到一定程度时,如含硫 30% 以上的橡胶,则大大影响链的柔性。

2.2　高分子聚集态结构

高分子的聚集态结构是指高聚物材料本体内部高分子链之间的排列和堆积结构。同一种组成和相同链结构的聚合物,由于成型加工条件不同,导致其聚集态结构不同,其性能也大不相同。高分子材料最常见的聚集态是结晶态和非结晶态。聚丙烯是典型的结晶态聚合物,结晶度越高,硬度和强度越大,但透明度降低。聚丙烯双向拉伸膜之所以透明性好,主要原因是双向拉伸后降低了结晶度,使聚集态发生了变化。

2.2.1　高聚物分子间作用力

由于分子间存在相互作用力,才使相同或不同的高分子能聚集在一起形成有用的材料,高分子间的相互作用力及其表征方式介绍如下。

1. 高聚物分子间的作用力

分子中原子间有吸力和斥力,吸力主要是原子形成分子的结合力——主价力(键合力),斥力主要是原子间距离不断减少时内层电子之间的相互排斥力。当吸力和斥力达到平衡时,便形成了稳定的化学键,如共价键、金属键、离子键。

高分子内非键合原子或者分子之间存在次价力,这种力决定了聚集态结构,起重要作用。分子间作用力与相对分子质量有关,而高分子的相对分子质量很大,致使分子间作用力加和超过化学键的键能,因此高分子材料不存在气态,也不可能用蒸馏的方法纯化高分子材料。

分子间的作用力包括范德华力和氢键(表 2-2)。范德华力包括静电力、诱导力和色散力,是永久存在于一切分子之间的一种吸引力,没有方向性和饱和性。氢键是极性很强的 X—H 键的氢原子与另外一个键上电负性很大的原子 Y 上的孤对电子相互吸引而形成的一种键(X—H⋯Y)。

表 2-2　高聚物分子间的作用力

作用力种类	大　小
共价键	$100\sim900$ kJ/mol
氢键	$\leqslant40$ kJ/mol
范德华力	$0.8\sim21$ kJ/mol
色散力	$0.8\sim8$ kJ/mol
偶极力	$13\sim21$ kJ/mol
诱导力	$6\sim13$ kJ/mol

1)静电力

静电力是极性分子间的引力。极性分子永久偶极之间的静电相互作用的大小与分子偶极的大小和定向程度有关,定向程度高,则静电力大。温度升高,则静电力减小。PVC、PMMA、聚乙烯醇等极性高聚物分子间的作用力主要是静电力。

2)诱导力

诱导力是极性分子的永久偶极与它在其他分子上引起的诱导偶极间产生的作用力。

3)色散力

色散力描述的是分子的瞬时偶极间产生的相互作用力。非极性高聚物中的分子间作用力主要是色散力。电子在每个原子周围不停地旋转着,原子核也在不停地振动,在某一时刻,分子正负电荷中心不相重合时,便产生了瞬间的偶极色散力,这种作用力在一切分子中都存在,大小为 $0.8\sim8$ kJ/mol。

4)氢键

氢键有饱和性和方向性,可以在分子间形成,键能与范德华力的数量级相同,也可以在分子内形成。X、Y 的电负性越大,Y 的半径越小,则氢键越强。氢键可以在分子间形成,也可以在分子内形成。高分子链中的—OH、—COOH、—CONH—等均可形成氢键。具有分子间氢键的高分子材料,通常具有较高的耐热性与机械强度。

2. 内聚能密度

聚合物是通过各种分子间作用力共同起作用才聚集而成的,而聚合物的一些特性,如溶解度、熔融热、汽化点、熔点、沸点、黏度和强度都受到分子间作用力的影响。分子间作用力与相对分子质量有关,而高分子的相对分子质量一般都很大,致使分子间的作用力的加和超过化学键的键能,聚合物分子间产生的作用力强弱,体现的是总的吸引力和排斥力所作贡献,而高分子相对分子质量又很大,且存在多分散性,为此采用内聚能及内聚能密度等宏观的量对高分子链之间产生作用力的强弱来进行表征。

为了克服分子之间产生的作用力,将 1 mol 固体或液体移出分子之间的引力范围(彼此不再有相互作用力的距离时),这一过程所需要的总能量就是此固体或液体的内聚能。内聚能是指 1 mol 分子聚集在一起的总能量,等于使同样数量分子分离的总能量 ΔE。

$$\Delta E = \Delta H_v - RT$$

式中:ΔH_v——摩尔蒸发热;

RT——转化为气体所做的膨胀功。

内聚能密度(CED)就是单位体积的内聚能(J/cm^3),为单位体积凝聚体汽化时所需要的能量。内聚能密度(CED)=$\Delta E/V$。

CED 越大,分子间作用力越大。CED 越小,分子间作用力越小。高分子没有气态,不能直接测定内聚能或内聚能密度,可以采用最大溶胀比法、最大特性黏数法等间接的方法测定。当 CED 小于 290 J/cm^3 时,非极性聚合物分子间主要是色散力,较弱;再加上分子链的柔顺性好,使这些材料易于变形具有弹性,属于橡胶。当 CED 大于 420 J/cm^3 时,分子链上含有强的极性基团或者形成氢键,因此分子间作用力大,机械强度好,耐热性好,再加上分子链结构规整,易于结晶取向,属于纤维。当 CED 在 290～420 J/cm^3 时,分子间作用力适中,属于塑料(表 2-3)。

表 2-3　一些线型聚合物的 CED

聚　合　物	内聚能密度/(J/cm^3)	性　　状
聚异丁烯	272	橡胶状物质
天然橡胶	280	
聚丁二烯	276	
丁苯橡胶	276	
聚苯乙烯	305	塑料
聚甲基丙烯酸甲酯	347	
聚醋酸乙烯酯	368	
聚氯乙烯	381	
聚对苯二甲酸乙二醇酯	477	纤维
尼龙 66	774	
聚丙烯腈	992	

2.2.2　聚合物晶态结构

与一般低分子晶体相比,聚合物晶体具有不完善性、没有完全确定的熔点、结晶速度通常较慢(也有例外,如聚乙烯)等特点。一个大分子可占据许多个格子点,构成格子点的并非整个大分子,而是大分子中的结构单元或大分子的局部段落。聚合物晶体结构包括晶胞结构、晶体中大分子链的形态以及聚合物的结晶形态等。

1. 晶胞结构

在空间格子中划分出一个个大小和形状完全一样的平行六边体,这种三维空间中具有周期性排列的最小单位称为晶胞(图 2-7)。晶胞是晶体结构的基本重复单位。在聚合物晶体晶胞中,沿大分子链的方向和垂直于大分子链方向,原子间距离是不同的,使得聚合物不能形成立方晶系。一般取大分子链的方向为 Z 轴(C 轴)方向。晶胞结构和晶胞参数与大分子的化学结构、构象及结晶条件有关。图 2-8 为聚乙烯的晶胞结构。

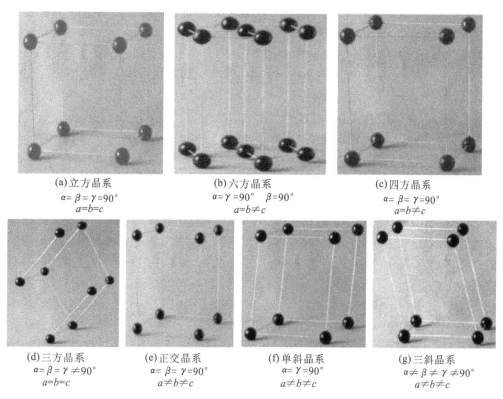

(a)立方晶系
$\alpha=\beta=\gamma=90°$
$a=b=c$

(b)六方晶系
$\alpha=\gamma=90°$　$\beta=90°$
$a=b\neq c$

(c)四方晶系
$\alpha=\beta=\gamma=90°$
$a=b\neq c$

(d)三方晶系
$\alpha=\beta=\gamma\neq90°$
$a=b=c$

(e)正交晶系
$\alpha=\beta=\gamma=90°$
$a\neq b\neq c$

(f)单斜晶系
$\alpha=\gamma=90°$
$a\neq b\neq c$

(g)三斜晶系
$\alpha\neq\beta\neq\gamma\neq90°$
$a\neq b\neq c$

图 2-7　常见结晶性聚合物中的晶胞

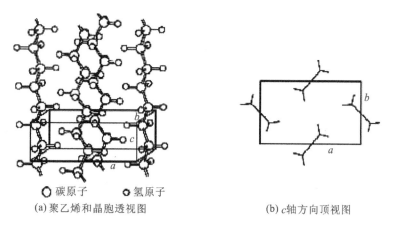

○碳原子　　⬡氢原子
(a)聚乙烯和晶胞透视图

(b)c 轴方向顶视图

图 2-8　聚乙烯晶胞

聚合物晶胞中,大分子链可采取不同的构象(形态)。在聚酰胺、聚乙烯醇、涤纶、聚丙烯腈、聚乙烯等晶胞中,大分子链大多为平面锯齿状。聚四氟乙烯、等规聚丙烯等晶胞中大分子链呈螺旋形态。高分子需要满足高分子链的构象处于能量最低的状态及链与链之间平行排列而且能紧密堆砌的条件才能够形成晶体。

2. 聚合物结晶形态

结晶高分子材料在不同条件下生成的晶体具有不同的形态。最基本的形态有折叠链晶片及伸直链晶片。折叠链晶片是分子链沿晶片厚度折叠排列，其结晶主要在温度场，由热的作用引起，称为热诱导结晶。该晶片组成的晶体形态有单晶、球晶及其他形态的多晶聚集体。伸直链晶片由伸展分子链组成，结晶多在应力场中，应力起主导作用，称为应力诱导结晶。此晶片组成的晶体形态有纤维状晶体和串晶等。根据结晶条件的不同，聚合物可以生成单晶、树枝状晶体、球晶以及其他形态的多晶聚集体。多晶体基本上是片状晶体的聚集体。

1）单晶

单晶是具有一定几何形状的薄片状晶体，厚度通常在 10 nm 左右，大小可以从几微米至几十微米甚至更大。从极稀的高聚物溶液（<0.01%）中缓慢结晶（常压），可获得单晶体。单晶分子呈折叠链构象，分子链垂直于片晶表面。在单晶内，分子链作高度规则的三维有续排列，分子链的取向与片状单晶的表面相垂直（即折叠链片晶的结构），但不同的聚合物单晶呈现不同的几何形状。单晶是短程有序和长程有序贯穿整块的晶体物质。单晶的生长规律与低分子晶体相同，往往沿螺旋位错中心盘旋生长而变厚。一般而言，聚合物单晶只能从聚合物稀溶液中生成。浓溶液和熔体一般形成球晶或其他形态的多晶体。聚乙烯在高静压和较高温度下结晶时，可以形成伸直链片晶，其厚度与大分子链长度相当，厚度的分布与分子量分布相对应，这是热力学上最稳定的晶体。尼龙 6、涤纶等也可生成伸直链片晶。

聚丁二酸丁二醇酯（PBS）在稀溶液中结晶，采用 AFM 观察 PBS 聚合物（数均相对分子质量为 11300，分散系数 1.82，通过丁二酸和丁二醇脱水制备）单晶的形貌，发现两种形貌的单晶，在同一基板上发现六边形和条带形两种形貌（图 2-9），其中 PBS 单晶采用如下方法培养：PBS 单晶采用自晶种方法制备，将 PBS 溶解在氯仿-甲醇（体积比为 2.5/1）中，配制成 0.01%（质量分数）的溶液。将溶液加热到 70 ℃保持 20 min，然后降温到 20 ℃保持 30 min，再升温到 45 ℃保持 15 min。然后 PBS 在 40 ℃条件下结晶，48 h 后将含有 PBS 单晶的溶液滴到云母基板表面，然后在室温下真空干燥 24 h。

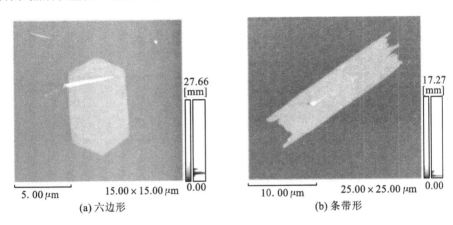

　　　　　　(a) 六边形　　　　　　　　　　　　　　　　(b) 条带形

图 2-9　PBS 单晶在云母基板上的 AFM 高度图

条带形 PBS 单晶体厚度为 5～6 nm。根据单晶的形貌 PBS 单晶可能有两种不同的同步增长机制，单晶表面存在 5～6 nm 的小结晶片段。条带形单晶最初可能是从手指状开始生长，然后形成条带形单晶，这种生长机制可能和聚羟基丁酸酯单晶的生长机制相同。

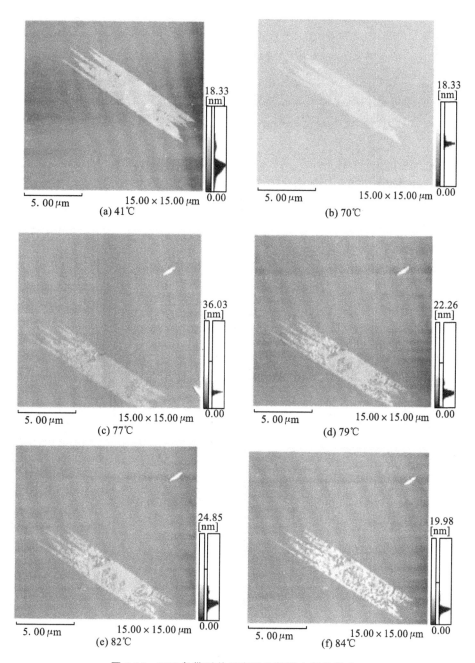

图 2-10 PBS 条带形单晶在云母基板上原位退火

通过在 AFM 下 PBS 条带形单晶从室温到较高温度范围的原位退火实验观察单晶的热稳定性和分子链流动性,发现 PBS 层状单晶中存在相对流动性较高的链段。图 2-10 展示了 PBS 条带形单晶从 25 ℃至 100 ℃的受热情况下的单晶形貌图。图 2-10(a)～(f)展示了重要的形貌变化,孔状结构在条带形单晶出现的温度是 41 ℃,在 77 ℃退火的过程中条带形单晶布满孔状结构,并且在 79 ℃时条带形单晶中心的六边形结构中也出现孔状结构,可见六边形单晶具有比条带形单晶稳定的分子排列,耐热温度略高于条带形单晶。在 82 ℃时孔洞开始扩散,直至 84 ℃时布满六边形部分。单晶受热产生孔洞以后,分子链产生重排,六边形部分单晶的厚度从 40 ℃ 的 5～6 nm 增加到 84 ℃ 时的 7～9 nm。重结晶是孔洞产生的重要原因之一,孔洞从六边形部分的一端向另一端扩展。当退火温度逐渐升高,晶体边缘逐渐呈现不规则形状时,在较高温度下六边形单晶部分保持稳定,而条带形部分已呈现多孔结构。在孔洞的周围可见 PBS 单晶的厚度增加。

通过退火实验可见 PBS 晶体首先从溶液结晶不完善或缺陷的地方开始进行,通常这些区域晶层较薄,然后是中间六边形较厚的部分。可见晶层厚度不同,晶体热稳定性也不同。

2) 球晶

球晶是聚合物结晶的一种最常见形式,当结晶性聚合物从浓溶液中析出,或从熔体冷却结晶时,在无应力或流动的情况下,都倾向于生成这种更为复杂的圆球形结晶。球晶是由无数微小晶片按结晶生长规律长在一起的多晶聚集体。球晶的基本结构单元仍然是具有折叠链结构的片晶,球晶中分子链总是垂直于分子链球晶的半径方向,以一定的方式扭曲,同时从一个中心向四面八方生长,成为一个球状的多晶聚集体。

从高聚物浓溶液或熔体中冷却结晶时,倾向生成圆球状球晶,它是由许多径向发射的长条扭曲晶片组成的多晶体。球晶由微纤束组成,这些微纤束从中心晶核向四周辐射生长。球晶是微小片晶聚集而成的多晶体,直径可达几十至几百微米,大的可以达到厘米级,在偏光显微镜的正交偏振片之间,呈现特有的黑十字消光或带有同心环的黑十字图形,如图 2-11 所示。

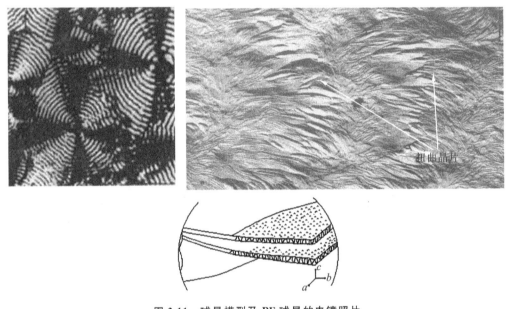

扭曲晶片

图 2-11　球晶模型及 PE 球晶的电镜照片

球晶生长过程中成核初始只是一个多层片晶,逐渐向外张开生长,不断分叉生长,经捆束状形式,最后才形成填满空间的球状的外形。球晶在生长的过程中,连续产生小角度的分叉,将球形的空间填满。结晶聚合物的分子链通常是垂直于球晶半径方向排列的。在晶片之间和晶片内部尚存在部分由连接链组成的非晶部分。球晶大小影响聚合物的力学性能及透明性。球晶大,则透明性差、力学性能差;反之,球晶小,则透明性和力学性能好。

3) 其他结晶形式

从溶液中析出结晶时,当结晶温度较低、溶液的浓度较大或相对分子质量过大时,高聚物不再形成单晶,这时分子的扩散成了结晶生长的控制因素,使突出的棱角部分比临近的其他点更有利于接受结晶分子,棱角处变尖,有利于形成树枝状晶体。

伸直链片晶是由完全伸展的分子链平行规整排列而成的片状晶体,其晶片比一般从溶液或熔体结晶得到的晶片要大很多,可与分子链伸展长度相当,甚至更大。它是在极高的压力下进行熔融结晶而形成的。

聚合物在切应力作用下结晶时,往往生成一长串半球状的晶体,称为串晶。这种串晶具有伸直链结构的中心轴,其周围间隔地生长着折叠链构成的片晶。由于存在伸直链结构的中心轴,串晶的力学强度较高。

4）结晶过程

聚合物的结晶速率是晶核生成速率和晶粒生长速率的总效应。成核分为均相成核和异相成核(外部添加物或杂质)。若成核速率大,生长速率小,则形成的晶粒(一般为球晶)小;反之,则形成的晶粒大。在生产上可通过调整成核速率和生长速率来控制晶粒的大小,从而控制产品的性能。聚合物结晶过程可分为主、次两个阶段。次期结晶是主期结晶完成后,某些残留非晶部分及结晶不完整部分继续进行的结晶和重排作用。次期结晶速率很慢,产品在使用中常因次期结晶的继续进行而影响性能。可采用退火的方法消除这种影响。聚合物结晶速率对温度十分敏感,有时温度变化 1 ℃,结晶速率可相差几倍。依靠均相成核的纯聚合物结晶时,容易形成大球晶,力学性能不好。加入成核剂可降低球晶尺寸。对于聚烯烃,常用脂肪酸碱金属盐作成核剂。结晶可提高聚合物的密度、抗张强度、硬度及热变形温度,使断裂伸长率、韧性下降。

3. 高分子在结晶中的构象

结晶高分子的构象是由分子内和分子间两个方面因素决定的。分子内孤立分子链所采取的构象应该是能量最小的构象,且这些构象要满足排入晶格的要求。分子间作用力会影响分子间的构象和链与链之间的堆砌密度。

2.2.3　高聚物的非结晶态结构

聚合物的非晶态结构是一个比晶态更为普遍存在的聚集形态,不仅有大量完全非晶态的聚合物,而且即使在晶态聚合物中也存在非晶区。非晶态结构包括玻璃态、橡胶态、黏流态(或熔融态)及结晶聚合物中的非晶区。非晶态聚合物的分子排列无长程有序,对 X 射线衍射无清晰点阵图案。

聚合物无气相和气态。聚合物存在晶相和非晶态(无定形)两种相态,非晶态在热力学上可视为液相。当液体冷却固化时,有两种转变过程:一种是分子作规则排列,形成晶体,这是相变过程;另一种情况,液体冷却时,分子来不及作规则排列,体系黏度已变得很大(如 1012 Pa·s),冻结成无定形状态的固体。这种状态又称为玻璃态或过冷液体。此转变过程称作玻璃化过程。玻璃化过程中,热力学性质无突变现象,而有渐变区,取其折中温度,称为玻璃化转变温度(T_g)。非晶态聚合物,在 T_g 以下时处于玻璃态。玻璃态聚合物受热时,经高弹态最后转变成黏流态(图 2-12),开始转变为黏流态的温度称为流动温度或黏流温度。这三种状态称为力学三态。在图 2-12(a)所示的温度-形变曲线(热-机械曲线)上有两个斜率突变区,分别称为黏弹转变区和玻璃化转变区。

1. 玻璃态

由于温度低,链段的热运动不足以克服主链内旋转位垒,因此,链段的运动被"冻结",只有键角、键长、链节、侧基等的局部运动。具有质硬而脆、虎克弹性行为、1%以下的小形变、模量

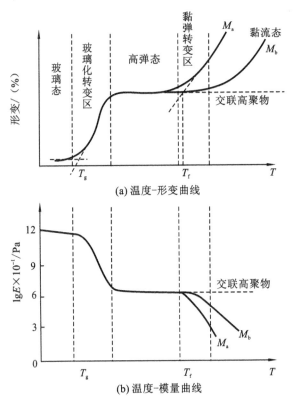

图 2-12　非晶态聚合物的热-机械曲线（M_a、M_b 为相对分子质量，$M_a < M_b$）

高的力学行为。玻璃态转变区具有 3～5 ℃的温度范围,此区域对温度比较敏感,在这个温度范围内,被"冻结"的链段出现"解冻",分子构象开始发生变化,体现出显著的力学松弛,力学性质较坚韧。

2. 高弹态

在玻璃化转变温度以上,大分子链段的运动已经很充分。聚合物的弹性模量下降,受到较小的应力,也可以较快产生较大的形变,外力撤去以后,可以较快地恢复形变,称为橡胶弹性或高弹性。

黏弹转变区是大分子链开始能进行重心位移的区域。在此区域,聚合物同时表现黏性流动和弹性形变两个方面。这是松弛现象十分突出的区域。应当指出,交联聚合物不发生黏性流动。对线型聚合物,高弹态的温度范围随分子量的增大而增大。相对分子质量过小的聚合物无高弹态。

3. 黏流态

温度高于 T_f 以后,由于链段的剧烈运动,在外力作用下,整个大分子链重心可发生相对位移,产生不可逆形变,即黏性流动。此时聚合物为黏性液体。相对分子质量越大,T_f 就越高,黏度也越大。交联聚合物则无黏流态存在,因为它不能产生分子间的相对位移。同一聚合物材料,在某一温度下,由于受力大小和时间的不同,可能呈现不同的力学状态。

在室温下,塑料处于玻璃态,T_g 是非晶态塑料使用的上限温度,熔点则是结晶聚合物使用的上限温度。对于橡胶,T_g 则是其使用的下限温度。

2.2.4　聚合物液晶态

液晶是介于液相(非晶态)和晶相之间的中介相。其物理状态为液体,而具有与晶体类似的有序性。液晶态是晶态向液态转化的中间态,既具有晶态的有序性(导致各向异性),又具有液态的连续性和流动性(图 2-13)。根据分子排列的形式和有序性的不同,液晶有三种结构类型,即近晶型、向列型和胆甾型,如图 2-14 所示。

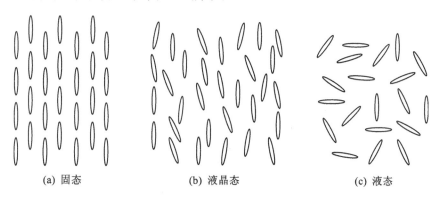

(a) 固态　　　　　　　(b) 液晶态　　　　　　　(c) 液态

图 2-13　固态、液晶态以及液态的分子排列示意图

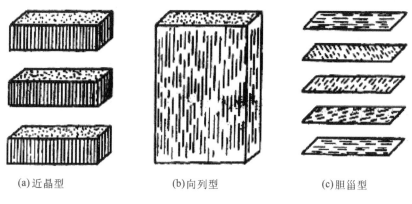

(a)近晶型　　　　　　(b)向列型　　　　　　(c)胆甾型

图 2-14　液晶结构类型

1. 近晶型液晶

近晶型液晶在液晶中结构上与结晶结构最接近,这种液晶的棒状分子以互相平行排列的方式构成层状结构。它的分子长轴与层状结构平面垂直。层内分子排列具有二维有序性。但这些层状结构并不是严格刚性的,分子在本层内可以运动,但在各层之间运动。因此,层状结构之间可以相互滑移,而垂直于层片方向的流动却很困难。

2. 向列型液晶

向列型液晶的棒状分子呈现一维有序状态。它们互相平行排列,但重心排列则是无序的。在外力作用下,棒状分子容易沿流动方向取向,并可在取向方向互相穿越。

3. 胆甾型液晶

胆甾型液晶具有类似于向列型的层内分子排列,分子的长轴取向在相邻两层之间规则地扭转一定角度,呈现层层叠加的螺旋结构。分子长轴扭转 360°会回到最初的方向。取向相同的两个分子层的间距称为螺距,螺距是这一类型液晶的重要参数。棒状分子分层平行排列,具有与向列型相似的单层分子排列,相邻两层中分子长轴依次规则扭转一定角度,分子长轴在旋转 360°后复原。

聚合物液晶最突出的性质是其特殊的流变行为,即高浓度、低黏度和低剪切应力下的高取向度。采用液晶纺丝可克服通常情况下高浓度必伴随高黏度的困难,且易达到高度取向。液晶纺丝可以制备高强度、高模量的纤维,用于防弹衣、缆绳、航天航空器大型结构部件。

2.2.5　聚合物取向态结构

取向是指在外力作用下,分子链沿外力方向平行排列。聚合物的取向现象包括分子链、链段的取向以及结晶聚合物的晶片等沿外力方向的择优排列。未取向的聚合物材料是各向同性的,即各个方向上的性能相同。而取向后的聚合物材料,在取向方向上的力学性能得到加强,而与取向垂直的方向上,力学性能可能被减弱,取向聚合物材料是各向异性的,即方向不同,性能不同。

高聚物的取向现象包括分子链、链段以及结晶高聚物的晶片、晶带沿特定方向的择优排列。取向态是一维或二维在一定程度上的有序,而结晶态则是三维有序的。取向高分子材料呈现各向异性。取向使材料的玻升高,对结晶性高聚物,则密度和结晶度也会升高,因此提高了高分子材料的使用温度。

聚合物的取向(图 2-15)一般有单轴取向、双轴取向两种方式。单轴取向是指在一个轴向上施以外力,使分子链沿一个方向取向,如纤维纺丝。双轴取向一般是在两个垂直方向施加外力,如薄膜双轴拉伸,使分子链取向平行于薄膜平面的任意方向。在薄膜平面的各方向的性能相近,但薄膜平面与平面之间易剥离。

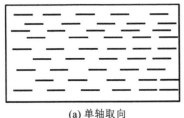

(a) 单轴取向　　　　　　　　　(b) 双轴取向

图 2-15　聚合物取向

2.2.6　聚合物织态结构

所谓共混聚合物是指经过简单工艺将一种以上的聚合物或分子量、分子量分布不同的同一种聚合物混合制成的材料,也称为聚合物合金。单一组分聚合物经过共混改性可以获得新的性能,共混物的性能可以通过各组分量进行调节来获得适应所需性能的材料。共混与共聚的作用相类似,共混是通过物理的方法把不同性能的聚合物混合在一起;而共聚则是通过化学的方法把不同性能的聚合物链段连在一起。通过共混可带来多方面的好处:①改善高分子材料的机械性能;②提高耐老化性能;③改善材料的加工性能;④有利于废弃聚合物的再利用。

参 考 文 献

[1] 李兴建,王亚茹,郑朝晖,等.形状记忆高分子材料的网络结构化设计和性能研究[J].化学进展,2013,25(10):1726-1735.

[2] 吴其晔.大分子溶致凝聚过程中的几个分界浓度[J].高分子通报,2013,6:1-6.

［3］彭娟,崔亮,罗春霞,等.高分子表面有序微结构的构筑与调控[J].科学通报,2009,54(6):679-695.

［4］邢秋航.高分子的链构象分布研究[J].科技创业,2013,7:192-195.

［5］黄建花,蒋文华,韩世钧.嵌段高分子尾形链构象性质的 Monte Carlo 研究[J].高等学校化学学报,2004(1):179-183.

［6］Niu S,Saraf R F. Stability of order in solvent-annealed block copolymer thin films[J]. Macromolecules,2003,36(7):2428-2440.

［7］廖强,谢朝伟,陈蓉,等.高分子链构象和动态特性的分子动力学模拟[J].热科学与技术,2013,12(2):95-102.

［8］马德柱.高聚物的结构与性能[M].北京:科学出版社,1995.

［9］李维仲,陈聪,杨健.L-J 流体自扩散系数及其与温度关系的分子动力学模拟[J].热科学与技术,2006,5(2):101-105.

［10］Duan Jiufang,Guo Baohua. Annealing Behavior of the Novel Morphology of Poly(butylene succinate) Lath-Shaped Single Crystals [J]. JOURNAL OF POLYMER SCIENCE PART B-POLYMER PHYSICS,47(15):1492-1496.

［11］金日光,赵学兰,张俐娜.关于高分子溶液渗透压方程的推导及其第二维利系数与分子量关系的探讨[J].北京化工学院学报,1981,1:52-83.

［12］林嘉平,周达飞.聚肽分子链构象转变研究[J].高分子学报,2000,5:527-533.

［13］吴大诚.高分子构象统计理论导引[M].成都:四川教育出版社,1985.

［14］吴大诚,高玉书,许元泽.链状分子的统计力学[M].成都:四川科学技术出版社,1990.

［15］于新红,韩艳春.双刚性共轭嵌段共聚物体系的自组装[J].中国科学:化学,2011,41(2):250-260.

［16］Chueh C C,Higashihara T,Tsai J H,et al. All-conjugated diblock copolymer of poly(3-hexylthiophene)-block-poly(3-phenoxymethylthiophene) for field-effect transistor and photovoltaic applications[J]. Organic Electronics,2009,10:1541-1548.

［17］Ge J,He M,Qiu F,et al. Synthesis,cocrystallization,and microphase separation of all-conjugated diblock copoly(3-alkylthiophene)s[J]. Macromolecules,2010,43:6422-6428.

［18］吴大诚,杜鹏,康健.端基附壁高分子链的构象统计理论——Ⅱ.SAW 尾形链[J].中国科学(B 辑),1996,26(3):199-206.

［19］吴大诚,Hsu S L.高分子的标度和蛇行理论[M].成都:四川教育出版社,1988.

［20］王彪,李云飞.物理缔合高分子溶液相分离的研究[J].辽宁科技大学学报,2008,31(6):561-565.

［21］李文国,韩向刚,张程祥.物理缔合高分子溶液的相分离及凝胶化[J].吉林大学学报(理学版),2009,47(3):583-587.

第3章 纤 维 素

3.1 概 述

地球上现存的各种矿物、石油和天然气等不可再生资源的储量是有限的。主要依靠石油和天然气等为原料的合成高分子材料(如合成纤维、合成塑料和合成橡胶三大合成材料)以及其他有机化工产品将面临原料来源逐渐枯竭的困境。纤维素是地球上最古老、最丰富的天然高分子材料,是人类最宝贵的天然可再生资源。全世界每年用于纺织造纸的纤维素达 800 多万吨,植物纤维素每年产量远远超过已知的石油储量,开发可再生资源以替代石化资源是解决能源危机的正确方向。对生物资源的研究和开发利用,在相当大的程度上可说是对生物高分子物质的研究和开发利用。

纤维素主要来源于植物的细胞壁,其中棉花的纤维素含量接近 100%,为最纯的天然纤维素来源。此外,禾本科和竹科等植物的茎含量也很丰富。木材是自然界中纤维素最主要的来源,木质纤维素除含有纤维素外,还有木质素和其他多糖(半纤维素),木材是由木质素作基质,纤维素作增强剂组成的三维体型结构的复合体系。这些材料可由化学制备、分离及纯化过程得到。某些特定的细菌、藻类或真菌也能合成纤维素,选择合适的基板、养殖条件、添加剂及菌株,可控制合成纤维素的相对分子质量、相对分子质量分布及超分子结构。最早的生物合成纤维素是利用纤维素酶催化反应,由纤维素二糖生成的;而最早的化学合成纤维素,则是通过开环聚合特戊酸取代的 D-葡萄糖后脱保护得到的。体外合成纤维素是近几年纤维素研究领域的热点。

1838 年,法国科学家佩因(Payen)在从木材提取某种化合物的过程中分离出一种物质,由于这种物质是在破坏细胞组织后得到的,因而佩因把它称为 cell(细胞)和 lose(破坏)组成的一个新名词"cellulose",元素分析证明这种纤维状固体的分子式为 $C_6H_{10}O_5$。次年法国科学院在报道这种纤维状固体时称之为"纤维素",这一名称也一直沿用至今。1920 年,Staudinger发现纤维素不是 D-葡萄糖单元的简单聚集,而是由 D-葡萄糖重复单元通过 1,4-糖苷键组成的大分子多糖(图 3-1)。

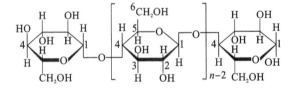

图 3-1 纤维素的结构式

纤维素可看成是 n 个聚合的 D-葡萄糖酐(即失水葡萄糖),写成通式$(C_6H_{10}O_5)_n$。植物每年通过光合作用合成纤维素,纤维素自然年产量约为 9×10^{10} 吨,是纤维素最主要的来源。棉花是自然界中含量最高的纤维素纤维,其纤维素含量为 $90\%\sim98\%$。而木材是纤维素化学工业的主要原料,木材的主要成分是纤维素、半纤维素和木质素(表 3-1)。

表 3-1　木材的主要组成(%)

树　　种	纤 维 素	半 纤 维 素	木 质 素
针叶木	50～55	15～20	25～30
阔叶木	50～55	20～25	20～25

纤维素是由通过 β-1,4-糖苷键连接脱水-D-葡萄糖单元(AGU)构成的天然高分子化合物,两个相邻的单元互成 180°交错。重复单元称为纤维素二糖(cellobiose)。每个纤维素链是定向的,具有化学不对称的末端结构:一端是半缩醛,具有还原性;另一端是糖环的羟基,为非还原端。天然纤维素中葡萄糖单元的数量也就是聚合度(DP)能高达 20000。纤维素的分子结构中含有大量的羟基,这些羟基不仅决定其具有亲水性、可降解性及化学反应活性,而且使得纤维素的分子间存在非常强烈的氢键(图 3-2),使得其具有高度的结构有序性、耐化学腐蚀性和耐溶剂性。

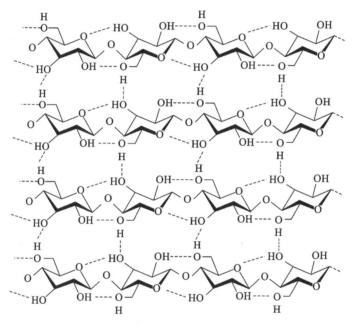

图 3-2　纤维素的分子间氢键示意图

纤维素是部分结晶高分子,具有多种结晶结构、多层次结构及特有形貌。这种多层次结构主要由纤维素分子链堆积成的初级纤维(直径 1.5～3.5 nm)、次级纤维捆绑成纤丝和由纤丝构成多层次网络的微纤组成。这使得天然的木材、滤纸、细菌纤维素膜等具有模板作用,可用于制备不同形貌的无机材料。同时,微纤之间形成的孔状结构为化学反应及酶催化降解提供了有利条件。通过改变微纤之间孔的尺寸,能够制备某些专用薄膜或包装材料,使纤维素产品满足更广泛的应用需求。

3.2　纤维素的溶解

纤维素分子因分子链间氢键的广泛存在而聚集成高度有序的结构,这种超强的氢键网络和致密的结晶结构使得纤维素很难被常规溶剂所溶解,也无法进行熔融加工。长期以来工业上都是利用黏胶溶液和铜氨溶液溶解纤维素,制作黏胶纤维、铜氨丝、玻璃纸等。纤维素的溶解是指溶剂分子无限进入纤维素的结晶区内部,借助溶剂分子与纤维素之间的物理相互作用或化学共价结合作用(反应性溶剂),消除纤维素分子链之间的氢键作用,破坏纤维素的结晶构造,使纤维素以单分子链的形式分散在溶剂中形成均相溶液。纤维素溶剂主要分为反应性溶剂、非反应性水相溶剂和非反应性非水相溶剂。

纤维素在非反应性溶剂和反应性溶剂中溶解成均相体系,有利于反应试剂与活性位充分接触。纤维素在溶剂中的浓度一般在 2%～3%,当浓度高至 10%～15% 时,表观均一溶液内有不稳定的内消旋相形成,这种团聚作用导致纤维素反应活性降低。纤维素在溶解过程中溶剂分子首先进入纤维素结晶区的内部,溶剂分子与纤维素之间产生物理相互作用或化学共价结合作用,纤维素分子链之间的氢键作用减弱,纤维素的结晶结构被破坏,纤维素以单分子链的形式分散在溶剂中形成高分子均相溶液。

3.2.1 非反应性溶剂

不参与纤维素的化学反应的溶剂称为非反应性溶剂,这类溶剂不参与纤维素的衍生化反应,使溶剂与纤维素发生相互作用,溶剂与纤维素相互作用生成新氢键并取代纤维素分子内和分子间氢键的物理过程,破坏纤维素分子间氢键,将纤维素溶解成单分子,起活化纤维素分子与改性试剂之间的化学反应的作用,是纤维素改性的优选溶剂,这种溶剂通过破坏纤维素分子间氢键使纤维素分子呈单分子状态分散在溶液中,形成均相溶液体系,提高了纤维素分子羟基的化学反应活性。对纤维素溶解过程进行的热力学研究表明,只有新生成的氢键键能大于 21 kJ/mol 时,才能使纤维素溶解。常用的非反应性溶剂主要包括离子液体、混合碱溶液、有机/无机溶剂系统等。

1. 离子液体

离子液体是指熔点低于 100 ℃的低熔点盐,由阳离子和阴离子构成,常是大体积的有机离子,由于晶格"软化"造成其低熔点的性质。离子液体具备高惰性和高极性,符合绿色化学的理论要求等优点,应用广泛,一般由有机阳离子和无机阴离子组成,20 世纪 70 年代出现了室温离子液体,90 年代离子液体首次用作均相反应的溶剂,2002 年,Rogers 发现 1-丁基-3-甲基咪唑氯盐([BMIM]Cl)离子液体可以溶解纤维素。离子液体是纤维素的优良溶剂,例如,N-甲基吗啉-N-氧化物水合物可以在加热熔融条件下(70～110 ℃)溶解纤维素,并且几乎不会造成纤维素降解。纤维素在离子液体中溶解时逐渐变细变短,完全溶解时视野全黑,在纤维素溶解前后,其形貌会发生较大改变。

离子液体是纤维素的直接溶剂,纤维素在溶解过程中没有发生纤维素的衍生化反应。在离子液体溶解纤维素的过程中,离子液体的阴、阳离子与纤维素羟基中的氧原子和氢原子相互作用,破坏纤维素原有的氢键,形成新的作用力,实现了纤维素的溶解。首先在离子液体中处于游离态的阴、阳离子(离子簇)与无定形区纤维素形成了配合结构,纤维素羟基的氧原子和氢原子参与配合物的相互作用,产生溶胀作用,氧原子起到电子对给予体的作用,氢原子起到电子受体的作用,随着溶解过程的进行,离子液体不断渗入结晶区,配位作用相继进行,纤维素分子间原有的氢键作用被破坏,纤维素分子的反应性相应地提高。

离子液体[AMIM]Cl 在常温下只能使纤维素湿润。随溶解温度的升高,纤维素首先发生润胀,由纤维素丝组成的集束结构逐渐变得松散,进而逐渐解离。当温度加热到 60 ℃时,纤维素开始溶解;随着溶解过程的继续,纤维素丝逐渐变细变短,直至溶解。

烷基咪唑类、烷基吡啶类结构和氯离子、醋酸根离子、烷基磷酸酯离子等是常见的对纤维素有较强的溶解能力的阳离子、阴离子离子液体基团。

阴离子的氢键接受能力的差异、离子液体的阳离子侧链的结构会影响离子液体对纤维素的溶解力。如烷基咪唑氯盐中高浓度的 Cl^- 增强了溶剂破坏纤维素氢键的能力,阳离子基团的不饱和性越大、侧链越短、亲水性越强,其溶解效果越好,其中侧链碳原子为偶数时($C_2 \sim C_{20}$)溶解力会更大,4 个碳原子时溶解效果最好,侧链基团对离子液体对纤维素溶解能力的影响顺序是:侧链含羟基>侧链含双键>侧链含纯烷基,其中如果离子液体的侧链同时带有羟基和双键,溶解能力最强。离子液体中的杂质含量、水含量都会直接影响到其对纤维素的溶解性能。

对于纤维素的离子液体溶液可以通过添加水、乙醇、丙酮等凝固剂实现纤维素的再生,通过低压蒸发去除挥发性溶剂后离子液体可循环使用。

2. 混合碱溶液

1) NaOH/CS$_2$ 体系

纤维素浸于氧氧化钠溶液中可生成碱纤维素,经过老化降解纤维素的聚合度降低,再与 CS_2 反应得到纤维素黄原酸酯,纤维素黄原酸酯能够溶于强碱中形成黏胶液,黏胶液应用范围广,如通过牵引拉伸、快速凝固可以制得黏胶纤维,具有良好的物理机械性能和服用性能,这种传统的方法仍在当今世界占有主导地位,在纺丝溶液挤出的同时,中间化合物重新转化为纤维素。其最大的缺陷是在生产过程中放出 CS_2 和 H_2S 等有毒气体和含锌废水,用尿素替代 CS_2 与纤维素反应生成纤维素氨基甲酸酯,也可以采用相同方法生产黏胶纤维,且此工艺在室温下更为稳定。

2) NaOH/硫脲和 NaOH/尿素体系

在 NaOH 溶液中添加尿素或硫脲可使纤维素在溶剂中的溶解度增加,NaOH/硫脲和 NaOH/尿素水溶液体系都属于低温、高效溶解体系,对草浆、棉短绒、木浆、甘蔗渣浆等天然纤维素和黏胶丝、玻璃纸、纤维素无纺布等再生纤维素有较好的溶解性,可以直接溶解,也可以通过冷冻-解冻的方法来溶解,得到的纤维素浓溶液是透明的,且对纤维素的溶解度可达 100%。

预冷至 -12 ℃ 的 7%NaOH/12%尿素水溶液对聚合度小于 500 的纤维素能迅速溶解,只需 5 min 就能得到透明的溶液。该纤维素溶液能在 $0 \sim 5$ ℃ 范围内长时间保持稳定,是一种稳定的均相反应体系。这一溶剂体系在凝固剂作用下可以纺出力学性能良好、染色性高的再生纤维素丝,可用于制备新型纤维素丝、膜(包合透明膜、发光膜等功能膜制品等)、水凝胶、气凝胶等多种纤维素及其复合材料。

在 NaOH/尿素水溶液体系中,NaOH 破坏纤维素的分子间氢键,尿素或硫脲破坏纤维素分子内氢键,二者的协同效应能有效地破坏纤维素的分子间氢键和分子内氢键而使其溶解,同时尿素、硫脲能阻止纤维素凝胶的产生。溶剂小分子和纤维素大分子间低温下形成新的氢键,自组装为包合物,从而把纤维素分子包裹进水溶液中,在低温下小分子很容易与纤维素相互作用并形成包合物破坏氢键,这种包合物在接近冰点的液态处于最稳定状态,该溶剂体系消耗酯化试剂,对化学反应有选择性。在低温下,LiOH、尿素和水分子间形成的氢键网络高度稳定,水合 LiOH 的半径比水合 NaOH 的半径要小,所以可以更轻易地渗入纤维素结晶片层中,促进纤维素的溶解。

以纤维素半刚性链为水凝胶骨架,结合含羧基的亲水性多糖为吸水剂,可制备超吸水凝胶;海藻酸钠与纤维素以环氧氯丙烷作为交联剂,可制备高压缩强度和溶胀比的大孔水凝胶等。

3. 氯化锂/二甲基乙酰胺

1979 年,首次发现氯化锂/二甲基乙酰胺(LiCl/DMAC)可以溶解纤维素,LiCl/DMAC 等无机或有机电解质与强极性非质子溶剂混合的有机/无机溶剂系统可以直接溶解纤维素,不形成任何中间衍生物,是纤维素的真溶剂,纤维素 LiCl/DMAC 溶液无色透明,溶解高相对分子质量的纤维素(如棉短绒浆、细菌纤维素等)时几乎没有降解,而且纤维素 LiCl/DMAC 溶液热稳定性和时间稳定性良好。

DMAC 中的 O 含有孤对电子,先与 LiCl 中含有空轨道的 Li 作用,形成 Li←O 配位键,生成 Li^+(DMAC)大阳离子,这使 LiCl 的电荷分布发生变化,Cl 上的负电荷增强,增加了 Cl 进攻纤维素羟基上 H 的能力,形成作用力较强的氢键,纤维素分子葡萄糖单元上的羟基质子通过氢键与 Cl^- 相连,而 Cl^- 则与 Li^+(DMAC)相连,电荷间的相互作用促进溶剂逐渐渗透至纤维素表面,从而使纤维素溶解。图 3-3 为纤维素在 LiCl/DMAC 体系中溶解时可能存在的两种结构式,其中 Cl^--纤维素作用占 DMAC 与纤维素之间 80% 的偶极-偶极相互作用,而[Li-DMAC]$^+$-纤维素占 10%。溶剂中 LiCl 价格昂贵,回收困难,为了降低溶剂消耗量,也可以采用溶剂蒸气热活化的方法,先在减压加热条件下将氯化锂固体与纤维素混合,再加入溶剂二甲基乙酰胺来溶解纤维素。

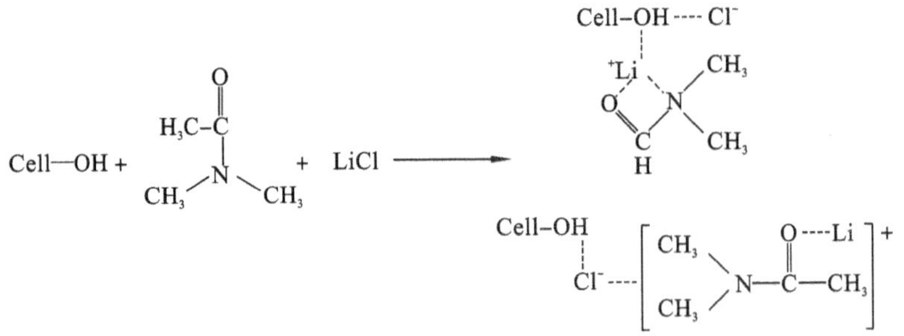

图 3-3　纤维素在 LiCl/DMAC 中溶解时可能存在的结构式

LiCl/DMAC 体系中可配成纤维素浓度为 15%～17% 的纤维素溶液,其中 LiCl 含量最佳值在 5%～7%。LiCl/DMAC 体系要求纤维素在高温下(150 ℃)溶解,且纤维素需要进行活化预处理。LiCl/DMAC 体系的溶解性能、溶液稳定性好,且溶剂易回收、成膜速度快,并且可同时溶解纤维素和其他的高分子材料(如聚丙烯腈等),是纤维素均相反应的良好媒介。

4. 金属盐配合物

金属盐配合物是历史上最早用于溶解纤维素的溶液,如铜氨溶液、铜乙二胺溶液、镉乙二胺溶液、酒石酸铁钠溶液等。纤维素可以溶解于金属盐配合物溶液中,以分子水平分散,铜氨法的溶解机理被认为是溶解过程中形成了纤维素醇化物或是分子化合物,纤维素分子葡萄糖单元 2、3 位的羟基上的 O 原子能与铜四氨氢氧化物组成的铜配合盐溶液发生反应,形成配合物,破坏纤维素内部的氢键结构,从而达到溶解纤维素的目的(图 3-4)。

铜氨溶液对纤维素的溶解能力很强。溶解度主要取决于纤维素的聚合度、温度以及金属配合物的浓度。溶解纤维素后,经混合、过滤、脱泡、纺丝、酸浴、水洗、上油、干燥而形成铜氨人造丝。铜氨丝纤维具有优异的染色、显色性、爽滑性和抗静电性,同时其卓越的吸、放湿性可保持衣服内舒适的温度和湿度。但是,铜和氨的消耗量大,很难完全回收,污染严重,且铜氨溶液

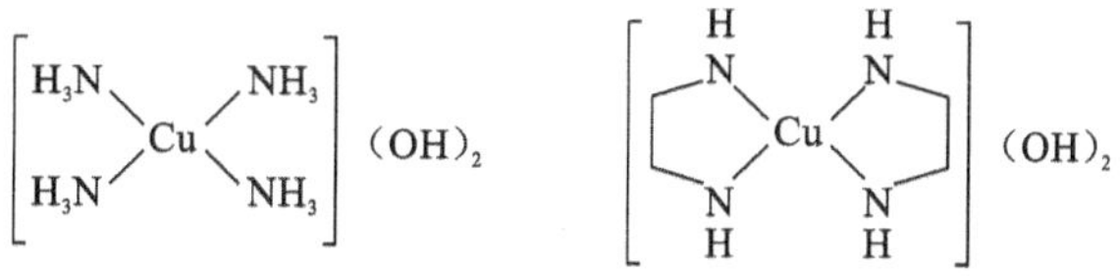

图 3-4　纤维素溶解机理

对氧和空气非常敏感,微量的氧就会使纤维素发生氧化降解。

5. N-甲基吗啉-N-氧化物(NMMO)

NMMO 能很好地溶解纤维素,得到成纤、成膜性能良好的纤维素溶液,N—O 键具有强极性,能够与纤维素上的羟基形成氢键而使其溶解,因此,NMMO 水溶液可非衍生化将纤维素溶解。NMMO 作为纤维素溶解的有效溶剂,制得溶液的纤维素浓度可高达 30%,对于高聚合的纤维素(DP32000)仍有很强的溶解能力。随着 NMMO 水合物中水的含量上升,纤维素在 NMMO 中的溶解能力会降低,如果水的含量大于 17%,NMMO 会失去对纤维素的溶解能力,NMMO 中水含量为 13.3% 时,纤维素溶解状态最佳,熔点约 76 ℃。

纤维素在 NMMO 中的溶解是切断了纤维素分子网络中的氢键而达到溶解的目的,不生成任何纤维素的衍生物,溶解机理如图 3-5 所示。溶解作用先是在纤维素的非结晶区内进行,逐渐深入到结晶区内,从而达到溶解纤维素的目的。

NMMO 是脂肪族环状叔胺氧化物,其主要特征为 N→O 之间形成配位键,呈强极性,氧原子上电子云密度很高,两个羟基的氢可以和氧原子包含的两对孤对电子形成 1 个或 2 个氢键,如 NMMO·H_2O 水合物中的水可以提供羟基的氢,纤维素葡萄糖单元的羟基(Cell—OH)也可以提供氢,通过形成 Cell—OH···O←N 形式的氢键生成纤维素-NMMO 配合物,这可以破坏纤维素大分子间原有的氢键。溶解过程先在纤维素非晶区进行,随着配位作用逐渐深入到结晶区内,纤维素的聚集态结构继而被破坏,最终纤维素溶解。

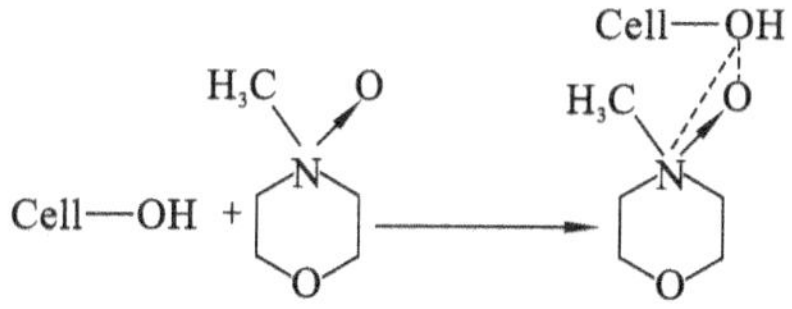

图 3-5　纤维素在 NMMO 中的溶解机理

3.2.2　反应性溶剂

反应性溶剂可以与纤维素反应,溶剂分子的空间位阻效应和化学反应性降低纤维素结晶区内可键合羟基数目,引起纤维素分子内部的氢键断裂,从而促进纤维素分子的溶解。反应性溶剂包括四氧化二氮/二甲基甲酰胺、甲酸/硫酸与甲酸盐、聚甲醛/二甲基亚砜(DMSO)等。

聚甲醛/二甲基亚砜能高效迅速溶解纤维素,在此溶剂体系纤维素几乎不降解,能用于制备取代度高的功能化非离子型纤维素衍生物或纤维素酯。聚甲醛受热分解产生的甲醛与纤维素的羟基反应生成羟甲基纤维素,羟甲基纤维素能溶解在 DMSO 中(图 3-6)。随着新鲜甲醛的继续加入,羟甲基会继续反应生成长链的亚甲基氧链,末端羟基功能化后可具有类似氧乙烯非离子表面活性剂的性质。此外,在吡啶或醋酸盐催化下,纤维素和醋酸、丁酸、邻苯二甲酸酐、不饱和马来酸酐和马来酸酐等可以在聚甲醛/二甲基亚砜溶液中发生酯化反应。

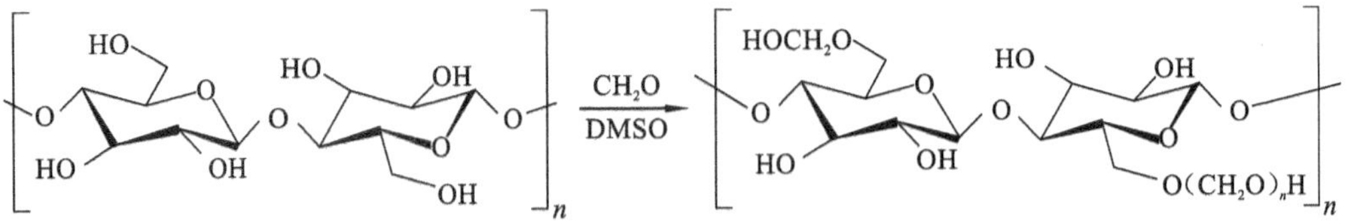

图 3-6　纤维素在聚甲醛/二甲基亚砜体系中的溶解反应式

四氧化二氮/二甲基甲酰胺（N_2O_4/DMF）溶剂体系主要用于合成纤维素无机酸酯，但溶剂毒性很大。一般认为四氧化二氮与纤维素反应生成亚硝酸酯中间衍生物，而溶于 DMF 中。该溶剂溶解纤维素，具有成本低、易控制纺丝条件等优点，四氧化二氮/二甲基甲酰胺主要用于制备无机纤维素酯，如磷酸酯、硫酸酯。也可在吡啶碱催化下，与含有酰基氯基团的聚合物或酸酐反应制备有机酸酯，但溶剂四氧化二氮是危险品，毒性大，纤维素溶解时，DMF 与四氧化二氮生成副产物，有分解爆炸的危险。

3.3　纤维素的化学性质

天然纤维素作为一种天然高分子材料，具有不熔融、难溶解、耐化学腐蚀性差、强度低、尺寸稳定性不高等特点。从纤维素的化学结构来看，至少可进行下列两种类型的反应：纤维素大分子中苷键的降解反应，受各种化学、物理、机械和光作用，分子链中的苷键或其他共价键都有可能受到破坏，并导致聚合度降低。通过纤维素分子链上羟基的化学反应（氧化、酯化、醚化、交联、接枝等）进行纤维素的化学改性，制得性能各异的纤维素衍生物，可以显著改善纤维素材料的溶解性、强度等物理性质，并赋予其新的性能，扩展纤维素材料的应用领域。目前，纤维素衍生物材料广泛地应用于涂料、日用化工、膜科学、医药、生物、食品等领域。

纤维素有难溶性的特点，工业上生产纤维素衍生物大多采用非均相法，非均相导致纤维素衍生物形态结构和聚集态结构的不均一性（同一纤维，不同的化学试剂，可及度（反应试剂可到达的区域）可能不同）、不可控等（反应一般在无定形区和结晶区表面发生），且产率低、副产物量大，限制了纤维素衍生物的种类及应用。

一些新型高效的纤维素溶剂为纤维素均相衍生化反应提供了均相介质，均相衍生化反应快速、高效，产物易于分离。纤维素进行均相衍生化反应可以制备结构均一、可控的各种功能性的纤维素衍生物，如纤维素酯、纤维素醚、纤维素接枝共聚物和纤维素接枝树枝状大分子等。纤维素衍生物种类繁多，下面介绍部分有代表性的纤维素化学改性反应。

3.3.1　纤维素化学改性的基本原理

纤维素是由 β-D-吡喃葡萄糖基彼此以 β-1,4-糖苷键连接而成的线型高分子，其分子链中每个葡萄糖单元在 C_2、C_3、C_6 位置上有 3 个活泼羟基，可以进行一系列羟基的化学反应，在纤维素分子链上引入新的官能团，通过改性试剂与纤维素羟基的化学反应，发生氧化羟基成羧基的反应、酯化反应、醚化反应和接枝共聚反应等，获得物理、化学性质各异的纤维素衍生物。在纤维素溶液中，纤维素葡萄糖单元上 C_6 上羟基与 C_2、C_3 相比，空间位阻最小，活性最好。纤维素在溶剂液体中的浓度不宜太高，一般为 2%～3%，当浓度高至 10%～15% 时，纤维素会发生团聚，虽然表观仍为均一溶液，但三相图显示有不稳定的内消旋相形成，纤维素反应活性降低。

改性反应试剂到达纤维素羟基的难易程度是影响纤维素化学改性效果的主要因素。天然纤维素是一种结晶性材料,具有两相结构,反应试剂容易到达无定形区和结晶区表面,纤维素的结晶度直接影响纤维素改性反应中羟基的可及性,在纤维素分子的结晶区内,不存在自由羟基,纤维素葡萄糖通过纤维素分子链内氢键和分子间氢键排列紧密,化学试剂很难进入结晶区发生反应。大多数的反应试剂只能渗透到纤维素的无定形区域,与无定形区存在的部分游离羟基发生反应。

纤维素在采用溶剂溶解过程中其结晶区被破坏,形成均相溶液,纤维素羟基解放出来成为游离羟基,从而羟基可及性提高,可以有效发生化学反应。

纤维素羟基的活化也可以提高纤维素化学改性效果,采用机械、化学或生物的方法在不破坏纤维素聚合度的条件下,破坏纤维素无定形区内的氢键,能够增加改性试剂对纤维素羟基的可及性。氧化、碱处理、胺和水预处理等方法均是对纤维进行活化的有效化学方法。

纤维素在非均相试剂中,通常以悬浮状态非均相地分散于液态反应介质中,纤维素无定形区内的反应,也需要根据化学试剂的渗透情况由表及里逐层进行。如选用适当的溶剂对纤维素进行润胀,有利于反应试剂到达无定形区和结晶区表面。碱性润胀是纤维素非均相反应中常见的活化预处理方法,目的是进一步提高纤维素的反应性能,提高纤维素羟基对反应试剂的可及性。

3.3.2 纤维素羟基的氧化

纤维素的氧化是将新的官能团——醛基、酮基、羧基或烯醇基等引入纤维素大分子中,得到纤维素衍生物改变了纤维素原有的物化特性,生成的不同性质的水溶性或不溶性氧化物,称之为氧化纤维素。

纤维素氧化反应,如 C_6 上伯羟基氧化成醛基或羧基等,C_2 和 C_3 上的仲羟基氧化成为酮基,氧化开环形成二醛或羧基等,通常会发生断链副反应,导致单体环打开和裂解。通过选择适当的氧化剂可以在不引发葡萄糖单元开环反应的条件下,将纤维素葡萄糖单元 C_6 上羟基氧化为羧基,如选用 TEMPO 作为氧化剂,可以增加纤维表面的亲水性(用于制备纳米纤维素)。采用 4-甲酰胺-TEMPO 为氧化剂,可以将大部分 C_6 羟基氧化为羧基,增加纤维素表面的阴离子羧基含量,使纤维素表面亲水性提高,可作为阳离子聚电解质的纤维素吸附剂使用。使用 4-乙酰胺-TEMPO/NaClO/NaClO$_2$ 氧化处理湿态下的丝光化纤维,可以获得具备高透光性和剪切增黏性特点的纳米纤维素晶体。

以碱预处理纤维为原料,采用不同浓度的高锰酸钾/丙酮溶液对原料进行浸渍处理,纤维素亲水性降低。在高锰酸钾浓度低于 1% 的前提下,增加 $KMnO_4$ 浓度,可以降低纤维素的亲水性,同时不会导致纤维素降解。采用高锰酸盐作为纤维素氧化剂,MnO_4^- 通过 MnO_3^- 引发纤维素形成自由基,可以得到亲水性降低的纤维素改性产品,同时生成的高活性的 Mn^{3+},可用于引发纤维素接枝聚合反应。

3.3.3 纤维素羟基的酯化

纤维素分子上的羟基均为极性基团,在强酸性环境中可以被亲核基团取代,生成相应的纤维素酯。纤维素的酯化反应是指在酸催化下,纤维素分子链中的羟基与酸、酸酐、酰卤等发生反应生成纤维素酯的过程。纤维素可以与所有的无机酸和有机酸生成一取代、二取代和三取代酯,纤维素可以与无机酸如硝酸、硫酸和磷酸等发生酯化反应制备纤维素的无机酸酯,也可以与有机酸、酸酐或酰卤等有机酸酯化试剂反应生成有机酸酯。纤维素无机酸酯中的纤维素硝酸酯在工业上应用范围最广,纤维素硝酸酯可以采用浓硝酸和硫酸混合与纤维素进行硝化反应来制备。常见的纤维素有机酸酯有纤维素的丁酸酯、丙酸酯、乙酸酯、甲酸酯、芳香酸酯和高级脂肪酸酯等。

1. 纤维素无机酸酯

纤维素葡萄糖单元中的羟基可以与无机酯化试剂,如硫酸、硝酸、磷酸、二硫化碳等,发生酯化反应,生成纤维素无机酸酯。在这类纤维素衍生物中,随所用酸的不同而有硝酸纤维素、黄原酸纤维素和磷酸纤维素之分。纤维素黄原酸酯和纤维素硝酸酯在纤维素无机酸酯中占据重要地位,并已经有工业化产品生产(图 3-7)。以硝酸纤维素用量最大,黄原酸纤维素次之。纤维素硝酸酯的工业化产品主要由纤维素经不同配比的浓硝酸和硫酸的混合酸硝化制得,所得产品的取代度较高。磷酸纤维素是纤维素在吡啶存在下,用三氯氧化磷于 120 ℃ 处理制得的。

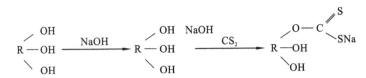

图 3-7　纤维素黄原酸酯化反应

2. 纤维素有机酸酯

纤维素有机酸酯是指纤维素在酸催化下与酸、酸酐、酰卤等发生酯化反应的生成物,主要有纤维素醋酸酯、纤维素甲酸酯、纤维素丙酸酯、纤维素丁酸酯、纤维素苯甲酸酯及纤维素有机磺酸酯。纤维素的结晶性使得大多数酯化、醚化反应是固态纤维素的非均相反应,反应试剂向纤维素内部的扩散程度影响酯化反应程度。纤维素的结晶度、单元晶胞尺寸、分子间氢键多少及植物细胞的形态等因素都会影响扩散程度。

由于邻近取代基影响和空间阻碍的因素,纤维素葡萄糖基分子中,C_2、C_3、C_6 三个羟基反应能力也不同。当与体积较大的化学试剂反应时,空间阻碍作用较小的 C_6 位羟基比 C_2、C_3 位羟基更易反应。三个羟基在酸性介质中酯化时反应速度为 $C_2(OH) < C_3(OH) < C_6(OH)$。

纤维素有机酸酯中,纤维素甲酸酯可以直接使用甲酸作为原料来制备,大多由纤维素酯采用乙酸酐、丙酸酐、丁酸酐等酸酐为反应试剂与纤维素反应制备。除与醋酸酐反应制备醋酸纤维的取代度较高(DS 可为 2.0)外,一般而言,酸酐酯化的取代度较低。纤维素酯化以后疏水性提高,可通过引入含氟基团(如 2,2-二氟乙氧基、2,2,2-三氟乙氧基等)、长链脂肪酸酯化试剂等,增加纤维素的疏水性能。

还可以借助酰氯对羟基氧的亲电取代来制备纤维素有机酸酯。一般采用三级碱(如吡啶、N,N-二甲基苯胺、三乙胺等)作为催化剂活化酰基,进攻纤维素自由羟基上负电性的氧原子形成酯键。例如,甲苯磺酰氯在吡啶或三乙胺的碱性催化下可与纤维素反应,制备纤维素苯磺酸酯。

在纤维素的 LiCl/DMAC 和 LiCl/N-甲基-2-吡咯烷酮溶液中,纤维素还可以与二烯酮反应生成纤维素乙酰乙酸酯。纤维素乙酰乙酸酯具有高活性,可以进一步发生化学反应在纤维素上引入新的取代基,将纤维素进一步功能化,如可以利用亚甲基团与二醛发生醇醛缩合、与二酰基进行 Michael 加成、与二胺或二肼反应。

还可以利用乙烯醇互变为易挥发的乙醛的特性,将醋酸乙烯酯、月桂酸乙烯酯等与纤维素(醋酸乙烯酯/葡萄糖单元物质的量比为 10∶1)溶液反应,获得纤维素醋酸酯、纤维素月桂酸酯等。

　　纤维素分子的初级羟基可被三苯甲基、$(CH_3)_2CHC(CH_3)_2Si(CH_3)_2Cl$ 等大体积基团选择性封闭,酯化反应完成后去掉保护作用的三苯甲基,可获得 2,3-二氧乙酰纤维素。利用此方法顺序酰化纤维素上的自由羟基还能获得混合纤维素酯,如醋酸/丙酸酯。例如,利用 $(CH_3)_2CHC(CH_3)_2Si(CH_3)_2Cl$ 将纤维素 C_6 羟基进行封闭,然后将 C_2 羟基转化为甲苯磺酸酯,可以制备含有荧光基团的纤维素荧光探针。

3.3.4　纤维素的醚化反应

　　纤维素的醚化反应是指纤维素的羟基与醚化剂(如卤代烷、烷基环氧化物、缩水甘油基、硅烷和异氰酸盐等)在碱性条件下发生反应,纤维素葡萄糖单元上伯羟基(C_6 位)、仲羟基(C_2、C_3 位)的氢被取代,生成纤维素醚。三个羟基在碱性介质中醚化时反应能力的大小顺序是 C_2(OH)$>C_3$(OH)$>C_6$(OH)。

　　纤维素醚化试剂种类较多,主要的纤维素醚衍生物有氰乙基纤维素、羧甲基纤维素、乙基纤维素、甲基纤维素、苯基纤维素、羟乙基纤维素、苄基氰乙基纤维素、羟丙基甲基纤维素和羧甲基羟乙基纤维素等,种类繁多,性能各异,在食品、医药、石油、建筑、造纸、纺织等行业有较广泛的应用,其中乙基纤维素和甲基纤维素实用性较强,应用范围广。纤维素发生醚化反应后,羟基的数量改变,相应的分子间氢键作用力发生变化,纤维素衍生物的溶解性能变化显著,在有机溶剂、稀碱、稀酸或水中有较好的溶解性能,具体纤维素醚的溶解度受引入基团取代度、引入基团的特性、引入基团分布情况、衍生物聚合度等多种因素影响。

　　纤维素醚类中的甲基纤维素具有优良的润湿性、分散性、黏接性、增稠性、乳化性、保水性和成膜性,以及对油脂的不透性。所成膜具有优良的韧性、柔曲性和透明度,主要用作温敏药物控释材料、食品包装膜、生物可降解膜等。

　　乙基纤维素具有黏合、填充、成膜等作用,用于树脂合成塑料、涂料、橡胶代用品、油墨、绝缘材料,也用作胶黏剂、纺织品整理剂、可降解膜、液晶材料、缓控释制剂等。

　　氰乙基纤维素(CEC)是较早开发和研制的纤维素醚类。低取代氰乙基纤维素能阻止霉菌和细菌的进攻,已经应用于纺织品中;氰乙基纤维素抗热抗酸性很好,能避免降解,具有高的绝缘性,可用于绝缘体中;具有良好的介电性质,可用作场致发光器件中的颜料组分;具有高防水性、高绝缘性和自熄性,适用于大屏幕电视发射屏、新型雷达荧光屏等,还可在侦察雷达中用作高介电塑料、套管。

　　羟乙基纤维素由于具有良好的增稠、悬浮、分散、乳化、黏合、成膜、保护水分和提供保护胶体等特性,已被广泛应用在吸水树脂、石油开采、日化产品、涂料、建筑、医药、食品、纺织、造纸、环境敏感材料、DNA 分离以及高分子聚合反应等领域。

　　纤维素经羧甲基化后可得到羧甲基纤维素,其水溶液具有增稠、成膜、黏接、水分保持、胶体保护、乳化及悬浮等作用,主要用于高吸水树脂、食品工业、医药工业、复合膜等。

　　在改性纤维素中,有一种特殊的纤维素醚即纤维素混合醚,它是纤维素醚分子链上含两种不同性质取代基的物质,如羟丙基甲基纤维素(HPMC)取代度为 1.5～2.0。

　　常见的纤维素醚化剂有脂肪族卤化物、芳香族卤化物、含长链烷基的环氧烷烃、硅烷、环氧乙烷等。

　　脂肪族卤化物、芳香族卤化物等烷基卤化物可以作为醚化剂,例如,含 3～24 个碳的氟化物与羟乙基纤维素进行醚化疏水改性,得到仍具水溶性的纤维素衍生物,可以用作涂料增稠剂。含阳离子取代基的烷基氯化物(如 3-氯代-2-羟丙基三甲基氯化铵)作为阳离子醚化剂,可以制备阳离子化纤维素醚。苄基氯作为醚化剂,处理棉绒纤维素在二甲基亚砜/三水氟化正四丁基铵(DMSO/TBAF)溶剂中进行醚化反应,在 70 ℃下反应 4 h,可以合成苯基纤维素醚(光学塑料)。产物取代度可以通过改变溶剂组分和浓度来调整,获得具备特殊液晶性能的高取代度苯基纤维素。纤维素与含羟基结构的烷基卤化物聚合物,如 $R[(OCH_2CH(CH_2Cl))_mOCH_2CH(OH)CH_2Cl]_k$ 结构的聚合物(其中 R 为烷醇胺、芳香基团、聚氧化乙烯加成产物),进行醚化反应时,在碱催化下醚化剂的氯末端基团与纤维素羟基醚化,可以得到对颜料亲和性良好的纤维素衍生物。

含长链烷基的环氧烷烃作为醚化剂与纤维素反应,可以赋予纤维素醚化衍生物疏水性,如使用含 10～24 个碳的环氧烷与羟乙基纤维素进行醚化反应,可以降低羟乙基纤维素的亲水性,羟乙基纤维素的水解速率降低,在增稠效果上,经改性后的低相对分子质量的羟乙基纤维素等效于高相对分子质量产品。环氧氯丙烷与碱化后的棉秆纤维反应制备具环氧活性基的棉秆纤维素醚,可以再进一步反应,如与 5,8-二氮杂十二烷反应,得到具备较强配位能力的含氮纤维素衍生物,可吸附 Hg^{2+}。

硅烷处理纤维素是一种显著降低纤维素表面羟基数量,从而降低纤维素的亲水性,改善衍生物的水分散性、成膜性的有效方法,如作为增强剂的纳米纤维素(nanofibrillaed cellulose, NFC)与烷氧基硅烷反应,可以获得表面疏水改性的功能化纳米纤维素,疏水改性有利于改善纳米纤维素与聚合物分子之间的混容性,改性效果优于传统的偶联剂改性和表面活性剂吸附改性。经乙基-三甲酰氧基硅烷改性后形成水不溶性硅烷化纤维素衍生物,可以在较宽 pH 值范围的水溶液中分散而不产生结块。(3-环氧丙基氧丙基)三甲氧基硅烷(GPTMS)醚化羟乙基纤维素衍生物带负电荷,其水溶液在干燥过程中分子可以自交联成膜,并且与羟乙基纤维素、羧甲基纤维素、聚乙烯醇等其他水溶性聚合物混合交联也具有较好的成膜性。硅烷醚化纤维素衍生物硅烷上的有机官能团还能通过接枝、加成、取代等化学反应进行进一步修饰。

通常采用碱化纤维素与环氧乙烷进行醚化反应来制备商品羟乙基纤维素,由于在非均相条件下反应,使得醚化的取代位置比较随机。选择性醚化常用的方法是对纤维素葡萄糖单元 C_6 伯羟基选择性保护,如首先采用叔丁基衍生化二甲基氯硅烷对伯羟基进行保护,然后选择性取代 C_3 羟基,可以得到取代度均一、无侧链取代的选择性醚化的羟乙基纤维素衍生物。

3.3.5　纤维素羟基的接枝共聚

接枝共聚是材料常见的改性方式,也是一种灵活的改性方法,可以通过改变聚合物类型、长度、主链和支链的分散程度、接枝密度等来实现对材料性能的调控。接枝共聚能够改善纤维素及其衍生物的结构与性质,可以引入其他聚合物的性质,克服纤维素某些性质的缺陷,使之与合成高分子材料相媲美,通过选用不同的接枝单体,可以得到性能各异的纤维素接枝共聚物,改善纤维素的尺寸稳定性、耐磨性、拒油性、高吸水性、黏附性、阻燃性、耐酸性、塑性、离子交换能力、热稳定性和抗菌性等,同时保留纤维素固有的优势,扩展其在纺织和生物医药等领域的应用。

纤维素接枝共聚物的合成方法一般可以分为两类:一种是直接在纤维素本体上进行共聚;另一种是在纤维素的衍生物上进行接枝。根据聚合物的拓扑结构与形态特点,也可以将其分为单接枝型、双接枝型、接枝嵌段型、蜈蚣型、树枝型等多种。

接枝只在纤维素的非晶区和晶区表面进行,支链长度可远超过主链长度。改性纤维素接枝共聚可以使纤维素固有的优点不被破坏的同时赋予其新的性能,如通过接枝共聚和胺基化反应合成的纤维素胺基树脂,有较好的脱色功能。纤维素的接枝共聚反应常用的引发剂主要有过硫酸盐引发体系、$KMnO_4/H_2SO_4$ 引发体系、Fe^{2+}/H_2O_2 引发体系、Ce^{4+} 引发体系(表 3-2)。Ce^{4+} 引发体系具有分解活化能低、产生自由基诱导期短、可在短时间内获得高分子量的支链等优点,是目前研究最多的引发剂。

表 3-2　常见的引发体系

引 发 体 系	引 发 机 理
过硫酸盐	$S_2O_8^{2-} \rightleftharpoons 2SO_4^- \cdot$
	$SO_4^- \cdot + H_2O \longrightarrow H^+ + SO_4^{2-} + HO \cdot$
	$Rcell-OH + \cdot OH \longrightarrow Rcell-O \cdot + H_2O$
	$Rcell-O \cdot + M \longrightarrow Rcell-OM \cdot \xrightarrow{M}$
	$\cdots Rcell-O(M)n \cdot \longrightarrow$ 共聚物
$KMnO_4/H_2SO_4$	$MnO_4^- + H^+ \longrightarrow Mn(\text{IV}) + H_2O$
	$Mn(\text{IV}) + Rcell-OH \longrightarrow [\text{配合物}] \longrightarrow Mn(\text{III}) + Rcell-O \cdot$
	$Rcell-O \cdot + M \longrightarrow Rcell-OM \cdot \xrightarrow{M}$
	$\cdots Rcell-O(M)n \cdot \longrightarrow$ 共聚物
Fe^{2+}/H_2O_2	$Fe^{2+} + HO-OH \longrightarrow Fe^{3+} + \cdot OH + OH^-$
	$Rcell-OH + \cdot OH \longrightarrow Rcell-O \cdot + H_2O$
	$Rcell-O \cdot + M \longrightarrow Rcell-OM \cdot \xrightarrow{M}$
	$\cdots Rcell-O(M)n \cdot \longrightarrow$ 共聚物

　　常见的纤维素接枝衍生物有乙烯单体接枝纤维素、硅接枝纤维素、环状单体接枝纤维素等。乙烯单体接枝纤维素常采用铈离子、Fenton 试剂等自由基引发剂,使纤维素产生活性位,再与乙烯基单体(如丙烯腈、丙烯酸、丙烯酸酯、丙烯酰胺、甲基丙烯酸酯、甲基丙烯腈等)反应。

　　硅接枝纤维素衍生物可以用作热塑性树脂增强剂,效果优于无机材料(改性云母、改性玻璃纤维)。在过氧化苯甲酰(BPO)引发下,将纤维素与含有端不饱和双键的硅烷(如甲基丙烯酰氧基丙撑三甲氧基硅烷、端胺基硅烷等)在二甲苯溶剂中反应可合成硅接枝纤维素。

　　许多环状单体(如环氧化物、表硫醚、环亚胺或内酰胺、内酯等),可通过纤维素上的活泼羟基,或纤维素轻微氧化生成的羧基或羰基,引发开环反应而生成接枝共聚物。如纤维素与丙交酯($C_6H_8O_4$,3,6-二甲基-1,4-二氧杂环己烷-2,5-二酮)接枝反应制备聚乳酸接枝纤维素,丙交酯有 2 个不对称碳原子,其立体异构体可以呈现三种形式,结构如图 3-8 所示。D-丙交酯和 L-丙交酯是典型的对映异构体,L-丙交酯和 D-丙交酯等量混合成为 D,L-丙交酯。将纤维素与丙交酯按比例混合均匀,添加到微波反应管,然后将反应管放置在微波有机合成仪器中,采用微波辐射的方法引发接枝聚合,用二氯甲烷溶解,然后过滤,在真空环境下干燥,得到聚乳酸接枝纤维素,该接枝物引入了可生物降解聚酯聚乳酸,且聚乳酸属疏水链段,提高了纤维素材料的疏水性。聚乳酸接枝纤维素的 X 射线衍射谱如图 3-9 所示。接枝后的纤维素结晶度下降,这是因为接枝聚乳酸后,聚乳酸的分子链阻碍了纤维素分子链形成有序的结晶区。纤维素和聚乳酸接枝纤维素(聚乳酸 30%)热行为曲线如图 3-10 显示,没有显著的差异,这是因为纤维素的刚性结构限制了聚乳酸的热运动。

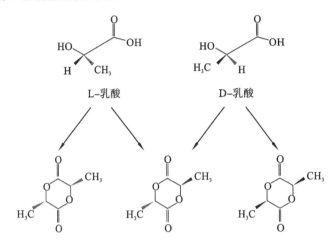

图 3-8　丙交酯的结构式

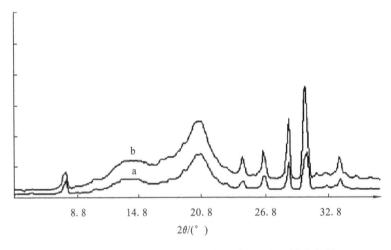

图 3-9　纤维素(a)和聚乳酸接枝纤维素(b)的 X 射线衍射图

3.3.6　纤维素交联共聚物

纤维素交联衍生物常用的化学交联剂有二乙烯砜(有毒)、碳二亚胺、环氧氯丙烷、琥珀酸酐、硫代琥珀酸等。纤维素交联改性产品种类繁多,应用广泛。如以琥珀酸酐为交联剂可制备超吸水性水凝胶(吸水量达 400%)。采用硫代琥珀酸作交联剂制备纤维素硫代琥珀酸酯膜,可用于燃料电池。UV 照射诱导纤维素与壳聚糖交联可制备抗菌性纺织品。纤维素凝胶经过冷冻干燥或超临界干燥,还能制备高力学性能的气凝胶。

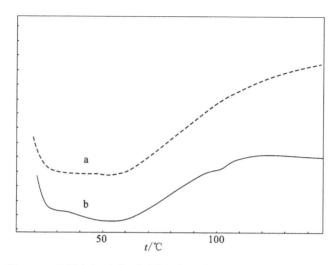

图 3-10 纤维素(a)和聚乳酸接枝纤维素(b)的热行为(DSC)曲线

3.3.7 纤维素功能化修饰

纤维素经功能化修饰后可作为离子交换剂使用,如将谷糠纤维素与环氧氯丙烷、浓硫酸和戊醇处理制得谷糠纤维素强酸性阳离子交换剂,对金属离子 Cu^{2+}、Cr^{3+}、Ni^{2+} 饱和吸附量分别为 75 mg/g、62 mg/g、68 mg/g。用麦秆、荞麦皮、锯末、稻壳为原料,经 NaOH、环氧氯丙烷、三甲胺盐酸盐处理,可得到再生纤维素强阴离子交换剂(CSAE),CSAE 对印染废水吸附性能较好,有良好的再生效果。

通过对纤维素材料进行表面功能化修饰,还可以得到具有超疏水表面的纤维素材料、双疏型的纤维素材料、双亲表面纤维素材料、有抗菌效果的纤维素衍生物、有光电响应性的纤维素材料、荧光纳米纤维等材料。如双疏型的纤维素材料可以通过三氟丙酸酰氯、三氯甲基硅烷处理纤维素制备。对纤维素材料表面进行等离子体处理、化学接枝含氟分子或硅酸酯、化学气相淀积(CVD)等处理可以制备超疏水表面的纤维素材料。双亲表面纤维素材料、抗菌性纤维素衍生物、光电响应性的材料、荧光纳米纤维等可在纤维素表面接枝功能性聚合物、基团,如季铵盐、液晶聚合物、荧光分子等来制备。在制备纤维素复合材料的过程中,对纤维素纤维表面进行醚化、硅烷化、酰化、接枝等处理,可以显著改善纤维素与合成高分子之间的相容性,改善材料性能。

还可以采用官能团修饰纤维素表面,使纤维素材料具有新的功能。如基于包合作用的纤维素表面修饰改性,将环糊精修饰到纤维素表面来制备功能性纤维素,既保留了环糊精的独特性质,又兼具纤维素的良好性质,如化学可调性、稳定性、环境友好性、可再生性,这给纤维素的应用提供了更广阔的空间。

环糊精作为超分子主体化合物,客体范围极广,已在医疗、食品、环境、化学分子组装等领域展现出广泛的应用前景。如二茂铁是常见的客体分子,二茂铁衍生物具备一般化学药品所不具备的低毒性、氧化还原可逆性,这些性质可以用来制备功能响应性材料。环糊精和客体分子通过配位作用可形成超分子自组装体系,按照形成网络结构的方式不同,环糊精大分子网络体系可以分为共价键化学交联(即通过交联剂的化学交联反应构成的网络体系)、非共价键的分子间作用力驱动的物理交联(即大分子组装,如通过环糊精与客体分子之间的包合作用构筑的超分子体系）。共价键化学交联形成网络结构主要是通过引入能与环糊精反应的表氯醇（epichlorohydrin）、二缩水甘油醚（diglycidylethers）等化学交联剂来实现的。物理交联则是基于分别固定在大分子上的环糊精与客体分子之间的包合作用交联，由于环糊精空腔与客体分子之间的对应分子识别，组装而成的大分子网络结构易于控制。

把环糊精连接到纤维素纤维上常用的方法有化学法和物理法。将环糊精与纤维素结合常用物理方法可以采用在纺丝液中加入环糊精或环糊精的包合物然后进行纺丝，得到纤维素复合环糊精产品，采用该方法具体应用的产品有锦纶芳香纤维；通过溶胶-凝胶法在无机烷氧化合物中加入环糊精或环糊精的包合物，在溶胶固化的过程中完成环糊精与纤维素的固着；把环糊精或环糊精的包合物通过涂层或印花等方法处理到织物的表面，在加工过程中，只要选择适当的黏合剂，就可以方便地把环糊精及环糊精包合物施加到各种纤维或织物上，如天然纤维、人造纤维及各种日用纺织品（如窗帘、床单等）。

采用物理法制备的环糊精/纤维素材料易受到周围条件的影响不具有持久性，使用化学方法可以将环糊精永久地固着在纤维素上，具有耐久性。但对于不同的纤维素纤维，其化学改性的方法也有所不同。常用方法如下：

（1）先对环糊精进行活化，然后通过与纤维或织物发生反应，制备纤维素接枝环糊精。

（2）先对纤维或织物进行活化，然后与环糊精反应。

（3）把环糊精通过交联剂接枝到纤维素上。

（4）采用低温等离子体或超临界二氧化碳手段对其进行接枝。

环氧氯丙烷、多元羧酸是纤维素表面接枝环糊精制备功能纤维常用的交联剂，也可以运用物理和化学共混方法将环糊精连接到天然纤维或其他合成物质上。编者采用交联剂环氧氯丙烷法（反应过程见图 3-11）和多元羧酸固体交联法，制备了环糊精接枝纤维素，采用 ^{13}C-NMR（图 3-12）、红外谱（图 3-13）、X 射线（图 3-14）对产物进行了分析，采用酚酞探针分子检测技术分析了环糊精含量。结果表明接枝环糊精以后纤维素的结晶度升高。环氧氯丙烷法接枝环糊精接枝率可达 0.32%，固体酸法接枝环糊精接枝率为 0.14%。

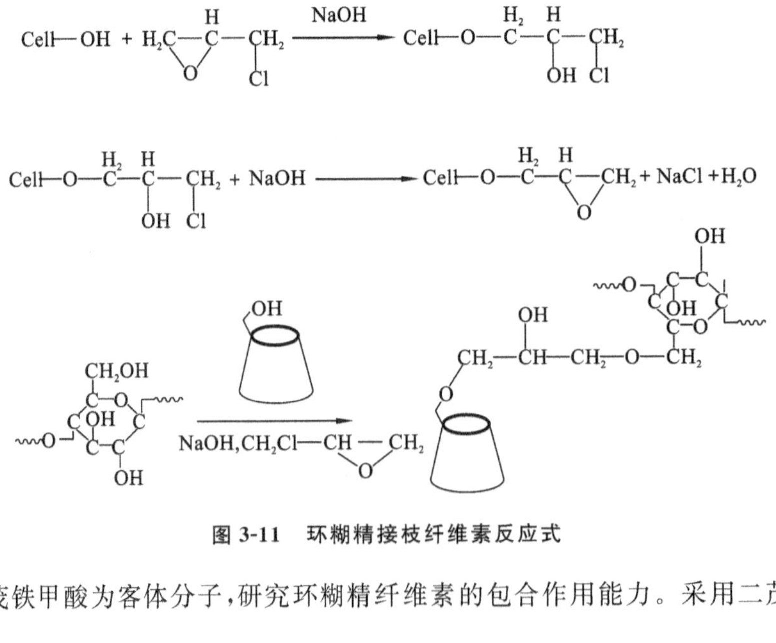

图 3-11 环糊精接枝纤维素反应式

选择二茂铁甲酸为客体分子，研究环糊精纤维素的包合作用能力。采用二茂铁甲酸与纤

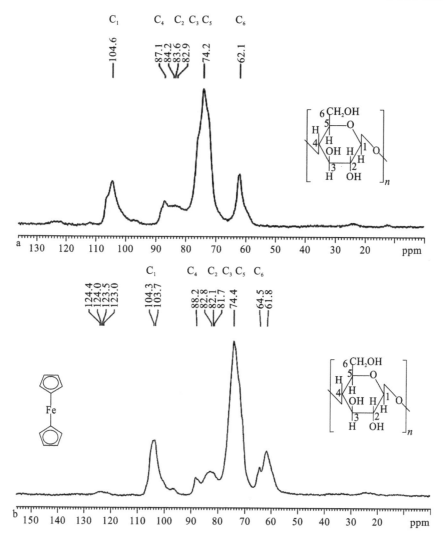

图 3-12　纤维素-环糊精(a)和纤维素-二茂铁(b)的 ^{13}C-NMR 谱图

维素为原料,制备二茂铁接枝纤维素(图 3-15),接枝率可达 162.97%。接枝二茂铁以后的纤维素结晶度从 46.4707%,变化为 64.5453%。将纤维素-环糊精和纤维素-二茂铁在溶液均匀混合即可完成包合,具体过程见图 3-16。

　　图 3-17 所示为二茂铁甲酸-DMAC 溶液与二茂铁甲酸-β-环糊精-DMAC 溶液的紫外-可见吸收光谱图。光谱图显示二茂铁甲酸-DMAC 溶液存在 310 nm 与 360 nm 两个特征吸收峰(曲线 a),而当二茂铁甲酸与 β-环糊精共存时,360 nm 处特征峰消失,310 nm 特征峰也减弱(曲线 b),并且整个吸收强度相对降低,这说明二茂铁甲酸与 β-环糊精之间并不是简单地共存,而是发生了包合作用。

　　图 3-18 所示为二茂铁甲酸-β-环糊精-纤维素溶液与二茂铁甲酸的紫外-可见吸收光谱图。结果显示二茂铁甲酸存在 300 nm 与 385 nm 两个特征吸收峰(曲线 b),385 nm 处较为微弱,而二茂铁甲酸与 β-环糊精-纤维素溶液混合后,特征峰基本消失(曲线 a),表明二者之间同样发生包合作用,这也说明接枝于纤维素上的 β-环糊精依旧可以与二茂铁结构发生包合作用。

　　图 3-19 所示为二茂铁接枝纤维素-β-环糊精接枝纤维素溶液与二茂铁接枝纤维素溶液的

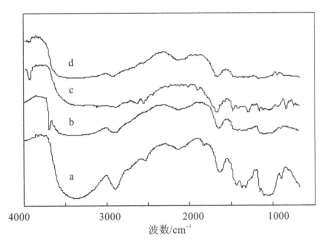

图 3-13　红外谱图

(a.纤维素;b.纤维素-环糊精;c.纤维素-二茂铁;d.纤维素-环糊精/纤维素-二茂铁包合物)

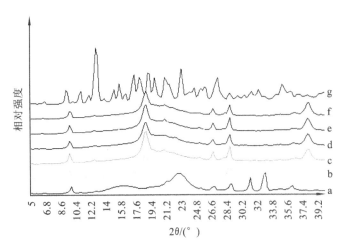

图 3-14　环糊精接枝纤维素的 XRD 形态

(a.纤维素;b.环糊精接枝纤维素;c.环糊精接枝纤维素(环糊精与纤维素原料比例 47.8%);d.环糊精接枝纤维素(环糊精与纤维素原料比例 48.5%);e.环糊精接枝纤维素(环糊精与纤维素原料比例 49.2%);f.环糊精接枝纤维素(环糊精与纤维素原料比例 50.4%);g.环糊精)

紫外-可见吸收光谱图。图中二茂铁接枝纤维素溶液存在 320 nm 与 360 nm 两个特征吸收峰(曲线 b),而当二茂铁接枝纤维素溶液与 β-环糊精接枝纤维素溶液混合后,两个特征峰基本消失(曲线 a),这表明二者之间包合作用的存在,同时说明分别接枝于纤维素上的二茂铁与环糊精依旧可以发生包合作用。

环糊精纤维素材料与二茂铁的包合作用机理如图 3-20 所示。采用 DSC(图 3-21)和接触角(图 3-22)对包合作用进行分析。环糊精纤维素(曲线 b)和环糊精纤维素和 FC 纤维素简单物理混合物(曲线 e)有一个强的放热峰(环糊精的脱水吸收峰在 88.9 ℃ 和 95.9 ℃),对应着

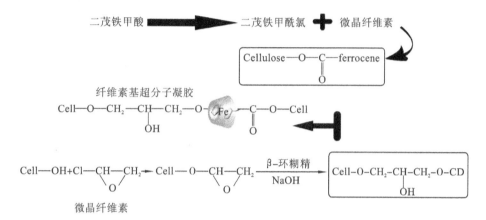

图 3-15　二茂铁甲酸活化反应过程

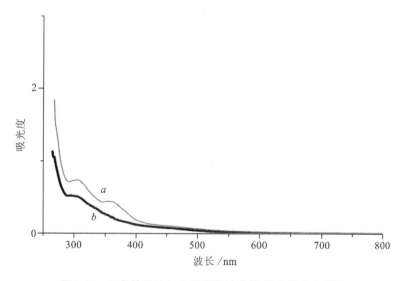

图 3-16　包合材料制备过程

图 3-17　二茂铁甲酸与 β-环糊精的紫外-可见吸收光谱图

（a. 二茂铁甲酸(0.25 mmol/L)-DMAC 溶液；b. 二茂铁甲酸(0.25 mmol/L)-β-CD(0.27 mmol/L)-DMAC 溶液）

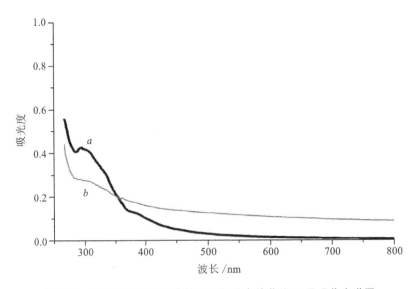

图 3-18   二茂铁甲酸和环糊精接枝纤维素的紫外-可见吸收光谱图

(a. 二茂铁甲酸(0. 063 mmol/L)-β-CD-cellulose(8. 2×10⁻⁴ mmol/L)-DMAC-LiCl 溶液；

b. 二茂铁甲酸(0. 025 mmol/L)-DMAC-LiCl 溶液)

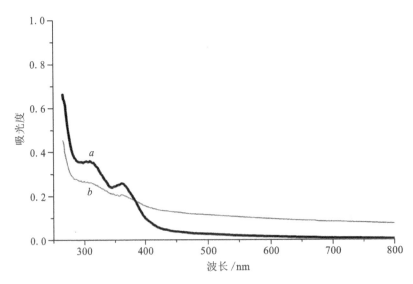

图 3-19   二茂铁接枝纤维素和 β-环糊精接枝纤维素溶液的紫外-可见吸收光谱图

(a. 二茂铁接枝纤维素([Fe]=0. 017 mmol/L)-环糊精接枝纤维素(5. 4×10⁻⁴ mmol/L)-DMAC-LiCl 溶液；

b. 二茂铁接枝纤维素([Fe]=0. 083 mmol/L)-DMAC-LiCl 溶液)

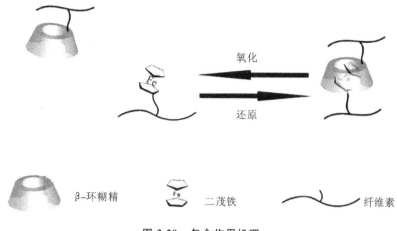

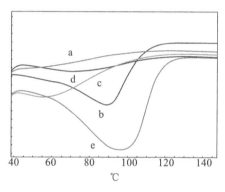

图 3-20　包合作用机理

图 3-21　DSC 曲线

（a.纤维素；b.纤维素-CD；c.纤维素-二茂铁；d.纤维素-CD 和纤维素-二茂铁包合物；

e.纤维素-CD 和纤维素-二茂铁简单混合）

水分从环糊精的空腔流失到大气,说明环糊精纤维素和二茂铁纤维素简单物理混合物的环糊精空腔内没有客体分子。环糊精纤维素和二茂铁纤维素包合物(曲线 d)则没有这个吸热峰,表明环糊精空腔里面的水已经被其他分子取代,二茂铁已经进入了环糊精的空腔,即环糊精纤维素和二茂铁纤维素形成了包合物。二茂铁和环糊精之间的包合作用是可以通过二茂铁的氧化还原性来调控的。可以赋予材料功能性,为此采用接触角分析了纤维素包合材料的氧化还原性。

　　还原态的二茂铁是可以和环糊精形成包合物的,而氧化态的二茂铁则不能形成包合物。纤维素材料的包合作用可以通过二茂铁的氧化还原态来进行控制。二茂铁在还原态是疏水的,在氧化态呈亲水状态。为此,可以通过材料与水的接触角来分析二茂铁的状态。环糊精纤维素的接触角是 $59.6°$,二茂铁-纤维素的接触角是 $82.1°$,环糊精纤维素和二茂铁-纤维素形成包合物的接触角是 $61.2°$,这表明二茂铁进入到环糊精的空腔之中了。

　　选择 NaClO 的水溶液作为二茂铁的氧化剂,GSH 作为二茂铁的还原剂,将二茂铁的水溶液加入到纤维素-环糊精/纤维素-二茂铁包合物里面,材料的接触角从 $61.2°$ 变化到 $71.7°$(继续加入 GSH,材料的接触角变回原来的数值)。纤维素-β-环糊精对疏水性的二茂铁有很高的亲和力,对氧化态的二茂铁有较低的亲和力。纤维素-环糊精包合物具有很好的"链接"和"解

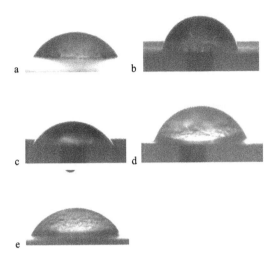

图 3-22　接触角图片

（a.纤维素-CD；b.纤维素-二茂铁；c.纤维素-CD 和纤维素-二茂铁包合物；

d. NaClO 处理的样品；e. GSH 处理的样品）

链接"能力,可以通过调节二茂铁的氧化还原状态来进行控制。

纤维素-环糊精和纤维素-二茂铁在 DMAC-LiCl 溶液中混合均匀,室温下静置,即可得到纤维素-环糊精/纤维素-二茂铁包合物水凝胶,该凝胶有自修复性(图 3-23),从凝胶块侧面横切,将切开的凝胶样品沿断面对齐放置 24 h 后,切开的两断面又重新黏附在一起。

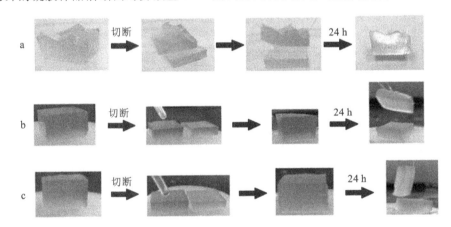

图 3-23　凝胶的自修复性能

（a.凝胶断面放置 24 h 后,凝胶重新修复；b.凝胶断面滴加竞争剂金刚烷羧酸；c.凝胶断面滴加竞争剂环糊精）

将竞争客体(金刚烷酸)和竞争主体环糊精分子滴加到凝胶断面上来研究环糊精和二茂铁基团间的主客体作用,滴加了竞争主体和竞争客体的凝胶,不能自修复(图 3-23b,c)。这表明凝胶的自修复作用是由于环糊精和二茂铁之间的饱和作用引起的。

引入竞争剂来说明纤维素-环糊精和纤维素-二茂铁上的环糊精和二茂铁基团的作用(图 3-24),金刚烷羧酸与环糊精的缔合常数高于二茂铁,所以选择金刚烷羧酸作为二茂铁的竞争剂,将金刚烷羧酸加入纤维素-环糊精/纤维素-二茂铁包合物水凝胶,可见凝胶的压缩强度从41.0 kPa 显著降低到 6.8 kPa(图 3-24)。采用相同的做法,将环糊精作为环糊精纤维素的竞争剂,可见凝胶的压缩强度从 41.0 kPa 降低到 9.8 kPa。竞争剂的引入抑制了包合物的形成,造成了凝胶强度的降低,可见分子链间包合物的形成会提高凝胶的压缩强度。

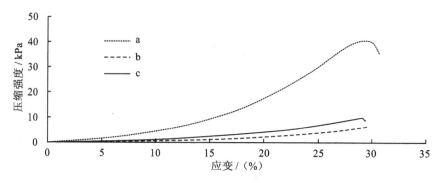

图 3-24　不同竞争剂对凝胶压缩强度的影响
(a.纤维素-环糊精和纤维素-二茂铁包合物凝胶;b.金刚烷羧酸处理;c.环糊精处理)

氧化还原调节超分子聚集体已经被广泛的研究,环糊精和二茂铁之间的主体-客体相互作用可以通过二茂铁的氧化剂和还原剂进行调节。还原态的二茂铁可以和环糊精形成包合物,二氧化态的二茂铁不能与环糊精形成包合物。所以通过包合作用聚集的纤维素分子链可以通过二茂铁的氧化态和还原态进行调节。选择硝酸铈铵为氧化剂,对苯二酚作为还原剂,采用凝胶的压缩强度来表征二茂铁的氧化和还原状态。将凝胶进入氧化剂或还原剂的溶液中振荡48 h,凝胶初始压缩强度为49.1 kPa(图 3-25a),氧化后凝胶压缩强度为25.3 kPa(图 3-25b),将氧化态凝胶还原后凝胶压缩强度为42 kPa(图 3-25c)。

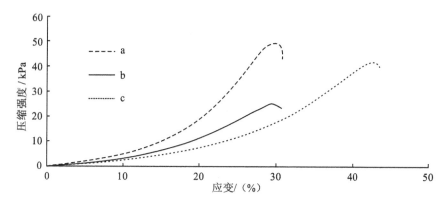

图 3-25　不同处理剂对凝胶压缩强度的影响
(a.纤维素-环糊精/纤维素-二茂铁复合水凝胶;b.硝酸铈铵处理;c.1,4-对苯二酚处理)

凝胶由三维亲水网络结构组成,网络内包含了大量的水。纤维素浓度会显著影响凝胶的机械性能。纤维素的浓度从 1%(质量分数,后同)增加到 5%,凝胶的压缩强度从 5 kPa 增加到 100.5 kPa(图 3-26)。通过调控二茂铁的接枝率也可以显著影响凝胶的强度,二茂铁的接枝率从 0.57% 增加到 5.66%(图 3-27),凝胶的压缩强度从 13.32 kPa 增加到 40.97 kPa,这主要是由于主体-客体的相互作用参与形成凝胶的三维网络结构。

凝胶的吸附性能会影响其扩散、强度、表面性能等。纤维素-环糊精/纤维素-二茂铁凝胶中纤维素浓度增加,其吸水率下降(图 3-28)。这是因为凝胶的三维网络对水的保留能力取决

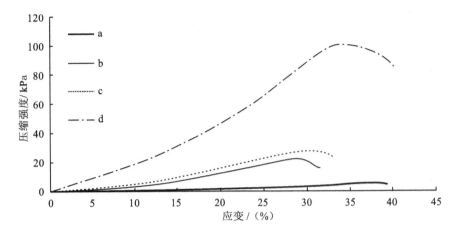

图 3-26　不同纤维素浓度对凝胶压缩强度的影响

(a. 1%;b. 3%;c. 4%;d. 5%)

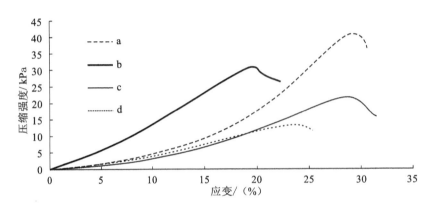

图 3-27　不同二茂铁接枝率对凝胶压缩强度的影响

(a. 5.66%;b. 2.83%;c. 1.41%;d. 0.57%)

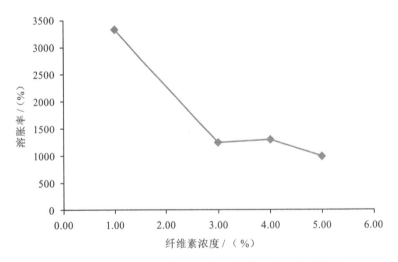

图 3-28　纤维素-环糊精/纤维素-二茂铁凝胶的吸附性能

于其结构。纤维素-环糊精/纤维素-二茂铁凝胶的形成与分子链的缠结和分子间氢键密切相关,纤维素浓度增加,纤维素凝胶单位体积中分子间作用力增强,导致三维网络结构致密,过于致密的结构不利于水分子的扩散。

纤维素-环糊精/纤维素-二茂铁凝胶的再吸附性能与初次吸附性能相比有所下降,纤维素初次吸水率为3330%(图3-28),干燥后再次吸水达到平衡后,吸水率为73.06%(图3-29)。这种高吸水凝胶的孔径大小影响它的保水能力及水的吸收效率,孔隙尺寸较大、孔结构多的网格可以保留更多的水。由电镜图片图3-30可见,冷冻干燥的纤维素-环糊精/纤维素-二茂铁凝胶有较大的、疏松的孔结构。凝胶的再吸水能力降低可能与凝胶在干燥过程中孔结构容易塌陷有关。

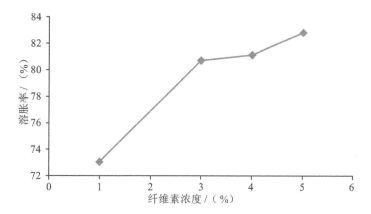

图 3-29　纤维素-环糊精/纤维素-二茂铁凝胶的再吸附性能

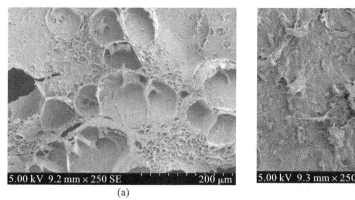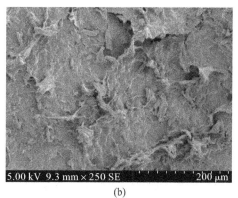

图 3-30　凝胶的 SEM 照片

(a.纤维素凝胶;b.纤维素-环糊精/纤维素-二茂铁凝胶)

3.4　纤维素物理改性

纤维素材料分子间和分子内存在很多的氢键,具有较高的结晶度,这种聚集态结构的特点导致天然纤维素难溶于常规溶剂,也不能熔融,加工性能差,开发清洁高效的纤维素物理改性方法是促进纤维素材料发展的重要途径。

3.4.1 纯纤维素功能材料

1. 再生纤维素纤维

纤维素纤维是性能优良的纺织原材料,黏胶法是制备再生纤维素纤维最普遍的方法,但是污染严重。Lyocell 纤维柔软、穿着舒适,改善了黏胶纤维在强度、耐磨性等方面的不足,是4-甲基吗啉-N-氧化物(NMMO)溶解体系的产品,在医用织物、个人卫生用品、高档服装面料等方面应用较多。但是 NMMO 溶剂在价格、回收技术、设备投资等方面的问题限制了其在工业上的应用。

氢氧化钠/尿素体系、氢氧化钠/硫脲体系有望代替黏胶工艺生产无硫的纤维素复丝纤维,纤维的表面光滑、结构致密、染色性好,力学性能与商品化的黏胶纤维接近。这种方法的溶剂原料价格低廉、污染小、溶解纤维素速度快。

通过干喷湿纺工艺纤维素以离子液体(1-丁基-3-甲基咪唑氯盐、1-乙基-3-甲基咪唑氯盐、1-烯丙基-3-甲基咪唑氯盐、1-丁基-3-甲基咪唑醋酸盐和1-乙基-3-甲基咪唑醋酸盐等)为溶剂,以水为凝固浴,可以制备出再生纤维素纤维。所得再生纤维素纤维的力学性能接近 Lyocell 纤维。离子液体可有效回收,并且回收的离子液体可重复使用,这是一种很有潜力的纤维素加工的新方法。利用离子液体制得纤维素超细纤维,可应用在催化剂载体、组织工程、膜、生物传感器等方面。

2. 纤维素膜材料

纤维素膜可应用于透析、超滤、半透、选择性气体分离、药物释放、药物的选择性透过、细胞的吸附和增殖等领域,细菌纤维素膜可以用作伤口敷料。醋酸纤维素水解或者是化学衍生化溶解再生的方法都可以得到透明、均匀、力学性能优异的再生纤维素膜,如利用 NMMO、LiCl/DMAC、氢氧化锂/尿素、离子液体等纤维素非衍生化溶剂将纤维素溶解,然后用流延法在模具(玻璃或聚四氟乙烯)中铺膜,通过沉淀剂浸泡再生,得到纤维素膜。

对棉花、木头、麻、细菌纤维素、秸秆、树皮、椰壳、废纸浆等进行处理,均可得到力学性能优异的纤维素纳米纤维(直径在 2～50 nm 之间)。纤维素纳米纤维膜力学强度较高,拉伸强度为 214 MPa,断裂伸长率为 10%。用纤维素纳米纤维薄膜修饰的玻璃电极对正电荷物质具有选择富集效果的特点,可用作电化学传感器或选择性渗透膜。

3. 纤维素凝胶和气凝胶材料

气凝胶是水凝胶或有机凝胶干燥后的产物,是一种用气体代替凝胶中的液体而本质上不改变凝胶本身的网络结构或体积的特殊凝胶,具有纳米级的多孔结构和高孔隙率等特点,是目前所知密度最小的固体材料之一。纤维素气凝胶密度可以达到 0.008 g/cm³。天然纤维素气凝胶一般是以天然纤维素纳米网络结构为基础的气凝胶,是各向同性的三维随机结构。

通过纤维素为原料,首先制备出纤维素凝胶,然后通过冷冻干燥或超临界流体干燥,即可制备纤维素气凝胶,压缩应变高达 70%。利用纤维素自身的多羟基基于氢键作用力发生物理交联可制得凝胶。如以氢氧化钠/尿素、氢氧化钠/硫脲为溶剂将纤维素低温溶解,提高体系温度以后形成纤维素凝胶;以 DMSO/四丁基氟化铵(TBAF)溶解纤维素时,体系中原料浓度、水含量等都会影响凝胶的透明性。纤维素气凝胶具有孔隙率高(高于 95%)、比表面积大(200～

$500\ m^2/g$)、密度小(低于 $0.3\ g/cm^3$)、隔热(音)性好等特性。纤维素气凝胶是一类新型功能材料,既具有气凝胶的特性,又结合了纤维素的生物相容性、可降解性等优异性能,在日化、医药等领域应用前景广阔。将天然的纤维素微纤浸入聚苯胺溶液,然后洗涤干燥,可得到导电性的气凝胶。以细菌纤维素为原料,可以制备出密度只有 $8\ mg/cm^3$ 的超轻纤维素气凝胶。

4. 以纤维素作为模板制备金属材料和碳材料

利用纤维素众多活性基团、多级结构以及特有形貌,可作为模板来制备具有特定结构的功能材料(如催化剂、光伏电池材料、组织工程材料、气体传感器的高比表面积材料、低密度的 TiO_2 纳米纤维素网络、SiC 陶瓷材料、纳米管状的 SnO_2 材料、管状铟锡金属氧化物(ITO)层等)。

通用的制备方式是采用溶胶-凝胶法或者金属氧化物前驱体水溶液浸泡天然的木材、木浆、滤纸、纤维素纳米晶或细菌纤维素膜等模板,制备纤维素/金属氧化物前驱体凝胶或复合膜,通过加热煅烧除掉纤维素模板,即可得到多孔的金属氧化物材料。如电化学活性的 Fe_2O_3 大孔纳米材料可以通过以氢氧化钠/尿素水溶液为溶剂湿纺制备纤维素纤维模板,然后将其依次浸入 $FeCl_3$ 溶液、氢氧化钠溶液,原位合成得到 Fe_2O_3 粒子,经过煅烧得到大孔的纤维状产品,其中再生纤维素纤维在湿态溶胀下互穿的多孔结构充当了无机纳米粒子的模板。具有高的催化活性介孔的 TiO_2 膜可以采用直接煅烧四丁酸钛/纤维素/AmimCl 离子液体溶液得到。具有光催化性能的 TiO_2 纳米管/空心球杂化材料可以采用双模板的方法,以滤纸做为纳米管模板、以聚苯乙烯或硅基微球做为球模板制得。以天然纤维素纤维为模板通过银镜反应、加热煅烧除模板,制得与石墨复合用作燃料电池的电极材料纳米结构银纤维。

金属纳米材料也可以利用纤维素衍生物做为模板来制备。如 Ag 纳米颗粒可以氧化(采用 2,2,6,6-四甲基哌啶 N-氧化自由基(TEMPO)氧化)的细菌纤维素为模板,通过加热还原得到。多孔的 TiO_2 膜、TiO_2/ZrO_2 膜、TiO_2/SiO_2 膜可以纤维素醋酸酯、纤维素硝酸酯为模板制备。用作气体传感器的纳米和亚微米级 SnO_2 纤维可以用纤维素硝酸酯膜为模板制备。纳米 Ag 和 $BaCO_3$ 可以用羟乙基纤维素为模板制备。

碳纤维、碳纳米管、活性炭、石墨、碳气凝胶等不同形式的碳材料可以利用纤维素材料在惰性气氛下热解得到。如将纤维素纤维(天然纤维、黏胶纤维、Lyocell 纤维等)在高温下热解可制备用于水处理领域的活性碳纤维(比表面积高达 $1500\ m^2/g$)。用于气体分离的碳膜可以对再生纤维素膜进行热解得到。负载 Pt 纳米颗粒的碳气凝胶可作为质子交换膜燃料电池的电极,通过热解纤维素醋酸酯气凝胶制备。

3.4.2 纤维素复合材料

具有力学材料、光学材料、电学材料、生物医用材料、分离纯化材料、传感材料等多种功能的纤维素复合材料,主要由纤维素与合成高分子材料、天然分子材料、导电聚合物、碳纳米管、金属杂化材料、硅杂化材料等复合制备。

1. 光、电活性纤维素复合材料

纤维素/导电聚合物复合材料、纤维素/碳纳米管复合材料、纤维素/离子液体复合材料等都可作为电活性纸材料,这些电活性纸表现出较好的电致响应性,且弯曲性能优异、能耗低、驱动电压低、可生物降解。纤维素发光材料有望用于有机发光二极管(OLED)、有机薄膜晶体管、防伪和包装等领域。

　　光致发光纸是将天然纤维素在发光剂溶液中浸泡、离心干燥来制备,产品结合了纸的力学性能和发光剂的发光特性。电活性纸材料可应用于驱动器、微电机械系统(MEMS)、柔性器件、扩音器、扬声器、变频器、合成肌肉、传感器、微型机器人、微型飞行器、微波遥控器等领域。

　　纤维素可用于制备能量储存器件,如超级电容器、柔性的锂电池等,例如将纤维素溶解于离子液体(BmimCl)中,然后包埋规整排列的多壁碳纳米管(MWCNT)完成制备。纤维素纸电池具有轻便、快捷(完成充电只需数秒)的特点,具体可采用如下步骤制备,首先在海藻纤维素纤维上包附聚吡咯(PPy),然后电解质采用浸过盐水的滤纸,两极选用海藻纤维素/聚吡咯即可完成纤维素纸电池制备。

　　普通的商品纸经过简单涂膜处理即可制备电阻小、导电性能好、稳定性好、机械性能优良、能随意弯曲的碳纳米管(CNT)/纸复合材料,这一复合材料可以用做柔性电池、超级电容器等能量储存器件。

　　2. 纤维素/碳纳米管(MWCNT)复合材料

　　再生纤维素/MWCNT 复合膜可做为用来固定葡萄糖氧化酶的生物传感器来使用。纤维素/单壁碳纳米管(SWCNT)复合材料可做为将白血病细胞 K562 固定在金电极上的细胞传感器使用。利用碳纳米管在离子液体中分散性好、高度取向的特性可以通过离子液体为溶剂制备纤维素/MWCNT 复合纤维,复合纤维拉伸强度可达 257 MPa,这类复合材料具有较高的导电性、高电磁屏蔽性、柔性和阻燃性。

　　3. 纤维素复合材料膜

　　纤维素复合材料膜是由纤维素与大豆蛋白、淀粉、木质素复合膜、类脂纳米颗粒、聚砜、聚吡咯、虫漆、PVA、聚甲基丙烯酸甲酯、高密度聚乙烯、聚乳酸、羊毛、木聚糖等制备的复合膜,可用于药物的控制释放、阴离子渗透膜、食品包装材料(对空气、水蒸气等气体具有很好的阻隔性)、涂层材料、油水分离(具有高通量,是商业超滤膜的数倍,截留率达 99.5%)等领域。

　　通过熔融加工、溶液加工、共混、原位聚合等方法均可制备复合材料。如以 1-烯丙基-3-甲基咪唑氯盐、1-丁基-3-甲基咪唑氯盐和 EmimAc 离子液体为溶剂,通过溶解、再生,制备纤维素/大豆蛋白、纤维素/淀粉/木质素、再生纤维素/聚丙烯腈纳米纤维支架/聚对苯二甲酸乙二酯膜、再生纤维素/含伯胺基聚合物等复合膜。

　　4. 纤维素复合凝胶

　　纤维素复合凝胶具有多种功能,如核黄素/甲基纤维素水凝胶具有对 pH 值和温度同时敏感的特性,细菌纤维素(BC)与明胶、卡拉胶、结冷胶、聚丙烯酰胺等制备成的双网络复合水凝胶具有力学强度高的特点,如最大可达 40 MPa 的拉伸强度,这些纤维素复合凝胶可应用在组织工程、生物分离、药物控释等多种领域。

　　通过溶解-凝胶、溶胶-凝胶等方法可制得纤维素复合凝胶。如将纤维素溶于 1-丁基-3-甲基咪唑氯盐离子液体溶液,室温下放置 7 天,即可得到纤维素/1-丁基-3-甲基咪唑氯盐/H_2O 复合凝胶,这种复合凝胶在 120 ℃ 时软化,150 ℃时可以流动,冷却到室温放置 2 天会再次形成更加透明的凝胶。高强度的纤维素/PEG 复合凝胶(断裂伸长率可达 100%,透光率达 80%)可以通过将纤维素溶于 NaOH/硫脲溶剂制得纤维素凝胶,然后用小相对分子质量 PEG 溶胀的方法制备。将纤维素/氢氧化钠/硫脲溶液和甲壳素/氢氧化钠溶液混合,可制得断裂伸长率达 113%的纤维素/甲壳素复合水凝胶。

5. 检测吸附材料

纤维素经负载氮类、二茂铁类或其他类型染料分子后可以作为传感器,检测溶液中金属离子(如 Hg^{2+}、Zn^{2+}、Mn^{2+}、Ni^{2+} 等)的浓度。如 1,4-二茂铁与纤维素制成复合材料,与离子浓度不同的 Hg^{2+} 水溶液接触,复合膜发生颜色变化,只需观察颜色变化就可以确定溶液中离子的浓度。纤维素负载聚苯胺纳米球后复合材料在酸度传感器方面有应用潜力。纤维素与 PVA、甲壳素、褐藻酸、聚苯乙烯(PS)等制备成复合膜,还可以吸附除去水溶液中的重金属离子(如 Cu^{2+}、Fe^{3+}、Zn^{2+}、Pb^{2+}、Ni^{2+}、Cd^{2+} 等)。纤维素/木质素复合膜可吸附芳香有机物。用纤维素三醋酸酯/海藻酸盐复合物固定细菌,得到的复合材料可降解丙腈。

6. 生物医用材料

纤维素由于具有出色的生物相容性、可生物降解性和优异的力学性能等,广泛用于生物医用材料领域,如在伤口修复、抗菌消毒、细胞培养(纤维素/玉米蛋白、纤维素/壳聚糖、纤维素/乳糖)、药物释放(纤维素/聚环氧乙烷(PEO)、纤维素/PEG 复合材料、纤维素/硅酸钠复合材料)、组织工程(纤维素/蒙脱土凝胶、纤维素/磷酸钙和纤维素/壳聚糖)、药物解毒(纤维素/肝磷脂/活性炭多孔微球)等诸多领域都有广泛的应用。

7. 含纤维素纳米纤维的复合材料

天然纤维素经过物理机械、化学或生物等方法将纤维素内部超分子结构的无定形区破坏,获得尺寸在纳米数量级别范围内的直径在 20～50 nm,长度在 200～300 nm 范围内的纤维素,即纳米结晶纤维素(nanocrystalline cellulose,NCC)。NCC 的结晶尺寸主要依赖于硫酸水解时间,水解时间越久,则结晶尺寸越短。

化学酸水解法是一种制备纳米结晶纤维素最常见的方法,纤维素超分子结构中的非结晶区可提高适宜浓度的酸性溶液除去。H^+ 催化切断纤维素分子链中的糖苷键,得到尺寸小、结晶度高的纳米结晶纤维素。NCC 的表面官能团及表面性质取决于无机酸的种类,如硫酸水解可以使纤维素中十分之一的葡萄糖单元被磺酸基官能化,NCC 颗粒带有较强的负电性且在水中的分散性提高,胶体稳定性显著,而盐酸水解所得 NCC 颗粒仅带微弱的负电荷且分散性较差。目前,利用辅助手段,如超声波处理、催化剂辅助催化等可以提高传统酸水解法的制备效率。

纳米纤维素是天然纤维素Ⅰ晶所组成的纤维状聚集体,其独特的结构和优良的性能表现在高结晶度、高纯度、高杨氏模量、高强度、高亲水性、大比表面积、强吸附能力、高反应活性、超精细结构和高透明性等纳米颗粒的特性和纤维素的基本结构与性能,作为增强纤维与 PVA、PLA、聚丙烯(PP)、聚己内酯(PCL)、聚氨酯(PU)、聚乙烯(PE)、淀粉、壳聚糖、DNA 等高分子材料复合制备复合材料可以显著提高材料的力学性能。纤维素纳米纤维也可以作为纤维素的增强材料,如首先向纤维素溶液中加入纳米纤维素纤维或控制溶解过程,然后利用再生即可制备纳米纤维素纤维增强的纤维素复合材料。纳米纤维素可以作为增强材料,制备高韧性纤维素复合水凝胶材料。采用纳米纤维自组装模板法,即通过溶胶-凝胶过程可以得到纤维素纳米纤维凝胶,然后浸入聚合物溶液、干燥,可得到分散性良好的聚合物/纳米纤维素复合材料。

纳米纤维素还可以提高其在复合材料基体中的分散性和相容性,由于纳米纤维素纤维直径很小,将其与聚合物复合对聚合物的透明性影响较小,而且这类复合材料强度高、质量轻,可以用在光学仪器、柔性光电器件、功能包装材料、太阳能电池等方面。

　　将纳米纤维素纤维或细菌纤维素与丙烯酸树脂、环氧树脂制备复合膜,材料具有较高的透光率(90%)及导热率(导热率大于 1 W/(m·K),热膨胀系数为 10^{-6} K^{-1}),在光电器件方面有较大发展潜力。

　　纳米纤维素可以从各种可再生资源(如木材、棉花、作物秸秆等)中得到。棉花中的纤维素有高级有序结构,其结晶度可达 70%。纤维素的结晶区有较好的耐酸能力,无定形区较容易被酸水解,所以通过酸水解可以得到结晶的纳米纤维素。

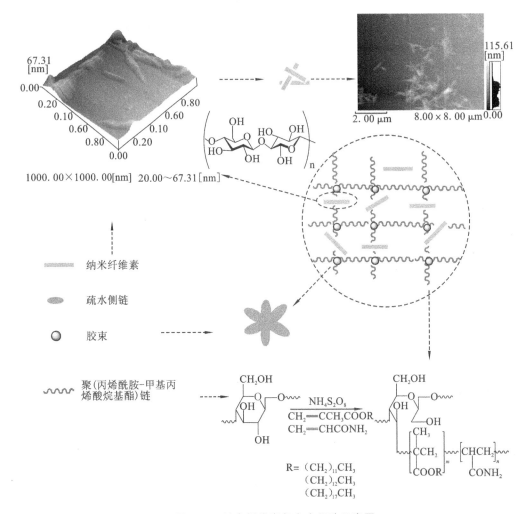

图 3-31　纳米纤维素复合水凝胶示意图

　　可通过纳米纤维素、丙烯酰胺和长链丙烯酸酯(如甲基丙烯酸十八烷基酯、甲基丙烯酸十二烷基酯、甲基丙烯酸十三烷基酯等)在水溶液中共聚合制备纳米纤维素复合水凝胶(图3-31)。在该凝胶体系将纳米纤维素和丙烯酰胺作为亲水组分,甲基丙烯酸十二烷基酯、甲基丙烯酸十三烷基酯和甲基丙烯酸十八烷基酯作为疏水组分(图3-31),由共价键和胶束缠结点共同构成凝胶的三维网络。纳米纤维素的浓度为 0.0014 g/mL 时,拉伸强度最大可达 455 kPa(图3-32a),压缩强度最大可达 2.8 MPa(图3-32b),凝胶在相同条件下无法压碎(图3-32c)。继续增加纳米纤维素的浓度不能提高凝胶的强度,这可能是因为当纳米纤维素浓度过高时,会导致纳米纤维素容易聚集,影响纳米纤维素在凝胶中的均匀分散,从而导致增强效果受限,影响材料性能。

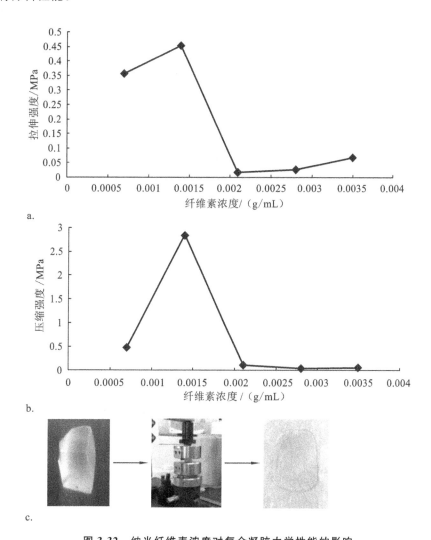

a.

b.

c.

图 3-32　纳米纤维素浓度对复合凝胶力学性能的影响

(a.拉伸强度;b.压缩强度;c.纤维素浓度为 0.0014 g/mL 时的压缩情况)

　　如图 3-33 所示,丙烯酰胺的浓度从 34.5% 增加到 54.4%,拉伸强度从 2.8 kPa 增加到 599.8 kPa,压缩强度从 21.1 kPa 增加到 117.5 kPa,这主要是由于丙烯酰胺含量的增加会提高三维凝胶网络的交联点,增加分子链缠结程度及促进分子间氢键的形成,相应地提高了材料的强度。

　　如图 3-34 所示,甲基丙烯酸十八烷基酯的浓度在 3.50% 时,复合凝胶的拉伸强度可达 1.338 MPa,压缩强度为 2.835 MPa。

　　如图 3-35 所示烷基侧链的长度对复合凝胶的性能影响显著,分别采用甲基丙烯酸十二烷基酯、甲基丙烯酸十三烷基酯、甲基丙烯酸十八烷基酯为原料,当侧链长度增加时,复合凝胶的拉伸强度从 8.4 kPa 增加到 70.8 kPa,压缩强度由 0.0483 MPa 增加至 2.4800 MPa,其中压缩强度的改善尤其明显。这是由于较长的烷基侧链会增加分子链之间的疏水作用力,相应改

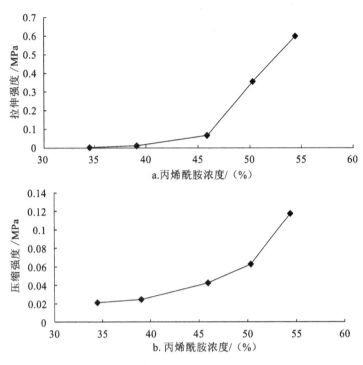

图 3-33　丙烯酰胺浓度对复合凝胶强度的影响

（a. 拉伸强度；b. 压缩强度）

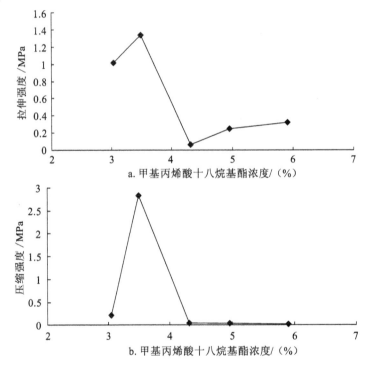

图 3-34　甲基丙烯酸十八烷基酯对复合凝胶性能的影响

（a. 拉伸强度；b. 压缩强度）

善材料的力学性能。

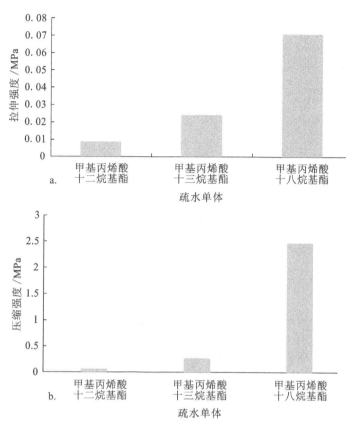

图 3-35　疏水侧链长度对复合凝胶性能的影响

(a. 拉伸强度;b. 压缩强度)

纤维素的浓度分别为 0.0007 g/mL、0.0014 g/mL、0.0021 g/mL、0.0028 g/mL 和0.0035 g/mL 时,复合凝胶的表面形貌如图 3-36 所示。凝胶具有大孔形貌,纤维素浓度的增加会导致凝胶孔密度降低及孔径减小。纤维素浓度增加会导致复合凝胶的吸水能力降低(图3-37)。

这种纳米纤维素水凝胶有独特的网络结构,使它具有类似于橡胶的强度和性能,最突出的是这种纳米纤维素复合凝胶具有优秀的自修复性能,将复合凝胶切断以后,将断面放在一起,瞬间就能重新修复(图 3-38)。

8. 基于纤维素的有机-无机杂化材料

有机-无机杂化材料不仅可以保持有机材料的性质,还具有无机材料的特性,如超强的光、电、磁、催化等性能,在光电、催化、生物、医药、传感等领域有着广泛的应用。纤维素/CdS、纤维素/ZnS、纤维素/(CdSe)ZnS、树枝状分子功能化的纤维素/CdS 等纤维素/量子点杂化材料均保持了量子点的荧光特性,这类材料具有很好的抗菌性(如纤维素/Ag 纳米颗粒杂化材料)、铁磁性、智能性(如纤维素/Au 纳米颗粒杂化材料),高的透光率、孔隙率和比表面积,良好的机械强度(如纤维素/Ag、纤维素/Au 和纤维素/Pt 杂化气凝胶等)等性能。这类材料可以用于抗菌性创伤敷料、安全纸、信息存储材料、电磁屏蔽材料、药物的靶向传递和释放材料、组织工程支架、抗菌膜、电子器件、固体催化剂、化学传感器、生物电分析材料、生物电催化材料、生物传感器、燃料电池、催化剂、选择性吸附分离材料、透明电极、传感器、光伏器件、表面波

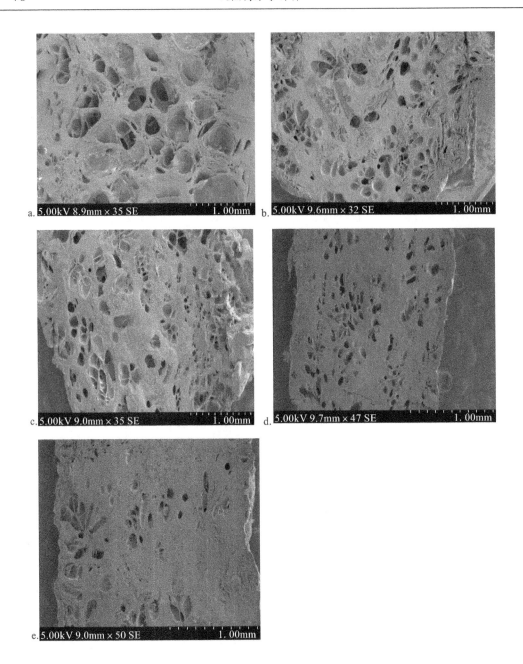

图 3-36　复合凝胶的扫描电子显微镜图片

(纤维素浓度分别为:a.0.0007 g/mL;b.0.0014 g/mL;c.0.0021 g/mL;d.0.0028 g/mL;e.0.0035 g/mL)

器件等领域。

　　常规制备方法是在纤维素、纤维素衍生物溶液中原位合成纳米颗粒或者将纳米颗粒分散到纤维素或纤维素衍生物溶液中,然后再生得到纤维素/纳米颗粒复合材料;或者将纤维素膜或纤维直接浸入纳米颗粒悬浮液制备纤维素/纳米颗粒复合材料。纤维素/天然矿物质杂化材料可以通过物理共混等方法得到,这类材料不仅保留了纤维素的柔性、力学性能、生物相容性、可降解性等特性,还具备了天然矿物质的高力学强度、抗冲击、抗疲劳、抗老化、隔热阻气性、耐化学腐蚀性、高吸附活性等特性,可用作食品包装材料、组织工程支架、人造骨、气体分离膜等。

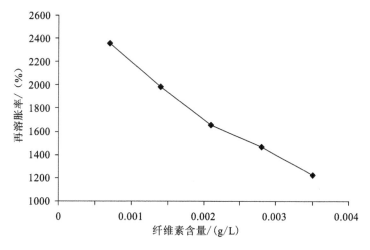

图 3-37　复合凝胶的吸附性能

图 3-38　复合凝胶的自修复性能

常见的有纤维素/天然矿物质杂化材料,以及纤维素/云母、纤维素/纳米羟基磷灰石、纤维素/CaCO₃、纤维素/黏土等杂化材料。

参 考 文 献

[1] Jiufang Duan,Zhang Xiaojian,Jiang Jianxin,et al. The synthesis of a novel cellulose physical gel[J]. Journal of Nanomaterials,2014,2014:1-7.

[2] Jiufang Duan,Jianxin Jiang,Chunrui Han,et al. The study of intermolecular inclusion in cellulose physical gels[J]. Bioresources,2014,9(3):4006-4013.

[3] Hua Ke,Jinping Zhou,Lina Zhang. Structure and physical properties of methylcellulose synthesized in NaOH/urea solution[J]. Polymer Bulletin,2006,(56):349-357.

[4] 杨芳,黎钢,宋晓峰,等.改性纤维素的发展现状及展望[J].天津化工,2004,18(5):22-24.

[5] Masayuki Hirota,Naoyuki Tamura,Tsuguyuki Saito,et al. Surface carboxylation of porous regenerated cellulose beads by 4-acetamide-TEMPO/NaClO/NaClO₂ system[J]. Cellulose,2009,(16):841-851.

[6] Masayuki Hirota,Naoyuki Tamura,Tsuguyuki Saito,et al. Water dispersion of cellulose Ⅱ nanocrystals prepared by TEMPO mediated oxidation of mercerized cellulose at pH 4.8[J]. Cellulose,2010,(17):279-288.

[7] 张金明,张军.基于纤维素的先进功能材料[J].高分子学报,2010,12:1376-1398.

[8] 卢芸.基于生物质微纳结构组装的气凝胶类功能材料研究[D].哈尔滨:东北林业大学,2014.

[9] 严瑞芳,胡汉杰,梁锋,等.高分子时代的天然高分子[J].高分子通报,1994,(03):143-151.

[10] Dominik Fenn,Thomas Heinze. Novel 3-mono-O-hydroxyethyl cellulose:synthesis and structure characterization[J]. Cellulose,2009,(16):853-861.

[11] 张金明,张军.基于纤维素的先进功能材料[J].高分子学报,2010,12(12):1376-1398.

[12] 杨芳,黎钢,宋晓峰,等.改性纤维素的发展现状及展望[J].天津化工,2004,18(5):22-25.

[13] 卢芸,孙庆丰,于海鹏,等.离子液体中的纤维素溶解、再生及材料制备研究进展[J].有机化学, 2010,30(10):1593-1602.

[14] 张智峰.纤维素改性研究进展[J].化工进展,2010,29(8):1493-1501.

[15] 王华,何玉凤,何文娟,等.纤维素的改性及在废水处理中的应用研究进展[J].水处理技术,2012,38 (5):1-7.

[16] 闫强,袁金颖,康燕,等.纤维素接枝共聚物的合成与功能[J].化学进展,2010,22(2):449-458.

[17] 陶丹丹,白绘宇,刘石林,等.纤维素气凝胶材料的研究进展[J].纤维素科学与技术,2011,19 (2):64-76.

[18] 陶丹丹.纤维素基树脂复合薄膜的制备、结构及性能研究[D].无锡:江南大学,2013.

[19] 王金霞,刘温霞.纤维素的化学改性[J].纸和造纸,2011,30(8):31-37.

[20] 李琳,赵帅,胡红旗.纤维素溶解体系的研究进展[J].纤维素科学与技术,2009,17(2):69-76.

[21] 汪怿翔,张俐娜.天然高分子材料研究进展[J].高分子通报,2008,(7):66-76.

[22] 黄丽浈.纤维素的溶解再生与接枝改性[D].广州:华南理工大学,2013.

第4章 淀　　粉

4.1　概　　述

　　淀粉是绿色植物进行光合作用的最终产物，是植物的种子、根、块茎、果实和叶子等细胞的主要成分，是植物储存能量的主要形式之一。淀粉属于可再生性资源，来源广泛，资源丰富，是人类的主要食物之一。工业淀粉主要采用甘薯、木薯、马铃薯等薯类作物，以及小麦、玉米等谷类作物为原料进行生产。淀粉及其衍生物在生物降解性、环境适应性、低毒性等方面性能优良，在皮革、水处理、印染、纺织、食品、石油、建材、日用品、造纸等方面应用广泛。

　　2006年我国淀粉的总产量已达近1200万吨。淀粉深加工产品主要包括淀粉糖品及其衍生物、变性淀粉和淀粉发酵产品三大类。淀粉的应用范围很广，用处很大。目前，全世界约2/3的淀粉用于食品、医疗、饮料等方面，约1/3用于造纸、包装、纺织、石油等方面。

　　淀粉按来源不同可分为禾谷类淀粉、薯类淀粉、豆类淀粉及其他淀粉。黑麦、燕麦、小麦、荞麦、高粱、玉米、大麦、大米等的种子是禾谷类淀粉的主要来源。玉米是工业淀粉产品的主要来源，玉米又分为蜡质玉米、高含淀粉玉米、高含油玉米等品种。由于来源非常广泛，价格低廉，属于可再生资源，再生周期也较短，玉米淀粉是目前最具发展前景的生物降解高分子材料之一。木薯、马铃薯、葛根、山药、甘薯等的块根、茎是薯类淀粉的主要来源。赤豆、绿豆、豌豆、蚕豆等的种子是豆类淀粉的主要来源，这类淀粉中含有较高含量的直链淀粉。一些藻类、细菌等也含有淀粉，菠萝、豆苗、西米、白果、芭蕉、香蕉等的基髓、果实中也存在淀粉。

4.2　淀粉的化学结构

　　淀粉(starch)是植物体中储存的养分，储存在种子、水果、块茎、根茎中，各类农作物中的淀粉含量都较高，大米中含淀粉62%～86%，麦子中含淀粉57%～75%，玉米中含淀粉65%～72%，马铃薯中则含淀粉12%～14%。从化学上讲，淀粉是一种高聚糖，其基本组成是α-D-吡喃葡萄糖。

　　淀粉的分子式为$(C_6H_{10}O_5)_n$，n为聚合度(DP)，一般为500～3000，$C_6H_{10}O_5$为脱水葡萄糖单元(AGU)。淀粉与纤维素在化学结构上相似但又不同，导致它们的基本性能存在差异，如人能消化淀粉，却不能消化纤维素，因为人体消化系统中存在酶，可以使多糖中的α-糖苷键水解最终成为葡萄糖，但不能水解β-糖苷键。然而反刍动物(如牛、羊)却能消化一部分纤维素。其实动物本身的消化系统是不存在消化纤维素的机制的，它们是靠胃里面的细菌(瘤胃细菌)发酵的，瘤胃细菌能分泌多种水解酶，包括纤维素酶和半纤维素酶。

　　根据分子结构不同，可将淀粉分为支链淀粉和直链淀粉，二者在性质和结构上有一定的区别。淀粉的生物合成过程不同，颗粒中直链淀粉和支链淀粉的含量也就不同，两者的比例因淀粉的来源不同而异，直链淀粉在蜡质淀粉、普通淀粉和高直链淀粉中含量的比例分别为15%以下、20%～35%和40%以上。用热水溶解淀粉时，可溶的部分是直链结构淀粉，不溶的部分是支链结构淀粉。

4.2.1 直链淀粉

直链淀粉含量因不同植物物种、不同品种、不同器官、不同发育阶段和生长条件而差异很大。直链淀粉是一种线型多聚物,是由 α-D-葡萄糖通过 α-D-1,4 糖苷键连接而成的链状分子(图 4-1)。每个分子中有 200～980 个葡萄糖残基。

直链淀粉通常通过分子内氢键作用,卷曲成螺旋形,具有一定规律性,每 6～8 个葡萄糖单位组成一个螺旋。直链淀粉分子这种紧密规程的线圈式结构不利于水分子的接近,因此不溶于冷水。直链淀粉的螺旋通道适合插入碘分子,并通过 Vander Waals 力吸引在一起,这是因为淀粉二级结构中的孔穴(每圈为 6 个葡萄糖单位)恰好可以与碘分子发生配位作用,而形成一个深蓝色淀粉-碘配合物(图 4-2),该配合物在 620～680 nm 处呈现最大光吸收,所以直链淀粉遇碘显蓝色。呈色的溶液加热时,螺旋伸展,颜色褪去,冷却后重新显色。淀粉与碘的显色反应呈现的颜色深浅与淀粉分子聚合度有关,直链淀粉平均每周螺旋可以束缚一个碘分子,直链淀粉的螺旋圈数是很大的,可以束缚较多的碘分子,所以直链淀粉遇碘呈现深蓝色。碘与直链淀粉的结合度分别为 10 以下、10～25、25～40、40 以上时,配合物颜色分别为几乎不显色、显橙色、显红色、显蓝色。

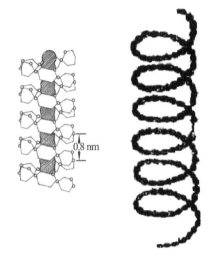

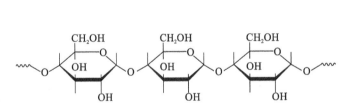

图 4-1　直链淀粉的结构示意图　　　　图 4-2　直链淀粉与碘生成配合物

淀粉的老化、糊化特性受直链淀粉结构、螺旋中含有的脂肪等的影响很大,支链淀粉比直链淀粉难老化。淀粉中直链淀粉的含量为 10% 时,老化后易迅速生成沉淀,遇热也不恢复原来的状态。老化作用使直链淀粉分子不是规则地平行排列,而是各链交错密集在一起,形成不溶于水、微溶于碱液的靠氢键作结构维持力的坚固状态。

4.2.2 支链淀粉

支链淀粉是一种高度分支的大分子,主链上分出支链,各葡萄糖单位之间以 α-D-1,4 糖苷键构成它的主链,支链通过 α-1,6 糖苷键与主链相连,分支点的 α-1,6 糖苷键占总糖苷键的 4%～6%,分支与分支之间的间距为 11～12 个葡萄糖残基(图 4-3)。支链淀粉的分子比直链淀粉的分子大,每个分子有 600～6000 个葡萄糖残基。

支链淀粉的分支链间形成一个有机的结构,有些链没有在第 6 位糖基上被替换,称为 A 链。A 链以其还原端通过 α-1,6-糖苷键连接到 B 链上,B 链可以有多个分支位点;每个支链淀粉分子都有一个游离的还原性末端的单链,称为 C 链。分支并不是随机排列的,而是在每 7~10 nm 之间形成一簇,支链淀粉分子的平均长度为 200~400 nm(20~40 个簇),宽约 15 nm。

支链淀粉的分支同样也能形成螺旋卷曲,但由于其长度较短,相应的与碘发生配位作用的分子数目较少,所以支链淀粉遇碘时呈现紫红色,在 530~550 nm 处呈现最大光吸收。

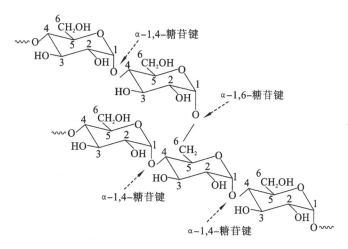

图 4-3 支链淀粉示意图

4.2.3 直链淀粉、支链淀粉的分离

1941 年 Schoch 首先提出采用异戊醇-正丁醇结晶法分离直链淀粉和支链淀粉,这一方法的根据是正丁醇可与直链淀粉生成配合物,如葛根的直链淀粉和支链淀粉可以用这一方法得到有效分离。多种有机分子都可以直链淀粉生成配合物,如麝香草酚常作为分离试剂用于分离直链淀粉和支链淀粉,某些试剂在较低的浓度就可以与直链淀粉生成配合物。

4.3 淀粉的基本性质

4.3.1 物理性质

淀粉是细小颗粒状白色粉末(图 4-4)。淀粉品种对淀粉颗粒的大小、形状有较大的影响(表 4-1)。淀粉的颗粒结构中既有无定形区,也有结晶区。淀粉中较短的支链组成了微晶区,淀粉中的长支链淀粉和直链淀粉组成无定形区。

直链淀粉在水中溶解性较差,溶液不稳定,凝沉性强,具有抗油、抗水、无味等特点,与碘形成蓝色配合物,可以制备成透明薄膜、柔性纤维等形式,在食品包装中有较多的应用。

支链淀粉在水中溶解性较好,溶液性质稳定,具有较弱的凝沉性,与碘形成紫红色配合物,支链淀粉制备的透明薄膜则具有较低的强度,遇水即溶。

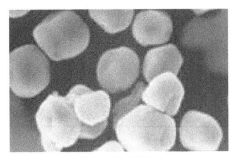
(a) 薏米淀粉颗粒结构

(b) 大米淀粉颗粒结构

图 4-4　淀粉颗粒结构

表 4-1　各类常见淀粉及其主要性质

性质	玉米淀粉	小麦淀粉	蜡质玉米淀粉	木薯淀粉	马铃薯淀粉
淀粉来源	种子	种子	种子	根	块茎
颗粒形状	圆形、多边形	圆形、扁豆状	圆形、多边形	圆形、截头圆形	椭圆形、蛋形
直径/μm	2～30	0.5～45	2～30	4～35	5～100
支链淀粉含量/(%)	63	63	100	83	80
糊化温度/℃	62～72	58～64	62～72	59～69	56～66

4.3.2　淀粉粒的大小和形貌

　　淀粉的颗粒特性主要是指淀粉颗粒的形态、大小、轮纹、偏光十字和晶体结构等。淀粉在植物光合和非光合组织中都有积累,是多糖的一种储藏形式。由于遗传背景不同,这些淀粉粒差异显著,形状也不同,有圆盘形、圆球形、多边形及复合形等。如小麦淀粉颗粒大小不一,颗粒较大的淀粉主要为扁球形、椭圆形和圆形,而且直径越大,其形状越扁、越圆(图 4-5)。

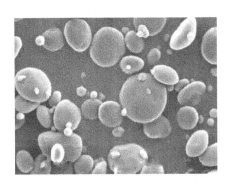
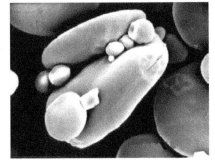

图 4-5　小麦淀粉颗粒的电镜观测图

　　淀粉在植物体内以淀粉粒的形式存在,淀粉粒径及形状随种属变化较大,如美人蕉科淀粉粒直径有 100 μm,苋属淀粉粒直径为 0.5～2.0 μm。玉米、水稻、大麦和黑麦的淀粉粒直径分别为 10～50 μm、1～10 μm、20～45 μm 和 10 μm 以下。大麦、黑麦及茄属淀粉粒的形状分别为扁豆状、球形及椭圆形或圆形或一些不规则形状。

　　淀粉颗粒的结晶区、非结晶区交替排列,产生层状结构,又称轮纹,轮纹围绕的中心称为"脐点"或"粒心"。

　　结晶区和非结晶区结构一起交替构成淀粉颗粒,许多排列成放射状的微晶束组成结晶区,在淀粉分子间微晶束以氢键结合成簇状。没有混入到微晶束中的直链淀粉分子形成无定形区域。淀粉颗粒因为具有结晶结构而呈现双折射性,在偏光显微镜下可见典型的偏光十字。

4.3.3　淀粉的晶体结构

　　淀粉的结晶区与非结晶区是其主要的两个组成部分。X 射线衍射曲线的结晶区呈现尖峰特征,而非晶区呈现弥散特征。采用光学显微镜、扫描电子显微镜、电子衍射分析技术、差热扫描量热分析技术、小角射线散射技术、核磁共振技术、广角衍射分析技术等都可以描述淀粉的结晶特性。

　　淀粉的结晶性显著影响淀粉的组成结构、化学反应活性、糊化过程以及变性淀粉的性质等。不同来源的植物品种的淀粉结晶性不同,采用 X 射线衍射研究天然淀粉,发现淀粉可分为 A 型、B 型和 C 型;A 型主要来源于谷类淀粉(如稻米、小麦、玉米);B 型来源于根茎类、果实淀粉(如西米、香蕉和马铃薯淀粉);C 型包含 A 型和 B 型两种晶体(如豆类、香蕉中的淀粉),在 X 射线衍射图中,C 型是连接 A 型和 B 型的中间部分,也可以看做 A 型和 B 型混合物。

4.3.4　淀粉的理化特性

　　1. 淀粉的吸水性

　　淀粉颗粒内部结晶结构占颗粒体积的 25%～50%,其余为无定形结构,化学试剂在淀粉颗粒的无定形区具有较快的渗透速度,淀粉的化学反应主要发生在无定形区。淀粉中每个葡萄糖单元上均含有 3 个羟基,通过羟基相互作用,形成分子内和分子间氢键,使得淀粉具有很强的吸水性,但是由于氢键的存在使得分子间作用力很强,溶解性差,亲水但是在水中不溶解,淀粉含水量一般都较高,淀粉含水量会影响淀粉的一些理化性质。

　　淀粉分子中含有的羟基和水分子会相互作用而形成氢键,所以淀粉虽然含有较高的水分,但是外观却呈现干燥的粉末状。不同类型的淀粉由于分子中羟基自行结合以及与水分子结合的程度不同而含水量不同。如淀粉分子较小,则易于自行缔合,使得游离羟基数目相对减少,可以通过氢键与水分子结合的羟基数目亦减少,从而含水量较低。另外,淀粉的含水量还受空气湿度和温度变化的影响。将淀粉暴露于不同的相对湿度和温度下,会产生吸收、释放水分的现象。淀粉中存在自由水和结合水两种水分:自由水是指被保留在物体团粒间或孔隙内的水,仍具有普通水的性质,随环境温度、湿度变化而变化,可被微生物利用;结合水不再具有普通水的性质,不能被微生物利用。

　　2. 淀粉的溶解与膨胀特性

　　淀粉颗粒既有结晶区,也有无定形区,无定形相是亲水的,浸入水中就吸水,先是有限的可逆膨胀,而后是整个颗粒膨胀,并且伴有水化热的释放。在 0～40 ℃的温度下,干淀粉粒暴露于水蒸气或液态水中,发生有限的可逆膨胀。加热含有限水分的淀粉,淀粉微晶融化,失去 X 射线衍射现象和光学结晶性。

　　淀粉在 60～80 ℃的水中会产生溶胀,淀粉粒中的直链淀粉向水中扩散,支链淀粉停留在原来的淀粉粒中,构成连续的网络,直链淀粉分散于网络中,溶液体系将变成胶体溶液。冷却胶体溶液后直链淀粉分子会以沉淀形式析出,在热水中也不再分散。淀粉粒溶胀后继续加热,支链淀粉会形成黏稠胶体溶液,冷却时也不会发生变化。玉米直链淀粉-类脂配合物有抑制膨胀的作用,所以玉米淀粉脱脂后易膨胀。普通玉米淀粉比蜡质玉米淀粉难膨胀。马铃薯淀粉颗粒存在磷酸酯团之间的电斥性,分子间结合力较弱,低温可高度膨胀。根类淀粉颗粒内部作用力低于谷类淀粉,块茎类淀粉与普通谷类淀粉相比,可在较低温度下膨胀,而且其膨胀程度远远高于普通谷类淀粉。

淀粉品种影响其膨胀特性,按膨胀程度不同淀粉分为限制性膨胀型、中等膨胀型、高膨胀型。高膨胀淀粉、限制性膨胀淀粉在 95 ℃时膨胀度分别为 30 g/g 以上、16~20 g/g。

盐析离子如(SO_4^{2-})会抑制淀粉的吸水膨胀,而盐溶离子如(I^- 和 SCN^-)会促进淀粉的吸水膨胀。明矾含有离子 Al^{3+}、K^+ 和 SO_4^{2-},引入的离子抑制了水分子的流动,从而抑制了淀粉颗粒无定形区的水合作用,显著地降低了马铃薯淀粉的膨胀度;除此之外,离子还会进入到淀粉颗粒深处,优先作用于无定形区,从而阻碍水分子作用于无定形区。

3. 淀粉的糊化及糊化温度

淀粉的比密度约为 1.6,由于淀粉粒具有结晶胶束区,淀粉粒的胶束组织相当坚固,且外层是结晶性部分,所以通常情况下,淀粉一般不溶于冷水,只形成悬浮液。浓度较高时,淀粉颗粒发生膨胀,部分链淀粉变为水溶性物质,但整个淀粉粒依然不溶。淀粉在有水加热的条件下,或能破坏氢键的介质中(如二甲基亚砜、液氨、碱溶液、硫氰酸钠溶液等),淀粉粒就会发生不可逆的润胀(或溶解)、糊化。

通常在 95 ℃左右蒸煮淀粉较长时间,淀粉依然不溶解,呈现水合淀粉聚集体状态。在 100~160 ℃蒸煮淀粉,淀粉才会溶解。淀粉类型不同,溶解温度也不同,如直链玉米淀粉、普通玉米淀粉,以及块茎、块根、蜡质淀粉完全溶解需要的蒸煮温度分别为 150 ℃、125 ℃及 100 ℃左右。

在较低温度下,淀粉通过氢键作用结合部分水分子而分散,淀粉的结构不发生变化。淀粉悬浮液被加热到特定的温度,淀粉分子大量吸水,淀粉粒膨胀较剧烈,且膨胀不可逆,颗粒开始出现不规则变化,同时伴随着颗粒结构的破坏,支链淀粉构成的颗粒外围结构被胀裂,淀粉颗粒大量吸水并膨胀,结晶区消失,大部分直链淀粉溶解到溶液中,溶液黏度增加,悬浮液转变为高黏度糊浆,支链淀粉在其中成为凝胶,直链淀粉分子从内部向外游离,在其中成为溶胶,这种现象称为淀粉糊化。淀粉糊化性能影响淀粉品质、营养、加工性等。

淀粉糊化可分为可逆吸水、不可逆吸水、淀粉粒解体三个阶段:可逆吸水阶段,水分进入淀粉颗粒的非晶质部分,体积略有膨胀,此时如冷却干燥可以复原,双折射现象不变;不可逆吸水阶段,随温度升高,水分进入淀粉微晶间隙,不可逆大量吸水,结晶"溶解";淀粉粒解体阶段,淀粉分子完全进入溶液。

淀粉颗粒糊化的本质是水进入其内部,淀粉分子的结晶区和无定形区间的氢键被破坏,淀粉颗粒原有缔合状态被改变,分散在水中而形成胶体溶液。

淀粉经过糊化处理后黏度增加,双折射性、结晶性消失,对化学药品、淀粉酶反应更灵敏。

许多因素如直链淀粉含量、水分含量、化学处理方法,颗粒中分子的分布以及颗粒表面都对糊化过程产生影响。如:含水量越高,糊化越容易;高 pH 值利于糊化,低 pH 值抑制糊化,如淀粉在强碱作用下,室温即可糊化;盐类可破坏分子间氢键,因而促进淀粉的糊化,如大部分淀粉在碘化钾、氯化钙等浓溶液中室温下就可糊化;其他能破坏分子间氢键作用的因素也会促进淀粉糊化,如二甲基亚砜、脲等可促进糊化;在淀粉分子上引入亲水性基团,可使淀粉糊化温度下降;淀粉经酸解及交联处理,糊化温度可升高,这是由于酸解使淀粉分子变小,增加了分子间形成氢键的能力,而交联会强化淀粉颗粒内部淀粉分子间的结合。

　　淀粉发生糊化的温度称为糊化温度,不同淀粉颗粒间链接状态不同,膨胀能力差异较大,所以不同种类的淀粉,其糊化温度各不相同,不同淀粉颗粒即使品种相同,糊化难易程度也不尽相同。淀粉从开始糊化到完成糊化的温度范围即淀粉糊化温度范围。淀粉颗粒受热过程中偏光十字消失这一点的温度表示确定的糊化温度。糊化温度对淀粉及其衍生物的性质有重要影响。

　　淀粉在发生糊化的过程中分子原有状态被破坏,是氢键吸热的过程。淀粉分子彼此之间缔合程度不同,则分子排列的紧密程度不同,微晶束的大小和密度也不同。一般来说,分子间缔合程度大,分子排列紧密,破坏分子间的缔合和微晶束就需要消耗更多的能量,淀粉粒就不容易糊化。由此可见,小颗粒淀粉内部结构紧密,较大颗粒糊化温度要高。淀粉中含直链淀粉的量大,则该淀粉难糊化,这主要是由于直链淀粉可以形成结合力较强的双螺旋结构,导致需要较多的热量才能糊化。支链淀粉的外侧链长度增大,糊化需要的热量也增加。

　　4. 淀粉的老化特性

　　淀粉稀溶液或淀粉糊在低温下静置一定时间,混浊度增加,溶解度减少,在稀溶液中会有沉淀析出,如果冷却速度快,特别是高浓度的淀粉糊,就会变成凝胶体,这种现象称为淀粉的回生或老化。老化后的淀粉失去与水的亲和力,难以被淀粉酶水解,因此不易被人体消化吸收,遇碘不变蓝色。淀粉糊或淀粉溶液老化后,可能出现以下现象:黏度增加、不透明或混浊、在糊的表面形成皮膜、不溶性淀粉颗粒沉淀、形成凝胶、从糊中析出水、组织不均一、水分析出。

　　老化的本质是淀粉分子糊化后,随着温度下降,分子链运动减缓,支链淀粉的支链和直链淀粉分子都趋于平行排列,聚集靠拢,互相形成氢键结合,形成螺旋结构并有序堆积,重组形成混合微晶束。淀粉的老化是一个淀粉分子从无序到有序的过程。

　　淀粉的老化可以分为短期老化和长期老化两个阶段。短期老化主要由直链淀粉的有序聚合和结晶所引起,该过程在糊化后较短的时间内完成。而长期老化主要由支链淀粉外侧短链的重结晶所引起,该过程是一个缓慢长期的过程。

　　使淀粉充分糊化,然后降温,当热量不足以维持分子热运动时,分子链间通过氢键作用力彼此吸引、靠近、排列,最终形成有序排列——结晶。直链淀粉比支链淀粉容易老化,支链淀粉分子溶解后,支叉结构会抑制其结合,一般不形成胶体,只有在冰点温度、温度很高等极端条件下,其侧链才会结合,内支链淀粉才会重结晶,产生老化。淀粉老化的影响因素如下:

　　(1)淀粉的分子组成会影响淀粉老化,直链淀粉的链状结构在溶液中的空间障碍小,易于取向,故易于老化。支链淀粉呈树枝状结构,在溶液中空间障碍大,不易于取向,故难以老化,但若支链淀粉分支长,浓度高,也易于老化。

　　(2)聚合度中等的淀粉易老化。直链淀粉的链长过大,会导致取向困难,不易老化,链长过短,则更容易发生扩散,较难定向排列,故不易于老化。例如马铃薯淀粉和玉米淀粉含有的直链淀粉的聚合度分别为 1000~6000 和 200~1200,发生老化分别为较慢和较快。

　　(3)β-淀粉酶能够通过切断大米支链淀粉外侧支链而抑制其老化。

　　(4)淀粉溶液的浓度:一般浓度为 30%~60% 的淀粉溶液最容易发生老化。

　　(5)温度为 0~4 ℃时储存可加速淀粉的老化,60 ℃以上不易老化,在 60 ℃降低至 -2 ℃过程中老化速度不断增加,低于 -22 ℃ 则不再老化。

　　(6)冷却速度:缓慢冷却,可使淀粉分子有充分时间取向,因而有利于老化;迅速冷却,淀粉分子来不及重新取向,可减少老化。

　　(7)呈中性(如 pH5~7 时),淀粉溶液容易老化。

（8）一些无机离子能阻止淀粉的老化,其作用顺序是:

阴离子:$SCN^->PO_4^{3-}>CO_3^{2-}>I^->NO_3^->Br^->Cl^-$

阳离子:$Ba^{2+}>Sr^{2+}>Ca^{2+}>K^+>Na^+$

（9）乳化剂、脂类、多糖、蛋白质等有抗老化作用。

5. 淀粉的凝胶特性

淀粉的凝胶特性包括凝胶的硬度、胶黏度、脆性、弹性、黏合性、黏性和恢复力等。淀粉凝胶的特性取决于其结构。完全糊化后的淀粉在冷却的过程中淀粉链相互作用和相互缠绕,会导致可溶性直链淀粉形成连续三维网状凝胶结构,溶胀淀粉颗粒和碎片填充在直链淀粉网络中。

直链、支链淀粉的含量、聚合度、空间构象和相对分子质量等因素均显著影响淀粉凝胶的形成。淀粉首先从淀粉乳转变成溶胶,淀粉粒溶胀导致直链淀粉分子溶出。直链淀粉分子构成三维网状结构,溶胶此时变成凝胶状态,此时淀粉粒间的作用变强。溶胶的网状结构变化会导致颗粒中的结晶部分变形、松散、溶解。支链淀粉与直链淀粉产生作用,加强了网状结构。

淀粉乳浓度、直链淀粉含量、颗粒大小和分布、溶胀程度、颗粒硬度以及分子链缠绕状态等都会影响淀粉凝胶的形成速度和黏弹性,如直链淀粉含量高的淀粉生成凝胶的过程极为迅速。

4.4　淀粉的化学改性

干淀粉的玻璃化转变温度和熔点都高于其热分解温度,直接加热没有熔融过程,所以天然淀粉不具备热塑加工性能,无法在制作塑料制品的机械中进行加工。要使其具有热塑加工性能,就必须使其分子结构无序化,对淀粉进行化学改性是拓宽其应用范围的常用方法。通常的方法是对其进行官能团的衍生化。淀粉的化学改性主要包括两大类:一类是使淀粉相对分子质量下降,如酸解淀粉、氧化淀粉、焙烤糊精等;另一类是使淀粉相对分子质量增加,如交联淀粉、酯化淀粉、醚化淀粉、接枝淀粉等。淀粉的化学性质取决于多种因素,如淀粉的物理性状、取代度、取代基的性质、衍生物的类型、相对分子质量分布、直链与支链淀粉的含量、预处理方法、来源等。

4.4.1　水解

1. 酸水解

淀粉经酸水解可以得到麦芽糖、葡萄糖、低聚糖、糊精等,统称为淀粉糖。通过控制淀粉水解的程度可以制备异构化糖、麦芽糖、葡萄糖、饴糖等。淀粉与无机酸水溶液一起加热时,可水解成葡萄糖,首先是无定形区的支链淀粉快速水解,然后结晶区的直链淀粉和支链淀粉缓慢水解。α-1,6-糖苷键比 α-1,4-糖苷键难水解。

2. 酶水解

不同种类的淀粉酶选择性不同,可以将淀粉降解成不同的产物。α-淀粉酶是内切糖苷酶,它对淀粉非链端处的内部 α-1,4-糖苷键有选择性,可使淀粉迅速降解。α-1,6-糖苷键不能被 α-淀粉酶水解,但是 α-淀粉酶可以越过 α-1,6-糖苷键继续水解 α-1,4-糖苷键,支链淀粉的分支点处 α-1,6-糖苷键留在淀粉水解的产物中,α-1,6-糖苷键的存在会影响水解的速度,所以 α-淀粉酶对支链淀粉的水解速度要大于支链淀粉的水解速度。

淀粉酶作用于淀粉是从淀粉分子的内部开始的,首先水解中间位置的 α-1,4-糖苷键,先后次序没有一定规律,使淀粉分子迅速降解,失去黏性和碘的呈色反应,同时使水解物的还原力增加。由于水解时,作用于长链比短链更有活性,所以最初阶段水解速度很快,把庞大的淀粉分子迅速断裂成小分子,此时淀粉浆的黏度急剧降低,失去黏性,此过程称为液化或者糊精化。在快速水解阶段完成之后,酶对小分子的水解能力显著下降,水解进入到较慢阶段。

直链淀粉在 α-淀粉酶的处理下进行水解,主要分为 2 个步骤:第一步是直链淀粉分子快速水解,得到麦芽三糖、麦芽糖;第二步是麦芽三糖进一步水解为麦芽糖、葡萄糖。α-淀粉酶水解麦芽三糖的 α-1,4-糖苷键需要较长的反应时间和一定量的酶才能发生,α-淀粉酶不能水解麦芽糖中的 α-1,4-糖苷键。

支链淀粉在 α-淀粉酶的作用下,α-1,4-糖苷键被酶随机降解,初始生成大分子糊精,继续水解,糊精变小,因为 α-淀粉酶对分支点附近的 α-1,4-糖苷键和分支点的 α-1,6-糖苷键都不能产生水解作用,在水解过程中越过 α-1,6-糖苷键水解 α-1,4-糖苷键,所以,α-淀粉酶水解支链淀粉最终得到麦芽糖、葡萄糖,以及一些含有 α-1,6-糖苷键、聚合度为 3~4 的低聚糖。

β-淀粉酶是一种外切型的糖苷酶,专一性较强,能水解 α-1,4-糖苷键,它对非还原末端的葡萄糖有选择性,一次水解掉一个麦芽糖分子(2 个葡萄糖),逐步降解淀粉,水解产物是 β 构型的麦芽糖。β-淀粉酶的特点是水解奇数个数的葡萄糖单元的直链淀粉分子时会得到一个葡萄糖和麦芽糖,而水解偶数个数的葡萄糖单元组成的直链淀粉分子时,水解产物全部是麦芽糖。

葡萄糖淀粉酶水解淀粉也是从非还原末端开始,水解 α-1,4-糖苷键,最终水解产物是葡萄糖。葡萄糖淀粉酶既能水解 α-1,4-糖苷键,也能水解 α-1,6-糖苷键,只是水解 α-1,6-糖苷键的速率较慢。

3. 环糊精

淀粉经水解得到的环状低聚糖称为环糊精(cyclodextrin,缩写 CD)。环糊精一般由 6~8 个葡萄糖基通过 α-1,4-糖苷键结合而成,根据所含葡萄糖单位的个数(6、7 或 8),分别称为 α-、β-或 γ-环糊精(α-、β-或 γ-CD)。环糊精的结构形似圆筒,略呈 V 形。α-环糊精的结构如图 4-6 所示。

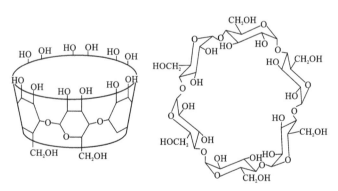

图 4-6　α-环糊精的结构示意图

环糊精为水溶性的非还原性白色结晶性粉末,对酸不稳定,易发生酸解而破坏圆筒形结构。环糊精的结构为中空圆筒形,其空腔内壁(6 位的—CH₂ 与葡萄糖苷结合的 O 原子,在空穴的内部)有疏水(亲油)性,而空腔外壁(2,3 位的—OH 和 6 位的—OH 分别在空穴的开口处或外部)有疏油(亲水)性,组成环糊精的葡萄糖单位不同,其空腔大小也各异,即环糊精具有极性的外侧和非极性的内侧,同时环糊精还具有手性。与冠醚相似,不同的环糊精可以包合不同大小的脂溶性分子,这在有机合成上有重要的应用价值。例如,苯甲醚可与 α-环糊精形成包合物,且甲氧基和其对位曝露在环糊精空腔之外,有利于新引入基团进入对位。

1) 环糊精的物理性质(表 4-2)

环糊精为中空圆柱形结构,可包埋与其大小相适的客体分子,起到稳定缓释、提高溶解度、掩盖异味的作用,如苄基青霉素-β-环糊精包合物。环糊精也可以用作相转移催化剂,或者用于分离旋光异构体、增加反应的立体选择性与区域选择性,因此环糊精被广泛用于有机合成中。

表 4-2　环糊精的物理性质

参　　数	α-环糊精	β-环糊精	γ-环糊精
相对分子质量	972	1135	1297
葡萄糖残基/个	6	7	8
旋光度	+150.5°	+162.5°	+1744°
空穴内径/nm	0.45~0.6	0.7~0.8	0.85~1.0
空穴外径/nm	14.6±0.4	15.4±0.4	17.5±0.4
空穴高/nm	0.7~0.8	0.7~0.8	0.7~0.8
溶解度(20 ℃)/(g/mol)	14.5	8.5	23.2

2) β-环糊精在中药制剂中的应用

在中药制剂中,β-环糊精主要用于包合挥发油,防止中药挥发油在生产和储藏过程中挥发、升华或氧化变质,可以使挥发油粉末化,用于硬胶囊剂、片剂、颗粒剂、散剂等剂型,利于生产、保存和携带,同时可以增加药物溶解度,使精确剂量,制剂的生物利用度得到提高。通过包合作用可以掩盖、减轻、消除一些药物本身的苦涩味、不良臭味、强刺激性,有利于这些剂型的使用,尤其是针对儿童和老人的剂型。

β-环糊精与药物包合可以达到药物储存的作用,可控制药物释放,还可以提高亲脂性药物在毫微囊中的载药量,从而使制备毫微囊成为可能,并达到靶向或控释给药的目的。

3) 环糊精在功能性凝胶制备中的应用

采用具有 β-环糊精-纤维素作为主体分子与纤维素-二茂铁作为客体的聚合物。β-环糊精-纤维素和二茂铁-纤维素可形成包合物(图 4-7),该包合物可形成纤维素-环糊精/纤维素-二茂铁,在温和条件下,凝胶具有自修复功能,断面经 24 h 后重新修复,且自修复性能受二茂铁氧化还原状态控制。纤维素-环糊精/纤维素-二茂铁凝胶可被用来作为刺激响应性和愈合性材料。

4.4.2　酯化

酯化淀粉是指淀粉羟基被无机酸或有机酸酯化而得到的产品,主要包括醋酸酯淀粉、磷酸酯淀粉、尿素淀粉、黄原酸酯淀粉、烯基琥珀酸酯淀粉等。酯基的引入起到了内增塑作用,淀粉大分子中羟基的缔合削弱,可明显改善原淀粉在制膜过程中的耐水、加工耐热性等缺陷。

低取代度的淀粉酯具有糊化温度低、絮沉性弱、黏度和透明性高、较易溶于水等特性,而高取代度的淀粉酯具有良好的热塑性和疏水性。在有机溶剂中制备淀粉酯可以获得较高取代度的产物。常用的溶剂有吡啶(兼作溶剂和催化剂、用量少、淀粉降解程度小)、甲苯、N,N-二甲基亚砜、二甲基甲酰胺等。采用酸酐或酰氯与淀粉反应可以得到高取代的淀粉酯,其中酰氯对

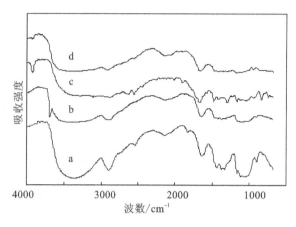

图 4-7　纤维素的红外光谱

(a.纤维素；b.环糊精-β-纤维素；c.二茂铁-纤维素；d.环糊精-β-纤维素/二茂铁-纤维素包合物)

于制备烷基链的淀粉酯更有效。

离子液体对淀粉等天然高分子具有很好的溶解性,离子液体可以与淀粉分子产生强烈的氢键作用,削弱了淀粉分子间及分子内的氢键,从而导致淀粉的溶解,可采用离子液体作为反应介质对淀粉酯化改性。在 80 ℃,浓度高达 15% 的淀粉可以溶解在 1-丁基-3-甲基氯化咪唑(BMIMCl)中。BMIMCl 作溶剂时,需要吡啶催化才能获得淀粉醋酸酯或淀粉丙酸酯。吡啶、酸酐、淀粉的脱水葡萄糖单元的物质的量之比为 3∶5∶1 时,可以制取取代度分别为 $0.37 \sim 2.35$ 及 $0.03 \sim 0.93$ 的淀粉醋酸酯和淀粉丁酸酯。淀粉的羟基在 BMIMCl 中发生酯化反应的活性顺序为 $C_6 > C_2 > C_3$。

淀粉在 BMIMCl 中溶解时其相对分子质量下降 86%,而加入吡啶使淀粉发生酯化反应时,淀粉的相对分子质量反而是最初溶解在离子液体时淀粉相对分子质量的 3 倍,吡啶似乎起到了保护淀粉降解的作用。

1. 醋酸酯淀粉

醋酸酯淀粉又称乙酰化淀粉,是淀粉分子中葡萄糖单元的 C_2、C_3、C_6 上的醇羟基和乙酰化试剂(冰醋酸、醋酸酐、醋酸乙烯酯等)发生双分子亲核取代反应,在淀粉分子中引入少量的酯基团而生成的一类淀粉衍生物。通过乙酰化作用可以改善淀粉与溶剂的亲和性,可用于烘烤、冷冻,以及在罐头及干燥食品中作为理想的食品增稠剂。由于引入乙酰化基团,阻碍或减少了直链淀粉分子间的氢键缔合,具有一定的热塑性,热加工性能好于天然淀粉。淀粉酯的取代度越高,侧链越长,热塑性和亲水性的改变就越明显,而且酯基可起内增塑作用,高乙酰基的取代度可以降低材料的吸水率,当取代度>1.7 时,材料加工性能较好。

醋酸酯淀粉的许多性质优于天然淀粉,如糊化温度降低、容易糊化、冻融稳定性高、成膜性好、透明度高、持水性好、淀粉糊糊丝长等。醋酸酯淀粉先预氧化再乙酰化得到的产品黏度低、热稳定性强。在工业上一般使用的都是低取代度的产品(取代度在 0.2 以下),低取代度醋酸酯淀粉化学性质稳定,它具有糊化温度较低,黏度高,凝沉性弱,对酸、碱、热的稳定性高,储存稳定,糊透明度高,冻融稳定性好等优点。

在非水介质中合成醋酸酯淀粉可得到较高取代度的产品,如玉米淀粉采用吡啶为反应介质,在甲磺酸催化、醋酸酐和冰醋酸酰化条件下,可以得到取代度较高的醋酸酯淀粉。

2. 磷酸酯淀粉

淀粉能与多种水溶性磷酸盐起酯化反应,如正磷酸盐(磷酸氢二钠、磷酸二氢钠等)、偏磷酸盐、三聚磷酸盐等。干法制备淀粉磷酸酯是首先将磷酸盐溶解在少量水中,然后与干淀粉混匀、烘干后,在140~160 ℃反应。对湿法制备磷酸酯淀粉,pH值会影响产率,尿素对湿法制备反应有催化作用。

磷酸单酯淀粉是一类阴离子型淀粉改性产物,黏度、透明度、稳定性比原淀粉均有明显提高,取代度增加会导致磷酸单酯淀粉的糊化温度减小。

磷酸酯淀粉可以作为乳化剂、絮凝剂、填充剂应用于食品、废水处理、医药等行业,也可以作为纸带、瓦楞纸、层间增强剂、涂布胶黏剂等应用于造纸工业,作为织物整理剂、印染剂、上浆剂应用于纺织工业。

3. 烯基琥珀酸酯淀粉

最典型的两亲性淀粉就是烯基琥珀酸酯淀粉,淀粉与辛烯基琥珀酸酐反应之后,黏度与原淀粉相比升高,蒸煮物抗老化性能提高,早在1953年Caldwell等就成功研制出辛烯基琥珀酸酯淀粉,并申请了专利,辛烯基琥珀酸酯淀粉具有良好的乳化、增稠、润湿、增稠、分散、渗透、增容、悬浮等特性,可以用于各种溶液的增稠剂及复配型乳化、稳定、增稠剂的配方基料等;也可以用于各种油、脂肪和水不溶性纤维素等干粉制品的包胶剂和包埋剂;还可作为乳浊液稳定剂、微胶囊壁材、化妆品组分、包埋风味物质而应用于纺织、食品、医药、造纸、日用化工、涂料等众多领域。

淀粉与烯基琥珀酸酐通过酯化反应可以得到烯基琥珀酸酯淀粉,该淀粉衍生物同时具有亲油(烯基)和亲水(羧基)基团。淀粉及烯基琥珀酸酐均具有较低的水溶剂溶解度,二者在水溶液中反应时需较长的时间并且反应效率较低。提高反应效率、缩短反应时间的有效方法是反应之前将烯基琥珀酸酐乳化。

辛烯基琥珀酸酯淀粉相对分子质量较大,具有亲水基和亲油基(二者的比例为1∶1),辛烯基琥珀酸酯淀粉可以作为乳化稳定剂,在油-水乳状液中其亲水的羧酸基团在水相伸展,亲油的辛烯基长链在油相伸展,多糖长链在油-水界面形成一层连续、坚韧的薄膜,该薄膜有较大内聚力且不容易破裂,可以阻止分散相颗粒聚集或分离,从而使油-水乳化体系保持高度稳定。烯基琥珀酸酯淀粉与其他传统变性淀粉不同,具有良好表面活性,能够吸附在界面而稳定分散体。在乳状液中,辛烯基琥珀酸酯淀粉吸附在疏水性表面,在油-水界面形成有一定强度的界面膜,其支链的结构特性和高相对分子质量的特点可赋予乳状液良好的稳定性,特别在水包油的乳液中有重要应用。辛烯基琥珀酸酯具有良好的流动性和疏水性,在乳液中能均匀分散,防止颗粒聚集,使乳液流动性较好。另外,辛烯基琥珀酸淀粉酯是一种安全性高的乳化增稠剂。淀粉辛烯基琥珀酸酯在酸性、碱性的溶液中都有较好的稳定性。

4. 邻苯二甲酸淀粉单酯

淀粉衍生物最大的用途是作为水溶性高分子使用,分别引入亲水基团和疏水基团的方法可以平衡改性淀粉的亲水、亲油性能,调节淀粉衍生物性能,或者赋予传统水溶性淀粉衍生物不具有的新的特殊性能。两亲性邻苯二甲酸淀粉单酯可由淀粉和邻苯二甲酸酐在碱催化或在高温下反应得到,通过该反应可在淀粉分子中同时引入亲水基团和疏水基团(羧基和芳基,二者的比例为1∶1),用于聚酯纤维的上浆剂和塑料的填充剂。

5. 淀粉烃基 β-酮酯

淀粉烃基 β-酮酯是疏水性淀粉,淀粉和AKD(烷基或烯基乙烯酮二聚体)反应可采用酶催化法和化学法,两种方法的比较如表4-3所示。在酶催化条件下以AKD为疏水化试剂制备疏水化淀粉,首先在温和条件下,用少量AKD和脂肪酶进行共价结合,形成高活性的中间体,然后和淀粉羟基发生作用,得到淀粉烃基 β-酮酯。在强酸或强碱条件下采用化学法制备淀粉烃基 β-酮酯时,由于反应条件苛刻,会导致淀粉发生降解,体系的黏度减小。

表 4-3　酶催化法和化学法

方　　法	酶 催 化 法	化 学 法
AKD 用量	10%(质量分数)	过量
反应温度	40～50 ℃	40～50 ℃
催化剂	无酸或碱	碱催化
淀粉降解	不发生降解	部分降解
产品黏度	高	较低

4.4.3　醚化反应

淀粉的醚化改性是指淀粉分子中的羟基发生醚化反应得到的淀粉醚化衍生物。根据淀粉醚化衍生物在水溶液中的状态不同,可将醚化淀粉分为阴离子淀粉醚(如羧甲基淀粉钠)、阳离子淀粉醚(如含氮的醚衍生物)的离子型和羟烷基淀粉醚、羟丙基淀粉醚、羟乙基淀粉醚等非离子型淀粉醚。由于淀粉的醚化作用提高了黏度稳定性,且在强碱性条件下醚键不易发生水解,醚化淀粉有良好的性能,如表面活性、触变性、离子活性等,可用于纺织、造纸、食品、医药、化妆品、涂料等领域。淀粉可以与多种醚化试剂发生醚化反应,如氯乙酸、环氧乙烷、环氧丙烷、烯丙基氯、胺类化合物等,生成各种各样的醚化产物。

影响醚化反应的主要因素有淀粉的性质、催化剂和醚化剂的用量、反应介质、反应温度等。淀粉的取代度是醚化淀粉的一个主要指标,低取代度的醚化淀粉可以在纯水体系中制备,若想获得较高取代度的醚化淀粉,需要限制反应介质中水的含量。有机溶剂也可以明显提高阳离子淀粉的取代度,如以 2,3-环氧丙基三甲基氯化铵、缩水甘油基三甲基氯化铵为醚化试剂,制备高取代的阳离子型淀粉醚。在氢氧化钠水溶液中加入有机溶剂可以显著提高羟丙基三甲基氯化铵淀粉的取代度,如加入甲醇、四氢呋喃、二噁烷等溶剂,其取代度分别为 0.65、1.19 和 1.26。在碱性环境中淀粉的羟基容易发生醚化反应,所以,氢氧化钠的浓度显著影响产物的取代度及反应效率,理想用量为 1%(质量分数),过高的碱浓度则容易造成醚化试剂的水解。淀粉与缩水甘油基三甲基氯化铵在 1-丁基-3-甲基氯化咪唑离子液体中发生反应时,氢氧化钠的加入可以使取代度得到提高(从 0.021 到 0.63),而通过调控反应条件可以获得最高取代度为 0.99 的阳离子淀粉。

淀粉的性质,如直链淀粉含量以及淀粉颗粒的尺寸等,都对醚化反应有影响。如直链淀粉比支链淀粉更容易被醚化,当苄基豌豆淀粉、马铃薯、蜡质玉米淀粉与 2,3-环氧丙基三甲基氯化铵以及氯乙酸钠进行反应时,苄基豌豆淀粉的取代度和产率都较高。

1. 羟乙基淀粉

羟乙基淀粉是工业上常用的羟烷基淀粉,醚键具有高度的稳定性,在水解、氧化、交联、羧基化等化学反应中不会断裂,且受电解质和 pH 值的影响小,故使用范围较宽。可采用环氧乙烷和氯乙醇作醚化剂,氯乙醇的特点是作醚化剂时安全性高、易操作,但反应活性较环氧乙烷略差,环氧乙烷与空气混合容易爆炸,安全性不高。羟乙基淀粉醚化以后具有较好的水溶性及稳定性,延长了其在体内的降解半衰期,并且不影响药物疗效,是理想的血浆扩容剂材料。羟乙基淀粉通过酯化可以与硬脂酸、棕榈酸、月桂酸等生成两亲性衍生物,适宜作为作为药物释放载体,这种两亲性衍生物在水溶液中通过自组装作用可以形成 20～30 nm 的胶束及囊泡。

2. 羟丙基淀粉

羟丙基淀粉(hydroxypropyl starch,简称 HPS)是淀粉与环氧丙烷进行醚化反应,而得到的一种变性淀粉,属非离子型淀粉衍生物,具有亲水性、良好的黏度稳定性,是国内外公认的一种安全的食用变性淀粉,其中以环氧丙烷作醚化试剂制备的羟丙基淀粉在食品行业中应用较多,可以用于食品中的增稠剂、悬浮剂,可以作为经纱上浆、钻井液添加剂、悬浮剂、黏结剂等用于建筑、日用化工、化妆品、石油、纺织等行业中。

在碱性环境中将淀粉用环氧丙烷进行醚化处理,是工业上常用来制备生产羟丙基淀粉的方法。淀粉葡萄糖单元上的 C_2 和 C_6 的羟基上可发生醚化反应。提高产品的取代度是工业生产中羟丙基淀粉存在的主要问题。原淀粉中羟基被羟烷基取代的程度越高,其相应糊化温度越低。

3. 疏水化淀粉

在淀粉分子中引入疏水基团,可改变传统变性淀粉亲水的单一性质。疏水化淀粉不仅可用作各种用途的可降解材料,还具有抗温、耐盐、抗剪切、表面活性等新的性能和功能,从而拓宽了其应用领域。

把淀粉和反应活性较高的 1,2-环氧烷烃作用,可制备含有长碳链烷基的疏水化淀粉。改性淀粉的玻璃化转变温度(T_g)随着碳链长度的不同而异。随着碳链的增长,疏水性增强,热塑性能明显改善,T_g 显著下降,接枝碳链的长度会影响产品的热塑性和疏水性。

这类反应可在水溶液中进行,且反应效率和取代度都很高,其制备过程为:在氢氧化钠水溶液和 1,2-环氧烷烃的混合液中,加入淀粉和助催化剂硫酸钠,加热反应,在摩尔取代度(MS)为 1.8 时,产率达 97%。

4. 羧甲基淀粉(CMS)

阴离子型羧甲基淀粉醚在冷水中有较好的溶解性,可以作为食品改良剂、食品保鲜剂、片剂崩解剂、血浆体积扩充剂、增稠剂、药物分散剂、轻纱上浆剂、纸张黏着剂、水基乳胶漆的增黏剂、混合燃料浆减黏剂、重金属污水处理螯合剂、化妆品中皮肤清洁剂等应用于医药、食品、日用化工、黏合剂、涂料、造纸、纺织、石油等领域。经羧化后的淀粉与 PVA 的相容性得到提高,淀粉与 PVA 的相互作用得以增强,形成了结构和力学性能较好的复合材料。

淀粉与一氯乙酸在碱性条件下起醚化反应可制得羧甲基淀粉,利用淀粉分子葡萄糖残基中 C_2、C_3 和 C_6 上的羟基与氯乙酸在碱性条件下发生 SN_2 双分子亲核取代反应而制得,其反应原理示意如下:

$$St—OH + NaOH \longrightarrow St—O^- Na^+ + H_2O$$

$$St—O^- Na^+ + ClCH_2COONa \longrightarrow St—O—CH_2COONa + NaCl$$

反应过程中还存在副反应:

$$NaOH + ClCH_2COONa \longrightarrow HO—CH_2COONa + NaCl$$

羧甲基淀粉的制备方法中,根据媒介的不同可以分为水媒法、有机溶剂法和干法。水媒法只能生产取代度小于 0.07 的产品,有机溶剂法中需要加入乙醇、丙醇或异丙醇等有机溶剂防止羧甲基淀粉在反应中发生糊化,但有机溶剂量较大、回收困难、产品成本高。

5. 烯基淀粉醚

辛二烯基淀粉醚是一种疏水性淀粉。以廉价的丁二烯为疏水化试剂,在催化剂 $(Pd(OAc)_2/TPPTS($间三苯基膦三磺酸钠$))$ 存在下,和淀粉通过调聚反应,生成辛二烯基淀粉醚,进一步进行催化加氢,得到辛基淀粉醚(图 4-8)。该疏水化淀粉的性质取决于碳链的长度、取代度,以及原淀粉中直、支链的含量。

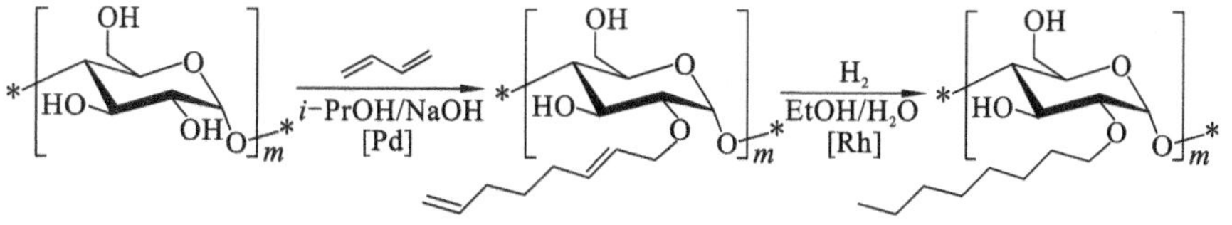

图 4-8　淀粉与丁二烯的反应式和产物结构

在氢氧化钠溶液中十二烷基聚氧乙烯缩水甘油醚与淀粉反应制备 3-十二烷基聚氧乙烯基-2-羟基丙基淀粉醚,该产品进一步与 3-氯-2-羟基丙基三甲基氯化铵、氯乙酸钠、3-氯-2-羟基丙基磺酸钠等反应,可以制得一系列两亲性的淀粉衍生物(图 4-9)。这类淀粉在温度提高时其黏度不仅不降低反而提高,解决了水溶性淀粉衍生物用作增稠剂时随着温度的提高其黏度急剧下降的问题。3-十二烷基聚氧乙烯基-2-羟基丙基淀粉醚可广泛应用于化妆品、淋浴用品、洗发用品、按摩用品、各种洗涤用品,以防止在较高温度使用时有效成分的流失。这类新型两亲性淀粉对胶体也有很好的保护作用。

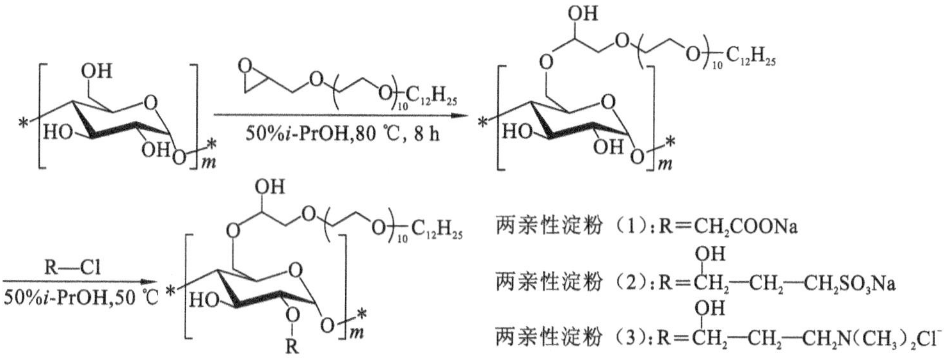

图 4-9　淀粉与十二烷基聚氧乙烯缩水甘油醚以及不同亲水化试剂的反应式和产物结构

淀粉和对溴甲基苯甲酸反应,可制备对羧基苄基淀粉醚。与苄基淀粉醚相比,由于在苯环上带有亲水性的羧基,这类淀粉醚在水中具有较好的溶解度(取代度较大时也不溶于水),且具有一定的表面活性,可乳化油和水,同时由于分子间强烈的疏水基团的相互作用,表观黏度显著下降。

4.4.4　氧化淀粉

氧化淀粉是淀粉与次氯酸盐、高碘酸、过氧化氢、2,2,6,6-四甲基哌啶氧化物(TEMPO)等氧化剂作用所得的淀粉衍生物。淀粉的氧化反应主要发生在葡萄糖残基的 C_2、C_3、C_6 位上,以及 1、4 位的糖苷键上,氧化可以引入醛基和羧基,还会由于糖苷键断裂而导致部分解聚。淀粉的氧化程度影响氧化淀粉的力学性能,淀粉上的羟基因为氧化而产生一定的氢键作用,提高了拉伸强度,从而淀粉的氧化程度提高会导致其拉伸强度增大。反应体系的 pH 值、温度、氧化剂的浓度、淀粉的分子结构、淀粉的来源等因素都会影响氧化程度的高低。直链淀粉比支链淀粉难氧化,直链淀粉含量低的蜡质玉米淀粉等氧化后羰基含量高。氧化马铃薯淀粉的拉伸强度明显高于香蕉淀粉的拉伸强度。

对氧化淀粉进行二次改性可以进一步提高其性能,如将羰基含量为 95% 的双醛淀粉与乙二醇发生缩合反应,无须外加增塑剂就可以获得具有较好力学性能及耐水性的淀粉材料。氧化淀粉和 N,N-二甲基-N-十二烷基环氧丙基氯化铵反应,可制备分子中同时含有亲水性阳离子基团以及羧基和疏水基团的淀粉衍生物(图 4-10)。这类化合物在低温下不溶于水而在高温下溶于水,在高浓度时形成水凝胶、低浓度时形成悬浮颗粒,由于在水中的溶解度低,可降低纸张水渗透性和提高纸张的接触角。在冷却时形成固相或凝胶相,具有一定的温敏性能。淀粉和 N,N-二甲基-N-十二烷基环氧丙基氯化铵反应,经进一步羟丙基化或阳离子化可制得具有良好抗盐性能的增稠剂(表 4-4)。

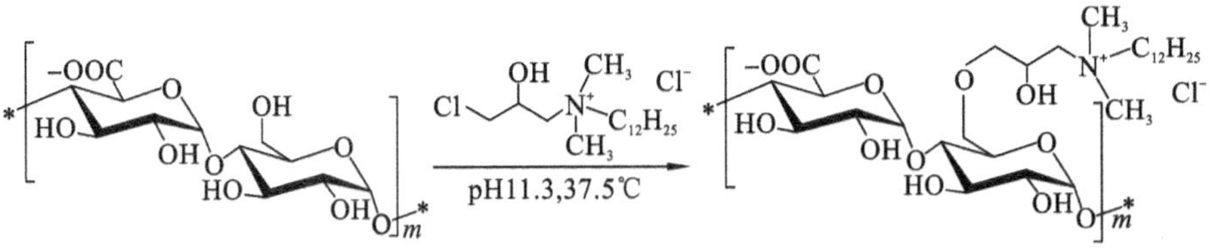

图 4-10　淀粉与 3-氯-2-羟基丙基二甲基十二烷基氯化铵的反应式和产物结构

表 4-4　2-羟基-3-(N,N-二甲基-N-月桂铵基)丙氧基淀粉醚衍生物抗盐性能

两亲性淀粉	氯化钠/(%)	黏度/(mPa·s)
羟丙基三甲基铵基醚(DS:0.125)	0	1100
	5.0	975
	10	1025
羟丙基二甲基月桂基铵和羟丙基三甲基铵基醚(DS:0.04 和 0.06)	0	16800
	1.0	28000
	5.0	30000
	10	53000
羟丙基二甲基月桂基铵和羟丙基三甲基铵基醚(DS:0.08 和 0.5)	0.04	7000
	1.0	126600
	5.0	100600
	10	84000

氧化淀粉/PVA 共混膜强度高、透明度高、连续性好、耐水性差,这是由于氧化淀粉羧基含量较高,亲水性大幅提高,故仅适用于干燥或远离水环境的场合。对氧化淀粉进行堆肥降解实验,随着氧化度的增加,淀粉的生物降解率下降。堆肥土中分离出来的诺卡氏菌对氧化淀粉的生物降解能力最高。

次氯酸钠、过氧化氢和高锰酸钾等氧化剂都可用于制备氧化淀粉,次氯酸钠经济性好,目前工业上用得最多。

1. 次氯酸钠作氧化剂

在制备粉状氧化淀粉时多选用次氯酸钠,且以滴加方式加入淀粉中效果更好。用次氯酸钠氧化淀粉可得到高羧基含量的氧化淀粉,该氧化淀粉对模拟固体污垢二氧化锰有较理想的悬浮分散性及分散稳定性,并对金属离子具有一定的封锁能力,是一种理想的洗涤助剂。淀粉种类、反应条件等都会影响次氯酸钠淀粉的氧化机理。

氧化淀粉羧基含量为 0.1% 时,氧化反应在 C_1、C_6,以及 C_2 和 C_3 上发生的状况分别是主要发生、小部分发生和不发生氧化反应。当羧基含量为 $0.6\% \sim 2.5\%$ 时，C_1、C_2、C_3 均发生氧化反应，且 C_6 相比 C_1、C_2、C_3 反应要少。

次氯酸钠作为氧化剂处理淀粉时受反应环境影响较大，如中性介质中反应较快，碱性、酸性介质中反应较慢。酸性介质中次氯酸钠转变为 Cl_2 或 $HOCl$ 的状态，淀粉发生水解或者质子化。碱性环境中，次氯酸钠转变为 ClO^- 的状态，淀粉生成钠盐。微碱、微酸、中性环境中次氯酸钠是一种非解离的形式，这种状态的次氯酸钠与淀粉反应，生成物为水和次氯酸酯淀粉，生成物酯会进一步发生分解，得到氯化氢及氧化产物。次氯酸钠水溶液价格低廉，氧化效果好，但次氯酸钠不稳定，易分解放出氯气，污染环境，危害健康。

2. 高锰酸钾与高碘酸作氧化剂

高锰酸钾具有氧化选择性差的特点，很难判断首先在哪个位置氧化，高锰酸钾在酸性条件下，反应放出活性氧，一般认为在 C_6 位置上氧化成羧基的概率大些。在酸性介质中，淀粉中颗粒不易溶胀活化，反应速度较慢。而在碱性介质中，高锰酸钾加入后由紫色变为棕色过程很快，从棕色退至白色过程很慢。因而，整个氧化过程的大部分可以认为是 MnO_2 对淀粉的氧化过程，气体物质的产生也基本都在前一过程。

高碘酸与淀粉的反应具有高度的专一性，它只与葡萄糖残基（AGU）中的 C_2、C_3 上的羟基生成羰基，并拆开 C_2、C_3 之间的键形成双醛淀粉。

高碘酸只发生在 C_2—C_3 上，C_2—C_3 键断裂形成醛基，得到双醛淀粉。在反应过程中，所产生的游离醛基很少，双醛淀粉的主要结构是水合半醛醇和分子内及分子间的半缩醛，双醛淀粉无毒无害、易生物降解、活性很强，能作为有机合成的原料，如可以与含羟基的纤维素反应。用双醛淀粉所生产得到的生物塑料，在土壤及海洋环境里有很好的可降解性，以甘油为增塑剂制备得到的热塑性玉米双醛淀粉塑料具有良好的耐水性，其他力学性能也大有提高。

双醛淀粉含有大量醛基，可以代替常见的交联剂戊二醛。用双醛淀粉处理表面负载氨基的磁性颗粒后再进行酶的固定化，双醛淀粉固定化酶活力高，经过 20 天后，仍保留原有活力的 80%。双醛淀粉可以直接作为固定化酶的载体，利用其自身携带的大量醛基与酶中的氨基通过共价结合成为希夫碱，从而达到固定酶的作用。

双醛淀粉作为湿强增加剂应用于造纸工业，主要可以有效增大纸的湿强度，同时可以改善诸如耐油性、耐脂肪性、抗张强度、延伸率、韧性等性能，如在聚乙烯醇中加入少量双醛淀粉，可以有效地提高纸张湿断裂长度，纸张的比破裂度、裂断长度、耐折度和表面强度都明显提高。在建筑材料方面，双醛淀粉作为水泥缓凝剂，其加入量可调节缓凝时间。在药物化学中，可利用生物可降解双醛淀粉和肼类化合物形成腙的性质进行药物的测定、表征，以及作为药物缓释载体等。亚硫酸氢盐和双醛淀粉发生反应生成的产物可以作为增稠剂，用于树脂乳液。双醛淀粉的耐冻结性好、无毒性、比热大，可用作蓄冷剂。

双醛淀粉由于其良好的耐水性和胶黏性，应用于蛋白质化学中，主要是使蛋白质交联作为木材黏接剂，这种无毒黏接剂大大降低了胶合板黏接剂的成本。在皮革行业中，双醛淀粉具有和多肽氨基、亚氨基进行反应的能力，因此是一种较好的鞣剂。双醛淀粉在纺织行业中可作为棉花纤维的交联剂、纺织整理剂，以提高其防收缩性、防皱性、耐磨性、耐洗涤性。

高锰酸钾作氧化剂，在高 pH 值条件下还原得到 MnO_2，显棕色，在低 pH 值条件下会被还原得到 Mn^{2+}，呈无色，Mn^{2+} 在中和或糊化反应中生成 $Mn(OH)_2$，在空气中 $Mn(OH)_2$ 会被氧化成 MnO_2，所以氧化淀粉无论 pH 值高低，放置一段时间均变成深棕色。

氧化剂高碘酸具有较强的选择性，对 C_2 和 C_3 位有选择氧化性，糖环在此断裂得到双醛淀粉。

3. 双氧水

双氧水作为氧化剂氧化得到的淀粉产品纯度较高,剩余的双氧水会分解为水,对环境没有危害,反应过程较"绿色"。在 Fe^{2+} 催化下双氧水氧化淀粉是典型的自由基反应,主要分为3步。

(1) 链的引发:

$$Fe^{2+} + H_2O_2 \longrightarrow Fe^{3+} + OH^- + \cdot OH$$

(2) 链的增长:

① $\cdot OH$ 和淀粉反应:

$$HO \cdot + H—\overset{|}{\underset{|}{C}}—OH \longrightarrow HO—\overset{|}{\underset{|}{C}}—OH + H \cdot$$

$$HO—\overset{|}{\underset{|}{C}}—OH \longrightarrow C=O + H_2O$$

② $OH \cdot$ 和 H_2O_2 反应:

$$HO \cdot + HO—OH \longrightarrow H_2O + \cdot O—OH$$
$$\cdot O—OH + HO—OH \longrightarrow H_2O + \cdot OH + O_2 \uparrow$$

③ $H \cdot$ 和 H_2O_2 的反应:

$$H \cdot + HO—OH \longrightarrow H_2O + \cdot OH$$

(3) 链的终止:

$$HO \cdot + \cdot OH \longrightarrow H_2O_2$$
$$HO \cdot + \cdot H \longrightarrow H_2O$$

链增长、链引发是比较容易进行的步骤,淀粉分子链之间的氢键是反应的主要阻力,只要破坏氢键,解放羟基,反应就可不受阻碍地进行,氢氧化钠可以有效地破坏这一作用力,在高 pH 值条件下淀粉氧化程度比较高。但双氧水自身的特点是在低 pH 值条件下氧化性较强,在高 pH 值条件下易分解,在双氧水氧化淀粉的过程中需要控制反应的 pH 值,从而控制淀粉氧化程度。采用双氧水作氧化剂,采用固相法合成氧化淀粉,通过改变双氧水用量可以得到羧基含量不同的氧化淀粉,而且微波能显著加快反应速度,反应只需几分钟。

4.4.5　交联

交联淀粉可用于食品、医药、造纸、纺织等方面。在食品工业中,交联淀粉因具有较高的冷冻稳定性和冻融稳定性而应用广泛。高程度交联的淀粉衍生物不易糊化,有较高的流动性,可以作为润滑剂、防黏剂用于橡胶手套润滑等,可以高温消毒,且无毒性、无刺激性,可以替代滑石粉。交联度较高的淀粉可以作为除草剂、杀虫药的载体材料使用。

交联淀粉耐氧化锌及酸、碱,可用于干电池电解液的增稠液,可防止锌皮外壳损坏及黏度降低、漏液发生,并能提高电池保存性。交联淀粉醚中含有羟烷基、羧甲基等基团,适于作为液体吸收剂、外科用棉塞、卫生纸等。

淀粉与具有两个或多个官能团的化学试剂如环氧氯丙烷、甲醛、偏磷酸三钠、磷酸二氢钠、三氯氧磷、表氯醇等交联剂作用,分子上的羟基与具有二元或多元官能团的化合物反应形成二醚键或二酯键,从而将两个或两个以上的淀粉分子连接起来形成多维网络结构,所得衍生物称为交联淀粉。工业生产上普遍应用的主要有偏磷酸三钠和三氯氧磷,前者具有两个官能团,后者具有三个官能团,这两种交联剂无毒,制成的交联淀粉主要用于食品工业的增稠剂及赋形剂、纺织工业的上浆剂和医药工业外科乳胶手套的润滑剂。交联淀粉的颗粒形状与原淀粉相同,未发生变化,但受热膨胀糊化和糊的性质发生很大变化。与纯淀粉相比,交联淀粉的平均相对分子质量明显提高、糊化温度升高、热稳定性和黏度增大,而溶胀和溶解能力下降。交联淀粉的许多性能优于原淀粉,因此应用范围也广泛得多。

交联淀粉糊化温度、黏度、抗剪切力与原淀粉糊相比有很大提高,而经低度交联便能提高原淀粉糊的稳定性,交联的淀粉衍生物在抗碱、酸方面的稳定性大大优于原淀粉。

淀粉颗粒中主要的作用力是氢键,在水溶液中经热处理后,氢键作用力会降低,水渗入颗粒内部产生膨胀,黏度变大,膨胀到一定程度后氢键会发生断裂,颗粒结构被破坏,黏度降低。

化学交联键键能高于氢键,提高交联度,颗粒强度也会增加,这对颗粒的结构及黏度均有良好的稳定作用,可以提高糊化温度,交联度增加到一定程度能抑制颗粒在沸水中膨胀,使淀粉不能糊化。

不同种类的交联剂对淀粉的交联反应影响很大。采用环氧氯丙烷作交联剂,交联键为醚键,这类淀粉交联产物具有较高的化学稳定性,较耐受剪切、酶、碱、酸等的作用。采用三氯氧磷、偏磷酸三钠及己二酸为交联剂可以形成无机酯、有机酯键交联键,这类淀粉的衍生物对酸有较好的抵抗性,而对碱耐受性较低,在碱性环境易被水解。

在碱性条件下使用偏磷酸三钠、三氯氧磷作为交联剂,可以得到磷酸二淀粉酯,两种交联剂得到的产物磷酸酯的含量及反应发生位置存在差异,偏磷酸三钠作交联剂时磷酸酯可以在淀粉颗粒内部生成,而三氯氧磷作交联剂时反应只发生在颗粒表面。香蕉淀粉采用交联剂三氯氧磷和偏磷酸三钠时,产物磷含量分别为 0.010% 和 0.214%。

交联淀粉中磷含量的高低直接决定着交联淀粉的杨氏模量、断裂应力、断裂伸长率等机械性能。当磷含量为 0.0132% 时,交联玉米淀粉具有最大的断裂应力和杨氏模量。使用偏磷酸三钠为交联剂时交联反应通常在碱性环境中完成,获得交联度较高的交联淀粉需要较长的时间,而使用微波加热可以显著缩短反应需要的时间,水含量、碱浓度、偏磷酸三钠用量等都会影响交联反应。

微波间歇法加热可以使反应进行得更充分,促进交联反应进行。螺杆挤出法交联淀粉,可以降低成本、缩短反应时间,具有大规模生产的可能性。采用单螺杆挤出机,通过调整挤出机的螺杆转速以及淀粉中水的含量,在偏磷酸三钠和氢氧化钠的存在下,在 2 min 之内就可制备磷含量为 0.45% 的交联玉米淀粉。

4.4.6 接枝淀粉

淀粉的接枝共聚改性是指在淀粉的分子骨架上引入合成高分子,使淀粉的分子结构发生改变,从而改进或赋予淀粉新的性能。接枝共聚也是淀粉改性的方法之一。通常是经物理或化学方法引发,将苯乙烯、甲基丙烯酸甲酯、丙烯酰胺、丙烯丁酯、丙烯酸、乙酸乙烯酯、丙烯腈、丙烯、乙烯等不饱和烯烃与淀粉发生接枝反应制备淀粉接枝共聚物,可以得到力学性能、降解性能优良的材料。接枝共聚淀粉早在 20 世纪 70 年代就已经开始有产品问世。丙烯酸接枝淀粉、丙烯腈接枝淀粉都属于高吸水性材料,可以吸附自身质量数百倍甚至数千倍的水,在石油钻井泥浆、病床垫褥、尿布、卫生用品等方面广泛应用。丙烯酰胺接枝淀粉可以作为助留助滤剂、纸张增强剂等使用。

淀粉接枝共聚的途径主要有自由基引发接枝共聚、离子相互作用法和缩聚接枝共聚。其中自由基引发淀粉接枝共聚是淀粉接枝改性中常用的方法。电子束、γ射线、紫外线照射及机械物理引发自由基等方法均可以制备淀粉接枝烯类单体的反应。化学引发利用的是氧化还原反应，常用的引发方式主要有：过硫酸铵、硝酸铈铵、高锰酸钾等盐引发，以及 Fenton's 试剂引发等。

化学引发反应是首先在引发剂的作用下，使淀粉骨架上产生自由基，然后淀粉自由基与乙烯类单体反应生成自由基单体，进一步通过链增长得到接枝在淀粉上的聚合物，即接枝共聚物。这类接枝共聚物常被用作高分子絮凝剂、高吸水材料、织物整理剂、药物载体及 pH 敏感水凝胶等。

此外还有阴离子型淀粉接枝法，如美国 Purdue 大学开发的淀粉接枝聚苯乙烯，采用的就是阴离子聚合反应，相对分子质量和物性均能有效控制，其中含淀粉 20%～30% 的淀粉接枝聚合物具有聚苯乙烯类似的性质，可以用作瓶子、薄膜等。

淀粉和脂肪族聚酯（ε-己内酯、丙交酯、L-乳酸、对二氧环己酮）都是可完全生物降解的、具有良好生物相容性的大分子，把二者进行接枝共聚可以获得具有生物相容性、生物降解性、两亲性的接枝共聚物。利用淀粉单元上的羟基与催化剂（辛酸亚锡、异丙醇铝和三乙基铝等）共引发内酯或交酯的开环聚合反应，生成脂肪族聚酯接枝淀粉衍生物。如 ε-己内酯和丙交酯接枝淀粉聚合物，可以以 1-烯丙基-3-甲基氯化咪唑为溶剂，采用辛酸亚锡催化完成制备，接枝率可分别达到 24.4% 和 28.6%。还可以采用乳酸淀粉酯（SM-St）引发丙交酯发生开环聚合反应，乳酸淀粉酯和淀粉的接枝效率分别为 64% 和 14%，可见乳酸淀粉酯具有较高的羟基活性，接枝效率高。聚乳酸接枝淀粉共聚物还可以在淀粉、聚乳酸共混体系里起到增容剂作用，10% 的用量就可以将共混物的断裂强度从 9.3 MPa 增大到 35.7 MPa。聚乳酸接枝淀粉的用量从 2% 提高到 10% 时，共混物的断裂伸长率、断裂强度、屈服强度、模量都会得到改善。使对二氧环己酮（PDO）单体溶解在乙酰化改性的可溶性淀粉中，无须使用任何溶剂，就完成了淀粉与聚对二氧环己酮（PPDO）的均相接枝反应，接枝效率高达 85.2%。

由于接枝聚合反应的引发点主要是淀粉分子链上大量的羟基，在反应过程中存在分子内、分子间酯交换和链转移等副反应。为了解决这一问题，采用六甲基二硅烷保护淀粉上的羟基，然后利用剩余的羟基和引发剂反应形成烷氧基铝活性种，再引发 ε-己内酯开环聚合，接枝效率显著提高。

另外，还可以先合成具有活性端基的脂肪族聚酯预聚物，然后通过化学偶合的方法将带有活性端基的脂肪族聚酯预聚物接枝到淀粉上。这种方法的显著优点是能够控制接枝共聚物的分子结构，进而可以调控接枝物的溶解性、降解性等。如淀粉-g-聚对二氧环己酮（PPDO）接枝共聚物的制备，可以将 PPDO 的端羟基转化为异氰酸根（将一端为羟基的聚对二氧环己酮（PPDO）与甲苯二异氰酸酯反应），最后与淀粉上的羟基发生偶联反应得到，最大的接枝效率可达 62.7%。侧链相对分子质量越大的接枝共聚物的热稳定性越好，结晶能力越强。将单端羟基的聚己内酯（PCL）及双端羟基的聚己内酯与碳化二亚胺（CDI）在室温下进行反应，制备了单端碳化二亚胺基 PCL-CI 及双端碳化二亚胺基 PCL-CI，然后与淀粉进行偶联反应。淀粉投料比要过量，因为淀粉分子链上的羟基反应的活性较低。

脂肪族聚酯和淀粉均具有较好的生物相容性及生物降解性，二者的共聚物、共混物是理想的生物医用材料。聚对二氧环己酮接枝乙酰化淀粉在常用有机溶剂中有良好的溶解性，采用乳化挥发法可以制得均匀的载药微球，共聚物的结构、组成等对药物的释放行为、包封率等有良好的调节作用。变性淀粉及其应用见表 4-5。

表 4-5　变性淀粉及其应用

种　类	处理方式	特　性	应　用
酸变性淀粉	酸	热浆黏度低,冷浆黏度高	果冻、纺织
酯化淀粉	乙酸酐	形成纤维、膜	食品、纺织、包装、造纸
氧化淀粉	次氯酸盐	澄明度提高	食品、纺织、造纸、黏合剂
磷酸单酯淀粉	磷酸	融化、冻结稳定性提高	食品、造纸、纺织、提炼金属
阳离子淀粉	叔胺、季铵	提高在冷水中的溶解及分散性,可以与带负电荷材料发生吸附	采矿、造纸
交联淀粉	三氯氧化磷	提高对酸、碱、热、融化、冻结的稳定性	食品、造纸、提炼金属

4.5　淀粉的物理改性

4.5.1　物理共混

1. 淀粉与其他天然高分子化合物共混

淀粉可与其他一些天然高分子物质如纤维素、木质素、果胶、甲壳质、蛋白质等共混制造全天然的完全生物降解塑料,用于制备包装材料或食品容器等。采用常规的挤出和注射成型技术对不同类型的淀粉和纤维共混体系进行加工,在热塑性淀粉中添加少量商业纤维如纤维素纤维 Cellunier F(DP=564)和 Tenuning 500(DP=1635),能改善其耐水性。可通过在淀粉中加入纤维素微纤来制备复合材料,纤维素微纤含量增加,材料的吸水率则呈线性降低,且加入少量的纤维素微纤材料的热稳定性就可以明显提高。

淀粉与纤维素化学结构相似,这使得它们具有良好的相容性,二者共混,纤维素将起到增强热塑性淀粉的作用。不同种类的纤维素及其衍生物,如羧甲基纤维素、微晶纤维素、细菌纤维素与淀粉进行共混时对淀粉材料的增强程度存在差异。如 7.8% 的细菌纤维素能够将淀粉材料的拉伸强度提高 2.03 倍,达到 26 MPa。柠檬酸淀粉酯上的残留的羧基与壳聚糖上的氨基在共混物中,发生反应形成了共价键,发生交联可制备得到具有较高的强度及储存、损耗模量的超吸水、吸盐的泡沫材料。纤维素/淀粉/木质素三元复合膜,具有良好的力学性能、气体阻隔性能,其中二氧化碳和氧气的透过率之比接近1,该复合膜可以用作食品包装材料。以交联淀粉、纤维素、轻质活性碳酸钙为主要原料可以制备针对列车用的餐盒全生物降解片材,用甘油作为塑化剂,纤维素可较好地分散在热塑性淀粉(TPS)中,并且与淀粉结合良好。纤维素可以明显地改善体系的力学性能,同时使共混体系的耐水性明显提高。荷兰瓦赫宁根农业大学用小麦、玉米、马铃薯淀粉掺入大麻纤维以提高强度,这种材料能完全溶于水,并可分解为水和二氧化碳,可用作包装材料、涂层、垃圾袋、购物袋和农用地膜等。采用淀粉与壳聚糖共混所得的共混物可以完全生物降解,而且研究显示淀粉的加入增强了薄膜的机械性能。将淀粉与黄原胶共混,淀粉增强了共混物的耐热性,黄原胶与淀粉在共混物的热降解中显示协同效应。德国 Battele 纪念研究所研制的材料,其中 90% 为改性的豌豆淀粉,10% 为天然高分子物质,可溶于水,并能用常规设备加工,用于制造一次性用包装材料及卫生用品,具有很好的生物降解性,且价格与通用塑料相近。

2. 淀粉与脂肪族聚酯、通用塑料共混

淀粉改性中常将聚氯乙烯(PVC)、聚乙烯(PE)与淀粉及其衍生物共混制备部分降解型材料。淀粉还可以与价格相对较高的可生物降解的聚酯,如聚乙醇酸、聚乳酸、聚己内酯等,共混挤出,以达到降低这些聚酯成本的目的。

目前已开发的淀粉接枝聚合物有淀粉/甲基丙烯酸酯、淀粉/丙烯酸甲酯、淀粉/聚苯乙烯、淀粉/丙烯酸丁酯等。利用化学反应对淀粉进行接枝反应改性可以改善淀粉的力学性能与防水性能。当淀粉与树脂共混时,必须对淀粉进行氧化、氨基化、酯化或醚化等表面处理以达到淀粉与聚合物的理想界面结合,反应产物具有疏水基团,可明显降低淀粉吸水的速率。改性后的淀粉颗粒表面为烷基等所覆盖,氢键的作用减弱,与聚乙烯等高聚物的相容性可在不同程度上得到改善。另外,在共混体系中加入第三组分增容树脂,可明显提高淀粉与高聚物的相容性。

通过淀粉、光敏剂、合成树脂(聚乙烯醇(PVA)、聚羟基丁酸酯(PHB)、聚羟基戊酸酯(PHV)、PHB-PHV 共聚物、聚己内酯(PCL)等)及少量助剂(增容剂、增塑剂、交联剂等)共混制成的光/生物双降解塑料既具光降解性,又具生物降解性。其降解机理是淀粉被生物降解,使高聚物母体变疏松,增大比表面积,同时,日光、热、氧等可引发光敏剂,导致高聚物断链,相对分子质量下降。如 PHB 降解后产生的 3-羟基丁酸,就是人体血液中正常的代谢产物,而且 PHB 具有热塑性。但由于这些可降解聚酯现行制备工艺较复杂,成本较高,只是在医药领域内使用。

淀粉是一种常见的天然生物高分子,由于其颗粒较小,成本较低,常在共混体系内作为填料以降低聚合物的成本。

为进一步解决淀粉与脂肪族聚酯共混体系的相分离问题,常采用如下方法。

(1) 化学改性:分别对脂肪族聚酯或淀粉进行化学改性,把淀粉与脂肪族聚酯的接枝共聚物作为增容剂加到共混体系中。如在 $Sn(OEt)_2$ 存在下用聚己内酯、聚丙交酯接枝淀粉,然后与聚己内酯、聚丙交酯共混,所得共混物的抗溶剂性能及机械性能都优于简单直接共混物。将淀粉与 PLLA 接枝共聚物作为增容剂加到 PLLA/St 共混体系中,在 PLLA 与淀粉共混比例为 5∶5 时,添加 10% 的接枝共聚物,共混物的拉伸强度从未加增容剂的 9.3 MPa 增加为 37.5 MPa。

(2) 添加增容剂:添加或原位生成适量的增容剂以增加二者的界面相容性,获得性能优异的共混材料。对淀粉接枝改性、用偶联剂表面处理等都能增加淀粉表面与合成高分子的亲和力。如在 PLA 与 TPS 共混过程中,如果同时加入马来酸酐和引发剂 2,5-二甲基-2,5-二(叔丁基过氧基)己烷(L101),相容性获得明显提高。当马来酸酐用量为 PLA 质量的 2% 时,体系的断裂伸长率大于 100%。添加二异氰酸酯类物质到淀粉与脂肪族聚酯共混体系中也可以获得类似的效果,只有分散在聚酯相中的二苯基亚甲基二异氰酸酯(MDI)起到了增容剂的作用,使得共混材料的模量、屈服强度和冲击强度获得提高。

(3) 在加工过程中还可以外加增容剂:如聚酯的接枝或嵌段共聚物,可提高二者的界面粘结力。将马来酸二乙酯接枝到 PCL 上形成反应型增容剂(PCL-g-DEM),然后加到淀粉与 PCL 的共混体系,增容效果好,只需添加 1% 的 PCL-g-DEM,共混物的模量就从 337 MPa 提高到 371 MPa。

(4) 淀粉表面处理:用硅烷偶联剂对淀粉表面进行处理,赋予淀粉亲脂的性能,使其能够与合成高分子很好地相容。用射频等离子改性土豆淀粉表面,然后与高密度聚乙烯共混。该共混物拉伸性能和强度都有很大提高。共混物性能的提高主要是由于改性后的淀粉在高密度聚乙烯中分布更均匀造成的。疏水性淀粉可以采用淀粉与十八烷酰氯、异氰酸酯等发生表面反应来制备。

(5) 外加增塑剂:将增塑剂用于共混材料的制备简单易行,已有多种产业化产品。采用甘油作为增塑剂可以制备可完全生物降解的聚己内酯/热塑性淀粉共混塑料,增塑剂影响材料的耐水性。采用甘油作为增塑剂还可以制备聚乙烯醇/小麦淀粉共混膜、菜籽油基聚酰亚胺/淀粉共混膜等。芭蕉芋淀粉可以与硼砂交联剂、明胶、甲醛、聚乙烯醇等反应制备具有耐水性、降解性的塑料产品。

意大利 Novamont/Foruzzi 公司的 Mater-Bi 商品,是一系列可以完全生物降解的聚乙烯醇(40%)/淀粉(60%)共混物,如用于生产薄膜和片材、用于生产泡沫材料、用于注射成型制品,其组成分别是增塑剂+生物降解聚酯+乙烯-乙烯醇共聚物+淀粉、淀粉、增塑剂+乙烯-乙烯醇共聚物+淀粉。此外,还有英国 ICI 公司的"Biopol",它具有可完全生物降解,加工性能、力学性能优良等优点,但是存在价格较高的问题,主要应用在高附加值产品、高档化妆品、医疗卫生等行业。

到目前为止,淀粉/PVA 共混物是少数几个在商业上获得了成功的体系。PVA 是目前乙烯基商品聚合物中唯一被认为具有生物降解性的材料,它的分子链上含有大量的羟基,因此与淀粉可以发生强烈的相互作用,使它们具有良好的相容性。由于淀粉和 PVA 都是亲水性的高分子,耐水性较差,常见改性方法如下:

(1) 以玉米淀粉为原料,冰醋酸和醋酸酐为改性剂,首先制备成热塑性淀粉(TPS),进一步制备成 TPS/PVA 共混膜,共混膜的力学性能、耐水性能均得到提高。

(2) 耐水性的提高还可以通过把淀粉进行甲基化改性,然后将其加入到 PVA 水溶液中流延成膜来实现,甲基化淀粉/PVA 薄膜的耐水性好,取代度为 0.096 时复合膜的吸水率下降了近一半。但是随着淀粉上甲基取代度从 0.096 增加到 0.864,材料的拉伸强度和断裂伸长率都随着甲基取代度的增加而增大。可对淀粉进行甲基化,降低原淀粉分子链间紧密缔合的氢键作用,暴露出更多的自由羟基,从而使淀粉分子链得以伸展和打开,使其更有效地与 PVA 混合,达到改善共混膜的力学性能、相容性和耐水性的目的。随着甲基取代度的提高,共混膜相容性亦提高,膜的拉伸强度、透光率均有所增加,耐水性也得到增强。

(3) 淀粉/PVA 体系经过交联,强度、疏水性都会得到改善。可以将淀粉/PVA 共混膜充分吸附苯甲酸钠水溶液,然后用紫外光照射表面交联,共混膜的力学性能(杨氏模量、拉伸强度等)及耐水性都会得到提高。

交联剂类别显著影响淀粉/PVA 共混物的性能。如采用硼砂交联淀粉/PVA 共混物,交联后比交联之前模量与拉伸强度分别提高了 390% 与 160%,这是由于 PVA、淀粉与硼砂中的羟基发生相互作用,形成较为刚性的三维网状结构造成的。采用单螺杆挤出机把淀粉、PVA、柠檬酸、硼砂、水按一定比例在 40~50 ℃ 下高速混合制备淀粉/PVA 复合材料,随后用单螺杆挤出机挤出、造粒。复合材料的吸水性随着淀粉含量的增加而增加,柠檬酸和硼砂的加入可以有效地改善复合材料的力学性能,并降低材料的吸水性。而以表氯醇为交联剂时,淀粉/PVA 的耐水性最好,最大吸水率只有 24%(未改性的淀粉/PVA 的最大吸水率为 52%)。

在淀粉与 PVA 的水溶液中加入纳米二氧化硅流延成膜,薄膜的拉伸强度、断裂伸长率以及光学透明性较未加入纳米二氧化硅的分别提高了 79.4%、18% 和 15%,而吸水性下降了 70%。纳米二氧化硅的粒径只有 60 nm,容易进入淀粉和 PVA 的分子链,使其有序结构被破坏,结晶度下降,薄膜透明性提高。纳米二氧化硅很容易与淀粉、PVA 形成氢键以及 C—O—Si 键,大幅度提高淀粉与 PVA 的相容性,同时阻止了水分子的进入,因此淀粉/PVA 薄膜的力学性能及疏水性同时得到提高。

3. 淀粉与增塑剂、润滑剂等共挤出

加入增塑剂的作用是使聚合物玻璃化温度降低,增加塑性,易于成型,要想让天然淀粉具有热塑性,就必须在加工过程中加入各类增塑剂。目前常用的作法是将一定比例的增塑剂和天然淀粉直接共混。淀粉是一种含有羟基的天然大分子,分子间大量的羟基相互作用,产生很强的范德华力、氢键作用,断裂强度较高。

淀粉在剪切力、高温环境下颗粒被破坏,引入多元醇,这些小分子可以进入到淀粉分子间,起到稀释剂的作用,使淀粉分子间的作用力减弱,从而降低了材料的强度。多元醇还具有一定的增塑效果,可使淀粉大分子、链段运动能力增强,断裂伸长率增加。

淀粉经过增塑处理之后,在 140～160 ℃有突出的熔融吸热峰,表明分子间作用被弱化,增加了分子热运动,提高了扩散能力,降低了玻璃化温度,达到在分解之前发生微晶熔融的目的。淀粉的双螺旋结构消失,变为无规线团,得到了具有热塑加工性的改性淀粉。

非极性增塑剂的主要作用是插入到高分子链之间,通过增大高分子链间的距离削弱分子链之间的范德华力,用量越多,隔离作用也越大,而且小分子易活动,易使高聚物黏度降低。极性增塑剂与聚合物相混合时升高温度,聚合物分子热运动变强,链间的作用力减弱,小分子增塑剂易于进入到大分子聚合物链间,这样通过增塑剂的极性基团与高聚物分子的极性基团间的相互作用力,使聚合物溶胀,增塑剂中的非极性部分把聚合物分子的极性部分屏蔽起来,增大了大分子的间距,高聚物间的范德华力削弱,大分子链易移动,聚合物的熔融温度降低,易于加工。

增塑剂一般含有能与淀粉中羟基形成氢键的基团,如羟基、氨基或酰胺基。常用塑化剂包括甘油、乙二醇、葡萄糖、山梨醇、木糖醇、乙醇胺、尿素、甲酰胺等。

淀粉只有在增塑剂的存在下,在一定的剪切力作用下才具有热塑性。在实际中经常用的极性小分子物质有水、以甘油为代表的醇类及胺类等。一般说来,如果想获得强度及韧性都较好的淀粉材料,需要使用高直链淀粉。高直链的马铃薯淀粉(HAP)在甘油的存在下,熔融挤出并热压成片材,在相对湿度(RH)为 53％的环境中平衡一段时间后,测得 HAP 的最大拉伸模量为 160 MPa,断裂伸长率在 45％～50％之间。直链淀粉含量越高,加工过程中产生更大的口模压力、特定机械能、转矩。较高含量的直链淀粉使颗粒间作用力增强,阻止增塑剂扩散,所以凝胶化时间过长,熔体具有较大的黏度,致使口模压力、特定机械能、转矩等较高。直链淀粉含量为 80％的高直链玉米淀粉采用羟乙基改性处理,吸收增塑剂的能力得到提高,相应地降低了熔体黏度,凝胶化时间缩短,口模压力、特定机械能、转矩等减小。

4. 与黏土共混

将淀粉与黏土共混制成符合欧洲食品包装标准的可完全生物降解、具有一定机械强度的包装膜,其机械强度可通过淀粉与黏土的结合调节。采用熔融挤出的方式将钠基蒙脱石、天然锂蒙脱土、季铵盐改性的锂蒙脱土以分别加到甘油塑化的淀粉中,可以形成剥离与插层共存的纳米复合材料,模量、耐水性均可获得提高,泡在水中 2 h 仍能保持完整的形状。热塑性淀粉储存 80 天后,淀粉发生了重结晶(回生,在 2θ 为 15°及 25°的地方出现了 2 个小的衍射峰),淀粉材料变脆,铵根离子对回生现象有抑制作用。

热塑性淀粉中加入蒙脱土可以显著改善材料的耐热性、耐水性及综合性能。蒙托土加入

到乙醇胺/甲酰胺增塑处理的淀粉中,共混物的拉伸性能、热稳定性及耐水性能都显著提高。用乙醇胺和柠檬酸对蒙脱土(MMT)进行活化,可扩大 MMT 的层间距,改善蒙脱石的层间微环境,有利于和热塑性淀粉(TPS)作用形成纳米复合材料。

4.5.2　全淀粉塑料

全淀粉塑料是指含淀粉 90% 以上,加入极少量的增塑剂等助剂使淀粉分子无序化,形成的具有热塑性的淀粉树脂。淀粉的熔融温度高于分解温度,为了使淀粉具有在通用加工设备上可以加工的性能,对淀粉进行热塑性改性显得尤为必要。在特定的温度、压力、水含量条件下采用挤出机对淀粉进行挤出处理,淀粉在玻璃化转变、熔融转变后呈现无定形形态,结晶度显著减小,分子间作用力降低,从而表现出热塑性和流动性。热塑性淀粉的成型加工可沿用传统的塑料加工设备,几乎所有的塑料加工方法均可用于加工全淀粉塑料,但传统塑料加工要求几乎无水,而全淀粉塑料的加工却需要一定的水分来起增塑作用,加工时含水量以 8%～15% 为宜。

全淀粉塑料以淀粉为主体,除适量无机物或可降解添加剂外,而加入的少量其他物质也是可以完全降解的,所以全淀粉塑料是真正意义上的完全降解塑料,是一种最有发展前途的产品。

热塑性淀粉塑料具有完全和快速的生物降解能力并具备基本机械性能的要求,淀粉含量为 90% 的热塑性淀粉薄膜,性能接近同类应用的传统塑料的性能标准,通过控制配方,可控制降解速率为 3 个月、半年及 1 年不等。全淀粉制品要求耐水、耐热、有可使用的强度和柔韧性,实际上这些性质都没有达到合成高分子的水平。在全淀粉塑料制品表面涂覆一层疏水薄膜可以在一定程度上解决耐热水性问题。如国内生产的淀粉改性一次性餐具等产品已经商业化,这些产品通常采用与天然纤维共混来提高强度,通过膨化减轻重量。材料经过表面喷涂后在耐热、防油、防水等方面性能均得到显著改善,但是这样做牺牲了全淀粉塑料制品的"完全生物降解"性能。

意大利 Ferruzzi 公司和日本住友商事公司等研制出淀粉质量分数为 90%～100% 的全淀粉塑料,加入一定量的可降解助剂,产品能在一年内 100% 生物降解,可用于制造各种容器、瓶罐、薄膜和垃圾袋等。美国的商品"Novon"是采用螺杆挤出机加工处理马铃薯或玉米淀粉(含量大于 90%)与聚乙烯醇共混物,得到的热塑性淀粉材料,其生物降解性及力学性能良好,在一定湿度下能迅速降解。目前日本开发的淀粉共混型生物降解塑料,连续相都是采用具有生物降解性的塑料如脂肪族聚酯、聚乙酸乙烯酯等,而且淀粉经无序化处理形成了热塑性淀粉,大大改善了淀粉的分散程度和界面状态,可使淀粉的组分增大到 60% 以上。美国 Warner & Lambert 药物公司制备的由 30% 直链淀粉、70% 支链淀粉组成的材料,可以采用通用的挤出、注射、造粒等标准方法加工处理,在医药、农业上用途广泛。热塑性淀粉可以作为增强剂、填充剂与其他材料复合,由于材料的脆性,必须添加有效的增塑剂。目前,热塑性淀粉正得到积极的开发,主要用于包装材料和体育卫生用品等。

我国已问世的全淀粉塑料的典型代表有江西科学院应用化学研究所研制的全淀粉塑料,其性能符合国家同类塑料薄膜的标准,且可以完全降解为水和二氧化碳。据不完全统计,现在参与研究的高等学校、科研院所及企业有 60 多家,生产厂家(或生产线)已有 80 多家,生产能力估计达 6 万吨。淀粉热处理后达到无规线团状态,然后改性成为具有热塑性能的产品,这一工艺具有较低的成本,产品中淀粉含有量在 80%～90%,成本远低于国外相同类型的产品,其产品性能达到同类应用传统应用塑料的标准,其薄膜的有关数据列于表 4-6。

表 4-6　淀粉塑料的物理性质

塑料性能指标	数　　值
断裂伸长率/(%)	180～260
拉伸强度/MPa	7～10
撕裂强度/(N/mm)	33
光泽度/(%)	80
薄膜密度/(g/cm³)	1.15

　　以淀粉为原料制备的可降解塑料还存在价格较高(比通用塑料及完全降解塑料高 15%～800%)、降解率低、性能差等问题,尚不能实现大规模工业化。美国商品"Novon"具有优良的完全生物降解性、力学性能,但是存在耐水性不佳、150 ℃以上易分解、10 ℃以下变脆、降解时间不可控等问题。

4.5.3　淀粉纳米晶

　　淀粉是结晶性天然高分子,可以通过酸处理除掉外层晶片或非晶区得到纳米级晶须或微晶,亦可作为增强剂使用,具有密度低、成本低、来源广泛、有反应活性等特点。淀粉纳米晶可以采用硫酸或盐酸水解处理高支链含量的蜡质玉米来制备,该碟状纳米晶的长度、厚度、宽度分别为 40～60 nm、6～8 nm、15～30 nm。淀粉纳米晶复合增强天然胶乳,可以改善材料的氧气、水汽透过性及力学性能,淀粉微晶可以均匀分散在基质中,天然橡胶基体与淀粉微晶经氢键形成网络,有效地改善了复合材料的性能,提高了材料耐有机溶剂性。

　　淀粉纳米晶还有填料的用途,如与采用甘油塑化处理的蜡质玉米淀粉共混,二者通过形成氢键作用,显著改善了材料的模量:淀粉纳米晶用量为 5%时,玉米淀粉膜的模量增加 7.4 倍;淀粉纳米晶用量为 15%时,玉米淀粉膜的模量增加 95.7 倍。淀粉纳米晶的羟基可以经过甲苯二异氰酸酯与聚己内酯、聚乙二醇单甲醚、聚四氢呋喃链接起来,减弱纳米晶的极性,改性后纳米晶可以作为表面活性粒子及增容剂等。

　　以甲苯二异氰酸酯(TDI)为交联剂,将聚四氢呋喃、聚丙烯二醇丁基醚以及聚己内酯分别接枝到淀粉微晶表面。接枝产物的疏水性明显提高,均可热压成型,可应用于共连续相纳米复合材料的制备,其中,聚己内酯接枝产物具有生物医学应用前景。淀粉纳米晶易于团聚,影响了它的使用,采用微波法制备聚己内酯接枝淀粉纳米晶,在水溶性聚氨酯中添加改性后的纳米晶,用量为 5%时,可以显著增强聚氨酯的断裂伸长率和拉伸强度,同时完成增韧与增强。

4.6　淀粉材料、研究进展及其应用

4.6.1　农用薄膜

　　当前采用淀粉制备的农用薄膜有淀粉添加型和全淀粉型两类。

（1）淀粉添加型

淀粉添加型农用薄膜是将聚烯烃和谷物、马铃薯、大米、玉米等的改性淀粉共混或共聚生产的薄膜产品，这类薄膜在使用后会在土壤中被生物降解。淀粉具有亲水性，聚烯烃具有疏水性，二者的相容性改善是这类产品完善的关键所在。

淀粉改性有物理改性和化学改性两种方法，如可以将淀粉、水、硅氧烷混合，通过喷雾干燥制备成粉末后，经油酸、油酸乙酯等自氧化剂处理，然后与聚乙烯共混，得到产品。还可以通过交联、接枝处理淀粉，如首先制备淀粉接枝聚烯烃产品作为相容剂，然后加入到聚烯烃与淀粉的共混物中，得到均匀分散的共混物，制备成薄膜。美国农业部的配方是 40% 的玉米淀粉、30% 的改性淀粉、30% 的 PE，作为农用地膜使用，这类产品中的淀粉会被完全降解，聚烯烃则仍残留在环境中，对资源和环境造成负面影响。

还可以对聚乙烯醇、淀粉共混物进行交联处理制备塑料薄膜，如聚乙烯醇、芭蕉芋淀粉、硼砂、明胶、甲醛共同作用形成可生物降解的塑料薄膜。该膜拉伸强度为 15.19~17.97 MPa，延伸率为 72%~151%，吸水率为 36%~61%。以淀粉与聚乙烯醇为原料，在交联剂存在下共混制备塑料薄膜，其力学性能符合部颁标准。以木薯淀粉和 PVA 为原料，通过甲醛交联共混制备塑料薄膜。木薯淀粉-PVA 可降解共混体系相容性好，共混型薄膜的拉伸强度可达 10.53 MPa，断裂伸长率为 360%。

（2）全淀粉型

全淀粉生物降解塑料是理想的薄膜材料研究方向，如德国法兰克福的 Battelle 研究所制备的可降解塑料淀粉含量大于 90%，适宜作为地膜。意大利 Ferruzzi 公司制备的"热塑性淀粉"，其淀粉含量为 70%，性能优异，易于加工成型，完全降解时间较短，只需 3 周。海藻酸钠、淀粉、保水剂、增塑剂等合成的田间直接成型地膜，可以完全降解。

4.6.2　包装材料

原淀粉、变性淀粉等制备的可降解包装材料在一次性餐具、食品包装等领域应用较多。如武汉远东绿世界制备的淀粉基生物降解塑料稳定性、保温性都达到包装材料要求，且降解速度较快。美国伊利诺斯州大学制备的玉米淀粉塑料可以作为食品包装容器使用。天津大学开发的变性淀粉改性聚乙烯，力学性能和生物降解性良好，价格低，目前已建有大型生产基地。日本制备的玉米淀粉树脂包装材料，后期可以经过昆虫吃食、生物分解、燃烧等方式处理。

蛋白/原淀粉膜包装材料可作为内包装袋使用，蛋白膜和其他的纸类、淀粉类制成复合材料，在食品包装方面应用广泛，这种薄膜的防油、防水、耐高温性能很好，可以用于一次性餐具。用原淀粉和纸类制成的餐具因为防水性能较差，需要在其表面涂一层防水膜，通常用玉米蛋白做成防水膜。玉米蛋白中含 40% 的醇溶蛋白，该蛋白的氨基酸末端带有疏水性好的非极性憎水基团（亮氨酸、丙氨酸等），再以甘油、丙二醇作为增塑剂就可以制得可食性包装膜。

4.6.3　胶黏剂

淀粉是一种廉价、可再生资源，以淀粉为主要原料制备胶黏剂，具有环保、可降低生产成本等优点。人类从古至今围绕淀粉类胶黏剂开发的努力一直没有停止过，我国秦朝就以糯米浆与石灰制成的浆黏结长城的基石。天然淀粉胶黏剂以其原料来源广、价格低廉、生产工艺简单、使用方便、环保无毒而广泛应用于许多行业，尤其在纺织业、造纸业、包装纸箱、瓦楞纸板生产上大量使用。传统淀粉基胶黏剂存在耐水性能差、初黏力小、干燥速度慢等缺陷，限制了它的大量使用。

淀粉或其衍生物与合成高分子胶黏剂混合,在合成高分子胶黏剂如脲醛树脂、白乳胶中加入用量不大(不超过胶黏剂干基质量的 15％)的淀粉,可以有效提高胶黏剂的性能。例如,10％聚乙烯醇溶液、聚醋酸乙烯酯乳液与淀粉、氧化淀粉共混,可以提高胶黏剂的干燥速度、黏接强度。

玉米淀粉经过接枝、氧化、酸解等变性处理,然后与交联剂、改性剂发生反应,再经热、消泡剂、增塑剂、稀释剂等处理后,可制备得到低成本,环保,干、湿强度优良的淀粉基木材胶黏剂,但与传统胶黏剂(如聚醋酸乙烯酯乳液)相比还存在较大差距,淀粉胶黏剂耐水性较差主要受淀粉高分子的分子结构影响,直链淀粉和支链淀粉分子链以结晶区和不定形区的形式交织组成淀粉颗粒,羟基产生的氢键结合力是淀粉胶黏剂产生黏接力的来源,羟基又极易与水结合,淀粉胶黏剂对被胶接材料的吸附易被水所解吸。要对其进行改性,进一步提高其耐水性,必须针对羟基进行化学改性,通过氧化、酯化、接枝、交联等手段来封闭羟基和引入其他活性基团(醛基、羧基、酰胺基等),控制整个胶黏剂体系中的羟基数目到恰当的程度,这些基团能在固化过程中交联缩合反应生成牢固的亚甲基键、氨酯键和脲键等耐水化学键,形成紧密的网状骨架,防止水分子切入对氢键造成破坏,既保证了胶合强度,又提高了耐水性。

4.6.4　降解塑料

当前工业上应用较多的是合成树脂、天然高分子与淀粉共混制成的降解塑料,它们被广泛用于垃圾袋、薄膜、餐具、包装等方面。德国 BIOTEC 公司研发和生产的以淀粉和脂肪族聚酯为主要原料的全生物降解塑料,其中淀粉的含量在 55％～75％ 之间。以淀粉为原料,通过交联和偶联剂处理得到双改性的疏水性淀粉,该淀粉经多元醇塑化处理后再与聚己内酯混合,能制得一种可完全生物降解的塑料膜。

4.6.5　医药

淀粉无毒、亲水,具有黏附性、生物相容性和生物降解性,因而被广泛用在生物医用领域,改性淀粉在医药方面可作为片剂和赋形剂、外科手套的润滑剂、缓释制剂、组织工程支架、代血浆和冷冻保存血液的血细胞保护剂,还可用在开发药物新剂型方面等。其中淀粉与脂肪族聚酯(如 PCL、PLA 等)的共混材料,可以采用多种加工方式获得具有 3D 结构的多孔的组织工程支架,用于骨、软骨的修复与再生。

淀粉/PCL 纤维通过湿法纺丝制备网状支架(图 4-11),并以等离子处理纤维的表面(成骨细胞能够识别等离子处理后的纤维表面形态及化学组成变化,具有更高的细胞活力及增殖率,可以提高成骨细胞的黏附力及增殖率),纤维直径在 $100~\mu m$,平均孔洞尺寸为 $250~\mu m$,该孔洞尺寸适合骨组织再生。

采用挤出方式将醋酸纤维素/淀粉共混物及改性剂制成支架,6 周后在大鼠体内可见骨组织在其表面及内部生长。骨活性陶瓷与淀粉/聚乳酸共混物复合成的组织工程支架,经过 14 天磷灰石就可以在其表面形成。淀粉基材料还可以作为药物载体使用,淀粉载体材料具有降解速度可控、价格低廉、不影响药物活性的优点,常以凝胶、微球的形式用于给药。油/水乳化挥发法可以用于淀粉阴离子微球的制备,得到有良好分散性、尺寸分布适宜的微球。载药浓度、载药时间影响该微球的载药量。该微球中药物释放有初始突释及后续溶胀控制释放阶段。

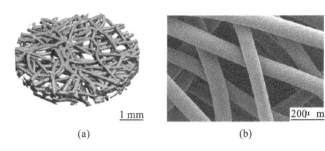

图 4-11　湿纺 SPCL 纤维网状支架形貌

将羧甲基淀粉、甲基丙烯酸、聚乙二醇单甲醚与 N,N′-亚甲基双丙烯酰胺反应制备 pH 敏感型水凝胶(丙烯酸的引入可以赋予淀粉材料一定的 pH 响应性),以胰岛素为模型药物,通过溶胀度控制药物释放量,交联程度调整凝胶的溶胀度,在中性环境的药物释放程度高于酸性环境,因而适宜于肠道给药系统。

4.6.6　吸附材料

工业废水中含有很多有毒的物质,特别是一些金属离子,容易在人体内沉积,危害健康和污染环境。淀粉基材料常被用作工业废水的吸附剂,其吸附机理主要有离子交换、配位作用、螯合作用、静电作用、氢键作用、物理吸附等。改性淀粉絮凝剂无毒、可完全被生物降解,因此能用作工业废水处理的絮凝剂和螯合剂。阳离子淀粉,阴离子型磷酸酯淀粉、交联淀粉等通常被用于工业废水的处理。丙烯腈接枝共聚淀粉经皂化水解能吸自重几百甚至上千倍的无离子水的高吸液树脂,这种树脂制成的薄膜、颗料或粉状物,在日常生活、工业、农业等各个领域具有极高的应用价值。

玉米淀粉经过表氯醇、过氧化氢的交联、氧化,可以制备氧化度不同的交联淀粉。氧化交联淀粉的羧基含量提高,其与钙离子间的作用则增大,吸收钙离子能力提高,最大吸收量可达 1.561 mmol/g。淀粉交联后再接枝甲基丙烯酸可以得到对 Cd^{2+}、Pb^{2+}、Hg^{2+}、Cu^{2+} 等二价离子吸附能力较强的材料,如果具有较高的羧基含量,该材料可将这些离子的浓度从最初的 200×10^{-6} 在 20 min 内降低至 $(20\sim80)\times10^{-6}$。

4.6.7　淀粉生产小分子有机化学品

利用淀粉酸解和酶解,然后通过生物化学途径能生产出众多的化工原料、食品添加剂和医药产品。通过淀粉发酵可生产乙醇、乙烯和丁二烯,由淀粉发酵法生产的乙醇,在美国已占总乙醇产量的一半以上。第二次世界大战期间,美国就能以工业化规模的装置将乙醇转化为乙烯,继而又能把乙醇转化为丁二烯,由于战后石油价格低廉,乙醇转化工作暂时停顿。到了 20 世纪 90 年代,由于石油、天然气价格上涨,能源和环境的危机使得燃料酒精需求大增,采用发酵法生产乙醇前景广阔。我国是一个农业大国,淀粉资源丰富,有利于发展发酵法生产酒精产业。利用植物原料生产乙醇、乙烯和丁二烯的费用已与以石油为原料生产的这些产品的费用大致相当。此外,淀粉发酵法还可用来生产柠檬酸、衣康酸、富马酸、苹果酸等有机酸,以及甲醇、丙酮、丁醇、异戊醇、甘油、乙二醇等许多化工产品。

淀粉可用于生产甜味剂、有机酸等小分子,淀粉经深度水解并采用异构化技术可生产出高果精葡萄糖、山梨糖醇、麦芽糖醇,高果精葡萄糖甜度已经达到蔗糖的水平,但其发热量低,因此,在发达国家这种甜味剂颇受欢迎,山梨糖醇甜度虽只有蔗糖的 70%,但在血液中不转为葡萄糖,颇受糖尿病、肝脏疾病患者的欢迎,麦芽糖醇甜度比蔗糖稍低,但发热量只有蔗糖的八分之一。

用微生物发酵方法生产的氨基酸和核苷酸有 28 种之多。大多数氨基酸可用发酵法生产,几乎所有的人体必需的(即不能由人体自己合成的)八种氨基酸都能用发酵法生产。谷氨酸(味精)在食品工业上用作调味剂,天门冬氨酸用作甜味剂,8 种人体必需氨基酸用作营养强化剂,蛋氨酸和赖氨酸用作饲料强化剂。氨基酸还可作为医药品使用,如谷氨酰胺为肠胃溃疡药,亮氨酸和苯丙氨酸为镇痛剂,天门冬氨酸为代谢活性剂,色氨酸为治疗忧郁症的药物。酰化氨基酸在工业用途方面可用作表面活性剂,有强大的杀菌和使病毒失活的能力。

4.6.8 其他应用

以羟甲基淀粉或醋酸酯淀粉制得的可降解阳离子淀粉或阳离子羟甲基淀粉对玻璃纤维有黏合作用,且黏合性能好。在工业循环冷却水系统中,氧化淀粉有很好的缓蚀阻垢效果,且无毒害、性能稳定、不易腐烂,又易生物降解,是新一代绿色环保水处理剂。在泡沫塑料行业中的应用,如在碱性介质中合成改性淀粉,该产品可提高泡沫塑料的柔韧性、强度和相容性。

4.7　以淀粉为原料的生化合成聚合物——聚乳酸

与传统可降解塑料相比,利用化学、生物方法制备的聚羟基丁酸戊酯、聚己内酯、聚乳酸等聚脂肪酸酯类高分子除了可以完全生物降解外,还具有优良的力学性能和加工性能。当前,聚乳酸以淀粉多糖为原料,拓展了淀粉塑料的内涵,进一步提高了淀粉在可降解材料领域的地位。聚乳酸(PLA)是以淀粉发酵产物乳酸为原料,经过脱水聚合而成的一种直链脂肪族聚酯(其结构式见图 4-12)。

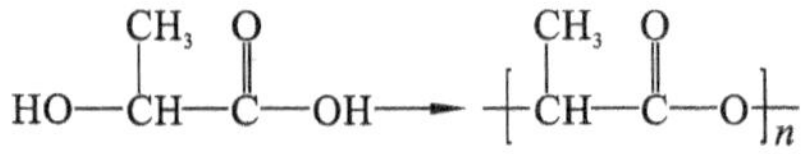

$$HO-\underset{\underset{H}{|}}{\overset{\overset{CH_3}{|}}{C}}-\overset{\overset{O}{\|}}{C}-OH \longrightarrow \left[CH\underset{\underset{H}{|}}{\overset{\overset{CH_3}{|}}{}}-\overset{\overset{O}{\|}}{C}-O \right]_n$$

图 4-12　玉米淀粉的应用——"玉米塑料"聚乳酸

乳酸的研究发展非常迅速,最早是 1780 年由瑞典化学家 Scheele 从酸奶中分离出来乳酸,并于 1881 年首次实现工业化生产。最早有关聚乳酸(PLA)的文献资料是 1932 年美国著名的高分子化学家 W. H. Carothers 等人的研究报告。1944 年,Filachiene 在 Hovey、Hodgins及 Begji 研究的基础上,对当时的 PLA 聚合方法作了系统的探索,但得到的聚合物相对分子质量仍较低。1954 年,Dupont 公司采用新的聚合方法制备出了高相对分子质量的 PLA。1962 年,美国 Cyanamid 公司发现用 PLA 制作成的手术缝合线可被机体吸收,克服了以往缝合线所具有的过敏性问题。1966 年,Kulkami 等首次报道了 PLA 可作为手术植入材料。聚乳酸在 1972 年得到工业化应用,Ethicon 公司开发的聚乳酸缝合线有商品出售。1976 年,Yolles 等报道了 PLA 可广泛用作药物控释体系的载体。1987 年,Leenslag 等采用四苯基锡为催化剂,制备出高相对分子质量的 PLLA。2000 年,全球已经有超过 10 家化学公司在生产聚乳酸,其中美国的 Cargill 公司宣布年产聚乳酸达 10 万吨。

日本 Pioneer 公司研究人员 2004 年 11 月 4 日展示了他们研制的光盘,基材使用玉米淀粉,DVD 的储存容量多达 25 GB。含玉米淀粉的光盘像一块玉米饼。SONY 随身听(SONYWM-FX202)机身主体采用的塑料原料,是以玉米、马铃薯等天然作物为基础所新开发制造的聚乳酸塑料。

目前,我国对 PLA 的研究和开发大多处于实验室研究阶段,虽然也取得了一定的成果,但由于多种因素的限制,与工业化生产尚有很大的距离。PLA 具有对环境无毒无害、可生物降解、可胜任其他合成塑料的性能等优点,其应用主要集中于三个主要领域:医用、农用和消费品包装等。作为一个农业大国,我国具有最广泛的原料市场,而 PLA 因其在生物医用领域体现出的良好性能,也展示了巨大的市场前景,因此开发新型的 PLA 生产路线对于充分利用我国的农产品资源和解决环境污染问题都将起到积极的推动作用。

作为可生物降解的乳酸聚合物材料,由于其专一特性和较贵的价格,作为医疗辅助设备及材料的应用发展领先于此类材料在其他方面的应用发展。可生物降解材料作为药物载体,能够克服现有药物制剂的一些弊端,提高药物的生物利用率。它的宗旨:一是提高药效;二是降低药物的毒性作用;三是提高病人的依从性。乳酸聚合物作为载体的缓释微球已研究了 20 余年,从 20 世纪 80 年代注重用小分子药物开始,到 90 年代转向蛋白质和多肽等生物分子,近年来又出现了很多疫苗微球的报道。

20 世纪 90 年代以来,由于环保的呼声越来越强,人们对可降解材料,特别是可生物降解的 PLA 越来越重视,将注意力集中在 PLA 的性能及合成技术和工艺改进方面,着重进行改性和加工工艺的改进,这一时期的研究十分活跃,并取得了一定的成果。利用乳酸为原料,通过引入其他单体与乳酸熔融共聚,在聚乳酸的疏水性和缺少功能基团两个方面进行功能化改性是当前聚乳酸研究的热点。

4.7.1　聚乳酸

在过去的几十年里,对生物可降解聚合物的投资更多地用于基本研究和化学工业上。在目前被研究的这些许许多多的聚合物中,聚乳酸(PLA)是被认为是最好的、最有用的一类生物可降解材料。PLA 具有可生物降解的特性,可以在几个月到一年的时期里被水解,当然,无毒降解是 PLA 获得广泛关注的另一个重要的原因。同时,乳酸分子具有旋光性,可以分为 L(＋)型与 D(－)型立体异构体。乳酸可以由自然界中的植物、动物和微生物产生。乳酸还可以从很多可再生材料的中间体中获得或者从煤炭和石油中获得。

D,L 型乳酸能够很容易地由廉价的天然材料经过一种生物技术制得。L 型乳酸存在于所有动物和微生物的新陈代谢中,因而,PLA 是一种无毒的可降解性材料。早在 1780 年就有了关于从牛奶之中提取乳酸的报告,在几年之后就有了乳酸自缩聚生成 PLA 的研究。在 1932年,美国著名的高分子化学家 Carothers 就报道了 PLA,但由于所得聚合物相对分子质量较低,机械性能差,作为强度材料几乎没有什么用途,只是被看作一种中间体,用于增塑剂或以 PLA 的形式储存或运输乳酸而已。因此,直到 1960 年 PLA 作为生物医用材料的优势才被发掘出来,PLA 的相关应用研究才开始展开。自此以后关于应用在生物医用材料领域的以乳酸为原料的聚合物的研究迅速开展起来。

PLA 作为可降解性物质的成功应用也证明了这种聚合物是不产生免疫性的(改进的生物聚合物存在的一种典型的问题)。并且,PLA 的特性和应用非常广泛,其被广泛应用的原因在于结构的改变和改良,包括相对分子质量、相对分子质量分布、末端基团等方面。L 型聚乳酸属于一种晶体,坚硬,易脆,材料的熔点在 175 ℃ 到 185 ℃ 之间(由相对分子质量和微晶大小决定),因此该物质能广泛地用作坚韧性工程塑料(例如:在医学上用于骨折后的内部固定)。相反地,另外一种聚合物(D,L 型乳酸)有着随机的立构规整序列,是一种无序的透明性材料,其玻璃化转变温度在 50～60 ℃(由相对分子质量决定),可用于制备透明性薄膜和胶水。另外,可以通过乳酸与不同的内酯或者与其他的聚合物的物理混合实现物质特性的多样性。

PLA 具有良好的生物相容性,在体内,PLA 分解成乳酸,再经酶的代谢生成 CO_2 和 H_2O,由人体排出,没有发现严重的急性组织反应和毒理反应,但 PLA 仍会导致一些温和的无菌性炎症反应。如颧骨固定术后 3 年产生了无痛的局域肿块,皮下组织出现了缓慢降解的结晶 PLA 颗粒引发的噬菌作用。产生组织反应的真正原因没有定论,Sugonuma 认为 PLA 降解所产生的碎片是导致迟发性无菌性炎症反应的根本原因。植入部位也决定组织反应类型和强度,皮下植入时炎症发生率较高,在吞噬细胞较少的髓内固定组织反应发生率较低。

PLA 的一个重要特性就是可降解性,其根本原因是聚合物链上酯键的水解。研究表明,PLA 的端羧基对其水解起自催化作用。对半结晶性的聚 L-乳酸(PLLA),其降解过程分两步:第一步为水迅速渗透进无定形区引发水解,在这一步大部分机械性能会降低;第二步为结晶区水解。对于无定形的 P(D,L-)LA,只发生第一步水解。水解速率不仅与聚合物的化学结构、相对分子质量及相对分子质量分布、形态结构和尺寸有关,而且依赖于水解环境。PLA 类聚合物是热力学不稳定的,在高温下其相对分子质量会发生显著降低(如通过酯交换反应)。通过纯化(溶解、沉淀、抽提)和封端羟基都可以提高其热力学稳定性。

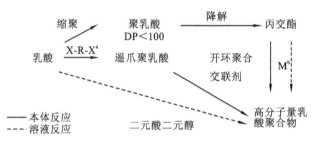

图 4-13　制备乳酸聚合物的不同路径

区分聚合物材料有几种不同的方法,如聚合机理、制备技术、特殊性能、用途或者结构。聚合物结构不仅同重复单元的结构和顺序有关,而且同接枝类型(如线型、短枝、长枝、星型、梳状或者交联)有关。含有乳酸的聚合物性质随物料物质的量之比、相对分子质量分布、两种立体异构体变化而在很大范围内变化。这些聚合物可以通过不同的聚合方法来制备,如图 4-13 所示。用不同方法制备的聚合物在学术上有不同的命名,通过乳酸缩聚作用制备的聚合物通常称为聚乳酸,通过丙交酯开环聚合制备的聚合物称为聚丙交酯,这两种类型都用 PLA 简写表示。

1. 聚乳酸的合成方法

1) 直接缩聚合成聚乳酸

(1) 溶液缩聚

溶液缩聚一般选择合适的高沸点溶剂与反应体系中的水形成共沸物,在一定温度和真空度下,溶剂与单体乳酸、水进行共沸回流,回流液经过除水后返回到反应容器中,逐渐将反应体系中所含的微量水分带出,推动反应向聚合方向进行,从而获得高相对分子质量的产物,这就是溶液聚合方法。目前,国外报道溶液聚合方法直接合成 PLA 比较多,且得到了较高相对分子质量的产物,达到了实际应用的要求。日本 Ajioka 等开发了连续共沸除水直接合成 PLA 的工艺,相对分子质量可达 30 万以上,使日本 Mitsui Toatsu 化学公司利用此技术实现了 PLA 的商品化生产。采用同样的工艺还直接合成了一系列脂肪族聚酯化合物,相对分子质量均超过了 30 万。Yamaoka 以二苯醚为溶剂获得了数均相对分子质量在 50000～60000 的 PLA。国内赵耀明以联苯醚为溶剂,通过溶液聚合得到了黏均相对分子质量为 4 万的聚合物。

（2）熔融缩聚

熔融聚合是发生在聚合物熔点温度以上的聚合反应,是没有任何介质的本体聚合。其优点是得到的产物纯净,不需要分离介质,但是产物相对分子质量不高,因为随着反应的进行,体系的黏度越来越大,小分子难以排出,平衡难以向聚合方向移动。

溶液缩聚虽然能合成较高相对分子质量的 PLA,但是后处理相对复杂,成本仍然较高,而且聚合物中残留的溶剂难以除尽。由乳酸熔融聚合仍有望合成低成本的 PLA。利用乳酸的活性,通过分子间加热脱水直接缩合制 PLA 的研究早在 20 世纪 30—40 年代就已开始,但一直只能获得相对分子质量低于 2500 的低聚乳酸,且产品性能差,易分解,没什么实用价值。后来 Okada 采用分 2 次加入氯化亚锡和焦磷酸的方法,单步合成了相对分子质量为 10300 的聚乳酸。

美国 Cargill 公司宣布采用单步法制备出可控相对分子质量的 PLA。2000 年 Soon.IM 等采用 Sn(Ⅱ)作为催化剂,先将 L-乳酸熔融缩聚成数均相对分子质量在 570 的低聚物,再改变反应温度继续聚合,可获得重均相对分子质量大于 100000 的 PLA。2001 年 Moon 等将 L-乳酸熔融缩聚成重均相对分子质量为 20000 的预聚物,然后进行后固聚合,得到重均相对分子质量大于 50 万的 PLA。

这种类型的聚合,既可以只由一种立体异构体组成,也可以由不同比例的 D-乳酸和 L-乳酸组成,或者由乳酸与其他羟基酸结合而成。缩合聚合法制备聚合物的一个缺点是低物质的量的聚合物由于机械性能不够,不能满足很多应用。近期,采用熔融聚合法生产高相对分子质量 PLA 有了一些进展,例如通过熔融/后固聚合法。其他的克服乳酸直接缩聚制备高相对分子质量的办法是控制乳酸、水和聚乳酸在有机溶剂中的平衡或者采用多官能团接枝试剂（用于制备星型聚合物）。乳酸还可以在二官能团存在下缩聚成远螯预聚物,远螯预聚物可以进一步连接分子生成高相对分子质量聚合物,例如:二异氰酸盐或者双(氨基-醚)。

（3）缩聚-扩链聚合

由于乳酸直接聚合难以获得较高相对分子质量的产物,人们寻求一种新的获取高相对分子质量 PLA 的方法,使用扩链剂处理直接缩聚得到的 PLA 的低聚物,可得到高相对分子质量 PLA。可以用来作为扩链剂的物质,多数是具有双官能团的高活性小分子化合物。

Woo 等利用不同催化剂先将 L-乳酸熔融缩聚成重均相对分子质量为 6000～10000 的低聚物,再利用 1,6-六亚甲基二异氰酸酯(HDI)扩链,聚乳酸的相对分子质量增加 2～7 倍,重均相对分子质量达 14000～76000。扩链时异氰酸酯基(—NCO)与羟基(—OH)的比例增加,产物支化度和交联度增大。Hiltunen 等系统地研究了乳酸的缩聚-扩链反应,L-乳酸与少量 1,4-丁二醇等二醇熔融缩合成带端羟基的预聚物,再以异氰酸酯扩链,考虑芳香族异氰酸酯扩链产物分解后的不安全性,主要选择脂肪族异氰酸酯。相对分子质量为 3000 的端羟基预聚物经 HDI 扩链。HDI 用量等反应条件可以控制产物的分子质量、支化度和交联度。扩链产物的机械性能与丙交酯开环聚合物相当。

（4）缩聚-固相聚合

固相聚合法是在聚合温度低于预聚物熔点而高于其玻璃化转变温度下进行聚合的一种方法。因固相聚合温度低,可明显降低因热解而引起的 PLA 副反应的产生。宇恒星等提出了由直接熔融聚合得到低相对分子质量 PLA 预聚物,进一步进行固相聚合提高聚合物相对分子质量的新方法,即直接固相聚合法,并进行了初步的固相聚合机理分析和试验研究。汪朝阳等采用熔融缩聚-固相聚合法制备聚乳酸,可使聚乳酸的黏均相对分子质量提高到固相聚合反应前的 5.3 倍。

2)开环聚合法制备 PLA

第二种生产 PLA 的方法是开环聚合法。用开环聚合法制备聚合物可以精确控制其化学组成,因而开环聚合法受到了广泛关注,通过很好地控制最终聚合物的性能,拓宽了聚合物的应用范围。开环聚合法既包含乳酸缩聚,还包含解聚为丙交酯,丙交酯可以开环聚合成为高相对分子质量的聚合物。解聚通常是在高温下降低压力,蒸馏出丙交酯。由于乳酸有两种异构体,相应的丙交酯有两种形式,即 D,D-丙交酯和 L,L-丙交酯。另外,丙交酯还可以由 D-乳酸和 L-乳酸生成 D,L-丙交酯(内消旋丙交酯)。在这个范围内最简单的聚合物是由一种立体异构丙交酯生成的均聚物。在这个范围内其他的聚合物是不同的立体形态的丙交酯的共聚物,不同的组合对最终聚合物的性能有很大的影响。由开环聚合法生成的乳酸聚合物也可以由溶液聚合法、本体聚合法、熔融聚合法和悬浮聚合法替代。下面介绍开环聚合催化剂的选择及机理。

ROP 的聚合机理有离子型、配位型或者自由基型等,具体的类型由所使用的催化剂决定。报道过的丙交酯的开环聚合由过渡金属离子催化剂(如锡、铝、铅、锌、铋和钇)催化。2-乙基己酸锡(Ⅱ)是最常使用的催化剂,聚合机理有可能包含预引发步骤,在和乙醇反应的时候 2-乙基己酸锡(Ⅱ)转化为醇锡(Ⅱ)。然后聚合反应在醇配位的锡氧键上进行。可利用的催化剂有锡的氧化物、氯化物、羧酸盐、三氧化二锑、氧化锌、四异丙醇钛等。其中以 2-乙基辛酸亚锡效果为佳,这是因为它与反应体系的相容性好。

近年来对引发 LA 等内酯开环聚合的催化剂体系的研究工作不断深入,Kicheldorf 等早期开展采用低毒性金属催化/引发体系的研究,近期也有相关报道。主要有四种类型引发剂:阳离子质子酸型催化剂;阴离子型催化剂;配位开环聚合催化剂;酶催化剂。四种催化聚合引发内酯开环聚合的反应机理各不相同。

(1)阳离子质子酸型催化剂

Dittrich 和 Kricheldorf 两个研究小组对阳离子质子酸型催化剂进行了广泛研究,报道了仅仅少数几种强酸或碳正离子能用作乳酸阳离子聚合的催化剂。主要代表有羧酸、对甲苯磺酸、FSO_3H、CF_3SO_3Me、CF_3SO_3H 等,这类催化剂引发内酯开环聚合,聚合按阳离子机制进行。但这类催化剂只能引发内酯本体聚合,且产物相对分子质量不高。

在图 4-14 中,乳酸阳离子聚合包含着一种质子化作用或者羰基氧原子的烃化作用、环氧原子和 OCH 键的电化作用。由于另一个单体的攻击,导致该键的断裂,这种过程在每一个阶段重复,直到另外一种单官能团的亲核试剂(如水)引起反应的停止。该反应机理包括手性碳的亲核取代,并且研究发现,较纯净的聚合物能在 50 ℃以下实现。在更高的温度下反应,或多或少地会导致外消旋作用,将会根本地改变反应产物的物理化学性质。然而,在 50 ℃以下,阳离子聚合相当缓慢,低产率才能制得适当相对分子质量产物,因此,该聚合方法不是很理想。

(2)阴离子型催化剂

碱性金属代烷氧基硅烷可以很好地引发乳酸的阴离子聚合,但是在更高的温度下,苯氧化物和羧酸酯也具有活性。较典型的阴离子型催化剂有醇钠、醇钾、丁基锂等。

引发和聚合阶段包含了阴离子对 C═O 基的亲核攻击,接着是 CO—O 基的断裂(图 4-15)。负离子进攻内酯,诱发内酯质子化形成活性中心内酯负离子,该负离子进攻内酯单体而

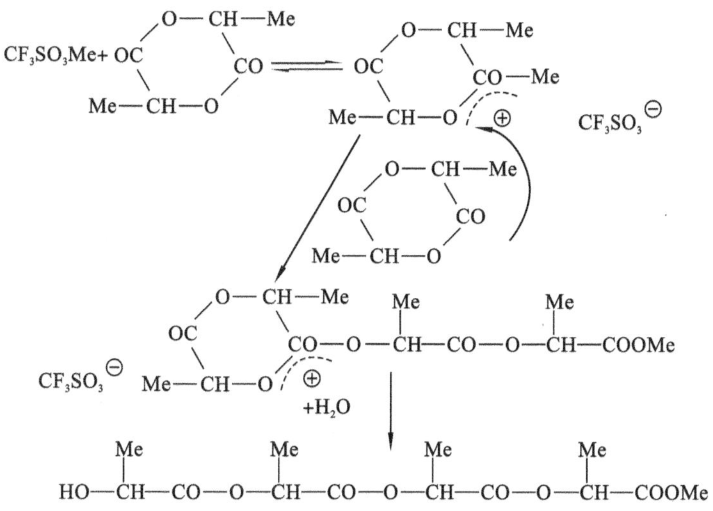

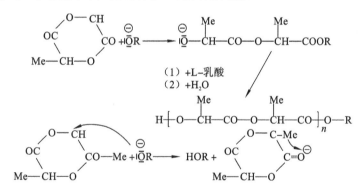

图 4-14　阳离子质子酸型催化机理

进行增长。因此,链增长是通过碱性金属进行,由于失去位置的原子平面性,这种质子化作用或去质子化作用包含外消旋作用。因此,外消旋是阴离子聚合不可避免的过程。当然,当 D,L 型乳酸用作单体时,外消旋作用是没什么问题的,无论怎么样,乳酸都能产生一种新型的链。因此,这种单体的去质子作用包含链转移过程,生成物的相对分子质量没达到应有的相对分子质量。阴离子聚合的特点是反应速度快、活性高,可进行溶液或本体聚合,但副反应极为明显,不利于制备高相对分子质量聚合物。邓先模等研究了环戊二烯钠、聚乙二醇等对内酯的开环聚合,反应条件温和,催化活性高,但也存在一定的副反应。

图 4-15　阴离子型催化机理

（3）配位开环聚合催化剂

根据催化活性中心不同,配位型催化剂可以分为金属烷基化合物体系（Bu_2Zn、$CdEt_2$、$AlEt_3$、$SnPh_4$）;金属烷氧基化合物体系（$Al(OEt)_3$、$Al(OiPr)_3$、$Al(acac)_3$）;金属烷氧基化合物-水体系（$Sn(Oct)_2H_2O$,$Zn(Oct)_2H_2O$,$Al(OMe)_3H_2O$）;双金属催化体系（$(EtO)_2Al-O-Zn-O-Al(OEt)_2$）。

配位开环聚合的基本原理是,金属烷氧基硅烷有着共价金属氧键和弱的 Lewis 酸。乳酸偶尔扮演着向心配合（价）体的角色,通过 CO 原子与金属原子配位。这种配位作用增强了 CO 键的亲电性以及 OR 键的亲核性,以至于内酯可能内嵌入金属和 O 连接的键上。该反应机理的典型引发剂是镁、铝、锡、锆、钛、锌代烷氧基硅烷。这些引发剂常常用作干净、纯洁的复合物。尽管如此,在有锌或铝作催化剂的条件下,在苯酚或酒精中制备催化剂是一种很方便和有用的方法(图 4-16)。酒精(或苯酚)会形成聚乳酸的酯末端基,并且用这种方法至少能很容易地改变一端的端基。假如这些为聚合进程至少提供一种 OH 键,这种方法也允许和生物活性物的结合,如药物、维生素、激素。

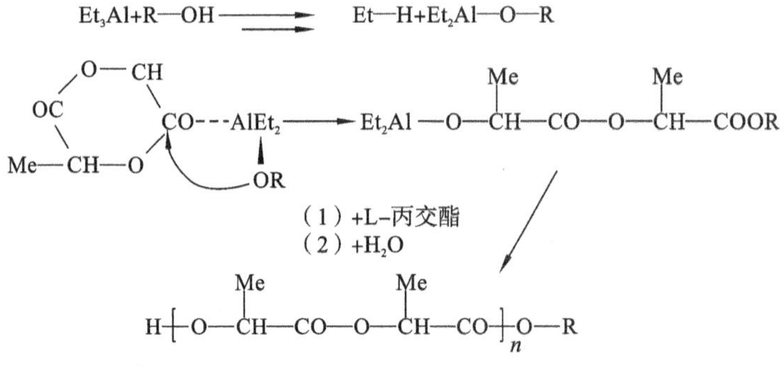

图 4-16 配位开环聚合机理

(4)酶催化剂

对酶催化开环聚合已经开展了详细的研究。传统的催化剂需要在纯单体和无水条件下进行聚合,聚合产物中一般残留有金属,因此作为医用材料时必须事先除去催化剂残留物,酶催化就没有这种麻烦。Shuichi Matsumura 等于 1997 年率先报道了使用脂肪酶催化 LA 开环聚合的研究,他用脂肪酶在 80~100 ℃催化 LA 聚合得到重均相对分子质量为 270000 的聚合物。1999 年 Matsumura S. 等又研究了酶催化 LA 和碳酸丙撑酯(trimethylene carbonate 简写为 TMC)的共聚,结果表明在 80~100 ℃范围内共聚物 P(LA-co-TMC)重均相对分子质量可达到 21000,经过比较,PPL(porcine pancreatic lipase)催化聚合速度和聚合产物的相对分子质量都显示了最佳结果。所获得的 P(LA-co-TMC)是无规共聚物,T_g 随着共聚物 TMC 的含量增加而下降。共聚物中含有 10%~30%TMC 时可观察到 PPL 和蛋白酶 K 催化降解产物。经过比较,假单胞菌酶作为催化剂,在聚合反应速度和产物相对分子质量方面都有很好的结果。脂肪酶催化的 D,L-LA 比 L,L-LA 和 D,D-LA 聚合效果好,研究发现固定在 Celite 矿石中的脂肪酶尽管浓度很低,也能提高聚合速度和相对分子质量。关于酶催化聚合机理尚待进一步研究,且酶聚合催化和酶降解催化之间的关系也需研究。

3)反应挤出聚合制备聚乳酸

丙交酯开环聚合法流程较长,生产成本高,不利于工业化。为开发实用的高相对分子质量聚乳酸的制造技术,Miyoshi R. 等用间歇式搅拌反应器和双螺杆挤出机组合,成功地由乳酸通过连续熔融缩聚制得相对分子质量达 150000 的聚乳酸。Denise Carlson 等研究了在自由基引发剂存在下聚乳酸在双螺杆挤出机上的熔融挤出,发现大分子链之间会发生交联、接枝,从而可以得到较高相对分子质量的聚乳酸(图 4-17)。

根据 Japan Steel Works 公司的专利报道,先在反应釜中将 L-乳酸聚合成重均相对分子质量约 44000 的预聚物,然后将预聚物在双螺杆挤出机中缩聚,可以合成重均相对分子质量在 100250~153900 的 PLA。

4)超临界流体间接法制备聚乳酸

作为一种环境友好和无毒的溶剂,超临界二氧化碳(SC-CO₂)可以用于聚合反应中,通过对反应系统减压,易于分离聚合物。另外,通过超临界提取,SC-CO₂ 也可以用于在聚合反应完成以后排除聚合物中过量的单体、催化剂和引发剂。关于利用超临界流体间接法来合成聚乳酸这方面的研究尚处于起步阶段。美国的 David D. Hile 尝试将乙丙交酯在超临界二氧化碳中共聚,得到了聚合物的重均相对分子质量为 30200。SC-CO$_2$ 聚合是一种新的制备高纯度聚酯的生产工艺。

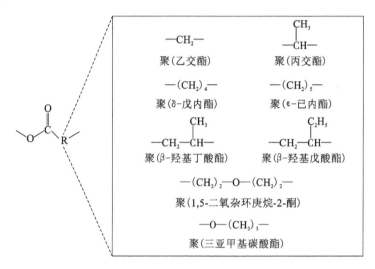

图 4-17　常见的乳酸共聚物的重复单元

2. 乳酸聚合物的改性

丙交酯开环均聚物 PLA 为疏水性物质,降解周期难以控制,通过与其他单体共聚可改变材料的亲水性、结晶性等,聚合物的降解速度可根据共聚物的相对分子质量及共聚单体种类及配比等加以控制,具有特定结构(如二嵌段、多嵌段、星形结构等)的共聚物可把不同材料的特点结合起来,赋予材料特殊的性质,因此具有不同组成和特点结构的 PLA 共聚物的合成成为近年来的研究热点。共聚改性是通过调节乳酸和其他单体的比例来改变聚合物的性能,或者通过第二单体为乳酸共聚物提供特殊性能。与恰当的单体共聚合是最古老,也是最有效的在较大范围内对聚合物进行改性的方法,在过去 20 年里丙交酯共聚合改性已经被广泛地研究。同乳酸均聚物相比共聚改性聚合物包含以下三个参数:共聚单体的结构;共聚单体的物质的量之比例;嵌段组分的序列结构。乳酸共聚物也可以用其他包含特殊功能结构的分子作为预引发物来获得。这种类型的共聚物总的说来有复杂的结构和独特的性能。关于这种类型最好的例子是接枝聚酯和嫁接共聚物,此类乳酸共聚物综述于表 4-7。

表 4-7　不同引发剂引发的乳酸聚合物总结

引发单体	LA 单体	聚合体系	分子构型	分子尺寸
山梨糖醇	L,L-丙交酯	ROP	接枝均聚物	B
季戊四醇	L,L-丙交酯	ROP	星型均聚物	A,C
季戊四醇	L,L-丙交酯;D,D-丙交酯; TMC;ε-CL	ROP	星型共聚物	C
羟甲基丙烯酸酯	L,L-丙交酯;D,D-丙交酯	ROP	功能化预聚物	A
羟甲基丙烯酸酯	L,L-丙交酯;衣庚酸酐	ROP+自由基聚合	直线的功能化聚合物	C
聚乙二醇	L,L-丙交酯	ROP	直线的嵌段聚合物	C

续表

引发单体	LA 单体	聚合体系	分子构型	分子尺寸
聚乙二醇	rac-丙交酯	ROP	直线的嵌段聚合物	C
聚乙二醇	rac-丙交酯;ε-CL	ROP	直线的嵌段聚合物	C
Pullulan	L,L-丙交酯	ROP	接枝共聚物	C
脱乙酰壳多糖	rac-乳酸	PC	接枝共聚物	
淀粉酶	L,L-丙交酯	ROP	接枝共聚物	
葡聚糖	L,L-丙交酯;D,D-丙交酯	ROP	接枝共聚物	
聚异戊二烯	rac-丙交酯	ROP	两嵌段共聚物	B
聚丁二烯	rac-丙交酯	ROP	两嵌段共聚物	B
聚乙烯	L,L-丙交酯	ROP	两嵌段共聚物	B
聚乙烯醇	rac-乳酸	PC	接枝共聚物	C

注：① A 表示相对分子质量低于 20000 的聚合物；

② B 表示相对分子质量为 20000～70000 的聚合物；

③ C 表示相对分子质量高于 70000 的聚合物。

1) 开环聚合改性

(1) 无功能基团的共聚物

乳酸与乙醇酸的共聚物(PLGA)可用作缓释剂,使药物以恒定速度释放,药物的释放时间可借助改变两者的比例而随意调节。PLGA 类商品已被广泛地应用于多肽和蛋白类药物的释放。冯新德等利用双金属引发剂能引发丙交酯、乙交酯和 ε-己内酯(ε-CL)活性聚合的特点,成功地制备了一系列二及三嵌段共聚物:PCL-b-PDLLA、PCL-PDLLA-PGA、PCL-PGA-PDLLA,还通过异氰酸酯偶联的方法制备了 PCL-PDLLA-PCL 等。

α-羟基羧酸与 α-氨基酸的共聚物被称为聚酯酰胺,这类聚合物的主链中既含有酯键又有酰胺键,其性能与聚 α-羟基羧酸及聚 α-氨基酸均有很大的不同。这类聚合物起先是由含酯-肽的化合物通过缩聚制得的,尔后环单体吗啉二酮衍生物(α-羟基羧酸与 α-氨基酸的环状二聚体)的开环聚合取代了缩合聚合。当这类环单体的二位取代基是甲基时,开环均聚就能得到乳酸与不同 α-氨基酸的交替共聚物。Hocker 对这类单体的合成,特别是旋光性的变化与保持以及关环反应做了详细的评述和改进,使反应条件更温和,环单体保持原构型。

如表 4-8 所示,一些其他的环状单体可以和丙交酯开环共聚生成聚合物。最实用、用途最广泛的共聚单体是乙交酯和 CL。共聚单体的转化和分布依赖于共聚单体的投料比和反应条件。由于共聚单体的反应活性存在很大的不同,共聚物的嵌段微也存在结构上的差别。例如,乙交酯同己内酯相比和丙交酯在活性上更相近。基于己内酯和丙交酯在共聚合反应中活性的不同,己内酯较快地耗尽,但是相反的是在反应初期丙交酯消耗较快,生成更多的乳酰基单元。这可能是因为己内酯附加到乳酰基上非常慢并且丙交酯附加到己酰单元非常快,导致共聚物嵌段状微结构生成。

表 4-8　开环聚合法制备乳酸聚合物总结

单　体	共聚单体	分子构型	分子尺寸
L,L-丙交酯	—	直线型均聚物	C
L,L-丙交酯	meso-丙交酯	直线型共聚物	C

续表

单　　体	共 聚 单 体	分 子 构 型	分子尺寸
L,L-丙交酯	D,D-丙交酯	直线型共聚物	C
rac-和 meso-丙交酯	—	直线型共聚物	A,B,C
L,L-丙交酯	ε-CL	无规和嵌段直线型共聚物	C
L,L-丙交酯	D,D-丙交酯;ε-CL	直线型嵌段共聚物	B
L,L-丙交酯	GA	直线型无规共聚物	C
L,L-丙交酯	D,D-丙交酯;GA	直线型嵌段共聚物	C,B
L,L-丙交酯	D,D-丙交酯,TMC	直线型无规共聚物	C
L,L-丙交酯	TMC	直线型共聚物	C
L,L-丙交酯	DXO	无规和嵌段直线型共聚物	C
L,L-丙交酯	D,D-丙交酯;ε-CL;TMC	星型共聚物	C
L,L-丙交酯	环氧乙烷	直线型嵌段共聚物	C
L,L-丙交酯	D,L-β-methyl-δ-VL	直线型共聚物	B
D,L-3-甲基-GA	—	直线型交替共聚物	B
L,L-丙交酯	5,5′-Bis(oxepane-2-one)	交连共聚物	C
L,L-丙交酯	Spiro-bis-TMC	交连共聚物	C
L,L-丙交酯	D,D-丙交酯;Spiro-bis-TMC	交连共聚物	C
L,L-丙交酯	TMC;Spiro-bis-TMC	交连共聚物	C
L,L-丙交酯	2,2-[2-戊烯-1,5-diyl]-TMC	直线型共聚物	C
L,L-丙交酯	[2-(6-甲基-2,5-二氧-3-吗啉基)]乙基醚	直线型共聚物	C
L,L-丙交酯	2,2-二甲基-TMC	直线型无规共聚物	C
L,L-丙交酯	D-xylofuranose	直线型共聚物	B

注:① A 表示相对分子质量低于 20000 的聚合物;

　　② B 表示相对分子质量为 20000~70000 的聚合物;

　　③ C 表示相对分子质量高于 70000 的聚合物。

（2）含功能基团的共聚物

生物降解型脂肪族聚酯高分子,如丙交酯、乙交酯、己内酯的均聚物及共聚物是一类重要的药物控释体系的载体材料。特别是它们的嵌段共聚物,由于存在微观相分离,因此控制材料中分子链段的长度,能使药物的扩散释放与降解释放达到一个稳态平衡,从而使基质型的药物释放体系获得恒速零级释放。基因工程及生命科学的迅速发展,使多肽及蛋白类药物大量涌现。然而,由于大多数多肽与蛋白类药物存在半衰期短、易于失活、口服效果差等弊端,因此,如何延长多肽与蛋白类药物的活性,提高其药效或增强抗原的免疫原性是众多药物学家试图解决的一个关键问题。对于生物降解型脂肪族聚酯,由于材料固有的亲脂性而大大限制了它在多肽与蛋白类药物控释系统中的应用。因此,如何设计具有一定亲水性的生物降解型聚酯高分子材料引起了极大的关注。

① 含葡萄糖基团的聚酯共聚物

氨基葡萄糖是组成壳多糖等的一种单糖,其寡糖已作为保健药品供应。氨基葡萄糖或其寡糖封端聚乳酸可以提高材料本身的亲水性能,因为亲水端基(羧基)与疏水端基(酯基)能对聚乳酸的亲水性能产生明显的影响,张国栋等合成了羟端基含氨基葡萄糖衍生物的聚乳酸。由三官能团氨基酸衍生物合成的吗啉二酮衍生物环单体和 L-丙交酯的共聚物在催化氢解的下脱保护,可以得到侧链含有可反应的羧基功能团的聚[L-乳酸-(乙醇酸-L-天冬氨酸)]。选用混合酸酐法使其与葡萄糖反应,可获得侧基含氨基葡萄糖的生物降解材料。研究结果显示,聚合物的亲水性有了较大幅度的提高,而且材料的降解速率也随侧基葡萄糖衍生物含量的提高而加快。模型蛋白的释放研究表明,控制侧基葡萄糖衍生物的含量,可以获得牛血清白蛋白的恒速释放。Chu 等采用葡聚糖衍生物和外消旋聚乳酸衍生物制备生物降解水凝胶,改变葡聚糖取代度、葡聚糖与 PLA 相对分子质量及其比例,能调控疏水和亲水性能、溶胀行为、力学强度及生物降解速率。

此外还有端基含乙酰氨基葡萄糖亲水基团的聚合物,在聚酯高分子主链的端基引入亲水性基团是提高材料亲水性的有效方法之一。

② 含羟基功能基团的聚酯共聚物

把设计合成的含羟基功能基团六元环状交酯单体与丙交酯、乙交酯或己内酯共聚,得到了各种侧链含羟基功能团的生物降解型聚酯共聚物。研究结果显示,亲水组分的加入明显提高了聚合物的吸水率与降解速率;相同共聚比例下,无规共聚物的降解速度要快于嵌段共聚物。对载药微球来说,增加聚合物的亲水性可明显改善初乳的稳定性,从而提高药物的包埋率及载药量。多肽/蛋白类药物的释放行为还与制备工艺有关,合适的微观结构有利于促成药物的理想释放。快的降解速率也加快了药物的释放速率。上述共聚物材料的生物相容性研究,包括急性毒性试验、细胞毒性试验、体外溶血试验和肌内埋植试验等的结果表明,材料是没有毒性的、不溶血。肌内埋植的组织学切片的显微镜照片发现,同丙交酯与乙交酯的无规共聚物相比,该材料对肌内母细胞的生成有促进作用。这可能是与羟基功能基团的引入改善了材料与细胞的相容性有关。

③ 含交替序列结构的星形嵌段共聚物

以 D,L-3-甲基乙交酯为单体,在多官能团(三元或四元)羟基化合物存在下,可得到了窄相对分子质量分布的、具有特定形状(即三臂或四臂)的、交替序列结构的星形交替-嵌段共聚物材料。以牛血清白蛋白为模型药物的释放研究表明,共聚物的序列及空间结构影响多肽/蛋白药物控释行为,含牛血清白蛋白的四臂星形己内酯与 DL-3-甲基乙交酯嵌段共聚物的微球,可得出具有恒定释放速率的药物释放行为。

④ 含乙缩醛端基的聚合物

Otsuka 等研究了带乙缩醛端基的 PLA-PEG 嵌段共聚物,其活性功能醛基可被用于连接其他生物活性分子,如糖类和蛋白质。研究表明,微球表面 PEG 与水的相互作用可引起 PEG 的重新取向,使界面自由能显著下降,因此这类共聚物在选择性黏附特定的细胞株和细胞培养方面可能会有所应用。Emoto 等以阴离子聚合法合成了带乙缩醛端基的 PEG 和带甲基丙烯酰基端基的 PLA。该嵌段共聚物胶束表面的乙缩醛基团经过酸处理可定量转化为醛端基。在胶束中心的甲基丙烯酸基经由自由基聚合形成具有表面活性的胶束核心。该活性胶束直接涂覆到经过原浆处理的含氨基的聚丙烯薄片上。活性胶束与 PP 基质通过还原氨化反应以共价键相连,结果表明氨基-PP 表面 ζ 电位显著降低,这种改性 PLA-PEG 胶束的涂覆可有效地屏蔽材料表面电荷,减少蛋白质的吸附。

⑤ 其他

Kissel 小组还制备了一系列含侧羟基聚合物(如聚乙烯醇、环糊精及其乙酸酯)接枝 PLGA 的共聚物。Kissel 等还用聚电解质和二乙基氨乙基环糊精氯化物和环糊精的硫酸钠盐在辛酸亚锡作用下引发丙交酯或丙交酯和乙交酯本体聚合,制得一系列短刷状接枝共聚物。真正的多糖接枝聚(L-丙交酯)(PLLA)是由 Ohya 小组前不久完成的。通过直接缩聚或者扩链聚合制备的乳酸聚合物见表 4-9。

表 4-9　通过直接缩聚或者扩链聚合制备的乳酸聚合物

单体 1	单体 2	交 联 剂	大分子结构	分子尺寸
L-丙交酯	—	—	线型均聚物	A,B
L-丙交酯	—	HMDI	线型均聚物	C
L-丙交酯	—	双季戊四醇	星型均聚物	C
rac-丙交酯	—	双季戊四醇	无规 50/50 立构共聚物	C
L-丙交酯	6-羟基己酸	—	线型均聚物	A
L-丙交酯	己丙酯	HMDI	线型均聚物	C
L-丙交酯	琥珀酸酐	2,2'-双 (2-恶唑啉)	线型均聚物	C
L-丙交酯	己丙酰胺	—	线型均聚物	B
L-丙交酯	D,L-羟基丁酸	—	线型均聚物	A
L-丙交酯	D,L-羟基异己酸	—	线型均聚物	A
L-丙交酯	D,L-扁桃酸	—	线型均聚物	A
L-丙交酯	1,4-丁二醇	HMDI;IPDI	共聚物	C
L-丙交酯	柠檬酸	HMDI;IPDI	共聚物	C

注:① HMDI:六亚甲基二异氰酸酯。
　　② A、B、C 同表 4-8。

由于苹果酸是人体内三羧酸循环的产物,所以 Lenz 等首先把它引入脂肪族聚酯。其后,Ouchi 等合成了 α-苹果酸衍生物的交酯,但该交酯均聚困难。为了得到带有可修饰侧基的高相对分子质量生物降解性聚酯,将该交酯与 L-丙交酯共聚,产物经大分子反应后,得到了苹果酸与 L-乳酸的共聚物。

Kimura 等以天冬氨酸为原料,合成了 α-苹果酸衍生物和乙醇酸的交酯(BMD)。BMD 容易与 L-丙交酯共聚合,共聚物组成与单体配料比接近。由于共聚物的亲水性和侧羧基的催化作用,此共聚物比 PLLA 降解快得多,但是侧羧基可以进行化学修饰。当一官能团被保护了的吗啡啉-2,5-二酮衍生物与 L-丙交酯共聚,可以得到具可修饰官能团的聚酯酰胺共聚物。

Feijen 等首先合成了一系列带有保护的羧基、氨基、巯基的吗啡啉-2,5-二酮衍生物。催化氢解或酸解可以完全脱除保护基,分别得到带有羧基、氨基、巯基的共聚物。另外,引入羟基侧基也已受到重视。以苄醚保护羟基的丝氨酸衍生物为原料,制备了同前述类似的环单体,并研究了该单体同丙交酯的共聚情况。存在的问题仍旧是:均聚物的相对分子质量较低(数均相对分子质量为4000),所用的单体和催化剂用量比为1000。巧妙地设计了一种糖类衍生物的环状碳酸酯,然后与 L-丙交酯共聚合,成功地向 PLLA 中引入了糖单元,脱保护后也就引入了羟基侧基。

为将糖醚类似结构引入 PLA,Gross 等用 D-木质呋喃糖衍生物和 L,L-丙交酯在辛酸亚锡催化下,120 ℃、6 h 开环聚合,合成无规聚合物,其中 PLA 的数均相对分子质量为 7.9×10^4。

森田等以缩肽和 L,L-丙交酯开环共聚合,脱保护基后,用丙烯酰氯作用制备相应含丙烯酸酯侧链的聚合物,它与聚甲基丙烯酸羟乙酯(HEMA)等紫外辐照共聚可构建水凝胶,水中溶胀度达185%,可作为细胞培养与包囊基材,分子链中引入酰胺基可增强其与细胞的相互作用。

2)直接缩聚改性

表 4-10 列举了由缩聚反应生成的不同的乳酸共聚物,并提供了总的合成特征和这些聚合物性能方面的信息。聚合物的后聚合改性经常涉及活性自由基聚合反应,这种反应可以由过氧化物或者高能辐射引发。过氧化物熔融改性聚己内酯(PCL)的研究已有大量的报道,并且发现 PCL 通过使用 0.25%～0.3%过氧化二枯基可以导致接枝和交联。过氧化物熔融改性PLLA 可以导致聚合物大量性能剧烈变化。当过氧化物的量在 0.1%～0.25%范围时接枝是PLLA 主要的结构变化,当用量超过 0.25%时交联是主要的变化。过氧化物反应提高了熔融力。过氧化物改性 PLLA 由于结晶度的降低引起了形貌变化。抗张模量减小,同时得到一种更柔韧的材料。形态变化也可以导致更快的水解降解速率。

表 4-10　辐射引发聚乳酸性能转变

性　　能	过氧化物诱发	辐　射　诱　发
	总的趋势或影响	总的趋势或影响
融化稳定性	＋＋	
T_g, T_m	－	0
T_c	＋＋	
密度	－	
结晶速率	－	
结晶尺寸	－	
晶体的数量	＋＋	
张力模数	－	－
拉伸强度	－	－
伸长率	＋＋	－(＋)
熔体强度	＋＋	
水解降解速率	＋	0

注:－,轻微下降;0,不变;＋,轻微上升;＋＋,显著上升。

3）高能辐射改性

通过高能辐射可合成交联的聚己内酯,交联度是辐射剂量的函数。也有文献报道用紫外线照射聚乙交酯可以导致相同程度的交联和链断裂。在 1960 年 D Alelio 等研究了用紫外线照射对脂肪族聚酯的影响。关于丙交酯和其他环状单体的自由基诱导改性还没有文献报道。用紫外线照射 PLA 导致主要的链断裂小于 250 kGy。无论在空气中还是惰性气体氛围中,交联反应都是辐射剂量的函数,进一步增加辐射剂量交联度会增加。辐射导致 PLA 均聚物拉伸强度迅速下降并且材料变脆。类似的规律在丙交酯与乙交酯共聚物以及丙交酯和己内酯的共聚物中也存在。辐射诱发的反应主要在聚合物的非结晶部分发生,并且聚合物的结晶度是一个重要参数。文献报道用紫外线照射聚(L-丙交酯)和聚(D,L-丙交酯)不会加速水解降解,并且这一现象也存在于聚乙交酯纤维和乙交酯和丙交酯共聚物中。

4）接枝聚合改性

接枝共聚是一种制备具有独特性能聚合物的很方便的方法,通常接枝共聚由几个分离的反应步骤组成。接枝反应在很多应用方面优先选择等离子体或者辐射(UV 射线、γ 射线或者加速电流)改性。通过将有机蒸气引入无机气体的等离子体进行接枝,这是聚合物表面改性通用的方法。另外,辐射引起接枝既可以在聚合物表面进行,也可以同时在聚合物内部和表面进行,这取决于射线的穿越深度。以上所述接枝聚合方法有很多优点,反应过程可以被认为是高纯度的,因为没有使用引发剂同样可以获得高转化率。接枝过程很快,也很容易控制,预聚体可以用几种不同的功能基来功能化,可选择范围很大。

在许多研究中用辐射接枝改性不同类型的脂肪族聚酯,包括细菌聚酯、聚己内酯。聚合物的水解、受热和耐辐射的稳定性对于所有的脂肪族聚酯在接枝过程中都是很重要的因素。聚合物和单体的溶解参数也是很重要的参数,因为溶解参数会影响单体扩散到聚合物体系内部的能力,进而影响接枝的速率和程度。聚合物的结晶相是聚合物在辐射接枝过程中另一个很重要的参数,这是由于它具有捕捉自由基的能力并且影响自由基的寿命。脂肪族聚酯的类型可以在很大程度上影响接枝。这在丙烯酸接枝到聚 L-丙交酯同将相同的单体接枝到聚 ε-己内酯的比较中得到了证明。在前期的实验中只可以进行表面改性,但是在后期可以对整个母体进行改性。对乳酸共聚物进行接枝改性只有对 L-丙交酯的均聚物和不同比例的 L-丙交酯和 ε-己内酯共聚物的报道。丙烯酰胺和聚(L-丙交酯-co-己内酯)的接枝共聚物的生物相容性已有相关报道。

5）共混改性

共混是将两种以上的高分子聚合物进行一定的混合,以得到性能优化的材料的方法。目前最常用的方法是将聚乳酸和活性蛋白质、多肽、药物等进行简单的复合共混,例如将 PLA 和羟基磷灰石、胶原等复合后得到的骨修复材料比 PLA 材料更接近于骨的生理状态,用蛋白质、多肽表衬材料后将促进细胞的黏附和生长。PLA 是一种热塑性高分子,易溶于有机溶剂,共混体系的制备方法主要有熔融挤出和溶液涂膜法。对 PLA 共混体系的研究主要集中在相容性、生物降解性和机械性能上。由于 PLA 的低活性,与其他聚合物共混时往往相容性很差,改性效果远不如共聚改性,相应研究也较少。

3. 乳酸聚合物市场现状

为了摆脱对日趋枯竭的石油资源的依赖,大力开发环境友好的可生物降解的聚合物,替代石油为基础的塑料产品,已成为当前研究开发的热点。在众多可生物降解聚合物中,刚刚进入工业化大生产的 PLA 异军突起,以其优异的机械性能、广泛的应用领域,赢得了人们的瞩目和青睐。随着 PLA 生产成本逼近传统塑料成本,市场应用的大力拓展,普及使用将进入高峰期,PLA 生产热潮将在全球展开。我国是世界产粮大国,玉米产量排在美国之后,居世界第二位。根据我国可持续发展战略,进行粮食深加工,生产高附加值的产品是实现经济跨越式发展的必由之路。因此,以玉米等农产品为原料,采用生物技术生产可生物降解聚乳酸的市场潜力巨大。

自从第一种乳酸聚合物的商品投放市场以来,已经有数家公司致力于生产乳酸聚合物或者将聚合物制成产品,主要的应用范围是医药。在 20 世纪有几家公司尝试大量生产 PLA。生产乳酸和相关化合物目前主要的工业成果列于表 4-11。

表 4-11　目前乳酸聚合物相关工业生产

公 司 名 称	地 点	主 要 产 品	年生产能力/(吨/年)
Apack AG	德国	聚乳酸	—
Birmingham Polymers	USA,AL	可生物降解聚合物	—
Boeringer Ingelheim	德国	可生物降解聚合物	—
Dow-Cargill	USA,NB	乳酸,丙交酯,聚乳酸	140000
Fortum Oyj	芬兰	聚乳酸	—
Galactic	比利时	乳酸,丙交酯,聚乳酸	15000
Hycail B. V.	荷兰	乳酸,丙交酯,聚乳酸	400
Mitsui Chemicals	日本	聚乳酸	500
Phusis	法国	聚乳酸	—
Purac	荷兰	乳酸,聚乳酸	80000
Shimadzu Corporation	日本	聚乳酸	>100

目前聚乳酸的生产与应用在西方发达国家发展较快,美国卡吉尔公司建有 7000 吨/年的装置,美国 Hronopol 公司建有 2000 吨/年的装置。日本的岛津公司、三井化学公司和大日本油墨公司分别建有 500~1000 吨/年的装置。另外,还有许多公司计划进行工业化生产。1997年,美国卡吉尔公司与陶氏化学公司各占 50% 股份合资成立股份公司,开发和生产聚乳酸,产品商品名为 Nature Work™,当时生产能力仅为 1.6 万吨/年。2001 年 11 月,该公司投资 3 亿美元,采用二步聚合技术,在美国建成投产了一套 13.6 万吨/年装置,这是迄今为止世界上最大的聚乳酸生产装置。卡吉尔陶氏公司投资 10 亿美元,先后在 2004 年、2006 年、2009 年建成3 套装置,总生产能力达到 45 万吨/年。我国许多科研机构对聚乳酸进行了大量的研究,建有多套实验装置,但大多还未工业化生产。浙江海正生物材料股份有限公司已进行了 PLA 的中试研制,完成了 30 吨/年生产能力的中试研究,产品性能达到了卡吉尔陶氏公司产品的水平。

4. 制备和加工过程对乳酸聚合物的影响

乳酸聚合物的可加工能力和加工方法同许多其他材料的性能有关。熔融加工很大程度上依赖于聚合物的热性能及融化和结晶性能。另外,溶解加工和共混主要同各组分在聚合物合溶剂系统中的溶度参数相关。

1) 热加工

乳酸聚合物的以挤压为基础的热加工主要同相应的加工步骤相关(如热成形、注射模制件、纤维拉制、薄膜制备、挤压涂布)。聚合物的性能依赖于第二加工步骤(如剪切速率、温度)

中特殊的条件以及最终产品的特殊要求(如强度、降解性)。然而,不管第二加工阶段应用了什么类型,在热加工中决定性的参数都是加工温度、停留时间、聚合物的含水率和加工气氛。在聚乳酸产品制备过程中的一个主要的问题是热加工过程中的热稳定性的限制。含酯键的聚合物暴露于烘箱中时,倾向于在短时间降解为小的片断。已报道的通过热加工制备的产品类型主要有吹模瓶、注射模具杯、匙和叉子。其他文献大量报道的应用主要有纸张涂层、纤维、薄膜和各种模具。在学术研究中大量应用于医药和生物制药产品的例子是骨折修复部件,以及缝合线和微量滴定板的报道。

2) 多孔支架

多孔可降解聚合物支架对于被破坏的组织和器官是潜在的重建基体。这种制备方法包含了聚合物溶解和盐析,但是 PLA 聚合物的多孔性也可以通过乳化冷冻干燥、气体泡沫形成剂、高压气体饱和技术、浸入沉淀相转移、热致相分离(TIPS)、聚合物共混和萃取法来实现。

3) 纤维

制备可生物降解脂肪族聚酯纤维作为潜在的应用于医药领域材料被广泛地研究。在1960 年其中第一种商业化的药用产品是聚乙交酯纤维(Dexon[@]),它作为缝合线问世了。其他的应用于可生物吸收医药产品引入市场的纤维是基于乙交酯和 L-丙交酯的共聚物和同己内酯或者三亚甲基碳酸酯的共聚物。纤维既可以通过溶解纺丝或者通过融化纺丝制备,也可以为了调整聚合物分子链通过在不同条件下拉制。通过溶解纺丝制备的纤维通常具有较高的机械性能,因为融化纺丝过程中会有热降解。关于药物控释的乳酸聚合物中空纤维的制备文献已有报道。这种中空纤维通过应用 PLLA 溶解混合物流过中间有不溶解芯的管状模具制备。合成这种具有几种不同的墙壁密度的 PLLA 中空纤维的溶剂/非溶剂体系已有报道。

4) 微球和纳米球

微球和纳米球是医药控释的主要应用类型,应用于这一目的脂肪族聚酯主要是由于它们具有良好的水解(降解)性和低毒性。Benoit 等详细介绍了不同的生物降解聚合物微球的后聚合制备方法。Arshady 介绍了脂肪族聚酯通过溶剂蒸发和溶剂萃取等方法制备微球和纳米球。表 4-12 总结了对于一些用于微球和纳米球制备的聚合物组成和溶剂的制备参数。微球和纳米球的最重要的性能是药物的释放速率和母体的降解速率。微粒的设计和聚合物的性能会影响这些参数。聚合物的设计(粒径、多孔性、载药量)主要同药物的类型和制备参数(如溶剂/非溶剂系统、搅拌速率和温度等)相关。聚合物的性能主要依赖于溶解性和稳定性,涉及药物释放速率和降解模式、相应的关系及结构。

表 4-12　用于制备微粒或者纳米粒的脂肪族聚酯的组成和制备参数的总结

聚　　酯	物质的量之比	溶剂/非溶剂	研 究 现 象
PLLA	100	$CHCl_3$/明胶-水	释放
PCL	100	PCL/PEG	准备方法
	100	丙酮/乙醇-水	微粒制备
P(rac-LA-co-GA)	50/50	$CHCl_3$/H_2O	降解,释放
P(LLA-co-DXO)	90/10	$CHCl_3$/H_2O	降解,释放
	70/30		

亚微米尺寸微粒较微球具有明显的优点。通过与微粒相比亚微米尺寸微粒具有相对较高的细胞内摄取能力。纳米微粒是将治疗药物通过吸附或者结合到聚合物表面亚微米尺寸的聚合物胶体微粒。下面介绍载药微球的制备方法。

(1) 乳化/溶剂蒸发法

将囊心物质和聚合物一起溶解或分散在某种不能与水混溶的挥发性溶剂中,将此溶液或分散液倒入水介质中搅拌成乳化液或悬浮分散液,经蒸发、过滤及干燥后即可得到所需的载药微球。本法较适用于水不溶性药物,因亲水性药物易分配于水相而影响产品的载药量。这个制备过程包括水包油(O/W)乳化。聚合物首先溶解在难溶于水的、挥发性的有机溶剂中(经常使用的是二氯甲烷(DCM))。然后将药物溶解在聚合物溶剂中形成药物微粒的溶液或者分散液(药物的粒径应小于 20 μm)。然后将这个聚合物-药物溶液/分散液在含有乳化剂(如聚乙烯醇)的大量的水中乳化(在合适的搅拌速度和温度下)成 O/W 乳液。然后将有机溶剂从乳液中蒸发或者通过萃取来固化油滴。接着将乳化液转移到大量的水(含不含表面活性剂均可)或其他的猝灭介质中,在其中与溶剂相关联的油滴扩散开来。洗涤获得的微球,通过过滤、筛选或者离心收集。最后在合适的条件下干燥或者通过冷冻干燥获得可用于注射的微球产品。

O/W 乳化方法有一个缺点是对水溶性药物有较低的包封率。药物会扩散出去或者从被分散的油相分隔到连续的水相,亲水性的药物微晶片段会沉积在微球表面,并且被分散在 PLGA 母体里。这会导致对亲水性药物如水杨酸的捕捉能力较差以及药物突释。

(2) 复乳-干燥法

用 W/O 乳化-溶剂蒸发制备微球,疏水性药物可以分子分散状态包载于聚合物骨架中,释放易得到控制;而亲水性药物仅混悬于有机相中,制成的微球有药物的微晶碎片,包封率低,突释严重。虽然经相分离-抽提制备,但所得药物载量较低,粒度较大,且有变形。通过改良乳化过程,制成 W/O/W 乳剂后再使溶剂蒸发掉,即所谓 W/O/W 复乳的水包物干燥法,可显著提高骨架的控释能力。

这是一种水-油-水(W/O/W)方法并且是最适合包囊像肽、蛋白质和疫苗等水溶性药物的方法,它不同于适合于甾族化合物等疏水性药物的 O/W 方法。将药物的缓冲液或者水溶液(有时包含黏性增效作用或者动物胶等稳定蛋白)加入到包含 PLGA/PLA 的有机相 DCM 中,在剧烈搅拌下首先形成很细小的 W/O 乳液。然后将这种乳液在搅拌下慢慢加入到大量的包含 PVA 等乳化剂的水中形成 W/O/W 乳液。然后将乳液通过蒸发或者萃取过程来除去溶剂。前者是将乳液在减压或者常压下搅拌来蒸发 DCM。后者是将乳液在搅拌下转移到大量的水中,在这里 DCM 扩散掉了。将这种方法获得的固体微球洗涤后过滤,筛分或者离心收集。然后在恰当的条件下干燥获得微球产品。

对于蛋白质/多肽等使用像乙酸乙酯等溶剂和水溶性稳定剂像 Pluronic F68、PEG4600、BSA、HAS 等已有相关报道。Singh 等使用 PVA 和 PVP 的混合物在外水相制备了 PLA/PLGA 微球。Cohen 等采用经 DCM 饱和的 PVA 外水相制备了 PLGA 微球。Alpar 等采用包含 MC 的 PVA 或者 PVP 作为内水相制备了 PLA 微球。他们发现,与包含 PVA 的粒子相比,包含 PVP 的粒子疏水性更强,具有更高的载药能力和包封效率并展示了较低的突释效应。加入稳定性聚合物(BSA),降低了蛋白质药物的包封效率。像促黄体激素兴奋剂、疫苗、蛋白质/多肽和常规的分子等许多亲水的药物都成功地用这种方法进行了包囊。不同的制备参数将在很大程度上影响最终微球产品和它们的药物释放。

（3）相分离法

这种过程包含通过向溶有聚合物的有机溶剂中加入第三组分来降低包囊用聚合物的溶解性。在某一点，可以制备出分离的两相：包含聚合物的凝聚相和聚合物排斥的浮在表面的相。溶解或者分散在聚合物中的药物被凝聚层涂上一层膜。在凝聚过程包括以下三个步骤：①包衣用聚合物溶液的相分离；②凝聚层吸附周围的药物粒子；③微球的固化。

聚合物首先溶解在有机溶剂中，像蛋白质、多肽等水溶性药物可先溶解在水中然后分散在聚合物溶液中（W/O 乳液）。像甾族化合物等疏水性药物既可以溶解也可以分散在聚合物溶液中。在搅拌下将一种有机不溶解的溶剂加入到聚合物-药物-溶剂系统中，逐渐萃取出聚合物溶液。结果聚合物倾向于相分离并形成非常柔软的包裹药物的凝聚滴（由搅拌控制粒径）。这个系统随后转移到大量的另外一个有机非溶剂相中来固化微小的液滴并形成最后的微球，将微球洗涤、筛分、过滤或者离心，可得干燥产物。

这个过程不像 O/W 乳化方法那样既能包囊亲水性药物又能包囊疏水性药物，因为它是一个不含水的方法。凝聚过程主要用于包囊水溶性药物像蛋白质、多肽和疫苗。第一种非溶剂的加入速率应该是很慢的，聚合物溶剂很慢地萃取，所以聚合物在凝聚过程中具有充分的时间来沉积和包衣在药物微粒表面。聚合物的浓度很重要，浓度过高将导致迅速的相分离和药物表面聚合物不均匀的包衣。由于在凝聚过程缺乏乳化稳定剂，所以凝聚作用是这种方法中很常见的问题。这种方法凝聚层液滴黏度非常大，在完全相分离或者固化阶段之前黏结在一起。调整搅拌速度、温度，或者加入添加剂是常见的解决这个问题的方法。

同溶剂蒸发/萃取过程相比，聚合物对溶剂的需求量不再那么苛刻，因为需要的溶剂同水不可混溶，沸点可以比水高。DCM、乙腈、乙酸乙酯、甲苯都可以在这个过程中使用。非溶剂影响凝聚过程相分离和固化阶段。非溶剂应该可溶解但不分解聚合物或药物并且同聚合物溶液相混溶。第二个非溶剂应该是相对易挥发的并且可以通过洗涤去除第一种黏稠的非溶剂。可作为第一种非溶剂包括硅油树脂、植物油、轻质液体石蜡、低相对分子质量液体甲基丙烯酸聚合物。第二种非溶剂可以是脂肪族碳氢化合物，如己烷、庚烷、石油醚等。

（4）喷雾干燥

前面已经讨论过 PLA，PLGA 的注射微球可以通过乳化方法和相分离方法制备。复乳法及相分离法虽然可以制备质量较好的微球，但是这两种方法在制备过程中需使用大量的有机溶剂，并且在最终产物中要除去剩余的有机溶剂，因而若用于批量生产，这两种方法都存在很多问题。与这些方法相反，喷雾干燥法是一种迅速、简便、条件温和、药物和聚合物的溶解度参数影响小的方法。Men 等用喷雾干燥法制备了粒径为 $1 \sim 15~\mu m$ 的载药微球，又将亲水性聚合物 HPC 与肝炎疫苗混合通过喷雾干燥形成一微粒核，再混悬在 PLGA 的乙酸乙酯溶液中，经喷雾干燥可得到粒径为 $4 \sim 22~\mu m$ 的双层微粒。应用该法使肝炎疫苗药物在 PLGA 成囊过程中免受有机溶剂的不良影响。在喷雾干燥法制备微球的过程中由于聚合物微球会黏附在喷雾干燥设备的内壁，造成很大的损失，并且也会造成微球凝聚。为了解决这个问题，有人提出一种使用甘露醇作为反黏附的双喷雾干燥方法。同复乳法相比用这种方法生产的微球产率和包封率都高出许多。Khan 等提出了用低温喷雾方法制备 PLA/PLGA 微球，这种方法制备的微球粒径为 $50 \sim 60~\mu m$ 并且包封率超过 95%。

4.7.2　乳酸/乙醇酸/4-羟基-脯氨酸共聚物

早在 20 世纪 20 年代，PLA 作为聚酯纤维已为人们所知，并用作药物中的可消溶性材料。

20 世纪 50 年代中期出现了以乙醇酸（GA）和乳酸（LA）之类的环状二聚体为原料的高聚物。在过去两个世纪可生物降解聚合物在基础应用和化学工业方面引起了人们的注意。热塑性脂肪族聚酯（PLA）、聚乙醇酸（PGA）、聚乙丙交酯（PLGA）等是具有低毒性、良好生物相容性和良好体外生物吸收性特点的可生物降解材料。这类材料可以广泛地用于缝合线、药物载体、矫形外科植入物和具有短期机械强度或者治疗作用的可吸收性纤维，以及组织工程支架等。

通过与适当的单体共聚对于聚合物改性而言是最古老又最传统的方法。通过与合适的单体共聚可以在一个很大的范围内对 PLA 的性能进行调解。PGA 同 PLA 相比缺少一个甲基，是高度结晶的聚合物，PLA 比 PGA 疏水性更强，通过乳酸与乙醇酸共聚生成 PLGA，通过调节 PLGA 分子链上的两种单体的比例，可以影响 PLGA 的结晶性，从而起到调节 PLGA 的降解速率、机械性能、膨胀行为和承受水解的能力的作用。PLGA 类商品已被广泛地应用于多肽和蛋白类药物的释放。

将活性功能基团引入 PLGA 可以拓宽这类材料的应用范围，使它既可以物理包囊药物也可以化学键合药物或生物活性试剂，同时也可以发生进一步的化学反应。氨基酸共聚在近几年也开始引起广泛的关注，这种聚合物具有无毒、可生物降解、生物相容等特点并且在主链上具有活性功能侧基，药物或者活性化合物可以与其共价连接。氨基酸是一种天然存在的化合物，与氨基酸反应生成聚合物有望具有无毒、可生物降解、生物相容等特性。采用氨基酸的另一个特点是因为氨基酸本身具有生物活性，所以可以制备具有生物活性的可生物降解聚合物。在近几年有很多关于合成具有活性侧基的可生物降解聚合物的研究。

就目前对 4-羟基脯氨酸（HPr）的研究来看，除了它是人体必需的氨基酸，具有生物相容性较好等特点外，4-羟基脯氨酸本身具有多个活性基团位点，不论是均聚或共聚，都保留着某些活性基团，这些基团为材料的功能化提供条件。因此，下面利用 4-羟基脯氨酸来对 PLGA 进行功能化，将氨基侧基引入直链的 PLGA。

20 世纪 90 年代初相继开发了间接法合成聚乳酸。然而间接法工艺复杂，生产路线长，产物需经分离，因而产品质量难以保证。采用直接法以乳酸、乙醇酸和 4-羟基脯氨酸为原料进行熔融聚合，优化熔融聚合的工艺条件，不同单体配比对聚合物性能具有显著影响。聚（乳酸-乙醇酸-4-羟基脯氨酸）（PLGA-HPr）的结构式如图 4-18 至图 4-21 所示。

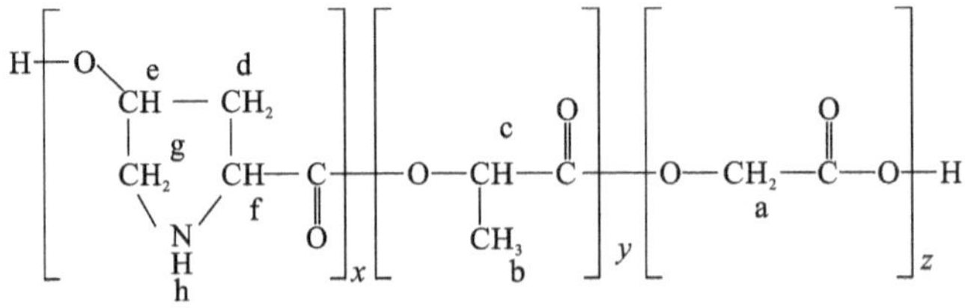

图 4-18　PLGA-HPr 的结构式

1. 聚合物 PLGA-HPr 的合成

通过熔融聚合法可合成乳酸、乙醇酸和 4-羟基脯氨酸的共聚物，以氯化亚锡为催化剂，采用对甲苯磺酸为共引发剂。催化氢化还原前产物呈黄色或棕色，着色原因可能是由高温、反应时间长、催化剂种类和副产物等因素引起的。在催化体系加入与氯化亚锡等质量的对甲苯磺酸可以使产物颜色变浅，但是这一现象的具体机理目前还不是十分明确。乳酸、乙醇酸、4-羟基-脯氨酸直接聚合的成败关键是如何把所形成的小分子水及时除去，因为聚酯反应平衡常数

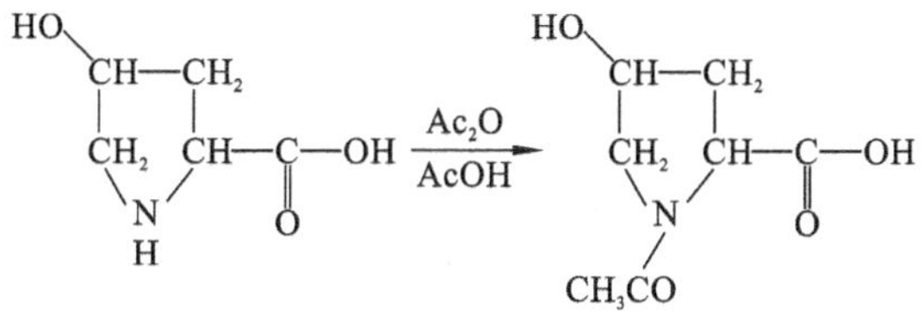

图 4-19　N-Ace-HPr 的合成路线

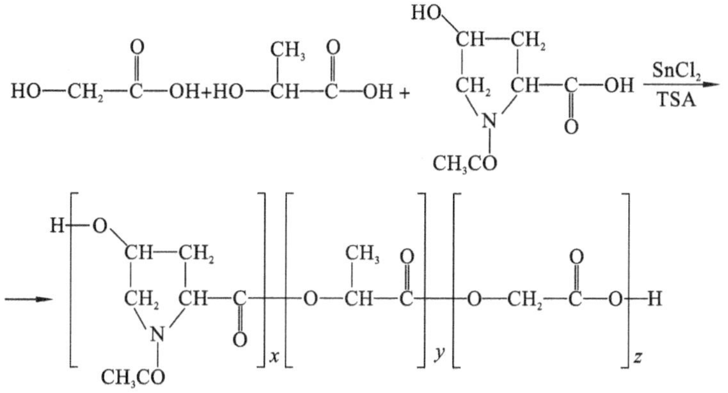

图 4-20　PLGA-N-Ace-HPr 的合成路线

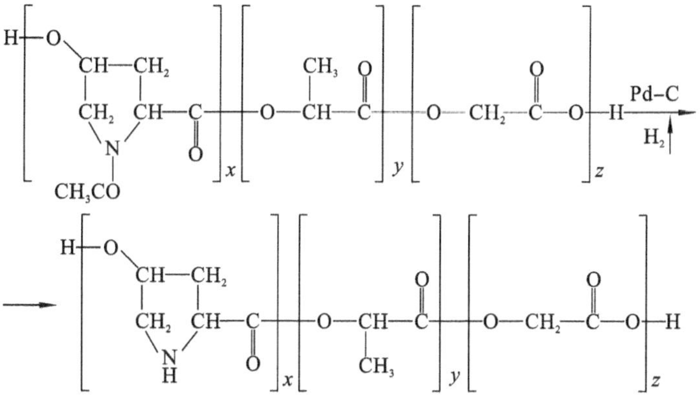

图 4-21　PLGA-N-Ace-HPr 的去保护

较小，由公式 $\overline{DP}=(K/n_w)^{1/2}$，可知在一定温度下，虽然 K 为常数，但 $\overline{DP}$ 会随着 K/n_w 的改变而变化，降低小分子水的含量，有利于提高聚合度，升高温度和提高真空度，有利于小分子水的排出。

　　根据我们所采用的熔融聚合体系实际情况，我们采用了低温低真空、高温高真空、中温高真空和分次加料的工艺路线。Sn(Ⅱ)作为配位中心，TSA 参与酯化，氯化亚锡和对甲苯磺酸被广泛地用于乳酸聚合反应的引发，对于氯化亚锡和对甲苯磺酸催化 PLGA-HPr 的聚合，其可能的引发机理如图 4-22 所示。

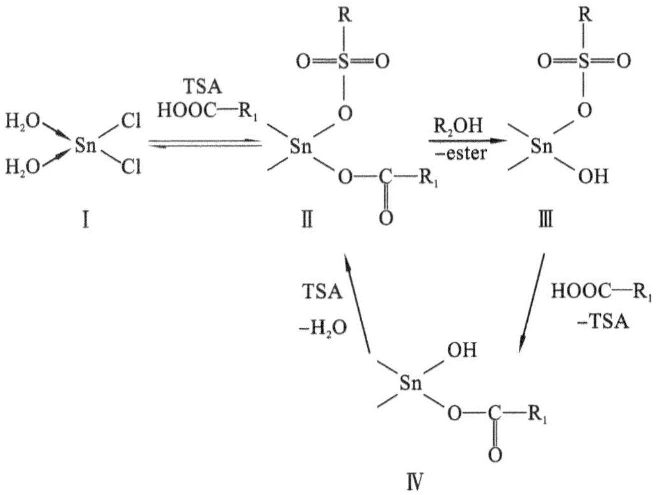

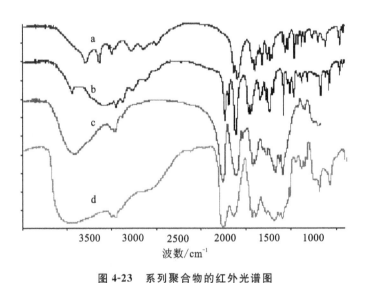

图 4-22　Sn(Ⅱ)-TSA 催化系统的引发机理

1）PLGA-HPr 的结构表征

（1）聚合物 PLGA-HPr 的红外光谱图

通过对聚合物的红外光谱图的分析,聚合物 PLGA-HPr（w(LA)：w(GA)：w(HPr)=70：30：10）的红外光谱图如图 4-23 所示：a 是 4-羟基脯氨酸的谱图,同文献标准谱图相一致；在 b 中 1730 cm^{-1}处的吸收峰是酰胺基团的 C=O 伸缩振动峰,表明 N-Ace-HPr 已经合成；在 c 中 3439 cm^{-1}处为 O—H 的伸缩吸收峰,2949 cm^{-1}为基团—CH$_2$的 C—H 键的伸缩振动峰,1755 cm^{-1}处为酯类化合物的基团 C=O 的伸缩振动峰,1394 cm^{-1}处的吸收峰为 C—H 的面内弯曲振动,1095 cm^{-1}和 1010 cm^{-1}处的吸收峰为 C—O 的伸缩振动,944 cm^{-1}、987 cm^{-1}处的吸收峰为 C—H 的面外弯曲振动,表明 PLGA-HPr 已经合成；在 d 中 3091 cm^{-1}处的吸收峰为 N—H 键的伸缩振动峰,表明共聚物中的 N-Ace-HPr 已经脱去保护基团。

图 4-23　系列聚合物的红外光谱图

（a,HPr；b,N-Ace-HPr；c,PLGA-N-Ace-HPr；d,PLGA-HPr）

（2）聚合物 PLGA-HPr 的[1]H-NMR 谱图

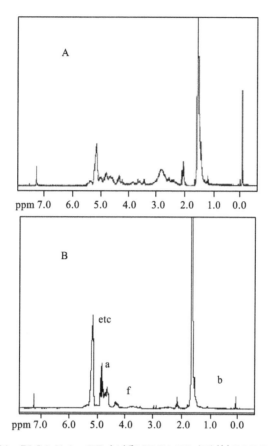

图 4-24　PLGA-N-Ace-HPr(A)和 PLGA-HPr(B)的[1]H-NMR 谱图

　　PLGA-HPr(w(LA)：w(GA)：w(HPr)＝70：30：10)样品的[1]H-NMR 谱图(图 4-24)的各峰归属如下：在 δ 4.85 ppm 处的峰归属于乙醇酸链段上的(—OC—CH$_2^*$—C—O—)，δ 5.15～5.25 ppm 归属于 4-羟基脯氨酸(C_4—H)，同 δ 5.15 ppm 处乳酸链段上的 CH* 重叠峰，δ 1.50～1.65 ppm 归属于聚乳酸的 CH$_3^*$—，通过 δ 2.1 ppm 处乙酰基吸收峰强度降低，可见共聚物脱保护成功，以上分析说明所设计的共聚物已经合成。

　　（3）聚合物 PLGA-HPr 的组成

　　按照前述的合成方法，合成一系列聚合物，如表 4-13 所示，样品 A～E 为固定 4-羟基脯氨酸的含量 10%，调解乳酸、乙醇酸的质量比，样品 B,F～I 中固定乙醇酸与乳酸的质量比为 30/70，增加 4-羟基脯氨酸的加料量，考察了各组分的实际比例与加料比的关系。通过[1]H-NMR 来分析共聚物的组成，聚合物分子链中乳酸、乙醇酸、4-羟基脯氨酸的比例可以通过各物质的特征吸收峰的积分强度来进行计算，计算方法如下式所示：

$$w(GA)/w(LA)/w(HPr) = 58 \times \frac{1}{2}I(4.8)/72 \times \frac{1}{3}I(1.5)/113 \times \left[I(5.0) - \frac{1}{3}I(1.5) \right]$$

式中：$I(1.5)$ 是乳酸的甲基氢的吸收峰积分强度；$I(4.8)$ 是乙醇酸的亚甲基氢的吸收峰积分强度；$I(5.0)$ 是 HPr 的 H_4 吸收峰和乳酸的次甲基氢的吸收峰积分强度。如表所示各组分的实际比例与加料比接近，存在一定偏差是由于在高温高真空聚合过程中各单体均有所损失造成的。

表 4-13　不同单体配比 PLGA-HPr 的合成

样　品	$w(GA)/w(LA)/w(HPr)$		$[\eta]$ /(dL/g)[②]	产率/(%)
	投料组成	产物组成[①]		
A	10/90/10	9/87/8	0.3183	73
B	30/70/10	28/65/11	0.2779	74
C	50/50/10	49/47/7	0.2096	77
D	70/30/10	67/26/6	0.2280	71
E	90/10/10	88/8/8	0.2122	73
F	30/70/30	23/65/28	0.2575	69
G	30/70/50	26/69/47	0.2120	75
H	30/70/70	27/65/69	0.1821	74
I	30/70/90	24/66/86	0.1788	67

注：① 通过 ^{1}H-NMR 分析得到；

② 在 25 ℃ 配制浓度 0.125 g/dL 的 DMF 溶液。

固定体系中 4-羟基脯氨酸的含量，反应条件不变，逐渐调节乙醇酸和乳酸的含量（A～E），乙醇酸/乳酸比例增加，聚合物黏度和产率呈无规律性变化。固定体系中乙醇酸与乳酸比例，反应条件不变，逐渐增加脯氨酸的含量 10%～90%（B,F～I），聚合物黏度从 0.2779 dL/g 降低到 0.1788 dL/g，这可能与脯氨酸的反应活性有关，脯氨酸含量较高时所得产物很脆，呈咖啡色晶体状。

2）最佳反应工艺条件的考察

根据 PLGA-HPr-PEG 的熔融聚合体系，我们设计了低温低真空、高温高真空、中温高真空和分次加料的工艺路线。第一步低温低真空是指乳酸和乙醇酸减压脱水，生成相对分子质量较小的预聚物；第二步高温高真空是指加料完毕，将反应温度升高到 180 ℃，进行熔融缩聚；第三步中温高真空是指将反应温度控制在 150 ℃，进行后期聚合。

在通过熔融聚合法合成乳酸、乙醇酸、4-羟基脯氨酸嵌段共聚物时，催化剂加入量、反应温度、反应时间对聚合物的产率和黏度都有较大影响。为了获得理想的聚合条件，考察了催化剂用量、反应温度、反应时间等实验条件对实验结果的影响，实验结果列于表 4-14 至表 4-15。

（1）催化剂用量对特性黏度 η 和产率的影响

在通过熔融聚合法合成乳酸、乙醇酸、4-羟基脯氨酸共聚物时，聚合反应在无催化剂下直接缩聚是一个平衡可逆反应，且速度慢，易发生副反应。因此，必须选择合适的催化剂以加速反应。直接聚合法中可以采用多种催化剂，如质子酸金属、金属氧化物等，用不同催化剂所得聚合物的相对分子质量不同，以氯化亚锡为催化剂，采用对甲苯磺酸为共引发剂，固定体系各单体的含量（w(LA)：w(GA)：w(HPr)=70：30：10），其他反应条件不变，催化剂用量在 0.4% 到 4.0%（w($SnCl_2$)：w(TSA)=1：1）的范围内变化，结果如表 4-14 所示。

表 4-14　催化剂用量对特性黏度 η 和产率的影响

样　品	催化剂用量/(%)	$[\eta]$/(dL/g)*	产率/(%)
1	0.4	0.1709	71
2	1.0	0.1806	76
3	2.0	0.3474	75
4	3.0	0.3488	78
5	4.0	0.2764	70

注：* 表示在 25 ℃ 对 0.125 g/dL 的 DMF 溶液进行测量。

从表 4-14 中可以看出，随着催化剂(I)与单体(M)的比例增加，即随着催化剂用量的增加，所得聚合物的特性黏度 η 出现一个极大值（当 $m(I)/m(M)=3\%$ 时，聚合物的特性黏度 η 为 0.3488 dL/g）。这是因为催化剂用量较少时，催化剂的催化作用对聚合反应起重要作用，而且催化剂浓度小，聚合反应速率低，即当 $m(I)/m(M)>3\%$ 时，随着 $m(I)/m(M)$ 减少、催化剂用量增加，聚合物相对分子质量增大；但是当催化剂用量继续增大，形成的配位活性中心增多，导致聚合物相对分子质量降低，而且由于氯化亚锡在较高温度下可以促进聚合物的解聚，且催化剂含量越高，聚合物的解聚越快，同样导致聚合物相对分子质量降低，因此当 $m(I)/m(M)<3\%$ 时，随着 $m(I)/m(M)$ 的减少、催化剂用量增大，聚合物相对分子质量下降。只有当催化剂用量在某一范围内，其催化聚合的速率大于催化解聚的速率，聚合物的相对分子质量才能提高，因此欲制备相对分子质量较高的聚合物，应控制 $m(I)/m(M)$ 在 3%。

（2）反应温度对特性黏度 η 和产率的影响

反应温度对熔融聚合法制备 PLGA-HPr 的影响很大，升高温度，提高反应速率的同时降低了体系的黏度，有利于水从反应体系中排出，使反应向聚合的方向进行，从而提高产物的相对分子质量。温度过高，又会导致聚合物发生热降解，使得反应向聚合物降解的方向进行。温度越高，副产物也越多，容易生成环状低聚物（如丙交酯、乙交酯）。因此，只有选择合适的聚合温度，才能得到较高相对分子质量的聚合物。

温度对反应的影响主要使平衡常数改变，升高温度使平衡常数 K 下降，但聚酯反应的平衡常数本身很小，因此它随温度的改变很小，但提高温度有利于降低体系黏度，同时有利于小分子排除。根据其可能的反应机理，由于氯化亚锡既有催化原料聚合的作用，又有催化其解聚的作用，因此聚合温度对聚合物的相对分子质量有很大影响。固定乳酸、乙醇酸、4-羟基脯氨酸的配比（$w(LA)：w(GA)：w(HPr)=70：30：10$），催化剂 3%（$w(SnCl_2)：w(TSA)=1：1$），加料完毕，将第二步反应温度从 150 ℃ 提升到 190 ℃，其他反应条件不变，进行熔融缩聚。考察了聚合温度对聚合物特性黏度 η 和产率的影响，结果如表 4-15 所示。

从表 4-15 可见，180 ℃ 以前，随着聚合温度的升高，聚合物的特性黏度 η 增加；在 180 ℃ 时聚合物的特性黏度 η 出现极大值，为 0.2342 dL/g；聚合温度超过 160 ℃，随着聚合温度的升高，聚合物的特性黏度 η 开始下降，产物颜色加深，产品发脆。这是因为催化聚合和催化热降解是一对互相竞争的反应，温度较低时，催化剂催化聚合的速率大于热降解的速率，因此聚合温度升高，分子运动加剧，有利于配位活性中心增大，聚合物相对分子质量增大；当温度进一步升高,催化剂催化聚合的速率小于催化热降解、氧化的速率,导致聚合物的相对分子质量下降,且熔融聚合物的颜色由无色变为淡黄色。因此,要想得到相对分子质量较高的聚合物,聚合温度最高在 180 ℃左右较宜。

表 4-15　反应温度对特性黏度 η 和产率的影响

编　　号	温度/℃	$[\eta]$/(dL/g)*	产率/(%)
1	150	0.2239	73
2	160	0.2240	75
3	170	0.2342	73
4	180	0.2577	70
5	190	0.1557	69

注:* 表示在 25 ℃对 0.125 g/dL 的 DMF 溶液进行测量。

(3) 反应时间对特性黏度 η 的影响

固定乳酸、乙醇酸、4-羟基脯氨酸的配比($w(\text{LA}) : w(\text{GA}) : w(\text{HPr}) = 70 : 30 : 10$),催化剂 3%($w(\text{SnCl}_2) : w(\text{TSA}) = 1 : 1$),保持反应条件不变,考察了 PLGA-HPr 制备过程中不同反应阶段聚合物的特性黏度 η,实验结果如图 4-25 所示。第一次取样是在 180 ℃条件下反应 5 h 以后,以后每隔 2 h 取样一次。聚合物的特性黏度 η 在反应进行到累计第 20 h 以后达到最大值 0.4932 dL/g。

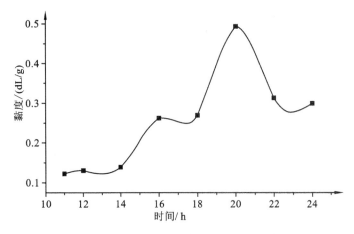

图 4-25　反应时间对特性黏度 η 的影响

由于乳酸缩聚是平衡反应,聚合初期,体系黏度比较小,水分易除去,使平衡反应正向进行,因此 PLGA-HPr 的相对分子质量和特性黏度增大,产率增大;随着聚合反应的进行,体系黏度持续增大,当黏度增大到使水分很难除去时,体系中的 PLGA-HPr、低聚 PLGA-HPr、水、交酯处于一种相对平衡状态,低聚 PLGA-HPr 的特性黏度和产率变化不大;当聚合时间超过 10 h,低聚 PLGA-HPr 的相对分子质量增长较快。超过 20 h 后,特性黏度已很难继续增长,可见在此真空度下继续延长反应时间使相对分子质量增加已无多大潜力。增长的聚合物链端彼此相互接触而发生反应,当聚合时间超过 20 h 以后,聚合物端基的浓度已相当低,相间的酯化反应变得非常慢,而分子内酯交换形成环状和低相对分子质量线状聚合物的反应速率增加,聚合物相对分子质量降低。同时原料中存在的微量单官能团杂质会导致部分增长链被封端,从而终止了部分缩聚反应的继续进行。当反应时间继续增加,反应体系中存在的微量氧气和水分在高温条件下很容易引起 PLGA-HPr 的降解,这就导致相对分子质量的降低。

（4）结晶度

通过 X 射线衍射谱图来分析聚合物的结晶行为,PLGA 共聚物的结晶性能是由聚合物分子链上两种单体的比例来决定的。同样乳酸、乙醇酸、4-羟基脯氨酸在聚合物 PLGA-HPr 分子链上的比例对聚合物的结晶性能也有影响。不同组成的 PLGA-HPr 聚合物的 X 射线谱图如图 4-26 所示。由对谱线 B,F～I 的分析可以得出当 4-羟基脯氨酸的含量超过 10% 时,聚合物没有明显的尖锐峰,只有一个"钝峰"的连续强度分布曲线,是典型的非晶聚合物的衍射曲线,可见 4-羟基脯氨酸的含量超过 10% 后聚合物完全呈现无定形状态。

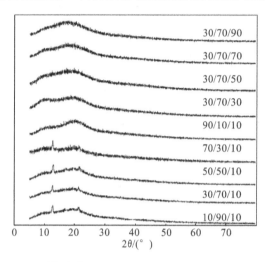

图 4-26　系列聚合物($w(\mathrm{GA})/w(\mathrm{LA})/w(\mathrm{HPr})$)的 X 射线谱图

固定 4-羟基脯氨酸的加料比例,调解乳酸和乙醇酸含量,可以发现,随着乙醇酸加料量逐渐增大,衍射谱线在 $2\theta=12.64$ 处的衍射峰强度逐渐降低,当加料量超过 70% 时,聚合物在 $2\theta=12.64$ 处的衍射峰消失。这说明乙醇酸的加入会降低聚合物的结晶度,当乳酸的含量低于 30% 以后聚合物呈非结晶状态。这与文献报道的在聚乙丙交酯聚合物中乙醇酸含量高于 70% 聚合物呈非结晶状态相一致。另外,据文献报道,在 PDLLA 共聚物中,D 型结构和 L 型结构互相作为缺陷破坏了对方的结晶,PLLA 的消旋率越高则结晶度越低。

（5）聚合物的热性能

不同原料配比的 PLGA-HPr 玻璃化转变温度如图 4-27 所示。玻璃化转变温度是高分子的链段从运动到冻结(或反之)的一个转变温度,链段的运动是通过主链的内旋转来实现的,显然玻璃化转变温度取决于聚合物的柔顺性。由于 PEG 的主链全为单键,不含支链,单键构成的高聚物的柔顺性好,从而其玻璃化温度降低。通过对图 4-27 中聚合物玻璃化转变温度的分析,可以看到,聚合物的玻璃化转变温度随乙醇酸含量的增加而降低。

当 4-羟基脯氨酸的加料量从 10% 增加到 90% 时聚合物的玻璃化转变温度从 20.07 ℃升到 52.5 ℃,这是由于脯氨酸本身含有五元环,刚性较大,所以在引入了脯氨酸以后,使得产物的柔顺性降低,环状结构限制了分子链的自由运动,导致了玻璃化转变温度的升高。

（6）聚合物的亲水性

静态水接触角常被用于评价材料的亲/疏水性,反映材料表面接触水时的瞬时亲/疏水性,

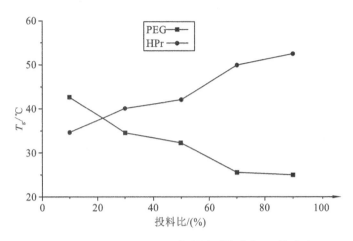

图 4-27　不同 PEG 和 HPr 投料比对聚合物 T_g 的影响

材料的接触角越小,亲水性越好,接触角的大小表示材料亲水性的优劣。本文通过加入不同量的 PEG 考察共聚物的接触角的变化。

通过对表 4-16 中聚合物接触角的分析,可以看到,聚合物的接触角随着乙醇酸和 4-羟基脯氨酸含量的增加而降低,这说明乙醇酸和 4-羟基脯氨酸的引入对于聚合物亲水性起到了改善作用。但是由于 4-羟基脯氨酸的加料量超过 30% 以后,聚合物在水中的溶解性逐渐增强,所以 PLGA-HPr 应用为药物载体,聚合物中 4-羟基脯氨酸的含量需要控制在 30% 以下。

表 4-16　聚合物组成对聚合物亲水性的影响

投料比 w(GA)/w(LA)/wHPr	接触角/(°)	吸水率/(%)
10/90/10	56.5	16.8
30/70/10	55.6	22.9
50/50/10	45.7	34.8
70/30/10	34.1	42.1
90/10/10	26.6	49.69
30/70/30	21.7	—*
30/70/50	16.5	—*
30/70/70	15.2	—*
30/70/90	12.7	—*

注:* 表示在水中溶解。

(7) 聚合物的降解性

PLGA-HPr 的体外降解试验在 pH 7.4 磷酸盐缓冲液条件下 37 ℃恒温水浴中进行。4-羟基脯氨酸的加料量超过 30% 时,聚合物溶于水。固定 4-羟基-脯氨酸的含量在 10%,调节 w(GA)/w(LA)从 10/90 到 90/10,降解速度随着乙醇酸含量的加大而加速,乳酸含量较高的链段疏水性强,吸水率低相应的降解较慢(图 4-28)。聚合物的降解速度随分子链上乙醇酸和乳酸两种单体的比率变化而变化。聚合物体外降解是水解降解,是因酯键断裂而降解。聚合物降解首先在非晶区开始。聚乳酸部分疏水性较强,所以乳酸含量高的聚合物降解速率较慢。另外,部分结晶的聚合物,结晶区的分子堆积非常紧密,对聚合物的降解速率有很大的影响。

乙醇酸的存在降低了共聚物的结晶度,使得聚合物的降解速度加快,这和聚合物的结晶度分析相一致。在半结晶态的 PLGA-HPr 降解存在两个阶段。在第一个阶段,水分子扩散到 PL-GA-HPr 无定形区,第二个阶段,水分子扩散到 PLGA-HPr 结晶区但扩散速度比无定形区慢得多。另外,无定形的 PLGA-HPr 在降解的过程中,降解产生的低聚物会形成结晶的中间态,引起降解延迟。

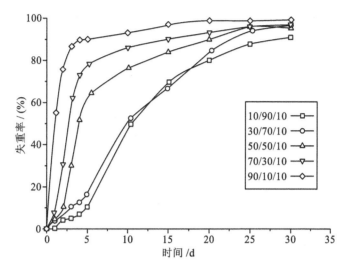

图 4-28 PLGA-HPr 中不同的 $w(GA)/w(LA)/w(Hpr)$ 在 37 ℃ 磷酸盐缓冲液中的体外降解

(8) 聚合物的溶解性能。

系列 PLGA-HPr 聚合物随单体比率的不同,溶解性存在较大差异(表 4-17)。系列聚合物都可以溶解在 DMF 中,不溶于乙醚。乙醇酸含量超过 50% 后,聚合物 PLGA-HPr 在氯仿中溶解度下降。当脯氨酸的含量超过 10% 以后,聚合物在水中的溶解性逐渐增强,失去作为药物载体的价值。

表 4-17 PLGA-HPr 的溶解性能

投料比 $w(GA)/w(LA)/w(Hpr)$	CHCl₃	THF	CH₃OH	丙酮	DMF	乙醚	H₂O
10/90/10	＋＋	＋＋	－	＋	＋＋	－	－
30/70/10	＋＋	＋＋	－	＋	＋＋	－	－
50/50/10	＋＋	＋＋	－	＋	＋＋	－	－
70/30/10	＋	＋	－	＋	＋＋	－	－
90/10/10	－	－	－	＋	＋＋	－	－
70/30/30	＋	＋	－	＋	＋＋	－	＋
70/30/50	＋	＋	－	＋	＋＋	－	＋＋
70/30/70	＋	＋	－	＋	＋＋	－	＋＋
70/30/90	＋	＋	－	＋	＋＋	－	＋＋

注:＋＋,溶解;＋,部分可溶;－,不溶解。

2. PLGA-HPr 的聚合反应机理研究

根据 PLGA-HPr-PEG 的熔融聚合体系,我们设计了低温低真空、高温高真空、中温高真空和分次加料的工艺路线。结合此工艺路线,对 PLGA-HPr 聚合反应的机理进行了讨论。

1) PLGA-HPr 聚合前期缩聚反应机理

第二步高温高真空的熔融缩聚,是羟基羧酸分子之间的酯化脱水反应。根据 Kimura 的工作,以 $SnCl_2 \cdot 2H_2O$/对甲苯磺酸为催化剂,聚合物的熔融缩聚系统遵循配位聚合机理,就聚合物而言,聚合动力学明显类似于单官能团小分子的酯化缩聚,其每一步缩聚反应的速率常数实际上与聚合物的链长无关,缩聚反应速率可以用下式表示:

$$-d[COOH]/dt = K'[CAT][COOH][OH]$$

式中:$[COOH]$ 代表羧基的浓度;$[OH]$ 代表醇的浓度;$[CAT]$ 代表催化剂的浓度;K' 代表速率常数。

对于乳酸缩聚而言,$[COOH]$ 和 $[OH]$ 总是等物质的量出现的,在下式中 k 用来代替 $K'[CAT]$,于是便得到:

$$-d[COOH]/dt = k[COOH]^2$$

2) 后期缩聚反应机理

第三步中温高真空的后期聚合,由于体系中乳酸聚合物链段存在部分结晶现象,后期聚合同聚酯固相缩聚有类似之处。我们尝试结合聚酯固相缩聚机理来分析 PLGA-HPr 的后期聚合过程。Beaumont 等提出了线性聚酯固相缩聚的聚合速率公式,如下式所示:

$$聚合速率 = kt^n$$

式中:k 表示固相缩聚反应速率常数;t 为副产物小分子扩散时间;n 为系数。

PLGA-HPr 的后期缩聚的反应平衡式如下:

$$P_m + P_n \longrightarrow P_{m+n} + B \quad (n, m = 1, 2, \cdots)$$

P_n 表示聚合度为 n 的高分子,P_m 表示聚合度为 m 的高分子。相对分子质量较低的聚合物 P_n 和 P_m 结合形成相对分子质量较高的聚合物 P_{m+n},并析出小分子副产物水分子 B。固相缩聚反应速率将由化学反应及小分子的扩散两个方面来共同决定。因此,上述固相缩聚需排出小分子并推动反应平衡向右移动。PLGA-HPr 在后期缩聚中,一方面存在着一系列的相对分子质量较低的 PLGA-HPr 链端的羟基和羧基之间的脱水缩聚反应,另一方面相对分子质量较高的 PLGA-HPr 通过水解反应重新生成相对分子质量较低的 PLGA-HPr 分子链,固相缩聚是脱水缩聚与 PLGA-HPr 水解的平衡反应。因此,缩聚反应速率可以表示为

$$-d[COOH]/dt = K_1[COOH][OH]$$

由于后期聚合过程只发生在聚合物的非晶态部分,因此可将反应系统划分为晶区和非晶区,对于羟基羧酸缩聚而言,$[COOH]$ 等于 $[OH]$,于是便得到下式:

$$-d[COOH]/dt = K[COOH]^2$$

由于后期聚合过程只发生在聚合物的非晶态部分,因此,可将反应系统划分为晶区和非晶区,在聚合与结晶过程中,如果反应系统体积变化很小,假设 PLGA-HPr 增长链端基的浓度不变时,则可得到:

$$-d[COOH]/dt = K[COOH][OH]/A^2$$

设 α 为后期聚合反应系统中 PLGA-HPr 的结晶度,$A = (1-\alpha)$ 表示非晶区的分率。因为反应系统的体积假定不变,那么处于非晶区中羧基和羟基的浓度则可分别表示为 $[COOH]/(1-\alpha)$ 和 $[OH]/(1-\alpha)$。对于羟基羧酸聚合物而言,$[COOH] = [OH]$,故

$$-d[COOH]/dt = K[COOH]^2/A^2$$

由于熔融缩聚是一个均一的体系,没有结晶区与非晶区之分,所以上式与前期熔融缩聚的反应速率公式比较,后期缩聚反应速率多了一个结晶参数 A^2。因此,随着产物 PLGA-HPr 的结晶度增加,后期缩聚反应速率相应增加。由于结晶区的扩大,反应性端基向无定形区扩散集中,从而有利于端基间的反应和大分子扩链。在一定时间内,可使产物的相对分子质量提高。副产物小分子的扩散速率也对后期缩聚有较大影响。后期缩聚时预聚物结晶度的变化会影响小分子副产物的扩散,并最终影响聚合速率,小分子副产物的扩散能力是随着聚酯中非晶区的质量分数的增加而呈线性增加的。所以,随着后期缩聚反应时间的延长,当结晶度提高到一定程度后以后,一方面由于[COOH]的逐渐消耗而浓度开始下降,使脱水缩聚反应速率减小,而分子内部酯交换形成环状和低相对分子质量聚合物的反应速率增加;另一方面小分子副产物的排出越来越困难,最终使反应平衡向逆反应方向移动,并导致产物相对分子质量下降。通过测试,在 150 ℃反应 9 h 为最佳反应条件。

总之,采用熔融缩聚法制备具有活性氨基侧基的 PLGA-HPr 聚合物,嵌段共聚物中各单体的物质的量之比与实际投料比相近,说明只要控制反应物的投料比,就能得到不同的嵌段共聚物。通过试验探索得到最佳工艺条件是低温低真空、高温高真空、中温高真空和分次加料的工艺路线。

乙醇酸和 4-羟基脯氨酸比乳酸亲水性强;乙醇酸含量增加可以使 PLGA-HPr 的 T_g 降低,4-羟基脯氨酸含量增加则使 PLGA-HPr 的 T_g 升高;PLGA-HPr 中乙醇酸含量超过 70%,4-羟基脯氨酸含量超过 10%,聚合物可从半结晶状态转化为无定形状态。聚合物的降解速率可以通过控制乳酸和乙醇酸的比例来调节。

4.7.3 乳酸/4-羟基脯氨酸/聚乙二醇共聚物

聚乳酸(PLA)具有可生物降解性和生物相容性,在人体内代谢的最终产物是水和二氧化碳,中间产物乳酸是体内糖代谢的产物,不会在重要器官聚集,因此聚乳酸已经成为医用生物材料中最具吸引力的聚合物。但是 PLA 本身亦存在水溶性差、性脆等缺点,随着 PLA 应用领域的不断开拓,单独的 PLA 均聚物已不能满足要求,如在高分子药物控制释放体系中,对不同的药物要求其载体材料具有不同的释放速率,仅靠调节 PLA 的相对分子质量分布来调节降解速率有很大的局限性。为了改进 PLA 的性能,人们又开始合成以 PLA 为主的各类共聚物。

聚乙二醇(PEG)作为一种最简单的聚醚高分子,具有优异的生物相容性和血液相容性、亲水性和柔软性等优点,疏水的 PLA 链段中引入亲水的 PEG 链段,可望提高材料的亲水性和生物相容性。因此,PLA 与 PEG 二嵌段和三嵌段共聚物(PLEA)作为一种可生物降解材料,已被人们广泛研究。PLEA 是直链大分子,PLEA 只在分子链的两端含有活性基团(端羧基和端羟基),没有其他的功能基团来化学键合药物或者生物活性分子。在 PLA 的分子中引入功能侧基,受到材料和生物学家的重视,目前已有一些相关研究,如通过乳酸与其他含有多功能基的单体聚合合成可生物降解的含有功能侧基的聚合物。在 PLEA 直链上引入活性基团使它可以共价键合药物和蛋白质多肽生物大分子,实现多肽或蛋白质药物的可控释放,在聚乳酸的分子中引入大分子结构单元或链段,受到材料和生物学家的重视。

4-羟基脯氨酸材料天然存在于人体组织,能自行降解、代谢,被机体吸收和排泄。采用 4-羟基脯氨酸、PEG 与乳酸共聚,可以将 4-羟基脯氨酸的活性氨基作为侧基引入主链,使得聚合物既可以把药物键合到材料上,也可以以储存或骨架方式与药物结合;同时聚合物具有了

PEG 的亲水性,使得这种聚合物具有对细胞和多肽蛋白相容性好的优势。

纳米/亚微米粒载体是一种新型的控释系统,它与微米颗粒载体的主要区别是体积超微小,并能直接作用于细胞,通过控制药物与靶基因的持续缓慢释放,有效延长作用时间,维持有效的产物浓度,并具有高基因转染效率和转染产物的生物利用度。因而,在保证疗效的前提下,可减少给药剂量,减轻或避免毒副反应,并可提高药物及基因的稳定性,形成较高的局部浓度。作为一种新的释药系统,许多工作尚处于基础性研究阶段,但是鉴于其两亲性共聚物/药物胶束的优良性能和人类对药物越来越高的要求,它作为一种药物新剂型将有诱人的应用前景。

由疏水和亲水高分子嵌段组成的聚合物可以在水溶液中自发缔合形成直径在 100 nm 左右的胶束结构。小体积的胶束不仅可以避免肾排出和网状内皮系统的快速捕获,而且可以在肿瘤部位通过被动扩散具有较高的血管渗透性。含有药物的胶束通过血液循环系统可以被转运,通过松散的肿瘤部位毛细血管上皮连接结构。两亲共聚物/药物胶束是高分子材料科学、胶体化学和药剂学发展和结合的产物。由于共聚物/药物胶束具有芯-壳型的结构和亚微米级的尺寸,具有控释、低毒、靶向、稳定、可降解等性能,与脂质体和一般毫微球相比有其独特的优越性。

通过熔融聚合法合成新型两亲性聚合物(乳酸-乙醇酸-4-羟基脯氨酸)(PLA-HPr-PEG),并研究了其性能,然后以 5-Fu 为模型药物,研究了 PLA-HPr-PEG 的药物包载性能。PLA-HPr-PEG 的结构式如图 4-29 所示,PLA-HPr-PEG 的具体合成过程如图 4-30 和图 4-31所示。

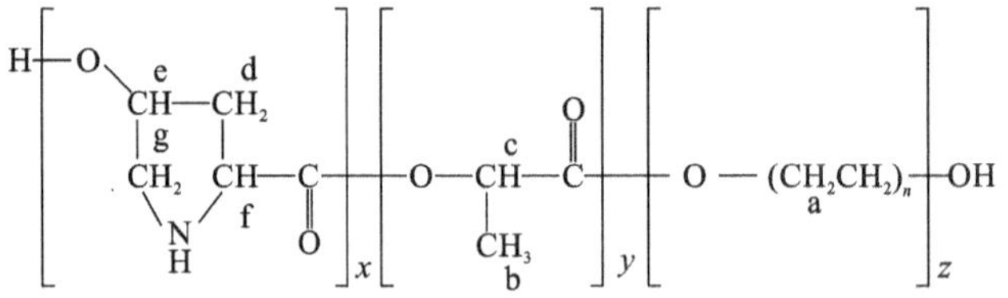

图 4-29 PLA-HPr-PEG 的结构式

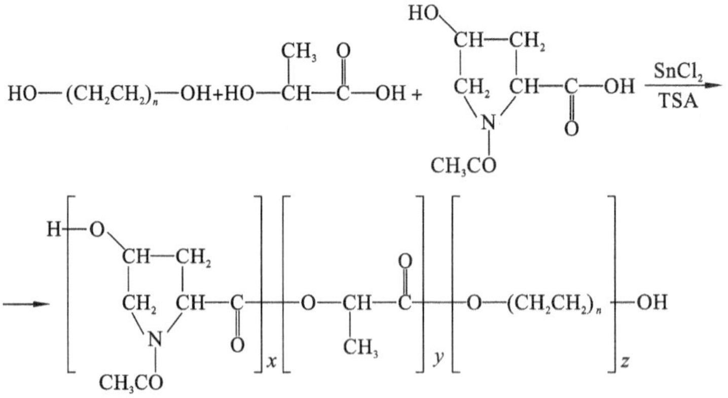

图 4-30 PLA-N-Ace-HPr-PEG 的合成路线

采用熔融聚合法以氯化亚锡为催化剂合成了 PLA-HPr-PEG 聚合物,熔融聚合法生产的 PLA-HPr-PEG 产率在 67% 以上。通过 ^{1}H-NMR 谱图来分析共聚物的组成,聚合物分子链中乳酸、4-羟基脯氨酸和 PEG 的比例可以通过各物质的特征吸收峰的积分强度来进行计算,如

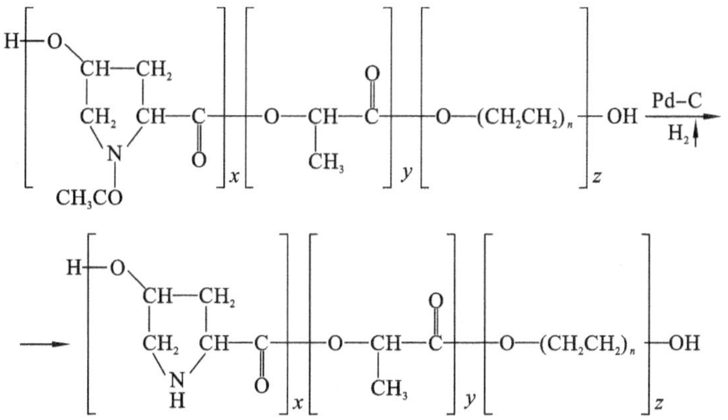

图 4-31　PLA-N-Ace-HPr-PEG 的去保护

下式所示：

$$w(PLA)/w(HPr)/w(PEG) = 72 \times \frac{1}{3}I(1.55)/113 \times \left[I(5.15) - \frac{1}{3}I(1.55) \right]/44$$
$$\times \frac{1}{4}I(3.58)$$

式中：$I(1.55)$ 是乳酸的甲基氢的吸收峰积分强度；$I(3.58)$ 是 PEG 的亚甲基氢的吸收峰积分强度；$I(5.15)$ 是 HPr 的 H_4 吸收峰和乳酸的次甲基氢的吸收峰积分强度。计算结果见表4-18。

表 4-18　PLA-HPr-PEG 的共聚物

| 样品 | $w(PLA)/w(HPr)/w(PEG)$ | | M_w[②] | M_w/M_n[b] | 产率/(%) |
	原料组成	产物组成[①]			
1	96/4/0.1	93.56/3.13/0.01	13610	1.70	73
2	96/4/0.5	93.84/3.32/0.25	13446	1.63	71
3	96/4/1.0	94.62/3.27/0.86	12932	1.53	68
4	96/4/5.0	94.44/3.35/4.87	9705	1.32	67

注：① 由 ^{1}H-NMR 分析得到；

　　② 由 GPC 分析得到。

通过调节 PEG 含量来考察聚合物的性能变化，通过对表 4-18 中 PLA-HPr-PEG 相对分子质量的分析，可见熔融聚合法生产 PLA-HPr-PEG 的相对分子质量在一定范围内随着 PEG 含量增加而降低，这可能是因为在聚合时，羟基化合物的存在与 $SnCl_2$ 催化剂发生反应，同时还能和正在增长的活性链端发生链转移反应，这样使正在增长的链通过链转移而停止增长，降低了共聚物的相对分子质量（图 4-32）。

1）聚合物的表征

在图 4-33 聚合物的红外谱图 d 中 1755 cm^{-1} 处的强吸收峰是酯基中的 C＝O 特征吸收峰，波数 1190 cm^{-1} 附近的吸收峰，是高度对称的仲醇的 C—O 键振动吸收峰，波数 3524～3200 cm^{-1} 间较强较宽的吸收峰是 O—H 的特征吸收峰，聚合物在 2996 cm^{-1}、2945 cm^{-1} 和 2878 cm^{-1} 处有三种 C—H 键伸缩振动特征峰，分别表征了 CH$_3$—、CH—和 CH$_2$—结构的存

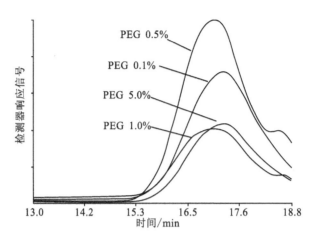

图 4-32　不同 PEG 含量的 PLA-HPr-PEG 的 GPC 曲线

在,d 与 c 相比在引入 PEG 以后 CH_2—的吸收峰的强度明显增大,可见 PLA-HPr-PEG 已经成功合成。

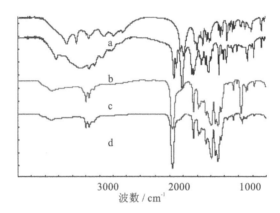

图 4-33　系列聚合物的红外谱图
(a. HPr;b. N-Ace-HPr;c. PLA-N-Ace-HPr;d. PLA-HPr-PEG)

在图 4-34 中通过对聚合物的 ^{1}H-NMR 谱图进行分析可以得出:PEG 中结构单元的 CH_2—的吸收峰在 3.66 ppm 附近,乳酸的 CH_3—的吸收峰在 1.60 ppm 附近,脯氨酸的 H_4 特征吸收峰在 5.18 ppm 附近与乳酸的—CH^*—吸收峰重叠。由于 PEG 的 CH_2—吸收峰的存在,而且吸收峰强度很大,所以可认为聚乳酸、脯氨酸与 PEG 的共聚物形成了,因为在产品的纯化过程中,低聚物和没发生反应的乳酸、PEG 及脯氨酸会溶解而被去除,可见聚合物的结构与所设计的相一致。2.1 ppm 处乙酰基团吸收峰强度下降可作为 PLA-HPr-PEG 的保护基团已经成功地脱掉的依据。综上所述,目标共聚物已经合成。

2) PLA-HPr-PEG 的性能

(1) PLA-HPr-PEG 的结晶性能

通过对不同 PEG 含量的 PLA-HPr-PEG 聚合物的 X 射线分析,可见谱图没有明显的尖锐峰,只有一个"钝峰"的连续强度分布曲线,这是典型的非晶聚合物的衍射曲线(图 4-35),所以 PLA-HPr-PEG 是无定形聚合物,这主要是由于本文聚合用的乳酸是各种旋光乳酸的混合物,它们互相破坏了对方的结晶。同理在高度结晶的聚 L-乳酸中,每增加 1% 的 D,L-乳酸聚合物,半结晶时间约增加 40%,聚合物空间异构体的含量越高,则最终结晶度越低,在 D,L-乳

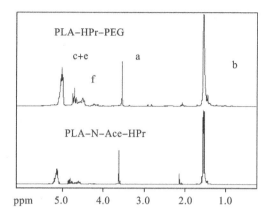

图 4-34　PLA-HPr-PEG 的 ^{1}H-NMR 谱图

酸达到 15％以后,聚合物不再结晶。

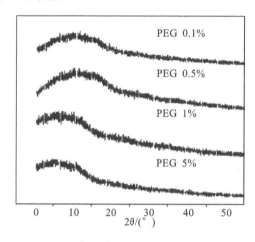

图 4-35　不同 PEG 含量的 PLA-HPr-PEG 的 X 射线衍射谱图

(2) PLA-HPr-PEG 的亲水性

　　静态水接触角反映材料表面接触水时材料亲水性的优劣,材料的接触角越小,亲水性越好,吸水率反映材料内部的亲疏水性能,吸水率大则材料内部亲水性能好,本文通过加入不同含量的 PEG 考察共聚物的接触角和吸水率的变化。通过对表 4-19 中聚合物接触角和吸水率的分析,可以看到,聚合物的接触角随着 PEG 含量的增加而降低,吸水率变大,这说明 PEG 的引入对于聚合物亲水性起到了一定的改善作用。但是由于本实验设备真空度的限制,PEG 的引入量过高使聚合物的相对分子质量过低,失去使用价值,如能进一步提高反应系统真空度,聚合物的相对分子质量可以相应得到提高,聚合物的亲水性也可以得到进一步的改善。

表 4-19　不同 PEG 含量的 PLA-HPr-PEG 的接触角和吸水率

样品	PEG/(％)	接触角/(°)	吸水率/(％)
1	0.1	36.3	11.5
2	0.5	34.0	14.8
3	1.0	33.8	43.7
4	5.0	33.6	46.1

（3）PLA-HPr-PEG 的热性能

PLA-HPr-PEG 的热性能采用 DSC 来进行考察。由于 PEG 的主链全为单键，不含支链，单键构成的高聚物的柔顺性好，从而其玻璃化温度低。通过对表 4-20 中聚合物玻璃化转变温度的分析，可以看到，聚合物的玻璃化转变温度随 PEG 含量的增加而降低。

表 4-20　不同 PEG 含量的 PLA-HPr-PEG 的 T_g

样品	PEG/(%)	T_g/℃
1	0.1	32.5
2	0.5	30.3
3	1.0	29.0
4	5.0	27.0

（4）降解性研究

由于聚合物 PLA-HPr-PEG 分子链中含有亲水性的酯基，酯基在水中或生物介质中可发生水解，使聚合物分子链断裂，因此 PLA-HPr-PEG 可发生降解。体积较大的聚合物降解是非均一的，内部降解的速率要比表面的快，在内部存在着自催化作用。在降解开始的时候，在基质中酯键的水解是各向同性的，降解引起链端羧基数量的增加，羧基对酯的水解起到了催化作用。降解后的聚合物中低聚物可以溶解在周围介质中，从基质中逸出。在降解的过程中，如果是接近基质表面的低聚物，在它们充分降解之前可以被溶解除去，相反，若在基质内部一个较低的 pH 值环境累积起来，会导致聚合物降解加速。

如图 4-36 所示，随着 PEG 含量的增加，聚合物的降解速率加快。因此 PEG 嵌段的引入，增加了聚合物的亲水性。这是由于亲水的乙氧基的存在，一方面破坏了 PLA 的结晶性，另一方面增强了水分子进攻酯键与亲水基的能力，水解加速，故共聚物的降解速率增大。降解过程中共聚物大分子链逐渐断裂为小分子，它们从样品表面或通过分子运动从试样内部扩散到表面而溶于降解介质中，从而导致试样质量减小。

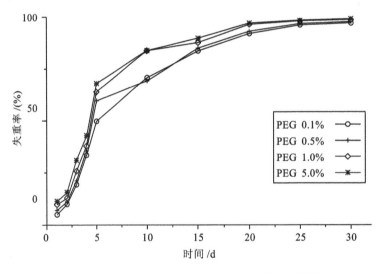

图 4-36　PLA-HPr-PEG 样品 1、2、3 和 4 的降解性能

3）载药亚微米球的制备工艺

聚合物胶束是近几年发展起来的一种新型药物释放系统。胶束的形成是吸引力和排斥力

共同作用的结果:吸引力导致分子间相互结合,排斥力则阻止胶束无限制地增长。当两亲性嵌段共聚物置于一个对亲水性或者疏水性聚合物有选择的溶剂中时,嵌段共聚物会自发形成聚合物胶束溶液。两亲性嵌段共聚物由疏水-亲水嵌段共聚物在水溶液中形成,其形成过程与低分子表面活性剂的形成过程非常类似,两亲性嵌段共聚物在水相中能形成直径 $10 \sim 100$ nm 的聚合物胶束,具有特殊的核-壳结构。亲水性 PEG 嵌段形成胶束的外壳,这样就避免了由于药物在网状内皮系统(RES)被非特异性吸收,而到达不了 RES 以外靶位的缺陷,实现了药物的被动靶向作用。

采用纳米沉淀法制备聚合物载药亚微米球,在亚微米球形成过程中,亲水性功能基团向表面移动,疏水部分向胶束内部移动,形成了壳核结构。药物包入亚微米球中能降低毒性,原因有两点:①药物被包封于亚微米球内部,减少了药物与细胞的直接接触,并且亲水 PEG 外壳能减小亚微米球之间及亚微米球与细胞之间的作用。②药物从 PEG 修饰的共聚物亚微米球中持续释放的特性有利于细胞的存活。Peracchia 等发现 PHDCA(聚十六烷基腈基丙烯酸酯)经 PEG 修饰后毒性降低。经过纳米粒培养,50%单核-巨噬细胞存活,而没有经过 PEG 修饰的 PHDCA 纳米粒培养,只有 20%单核-巨噬细胞存活。这说明经 PEG 修饰的共聚物纳米粒更有利于降低细胞毒性。

聚合物亚微米球体系面临着载药量很低的问题。特别是水溶性药物,由于亚微米球的粒径很小,比表面积大,因此在形成亚微米球时,药物很容易损失进入水相。了解亚微米球体系对药物的载药特征,有助于减少载体用量,降低药物毒性,减小药物的损失,使工业生产费用降到最低。下面以 PLA-HPr-PEG(PEG 5.0%)为例考查各制备参数对亚微米球粒径、载药量(DLC)和包封率(EE)的影响。

(1) 溶剂体积的选择

按照描述固定药物投放量和聚合物的用量,由表 4-21 可见将溶剂的用量从 5 mL 增大到 10 mL,亚微米球球径从 109 nm 减小到 97 nm,DLC 和 EE 分别从 1.32% 和 12.9% 增大到 4.92% 和 46%,这主要是由于溶剂的用量增大,聚合物浓度降低,有机相黏度变小,相同剪切力下更易分散,形成乳滴半径减小,因此固化得到的亚微米球粒径变小。溶剂的用量增大会导致聚合物和外水相之间的药物浓度梯度减小,在制备过程中药物的损失量较小,所以 DLC 和 EE 增大。

表 4-21　有机溶剂体积不同时亚微米球的 DLC、EE 和产率

溶剂体积/mL	粒径/nm	多分散性	DLC/(%)	EE/(%)	产率/(%)
5	109	0.09	1.32	12.9	37.09
10	101	0.13	3.80	34.75	33.45
15	97	0.10	4.92	46.00	38.73

(2) 聚合物用量的选择

按照前述固定药物投放量和溶剂的用量,由表 4-22 可见将聚合物的用量从 100 mg 增大到 300 mg,亚微米球粒径从 101 nm 增大到 134 nm,DLC 从 3.8% 降低到 1.8%,EE 从 34.75% 增大到 47.68%,聚合物投放量对亚微米球粒径的影响较明显,在采用溶解挥发法制备亚微米球的过程中,亚微米球的粒径直接依赖于有机溶剂向外界扩散的速度。扩散速度较快的时候微球粒径较小。当有机相黏度变大的时候,不利于溶剂扩散,所以形成的亚微米球粒

径较大。同时,聚合物浓度提高,有机相中分子链个数增多,分子链蜷曲时包裹药物的概率增大。此外,5-Fu 是亲水性药物,溶剂挥发过程中易从内水相扩散至外水相,乳液液滴半径增大,亚微米球比表面积减小,内水相向外水相扩散的概率降低,因此,EE 随聚合物浓度提高而增大。

表 4-22 聚合物用量不同时亚微米微球的 DLC、EE 和产率

聚合物用量/mg	粒径/nm	多分散性	DLC/(%)	EE/(%)	产率/(%)
100	101	0.13	3.80	34.75	33.45
200	108	0.08	2.19	42.40	30.89
300	134	0.04	1.80	47.68	40.50

(3) 药物用量的选择

按照前述固定药物投放量和聚合物的用量,由表 4-23 可见将药物的投放量从 10 mg 增大到 30 mg,药物投放量对微球粒径没有明显规律的影响,DLC 和 EE 分别从 3.8% 和 34.75% 降低到 2.03% 和 11.19%。看起来是药物投放量越大 DLC 和 EE 越小,这可能是因为每一种材料对于特定的药物都有最大的包载能力,药物包载量不会随投放量增大而无限增大,当超过最大包载能力以后,过多的药物会在制备过程中损失掉。另外,药物投放量增大导致聚合物与外水相之间的浓度梯度变大,在亚微米球制备过程中药物损失量变大,所以 DLC 和 EE 下降。

表 4-23 药物用量不同时亚微米微球的 DLC、EE 和产率

药物用量/mg	粒径/nm	多分散性	DLC/(%)	EE/(%)	产率/(%)
10	101	0.13	3.80	34.75	33.45
20	104	0.09	2.03	18.69	36.42
30	103	0.09	2.03	11.19	34.77

4) PLA-HPr-PEG 载药亚微米球的性能

(1) 不同 PEG 含量载药亚微米球的包载性能

载药量同聚合物与药物间的相容性有关,相容性好的载药量较高,载药量的增大则导致胶束尺寸的增大。载药胶束的粒径与聚合物的相对分子质量、嵌段比、胶束制备方法、溶剂种类、浓度等因素有关。如表 4-24 所示,PEG 含量没有对载药亚微米球的粒径带来明显规律性的影响,这可能是因为,聚合物的相对分子质量相差不大,造成聚合物亲水段与疏水段比例无明显偏差,形成的胶束粒径较稳定。随着体系中 PEG 含量增大,胶束产率也增大。PEG 含量较高的聚合物载药亚微米球的载药量和包封率较高,这可能是因为亲水 PEG 含量的增大,使药物与聚合物载体的相容性增强,液滴稳定性增强,所以在一定范围内,载药量可以随着亲水 PEG 含量的增大而提高。

表 4-24 不同 PEG 含量的 PLA-Hpr-PEG 亚微米微球的 DLC、EE 和产率

样品	PEG/(%)	粒径/nm	多分散性	EE/(%)	DLC/(%)	产率/(%)
1	0.1	104	0.13	27.23	2.842	4.45
2	0.5	105	0.11	29.97	3.204	17.42
3	1.0	102	0.13	33.52	3.722	21.77
4	5.0	103	0.10	41.33	4.022	33.28

（2）不同 PEG 含量载药亚微米球形貌

在两亲性嵌段聚合物中疏水部分形成亚微米球的"核"，亲水部分形成亚微米球的"壳"（图 4-37）。疏水部分可以通过疏水作用力包裹药物，亲水的 PEG 外壳可以避免亚微米球被人体内皮网状系统快速捕捉。亲水的 PEG 外壳被用来避免表面被生物组分粘连，PEG 的外壳可以降低蛋白质的吸附能力，提高亚微米球的血液相容性。亚微米球的尺寸和外壳对于将药物传送到特定的组织器官很重要，据报道纳米球可以穿透黏膜下层而体积较大的微球主要聚集在表皮上层。文献报道较小的微粒因为具有良好的穿透力更易于在肿瘤地区富集，小于 200 nm 的微球可以防止脾脏过滤，另外较小的微球更易于注射。采用本方法制备的亚微米球粒径在 100～200 nm 之间。

（3）不同 PEG 含量载药亚微米球药物释放

亚微米球作为药物载体有很多优势：有较高的基因转移效率，可获得靶基因的长期稳定表达；可保护药物或靶基因不受机体血浆或组织细胞中多种酶类和补体的破坏。因此，亚微米球在转运基因，运载多肽和蛋白类药物，输送免疫调节剂、抗肿瘤药、抗病毒药和输送抗原或疫苗等方面有着广泛的应用前景。

PLA-HPr-PEG 载药亚微米球的体外释药行为在 37 ℃ PBS 中进行。由图 4-38 可见单纯 5-Fu 在相同条件下的释放曲线，2 h 释放率达到 92％，6 h 全部释放完毕，同文献报道的 2 h 内释放完毕相比，可能是因为使用了透析袋所致。PLA-HPr-PEG 系列载药亚微米球都可以释药 3 天，在 20 h 药物释放量达到 80％左右，这种载体具有提高 5-Fu 的循环时间的潜能，可望提高 5-Fu 的疗效。PLA-HPr-PEG 系列载药亚微米球随着载体中 PEG 含量的增大，药物释放速率提高，这主要是因为 PEG 是亲水性材料，PEG 含量较高的体系中乙氧基含量较大，这使得水分子更易于接触和扩散进入聚合物，药物分子更易于扩散释放到外水相。所以，PEG 含量较高的聚合物药物释放速率加快。

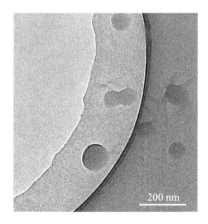

图 4-37 PLA-HPr-PEG
的 TEM 谱图

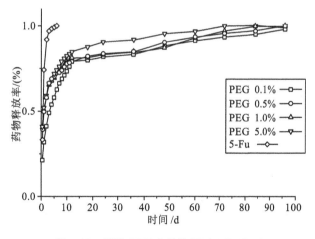

图 4-38 不同 PEG 含量的 PLA-HPr-PEG
共聚物的药物释放行为

5）亚微米球的 5-Fu 释放机理

微球中药物的溶出过程比较复杂，可以通过若干途径完成，如表面蚀解、骨架扩散、整体崩解、水合膨胀、解离扩散及解吸附等，药物制成微球以后，一般要求药物能够定量地从微球中释放，从而达到预期的目的。整体微球中药物的释放可以通过若干途径进行，包括表面蚀解、酶降解、整体崩解等,其释放机理复杂。

药物通过聚合物基质的释放过程一般包括以下几个步骤:①首先释放介质浸入聚合物基质,使分散的药物溶出;②由于存在的浓度梯度,药物分子扩散通过聚合物屏障,达到聚合物表面;③药物从聚合物上解吸附;④药物扩散进入体液或介质。

在药物的整个释放过程中,伴随着许多复杂的物理、化学现象的发生,药物的释放特征取决于这些物化现象的共同作用。通过对这些现象的分析,研究其中的动力学和释放速率,可以找到控制和调节药物的释放速率的途径,从而使药物从制剂中释放达到预期的要求。因此,国内外许多研究者做了大量的试验和理论工作,目的就是为了精确地描述药物的释放过程,并揭示其释放的传质机理。现有文献中已发表了许多相应的释放模型,用于量化药物的释放,指导药物制剂的设计和开发。

(1)释放模型的选择

①药物初始均匀分布系统的释药模型

1975 年,Crank 在基本扩散模型中提出以下的假设:药物以分子状态分散在载体中;微球中的药物的载量低于药物的饱和浓度;$t=0$ 时刻,药物完全以液相的状态存在于微球中;扩散阻力是影响微球释放的唯一因素。

基于以上假设,以单个微球为对象加以分析。首先确定微球内药物的浓度分布。在球形颗粒内,根据扩散过程的质量平衡原理可得,扩散通量和扩散面积的乘积对微单元体积的导数必然等于浓度变化。

$$\mathrm{d}M_t / \mathrm{d}t = k_0 4\pi R^2$$

在球形颗粒内,取一半径为 r,厚度为 $\mathrm{d}r$ 的微元。根据扩散过程的质量平衡原理可得,扩散通量和扩散面积对微元体积的导数必然等于浓度变化。即有下式成立:

$$\frac{\partial\left[\left(D\,\dfrac{\partial C}{\partial r}\right)\cdot 4\pi r^2\right]}{4\pi r^2 \partial r} = \frac{\partial C}{\partial t}$$

若式中的有效扩散系数 D 为常数,可简化得到最终的药物释放的非稳态质量平衡方程:

$$\frac{\partial C}{\partial t} = D\left(\frac{\partial^2 C}{\partial r^2} + \frac{2}{r}\frac{\partial C}{\partial r}\right)$$

假设药物在微球中的初始分布为均匀分布,由此可给出初始条件:

$$t = 0, \quad C = C_{in}, \quad 0 < r < R$$

根据对称性,在微球的中心处传质推动力为 0:

$$t > 0, \quad \frac{\partial C}{\partial r} = 0, \quad r = 0$$

假定释放过程中介质经过充分的搅拌混合良好,微球表面边界层的质量传递阻力相对于药物从聚合物中的扩散阻力很小时,可以忽略不计。此时,表面处的边界条件为

$$t > 0, \quad C = C_\infty, \quad r = R$$

当介质中药物浓度很小,相对微球内药物的浓度可以忽略时,C_∞ 常可取 0。结合以上初始和边界条件,由微球表面处的浓度梯度计算药物通过微球表面的释放通量,并根据微球的释放通量对时间积分,即得到 t 时刻微球的累计释放百分比:

$$\frac{M_t}{M_\infty} = \frac{\int_0^t J(t,R)\,\mathrm{d}t}{\int_0^\infty J(t,R)\,\mathrm{d}t} = 1 - \frac{6}{\pi^2}\sum_{n=1}^\infty \frac{1}{n^2}\exp\left(-\frac{n^2\pi^2}{R^2}Dt\right)$$

该模型只存在有效扩散系数一个模型参数,然而药物在微球中的扩散受多种因素影响,包括聚合物的相对分子质量、聚合物结晶度、玻璃化转变温度、药物与聚合物的相互作用和相容性以及形成微球的微观结构形态等。要对这些因素一一进行量化是难以达到的,因此在该模型中,这些因素的综合影响以一个单一的有效扩散系数 D 来加以体现。扩散系数决定着药物在聚合物中的扩散速率,也就决定了药物的释放。不同的制备条件和组成对微球的扩散系数有重要影响,这本质上取决于制备过程中形成的微球的不同结构性质。有效扩散系数可以通过体外释放数据拟合确定,从而该系数的值可以反映出不同的微观结构对扩散速率的影响。

该模型中的公式是微球按一级速率方程($M_t = e^{-\pi^2 Dt/r}$)释药的一个代表式(M_t 为 t 时刻释放量)。微球的体外释放一般具有双相特征,开始释放快,以后为一级释药。

②适用于药物不均匀分散系统的 Higuchi 方程

然而,药物混悬在微球基质中,属于不均匀分散系。在 1961 年 Higuchi T. 发表了可以用于不均匀分散系统的数学方程,即 Higuchi 方程,该模型的基本方程为

$$\frac{M_t}{A} = \sqrt{D(2C_0 - C_s)C_s t}$$

式中: $C_0 > C_s$, M_t 为 t 时药物累积释放总量; A 为给药系统与释放介质接触面积,即释放表面积; D 为聚合物中的药物扩散系数; C_0 为初始药物浓度; C_s 为聚合物中药物溶解度。上式可以表示为

$$\frac{M_t}{M_\infty} = k\sqrt{t}$$

式中: M_∞ 为时间无穷大时药物累积释放总量(等于 $t=0$ 时骨架中药物总量); k 为释放速率常数。

③综合扩散和溶蚀作用的 Peppas 方程

Higuchi 方程数学分析建立在药物单向扩散,且聚合物的膨胀与溶蚀忽略不计,药物的扩散系数保持恒定等假设的基础上。由于本文合成的 PLA-HPr-PEG 相对分子质量在 10000 左右,在释药期间存在降解现象。在选用数学模型时需要考虑溶蚀现象,而 Peppas 方程属于指数定律,是综合扩散和溶蚀作用的半经验方程,比较适合模拟 PLA-HPr-PEG 的释放系统。Peppas 的基本方程为

$$\frac{M_t}{M_\infty} = kt^n$$

式中: M_t 和 M_∞ 分别为 t 和 ∞ 时间累积释放量; k 为骨架结构和几何特性常数; n 为释放指数,用以表示药物释放机制。Korsmeyer 和 Peppas 在 1983 年提出了普通的指数等式,Lindner 和 Lippold 考虑到药物可能的突释,引入了参数 b ,用于描述药物释放:

$$\frac{M_t}{M_\infty} = kt^n + b$$

根据 Fick 扩散定律, t 时刻动力学定义 $n=0.5$,由于降解导致的 0 级释放 $n=1$,对于扩散-降解控制的药物释放系统, n 在 $0.5 \sim 1$ 之间。对于扩散是主要控制因素的系统, n 值接近

0.5,当 n 值接近 1 的时候降解是主要的控制因素。

另外,Polakovic 等通过数学模型研究了 PLA 亚微米球中的药物释放机理。分别用两种简单的模型(扩散模型和溶解模型)来拟合药物释放的实验数据,以此识别不同药物载量下药物的释放机理。结果表明高药物载量情况下(大约 30%),晶体溶解的模型与释放速率有很好的吻合;在低于 10% 载量的情况下药物释放是由扩散控制的。而在中等药物载量情况下,开始阶段的溶解模型曲线与实验数据更相符,之后随着药物释放,扩散模型能更好地描述实验数据。

(2) PLA-HPr-PEG 载药亚微米球释药的数学模拟

PLA-HPr-PEG 载药亚微米球载药量低于 10%,而且载体相对分子质量在 10000 左右,在释药期间扩散与降解并存,所以我们选择了 Peppas 方程来拟合体外药物释放的试验数据。以样品 PLA-HPr-PEG(PEG 5.0%)为例,采用 Peppas 方程对体外药物释放的试验数据进行了拟合。由图 4-39 可见 Peppas 方程可以很好地拟合 PLA-HPr-PEG 载药亚微米球药物的释药。在制备过程中,不同的组成和条件通过特定的作用机理影响微球相应的结构特征,从而决定了微球药物释放的速率特征。数学模型在获得正确的初始参数以后,能成功预测药物的释放行为。同时,根据模型分析作用所揭示的原理,可以指导微球结构的设计和微球性能的优化。

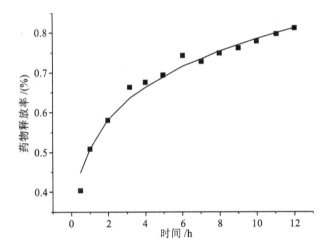

图 4-39　PLA-HPr-PEG(PEG 5.0%)的体外药物释放行为模拟

选用 Peppas 的基本方程来拟合样品(PLA-HPr-PEG,PEG 5.0%)的体外释药行为,拟合后 k 值为 0.50572 ± 0.00933,n 值为 0.19307 ± 0.00961。$n < 0.43$,载药亚微米球中药物主要是以扩散控制机制释放。这可能与载药亚微米球中药物的分布有关,如图 4-40 所示,5-Fu 是一种亲水性药物,在药物包载过程中,药物主要在胶束外层被吸附或者部分插入疏水核中。在药物释放过程中,药物通过扩散进入降解液。可见亲水性药物在 PLA-HPr-PEG 中的释放主要是采用扩散控制机制。

通过熔融聚合法合成新型含活性功能侧基的两亲性 PLA-HPr-PEG 嵌段聚合物,产率在 67% 以上;与 PLA 相比,共聚物具有亲水性好、玻璃化温度低等优点。PLA-HPr-PEG 的合成在直链的聚乳酸分子上引入了活性功能侧基,可以拓宽聚乳酸作为药物载体的应用范围。^{1}H-NMR图谱表明,嵌段共聚物中各单体的含量比与实际投料量相近,说明只要控制反应物的投料比,就能得到不同的嵌段共聚物。PEG 含量增加对聚合物的亲水性起到改善作用;PEG 含量增加使玻璃化转变温度降低,降解速度增大;PLA-HPr-PEG 是无定形聚合物。

以 5-Fu 为模型药物,以两亲性 PLA-HPr-PEG 为药物载体,采用纳米沉淀法制备粒径介于 100～200 nm 之间的亚微米载药颗粒。通过对亚微米颗粒制备工艺的考察可以得出以下规律：药物投放量从 10 mg 增大到 30 mg，亚微米球的 EE 和 DLC 降低；PLA-HPr-PEG 用量从 100 mg 增大到 300 mg，亚微米球粒径增大，DLC 增大，EE 降低；丙酮的体积从 5 mL 增大到 10 mL，亚微米球的粒径减小，EE 和 DLC 增大。

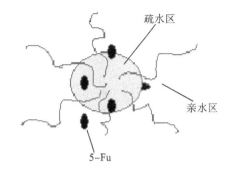

图 4-40　药物与亚微米球可能的结合机制

随着 PEG 的含量从 0.1% 增大到 5.0%，PLA-HPr-PEG 载药亚微米球 DLC 和 EE 增大。PLA-HPr-PEG 亚微米载药颗粒可以达到对 5-Fu 进行控制释放的目的。

4.7.4　乳酸/乙醇酸/4-羟基脯氨酸/聚乙二醇共聚物

PLGA 是一种无毒、无刺激性，具有良好生物相容性，可生物分解吸收、强度高、可塑性、加工成型的高分子材料。近年来人类对医用高分子材料的需求日益增大，特别是对用于人体内的高分子材料的要求愈见苛刻。不仅要求材料具有良好的物理化学性能，还要求有良好的生物医学性能，即与人体组织的相容性良好；无致癌和变态反应；有相当的机械强度和耐久性；可经受各种消毒处理以及有良好的加工性能等。目前可用的医用高分子材料有硅橡胶、硅油、聚四氟乙烯等数十种。但从生物医学的角度看，这些材料还不理想，在使用过程中多少都有副作用产生。而聚乳酸则是应运而生的一种新型医用高分子材料。目前已经实用化的聚乳酸材料产品有缝合线、骨结合部位固定材料、组织缺损部位补强材料和药物缓释性载体。

PLGA 在人体内的降解性和降解产物的高度安全性得到确认，而且它的生物降解速率不仅可以通过分子质量和分子质量分布来调节，还可以通过改变乳酸和乙醇酸在分子链中的比率来调节，PLGA 是一种非常有发展前景的蛋白、多肽类药物的载体。PLGA 携载带药物，并且在肝和肾的量非常有限。PLGA 在链端含有羟基和羧基两个功能基，缺少活性位点，针对这个特点，我们在 PLGA 中引入 4-羟基脯氨酸结构单元，在直链上引入活性基团，PLGA 改性后使它可以进一步通过化学键连接蛋白质、多肽等生物大分子。就目前对 4-羟基脯氨酸的研究来看，除了具有人体必需的氨基酸、生物相容性较好等特点外，4-羟基脯氨酸本身具有多个活性基团点位，不论是均聚或共聚，都保留着某些活性基团，这些基团为材料的功能化提供了条件。因此，这里重点介绍利用 4-羟基脯氨酸对 PLGA 进行功能化。在 PLGA-HPr 的基础上引入 PEG 来进行亲水改性。通过熔融聚合法合成新型（乳酸-乙醇酸-4-羟基脯氨酸-聚乙二醇）（PLGA-HPr-PEG）聚合物。引入 PEG 主要是考虑到 PLGA 是疏水嵌段，在 PLGA 中引入 PEG 作为一种亲水嵌段，可改善 PLGA 的亲水性，生成两亲嵌段共聚物。PEG 是无毒和非致免疫的水溶性大分子，具有良好的生物相容性，美国 FDA 已批准 PEG 在人体内使用。

聚合物胶束是近几年正在发展的一类新型的亚微米载体，可有目的地合成两亲性嵌段共聚物或接枝共聚物，使之同时具有亲水基团和疏水基团，在水中溶解后自发形成高分子胶束，从而完成对药物的增溶和包裹。Yuichiro 等发现随着聚合物的分子质量、PEG 含量增大和 M_w/M_n 减小，共聚物纳米微粒在血液中的半衰期延长。以上说明，通过修饰、改变聚合物的组成和比例，可以调节纳米微粒的体内分布和延长纳米微粒的半衰期。亲水表面的微粒不易受调理，微粒表面分子链具有足够的长度与柔性时，微粒表面空间结构不断发生变化，从而使免疫系统难以对其产生有效的识别。

合成的 PLGA-HPr-PEG 用于药物载体,包裹药物成为亚微米载药微球,产物结构式见图 4-41,PLGA-HPr-PEG 的具体制备过程见图 4-42 至图 4-43。

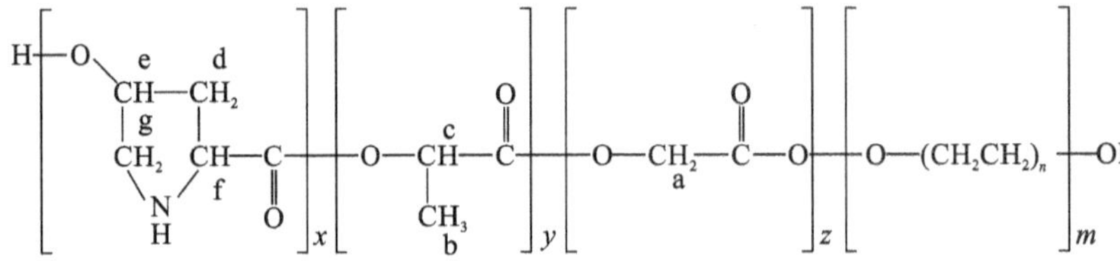

图 4-41　PLGA-HPr-PEG 的结构式

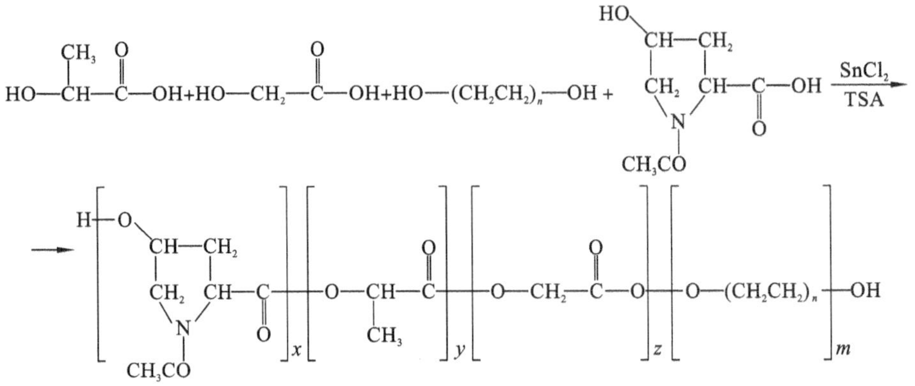

图 4-42　PLGA-N-Ace-HPr-PEG 的合成路线

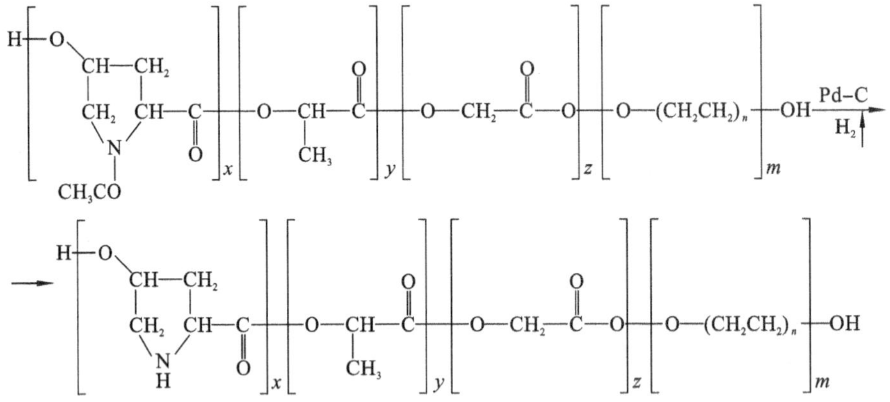

图 4-43　PLGA-N-Ace-HPr-PEG 的去保护

在图 4-44 聚合物的红外谱图中可见:1755 cm^{-1} 处的强吸收峰是酯基中的 C=O 特征吸收峰,波数 1190 cm^{-1} 附近的吸收峰,是高度对称的仲醇的 C—O 键振动吸收峰。波数 3524～3200 cm^{-1} 间较强、较宽的吸收峰是—OH 的特征吸收峰,聚合物在 2996.12 cm^{-1},2945.34 cm^{-1} 和 2878.81 cm^{-1} 有三种 C—H 键伸缩振动特征峰,分别表征了 CH$_3$—,CH—和 CH$_2$—结构的存在,b 与 a 相比在引入 PEG 以后可见 2878 cm^{-1} 处 CH$_2$—的吸收峰的强度明显增大,可见 PEG 已经成功引入了 PLGA-HPr 中。

在图 4-45 中通过对聚合物的 ^{1}H-NMR 谱图进行分析可以得出:PEG 中结构单元的 CH$_2$—质子的吸收峰在 3.7 ppm 附近;乳酸的 CH$_3$—的吸收峰在 1.60 ppm 附近;聚乙醇酸分

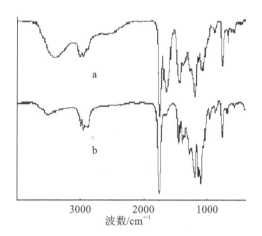

图 4-44　PLGA-HPr(a)和 PLGA-HPr-PEG(b)的红外光谱图

子链上的 CH$_2$—亚甲基的质子共振吸收峰在 4.8 ppm 附近,脯氨酸的特征氢 e 的特征吸收峰在 5.18 ppm 附近与 δ 为 5.20 处聚乳酸分子中次甲基吸收峰重叠,由于 PEG 的 CH$_2$—吸收峰的存在,而且峰面积很大,所以可认为聚乳酸、乙醇酸、4-羟基脯氨酸与 PEG 的共聚形成了,因为在产品的纯化过程中,没与乳酸发生反应的 PEG 和脯氨酸会溶解而除去。

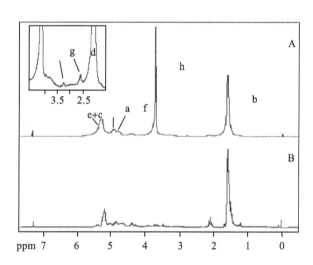

图 4-45　PLGA-HPr-PEG(A)和 PLGA-HPr(B)的^{1}H-NMR 谱图

1. 不同 PEG 含量的聚合物 PLGA-HPr-PEG 的合成及性能

1) 不同 PEG 含量的聚合物的合成

采用熔融聚合法以氯化亚锡为催化剂合成了 PLGA-HPr-PEG,熔融聚合法生产的聚合物产率在 67% 以上。通过 ^{1}H-NMR 谱图来分析共聚物的组成,聚合物分子链中乳酸、乙醇酸、4-羟基脯氨酸和 PEG 的比例可以通过各物质的特征吸收峰的积分强度来进行计算,如下式所示:

$$w(\text{PLA})/w(\text{PGAGA})/w(\text{HPr})/w(\text{PEG}) =$$

$$72 \times \frac{1}{3} I(1.6)/58 \times \frac{1}{2} I(4.8)/113 \times \left[I(5.2) - \frac{1}{3} I(1.6) \right]/44 \times \frac{1}{4} I(3.7)$$

式中:$I(1.6)$是乳酸的甲基氢的吸收峰积分强度;$I(4.8)$是乙醇酸的亚甲基氢的吸收峰积分强

度；$I(3.7)$ 是 PEG 的亚甲基氢的吸收峰积分强度；$I(5.2)$ 是 HPr 的 H_4 吸收峰和乳酸的次甲基氢的吸收峰积分强度。计算结果见表 4-25，可见各单体投料比与其在聚合物中的实际比率相近。

表 4-25　不同 PEG 含量对聚合物 PLGA-HPr-PEG 相对分子质量和产率的影响

| 样品 | LA/GA/HPr/PEG | | M_w[②] | M_w/M_n | 产率/(%) |
	投料比	产物组成[①]			
1	8.0/2.0/4.0/0.1	7.38/1.86/3.01/0.01	16113	1.66	73
2	8.0/2.0/4.0/0.5	7.49/1.91/3.20/0.38	15922	1.52	71
3	8.0/2.0/4.0/1.0	7.47/1.85/3.47/0.87	12632	1.43	68
4	8.0/2.0/4.0/5.0	7.28/1.79/3.45/4.86	10696	1.35	67

注：① ^{1}H-NMR 分析得到；
　　② 由 GPC 分析得到。

随着 PEG 投入量的增大，聚合物分子质量略有降低，这可能是因为在催化聚合的过程中羟基化合物与 $SnCl_2$ 催化剂发生反应，还能和正在增长的活性链端基发生链转移反应（图 4-46）。在此过程中，R-OH 却使正在增长的链通过链转移而停止增长，这样就降低了共聚物的相对分子质量。相对分子质量较大的反应体系黏度较大，相比之下，体系均一性较差，造成相对分子质量分布较大。

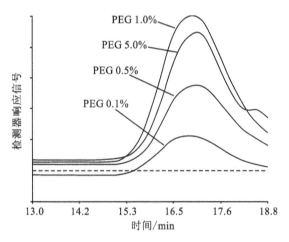

图 4-46　不同 PEG 含量的 PLGA-HPr-PEG 的 GPC 曲线

2）不同 PEG 含量对聚合物的结晶性能的影响

通过对图 4-47 聚合物的 X 射线分析，没有明显的尖锐峰，只有两个"钝峰"的连续强度分布曲线，是典型的非晶聚合物，聚合物空间异构体的含量越高，则最终结晶度越低。PLGA-HPr-PEG 呈现无定形主要是由于聚合用的乳酸中存在各旋光异构体，是混合乳酸，它们互相破坏了对方的晶格，从而很难获得高度有序的聚合物分子链排列。

3）不同 PEG 含量对聚合物的亲水性的影响

本文通过加入不同含量的 PEG 来考察共聚物的接触角的变化。PEG 是一种生物相容性较好的亲水性材料，分子链中含有乙氧基，具有亲水性，使水分子更易于和聚合物接触以及渗透，造成聚合物表面和体系内部亲水性的提高。通过对表 4-26 中聚合物接触角和吸水率的分

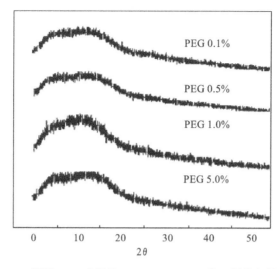

图 4-47　不同 PEG 含量的 PLGA-HPr-PEG 的 X 射线衍射谱图

析,可以看到,聚合物的接触角随着 PEG 含量的增加而降低,这说明 PEG 的引入对于聚合物亲水性起到明显的改善作用。但是由于本实验真空度的限制,过高的引入 PEG 使聚合物的分子质量过低,失去使用价值,如进一步提高真空度,聚合物的分子质量可以得到提高,聚合物的亲水性也可以得到进一步的改善。

表 4-26　不同 PEG 含量对聚合物 PLGA-HPr-PEG 亲水性的影响

样品	PEG/(%)	接触角/(°)	吸水率/(%)
1	0.1	42.7	56.38
2	0.5	41.8	62.62
3	1.0	38.5	63.39
4	5.0	35.5	67.21

4）不同 PEG 含量对聚合物的热性能的影响

玻璃化转变温度随着 PEG 含量的增大而降低,玻璃化转变温度是高分子的链段从运动到冻结(或反之)的一个转变温度,链段的运动是通过主链的内旋转来实现的,显然玻璃化转变温度取决于聚合物的柔顺性。由于 PEG 的主链全为单键,不含支链,单键构成的高聚物的柔顺性好,从而其玻璃化转变温度很低。通过对表 4-27 中聚合物玻璃化转变温度的分析,可以看到,聚合物的玻璃化转变温度随聚合物中 PEG 含量的增加而降低。PLGA-HPr-PEG 聚合物是非晶态的,因此其 DSC 曲线仅仅显示了 T_g,而没有显示 T_m,在 PLGA-HPr-PEG 的聚合物中,4-羟基脯氨酸结构和乳酸、乙醇酸、PEG 结构相互作为缺陷破坏了对方的结晶。

表 4-27　不同 PEG 含量的聚合物 PLGA-HPr-PEG 的玻璃化转变温度

样品	PEG/(%)	$T_g/℃$
1	0.1	31.16
2	0.5	30.16
3	1.0	30.50
4	5.0	25.67

5) 不同 PEG 含量对聚合物的降解性能的影响

如图 4-48 所示,降解 5 天后,PEG 含量 5% 的共聚物失重率最大,PEG 含量 0.1% 的共聚物下降最小;表明随着 PEG 含量的增大,共聚物在降解过程中重量下降的速率逐渐加快。所有试样在降解的 5 天内下降速率很快,随后减缓。各共聚物的失重率随降解时间的变化规律是相似的。上述 PLGA-HPr-PEG 共聚物表现的降解行为与 PEG 的性质密切相关,PEG 具有良好的生物相容性,是一种亲水性的物质,共聚物中 PEG 含量越大,聚合物中亲水性的乙氧醚键数越大,共聚物的亲水性也就越强,有利于水分子与共聚物试样的接触和扩散而进入试样内部,促进共聚物的降解。

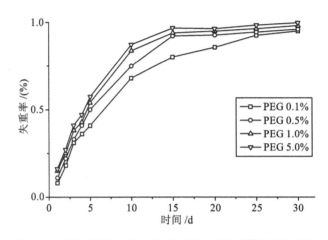

图 4-48　不同 PEG 含量的 PLGA-HPr-PEG 的体外降解行为

6) 不同 PEG 含量 PLGA-HPr-PEG 的药物包载和释放性能

对于亲水、疏水两亲嵌段共聚物,首先把共聚物溶解于共溶剂中,然后在搅拌下慢慢的滴加水。所选择的这些起始共溶剂对于嵌段共聚物的两个嵌段来讲都要求是良溶剂,而后滴加的水是亲水嵌段的良溶剂、疏水嵌段的沉淀剂。当共聚物溶解在共溶剂中时,它不表现出两亲性质,在溶液中呈无规线团构象;当滴加水到溶液中时,体系中溶剂的性质开始慢慢改变,逐渐变得越来越不溶解疏水性嵌段。当水的含量达到一定的时候,体系中分子聚集事件开始发生。在分子聚集发生的早期阶段,体系中水的含量相对较低,这将使共聚物链在聚集体和单个分子链之间以一定的速度进行交换。因此,在这一阶段分子聚集体遵从热力学平衡。当体系中水的含量增加,更多的共溶剂从体系分子聚集体的核中萃取出来,体系中共聚物链交换的速率开始逐渐降低。到最后,随着体系中水的含量逐渐增加,分子聚集体被动力学冻结。

(1) 药物包载

从表 4-28 可见不同 PEG 含量的聚合物 PLGA-HPr-PEG 的亚微米球粒径、EE 和 DLC。PEG 在 PLGA-HPr-PEG 中 PEG 的含量对亚微米球的粒径没有明显规律的影响,EE 和 DLC 随着 PEG 含量的增大而增大,这可能是因为亲水 PEG 含量的增大,使药物与聚合物载体的相容性增强,液滴稳定性增强,所以在一定范围内,载药量可以随着亲水 PEG 含量的增大而提高。

表 4-28　不同 PEG 含量的聚合物 PLGA-HPr-PEG 的 EE 和 DLC

样品	PEG/(%)	EE/(%)	DLC/(%)	粒径/nm	多分散性
1	0.1	15.34	2.15	104	0.14
2	0.5	16.45	2.47	102	0.12
3	1.0	17.52	2.50	103	0.15
4	5.0	34.75	2.83	107	0.13

（2）载药微球形貌

PLGA-HPr-PEG 同时具有亲水段和疏水段，在水中溶解后自发形成高分子胶束，从而完成对药物的增溶和包裹。从图 4-49 可见不同 PEG 含量的 PL-GA-HPr-PEG 的表面形貌，是形态圆整的球形亚微米颗粒，微球表面光滑，形态规整，表面无开裂现象。

（3）药物释放

从图 4-50 可见不同 PEG 含量的 PLGA-HPr-PEG 载药亚微米球的体外释药速率随 PEG 含量的增大而加快，这主要是因为 PEG 是亲水性较好的材料，PEG 含量的增大，易于水分子接触亚微米球以及扩散进入亚微米球内部，这促进了药物的扩散，相应地提高了亚微米球的释药速率。

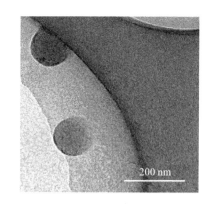

图 4-49　PLGA-HPr-PEG 的 TEM 照片

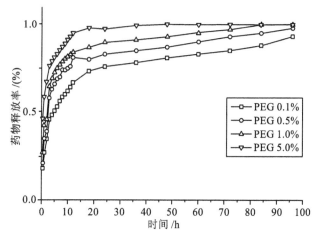

图 4-50　不同 PEG 含量的 PLGA-HPr-PEG 载药亚微米球的体外释药行为

2. 不同 PEG 相对分子质量的 PLGA-HPr-PEG 的合成及性能（表 4-29）

表 4-29　不同 PEG 相对分子质量的 PLGA-HPr-PEG 的 M_w 和产率

样品	PEG (M_n)	$w(LA)/w(GA)/w(HPr)/w(PEG)$		M_w[②]	M_w/M_n	产率/(%)
		投料比	产物组成[①]			
1	2000	80/20/4/5	74.8/17.6/2.9/4.57	11627	1.76	64.00
2	6000	80/20/4/5	76.3/18.3/3.1/4.87	10098	1.98	67.3

样品	PEG (M_n)	$w(LA)/w(GA)/w(HPr)/w(PEG)$		M_w②	M_w/M_n	产率/(%)
		投料比	产物组成①			
3	10000	80/20/4/5	73.9/18.1/2.9/4.75	12849	1.99	65.5
4	20000	80/20/4/5	77.4/18.7/2.9/4.68	9425	2.2	70.17

注:① 由 ^{1}H-NMR 分析得到;

　　② 由 GPC 分析得到。

1) 不同 PEG 相对分子质量的 PLGA-HPr-PEG 的合成

通过改变 PEG 的链段长度来考察 PLGA-HPr-PEG 的性能,聚合物的相对分子质量无明显变化(图 4-51)。各单体投料比率,与最终 PLGA-HPr-PEG 分子链上的比率接近,可见控制各单体投料比就可以得到不同组成的 PLGA-HPr-PEG 产物。

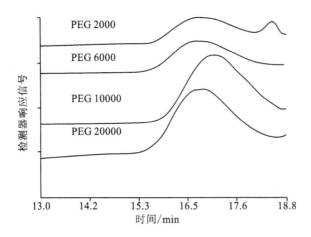

图 4-51　不同 PEG 相对分子质量的 PLGA-HPr-PEG 的 GPC 曲线

2) 不同 PEG 相对分子质量的 PLGA-HPr-PEG 的亲水性

从表 4-30 可见不同亲水链段长度 PLGA-HPr-PEG 的接触角和吸水率随着 PEG 分子链长度的增加改变较小,可见在固定 PEG 含量的前提下改变亲水 PEG 分子链长度对 PLGA-HPr-PEG 的亲水性改善较小。

表 4-30　不同 PEG 相对分子质量的 PLGA-HPr-PEG 的接触角和吸水率

样品	PEG(M_n)	接触角/(°)	吸水率/(%)
1	2000	35.0	67.2
2	6000	34.5	68.3
3	10000	33.3	69.2
4	20000	33.1	69.7

3) 不同 PEG 相对分子质量的 PLGA-HPr-PEG 的热性能

从表 4-31 可见随着 PEG 分子链长度的增加聚合物的 T_g 略有降低,是因为 PEG 是柔性链段,较长 PEG 链段的 PLGA-HPr-PEG 分子链柔韧性好,相应的 T_g 较低。

表 4-31　不同 PEG 相对分子质量的 PLGA-HPr-PEG 的热性能

样品	PEG(M_n)	$T_g/℃$
1	2000	43.98
2	6000	40.29
3	10000	37.67
4	20000	24.33

4）不同 PEG 相对分子质量的 PLGA-HPr-PEG 的结晶性

从图 4-52 可见不同亲水链段长度对 PLGA-HPr-PEG 聚合物的结晶性没有明显影响，PLGA-HPr-PEG 的 X 射线衍射曲线是典型的无定形聚合物 X 射线衍射曲线，两个连续分布的"钝峰"，没有明显的尖锐吸收峰。

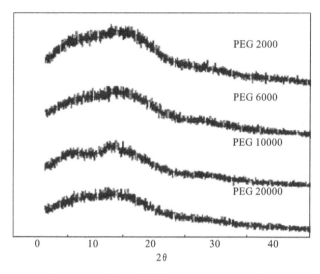

图 4-52　不同 PEG 相对分子质量的 PLGA-HPr-PEG 的 X 射线衍射图

5）不同 PEG 相对分子质量的 PLGA-HPr-PEG 的降解性能

如图 4-53 所示：共聚物表现的降解行为与 PEG 的相对分子质量密切相关。PEG 是一种亲水性的物质。共聚物 PEG 链段越长，亲水性的乙氧醚键数越大，共聚物与水的亲和力也就越强。亲水嵌段中的乙氧醚键数大，有利于水分子与共聚物试样的接触和扩散而进入试样内部，促进共聚物的降解。这一结果说明亲水链段的相对分子质量越大，共聚物的降解速率越快。

6）药物释放性能

（1）药物包载

以 5-Fu 为模型药物，通过采用纳米沉淀法制备聚合物 PLGA-HPr-PEG 载药微球，考察不同亲水 PEG 链段长度对亚微米球尺寸、DLC 和 EE 等的影响。当两亲性嵌段共聚物 PLGA-HPr-PEG 置于一个对疏水性聚合物有选择的溶剂中时，嵌段共聚物会自发形成聚合物胶束溶液，在胶束形成过程中自发完成对 5-Fu 的包囊，疏水的部分形成核，亲水的部分在外形成壳。使用德国 K12 型表面张力仪在 PEG 相对分子质量为 10000 的 PLGA-HPr-PEG 中检测到临界胶束浓度为 $0.171×10^{-3}$ g/mL。

通过表 4-32 中数据的分析可以看到亲水链段对 PLAG-HPr-PEG 载药亚微米微球的分

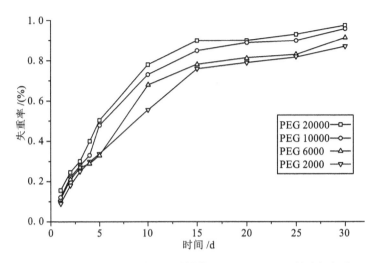

图 4-53 不同 PEG 相对分子质量的 PLGA-HPr-PEG 的降解行为

子尺寸没有明显的影响。当亲水链段 PEG 相对分子质量为 10000 时，聚合物对 5-Fu 的 DLC 可达 6.43%，EE 可达 67.42%，可见通过改变亲水性 PEG 链段长度可以调节亲疏水嵌段比，获得聚合物对药物的最佳包载性能。在亲水嵌段 PEG 相对分子质量为 10000 的 PLGA-HPr-PEG 中 EE 和 DLC 出现了最大值，这可能是因为，作为药物载体时 PLGA-HPr-PEG 存在最佳亲疏水链段比，亲水嵌段 PEG 相对分子质量为 10000 的 PLGA-HPr-PEG 具有最佳的 5-Fu 药物包载性能。

表 4-32　不同亲水嵌段 PEG 相对分子质量的聚合物 PLGA-HPr-PEG 的 EE 和 DLC

样品	粒径/nm	多分散性	EE/(%)	DLC/(%)	产率/(%)
1	103	0.13	34.75	3.80	24.0
2	101	0.12	30.57	3.06	27.3
3	105	0.15	67.42	6.43	25.5
4	106	0.12	39.12	4.15	20.7

（2）载药微球形貌

采用 TEM 对载药微球的形貌进行观察。在样品 1、2、4 体系中均得到粒径在 100 nm 左右的球形载药胶束，如图 4-54(a) 所示。在 PEG10000 体系中发现独特的实心亚微米球与空心"珍珠串"棒状聚集体的混合体系，如图 4-54(b)、图 4-54(c) 所示。从图中可以清晰地看到，棒状聚集体，呈空心，半径大约为 0.5 μm。在选择性溶剂中所形成的胶束分子聚集体，通常呈球形形态，尺寸分布也较窄，而且粒径也较小，如图 4-54(a) 所示。考虑到实验中所观察到的空心"珍珠串"棒状聚集体的尺寸，我们认为这些棒状聚集体不是初级胶束，而可能是初级分子聚集体通过进一步缔合所形成的次级聚集体。关于分子的次级缔合，有可能是以下几个原因。

① 大部分的 PLGA-HPr-PEG 共聚物分子链在水中形成体积不等的球形聚集体。体积较小的聚集体，例如粒径小于 200 nm 的亚微米球，表面被 PEG 链段充分包裹覆盖，没有裸露的疏水链段，在水中较稳定。而体积较大的聚集体，例如粒径在 500 nm 左右的亚微米球则稳定性有所下降，由于表面不能被 PEG 链段充分包裹覆盖，而留下部分裸露的疏水内核，这些表面没有被 PEG 链段充分覆盖的亚微米球，由于疏水力在水中快速、黏结性相互碰撞可能会造成两个亚微米球的裸露疏水部分粘结在一起，完成从球形胶束到"珍珠串"一样的稳定聚集体

的转变,这种碰撞就造成了"珍珠串"形貌。

② 在碰撞过程中大部分的 PLGA-HPr-PEG 共聚物链采取两个末端伸入同一个分子聚集体的核,同时 PEG 环化成壳;也存在一些 PLGA-HPr-PEG 共聚物链使两个末端嵌段伸入到不同的分子聚集体核内部,而同时 PEG 链形成初级分子聚集体之间的"桥";也有少量 PLGA-HPr-PEG 共聚物链使一个末端伸入到初级分子聚集体的核内,而另一端选择了"漂游"在聚集体的外周。"珍珠串"聚集体似乎像是一些多核结构。次级聚集体的形成可能是通过中间亲水嵌段的连接,同时末端疏水嵌段伸入不同的初级分子聚集体的核所形成的。

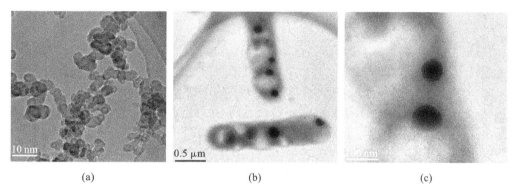

(a)　　　　　　　　　　　(b)　　　　　　　　　　　(c)

图 4-54　PLGA-HPr-PEG

(a.(PEG2000,6000,20000);b.(PEG10000)的 TEM 照片)

③ 次级聚集体的形成受体系亲疏水链段比的影响,亲水链段长度过高或者过低胶束都以球形存在,只在亲水链段为 10000 的样品中才观察到这种聚集体。聚集体的形态是由核链的伸展、壳链的排斥作用和核-壳界面的界面张力三个因素共同控制的。聚集体的形态通常是这三种张力平衡作用的结果,一方面当壳链段之间的相互作用排斥力减小时,聚集数会增大,聚集体尺寸会变大,减小了表面能的损失;另一方面,当核的伸展度增大时,引起聚集形态连续的过渡,使熵的损失较少。各种外部因素作用的结果实际上影响的是形成过程中力的平衡。不同的力会形成不同的聚集体,因此,聚集体的形态与嵌段共聚物的组成密切相关。

(3)药物释放

从图 4-55 体外释药曲线的分析来看,在微球的体外释药实验中,PLGA-HPr-PEG 中随着亲水链段分子链长度的变大,聚合物载药亚微米球释药速率加快。PEG 链段长度对 PLGA-HPr-PEG 的药物释放速率有显著的影响。在 PLGA-HPr-PEG 中接入较长 PEG 链段后释放速率明显高于 PEG 链段较短的样品。这是由于随着 PEG 链段的增长,聚合物存在较密集的亲水性乙氧基,促进水分子接触和扩散到亚微米球内部,亚微米球对水的吸附和渗透能力增加,相应提高了药物的扩散速率,从而加速了药物的释放速率,因此 5-Fu/PLGA-HPr-PEG 亚微米球的释药速率随分子链中 PEG 链段长度的增加而加快。

3. 不同 PEG 相对分子质量的 PLGA-HPr-PEG L-乳酸共聚物的合成及性能

1)聚(L-乳酸-乙醇酸-4-羟基脯氨酸-聚乙二醇)(PLLGA-HPr-PEG)的合成

由表 4-33 可见各单体投料比与实际在聚合物中的比率接近。随着亲水链段 PEG 分子链加长,聚合物 PLLGA-HPr-PEG 在 PEG10000 时获得最大相对分子质量(图 4-56)。产率在 64% 以上。

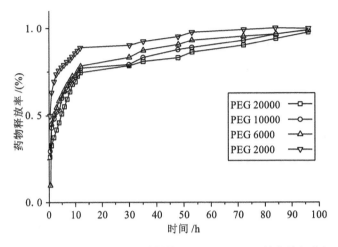

图 4-55　不同 PEG 相对分子质量的 PLGA-HPr-PEG 的体外释药行为

表 4-33　不同 PEG 相对分子质量对聚合物 PLLGA-HPr-PEG 相对分子质量和产率的影响

样品	PEG(M_n)	$w(\text{LA})/w(\text{GA})/w(\text{HPr})/w(\text{PEG})$		M_w[②]	M_w/M_n	产率/(%)
		投料比	产物组成[①]			
1	2000	80/20/4/5	74.5/18.6/3.0/4.27	7469	1.76	67.17
2	6000	80/20/4/5	75.8/18.7/2.8/4.77	8098	1.78	64.50
3	10000	80/20/4/5	74.9/17.9/2.7/4.85	12719	1.95	68.30
4	20000	80/20/4/5	76.4/18.9/2.9/4.72	8425	1.88	66.00

注：① 由 ¹H-NMR 分析得到；

　　② 由 GPC 分析得到。

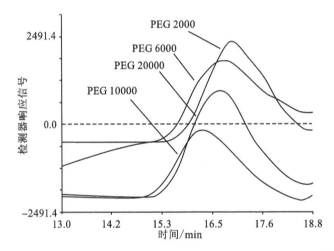

图 4-56　不同 PEG 相对分子质量的 PLLGA-HPr-PEG 的 GPC 曲线

2）不同 PEG 相对分子质量的 PLLGA-HPr-PEG 的亲水性

从表 4-34 可见，在固定 PEG 含量的前提下，不同亲水链段长度对 L-乳酸聚合物的亲水性改变不是很明显，同 PLGA-HPr-PEG 相比接触角较大，吸水率较小，可见聚合物 PLLGA-HPr-PEG 的亲水性比 PLGA-HPr-PEG 的亲水性要差，这可能是因为在 PLLGA-HPr-PEG 体系中出现了部分排列规整的聚左旋乳酸链段，体系中存在部分结晶区域，导致水分子难以接触并进入聚合物结晶区内部,相应的聚合物的亲水性降低。

表 4-34 不同 PEG 相对分子质量的 PLLGA-HPr-PEG 的亲水性

样品	PEG(M_n)	接触角/(°)	吸水率/(%)
1	2000	33.1	13.10
2	6000	33.3	12.73
3	10000	34.5	12.76
4	20000	35.5	10.83

3) 不同亲水链段长度 PLLGA-HPr-PEG 的热性能(表 4-35)

表 4-35 不同 PEG 相对分子质量的 PLLGA-HPr-PEG 的热性能

样品	PEG(M_n)	T_{g_1}/℃	T_{g_2}/℃	T_m/℃
1	2000	42.57	95.63	138.01
2	6000	53.37	104.76	143.63
3	10000	46.98	101.3	138.38
4	20000	—	96.67	144.82

从图 4-57 可见,PLLGA-HPr-PEG 同 PLGA-HPr-PEG 相比具有两个 T_g,并且具有 T_m,可见 PLLGA-HPr-PEG 有可能形成了嵌段聚合物,这可能是 L-乳酸同乳酸相比反应活性较高,L-乳酸容易聚合形成较长的排列规整的聚左旋乳酸链段,PLLGA-HPr-PEG 形成嵌段结构,导致形成亲水相区和疏水相区。嵌段聚合物决定性的因素是两种组分是否相容,如果能够相容,则可形成均相材料,只有一个 T_g,而若不能相容,则发生相分离,形成两相体系,各相有一个 T_g,其值接近于组分均聚物的 T_g。嵌段聚合物的嵌段数目和嵌段长度以及组分的比例,都对组分的相容性有影响,因而也对 T_g 有影响。所以,改变亲水嵌段 PEG 分子链长度对 PLLGA-HPr-PEG 的 T_g 会产生影响。

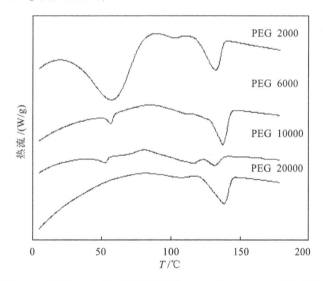

图 4-57 不同 PEG 相对分子质量的 PLLGA-HPr-PEG 的热性能

4) 不同亲水嵌段长度 PLLGA-HPr-PEG 的结晶性

系列 PLLGA-HPr-PEG 聚合物同 PLGA-HPr-PEG 相比存在尖锐吸收峰,这是因为

PLLGA-HPr-PEG 中存在排列规整的 PLA 链段,所以在 PLLGA-HPr-PEG X 射线衍射谱图中,显示了四个结晶衍射峰,2θ＝22.3 处出现的 PEG(200)晶面衍射峰最弱(图 4-58)。聚合物的结晶度采用如下公式计算:

$$结晶度(\%)=\frac{I_c}{I_c+I_a}\times100\%$$

其中,I_c代表结晶峰积分强度,I_a代表非结晶峰积分强度。

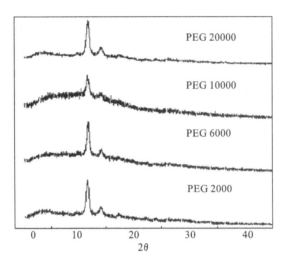

图 4-58　不同 PEG 相对分子质量的 PLLGA-HPr-PEG 的 X 射线衍射图

引入 PEG10000 后样品仍然有四个衍射峰,在 2θ 为 18.9 处的结晶峰强度积分下降,但是在可见 2θ 为 16.6 处的吸收峰强度最高,结晶度为 1.32%。同 PEG20000、PEG6000 和 PEG2000 的结晶度 0.87、0.84 和 0.56 相比,结晶度相对较大,但总体相比数值差别很小,这可能是因为,PEG 链段的引入对聚合物 PLLGA-HPr-PEG 的体系带来的影响较小,聚左旋乳酸链段规整度在聚合物的结晶行为中占主要地位,聚左旋乳酸链段规整度的相差不大,故结晶度相差较小。

5) 不同 PEG 相对分子质量的 PLLGA-HPr-PEG 的降解性能

不同 PEG 相对分子质量的 PLLGA-HPr-PEG 的降解性能,如图 4-59 所示。PEG10000 的样品降解速率最慢,这是因为聚合物的降解首先从无定形区开始,水分子迅速渗透进无定形区引发水解,然后结晶区水解,结晶度较大的样品相应的降解速率较慢。

6) 物释放性能

(1) 药物包载

Mosqueira 等研究了 PEG 链长对 PLA-PEG 共聚物的影响,结果表明,增加 PEG 链长和含量能延长 PLA-PEG 纳米粒子在体内的停留时间,同时能改善纳米粒子的血液相容性和在生物体内的分布。将 PLA-PEG 共聚物以低浓度分散在水中即可得到 PLA-PEG 胶束,这类胶束状的共聚物往往具有核-壳结构,疏水的 PLA 嵌段聚集成核,而亲水的 PEG 嵌段包覆在 PLA 核外,延伸到水中,呈球形,PLA-PEG 是一种很好的药物控释载体。从表 4-36 可见,发现随 PEG 链段长度的增加,PLLGA-HPr-PEG 对药物包埋量也随之增加,这可能是由于胶束外部亲水链与药物吸附力增强而引起的,当 PEG 分子质量超过 10000 以后继续增加 PEG 分子链长度不能继续提高药物包载能力。

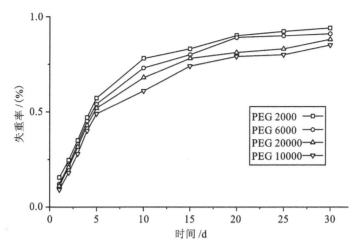

图 4-59　PLLGA-HPr-PEG 在 37 ℃ 磷酸降解液(pH 7.4)中的体外降解行为

表 4-36　不同 PEG 相对分子质量的聚合物 PLLGA-HPr-PEG 的 EE 和 DLC

PEG(M_n)	粒径/nm	多分散性	EE/(%)	DLC/(%)	产率/(%)
2000	101	0.13	14.32	1.82	21.0
6000	103	0.12	20.40	2.16	18.3
10000	101	0.15	28.29	3.84	20.5
20000	106	0.12	24.66	3.69	24.7

（2）载药微球的形貌

在嵌段共聚物中,大部分自组装利用的是不同嵌段的亲疏水效应,将两条不相容的分子链通过共价键连接起来。这样既阻止了链段完全分离,同时又实现了相分离,这样可以获得分子链段周期性有序的片状、圆柱状和球状等相。就像液膜一样,如果两边张力不等,液膜就会弯曲,根据曲率的不同而形成各种形状。对于嵌段共聚物来说,微相分离时表现出来的形态由嵌段间的体积分数来决定。当链段的对称性极差,即其中一嵌段占的体积分数非常小时,分子链聚集成球状;当链段对称性比较差时,形成圆柱状;当嵌段对称性好时,形成片板状;在片状和圆柱状之间还可形成螺旋状(图 4-60)。

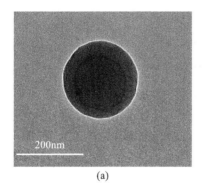

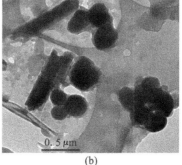

(a)　　　　　　　　　　　　　(b)

图 4-60　PLLGA-HPr-PEG 的 TEM 照片

(a. PEG2000,6000,20000;b. PEG10000)

通过 TEM 照片图 4-60(a),可以看到圆形微球,粒径在 100 nm 左右,两亲性嵌段聚合物在选择性溶剂中可以自组装形成胶束。PEG 与水有很好的亲和性。在图 4-60(b)PEG10000 的 PLLGA-HPr-PEG 载药亚微米球形貌里发现了,棒状亚微米级聚集体和球形亚微米球的聚集体。这可能是因为随着亲水链段长度的增加,聚合物更易于形成较大的聚集体,从球状向棒状转变。Riley 等分析了在水中不同 PLA-PEG 组成比例的有核-壳结构形态的亚微米胶束,发现低相对分子质量 PLA 嵌段共聚物中 PEG 链完全伸展,粒子的聚集数低,表面包覆程度高,能形成高度稳定的胶束分散体系。考虑到实验中所观察到的聚集体尺寸,我们认为这些棒状聚集体可能是初级分子聚集体通过进一步缔合所形成的次级聚集体。次级聚集体的形成可能是通过中间亲水嵌段的连接而同时末端疏水嵌段伸入不同的初级分子聚集体的核所形成的。共聚物中粒径较大的亚微米粒子的稳定性显著降低,在溶剂中发生凝聚,这可能是由于 PEG 表面包覆面积的减少以及裸露 PLA 链段的增多所引起的。

(3) 药物释放

在 pH7.4 的磷酸盐缓冲溶液中,不同亲水性 PEG 链段长度的 PLLGA-HPr-PEG 包载 5-Fu 亚微米球的体外释药行为曲线如图 4-61 所示,在初期药物迅速释放,然后为相对平缓的释药过程。25 h 累计释药 80% 左右,PLLGA-HPr-PEG 可以对药物进行控制释放。药物释放主要是由扩散控制。随着 PLLGA-HPr-PEG 结晶度降低,药物释放速率变快,这主要是因为,随着无定形区含量增大,体系中水分子链更容易进入亚微米球内部,药物更易于扩散,从而药物释放速率随着结晶度降低而加快。PLLGA-HPr-PEG 同 PLGA-HPr-PEG 释药曲线相比,释药速率相对较慢,由于左旋乳酸聚合物具有较完整的结晶区域,使水分子不易接触和进入聚合物内部,造成较慢的药物释放速率。

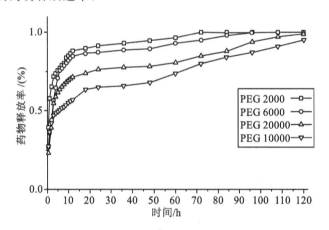

图 4-61　PLLGA-HPr-PEG 的体外释药行为

采用熔融聚合法合成新型 PLGA-HPr-PEG 两亲性聚合物,产率在 67% 以上,聚合物投料比与各单体在聚合物分子链上的比率接近。随着 PEG 含量的增加,物质的亲水性有所改善,PEG 含量的增加导致 T_g 降低,PEG 含量的增加导致聚合物降解速率加大。

在 PLGA-HPr-PEG 中,在固定 PEG 含量的前提下,亲水性 PEG 链段长度增加对亲水性的改善较小,亲水性 PEG 链段长度增加都导致 T_g 降低,亲水性 PEG 链段长度增加导致聚合物降解速率加大。

左旋乳酸的聚合物 PLLGA-HPr-PEG 亲水性比 PLGA-HPr-PEG 差;PLLGA-HPr-PEG 的 T_g 比 PLGA-HPr-PEG 高;PLLGA-HPr-PEG 是半结晶聚合物;PLLGA-HPr-PEG 的降解

速率与结晶度有关。

　　两亲性 PLGA-HPr-PEG 嵌段共聚物由于含有氨基侧基,在药物载体应用中有着独特的优势。以 5-Fu 为模型药物,通过采用纳米沉淀法制备了聚合物载药亚微米球。PEG 含量的增加,EE、DLC 增加,亚微米球药物释放速率加大。PLGA-HPr-PEG 的 EE、DLC 在亲水嵌段 PEG 为 10000 的样品中获得最大值;左旋乳酸的聚合物 PLLGA-HPr-PEG 的 EE 和 DLC 同 PLGA-HPr-PEG 相比有所减小;载药亚微米球呈球形,PEG 含量对亚微米球形貌无明显影响,不同亲水性 PEG 链段长度对聚合物载药亚微米球形貌有很大影响,发现在亲水嵌段 PEG 为 10000 的样品中可以得到实心亚微米球与空心"珍珠串"或棒状聚集体的混合体系,可见调节亲水性 PEG 链段长度可以达到调节聚合物亚微米球的载药量、包封率及形貌的目的。

4.7.5　端基含磺胺嘧啶的 PLA 和 PLLGA-HPr-PEG

　　近 30 年来,聚乳酸及其共聚物被用作一些半衰期短、稳定性差、易降解及毒副作用大的药物控释制剂的可溶蚀基材,从而减轻了药物对患者机体特别是对肝、肾的毒副作用。早在十几年前,科学家们就认识到药物载体的重要性,并预言可控给药体系将是医药史上的重大革命,将形成新的医药产业。国外特别是西方发达国家,药物控释研究已经成为医药工业的新增长点。国内外对药物载体技术及质量的要求不断提高,众所周知,肿瘤细胞和正常细胞在结构和物理化学性能上是极其相似的。一些器官如肝脏等对化学药物的吸收,一般要大于肿瘤组织。许多药物的体内分布无法令人满意,达不到治疗所期望的部位,或使治疗部位的浓度远低于血药浓度,使得此类药物虽有良好的药理作用但因严重的不良反应而使应用受限,这要求药物载体可以精确地靶向定位给药,减少药物的不良反应等功能,使得药物载体的研究越来越重要。因此,设计和合成只对肿瘤组织有作用,不影响或者很少影响正常组织的新型有导向性的药物载体,是非常有价值的。

　　磺胺类化合物广泛应用于局部和全身细菌感染。20 世纪 70 年代,研究者曾尝试将磺胺嘧啶的导向功能引入抗肿瘤药物中,磺胺类化合物具有选择性地在肿瘤组织浓聚的特性,具有作为肿瘤靶向给药载体的潜能,他们将氮芥连接于磺胺嘧啶的苯胺基端,但是这种交联物却失去了在肿瘤中富集的能力。但是据文献报道,在磺胺嘧啶的磺胺基团引入聚合物后,磺胺嘧啶仍具有在肿瘤组织富集的作用。

　　采用相转移催化法利用磺胺嘧啶的磺胺基团接在 PLA 和 PLLGA-HPr-PEG 分子链端,合成的磺胺嘧啶-聚乳酸(Sul-PLA)和磺胺嘧啶-聚(乳酸-乙醇酸-4-羟基脯氨酸-聚乙二醇)(Sul-PLLGA-HPr-PEG)可以作为可生物降解的肿瘤导向性药物载体使用。这一合成高分子化的磺胺嘧啶,不仅保留了一般高分子药物的缓释功能,而且还有可能成为高分子导向药物的一种理想的模型化合物。将两亲性 Sul-PLLGA-HPr-PEG 作为药物载体,制备包载 5-Fu 的亚微米球,磺胺嘧啶能赋予 Sul-PLLGA-HPr-PEG 载药微球主动靶向的功能(图 4-62 至图 4-67)。

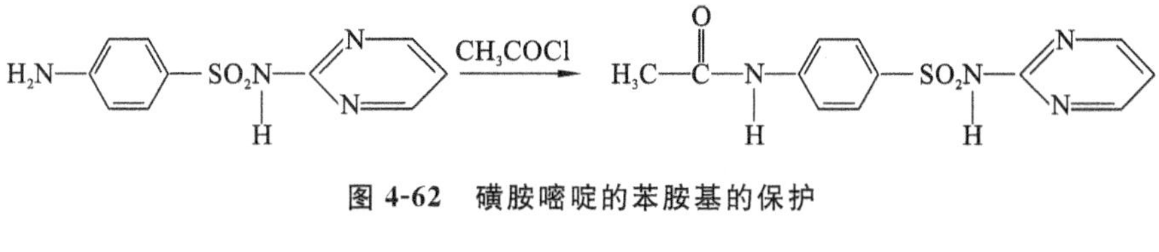

图 4-62　磺胺嘧啶的苯胺基的保护

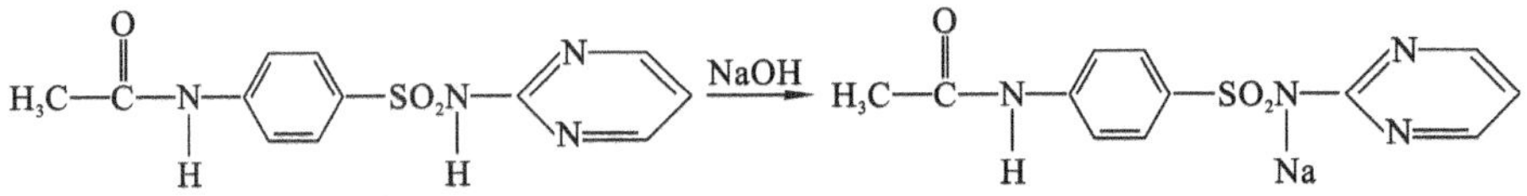

图 4-63 苯胺基保护的磺胺嘧啶钠的合成

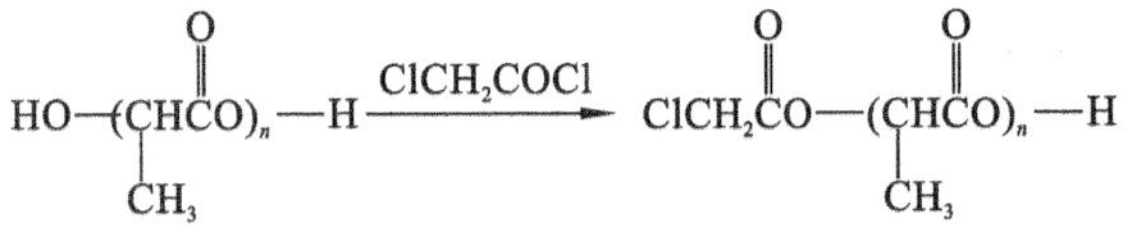

图 4-64 PLA 的氯代

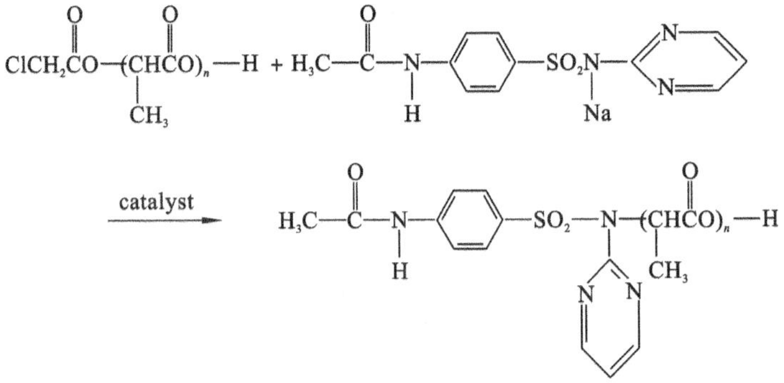

图 4-65 Sul-PLA 的合成路线

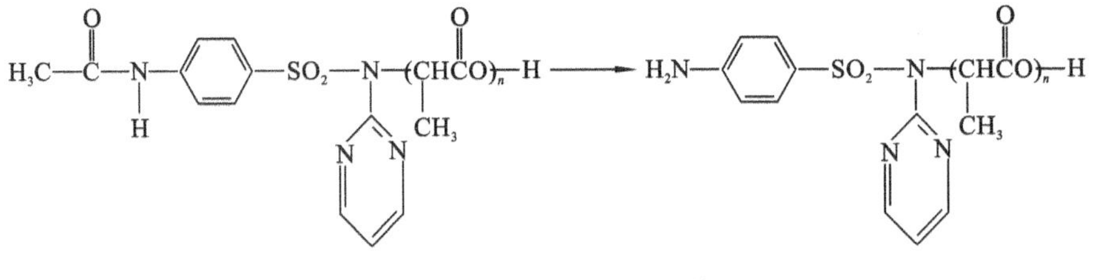

图 4-66 Sul-PLA 的脱保护

Sul-PLLGA-HPr-PEG 的合成同 Sul-PLA。Sul-PLLGA-HPr-PEG 的结构如图 4-67 所示。

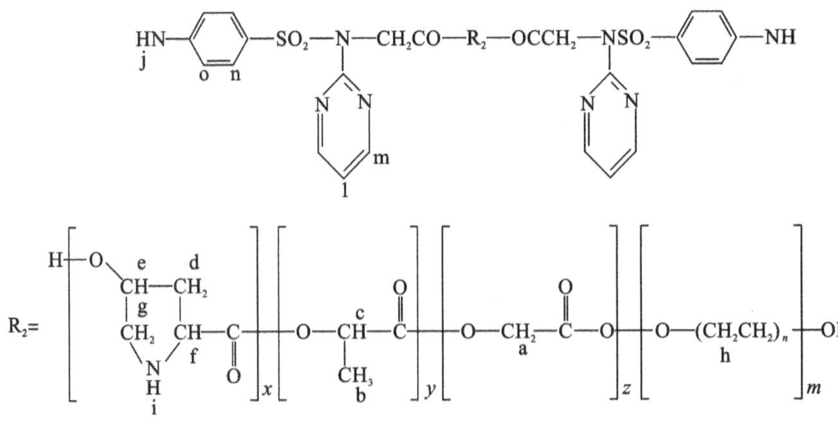

图 4-67 Sul-PLLGA-HPr-PEG 的结构

1. Sul-PLA 的合成及性能

1）Sul-PLA 的表征

Sul-PLA 的红外谱图如图 4-68 所示,同聚乳酸的红外光谱图相比,在 3439.77 cm^{-1} 和 1624.82 cm^{-1} 两处产生明显的吸收峰,在 3439.77 cm^{-1} 处的吸收峰是磺胺嘧啶中 NH$_2$ 与苯环共轭产生的,1624.82 cm^{-1} 处的吸收峰是磺胺嘧啶中 C=N 的伸缩振动吸收峰;Sul-PLA 同脱保护以前谱图进行对照,更显著的特征就是在 695.04 cm^{-1} 和 750 cm^{-1} 处的吸收是磺胺嘧啶中 NH$_2$ 的面外弯曲振动吸收峰,可见 Sul-PLA 已经成功地脱掉保护基团。并且,磺胺嘧啶-聚乳酸在波长 256 nm 处有明显的磺胺嘧啶紫外强吸收峰(图 4-69)。Sul-PLA 不溶于 DMF 和氯仿,结合现有条件我们没有对 Sul-PLA 进行核磁表征。

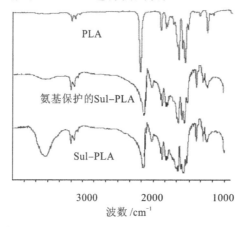

图 4-68　Sul-PLA 和 PLA 的红外谱图

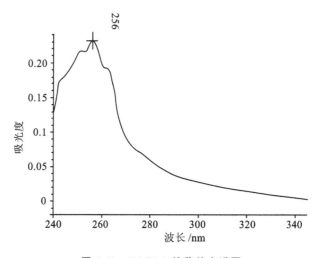

图 4-69　Sul-PLA 的紫外光谱图

2）Sul-PLA 和 Sul-PLLGA-HPr-PEG 的合成机理

由于磺胺嘧啶钠不溶于有机溶剂,聚乳酸是疏水性物质,Sul-PLA 和 Sul-PLLGA-HPr-PEG 的合成采用常温溶液聚合法,将 PLA 和 PLLGA-HPr-PEG 溶于有机相,磺胺嘧啶钠溶于水相,以四丁基氯化铵为催化剂采用液-液相转移催化合成 Sul-PLA 和 Sul-PLLGA-HPr-PEG。以 Sul-PLA 为例,描述 Sul-PLA 和 Sul-PLLGA-HPr-PEG 的合成机理,其反应机理如图 4-70 所示。

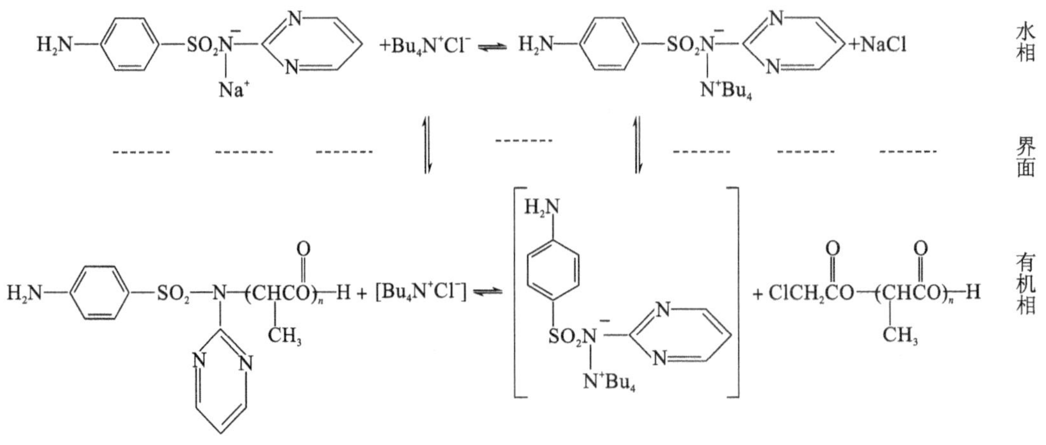

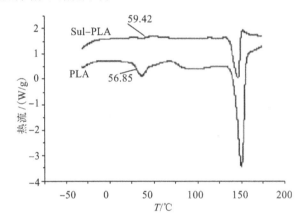

图 4-70　磺胺嘧啶-PLA 的合成机理

3）Sul-PLA 的热性能

这一实验中所采用的是聚左旋乳酸，其玻璃化转变温度是 56.85 ℃，熔点在 181.11 ℃。磺胺嘧啶引入聚乳酸后聚合物的热性能略有变化，通过图 4-71 可以得到其玻璃化转变温度约为 59.42 ℃，熔点在 175.23 ℃，这可能是由于端基引入的磺胺嘧啶体积大于原来的羟基体积，由于空间位阻，分子链内旋转势垒增加，玻璃化转变温度升高。引入端基造成分子链可能出现的构象增多，使得熔融熵增大，熔点下降。

图 4-71　PLA 和 Sul-PLA 的 DSC 曲线

4）Sul-PLA 的 X 射线衍射

所用的 PLA 是高结晶性聚左旋乳酸，结晶度在 37％ 左右。Sul-PLA 的结晶度为 13.82％。物质的立体规整性直接影响聚合物的机械性能、热性能和生物性能。如图 4-72 所示将磺胺嘧啶引入 PLA 以后其 X 射线衍射峰发生变化，在 $2\theta=16.62$ 处依然存在强吸收峰，但强度明显下降，另外，在 2θ 为 11.84、16.56、19.04 及 23.12 等多处出现新的衍射峰，这主要是因为是端基引入磺胺嘧啶以后，聚乳酸分子链原有的规整度有所下降，影响了聚乳酸晶区的规整性，造成结晶度下降，而且聚合物形成了新的结晶或有序结构。

5）Sul-PLA 的溶解性

将 0.5 g 聚合物样品浸泡在 10 mL 溶剂中，24 h 后观察样品溶解状态。高分子的某部分功能基反应以后，对聚合物溶解度是有影响的，因而它的化学活性也有所改变（表 4-37）。Sul-

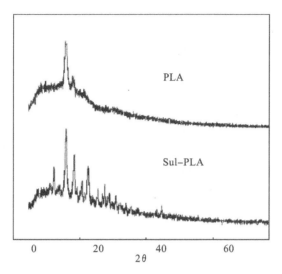

图 4-72　Sul-PLA 和 PLA 的 X 射线衍射图

PLA 的溶解性能在引入磺胺嘧啶后聚合物不溶于 DMF 和 $HCCl_3$。

表 4-37　Sul-PLA 和 PLA 的溶解性能

溶剂	DMF	$HCCl_3$	H_2O	Me_2O	THF	丙酮
PLA	＋＋	＋＋	—	—	—	—
Sul-PLA	＋	＋	—	—	—	—

注:＋＋,可溶;＋,部分溶解;—,不可溶。

6) Sul-PLA 的降解性能

Sul-PLA 的体外降解性能如图 4-73 所示,Sul-PLA 的降解速率略快于 PLA,这可能是因为磺胺嘧啶的分子结构,破坏了高度规整的 PLA 分子链的规整性,使水分子更易于接触和扩散并近入聚合物内部。

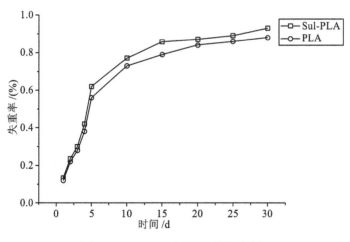

图 4-73　Sul-PLA 和 PLA 的体外降解

2. Sul-PLLGA-HPr-PEG 的合成及性能

1) Sul-PLLGA-HPr-PEG 的合成

采用相转移催化法,合成了两亲性 Sul-PLLGA-HPr-PEG。对聚合物的结构采用红外光谱图和核磁共振谱图进行表征。

(1) 红外光谱图表征

在图 4-74 聚合物的红外谱图中可见,1755 cm⁻¹ 处的强吸收峰是酯基中的 C＝O 伸缩振动峰,波数 1190 cm⁻¹ 附近的吸收峰,是高度对称的仲醇的 C—O 键振动吸收峰。波数 3524～3200 cm⁻¹ 间较强较宽的吸收峰是—OH 的伸缩振动峰,聚合物在 2996 cm⁻¹、2945 cm⁻¹ 和 2878 cm⁻¹ 有三种 C—H 伸缩振动键特征峰,分别表征了 CH₃—,CH—和 CH₂—结构的存在。由于 Sul-PLLGA-HPr-PEG 只在 PLLGA-HPr-PEG 分子链端含有一个磺胺嘧啶基团,所以磺胺嘧啶部分的吸收峰强度较弱,以至于苯环上氨基以及磺胺嘧啶本身在红外谱图上没有明显的吸收峰出现,可能是被 PLLGA-HPr-PEG 的系列强吸收峰所掩盖。

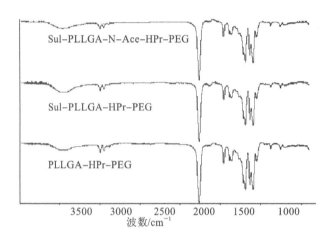

图 4-74　系列聚合物的红外光谱图

(2) ¹H-NMR 谱图

图 4-75 是聚合物的 ¹H-NMR 谱图,由于 Sul-PLLGA-HPr-PEG 结构单元只在 PLLGA-HPr-PEG 分子链端含有一个磺胺嘧啶基团,所以磺胺嘧啶部分的吸收峰强度在聚合物谱图中吸收强度较弱。对图 4-75 进行解析可以得出:PEG 中结构单元的 CH₂—质子的吸收峰在 3.66 ppm 附近;乳酸的 CH₃—的吸收峰在 1.60 ppm 附近;在 δ 为 5.10 ppm 处的吸收峰是聚乳酸分子中次甲基吸收峰;聚乙醇酸分子链上 CH₂—的亚甲基的质子共振吸收峰在 4.8 ppm 附近,脯氨酸的氢 e 的特征吸收峰在 5.18 ppm 附近与聚乳酸分子中次甲基吸收峰重叠。在图 4-75 中通过对 A 和 B 进行比较分析可以得出:Sul-PLLGA-HPr-PEG 在催化氢化还原后(B),磺胺嘧啶的磺胺基团被还原,在 6.2 ppm 处出现 Ph-NH₂⁺ 的吸收峰,在 2.15 ppm 附近 4-羟基脯氨酸的氨基保护基吸收峰强度下降,由此可认为,目标聚合物已经合成。

2) Sul-PLLGA-HPr-PEG 的亲水性

PLLGA-HPr-PEG 端基接入磺胺嘧啶以后聚合物羟基数量减少,磺胺嘧啶的分子结构可进一步破坏 PLLGA-HPr-PEG 分子链的规整性,造成水分子更易于接触和进入 Sul-PLLGA-HPr-PEG 的分子,所以 Sul-PLLGA-HPr-PEG 的接触角变小,吸水率增加(表 4-38)。

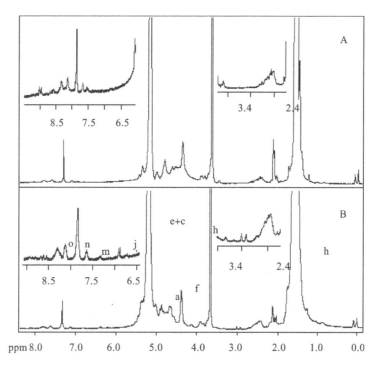

图 4-75　Sul-PLLGA-N-Ace-HPr-PEG(A)和 Sul-PLLGA-HPr-PEG(B)的 ¹H-NMR 谱图

表 4-38　PLLGA-HPr-PEG 和 Sul-PLLGA-HPr-PEG 的接触角和吸水率

样品	接触角/(°)	吸水率/(%)
PLLGA-HPr-PEG	34.5	12.76
Sul-PLLGA-HPr-PEG	32.2	26.29

3）Sul-PLLGA-HPr-PEG 的结晶性能

从图 4-76 在 X 射线衍射谱图中可见 Sul-PLLGA-HPr-PEG 催化氢化还原前后结晶峰和出峰位置都没有明显变化,结晶度从还原前 0.81% 变到还原后 0.83%。

在图 4-76 在 X 射线衍射谱图中,PLLGA-HPr-PEG 显示了 4 个衍射峰,其中在 2θ 为 16.46 处有最强峰,其他的衍射峰可以在 2θ 为 14.6 处、18.7 处、22.1 处观察到。引入磺胺嘧啶后样品仍然有 4 个衍射峰,在 2θ 为 22.1 处的结晶峰强度积分从 63970 下降到 37,可见,磺胺嘧啶的引入会造成聚合物 Sul-PLLGA-HPr-PEG 的结晶峰吸收强度比 PLLGA-HPr-PEG 低,结晶度从 0.87% 变到 0.83%,磺胺嘧啶的引入会对结晶度本来就不是很高的 PLLGA-HPr-PEG 分子链的规整性有微小的影响。

引入磺胺嘧啶前后 PLLGA-HPr-PEG 结晶度同引入到 PLA 相比,结晶度下降幅度较小,这主要是因为在 PLA 的分子链中引入 4-羟基脯氨酸以后,PLLGA-HPr-PEG 的分子链已经不如 PLA 的分子链规整,在链端引入磺胺嘧啶后对分子链规整度的破坏较小。

4）Sul-PLLGA-HPr-PEG 的热性能

从图 4-77 可见 Sul-PLLGA-HPr-PEG 还原后 T_{g_1} 从 43.54 ℃ 增大到 44.12 ℃,这可能是 HPr 的氨基脱保护以后,氨基上的氢同分子内其他基团形成分子内氢键所致;T_{g_2} 从 98.50 ℃ 降低到 78.99 ℃,T_{g_2} 是分子链中硬段聚左旋乳酸链段产生的;T_m 变化较小。Sul-PLLGA-HPr-PEG 同 PLLGA-HPr-PEG 相比 T_g 略有提高,这是因为在分子链中磺胺嘧啶是相对较大

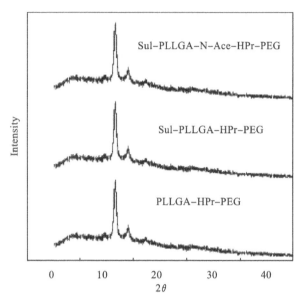

图 4-76 系列聚合物的 X 射线谱图

的基团,由于空间位阻,分子链内旋转势垒增加,T_g 升高;由于磺胺嘧啶的引入,分子链可能构象增多,导致熔融熵增大,T_m 降低。

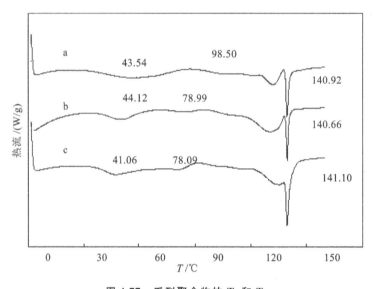

图 4-77 系列聚合物的 T_g 和 T_m

(a. Sul-PLLGA-N-Ace-HPr-PEG;b. Sul-PLLGA-HPr-PEG;c. PLLGA-HPr-PEG)

5) Sul-PLLGA-HPr-PEG 的降解性能

从图 4-78 可见,Sul-PLLGA-HPr-PEG 在 37 ℃的磷酸盐缓冲溶液中可降解至少 30 天,适合用作短期药物的药物载体。Sul-PLLGA-HPr-PEG 的降解性能同 PLLGA-HPr-PEG 相比有较小的提高。

6) Sul-PLLGA-HPr-PEG 的溶解性能

将磺胺嘧啶引入 PLLGA-HPr-PEG 分子链端以后,聚合物的溶解性变化不大,同 Sul-PLA 相比,存在较大差异,这可能是因为,PLLGA-HPr-PEG 分子链的规整性已经被 HPr 破

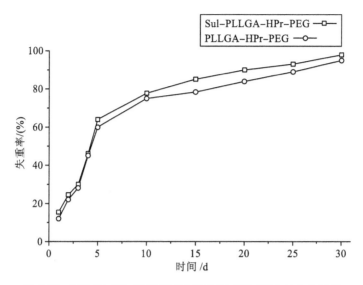

图 4-78　PLLGA-HPr-PEG 和 Sul-PLLGA-HPr-PEG 的体外降解

坏,引入体积较大的磺胺嘧啶端基,对分子链的影响不是很明显(表 4-39)。

表 4-39　磺胺嘧啶-PLLGA-HPr-PEG 和 PLLGA-HPr-PEG 的溶解性能

样品	DMF	HCCl$_3$	H$_2$O	Me$_2$O	THF	丙酮
PLLGA-HPr-PEG	＋＋	＋＋	－	－	＋＋	＋＋
Sul-PLLGA-HPr-PEG	＋＋	＋＋	－	－	＋＋	＋＋

注:＋＋,可溶;＋,部分溶解;—,不可溶。

7) Sul-PLLGA-HPr-PEG 的药物释放性能

将两亲性 Sul-PLLGA-HPr-PEG 用作药物载体,采用纳米沉淀法包裹 5-Fu 可制成亚微米载药颗粒。

亚微米球的靶向性可分为被动靶向和主动靶向两种。亚微米球的被动靶向性是指它容易被位于肝、脾、肺及骨髓的单核-巨噬细胞系统(mononuclearphagocyte system,MPS)摄取。亚微米球的性质(如聚合物的类型、疏水性、生物降解性)及药物或靶基因的性质(如相对分子质量、电荷、与亚微米粒结合的部位)都可影响药物或靶基因在 MPS 的分布。正是由于这种定位于 MPS 的特异靶向性,可减轻药物活性成分对其他器官的毒副作用,用于治疗 MPS 系统的疾病。主动靶向性是指对亚微米粒进行表面修饰,如在其表面耦联特异性的靶向分子(特异性的配体、单克隆抗体等),通过靶向分子与细胞表面特异性受体结合,实现主动靶向治疗。将 Sul-PLLGA-HPr-PEG 制备成亚微米球以后,具有主动靶向治疗的功能。

(1) Sul-PLLGA-HPr-PEG 载药亚微米球的粒径和粒径分布

从表 4-40 的数据分析,Sul-PLLGA-HPr-PEG 和 PLLGA-HPr-PEG 的载药亚微米球的粒径和粒径分布相差不大,可见引入磺胺嘧啶对 PLLGA-HPr-PEG 的载药亚微米球的粒径和粒径分布没有明显的影响。

表 4-40　Sul-PLLGA-HPr-PEG 载药亚微米球的粒径和粒径分布

样品	粒径/nm	多分散性	产率/(%)
PLGA-HPr-PEG	104	0.13	30
Sul-PLGA-HPr-PEG	106	0.15	28

（2）Sul-PLLGA-HPr-PEG 载药亚微米球的 EE 和 DLC

从表 4-41 的数据分析，Sul-PLLGA-HPr-PEG 和 PLLGA-HPr-PEG 的载药亚微米球的 EE 和 DLC 相差不大，可见引入磺胺嘧啶对 PLLGA-HPr-PEG 的药物包载性能没有明显的影响。Sul-PLLGA-HPr-PEG 载药亚微米球的 DLC 和 EE 同 PLLGA-HPr-PEG 相比无明显差异。

表 4-41　Sul-PLLGA-HPr-PEG 载药亚微米球的 EE 和 DLC

样品	EE/(%)	DLC/(%)
PLLGA-HPr-PEG	13.75	1.57
Sul-PLLGA-HPr-PEG	15.61	1.55

（3）Sul-PLLGA-HPr-PEG 载药亚微米球的形貌

采用 TEM 对载药微球进行观察，采用纳米沉淀法制备载药亚微米球，可见 Sul-PLLGA-HPr-PEG 载药亚微米球呈形态圆整球形颗粒（图 4-79）。由于共聚物胶束具有很小的尺寸和很大的表面积/体积比，并且具有芯-壳结构，受外层 PEG 保护，从而使其在血液循环中免受网状内皮系统吞噬，在血液循环中能维持较长周期。肿瘤组织具有较丰富的毛细血管壁和比正常组织更大的孔隙，所以亚微米球能够增强药物对肿瘤血管壁的通透，促进在肿瘤细胞内的药物累积和药效发挥，实现药物被动靶向。

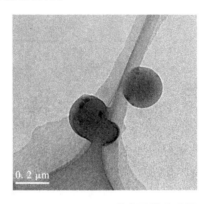

图 4-79　Sul-PLLGA-HPr-PEG 载药亚微米球的 TEM 照片

（4）Sul-PLLGA-HPr-PEG 载药亚微米球的体外药物释放性能

由图 4-80 可见 Sul-PLLGA-HPr-PEG 载药亚微米球的体外药物释放行为，Sul-PLLGA-HPr-PEG 的释药速率比 PLLGA-HPr-PEG 快。这是因为药物释放主要由扩散控制，端基的磺胺嘧啶对于破坏分子链的规整性有所帮助，这有利于水分子扩散进入载药微球，促进了药物的扩散，相应的加速了药物释放。

采用液-液相转移催化合成了肿瘤导向性可生物降解药物载体 Sul-PLA，反应条件较温和，易于控制。Sul-PLA 的玻璃化转变温度是 59.42 ℃，熔点在 175.23 ℃。研究了 Sul-PLA 的结晶性，引入磺胺嘧啶后高度规整的 PLA 分子链的规整性受到影响，结晶度从 37% 降低到

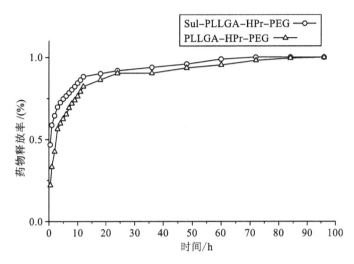

图 4-80　Sul-PLLGA-HPr-PEG 载药亚微米球的体外药物释放行为

13.82%。其降解速率同 PLA 相比较快。

采用液-液相转移催化合成了 Sul-PLLGA-HPr-PEG,引入磺胺嘧啶后聚合物的结晶度从 0.87%降低到 0.83%,玻璃化转变温度和熔点从 44.12 ℃和 78.99 ℃变化为 41.06 ℃和 78.09 ℃,降解速率和释药速率同 PLLGA-HPr-PEG 相比有所提高。

参 考 文 献

[1] 包劲松,徐律平,包志毅,等.淀粉特性与工业应用研究进展[J].浙江大学学报(农业与生命科学版), 2002,28(6):694-702.

[2] 冯国涛,单志华.变性淀粉的种类及其应用研究[J].皮革化工,2005,22(3):25-29.

[3] 具本植,尹荃,张淑芬,等.疏水化淀粉衍生物研究进展[J].化学通报,2007,10:727-733.

[4] 朱海林,胡志勇.淀粉的化学改性研究[J].天津化工,2008,22(3):10-13.

[5] 杨晋辉,于九皋,马骁飞.热塑性淀粉的制备、性质及应用研究进展[J].高分子通报,2006,11:78-84.

[6] 魏巍.热塑性淀粉/聚乳酸共混材料的制备及性质研究[D].西北农林科技大学,2007.

[7] 乔欣,闫丽君,张占柱.变性淀粉的种类及应用[J].染料与染色,2010,47(5):44-47.

[8] 刘玉环,阮榕生,郑丹丹,等.淀粉基木材胶黏剂研究现状与展望[J].化学与黏合,2005,27(6): 358-362.

[9] 赫玉欣,由文颖,宋文生,等.淀粉基生物降解塑料的应用研究现状及发展趋势[J].河南科技大学学报:自然科学版,2006,27(1):61-64.

[10] 张政委,任鹏刚.淀粉基可生物降解塑料的研究现状[J].材料导报,2008,22(7):44-47.

[11] 葛杰,张功超,白立丰,等.变性淀粉在我国的应用及发展趋势[J].黑龙江八一农垦大学学报,2005, 17(1):69-73.

[12] 何小维,罗志刚.淀粉基生物降解塑料的研究进展[J].食品研究与开发,2005,26(5):196-200.

[13] 陈涛.热塑性淀粉塑料的加工、结构和性能研究[D].四川大学,2006.

[14] 汪秀丽,张玉荣,王玉忠.淀粉基高分子材料的研究进展[J].高分子学报,2011,(1):24-37.

[15] 郭振宇,胡世伟,丁著明.淀粉基降解塑料的研究进展[J].塑料助剂,2011,90(6):16-21.

[16] 李永红,蔡永红,曹凤芝,等.化学改性淀粉的研究进展[J].化学研究,2004,15(4):71-74.

[17] 何秀芝.可生物降解 PBS/淀粉复合材料的制备与性能研究[D].郑州大学,2013.

[18] 顾龙飞.马来酸酐接枝聚乳酸/淀粉共混物的合成及应用[D].南京林业大学,2013.

[19] 阮波. 淀粉接枝改性制备高吸水性树脂[D]. 南京理工大学,2008.

[20] 段久芳. 主链含 4-羟基脯氨酸结构的乳酸共聚物的研究[D]. 大连理工大学,2006.

[21] Kowalski A. ,Duda A. ,Penczk S. . Kinetics and Mechanism of cyclic esters polymerization initiated with Sn(Ⅱ)octoate. 3. Polymerization of L,L-dilactide[J]. Macromolecules,2000,33:7359-7370.

[22] 赵耀明,张军,麦杭珍. 直接缩聚法合成聚乳酸的研究[J]. 合成纤维,2001,30(3):3-5.

[23] 张国栋,冯新德. 端基含葡氨糖衍生物的聚乳酸的合成与表征[J]. 高分子学报,1998,4:509-512.

[24] 段久芳,郑玉斌,李冬梅,等. 聚氯乙酸的合成及性能[J]. 化工新型材料,2005,33(2):43-45.

[25] 刘娅,赵国华,陈宗道. 改性淀粉在降解塑料中的应用[J]. 包装与食品机械,2003,21(2):20-22.

[26] 徐丽英,何彦霏,奚昊敏. 氧化淀粉水处理剂的研究[J]. 净水技术,2001,11(2):27-29.

[27] 汪怿翔,张俐娜. 天然高分子材料研究进展[J]. 高分子通报,2008,(7):66-76.

[28] 宇恒星,王朝生,黄南熏,等. 聚乳酸的聚合方法[J]. 化工新型材料,2002,30(3):16-18.

[29] 孟祥艳. 黄米淀粉理化特性的研究[D]. 西南大学,2008.

[30] Zhu Z. F. ,Zhuo R. X. . Controlled release of carboxylic-containing herbicides by starch-poly(butyl acry late)[J]. J Appl Polym Sci,2001,81(6):1535-1543.

[31] 赵耀明,汪朝阳,麦杭珍,等. 熔融-固相聚合法直接合成聚乳酸的研究[J]. 华南理工大学学报(自然科学版),2002,30(11):155-159.

[32] 汪朝阳,赵耀明,麦杭珍,等. 熔融-固相缩聚法中固相聚合对聚乳酸合成的影响[J]. 材料科学与工程,2002,20(3):403-406.

[33] 许晓秋,段梦林,董向红. 淀粉在 CH₃OH-H₂O 溶液中与 MA 进行接枝共聚的研究[J]. 化学工业与工程,2000,17(5):307-310.

[34] 魏文珑,李和平,王晓曦. 新型复合变性淀粉的合成与结构表征[J]. 中国粮油学报,2000,15(2):14-17.

[35] 吴俊,谢笔钧. 淀粉基热塑性生物降解塑料的研制[J]. 精细化工,2001,7:423-425.

[36] 戴李宗,李万利,周善康. 淀粉基可环境降解塑料研究[J]. 厦门大学学报,2000,7:96-103.

[37] 黄佩芳,童张法,王海鹏. 季铵型阳离子淀粉的合成研究[J]. 广西大学学报,2002,9:243-247.

第 5 章　甲壳素与壳聚糖

5.1　概　述

在虾蟹等海洋节肢动物的甲壳、昆虫的甲壳、菌类和藻类细胞膜、软体动物的壳和骨骼及高等植物的细胞壁中存在大量甲壳素。甲壳素在自然界分布广泛,储量仅居于纤维素之后,是第二大天然高分子,每年甲壳素生物合成的量约有 100 亿吨,是一种可循环的再生资源,取之不尽、用之不竭,这些天然聚合物的主要分布在沿海地区,目前印度、波兰、日本、美国、挪威和澳大利亚等国家甲壳素、壳聚糖已经商业化生产。

甲壳素(chitin)首先是由法国研究自然科学史的布拉克诺(H. Bracolmot)教授于 1811 年在蘑菇中发现,并命名为 Fungine。1823 年,另一位法国科学家奥吉尔(A. Odier)从甲壳类昆虫的翅鞘中分离出同样的物质,并命名为几丁质;1859 年,法国科学家 C. Rouget 将甲壳素浸泡在浓 KOH 溶液中,煮沸一段时间,取出洗净后发现其可溶于有机酸中;1894 年,德国人 Ledderhose 确认 Rouget 制备的改性甲壳素是脱掉了部分乙酰基的甲壳素,并命名为 chitosan,即壳聚糖;1939 年 Haworth 获得了一种无争议的合成方法,确定了甲壳素的结构;1936 年美国人 Rigby 获得了有关甲壳素/壳聚糖的一系列授权专利,描述了从虾壳、蟹壳中分离甲壳素的方法,制备甲壳素和甲壳素衍生物的方法,制备壳聚糖溶液、壳聚糖膜和壳聚糖纤维的方法;1963 年 Budall 提出甲壳素存在着三种晶形;20 世纪 70 年代,对甲壳素的研究增多;20 世纪 80—90 年代,对甲壳素/壳聚糖研究进入全盛时代。

壳聚糖是甲壳素 N-脱乙酰基的产物,甲壳素的化学名称为(1,4)-2-乙酰氨基-2-脱氧-β-D-葡聚糖,甲壳素是乙酰氨基葡萄糖单元通过 β-1,4-糖苷键相连的线型生物高分子,分子质量分布范围较广,从几十万到几百万不等。甲壳素、壳聚糖、纤维素三者具有相近的化学结构,纤维素在 C_2 位上是羟基,甲壳素、壳聚糖在 C_2 位上分别被一个乙酰氨基和氨基所代替,甲壳素和壳聚糖具有生物降解性、细胞亲和性和生物效应等许多独特的性质,尤其是含有游离氨基的壳聚糖,是天然多糖中唯一的碱性多糖。

壳聚糖分子结构中的氨基基团比甲壳素分子中的乙酰氨基基团反应活性更强,使得该多糖具有优异的生物学功能并能进行化学修饰反应(图 5-1)。因此,壳聚糖被认为是比纤维素具有更大应用潜力的功能性生物材料。

甲壳素在动植物组织中以一种高度有序的结晶微原纤结构分散在无定形多糖或蛋白质的基质内。甲壳素在生物体中常以直径在 2.5～2.8 nm 之间的微纤维形式镶嵌在蛋白质中。甲壳素具有微纤维的存在形式,使之可成为纺丝材料。

壳聚糖为天然多糖甲壳素脱除部分乙酰基的产物,具有生物降解性、生物相容性、无毒性、抑菌、抗癌、降脂、增强免疫等多种生理功能,广泛应用于食品添加剂、纺织、农业、环保、美容保健、化妆品、抗菌剂、医用纤维、医用敷料、人造组织材料、药物缓释材料、基因转导载体、生物医用领域、医用可吸收材料、组织工程载体材料、医疗以及药物开发等众多领域和其他日用化学工业。

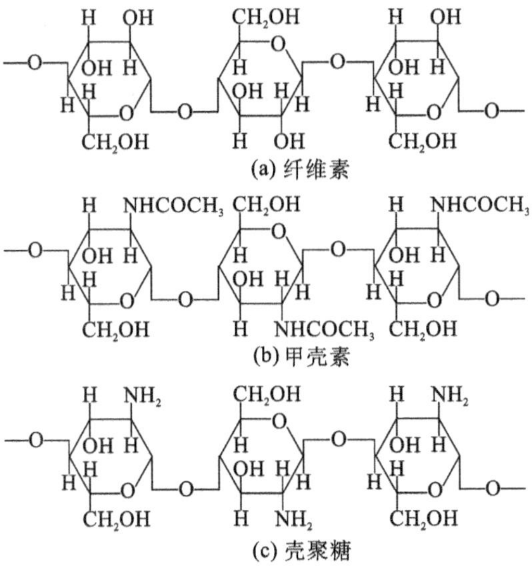

(a) 纤维素

(b) 甲壳素

(c) 壳聚糖

图 5-1　纤维素、甲壳素和壳聚糖的结构式

5.2　甲壳素与壳聚糖的化学结构

甲壳素是白色无定形、半透明固体,分子质量因原料不同而有数十万至数百万。氨基葡萄糖是壳聚糖的基本组成单位,壳二糖是壳聚糖的基本结构的糖单元,采用壳聚糖酶自然降解壳聚糖得到的最终产物是壳二糖(图 5-2)。

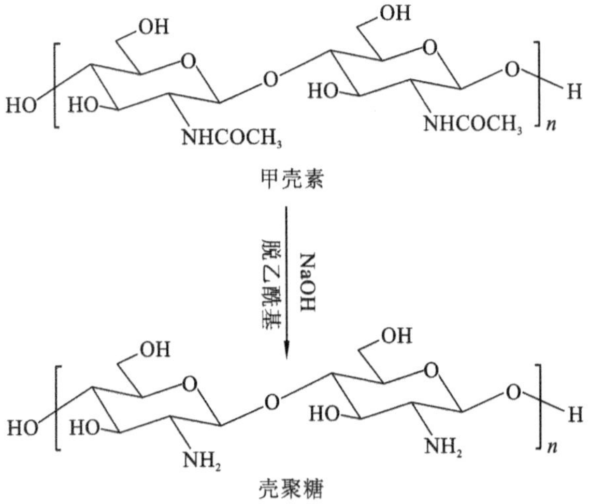

甲壳素

脱乙酰基　NaOH

壳聚糖

图 5-2　甲壳素及壳聚糖分子的结构

壳聚糖通过大分子链上分布的羟基、氨基、N-乙酰氨基相互作用形成各种分子内和分子间氢键。壳聚糖分子因为数量众多的氢键更容易形成结晶区,从而具有较高的结晶度,具有很好的吸附性、成膜性、成纤性和保湿性等物理机械性能。

脱乙酰度(degree of deacetylation,DD)是脱去乙酰基的葡萄糖胺单元数占总的葡萄糖胺单元数的比例,它是考察甲壳素/壳聚糖最基本的结构参数之一。脱乙酰度对壳聚糖的溶解性能、黏度、离子交换能力以及絮凝性能等都有重大影响。通常,脱去 55% 以上 N-乙酰基的甲壳素能溶于 1% 乙酸或盐酸,被称为壳聚糖,但脱乙酰度在 70% 以上的壳聚糖才能作为有使用价值的工业品。脱乙酰度在 55%～70%、70%～85%、85%～95%、95%～100% 的壳聚糖分别称为低脱乙酰度壳聚糖、中脱乙酰度壳聚糖、高脱乙酰度壳聚糖、超高脱乙酰度壳聚糖,极难制备脱乙酰度为 100% 的壳聚糖。

　　壳聚糖在水、乙醇和丙酮中不溶解,在无机酸和酒石酸、水杨酸、抗坏血酸等有机酸及许多稀酸溶液中能溶解。壳聚糖分子中的—NH_2 基团在酸性环境中会被质子化形成—NH_3^+ 离子,从而在酸性条件下会溶解。而甲壳素的 N-乙酰基不能质子化所以无溶解性,可见壳聚糖的脱乙酰化度与溶解性关系密切。脱乙酰化度在 50% 以下、60%～80%、80% 以上的壳聚糖溶解状态分别为部分离析溶解于稀醋酸溶液中、呈絮凝态悬浮于稀醋酸溶液中、以油状清澈地溶于稀醋酸溶液中,脱乙酰度在 50% 以下的,肯定不溶于浓度 1% 的烯酸。由此可见,甲壳素与壳聚糖的差别,仅仅是脱乙酰度不同而已。制备高脱乙酰度的壳聚糖在开发壳聚糖产品过程中非常重要,因为脱乙酰度可以决定甲壳素的溶解性,也是对其进行化学修饰功能化改性的前提条件。通常使用的高脱乙酰度中低相对分子质量、低黏度的壳聚糖都需要将厂家商品进一步水解、降解处理。

5.3　甲壳素与壳聚糖的物理性质

　　由图 5-3 可见甲壳素和壳聚糖呈现双螺旋结构特征,螺距为 0.515 nm,6 个糖残基组成一个螺旋平面。甲壳素和壳聚糖的氨基、羟基、N-乙酰氨基形成的氢键,形成了甲壳素和壳聚糖大分子的二级结构。壳聚糖的氨基葡萄糖残基的椅式结构中有 2 种分子内氢键,一种壳聚糖分子间氢键是 C_3-OH 与相邻的另一条壳聚糖分子链上的糖苷基形成的,另一种分子间氢键是氨基葡萄糖残基的 C_3-OH 与相邻壳聚糖呋喃环上的氧原子形成的。甲壳素和壳聚糖的 C_3-OH、C_2-NH_2、C_6-OH 等官能团均可形成分子内和分子间氢键。

5.3.1　甲壳素与壳聚糖的结晶结构

　　甲壳素和壳聚糖由于分子内和分子间很强的氢键作用而具有规整的分子链和较好的结晶性能。甲壳素和壳聚糖按晶体结构可以分为 α 晶型、β 晶型和 γ 晶型三种,其中 α 晶型最为稳定,并在大自然中广泛存在。甲壳素和壳聚糖的 α 晶型、β 晶型和 γ 晶型的存在形式不同。α 晶型通常与矿物质沉积在一起,两条反向平行的糖链排列而组成 α 晶型,α 晶型参与形成坚硬的外壳,组成紧密;β 晶型和 γ 晶型通常与胶原蛋白相结合,两条平行的糖链排列组成 β 晶型;两条同向、一条反向且上下排列的三条糖链组成 γ 晶型。β 晶型和 γ 晶型则表现出一定的硬度、柔韧性和流动性,而 γ 晶型甲壳素则可在乌贼的胃内形成厚上皮组织。甲壳素和壳聚糖的分子内和分子间氢键不同,导致 α 晶型、β 晶型和 γ 晶型三种晶型的分子链在晶胞中的排列各不相同。β 晶型在盐酸中回流及经乙酰化处理都可以转变为 α 晶型。

　　甲壳素和壳聚糖的脱乙酰度影响本身的结晶度,如脱乙酰度为 0 的甲壳素和脱乙酰度为 100% 的壳聚糖,在分子结构中,具有分子链均匀、规整性好、结晶度高的特点。对甲壳素进行脱乙酰化处理,甲壳素分子链的规整性被破坏,致使结晶度下降,脱乙酰度增加到一定程度后,链结构又趋于均一,结晶度会逐渐增加。经 X 光衍射测试,壳聚糖脱乙酰度从 74% 增加到 85% 的样品,X 光衍射峰随着脱乙酰度增加依次变得尖锐,结晶度从 21.6% 增加到 28.0%。

5.3.2　甲壳素和壳聚糖的溶解

壳聚糖溶液的性质对其应用有重要影响。甲壳素结构单元中的分子内、分子间氢键相互作用较强,所以甲壳素不溶于一般有机溶剂、水、稀酸或稀碱,溶于少数混合溶剂如六氟丙酮-二氯乙烷-三氯乙酸、二甲基乙酰胺-氯化锂等。

壳聚糖溶液有其自身特性,也具有高分子化合物溶液的通性。壳聚糖不溶于水、碱以及一般有机溶剂,但是因为壳聚糖结构单元中存在—NH$_2$基团,极易与酸反应成盐,因此,壳聚糖可以溶解在盐酸、甲酸、乙酸、乳酸、苹果酸、抗坏血酸等许多稀的无机酸或某些有机酸中,长时间加热搅拌条件下也能溶解在浓的盐酸、硝酸、磷酸中。

壳聚糖溶液的表面能先随着溶度参数增大而减小,然后迅速上升。壳聚糖和甲壳素的解离性能与脱乙酰度的变化关系不是很大。壳聚糖的解离常数 pK$_a$ 与溶液中离子强度和种类有关。同一壳聚糖溶液,在相同水解时间下,水解产物的相对分子质量的倒数与温度呈正比关系。在0.1 mmol/L乙酸溶液中壳聚糖存在明显的自聚现象,随着壳聚糖浓度的增加,壳聚糖分子链由舒展链结构自聚转变为单链线团结构,单链线团结构进一步转变为相互缠绕的线团结构。在 0.1 mmol/L 稀盐酸中,壳聚糖乙酰基水解速率与壳聚糖的解聚速率基本相等。而在 12.08 mmol/L 的浓盐酸中,壳聚糖的解聚速率是壳聚糖乙酰基水解速率的十倍还多。

壳聚糖的活性吸附中心是表面自由氨基,许多无机酸、有机酸和酸性化合物,甚至两性化合物,都能被壳聚糖吸附结合。壳聚糖吸附低浓度游离酸的过程遵循单分子层机制进行。吸附速度随着吸附介质的介电常数的减小而减慢。壳聚糖一般不溶于碱,但当甲壳素在均相条件下脱乙酰基或者将高度脱乙酰化的壳聚糖在均相介质中进行乙酰化反应,当乙酰化度在50%左右时,获得的水溶性产物能溶于碱性条件。

5.3.3　壳聚糖一般物理性质

纯净的壳聚糖为白色或灰白色半透明的片状固体,溶于稀酸呈黏稠状,在稀酸中壳聚糖的β-1,4-糖苷键会慢慢水解,生成低相对分子质量的壳聚糖。溶于酸性溶液形成带正电的阳离子基团。壳聚糖在溶液中是带正电荷的多聚电解质,具有很强的吸附性。壳聚糖分子中含有氨基,具有碱性,在胃酸的条件下可生成铵盐,可以使肠内 pH 值转为碱性,改善酸性体质。甲壳素对人体细胞有很强的亲和性,进入人体内的甲壳素被分解成基本单位——人体内存在的葡萄糖胺。而乙酰葡萄糖胺是体内透明质酸的基本组成单位。因此甲壳素和壳聚糖对人体细胞有很好的亲和性,不会产生排斥反应。

甲壳素在反应中生成带正电荷的阳离子基团,这是自然界中唯一存在的带正电荷的可食性食物纤维。甲壳素食物纤维单独食用是不易被消化吸收的,如果与牛奶、鸡蛋、蔬菜、植物性食品等一起食用就可以被吸收,这是因为在壳糖胺酶、去乙酰酶(在植物和肠内细菌中存在)、溶菌酶(体内存在)及卵磷脂(牛奶、鸡蛋中存在)等共同作用下甲壳素可以被分解成寡聚糖,低相对分子质量的寡聚糖可以被吸收,吸收部位主要在大肠。

壳聚糖的溶解性与脱乙酰度、相对分子质量、黏度有关,脱乙酰度越高,相对分子质量越小,越易溶于水;脱乙酰度越低,相对分子质量越大,黏度越大。壳聚糖具有很好的吸附性、成膜性、通透性、成纤性、吸湿性和保湿性。脱乙酰度和黏度(平均相对分子质量)是壳聚糖的两项主要性能指标。

溶解后的壳聚糖呈凝胶状态,具有较强的吸附能力。壳聚糖中含有羟基、氨基等极性基团,吸湿性很强,甲壳素的吸湿率可达 $400\% \sim 500\%$,是纤维素的两倍多,壳聚糖的吸湿性比甲壳素更强,可以用作化妆品的保湿剂。壳聚糖游离氨基的邻位为羟基,有螯合二价金属离子的作用,壳聚糖可以螯合重金属离子,作为体内重金属离子的排泄剂,是高性能的金属离子捕集剂。壳聚糖在水中长期放置会发生水解,葡萄糖环开环。壳聚糖因为具有游离氨基可以被开发作为抗原、抗体、酶等生理活性物质的固定化载体。壳聚糖由于物理、化学及生物性能良好,对有机溶剂稳定性极好,方便进行二次加工,所以壳聚糖在食品、造纸、印染、环境保护、纺织、水处理、医疗、重金属回收等方面应用前景广阔。

相对分子质量为 10000 的壳聚糖具有许多优异功能,如抑制肿瘤细胞的生长,降低血清和肝脏中的胆固醇、血糖及血脂,增强机体免疫力,强化肝功能,促进脾脏抗体生成,促进双歧杆菌增殖,抑制大肠杆菌生长,吸湿保湿等。

5.4　甲壳素与壳聚糖的化学性质

甲壳素和壳聚糖分子的基本单元是带有氨基的葡萄糖,分子内同时含有氨基、乙酰氨基和羟基,故性质比较活泼,可进行修饰、活化和偶联。壳聚糖分子链上的氨基、羟基、N-乙酰氨基等会参与分子内和分子间氢键的形成,壳聚糖具有膨润、扩散、吸附、保水、难以被人体消化吸收等长链糖分子特性,同时壳聚糖分子因为分子具有规整性在氢键作用下容易形成结晶区,这对材料的性能有很大的影响。

壳聚糖分子中具有活性的—NH₂ 侧基,可以通过化学方法被酸化成盐、导入羟基,得到具有水溶性、醇溶性、表面活性等各种功能的壳聚糖衍生物材料。活性的—NH₂ 侧基还可以先与过渡金属离子形成配合物,然后交联制备具有模板剂记忆力和选择吸附性能的壳聚糖衍生物材料,这类材料具有良好的血液相容性、生物相容性、生物官能性,在医学领域对细胞组织不产生毒性。

可以利用壳聚糖分子上的—OH 和—NH₂ 发生化学反应制备具有抑菌活性的 N,O-羟甲基化壳聚糖,其中相对分子质量对抑菌活性有显著影响,如随相对分子质量的降低抑菌活性显著增强,相对分子质量低于 5000 时,材料对金黄色葡萄球菌抑制杀灭作用明显。壳聚糖溶于酸后,糖链上的—NH₂ 与 H⁺ 结合成强大的正电荷阳离子基团,非常有利于改善酸性体质。

甲壳素和壳聚糖的溶解性较差,在水、普通的有机溶剂中溶解性均不好,这大大制约了这类材料的应用,然而甲壳素和壳聚糖分子链上具有多种官能团,可以对其重复单元进行化学改性,引入不同基团,得到溶解性能改善的衍生物材料,同时因为引入了不同的取代基而使甲壳素和壳聚糖衍生物材料具有各异的功能。利用壳聚糖可溶于稀酸溶液的性质可以对壳聚糖进行均相溶液反应,在不同的反应条件下,可以对重复单元中的羟基和氨基及分子链进行硅烷基化、酰化、羟基化、接枝共聚、烷基化、羧基化、主链水解等化学反应。

5.4.1　主链水解

1. 单糖

甲壳素和壳聚糖主链水解制备单糖的主要途径是化学法。对甲壳素和壳聚糖进行水解得到的最终产物是 D-氨基葡萄糖单糖,D-氨基葡萄糖单糖具有刺激蛋白多糖合成、辅助治疗关节炎等功能。N-乙酰氨基葡萄糖具有免疫调节、促进双歧杆菌生长、改善肠道微生态环境、治疗和预防肠道疾病等功能。甲壳素用热的浓盐酸水解可得到 D-氨基葡萄糖盐酸盐,用乙酸水解可得到 N-乙酰基-D-氨基葡萄糖。

2. 低聚寡糖

甲壳素和壳聚糖的部分水解产物是低聚寡糖。化学法中通常用酸和过氧化物进行降解。如用盐酸控制条件可得到 5 至 7 糖。在适宜条件下用亚硝酸钠进行降解可得到 3 糖。相对分子质量分布较窄的低聚物可以采用首先将壳聚糖与铜进行配位反应,然后用过氧化氢降解的方法制备。

酶水解法是以甲壳素和壳聚糖为原材料制备低聚寡糖的一种主要方法,因为酶水解法具有专一性的特点,可以用来制备确定聚合度的低聚寡糖,尤其是高效制备二聚体以上的寡糖,如采用壳糖酶降解壳聚糖,可得到不含单糖的壳二糖到壳五糖的系列产物,这些产物再进行乙酰化可得 N-乙酰化甲壳寡糖。

低聚寡糖有显著的生理活性,在医药、食品、农业和化妆品领域已显示出潜在实用价值。用纤维素酶来降解壳聚糖,得到的是六糖至十糖。用排阻色谱可将壳聚糖低聚混合物中聚合度为 15 的低聚糖分离出来。对低聚寡糖也可进行衍生化,如将壳三糖与三甲基缩水甘油氯化铵反应,所得目标化合物有非常强的抗菌活性。

5.4.2　羧基化反应

氯代烷酸或乙醛酸可以与壳聚糖上的羟基或氨基进行反应,得到相应的羧基化壳聚糖衍生物,羧甲基壳聚糖因其良好的水溶性和绿色环保性,在环保水处理、医药和化妆品等领域得到越来越广泛的应用。如 N,N-二羧甲基壳聚糖磷酸钙在促进损伤骨头的修复、再生中有重要应用。氯代烷酸与壳聚糖的化学反应可以在壳聚糖的羟基和氨基上发生,得到水溶性较高的 N,O-羧甲基壳聚糖,羧甲基的取代度随着壳聚糖相对分子质量的降低而增大,N,O-羧甲基壳聚糖在防止心脏手术后心包粘连、蛋白质合成与积累、玉米氮代谢等方面效果显著。

5.4.3　酰化反应

甲壳素分子内和分子间有较强的氢键,使酰化反应很难进行,壳聚糖分子中由于含有较多的氨基,氢键作用力相对减弱,酰化反应较甲壳素容易进行。壳聚糖分子链的糖残基上同时携带有羟基和氨基,可通过与一些有机酸的衍生物(酸酐、酰卤等),实现酰化改性,导入脂肪族或芳香族酰基基团,酰化反应既可在羟基上发生(O-酰化),生成酯,也可在氨基上发生(N-酰化),生成酰胺。壳聚糖具有 C_6-OH(一级羟基),C_3-OH(二级羟基)和氨基三种基团,一般情况下,酰化反应活性是氨基的活性＞一级羟基的活性＞二级羟基的活性。官能团活性、反应溶剂、酰化试剂的结构、反应温度等因素均影响酰化反应的进行。氨基的反应活性比羟基大,酰化反应首先在氨基上发生,通常要想得到 O-酰化的壳聚糖衍生物,需要先将壳聚糖上的氨基用醛保护起来,再进行酰化反应,反应结束后脱掉保护基。

甲壳素和壳聚糖的酰化反应通过引入不同相对分子质量的脂肪族或芳香族酰基进行(图5-3),所得产物溶解度得到改善,性能也发生变化。如没有酰化修饰的壳聚糖分子有序度较差且抗碎强度较低,用碳链较短(如 C_6)的酰氯对壳聚糖分子进行 N-酰化修饰,产物表现出较显著的溶胀性能,使用碳链较长(如 $C_8 \sim C_{16}$)的酰氯对壳聚糖分子进行 N-酰化修饰,产物表现出较差的溶胀性能,分子有序度以及抗碎强度得到一定的提高。在乙酸和酸酐或酰氯中进行的酰化反应,反应条件温和、反应速率较快、试剂消耗多、分子链断裂较严重。

二氯乙烷-三氯乙酸、氯化锂-二甲基乙酰胺、甲醇-乙酸等混合溶剂可以作为壳聚糖的均相

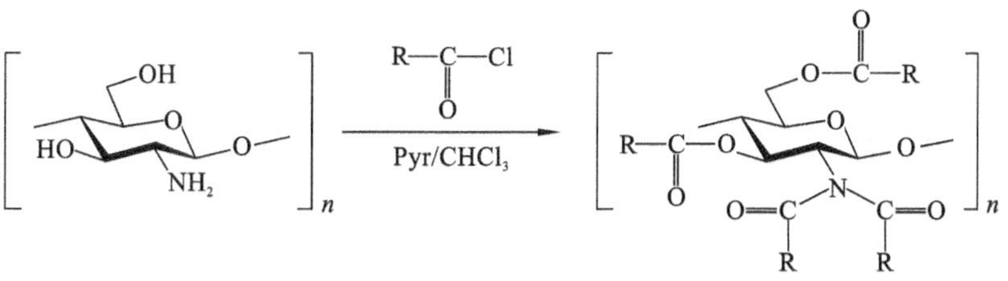

图 5-3　完全酰化壳聚糖衍生物的结构式

反应溶剂,在使用过量酰氯的条件下,通常可以得到高取代度且分布均一的酰基化壳聚糖衍生物。甲磺酸在一定条件下可以替代乙酸作为均相酰化反应的溶剂,它本身又有催化剂的作用,得到的酰基化壳聚糖衍生物具有较高的酰化度。取代基碳链过长将会产生显著的空间位阻效应,影响酰基化壳聚糖衍生物的取代度。

壳聚糖的酰化反应不仅发生在氨基上,也会发生在羟基上,得到具有 O-酰基化结构的衍生物。通过控制反应条件可以调节酰化位置及酰化衍生物的含量,如 50%N-乙酰化壳聚糖可以通过在乙酸水溶液中或在高溶胀的吡啶凝胶中得到。将水溶性甲壳素的水溶液加入到二甲基甲酰胺、吡啶等有机溶剂中,可以得到高溶胀性凝胶,这类在有机溶剂中形成的凝胶具有反应活性好、二次修饰便捷等特点。酸酐(如邻苯二甲酸酐、均苯四甲酸酐等)可以与这类高溶胀性凝胶中的壳聚糖氨基发生 N-酰基化反应。

完全脱乙酰化壳聚糖经过充分溶胀后,加入到邻苯二甲酸酐的吡啶溶液中,可以得到总取代度在 $0.25\sim1.81$ 之间的 N,O-邻苯二甲酰化壳聚糖,这一壳聚糖衍生物溶于甲酸、二氯乙酸和二甲亚砜中,可以形成溶致液晶。

制备有确定结构的壳聚糖衍生物对于材料制备来说是至关重要的,可以得到性能更好的功能材料,如 N-邻苯二甲酰化壳聚糖的选择性反应,将壳聚糖 DMF 悬浮液与过量的邻苯二甲酸酐加热反应,生成 O,N 二种邻苯二甲酰化产物,但是邻苯二甲酰胺在甲醇和钠作用下活性较高,易发生酯交换反应,O 位置上的酰基离去,从而反应体系中只剩下 N-邻苯二甲酰壳聚糖。N-邻苯二甲酰基可用于保护壳聚糖的氨基,在壳聚糖的选择性取代反应中有重要应用。

N-邻苯二甲酰壳聚糖在均相反应条件下,可进行较多的选择性修饰反应。例如,在吡啶溶剂中,将 N-邻苯二甲酰壳聚糖 C_6 羟基先进行三苯甲基化保护反应,之后,C_3 发生乙酰化反应,最后脱去保护基得到 C_6 的自由羟基。此反应可以在溶剂中定量进行。

用肼脱去三苯甲基化产物的邻苯二甲酰基可得到三苯甲基壳聚糖,溶解性良好,可作为反应原料进一步改性,如控制反应条件,可得到双取代和三取代的十六酰壳聚糖衍生物,产物还可以进一步磺酸化,得到一种可形成 Langmuir 层的两性分子。

酰化甲壳素和壳聚糖可吸附金属离子,且取代度、取代基体积对金属离子的吸附有影响,如乙酰化或壬酰化壳聚糖的取代度越低,对 Cu(Ⅱ)的吸附量越大,少量酰基会破坏壳聚糖的晶体结构,占据功能基团氨基的位置较少,因而对金属的吸附量增加。辛酰基、苯酰基和月桂酰基壳聚糖衍生物对 L 型氨基酸比 D 型吸附量大,利用这一性质可以有效拆分氨基酸的旋光异构体,并且取代度越低,拆分效果越好。苯甲酰化壳聚糖薄膜,可用来分离苯-环己胺的混合物。3,4,6-三甲氧基苯甲酰甲壳素在化妆品工业中,可用于吸收紫外线、防晒护肤。磺酸化的壳聚糖衍生物在医药领域有重要用途,如 C_3 位 O-磺酸化的甲壳素衍生物,有较强的抗病毒活性,对 HIV 病毒有很好的抑制作用,C_6 位的 O-磺酸基甲壳素有抗凝血功能。

5.4.4 酯化反应

甲壳素和壳聚糖的糖残基上都有羟基,壳聚糖的羟基(尤其是 C_6-OH)能被各种酸和酸的衍生物酯化,酯化产物包括无机酸酯和有机酸酯,壳聚糖无机酸酯有硫酸酯、黄原酸酯、磷酸酯、硝酸酯等。壳聚糖硫酸酯的结构与肝素类似,也具有极高的抗凝血作用,特定结构和相对分子质量的壳聚糖硫酸酯,其抗血凝活性比肝素高,而且没有副作用。把 P_2O_5 加入到壳聚糖的甲磺酸溶液中可制得壳聚糖磷酸酯,壳聚糖磷酸酯具有水溶性、耐热性,有较强的吸附重金属离子的能力。壳聚糖有机酸酯包含壳聚糖乙酸酯、苯甲酸酯、长链脂肪酸酯等。

5.4.5 烷基化反应

烷基化反应可以在甲壳素的羟基上(O-烷基化),也可以在壳聚糖的氨基上进行(N-烷基化),一般是甲壳素碱与卤代烃或硫酸酯反应生成烷基化产物。在 O-烷基化反应中,由于甲壳素的分子间作用力非常强,因而反应条件较苛刻。在碱性条件下,壳聚糖与卤代烷直接反应,可制备在 N、O 位同时取代的衍生物,反应条件不同,产物的性能也有较大的差别。

烷基化壳聚糖应用范围较广,如双二羟正丙基壳聚糖能与阴离子洗涤剂相溶,适用于洗发露,缩水甘油三甲胺卤化物与壳聚糖反应所得到的阴离子聚合物也可用于洗发露中(洗过的头发易于梳理、柔滑),烷基化壳聚糖具有良好的抗凝血性能,还可用于医学领域。

1. O-烷基化

烷基化壳聚糖衍生物的自由—NH₂ 使其在金属离子的吸附方面有着较为广泛的用途。在 DMSO 中,用甲壳素与 NaI 反应制备碘代甲壳素(85 ℃时可实现完全取代),甲基苯磺酰基甲壳素和碘代甲壳素用 $NaBH_4$ 还原,用硫代乙酸钾处理脱氧基甲壳素可引入硫代乙酰基,脱去乙酰基后可得到巯基甲壳素(表 5-1)。巯基甲壳素是一种酶的固定剂,具有使酸性磷酸酶经过多次重复使用后仍保持较高活性的功能。

表 5-1   O-烷基化壳聚糖衍生物制备方法

方　　法	步　　骤
席夫碱法	先将壳聚糖与醛反应形成席夫碱,再用卤代烷进行烷基化反应,然后在醇酸溶液中脱去保护基,即得到只在 O 位取代的衍生物
金属模板合成法	先用过渡金属离子与壳聚糖进行配合反应,使—NH₂ 和 C_3 位 —OH 被保护,然后与卤代烷进行反应,之后用稀酸处理,得到仅在 C_6 位上发生取代反应的 O 位衍生物
N-邻苯二甲酰化法	采用 N-邻苯二甲酰化反应保护壳聚糖分子中的—NH₂,烷基化后再用肼脱去 N-邻苯二甲酰

2. N-烷基化

壳聚糖的氨基是一级氨基,有一对亲核性很强的孤对电子,从反应活性上来说氨基要比羟基大,所以 N-烷基化比 O-烷基化较易发生。烷基化壳聚糖由于改变了分子结构及结构的规整性,分子间和分子内的氢键相应被削弱,相应地,其溶解性得到有效的改善,但若引入的碳链过长(十六烷基),也会影响其溶解性。

壳聚糖的 N-衍生物的形成主要依靠壳聚糖上亲核性很强的氨基,N 上的活泼 H 能发生烷基化反应、席夫碱反应,生成季铵盐等等,N-烷基化壳聚糖衍生物也可以通过壳聚糖与环氧衍生物发生加成反应得到。席夫碱反应是壳聚糖的游离氨基能够与水合甲醛发生缩合反应形成 N-羟甲基壳聚糖,是一种非常有用的保护氨基的反应。然后用 $NaBH_3CN$ 或 $NaBH_4$ 还原席夫碱得到 N-烷基化的壳聚糖衍生物。席夫碱反应常用的醛有乙醛、丙醛、己醛等脂肪醛,以及水杨醛、硝基苯甲醛、二甲氨基苯甲醛等芳香醛,用该方法引入的甲基、乙基、丙基和芳香基化合物的衍生物具有吸附或螯合 Cu^{2+}、Hg^{2+} 等金属离子的能力,可用于废水处理。

壳聚糖的季铵盐衍生物具有良好的生物相容性,如 N-甲基壳聚糖与碘甲烷进一步反应可得到 N-三甲基壳聚糖碘代季铵盐,由于 N 上存在庞大的取代基团,削弱了分子间的氢键作用,溶解性能得到改善。

5.4.6　醚化反应

甲壳素和壳聚糖的羟基可与羟基化试剂反应生成醚,如甲基醚、乙基醚、苄基醚、羟乙基醚、羟甲基醚等。羟乙基甲壳素可以由碱性甲壳素和环氧烷烃如环氧乙烷,通过羟乙基醚化反应制备,反应在强碱环境下进行,会导致 N-脱乙酰化发生副反应(即羟乙基甲壳素乙酰基被脱除,生成羟乙基壳聚糖),环氧乙烷在阴离子氢氧根作用下也会发生聚合副反应,这些副反应都会导致产物结构复杂。羟丙基化的壳聚糖和甲壳素可用环氧丙烷反应经过相同的方法制备。

壳聚糖可以与环氧乙烷和环氧丙烷等环氧烷烃、缩水甘油、3-氯-1,2-丙二醇等发生羟基化反应,在壳聚糖的分子中引入羟基,制备 N、O 位取代的衍生物。甲壳素和壳聚糖羟基化的衍生物有良好的水溶性、生物相容性,可作为增稠材料,用于眼药水和人工泪液临床效果理想。羟丙基壳聚糖可进一步改性为(2-羟基-3-丁氧基)丙基-羟丙基壳聚糖,它是一种高分子表面活性剂材料。

5.4.7　羧基化反应

甲壳素和壳聚糖引入羧基后成为安全、无毒性、含阴离子的两性壳聚糖衍生物,具备很多特性,如抗菌性、降脂和防治动脉硬化等,是一种水溶性壳聚糖衍生物,取代度大于 0.6 的羧甲基壳聚糖易溶于水。取代度越高,水溶性越好,其溶液的透明度也越好,可克服甲壳素和壳聚糖作为缓释材料进入人体后需胃酸才能溶解的问题,是作为药物载体的理想材料。羧甲基壳聚糖上的羧基及氨基都是亲水基因,有着较强的吸水性,保湿性良好。壳聚糖羧甲基化后,其吸湿和保湿能力接近于透明质酸,而成本却是天然透明质酸的 1/10,因此在保湿化妆品中可代替透明质酸而具有一定的应用前景。羧甲基壳聚糖有较好的成膜性,其膜具有光泽,透明而柔韧,并有较好的透气性。溶液的黏度恒定,有稳定胶体的作用,有增稠、凝胶和气泡稳定作用。

羧甲基化甲壳素是在壳聚糖的羟基、氨基上用氯代烷酸或乙醛酸引入羧甲基基团,壳聚糖的羧甲基化不仅发生在—OH 上,也会在—NH_2 上发生取代,产物主要有 O-羧甲基壳聚糖(O-CMC)、N-羧甲基壳聚糖(N-CMC)、N,O-羧甲基壳聚糖(N,O-CMC)几种羧甲基取代位置不同的壳聚糖羧甲基衍生物。当在碱性条件下反应时,羧甲基化反应的活性为一级羟基的活性＞二级羟基的活性＞氨基的活性。

用乙酰丙酸可以制得 N-羧丁基壳聚糖。在一定条件下,也可以得到 5-甲基吡咯烷酮壳聚糖。N-羧丁基壳聚糖和 5-甲基吡咯烷酮壳聚糖具有良好的生物活性和相容性,是用作伤口愈合的涂覆剂和组织修复的促长剂的理想材料。壳聚糖与丙酮酸、β-羟基丙酮酸、α-酮戊二酸和

2-羰基丙酸等反应可制得相应的 N-羧烷基衍生物。

在酸性介质中,壳聚糖与乙醛酸反应生成席夫碱,再进行还原可得到 N-羧甲基化壳聚糖。在壳聚糖中引入羧基,可大大提高其配合金属离子的能力。在适当的条件下制备 N,N-二羧甲基壳聚糖,其对二价金属离子的螯合能力顺序为 Cu>Cd>Pb、Ni>Co。

壳聚糖与金属离子形成的配合物可应用在催化方面,如室温下羧甲基壳聚糖与 Cu^{2+} 形成的配合物对 6% H_2O_2 的分解率在体系 pH=4.0 时为 93.9%(12 h),在体系 pH=7.2 时为 92.8%(6 h),表现出了较强的催化活性。交联的 N-羧甲基壳聚糖可以从盐水中吸附微量的金属离子,比如从核废水中吸附放射性的 Co 和从饮用水中除去有毒污染物。

5.4.8　硅烷化反应

三甲基硅烷化甲壳素具有很好的溶解性(易溶于丙酮和吡啶)和反应性,硅烷基保护基容易脱去,可以在受控条件下进行改性和修饰。甲壳素的反应活性较低,在 DMF 中纤维素的三甲基硅烷化可以完全取代(取代度为 3.0),而甲壳素只发生部分取代(取代度为 0.6)。硅烷化的甲壳素衍生物溶于丙酮中配成溶液,在玻璃板上刮膜,蒸发溶剂后用乙酸溶液浸泡薄膜,得到去除硅烷基的透明甲壳素功能膜。

利用硅烷化的甲壳素衍生物在一些化学反应中具有良好反应活性的特点,可应用于选择性修饰反应,如甲壳素在吡啶溶剂中不发生三苯甲基化反应,而甲壳素硅烷化后,在相同条件下可以发生三苯甲基化反应。

5.4.9　接枝改性

对壳聚糖和甲壳素进行接枝改性,是通过在其葡胺糖单元上接枝乙烯基单体或其他单体来合成含有多糖的半合成聚合物从而赋予其新的优异功能。壳聚糖及甲壳素的接枝改性产物主要用于环境科学方面,如用作吸附剂、离子交换树脂、生物降解塑料等。对壳聚糖和甲壳素进行接枝改性的一般途径为,通过引发剂、光或热引发等方式在其分子链上生成大分子自由基,从而达到接枝共聚改性的目的。

1. 甲壳素接枝改性

粉末状悬浮甲壳素在 Ce(Ⅳ) 的引发下与丙烯酰胺和丙烯酸进行接枝共聚反应,所得的共聚物与甲壳素相比,显示出高度的吸湿性。采用 γ 射线照射的方法也可引发甲壳素接枝苯乙烯的聚合反应,采用这种方法接枝共聚反应的引发位置以及反应所得接枝产物的结构通常不能确定,而用碘代甲壳素等甲壳素的衍生物代替甲壳素在相同条件下辐照接枝,所得接枝共聚物有明确的结构,如将碘代甲壳素在硝基苯溶液中高度溶胀后,与苯乙烯在 SnCl₄、TiCl₄ 等 Lewis 酸作用下进行接枝共聚反应,此反应的接枝率最高可达 800%。

6-巯基甲壳素在有机溶剂中高度溶胀,不溶于水溶液,其巯基基团易于脱除,6-巯基甲壳素可作为一种较为理想的接枝改性反应原料使用,如在二甲基亚砜溶剂中,在 80 ℃ 的条件下,巯基甲壳素接枝苯乙烯,此反应得到的接枝共聚物的接枝率可达 1000%。

2. 壳聚糖接枝改性

在乙酸或水中壳聚糖与丙烯腈、丙烯酸甲酯、乙烯基乙酸、聚丙烯酰胺、聚丙烯酸、聚(4-乙烯基吡啶)等乙烯单体,经偶氮二异丁腈、Ce(Ⅳ) 等引发剂引发,可以发生聚合反应,生成壳聚糖接枝共聚物。通过 γ 射线辐照也可以使苯乙烯在壳聚糖粉末或膜上发生聚合反应,生成接枝共聚物。壳聚糖-聚苯乙烯共聚物对溴的吸附性能好,共聚物薄膜在水中溶胀性较小,延展性较好。在过硫酸铵引发下,壳聚糖可以在乙酸溶液中和丙氨酸反应,可制成导电聚合物壳聚糖接枝聚丙氨酸,质子掺杂后电导率由 10^{-7} S/cm 增加到 10^{-2} S/cm。接枝反应中氨基和丙胺酸的比例不同,共聚物性质不同,如比例低于 1/5 的结构是均相的,比例从 1/1 到 1/5 变化,产品由刚性到柔软,比例大于 1/6 的是微晶形结构,当比例在 1/10～1/6 时,共聚物呈脆性。

5.4.10　交联改性

1. 醛类

醛类典型的特征反应是碳氧双键的亲核加成反应,醛类由于其特殊的化学结构被广泛用作交联剂,其分子中有两个羰基,羰基碳带有部分正电荷,羰基氧带有部分负电荷。羰基的极化结构使得它容易与某些极性基团发生亲核反应。以戊二醛为代表的醛类交联剂,通过与壳聚糖链上的氨基发生交联反应,壳聚糖的 C_3 和 C_6 羟基由于电荷的极化使氧原子带有负电荷,而壳聚糖的 C_2 氨基由于其氮原子中的未共用电子对也具有亲核性,这些羟基和氨基很容易与带有正电荷的羰基碳发生反应,生成亚氨基及席夫(Schiff)碱结构以达到增强壳聚糖的耐酸性的目的。用乙二醛交联的壳聚糖具有比用戊二醛交联的壳聚糖更紧密的结晶结构,交联之后由于乙二醛的两对羰基直接相连,而戊二醛在两对羰基之间有三个亚甲基,这样交联点的束缚和空间位阻效应会使乙二醛交联的壳聚糖纤维结晶度高于戊二醛交联的壳聚糖,从而更有利于提高纤维强度。

壳聚糖与戊二醛用反相悬浮法交联生成 Schiff 碱,用 $NaBH_4$ 还原制备出交联还原壳聚糖微球树脂,在 pH＝7 时对 2,4-二氯苯酚吸附容量为 125 mg/g,较短时间(2 h)内就基本趋于吸附平衡。

戊二醛交联壳聚糖在 pH 3.0～6.0 之间时对 ClO_4^- 的吸附容量为 128.78 mg/g(ClO_4^- 初始浓度为 100 mg/L 时),该交联壳聚糖易再生,再生-吸附数个周期后,吸附容量仍基本保持不变。戊二醛交联壳聚糖膜吸附剂,对废水中酸性大红染料的吸附率可达 95.46%。戊二醛交联壳聚糖在吸附染料后很容易在 NaOH 或 HCl 中洗脱,可以重复使用。如对亮绿具有很高的吸附容量和较快的吸附速率,再生重复使用后其脱色率仍达 90% 以上。

2. 环氧氯丙烷

壳聚糖与环氧氯丙烷通过交联反应可以提高其机械性能,还可以引入其他活性官能团。控制其交联位置可以使重金属离子具有更好的吸附效果,如使环氧氯丙烷与壳聚糖 C_6 位上的羟基发生反应,保留对重金属离子具有螯合作用的氨基,从而提高吸附能力。环氧氯丙烷改性壳聚糖对铀的吸附去除率最高可达 98.0%。环氧氯丙烷交联壳聚糖颗粒对不同重金属离子的吸附性能:$Cu^{2+}>Pb^{2+}>Zn^{2+}$,且均属于单分子层吸附。环氧氯丙烷为交联剂的壳聚糖固载环糊精(CS-CD)微球具有较好的耐酸碱性能,在 pH＝3.6 的条件下,对 2,4-二硝基苯酚的吸附快速达到平衡,吸附容量为 325 mg/g,吸附符合 Freundlich 等温方程和二级动力学方程。

3. 聚乙二醇(PEG)

聚乙二醇含有大量醚结构,具有对多种重金属离子的螯合能力。壳聚糖通过聚乙二醇改性后得到的壳聚糖改性树脂具有大孔网状结构。Ni^{2+} 模板-缩二乙二醇双缩水甘油醚交联壳聚糖和非模板吸附剂可以以聚乙二醇为交联剂制备。非模板吸附剂对 Cu^{2+} 表现出一定的选择性能,Ni^{2+} 模板吸附剂可大大提高对 Ni^{2+} 的吸附能力。乙二醇缩水丙基醚(EGDE)交联壳聚糖,在低 pH 值条件下对 Hg^{2+} 和贵重金属 Pt^{2+}、Pd^{2+}、Au^{3+} 都有很好的吸附效果,且被吸附的金属离子容易被酸性溶液洗脱,能够重复使用。用聚乙二醇(PEG400)交联壳聚糖材料,在溶液 pH＝7 的条件下，对 Pb^{2+} 的最大吸附容量为 20.20 mg/g，平均吸附能量为 13.12 kJ/mol，吸附过程以化学吸附为主。

5.4.11 树型衍生物

树型高分子具有棒状构象和纳米结构，可作为病毒、疾病细胞黏附抑制剂，用途广泛，是一种极具吸引力的高分子。壳聚糖的树形衍生物是在壳聚糖的氨基上接枝功能分子基团（接枝的基团是糖、肽类、脂类或者药物分子）形成的。该树形分子结合了壳聚糖的无毒、生物相容性和生物降解性和功能分子的药物作用，在药物化学方面有巨大发展潜力。壳聚糖可以作为树形分子的树干和主枝，功能分子可以作为树形材料的叶子和花。如采用四甘醇作为起始原料进行化学反应，首先得到 N,N-双丙酸甲酯-11-氨基-3,6,9-氧杂-癸醛缩乙二醇，进一步与乙二胺发生氨解反应，重复此步骤，将 8 个氨基引入端基，氨基通过和含有醛基功能基的单糖进行化学反应，最终引入壳聚糖，通过与席夫碱反应、还原反应得到树形分子。这种壳聚糖高分子树形材料在主、客体化学和催化方面显示出良好的应用前景。

N-羧乙基壳聚糖甲基酯连接到聚酰胺-胺（PAMAM）的树形分子（通过双收敛法制备，不交联）上得到水溶性的树形壳聚糖分子，可用于生物医药领域。壳聚糖分子链连接到树枝状分子 DOBOB 酸上得到具有热致液晶性和溶致液晶性的树枝状分子接枝壳聚糖化合物。

5.4.12 壳聚糖季铵盐

将壳聚糖的氨基通过引入基团转换成季铵盐或者把一个低分子季铵盐接到氨基上而得到的壳聚糖衍生物称为壳聚糖季铵盐，利用壳聚糖的氨基反应可以制得壳聚糖的季铵盐，如用壳聚糖和醛反应，得到席夫碱，再用 NaBH$_4$ 还原，然后和过量的碘甲烷反应制得了壳聚糖季铵盐。壳聚糖和含有环氧烷烃的季铵盐反应，得到含有羟基的壳聚糖季铵盐。壳聚糖季铵盐是聚阳离子，具有优异的水溶性、絮凝性和抗菌性等特性，可作为阳离子表面活性剂、金属离子捕集剂、吸湿剂等。如壳聚糖季铵盐作为絮凝剂用于处理油田、炼油污水、废水，还可以有效杀灭硫酸盐还原菌 SRB 菌。壳聚糖接枝二甲基十四烷基环氧丙基氯化铵，再磺化引入—SO$_3$H，得到壳聚糖两性高分子表面活性剂，具有吸湿性极强、表面活性优异的特性。在环境湿度较大时，它的吸湿率超过了透明质酸。

壳聚糖季铵盐通常是壳聚糖采用缩水甘油三甲基氯化铵进行化学结构修饰，将季铵盐基团引入壳聚糖分子中，壳聚糖分子中氨基是生成壳聚糖季铵盐的主要化学反应发生位置。如果壳聚糖 6 位的羟基接入季铵盐，则需要将壳聚糖的氨基通过席夫碱反应进行氨基保护。

壳聚糖的季铵盐是一种两性高分子，如引入位阻大、水合能力强的季铵盐基团，会削弱壳聚糖分子间的氢键，从而达到改善壳聚糖水溶性的目的，取代度在 25％ 以上的季铵盐化壳聚糖可溶于水。用缩水甘油三甲基氯化铵和壳聚糖反应，合成了羟丙基三甲基氯化铵壳聚糖，它的水溶性随取代度的增加而增大，完全水溶性产物的 10％ 溶液可以与乙醇、乙二醇、甘油任意比混合而不发生沉淀。

5.4.13 其他衍生物

壳聚糖磺化改性以后抑菌能力较壳聚糖要好，壳聚糖磺化衍生物对大肠杆菌、枯草杆菌、黑曲霉等细菌、霉菌和酵母菌均有较强的抑制作用。磺化壳聚糖与肝素具有相似的分子骨架，特定结构和相对分子质量的壳聚糖磺化衍生物的抗凝血剂使用，其抗凝血性能优于肝素，而且没有副作用,价格低廉,适用于作为肝素替代品。

壳聚糖可与单糖、二糖甚至多糖在—NH_2上发生酯化反应,得到可溶于水的、有较高取代度的产物。如通过 C_{10} 接枝葡萄糖或半乳糖来制备壳聚糖衍生物。衍生物的乙酸水溶液加热到 50 ℃时,形成凝胶,冷却后又溶解。

用葡萄糖、半乳糖、乳糖和 N-氨基葡萄糖等不同糖类的丙烯基配糖基,通过臭氧化反应合成甲酰基甲基配糖基,得到壳聚糖衍生物,其中取代度高于 0.3 的衍生物可溶于水。

壳聚糖采用 α-环糊精进行交联,产物对硝基苯酚和 3-甲基-4-硝基苯酚有选择吸附性,可以很好地缓释硝基苯酚,还可作为高效液相色谱(HPLC)的固定相,具有分离手性化合物的功能。

壳聚糖-玻璃复合物对 Cu^{2+}、Ag^+、Pb^{2+}、Fe^{3+} 和 Cd^{2+} 的富集率都能达到 90% 以上,制备方法如下:玻璃微球先后分别用 NaOH、γ-氨丙基三乙氧基硅烷反应活化后,通过与戊二醛发生席夫碱反应得到端基含醛基的产物,然后与 80% 脱乙酰度壳聚糖发生席夫碱反应,再用 $NaBH_4$ 还原得到产物。

$C_{60}(SO^{3-})_n$-$TMePyP^{4+}$ 和壳聚糖薄膜的复合双分子层薄膜在 445 nm 附近的吸光度是用同种方法制得的硅烷基双分子层的两倍,是一种理想的非线型光学材料。具体制法如下:先将壳聚糖薄膜浸入 0.1 mmol/L 的磺酰化富勒烯溶液中,干燥后,再浸入 $TMePyP^{4+}$ · Cl^- 溶液中,重复以上步骤可得到不同的多分子层薄膜。

5.5　壳聚糖的制备

甲壳素以无规则分布的微晶纤维形式存在于生物体内,甲壳素与蛋白质、$CaCO_3$ 一起形成复合材料,这些机械性能很强的甲壳素复合材料在低等动物骨骼组织中起增强剂、黏合剂的作用。碳酸钙是主要成分,甲壳素只占 15%~30%,甲壳素以微纤状存在,所以又被称为"动物纤维"。

1. 化学法

传统生产甲壳素的方法是采用虾壳、蟹壳为原料,经脱钙、脱蛋白处理制备壳聚糖。先用氢氧化钠浸泡除去蛋白质,再用盐酸浸泡除去碳酸钙,经过脱色、甲壳质、脱乙酰基等一系列处理后即可得到甲壳素。这种方法所得产品质量受时间、地点影响,并且难以控制,会产生大量的废水。

壳聚糖的化学制备方法:碱熔法、浓碱液法、溶剂碱液法、碱液微波法以及碱液催化法。其中,碱熔法会对主链造成严重降解,碱液微波法在节能降耗、降低生产成本方面有实际意义。比常规法相比,微波法达到相同的脱乙酰度所需的反应时间可以缩短 9/10,壳聚糖的黏度也有提高。

2. 微生物法

甲壳素是绝大多数真菌细胞壁的主要组成成分,许多制药企业和酶制剂的发酵过程产生的下脚料中含有真菌的菌丝体,可从中提取甲壳素。如黑曲霉、雅致放射毛霉、鲁氏毛霉等。

甲壳素脱乙酰化酶与甲壳素底物结合后,从底物结合位置的非还原端开始,依次脱掉乙酰基,最后酶与底物解离,并与新底物结合进入下一个脱乙酰基过程。酶法制备甲壳素在解决环境污染、降低能耗方面具有积极意义。

5.6 甲壳素与壳聚糖材料应用

甲壳素和壳聚糖来源丰富,是一种环境友好的生物材料。进一步降低利用成本和开发新型功能衍生物,已成为甲壳素和壳聚糖研发的发展方向。例如,通过化学改性赋予甲壳素和壳聚糖其各种新型功能,在化妆品、吸水剂、药物、酶载体、细胞固化、聚合试剂、金属吸附和农用化学制剂中有广泛的应用前景。

5.6.1 医用生物材料

甲壳素来源于生物体,具备良好的吸湿性、纺丝性和成膜性,与人体细胞有很强的亲和性,可被体内的酶分解而吸收,对人体无毒性和副作用,是优良的生物医学、药学材料。

1. 制备医用敷料

将甲壳素同抗菌药物氟哌酸及多孔性支撑创伤伤口材料合成,可制成生物相容性好、不过敏、抑菌效果优良、透湿透气性能较高的烧伤用生物敷料。用甲壳素制成的无纺布、医用纤维、医用纸及黏胶带等外科敷料已得到开发应用。

以壳聚糖、明胶等为原材料制备的手术敷料对皮下脂肪组织具有优异的黏附性能。如采用壳聚糖与硫酸化壳聚糖聚电解质复合物为原料可制备用于包扎伤口的材料。5-甲基吡咯烷酮壳聚糖敷料可编织成细丝、非纺织纤维等多种形状。5-甲基吡咯烷酮壳聚糖在溶菌酶作用下可转变为壳寡糖。

2. 手术缝合线

高纯度的甲壳素粉末溶解在合适的溶剂中,经湿法纺丝可制成力学性质良好的细丝线,这类手术缝合线可以满足医疗需要,可以被组织降解并吸收,促进伤口愈合,可以用于替代肠衣等传统手术缝合线。

3. 制作人造血管

用甲壳素制作人造血管,无毒,与组织相容亲和,内壁光滑而不会凝集血球,还可抑制人成纤维细胞生长,保持管腔通畅。甲壳素膜用作心包膜可防止心包粘连,甲壳素可以预防眼内手术后粘连,对眼结膜上皮无刺激,且可增强单核细胞及巨噬细胞功能。

4. 医用微胶囊

甲壳素的阳离子特性与带负电性的羧甲基纤维反应可制备不同类型的微胶囊,这种微胶囊半透膜具有阻止动物细胞抗体蛋白(IgG)进出,允许营养物质、代谢产物和细胞分泌的激素等生理活性物质出入的功能,可保证细胞的长期存活,应用于细胞培养和人工生物器官,用甲壳素代替聚赖氨酸进行人工细胞的研究,用其包封血红细胞、肝细胞和胰岛细胞,效果理想。

5. 药物缓释剂

采用甲壳素为载体制备出通过胃液酸碱度变化控制药物释放的智能型控释药物系统,用于治疗胃溃疡,可提高药效及减少副作用。如用邻苯二甲酸酐与壳聚糖反应合成 N-邻苯二甲酰基壳聚糖,然后与氯乙酸反应,制备出水溶性 N-邻苯二甲酰基-羧甲基壳聚糖(CMPhCh)。CMPhCh 在 DMF/H_2O 体系中自组装形成多层洋葱状囊泡,可应用于药物长效控制释放领域。

6. 止血剂、伤口愈合剂、骨病治疗剂、人工透析膜

甲壳素带的正电负荷与红细胞表面存在很高的静电负荷键合形成的交联物能使血液形成

止血栓,具有良好的止血和促进伤口愈合的作用。手术时在血管内注射高黏度甲壳素,形成血栓使血管闭塞达到止血目的,操作容易,感染少。用甲壳素治疗各种创伤,有消炎、止痛、促进肉芽生长和皮肤再生等作用,对创面无毒、无刺激性,相容性甚好。

甲壳素经低分子衍生化制成骨病治疗剂,可以直接作用在骨芽细胞上,促进其分化衍生和骨矿物质的合成,从而提高碱性磷酸酶的活性,加快骨基质的形成及修复,因而对骨孔症、风湿性关节炎、骨折、骨移植等有特殊效果。

用甲壳素制成的人工透析膜抗凝血性大大提高,且能经受高温消毒,具有较大的机械强度,并对溶质如 NaCl、尿素等中相对分子质量物质均有较好的通透性。

7. 壳聚糖在眼科学中的应用

壳聚糖具有较高的亲水性,还具有优良的成膜性,用作药物缓释载体,可以制备用于眼部的药物——长效缓释制剂。壳聚糖制成水凝胶用于眼科药物运载在角膜具有比较长的滞留时间,液态下保存时间长,应用前景广阔。甲壳素在低温强碱条件下经改性处理可制成集水溶性、止血、抑菌、消炎、生物相容性于一体的人工泪液,作为改善干眼症患者的泪液代替品,性能优良。壳聚糖拥有机械稳定性、光学清晰度、气体渗透性、润湿性、光学矫正、免疫相容性等理想隐形眼镜所必需的性能,通过旋铸技术可制成清晰而有韧度的壳聚糖隐形眼镜。

5.6.2　环保材料

20 世纪 80 年代是塑料时代,塑料广泛应用于生产及生活的诸多领域,成为人们衣、食、住、行离不开的材料,但是塑料很难自然降解,严重污染环境。甲壳素是一种可降解的环保材料,有望成为石油资源材料的替代资源。

甲壳素能溶于低浓度弱酸溶液中,可以根据需要制成各种膜材料。甲壳素膜材料可应用于食品包装、日化行业的保健服装、医用纱布和手套等,还可制成过滤膜和反渗透膜等工业用品。甲壳素可有效地吸附或捕集溶液中的重金属离子,形成配合物,利用这一特性甲壳素可有效处理染料废水。羟甲基甲壳素等水溶性甲壳素衍生物可作为废水阴离子絮凝剂使用。壳聚糖对重金属离子的吸附具有天然的选择性。甲壳素絮凝剂具有毒性低、易生物降解等特点,用于处理城市污水、生活污水、食品生产等排放的有机污水,可以有效地将污水中的悬浮物沉淀下来。

5.6.3　食品材料

甲壳素生物安全性优良、稳定性好、成膜性好、絮凝性好、具有凝胶性,在食品工业中得到广泛应用,可作为保水剂、乳化剂、增稠剂、絮凝剂、食品保鲜剂、可食薄膜、功能性甜味剂、添加剂等。

甲壳素的亲水性在食品中可以有效控制水分,达到胶凝、稳定乳液、增稠等效果。甲壳素经水解可以制备微晶甲壳素,在乳白鱼肝油中添加微晶甲壳素,产品具有较好的乳化性和持水性能,可以延长乳白鱼肝油的保存时间,拓宽其销售范围,延长其保质期。微晶甲壳素还可以作为食品的增稠剂和稳定剂,用途广泛。甲壳素是阳聚电解质,在酸性介质中可与蛋白质等电解质絮凝沉淀,作为澄清剂使用。由于甲壳素具有能显著地抑制菌类生长、繁殖的特点,适宜作为食品的保鲜剂。

将甲壳素与淀粉共聚制成的薄膜进一步用碱处理,可以制成在水中不溶化的可食薄膜,适用于包装水分含量高的食品。甲壳素的低聚糖具有适宜的甜味,很难被人体降解,几乎不产生热量。水溶性甲壳素作为食品中人体必需的矿物质和钙、锌、铁等微量元素的载体,广泛应用于功能性保健食品的加工。

5.6.4　化学工业材料

1. 化妆品

壳聚糖衍生物成膜后的透气、保湿、抗衰老、防皱、美容、保健、对皮肤无刺激等作用使壳聚糖可作为化妆品、护发素等的添加剂,它可保护皮肤、固定发型、防止尘埃附着以及抗静电。如将羧甲基壳聚糖的乙醇水溶液喷洒到发束上,用电吹风吹干,可使发感柔软、富有弹性,使头发光滑且具有自然光泽,发型在正常温度和湿度下可保持两个星期。甲壳素是带正电荷的大分子,对表面带负电荷的头发有很强的亲和力,适宜作为各种头发调理剂。利用甲壳素的成膜性、抑菌性、保湿性和活化细胞的特点,可制成理想的护肤产品。甲壳素还可以与染料制成微粒,作为化妆品底物。

2. 印染、纺织、造纸

甲壳素抗菌、保湿等性能优良,可制成具有吸水性、抗菌性等性能的无纺布,还可以在轻纺工业中作为织物的整理剂、上浆剂等,用于改善织物的洗涤性能,甲壳素本身具有增色和固色作用,可以作为直接染料或者固色剂。壳聚糖对分散染料、直接染料、反应染料、酸性染料、硫化染料以及萘酚染料等许多染料具有很强的亲和性。温度、染料浓度、废水的 pH 值等明显影响甲壳素/壳聚糖与染料的结合能力。在酸性条件下,壳聚糖游离氨基被质子化使壳聚糖带上正电荷,通过静电相互作用吸引阴离子型染料,所以在 pH2.0～7.0 时,甲壳素/壳聚糖对染料的结合能力很强,而 pH＞7.0 时,结合能力降低。

甲壳素/壳聚糖及其衍生物具有良好的成膜性,所成的膜具有强度大、渗透性好以及抗水性能稳定等特点,在造纸工业中可作为纸面施胶剂使用,具有较高的干湿强度、耐破度、耐撕裂度、较好的书写和印刷性能、可在碱性介质中施胶、防蛀、防霉等优点,在纸浆中加入甲壳素可大大降低纸张的吸水性,大幅度提高纸张的机械强度、耐水性和电绝缘性。在碱性纸浆中添加0.1%～0.4%壳聚糖乙酸盐,可使施胶和烷基双烯酮二聚物(施胶剂)的留着达到最佳效果。壳聚糖对纤维的黏合度较大,可以用作增强效果很好的纸张增强剂。

3. 固体电池

壳聚糖可以溶解在稀醋酸的水溶液中,醋酸溶液中的质子可以起离子导电作用,这些质子是通过聚合物中的许多微孔进行转移的,若选择较为合适的电极材料,则可制备出较好的电池体系。

4. 吸附剂

甲壳素可以用作离子交换与亲和吸附剂,如交联羧甲基甲壳素具有两性的离子交换能力,可以用作分离糖聚蛋白质、蛋白质聚蛋白质、粗糖脱盐的柱填料,也是有效的渗透材料和亲和色谱分离吸附剂。

甲壳素具有与各类金属离子生成有色配合物的功能,可用于收集稀有贵重金属,如磷酸酯衍生物磷酸甲壳素从海水中回收铀的吸附量可达 2.6 mg/L,较容易的回收铀的方法是采用稀磷酸钠溶液解析。

甲壳素作为香烟的黏合剂和有害成分的吸附剂,大大降低了香烟中有害成分对人体的毒害。

5. 在农业方面的应用

壳聚糖及改性后的衍生物在农业上可用作保湿剂、杀虫剂、饲料添加剂、土壤改良剂、透气地膜、农药缓释包覆材料、植物生长调节剂、农作物增产剂。用甲壳素等作水稻种子包衣,可使水稻、小麦、大豆等农作物增产 10% 以上,把壳聚糖制成种子处理剂,可用来保护种子免遭土壤中霉菌的侵害,同时可提高种子的发芽率和活力。甲壳素用作"植物生长调节剂"可促进植物生长发育,还可抑制许多植物致病菌如镰孢菌、腐霉菌等的繁殖,并在植物体产生抗体以提高植物自身免疫力。甲壳素用作猪等的饲料添加剂,可预防疾病,增速生长。

5.6.5　功能材料

1. 液晶材料

壳聚糖有望成为一种新型的天然高分子液晶材料。壳聚糖具有与纤维素相同的 β-1,4-分子链结构,分子链上的氨基和羟基可进行各种化学修饰,从分子链结构、分子链刚性和结晶性三方面来比较,壳聚糖液晶材料具有很大的优势。

2. 分离膜

壳聚糖可用来制作超滤膜、反渗透膜、渗析膜等,已成功地分离了醇-水混合物,对其他有机混合物的分离也取得了重大进展,已广泛用于工业用水、食品卫生、医药工业、石油化工以及环境保护等许多领域。

3. 作为酶和细胞的固定化载体

壳聚糖的氨基对一些酶有较强的吸附结合力,使酶易于固定,而又不破坏酶的活性中心和结构,且具有来源丰富、机械性能较理想、化学性质较稳定等特点,可克服其他载体的易脱落、相溶性差、易凝血等缺点,在固定酶技术的发展中越来越受到重视。

4. 医药卫生产品

甲壳素、壳聚糖及其衍生物在医药领域中应用广泛,可以用作抗凝血剂、疗伤用药、手术缝合线、人工皮肤、隐形眼镜、人工透析膜、人工血管等。

壳聚糖人造皮肤和手术缝合线于 1941 年问世,具有良好的生物相容性,在外科手术中使用壳聚糖缝合线,愈后无须拆线。壳聚糖注射溶液在施行外科手术时只要一次就能满足止血要求,而且壳聚糖溶液有消炎作用。壳聚糖可用于制作隐形眼镜和清洗液,也可用于制作人工泪液、消炎眼膏、隐形眼镜等眼科材料。手术后壳聚糖在体内会被溶菌酶降解,因此它可作为具有持久安全性和高效的阳离子聚合物基因转移运输载体。

壳聚糖的硫酸酯具有凝血作用,相对分子质量为 21 万～26 万的 N-磺基-6-O-硫酸酯壳聚糖的抗凝血活性是肝素的 3.4 倍,制成抗凝血活性的复合膜效果很好。

5. 壳聚糖抗菌膜

1) 壳聚糖抗菌膜

1997 年,人们发现壳聚糖是一种具有广谱抗菌性能的材料,对几十种细菌和真菌的生长抑制作用明显。壳聚糖的脱乙酰度、相对分子质量、浓度等因素都会影响其抗菌性能,如随着壳聚糖相对分子质量增加,其抗菌性能先增强后又减弱,抗菌性能在 M_η 约为 9.16×10^4 以及 pH 值为 5.5～6.5 的范围时最强。

目前,抗菌膜主要用于包装,而抗菌性包装膜主要有添加无机抗菌剂的包装膜、添加有机抗菌剂的包装膜和添加天然抗菌剂的包装膜。添加无机抗菌剂的包装膜,其抗菌成分主要是银、锌、铜、钛等可金属粉体,在包装材料基材中混入合成沸石、银离子等可得到有一定抗菌性的材料,用于制作食品包装薄膜,材料中添加的银离子不会污染食品,安全性很高。

含有抑霉唑的离子交联聚合物膜具有抗菌性能,能有效控制胡椒和切达奶酪中微生物的污染;抑霉唑可作为塑料膜中的抗菌活性物质,抑制霉菌的生长与繁殖;含有抑霉唑的 LDPE 膜可作为胡椒和切达奶酪的包装材料。天然抗菌剂主要是 CMC、乳酸链球菌肽、溶菌酶、海藻酸钠、壳聚糖等。

目前,抗菌性包装膜的研究方向主要是利用分子组装、纳米等新型技术将抗菌材料(成分)通过特殊工艺均匀添加到包装材料中,赋予该种材料加工制品持久及长效的抗菌、杀菌性能,使其成为符合现代科学技术发展的新型功能材料。

壳聚糖抗菌膜的制备方法如下:取一定量的壳聚糖溶解于质量分数为 1% 的冰醋酸溶液中,在 65 ℃ 的水浴锅内溶解,溶解过程中不断搅拌,3 h 后完全溶解为质量分数为 1% 的壳聚糖溶液。向壳聚糖溶液中滴加 0.01 mol/L 的 $AgNO_3$ 溶液,室温下反应 1 h,脱泡后在覆有保鲜膜的玻片上涂膜,并在室温下干燥成膜。所得膜经 50 ℃ 热处理后,放入到水合肼($H_4N_2 \cdot H_2O$)溶液中,室温下反应 6 h 后,再放入真空干燥箱于 50 ℃ 干燥。

1% 壳聚糖膜和复合 Ag^+ 的抗菌膜的红外吸收峰谱图如图 5-4 所示。

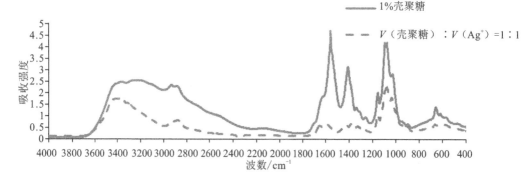

图 5-4　抗菌膜红外谱图

1% 壳聚糖膜在 900 cm^{-1} 左右、1200 cm^{-1} 左右、1500 cm^{-1} 有吸收峰,3600 cm^{-1} 有宽峰。V(壳聚糖):$V(Ag^+)$ 为 1:1 的抗菌膜在 900 cm^{-1} 左右、1200 cm^{-1} 左右有吸收峰,3600 cm^{-1} 有宽峰。900 cm^{-1} 左右为 β-1,4-糖苷键的特征吸收峰,1200 cm^{-1} 左右为 O—H 的弯曲振动,1500 cm^{-1} 为—NH_2 的变形振动,3600 cm^{-1} 的宽峰为 O-H 和 N-H 的伸缩振动。

由以上 1% 壳聚糖膜和 V(壳聚糖):$V(Ag^+)$ 为 1:1 抗菌膜的红外谱图对比可知:1500 cm^{-1} 处—NH_2 的变形振动基本消失,是因为 Ag^+ 与壳聚糖中的—NH_2 之间具有配合作用,在一定程度上制约了—NH_2 的变形振动。因此,Ag^+ 和壳聚糖之间通过配合作用,使 Ag^+ 固定在壳聚糖分子中,Ag^+ 在共混膜结构中还原生成 Ag 原子,具有良好的分散性,不易团聚,Ag 原子均匀分散在共混膜中。

取 10 μL 大肠杆菌菌液,其吸光度值为 0.320,将活菌数为 16700 个/μL 的大肠杆菌菌液稀释至 1000 μL,取 100 μL 涂板(直径 85 mm),不同比例的抗菌膜抑菌圈大小如表 5-2 所示。

表 5-2　不同抗菌膜的抑菌圈大小

V(壳聚糖):$V(AgNO_3)$	抑菌圈直径平均值
5:0	0.00 mm
5:1	34.64 mm

续表

V(壳聚糖)：V(AgNO₃)	抑菌圈直径平均值
5：2	32.10 mm
5：3	41.3 mm
5：4	38.33 mm
5：5	31.09 mm

不同配比的抗菌膜的抗菌情况如图 5-5 所示。

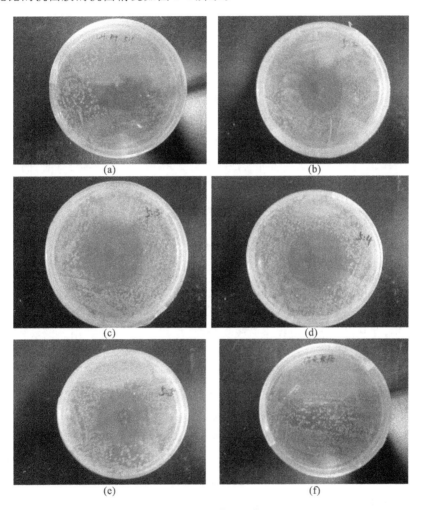

图 5-5　壳聚糖膜的抗菌性能

(V(壳聚糖)：V(AgNO₃)：a. 5：1；b. 5：2；c. 5：3；d. 5：4；e. 5：5；f. 5：0)

由以上抑菌情况图片和抑菌圈数据可以看到：①在测试的大肠杆菌浓度下，1%壳聚糖膜未显现出抗菌性，而膜液中加入 Ag^+ 后，所制得的膜明显具有抗菌性。②当 Ag^+ 浓度为 0.01 mol/L时，1%壳聚糖溶液和 $AgNO_3$ 溶液体积比为 5：3 和 5：4 所制得的膜抗菌性最强，成膜性也好。

壳聚糖中加入 Ag^+ 可明显增强其抗菌性，在测试的大肠杆菌浓度下，当 Ag^+ 浓度为 0.01 mol/L时，抗菌膜的适宜配比为 1%，壳聚糖溶液和 $AgNO_3$ 溶液体积比为 5：3 或 5：4。

2) 功能化壳聚糖/PBSA 抗菌缓释复合膜

地膜作为一种非常重要的农业生产资料,已在农业生产中广泛应用,但目前来说常用的地膜是聚乙烯薄膜,这种高分子材料在土壤中不能降解,使土壤结块、土质恶化,对自然环境产生白色污染。将壳聚糖薄膜用作地膜,可消除"白色污染"造成的土壤板结、不利于农作物生长的现象,因为其可以被生物降解。在农业中和治理环境中使用能降解的地膜会产生较好的效果。

聚酯聚丁二酸-己二酸-丁二醇酯(PBSA)是分降聚丁二酸丁二醇酯(PBS)的衍生物。PBSA 同 PBS 一样也是典型的聚酯生物分降塑料,其性能优异,可用于包装材料、农用地膜、可降解餐具、化妆品及药品包装材料、一次性医疗用品、农药及化肥缓释载体材料、医用高分子材料等领域。PBSA 力学性能优异,具有良好的耐热性能,可用于制备冷热饮包装和餐盒,加工性也良好,适用于现有塑料加工通用设备,同时还可以通过共混填充物降低塑料制品的价格。另外,PBSA 只有在堆肥等接触特定微生物的条件下才发生降解,在正常储存和使用过程中性能非常稳定。PBSA 是以脂肪族丁二酸、己二酸、丁二醇为主要生产原料,既可以通过石油化工产品满足需求,也可通过淀粉、纤维素、葡萄糖等自然界可再生农作物经生物发酵途径生产,从而实现来自自然、回归自然的绿色循环生产。

除了具备可生物降解、保湿、保温和包装等功能外,更具实用性的功能化膜应运而生。例如,壳聚糖/PBSA 抗菌缓释复合膜集抗菌性和缓释药物功能于一体,是一种性能优异的复合膜。以除草剂(2,4-D)为模型药物,可制备包含微胶囊的壳聚糖/PBSA 抗菌缓释复合膜。其制备方法为:称取一定量的可溶性淀粉和微胶囊于小烧杯中,加入甘油润湿,加入 PBSA 后于热台 150 ℃加热溶解,搅拌均匀,用玻棒在玻片上刮膜。在质量分数为 1%的壳聚糖溶液中加入适量微胶囊,再加入一定量戊二醛 25%水溶液作为交联剂,搅拌均匀于热台 80 ℃下用玻棒在刚刮好的 PBSA 膜上刮膜,室温下干燥成膜。其中,微胶囊的制备方法如下:采用复项乳液挥发技术,将 β-环糊精溶于蒸馏水中,55 ℃恒温搅拌,待 β-环糊精完全溶于水中。搅拌下将除草剂(2,4-D)分别溶于丙酮、95%乙醇、甲苯和无溶剂,完全溶解后为内相。在高速搅拌下,将内相加入外相中,在常温下继续搅拌至微胶囊形成,冷藏一夜。抽滤,用蒸馏水和乙醇洗涤,40 ℃真空干燥。

不同配比的功能化复合膜的断面图如图 5-6 所示。

从以上的断面图中可以看到:由于膜层较薄,断面较小,很难看到膜层内部的主要分布情况,只能看到膜内部有空隙的情况以及有微胶囊颗粒。

壳聚糖中加入 Ag^+ 制膜可使 Ag^+ 还原生成 Ag 原子并以纳米粒子形态镶嵌在膜中,可明显增强其抗菌性,在测试的大肠杆菌浓度下,当 Ag^+ 浓度为 0.01 mol/L 时,抗菌膜的适宜配比为 1%壳聚糖溶液和 $AgNO_3$ 溶液体积比为 5:3 或 5:4。用 β-环糊精作囊材包合药物制备缓释微胶囊,采用研磨法包合效果好,制备工艺简单,绿色环保。制备壳聚糖-PBSA 双层复合膜时,采用戊二醛 25%水溶液作交联剂,交联剂浓度越高,加入到壳聚糖膜液中越容易与壳聚糖过度反应,使得膜液凝结,不易刮膜;交联剂浓度越低,交联效果越差。最适交联剂含量为3%。制备壳聚糖-PBSA 双层复合膜时,在 PBSA 基膜中加入淀粉可加强交联效果,综合制备和交联效果等因素考虑,PBSA 与淀粉的最适质量比为 5:1 和 2:1。壳聚糖抗菌膜层和 PBSA 基膜中加入缓释微胶囊不会发生反应,可使双层复合膜具有药物缓释的功能,综合考虑释放效果、制备条件和双层复合膜的总体功能性,制备 PBSA-淀粉基膜的最佳配比为 PBSA:淀粉为 2:1,微胶囊含量为 1%,壳聚糖抗菌膜层的微胶囊只要能在膜液中均匀分布则其含量就越大越好。PBSA 基膜中加入的淀粉和微胶囊的含量会影响双层复合膜的交联程度和膜分子

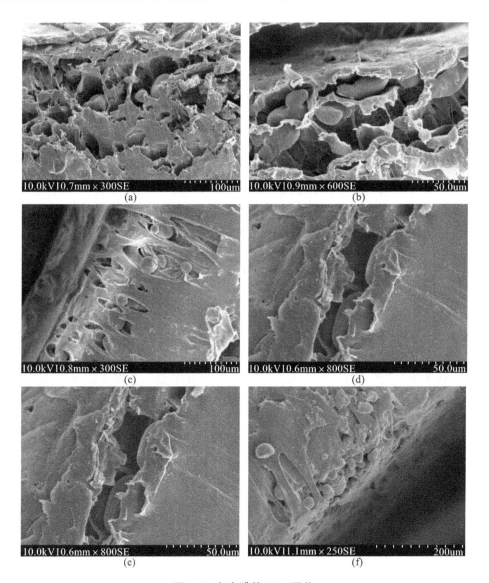

图 5-6 复合膜的 SEM 图片

（a. PBSA：淀粉为 2：1，微胶囊 0.5％膜；b. PBSA：淀粉为 2：1，微胶囊 1％；c. PBSA：淀粉为 2：1，微胶囊 3％膜；d. PBSA：淀粉为 5：1，微胶囊 0.5％膜；e. PBSA：淀粉为 5：1，微胶囊 1％膜；f. PBSA：淀粉为 5：1，微胶囊 3％膜）

结构的规整性，其中 PBSA 与淀粉比为 2：1，微胶囊含量为 0.5％的膜和 PBSA 与淀粉比为 5：1，微胶囊含量为 0.5％的膜分子结构的规整性最好，PBSA 与淀粉比为 2：1，微胶囊含量为 1％的膜分子结构的规整性最差，溶解性会最好。

6. 壳聚糖/纤维素复合自修复凝胶

纤维素具有可再生性、生物降解性等特点，并具有一定的力学强度，但也存在成膜性较差等缺点。壳聚糖有优良的成膜性、抗菌性，但存在机械强度差、易溶胀等特点。针对纤维素和壳聚糖各自的特性，选用两者复合制备而成的材料的机械性能、抗菌性、生物相容性、成型性都会得到较大提升，可以弥补纤维素和壳聚糖单一组分的不足。

纤维素与壳聚糖的复合方法有很多，不同方法制备的复合材料性质存在着较大差异，其应用领域也不尽相同。目前,纤维素-壳聚糖复合材料的制备方法主要可分为化学法、物理法、生物法三大类。化学法一般先将其中某个组分充分溶解于酸溶液中,在加入另一组分时辅以搅拌或者振荡以使其完全分散于溶液体系中,复合充分后再将其与溶剂分离,得到所需复合产物。这些产物拥有较好的生物兼容性和抗菌性,应用范围可涉及食品、医学、化工等诸多领域。将适量纳米纤维素晶须(NCW),与溶入适量壳聚糖的质量分数 1‰的醋酸溶液充分混合,在适宜温度下搅拌,充分混合后用超声波振荡处理,让处理完的样品脱泡后流到培养皿中,置于干燥箱内烘干即可制成混合膜。以甘氨酸盐酸盐和 1-丁基-3-甲基咪唑氯化物组成的新型二元溶剂系统,在一定条件下充分溶解壳聚糖和纤维素,通过干湿式纺丝及湿式纺丝两种工艺制备出混合物,风干后制得可再生的壳聚糖-纤维素复合纤维。分析结果表明,复合纤维的延展性和热稳定性得到了提升。将 CMC(羧甲基纤维素)粉末溶于去离子水,搅拌完全后加入不同比例 CS(壳聚糖)粉末,调节 pH 值后继续搅拌得淡黄色透明凝胶状物,铸膜后干燥,用去离子水洗至中性,再次干燥即得羧甲基纤维素-壳聚糖复合材料。将壳聚糖与纤维素分别以不同比例混合溶于三氟乙酸,通过浇筑共混物制备成薄膜状,然后将膜置于 NaOH 溶液中除去酸溶剂,清洗干燥后制得纤维素-壳聚糖复合膜。

物理法即通过研磨、机械振荡、高压、离心等作用使各组分尺寸缩小并充分混合形成复合物,物理法较之化学法对设备和操作要求相对较高,但所得产物纯度更高,后处理相对简单。此法制备的复合材料机械性能提升较大,是很好的生物组织材料及生物填料。用稳定的氧化钇和氧化锆研磨球对纤维素样品研磨筛分,将所得粉末在室温下与壳聚糖以不同比例混合后一起置于 NMMO 溶液中充分搅拌溶解,待溶解充分后置于两块钢材之间加热压缩,将压缩后的薄膜用去离子水漂洗三次,干燥后即得纤维素-壳聚糖复合膜。材料的性能表征结果表明,复合膜的强度随壳聚糖含量升高而上升,但是,当壳聚糖含量与纤维素含量比达到 1:19 时,复合膜的稳定性有所下降,导致其抗拉强度降低。通过不同比例的壳聚糖与羧甲基纤维素混合,加入纳米羟基磷灰石浆料中室温下搅拌至粉末充分分散于浆料中,再添加适量乙酸,继续搅拌至混合物固化,冻结、干燥后制得纳米羟基磷灰石-壳聚糖-羧甲基多孔复合支架。

生物法主要是利用微生物的生长代谢特性实现对两种材料的复合,细菌纤维素-壳聚糖复合材料拥有机械性能、抗菌性、保水性等优点,在生物医学领域表现出很强的应用潜力。将 *Acetobacto* 杆菌产生的细菌纤维素放入含有壳聚糖的培养基中进行培养后,生成了更为均匀和致密的薄膜结构,该膜有着致密的微孔结构、较强的抗微生物能力和拉伸强度。以 *Acetobacter xylinus* 制备的细菌纤维素为基础,在培养基中加入壳聚糖作为改性剂,制备新的改性细菌纤维素-壳聚糖复合物,该材料的生物活性及生物相容性十分出色,具有良好的机械性能,且能有效抑制多种细菌生长。Kim 等以细菌纤维素和壳聚糖为底料,用 *Gluconacetobacter* 杆菌成功制备了新型的纤维素-壳聚糖复合物,通过不同的成型处理可形成膜结构或者支架结构。

纤维素-壳聚糖复合物可以用于制备功能性水凝胶。水凝胶通过自身三维网状结构可吸收大量水分。水凝胶的理化性质受凝胶结构、分子结构、交联程度、水的含量、水的状态等的影响。

环糊精-壳聚糖/二茂铁-纤维素凝胶切开后经放置一段时间可以重新黏附在一起(图 5-7)。由于壳聚糖与纤维素本身性质的差异,采用与纤维素相同的处理方法所得环糊精-壳聚糖/二茂铁-纤维素凝胶的强度减小,透明度降低。

环糊精-壳聚糖/二茂铁-纤维素凝胶的制备方法如下:首先将 β-环糊精接到壳聚糖分子链

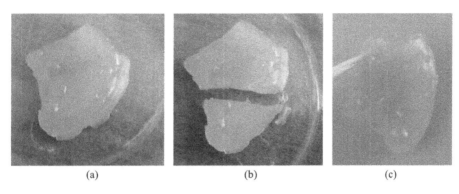

(a)　　　　　　　　　(b)　　　　　　　　　(c)

图 5-7　凝胶块自修复性能研究

上。将一定量的 β-环糊精、二甲基亚砜(DMSO)、异丙醇混合均匀,充分搅拌下滴加环氧氯丙烷,并立即滴加 NaOH 溶液,于室温下搅拌均匀,然后加入壳聚糖,继续室温下搅拌,过滤,并用大量蒸馏水将滤饼洗涤至中性,真空干燥,最后可得白色粉末状 β-环糊精-壳聚糖。将 β-环糊精-壳聚糖 DMAC/LiCl 溶液与二茂铁接枝纤维素溶液混合,室温搅拌,倒入模具中,静置一段时间后可成凝胶。

如图 5-8 所示,104.6 为葡萄糖单元的 C_1,85.4 为 C_4,74.9 为葡萄糖单元中的 C_2、C_3、C_5,60.5/57.0 为 C_6,80.9 为连接纤维素与环糊精之间的碳原子,173.0 为未脱乙酰的羰基碳 C_7,23.5 为 C_8,这表明通过环氧化交联的方法可成功地将环糊精接枝于壳聚糖上。

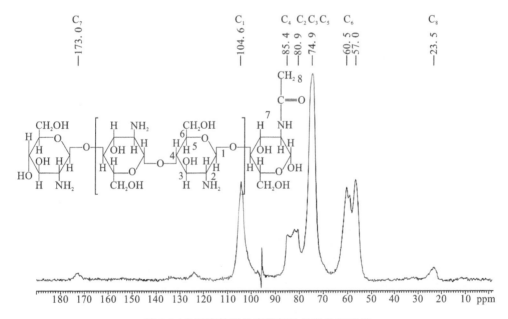

图 5-8　β-环糊精接枝壳聚糖的核磁共振光谱

如图 5-9 所示,其中 3435 cm^{-1} 为羟基的伸缩振动,2884 cm^{-1} 为碳氢键的伸缩振动,1656 cm^{-1} 为酰胺键中羰基的碳氧伸缩振动,1591 cm^{-1} 为氮氢键的弯曲振动,1422 cm^{-1}、1379 cm^{-1} 为碳氢键的弯曲振动,1150 cm^{-1} 为羟基上碳氧键的伸缩振动,1075 cm^{-1} 为醚键的伸缩振动以及碳碳键的伸缩振动,其中 1075 cm^{-1} 的吸收强度大,由此可确定环糊精接在了壳聚糖上。

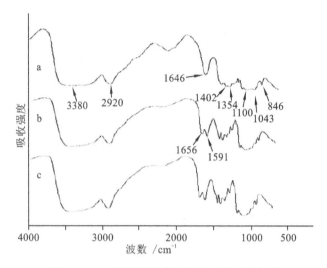

图 5-9 β-环糊精接枝壳聚糖的红外吸收光谱

如图 5-10 所示,以环糊精接枝壳聚糖代替环糊精接枝纤维素制备的凝胶切开后断面仍旧可以黏附在一起,从图 5-10 的强度数据来看,壳聚糖凝胶的断面修复程度为 72.45%,而纤维素基的断面修复程度为 94.93%,而壳聚糖凝胶的压缩强度远远低于纤维素凝胶,主要是因为壳聚糖在 DMAC/LiCl 体系中的溶解程度差。

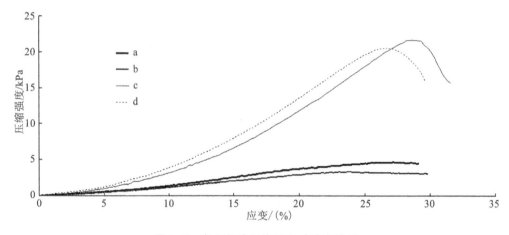

图 5-10 各组凝胶压缩强度-应变曲线图

(a.壳聚糖原凝胶;b.壳聚糖有断面凝胶;c.纤维素原凝胶;d.纤维素有断面凝胶)

参 考 文 献

[1] 马宁,汪琴,孙胜玲,等.甲壳素和壳聚糖化学改性研究进展[J].化学进展,2004,16(4):643-653.

[2] 孟哲,胡章记,毛宝玲.壳聚糖的结构特性及其衍生物的应用[J].化学教育,2006,8:1-3.

[3] 邵伟.壳聚糖的物化性质及基础性能研究[D].上海:东华大学硕士学位论文,2007.

[4] Jiufang Duan,Chunrui Han,Liujun Liu,et al. Binding Cellulose and Chitosan via Intermolecular Inclusion Interaction:Synthesis and Characterisation of Gel[J]. Journal of Spectroscopy,2015,132:1-6.

[5] Jiufang Duan,Heng Zhao,Xiaojian Zhang,et al. The preparation of a novel environmentally friendly green antimicrobial packaging film[J]. Applied Mechanics and Materials,2012,151:665-667.

[6] 李海浪.壳聚糖衍生物的制备及其在药物载体中的应用研究[D].上海:中国科学院上海应用物理研究所,2014.

[7] 袁毅桦.基于壳聚糖与海藻酸钠旳改性聚合物的制备、结构与性能研究[D].广州:华南理工大学,2012.

[8] 俞继华,冯才旺,唐有根.甲壳素和壳聚糖的化学改性及其应用[J].广西化工,1997,26(3):28-32.

[9] 李方,刘文广,薛涛,等.烷基化壳聚糖的制备及载药膜的释放行为研究[J].化学工业与工程,2002,19(4):281-285.

[10] 董炎明,吴玉松,王勉,等.N-苄基壳聚糖的合成和液晶性表征[J].厦门大学学报(自然科学版),2001,40(1):63-67.

[11] 董炎明,吴玉松,王勉.邻苯二甲酰化壳聚糖的合成与溶致液晶表征[J].物理化学学报,2002,18(7):636-639.

[12] 陈凌云,杜予民,肖玲,等.羧甲基壳聚糖的取代度及保湿性[J].应用化学,2001,18(1):5-8.

[13] 王爱勤,俞贤达.烷基化壳聚糖衍生物的制备与性能研究[J].功能高分子学报,1998,11(1):83-86.

[14] 陈兴国,左奕,钟羽武,等.头孢氨苄的 κ-卡拉胶-壳聚糖-海藻酸钠缓释体系研究[J].南开大学学报,2002,35(2):72-75.

[15] 尹承慧,侯春林,蒋丽霞,等.环丙沙星/壳聚糖植入微球的制备及其体外释放研究[J].第二军医大学学报,2002,23(5):536-539.

[16] 展曲峰,李英霞,宋妮.壳聚糖作为药物载体研究的新进展[J].中国海洋药物,2001,(6):40-42.

[17] 许晨,卢灿辉.壳聚糖季铵盐的合成及结构表征[J].功能高分子学报,1997,10:51-55.

[18] 唐有根,蒋刚彪,谢光东.新型壳聚糖两性高分子表面活性剂的合成[J].湖南化工,2000,30(2):30-33.

[19] 刘其风,任慧霞.壳聚糖的结构修饰及其应用[J].生命的化学,2004,24(3):252-254.

[20] 郎惠云,张秀军,申烨华.壳聚糖固定化亚铁 Schiff 碱配合物的研究[J].高等学校化学学报,2003,24(11):1937-1941.

[21] 陈郿车,蔡妙颜,王捷.壳聚糖作为基因治疗载体的研究[J].生命的化学,2002,22(5):492-494.

[22] 曾嘉,郑连英.几丁质固定化壳聚糖酶的研究[J].食品科学,2001,22(10):21-24.

[23] 蒋挺大.壳聚糖金属配合物的催化作用研究进展[J].化学通报,1996,59(1):22-26.

[24] 高永红,马全红,邹宗柏.α-酮戊二酸改性壳聚糖对金属离子的吸附性能[J].东南大学学报,2001,31(1):104-106.

[25] 张亚静,朱瑞芬,童兴龙.壳聚糖季铵盐对味精废水絮凝作用[J].水处理技术,2001,27(5):281-283.

[26] 杜予民.甲壳素化学与应用的新进展[J].武汉大学学报(自然科学版),2000,46:181-186.

第6章 其他天然多糖

6.1 概　　述

多糖(polysaccharide)是由多个单糖分子缩合、失水而成的,是一类分子结构复杂且庞大的糖类物质。多糖在自然界分布极广,是人类最基本的生命物质之一,凡符合高分子化合物概念的碳水化合物及其衍生物均称为多糖,除作为能量物质外,多糖的其他诸多生物学功能也不断被揭示和认识,如肽聚糖和纤维素是动植物细胞壁的组成成分,糖原和淀粉是动植物储藏的养分,有的具有特殊的生物活性,像人体中的肝素有抗凝血作用,肺炎球菌细胞壁中的多糖有抗原作用。海藻酸钠、魔芋葡甘聚糖、黄原胶等多糖材料在医药、生物材料、食品、日用品等领域有着广泛的应用。

海藻酸钠又名褐藻酸钠、海带胶、褐藻胶,是褐色海藻中的海藻酸盐提取物,是一种天然多糖,易溶于水,具有良好的安全性及生物相容性,并且储量丰富、可再生,被广泛应用于医药、食品、纺织等产品中。

魔芋是我国的特产资源,魔芋葡甘聚糖是食品工业领域具有高特性黏度的多糖之一,魔芋葡甘聚糖具有良好的亲水性、凝胶性、增稠性、黏结性、凝胶转变可逆性和成膜性,其浓溶液为假塑性流体,当水溶液浓度高于 7% 时表现出液晶行为,并且还可形成凝胶。

黄原胶又称黄胶、汉生胶,黄单胞多糖,是一种由假黄单胞菌属发酵产生的单胞多糖,1952年由美国农业部伊利诺伊州皮奥里尔北部研究所分离得到的甘蓝黑腐病黄单胞菌,并使甘蓝提取物转化为水溶性的酸性胞外杂多糖而得到。黄原胶是一种微生物多糖,可用作增稠剂、乳化剂、成型剂、石油工业,可加快钻井速度、防止油井坍塌、保护油气田、防止井喷等。黄原胶已成功用于制备口服缓释制剂,将黄原胶与壳聚糖共混可制备盐酸心得安缓释药片。

6.2　海藻酸钠

在海洋中丰富的褐藻类海藻中就含有大量海藻酸钠。海藻酸钠又称褐藻胶钠,海藻酸钠是存在于褐藻中的天然高分子,是从褐藻类的海带或马尾藻中提取碘和甘露醇之后的副产物。海藻酸钠是线型的聚糖醛酸高分子电解质,在所有的海生褐藻细胞壁和一些特定的细菌中都存在这种亲水性的天然高分子。海藻酸钠被 FTO(粮食农业机构)、WHO(世界卫生组织)等国际机构认为具有高度的安全性。海藻酸钠具有抗肿瘤、消除自由基和抗氧化、调节免疫能力、抗高血脂、降低血糖、抵抗放射、起到防护效果等作用,在体内有抗凝血作用,可用来治疗心血管疾病,在体外具有止血作用,可用来开发外用医疗敷料。

自 1883 年从海带中发现海藻酸钠直至 1929 年才开始在美国应用于工业生产,1944 年用于食品工业。我国于 1957 年才开始工业化生产,1983 年 FDA 批准海藻酸钠可直接作为食品的成分;20 世纪 70 年代初期,我国棉纺织企业在纯棉织物、涤棉织物上使用海藻胶代替粮上浆,取得了较好的效果。

6.2.1　海藻酸的结构

海藻酸胶是海藻细胞壁和细胞间质的主要成分,海藻酸(alginic acid)是由单糖醛酸线型聚合而成的多糖,单体为 β-D-甘露醛酸(M)和 α-L-古罗糖醛酸(G)。M 和 G 单元以 M-M、G-G 或 M-G 的组合方式通过 1,4-糖苷键相连成为嵌段线型多糖聚合物,M 单元和 G 单元是 C_5 的差向异构体,海藻酸钠的结构在分子水平上有 4 种连接方式:MM、GG、MG 和 GM。分子式为 $(C_6H_7O_6Na)_n$,相对分子质量范围从 1 万到 60 万不等。海藻酸钠是海藻酸用碱中和后的产物,海藻酸钠的 G 单元和 M 单元的序列及其含量主要依赖于海藻酸钠的产地和海藻的成熟程度。古罗糖醛酸和甘露糖醛酸两种单体的结构式非常相似,区别仅仅是 C_5 上羧基位置不同。G 单元中的羧酸基团位于 C—C—O 原子组成的三角形峰顶部,而 M 单元中的羧酸基团会受到周围原子的束缚,这样就使得 G 单元比 M 单元易于与金属离子结合,而 M 单元的生物相容性较 G 单元的要好。海藻酸的大分子链是由三种不同的片段,即 $(G-G)_n$ 片段、$(M-M)_n$ 片段、$(M-G)_n$ 片段构成。其结构如图 6-1 所示。海藻酸用碱中和可得到海藻酸钠,海藻酸钠在水中溶解性良好,具有很高的电荷密度,属于具有生物降解性、生物相容性的聚电解质。海藻酸的性能受 G 和 M 含量的影响。例如,两种单体与钙离子的结合力不同,形成的凝胶性能也有所差别:高 G 型海藻酸盐形成的凝胶硬度大但易碎,高 M 型海藻酸盐形成的凝胶则正好相反,胶体软,但弹性好,所以通过调整产品中 M 和 G 的比例可以生产不同强度的凝胶。

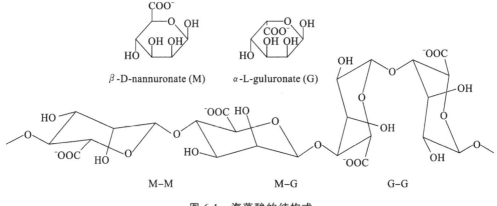

图 6-1　海藻酸的结构式

海藻酸的结构中均聚的 MM 嵌段,韧性较大、易弯曲,是由于两个 M 的 O_5(环内氧)和 O_3—H 间存在较弱的链内氢键。均聚的 G 嵌段为双折叠螺旋构象,其分子链结构扣得很紧,形成的锯齿形构型灵活性低,不易弯曲,两 G 间以直立键的糖苷键相连,O_2—H 和 O_6(羧基氧,分子负电荷比 M 的环内氧大)间存在链内氢键。两均聚的 G 嵌段中间形成了钻石形的亲水空间,当这些空间被 Ca^{2+} 占据时,Ca^{2+} 与 G 上的多个 O 原子发生螯合作用,Ca^{2+} 像鸡蛋一样位于蛋盒中,与 G 嵌段形成了“蛋盒”结构(图 6-2),海藻酸链间结合更紧密,产生较强协同作用,链间的相互作用会导致形成三维网络结构凝胶,GM 交替嵌段在生成凝胶的过程中起着将各嵌段连接起来的作用。均聚的 M 嵌段在 Ca^{2+} 浓度非常高的情况下,由羧基阴离子按聚电解质行为反应,生成伸展的交联网状结构,不能与 Ca^{2+} 形成类似的“蛋盒”结构。

在海藻酸分级提纯中,纯 M 段、纯 G 段海藻酸产品非常重要。古洛糖醛酸 G 和甘露糖醛酸 M 具有完全不同的分子构象,G 段呈螺旋卷曲型构象,M 段呈伸展型构象。两种糖醛酸在分子中的比例、所在的位置都会直接导致海藻酸的性质存在差异,如黏性、胶凝性、离子选择性等。M 段、G 段和 MG 交替段性质不同:G 段因为具有凝血、止血的特点,适宜织成止血纱布,生产止血剂、止血粉等;M 段的特点是其抗凝血性,适宜用作心脑血管及抗凝血药物。在水溶液中海藻酸盐的弹性按 MG、MM、GG 的顺序依次减少,在具有低 pH 值的酸性环境中 M 段可溶,G 段难溶,MG 嵌段比其他两种嵌段共聚物的溶解性能更好。海藻酸具有较高 M 段含量时,具有较快的酯化速率,有高达 90％以上的酯化度,有突出的乳化稳定性能。

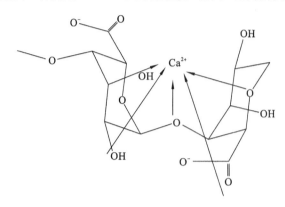

图 6-2　海藻酸与 Ca^{2+} 形成的“蛋盒”结构

6.2.2　海藻酸钠的理化性质

海藻有红藻、绿藻、褐藻(海带、马尾藻)等种类。海藻酸钠的分子式为 $C_5H_7O_4COONa$,相对分子质量理论值为 198.11,相对分子质量平均真实值为 222.00,聚合度为 80~750,海藻酸钠是无臭、无味、白色或淡黄色不定形粉末。海藻酸钠易溶于水,海藻酸钠的水溶液具有较高的黏度,加入温水使之膨化,吸水后体积可膨胀 10 倍,其水溶液黏度主要随聚合度和浓度而变,糊化性能良好,水溶液在 pH 6~9 时黏性稳定,吸湿性强,持水性能好,不溶于乙醇、乙醚、氯仿和酸(pH＜3)。海藻酸在单元糖环上具有羧基和羟基等功能基团,是一种阴离子聚电解质,海藻酸钠溶液因保持着呈负离子的基团($—COO^-$),故有负电荷,疏水性悬浊液有凝集作用,海藻酸钠可以和大多数添加剂分子共溶(带正电荷分子除外),已被用作食品的增稠剂、稳定剂、乳化剂等。海藻酸钠是无毒食品,早在 1938 年就已收入美国药典。聚阴离子型聚合物的生物黏附性要优于聚阳离子型和非离子型聚合物,海藻酸钠溶液具有一定的黏附性,可作为用于治疗黏膜组织的药物载体(黏性药物释放系统是通过增加药物在病灶部位的停留时间来提高药物吸收利用率的),在食品中常用作增稠剂。海藻酸钠是链锁状高分子化合物,具有形成纤维和薄膜的能力。

古洛糖醛酸和甘露糖醛酸两种糖单元立体构象、物理化学性质也不同,这使得它们在分子中的比例和序列顺序变化,都会直接导致海藻酸的黏性、胶凝性、离子选择性等性质存在差异。

海藻酸钠的 pH 值敏感性源于海藻酸钠中的—COO⁻ 基团,在酸性条件下会逐渐形成海藻酸凝胶,—COO⁻ 转变成—COOH,电离度大大降低,海藻酸钠的亲水性降低,海藻酸钠水溶液遇酸会析出强度较弱、较软的海藻酸凝胶,并且溶于碱溶液中,恢复原先黏度。pH 值增加时海藻酸会溶解,恢复原先黏度,—COOH 基团会不断地解离,海藻酸钠的亲水性增加,海藻酸钠能够耐受短暂的高碱性(pH＞11),但较长时间的高碱性使黏度下降。海藻酸钠的稳定性以 pH 6～11 较好,pH<6 时海藻酸析出,pH>11 时凝聚,黏度在 pH 值为 7 时最大,但随温度的升高而显著下降。海藻酸钠的这一 pH 值依赖性对于口服药是相当有利的,在胃液中,海藻酸钠会发生收缩,形成致密不溶解的膜,其包裹的药物不会释放出来,当到达高 pH 值的肠道时,海藻酸钠膜会溶解,释放出所包裹的药物。

调低 pH 值时,海藻酸形成具有较弱凝胶强度的、较软的凝胶,海藻酸钠可以与二价离子发生配合作用,可以作为螯合剂在温和条件下与二价阳离子(Ca^{2+}、Zn^{2+})等形成凝胶,如将少量的 Ca^{2+} 添加到溶液中时,Ca^{2+} 与海藻胶体系中部分 Na^+ 和 H^+ 发生交换,G 单元堆积形成交联网络结构,得到海藻酸钙热不可逆凝胶。由于海藻酸钠形成凝胶的条件温和,可以避免敏感性药物、蛋白质、细胞和酶等活性物质的失活。

海藻酸钠可以经受短暂的高温杀菌,长时间高温会使其黏度下降,海藻酸钠是链锁状高分子化合物,具有形成纤维和薄膜的能力。

6.2.3　海藻酸钠的提取

降解是限制海藻酸钠提取与应用的一个重要因素。海藻酸钠在水溶液或含一定量水分的干品中,都会发生不同程度的降解,低于 60 ℃ 降解速率较慢,性质较稳定。海藻酸钠在近中性条件下(pH 6～7)较稳定,降解速率较慢。

海带是一种天然产物,海带品种不同,成分差别很大,在一定程度上增加了海藻酸钠的提取难度,致使海藻酸钠的提纯步骤繁杂、产品成本高。酸凝-酸化法、钙凝-酸化法、钙凝-离子交换法以及酶解法等海藻酸钠提取工艺各有优点和不足。由于钙凝-离子交换法产品提取率、纯度较高,稳定性较强,是目前较理想的可用于工业化生产的工艺。酸凝-酸化法工艺流程中,酸凝的沉降速率很慢,沉淀颗粒也很小,不易过滤、海藻酸易降解、提取率低、纯度低、工艺复杂,此法已逐渐被淘汰。钙凝-酸化法是目前我国大部分生产厂家采用的海藻酸钠提取工艺,在此工艺流程中钙析速率比较快,沉淀颗粒较大,在脱钙过程中加入的盐酸使海藻酸易降解,造成产物提取率、黏度低。钙凝-酸化法工艺烦琐,目前有被淘汰的趋势。钙凝-离子交换法钙析速率快,沉淀颗粒大。用离子交换法脱钙减少了工序,产品收率明显提高,稳定性较强,均匀性好,所得产品在储存过程中黏度稳定。酶解法提取是在一定条件下用纤维素酶溶液浸泡海带,海带细胞壁被分解,加快海藻酸钠的溶出。超滤法提取海藻酸钠是将膜处理技术用于海藻酸钠提取工艺,可降低能耗、降低杂质质量分数,提高产量,这是一种较理想的新工艺。

6.2.4　改性

1. 物理交联

通过缠结点、微晶区、氢键等物理结合的方式形成水凝胶,物理交联的水凝胶在生物材料方面具有一定的应用前景。

1) 离子交联

海藻酸钠的分子中含有—COO^-基团,当向海藻酸钠的水溶液中添加二价阳离子时,海藻酸钠溶液中 G 单元中的 Na^+ 会与这些二价离子发生交换,溶液向凝胶转变。海藻酸钠与多价阳离子结合的能力遵循以下次序:Pb^{2+}>Cu^{2+}>Cd^{2+}>Ba^{2+}>Sr^{2+}>Ca^{2+}>Co^{2+},Ni^{2+},Zn^{2+}>Mn^{2+}。虽然 Ca^{2+} 没有 Pb^{2+} 和 Cu^{2+} 的螯合能力强,但是没有生物毒性,因此,Ca^{2+} 常用作海藻酸钠水凝胶的交联剂。

原位释放法、直接滴加法和反滴法是用 Ca^{2+} 交联制备海藻酸钠水凝胶常见的方法。葡萄糖酸内酯（GDL）与碳酸钙（$CaCO_3$）或硫酸钙（$CaSO_4$）组成复合体系，作为钙离子源制备水凝胶的方法称为原位释放法。该方法在葡萄糖酸内酯溶解的过程中会缓慢地释放出 H^+，H^+ 可以分解碳酸钙释放出钙离子，形成均匀的凝胶。把海藻酸钠的水溶液直接滴加到含有 Ca^{2+} 的水溶液中的方法称为直接滴加法，该方法中钙离子由外向内渗透，凝胶粒子的外层交联密度较大。将含有 Ca^{2+} 的水溶液滴加到海藻酸钠的水溶液中的方法称为反滴法，该方法中钙离子由内向外渗透，凝胶粒子的内层交联密度较大。直接滴加法和反滴法制备的凝胶粒子的交联密度不均匀。

2）离子交联双网络凝胶

离子交联海藻酸钠还可以与其他物质制备双网络复合功能材料（图 6-3），如采用原位聚合方法制备丙烯酰胺/羧甲基壳聚糖/海藻酸钠双网络凝胶，这种凝胶的断裂强度为 111 kPa，最大伸长为原来长度的 11.5 倍，而海藻酸钠凝胶的断裂强度是 3.7 kPa，最大伸长为原来长度的 1.2 倍，聚丙烯酰胺凝胶的断裂强度是 11 kPa，最大伸长为原来长度的 6.6 倍。而丙烯酰胺/羧甲基壳聚糖/海藻酸钠双网络水凝胶的断裂强度和最大伸长都超过了单一原料，这是因为海藻酸钠的高伸缩性的离子键和共价交联共同形成了双网络结构，所以它的力学性能优于传统凝胶。反应体系中包括单体丙烯酰胺、交联剂（亚甲基双丙烯酰胺）、引发剂（过硫酸钾）和海藻酸钠、羧甲基壳聚糖。其中，由丙烯酰胺单体接枝羧甲基壳聚糖和交联剂形成网络，海藻酸钠大分子以物理缠结方式贯穿于羧甲基壳聚糖接枝丙烯酰胺交联网络中，聚合体系中溶剂水被交联网络和海藻酸钠组分吸收，形成了海藻酸钠和羧甲基壳聚糖接枝丙烯酰胺水凝胶，其形成见图 6-4。

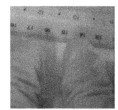

图 6-3　高拉伸性海藻酸钠双网络复合凝胶

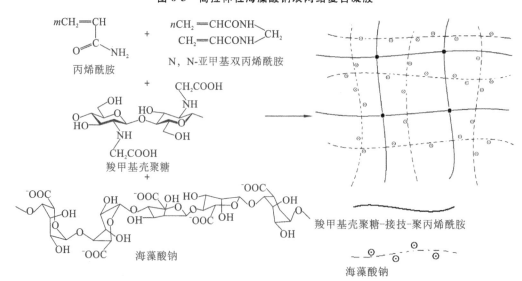

图 6-4　海藻酸钠双网络水凝胶合成示意图

海藻酸盐(alginate)主要是从天然海藻中提取,其结构为 β-D-甘露糖醛酸(M)和 α-L-古洛糖醛酸(G)的无规嵌段共聚物,M 单元和 G 单元在海藻酸的结构中具有不同的构象,GM 交替嵌段、均聚的 M 嵌段、均聚的 G 嵌段在海藻酸-Ca²⁺水凝胶形成过程中扮演不同的角色。均聚的 G 嵌段呈现螺旋双折叠式构象,分子链结构呈现锯齿形构型,具有较低的灵活性,两个均聚 G 嵌段之间就会形成独特的钻石形亲水空间,Ca²⁺填充这些钻石形空间时,G 嵌段中的氧原子与 Ca²⁺发生配合作用,海藻酸链间形成更紧密的结合,最终形成具有三维网络结构的水凝胶。

羧甲基壳聚糖在水溶液中接枝丙烯酰胺的聚合反应的反应机理如下:

$$S_2O_8^{3-} + HSO_3^- \longrightarrow SO_4^{2-} + \cdot SO_4^- + HSO_3^-$$

$$\cdot SO_4^- + HSO_3^- \longrightarrow SO_4^{2-} + \cdot HSO_3$$

具有反应活性的自由基主要为·HSO₃,它与羧甲基壳聚糖反应产生大分子自由基,自由基活性点可能在羟基或氨基上。

$$\cdot HSO_3 + 羧甲基壳聚糖 \longrightarrow 羧甲基壳聚糖\cdot + H_2SO_3$$

链引发:

$$羧甲基壳聚糖\cdot + M \longrightarrow 羧甲基壳聚糖\text{-}M\cdot$$

$$\cdot HSO_3 + M \longrightarrow HSO_3\text{-}M\cdot$$

链增长:

$$羧甲基壳聚糖\text{-}M\cdot + (n-1)M \longrightarrow (羧甲基壳聚糖\text{-}M\cdot)n$$

$$HSO_3\text{-}M\cdot + (m-1)M \longrightarrow (HSO_3\text{-}M\cdot)m$$

链终止:

$$(羧甲基壳聚糖\text{-}M\cdot)n + \cdot HSO_3 \longrightarrow (羧甲基壳聚糖\text{-}M)_n + H^+ + SO_3^{2-}$$

$$(HSO_3\text{-}M\cdot)m + \cdot HSO_3 \longrightarrow M_m\text{-}SO_3^{2-} + H^+ + SO_3^{2-}$$

$$(羧甲基壳聚糖\text{-}M\cdot)n + (HSO_3\text{-}M\cdot)m \longrightarrow 羧甲基壳聚糖\text{-}M_n\text{-}M_m\text{-}SO_3^{2-} + H^+$$

注:M 指丙烯酰胺单体。

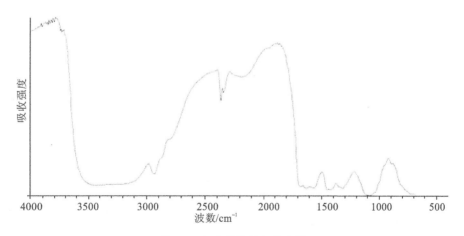

图 6-5　复合凝胶的红外光谱

图 6-5 为羧甲基壳聚糖复合水凝胶通过 KBr 压片法得到的谱图。其中,3400 cm⁻¹为 N—H 的伸缩振动峰,1670 cm⁻¹、1550 cm⁻¹的吸收峰是—CONH₂的特征吸收峰,1710 cm⁻¹处出现海藻酸钠中—COOH 的吸收峰,由于—COOH 和—NH 之间会形成氢键,所以 N—H 的伸

缩振动峰向低波数移动。

从 Flory 的溶胀理论可知,凝胶的平衡溶胀度与以下三个因素有关:网络的弹性,网络与溶剂的相互作用,网络的交联密度。

海藻酸盐水凝胶是具有较高弹性的固体,又是高浓度的高分子溶液,小分子可以在凝胶中扩散、渗透。水凝胶是具有交联结构的聚合物,所以不能溶解在溶剂中,但是可以吸收溶剂发生溶胀。溶剂渗入聚合物内部,聚合物产生体积膨胀,另外,聚合物的体积膨胀会产生弹性收缩能,这两种反向作用达到平衡时,即凝胶达到溶胀平衡状态。凝胶溶胀平衡后与之前的体积比称为溶胀比,聚合物的交联度、溶剂的性质、压力、温度等都会影响溶胀比。水凝胶具有类似于胞外基质的结构,在组织工程中有重要应用。水凝胶的含水量直接影响其在组织工程中的应用。

随着硫酸钙用量的增多,凝胶的网络结构更紧密,能吸收更多的水分,因此,吸水率上升。但是硫酸钙的用量超过一定范围,凝胶的网络结构过于致密,孔隙变少,吸水率会降低(图6-6)。

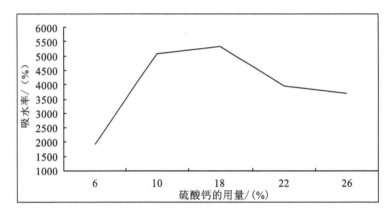

图 6-6　硫酸钙用量对凝胶吸水率的影响

增大交联剂用量,将会提高凝胶体系的交联程度,加强凝胶大分子体系的分子间、分子内作用力。增大交联剂用量会使凝胶具有较致密的网络结构,将会影响容纳水等溶剂的空间。水凝胶的溶胀度随着凝胶中 SA 用量的增加而增大,这是由于 SA 用量的增加,使得凝胶网络的亲水性增强造成的。聚合物网络链段间的作用(氢键作用)限制了链段的伸展,所以凝胶的溶胀度会下降,凝胶中海藻酸钠(或者壳聚糖)的含量不同,导致凝胶网络形成氢键强弱程度也不同。

控制羧甲基壳聚糖、海藻酸钠和丙烯酰胺的比例为 1∶1∶6,改变硫酸钙的用量(硫酸钙与海藻酸钠的比例),五组用量分别为 6%、10%、18%、22%、26%。其中,硫酸钙的用量为海藻酸钠的 6% 的试验,未成凝胶。不同浓度的硫酸钙对凝胶性能的影响见图 6-7。

海藻酸钠是从褐藻中提取的一种多糖类化合物,属于天然高分子。二价阳离子如 Ca^{2+}、Ba^{2+}、Sr^{2+} 极易与海藻酸古洛糖醛酸上的羧基发生静电相互作用,形成乳白色的水凝胶。由图 6-7 可见,随着硫酸钙浓度的增大,其强度逐渐增强,在硫酸钙用量为 18% 时,拉伸强度、断裂强度到达最大值,继续增大硫酸钙用量,凝胶拉伸强度、断裂强度随之下降。随着硫酸钙浓度增大,其拉伸强度、断裂强度都逐渐增强,主要是因为当海藻酸钠浓度一定、钙离子浓度低时,海藻酸钠与钙离子交换不完全,形成的凝胶体弱,强度小。当钙离子浓度增大时,有充足的

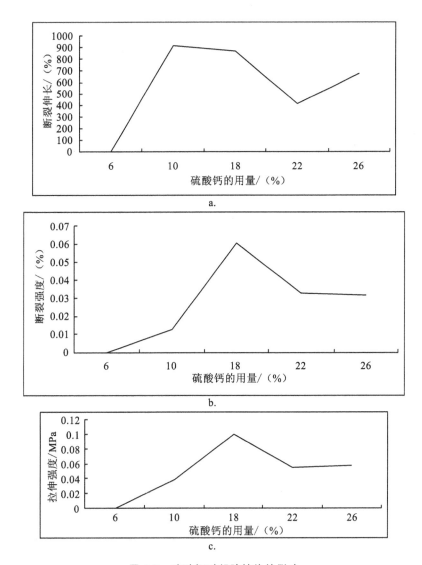

图 6-7 硫酸钙对凝胶性能的影响

(a.对断裂伸长的影响;b.对断裂强度的影响;c.对拉伸强度的影响)

钙离子与海藻酸钠发生离子交换,形成的海藻酸钙空间网络结构致密,且海藻酸钠大分子彼此间的相互作用加强,其断裂强度增大,断裂伸长率较好。而进一步增大硫酸钙的浓度,此时网络失去弹性。羧甲基壳聚糖复合凝胶的硫酸钙的最佳用量为海藻酸钠的 18%。

控制羧甲基壳聚糖、海藻酸钠和丙烯酰胺的质量总和占凝胶总质量的 14%,改变壳聚糖的用量(壳聚糖占壳聚糖、海藻酸钠、丙烯酰胺的比例),五组用量分别为 6.67%、12.5%、22.22%、26.32%、30%。对不同的壳聚糖用量的凝胶的力学性能结果见图 6-8。

由图 6-8 可知,综合考虑凝胶的断裂伸长和断裂强度,壳聚糖的用量为 12.5% 为最佳用量,凝胶最大断裂伸长可达 1121%,最大断裂强度 63.3 kPa。

控制羧甲基壳聚糖、海藻酸钠和丙烯酰胺的质量总和占凝胶总质量的 14%,改变海藻酸钠的用量(海藻酸钠占羧甲基壳聚糖、海藻酸钠、丙烯酰胺的比例),四组用量分别为 6.67%、12.5%、18.6%、20.45%。对不同的海藻酸钠用量的凝胶的力学性能结果见图 6-9。

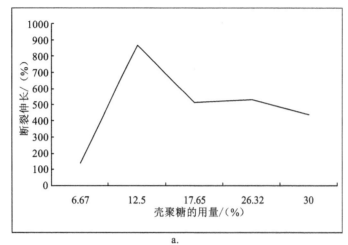

a.

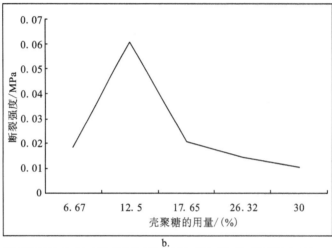

b.

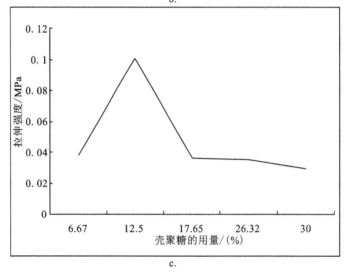

c.

图 6-8　羧甲基壳聚糖的用量对凝胶性能的影响

（a.对断裂伸长的影响；b.对断裂强度的影响；c.对拉伸强度的影响）

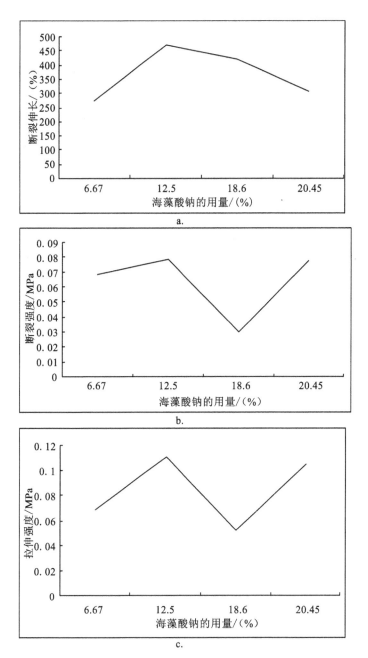

图 6-9 海藻酸钠的用量对凝胶性能的影响

（a. 对断裂伸长的影响；b. 对断裂强度的影响；c. 对拉伸强度的影响）

海藻酸无毒、无臭，水溶液黏度高，能与二价金属阳离子迅速反应形成凝胶，并且具有良好的生物相容性，原料丰富、易得且价格低廉，这使得它不仅在食品、纺织、造纸、医药、化妆品等工业具有广泛的用途，而且在近年来发展迅速的组织工程领域中也有一定的应用。海藻酸钠与硫酸钙的凝胶已应用于细胞传输载体。

综合不同用量的海藻酸钠的断裂伸长、断裂强度和拉伸强度的考察结果，本次实验的最佳海藻酸钠的用量为 12.5%。

控制羧甲基壳聚糖、海藻酸钠和丙烯酰胺的质量总和占凝胶总质量的 14%，改变丙烯酰胺的用量(丙烯酰胺占羧甲基壳聚糖、海藻酸钠、丙烯酰胺的比例),五组用量分别为 66.67％、75.00％、85.00％、81.82％、81.33％。对不同的丙烯酰胺用量的凝胶的力学性能结果见图 6-10。

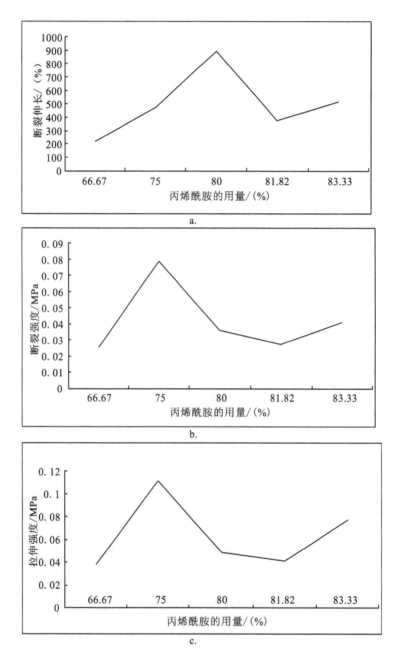

图 6-10　丙烯酰胺的用量对凝胶性能的影响
(a. 对断裂伸长的影响;b. 对断裂强度的影响;c. 对拉伸强度的影响)

　　综合不同用量的丙烯酰胺的断裂伸长、断裂强度和拉伸强度的考察结果,本次实验的最佳丙烯酰胺的用量为 75.00％,凝胶的最大断裂强度可达 78.6 kPa,最大拉伸强度可达 111.1 kPa,可见聚丙烯酰胺链段可以有效地提高凝胶的强度。

　　控制羧甲基壳聚糖、海藻酸钠和丙烯酰胺的比例 1∶1∶6,改变交联剂的用量(交联剂与丙烯酰胺的比例),五组用量分别为 0.04%、0.06%、0.08%、0.1%、0,2%。不同用量的交联剂用量的凝胶的力学性能结果见图 6-11。

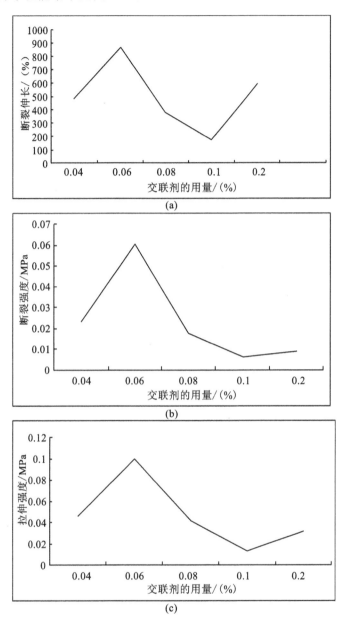

图 6-11　交联剂的用量对凝胶性能的影响

(a.对断裂伸长的影响;b.对断裂强度的影响;c.对拉伸强度的影响)

一般的线型高分子材料,引入交联剂使其适度交联可以改善材料的抗压性能。交联度增加使得水凝胶网络交联点之间的链段长度缩短,链段的活动能力减弱,同时分子链之间的作用力加强,因此抵抗外力的能力增加。而交联剂用量多,会使得水凝胶分子间的孔径较小,随着交联剂用量的增加,凝胶交联度提高,分子链之间的交联密度随之增加,聚合物的分子链流动性降低,网格减小,不利于水分子向内渗透,使凝胶的溶胀度下降。水凝胶的交联剂最佳用量为 0.06%。

3) 静电、氢键及疏水作用

海藻酸钠是一种聚阴离子电解质,可以与聚阳离子电解质通过静电作用形成聚电解质复合物,该过程是可逆的,常采用静电作用力作为主要驱动力驱动其与聚阳离子(壳聚糖、聚(L-赖氨酸)、聚(丙烯酰氧乙基三甲基氯化铵-co-甲基丙烯酸羟乙酯)、聚烯丙基胺、聚(L-鸟氨酸)、聚(甲基丙烯酸二甲氨基乙酯-co-甲基丙烯酸酯)等)形成聚电解质复合物。海藻酸钠与聚阳离子的物质的量之比、多糖的相对分子质量以及溶液的 pH 值、离子强度等多种因素会影响聚电解质复合物微囊或微粒的性能。

壳聚糖溶解于稀醋酸后分子链上产生大量带正电荷的伯氨基,海藻酸钠溶解于水后可形成大量带负电荷的羧基,壳聚糖溶液和海藻酸钠溶液可以通过正、负电荷吸引形成聚电解质膜。海藻酸钠/壳聚糖的聚电解质复合物对茶碱等难溶性药物具有较好的缓释效果(接枝疏水性的聚己内酯到海藻酸钠的骨架上,可提高对茶碱的负载量),若聚电解质复合物的内核或内表面为海藻酸钠,则该聚电解质复合物对带有正电荷的药物的负载量高,若壳聚糖为内核,则聚电解质复合物较适用于带有负电荷的药物的缓释系统。

常见的海藻酸钠/壳聚糖的聚电解质复合物制备有一步法、两步法和复合法。将海藻酸钠溶液和含有钙离子的壳聚糖混合溶液以滴加的方式缓慢混合形成聚电解质复合物微囊的方法称为一步法。先将海藻酸钠用钙离子交联制备成凝胶粒子,再利用壳聚糖的溶液在凝胶粒子的表面形成一层聚电解质复合物膜的方法称为两步法。此方法形成的复合物内部和外部分别是海藻酸钙凝胶珠层和壳聚糖-海藻酸钠复凝层。复合法是先制备海藻酸钠/壳聚糖复合物微囊,再以双官能团小分子交联剂对微囊表面进行修饰,如:首先将海藻酸钠溶液、乳化剂和芯材高剪切制备乳剂,然后加入氯化钙形成凝胶;接着,凝胶化海藻酸盐与壳聚糖进行反应形成微囊;最后,用醛类、酸类等对微囊进行表面修饰交联。这种方法形成的复合物内部、中间和最外层分别是海藻酸钙凝胶珠、壳聚糖与海藻酸钠的复凝层、壳聚糖与戊二醛等固化剂形成的固化交联层。

突然降低海藻酸钠水溶液的 pH 值可以得到海藻酸,当缓慢或者可控地释放出氢质子时可以得到海藻酸凝胶。葡萄糖酸内酯、过硫酸钾等均可以释放出 H^+,海藻酸钠在葡萄糖酸内酯、过硫酸钾存在的情况下可以得到均匀的海藻酸凝胶。如采用过硫酸钾为质子源,过硫酸钾在加热的情况下缓慢分解,为海藻酸钠缓慢提供氢质子,海藻酸钠中的—COO^- 接受氢质子,逐渐转变成—COOH 的形式,海藻酸钠自组装形成胶束。—COOH 会降低海藻酸钠的亲水性,—COOH 之间还可以形成氢键,这使海藻酸钠的部分链段变得不溶而形成疏水性内核,含有—COO^- 的链段形成亲水性的壳层,此时的海藻酸钠自组装形成胶束。随着过硫酸钾分解时间的延长,海藻酸钠自组装体由核壳结构的胶束逐渐转变成结构致密的粒子。

2. 化学交联

小分子交联剂或其他聚合物的活性官能团可以与海藻酸钠的糖醛酸单元的羟基和羧基发生反应,形成三维网络结构,以此来制备化学交联的海藻酸钠水凝胶。

1) 羟基的交联

戊二醛、环氧氯丙烷、硼砂等小分子交联剂可以与海藻酸钠糖醛酸单元的两个羟基发生反应。如海藻酸钠与戊二醛在盐酸的催化作用下发生缩醛反应,可制得交联的凝胶网络。戊二醛交联的海藻酸钠水凝胶可以在一定程度上改善钙离子交联的海藻酸钠凝胶粒子对药物的"突释"现象,但是存在药物负载率低的问题。向凝胶网络中引入瓜尔胶(GG)等亲水性的非离子型聚合物,可解决这个问题,如海藻酸钠/瓜尔胶水凝胶对蛋白质的负载率有很大程度提高,而且缓释性更好。

环氧氯丙烷交联海藻酸钠后,海藻酸钠的黏度较大,通过交联作用,质量分数为 1% 的海藻酸钠溶液的黏度从 560 mPa·s 上升到 680 mPa·s,热稳定性较好,以每分钟 15 ℃的速度从 20 ℃升温到 70 ℃,交联产物黏度下降了 95 mPa·s,而海藻酸钠的黏度下降了 280 mPa·s。

硼砂是一种弱碱,溶于水后会生成硼酸(H_3BO_3),硼酸与氢氧根结合生成硼酸根离子。聚合物中的羟基与硼酸根离子发生缩合反应而交联。将硼砂加入到硬葡聚糖和海藻酸钠的水溶液中可以制备药物释放凝胶。

戊二醛、环氧氯丙烷、硼砂等交联剂均具有生物毒性,在水凝胶使用前应完全除去。在不使用有毒小分子引发剂和交联剂的情况下,将海藻酸钠溶于 NaOH 的水溶液中,海藻酸钠中的羟基在 NaOH 的作用下,转变成 $SAONa^+$ 的形式。再加入聚丙烯腈(PAN)线型分子,SA-ONa^+ 中的氧负离子进攻—CN 中的碳原子,—CN 键上的孤对电子又会进攻相邻单元中的腈基。PAN 水解为丙烯酸钠和丙烯酰胺的共聚物。海藻酸钠-聚(丙烯酸钠-co-丙烯酰胺)水凝胶具有较好的耐盐性和 pH 敏感性,在蒸馏水中的溶胀比最高可达 610 g/g。

2)羧基的交联

海藻酸钠水溶后其分子结构中的羧基以—COO^- 的形式存在,用 1-乙基-(3-二甲基氨基丙基)碳二亚胺/N-羟基琥珀酰亚胺(EDC/NHS)将羧基活化,再与带有伯胺的分子(乙二胺、蛋白质等)发生羧基缩合反应。例如当海藻酸钠、乙二胺、EDC 和 NHS 的物质的量之比为 2∶1.5∶2∶1 时,凝胶结构最为紧密,溶胀度最低,压缩模量最高。人血清白蛋白(HAS)作为交联剂制备海藻酸钠水凝胶,作为药物载体,对带有正电荷的二丁卡因(局部麻醉药)具有较大的负载量。

3)席夫碱作用

$NaIO_4$ 会氧化海藻酸钠分子的糖醛酸单元的顺二醇结构中的 C—C 键生成两个醛基,醛基的反应活性高于—OH 和—COO^-,海藻酸钠与二胺或多胺类物质发生席夫碱交联反应的速率更快。部分氧化会减小海藻酸钠的相对分子质量,使降解产物易于排出体外,且采用多官能团的大分子交联剂可以明显改善凝胶的机械性能。如部分氧化的海藻酸钠经聚乙二醇-二胺交联制得的水凝胶,具有较高的弹性模量。

明胶分子链中含有大量的氨基,可以与部分氧化的海藻酸钠中的醛基反应生成席夫碱,制备成可注射的无毒的原位凝胶。海藻酸钠的氧化度越大,凝胶的交联密度越大,同时凝胶的溶胀比越小。采用乙二胺对明胶进行改性以提高氨基的含量,改性明胶与氧化海藻酸钠在 37 ℃的条件下 10 s 即可在原位形成凝胶。

4)双键的交联

过硫酸铵(APS)作用于海藻酸钠中的羟基可以生成 SA-O·自由基,该自由基可以引发带烯烃类单体聚合。N,N′-亚甲基双丙烯酰胺(NNMBA)是带有两个双键的小分子交联剂,常用于制备合成类水凝胶。若体系中同时存在引发剂(APS 或硝酸铈铵(CAN))、交联剂 NNMBA 和单体,则可制备海藻酸钠的接枝共聚物水凝胶。以 APS 为引发剂制备具有 pH 值敏感性、盐敏感性的海藻酸钠/羧甲基纤维素钠(CMC)水凝胶,水凝胶在 pH=8.0 时溶胀比最大,一价阳离子盐溶液中的溶胀比遵循下列顺序:LiCl>NaCl>KCl。

甲基丙烯酸-2-氨基乙酯单体中的氨基与氧化海藻酸钠中的羧基在 EDC 的催化作用下可发生缩合反应,得到带有双键的氧化海藻酸钠,改性的氧化海藻酸钠中既有醛基,又有双键,可以作为交联剂使用,带有双键的氧化海藻酸钠制备的水凝胶的生物相容性更好。

　　紫外光光致交联制备原位凝胶反应条件温和,副产物少。采用紫外光交联制备海藻酸钠水凝胶,通常是先将海藻酸钠中的羧基进行修饰,以便可以交联,如用甲基丙烯酸酐对海藻酸钠进行修饰,得到了带有双键的甲基丙烯酰化海藻酸钠(MA-LVALG),然后以 2-羟基-4-(2-羟乙氧基)-2-甲基苯丙酮(光引发剂 2959)为光引发剂,MA-LVALG 在紫外光照射下交联形成水凝胶。这种方法虽然可以提高凝胶的稳定性和机械强度,但缺点是凝胶的吸水能力降低、光敏引发剂较难从凝胶中清除干净。

　　5) Staudinger 反应

　　制备两个端基分别为叠氮的聚乙二醇(PEG),再将一个端基还原成氨基(N₃-PEG-NH₂)。N_3-PEG-NH₂中的氨基与海藻酸钠中的羧基发生缩合反应,得到含有叠氮基团的海藻酸钠(alginate-PEG-N₃)。Staudinger 反应基团为叠氮与三苯基膦,制备两个端基为三苯基膦基团(MDT-PEG-MDT)的 PEG,将 alginate-PEG-N₃ 和 MDT-PEG-MDT 的水溶液混合,加热,叠氮与三苯基膦反应一定时间后即可形成水凝胶。

　　3. 酶交联

　　采用酶交联法制备水凝胶可以避免使用有毒的小分子交联剂、提高凝胶的强度、提高水凝胶的生物相容性。酶具有高效性、反应条件温和、专一性的特点,避免了副反应的发生。通过辣根过氧化物酶(HRP)催化,将酪胺接枝到海藻酸钠或羧甲基纤维素钠的骨架上制得含有苯酚基团的海藻酸钠(SA-Ph)或羧甲基纤维素钠(CMC-Ph),然后将辣根过氧化物酶和 H_2O_2 加入到 SA-Ph 或 SA-Ph/CMC-Ph 的水溶液中,室温反应 30 s 即可得到交联的海藻酸钠水凝胶或海藻酸钠/羧甲基纤维素钠微囊。

　　4. 互穿聚合物网络

　　离子交联的海藻酸钠凝胶是刚性的,易碎,不能以膜或者纤维形式保存,通过互穿聚合物网络向海藻酸钠凝胶中引入柔软性较好的链段如聚乙烯醇(PVA),可以增加凝胶的弹性。将海藻酸钠的 PVA 水溶液滴加到含有 Ca^{2+} 的水溶液可以制得凝胶粒子,再经反复冷冻-解冻,可得到具有互穿网络结构的 Ca^{2+}-alginate/PVA 水凝胶。

　　海藻酸钠的凝胶网络中引入温度敏感性高分子聚(N-异丙基丙烯酰胺)(最低临界溶解温度(LCST)约为 32 ℃)可以使水凝胶具有温度敏感性。海藻酸钠/聚(N-异丙基丙烯酰胺)半互穿聚合物网络水凝胶中海藻酸钠与聚(N-异丙基丙烯酰胺)均可分别为线型分子或者交联网络,该水凝胶只有在温度低于相转变温度(33 ℃)时,才表现出较明显的 pH 值敏感行为,SA 在水凝胶中的含量越多,水凝胶对温度和 pH 值的响应速率越快。

　　互穿聚合物网络水凝胶机械强度得到了提高,响应速率会相应地减慢,水凝胶响应外界温度或 pH 值的变化而发生溶胀或退溶胀的过程主要是高分子交联网络吸收或释放水分子的过程。多孔结构的互穿聚合物网络水凝胶,水分子的扩散通道增多,可以解决响应速度减慢的问题。如将互穿聚合物网络水凝胶分别在蒸馏水中溶胀,然后在 −55 ℃ 下冷冻,真空干燥制得具有多孔结构的互穿聚合物网络水凝胶,水凝胶溶胀或退溶胀的速率也会相应变快,水凝胶响应外界温度或 pH 值的变化也相应变快。

6.2.5　应用

　　海藻酸钠是一种线型天然生物大分子,在单元糖环上具有羧基和羟基等功能基团,作为食品乳化剂、稳定剂、增稠剂广泛地用于农业、食品加工、药品和工业产品中。由于海藻酸钠具有良好的增稠性、成膜性、稳定性、絮凝性和螯合性，因此应用十分广泛，目前主要应用在以下几方面。

1. 在食品工业上的应用

海藻酸钠具有低热无毒、易膨化、柔韧度高的特点，将其添加到食品中可发挥凝固、增稠、乳化、悬浮、稳定和防止食品干燥等功能。海藻酸钠已被广泛应用于食品工业。海藻酸钠是一种可食而又不被人体消化的大分子多糖，在胃肠中具有吸水性、吸附性、阳离子交换和凝胶过滤等作用，可以降血压、降血脂、降低胆固醇、预防脂肪肝、阻碍放射元素的吸收，有助于排除体内重金属、增加饱腹感，还具有加快肠胃蠕动，预防便秘等功能。海藻酸钠是人体不可缺少的一种营养素-食用纤维，对预防结肠癌、心血管病、肥胖病，以及铅、镉等在体内的积累具有辅助疗效作用，早在公元前600年，人类就已经把海藻当作食物了。可以用海藻酸钠代替明胶、淀粉作为冰淇淋等冷饮食品的稳定剂；作为蛋糕、面包、饼干等的品质改良剂；增加包装米纸的拉力强度，作为乳制品的增稠剂；作啤酒泡沫稳定剂和酒类澄清剂；用于固体饮料中，悬浮效果良好；食品涂上一层海藻酸钠薄膜进行冷藏保鲜储存，可阻止细菌侵入，抑制食品本身的水分蒸发。

2. 在医学上的应用

海藻酸钠本身对高血压、便秘等慢性病有一定疗效，并可降低血糖、血脂，减少胆固醇，具有防癌、抗癌、抗肿瘤、调节免疫能力、消除自由基和抗氧化、抗高血脂、降低血糖、抵抗放射等作用，可用于治疗缺血性心脑血管疾病、冠心病和眩晕症，亦可用作降低血液黏度及扩张血管的药物、牙科咬齿印材料、止血剂、涂布药、亲水性软膏基质、避孕药等。海藻还可以健胃，降低血脂、胆固醇，治疗脂肪肝，具有消除和抑制脂肪生成等效果。

应用海藻酸钠制备的三维多孔海绵体可替代受损的组织和器官，用来作细胞或组织移植的基体。海藻酸钠是一种天然植物性创伤修复材料，用其制作的凝胶膜片或海绵材料，可用来保护创面和治疗烧、烫伤。

1）药物载体

海藻酸钠属于阴离子聚电解质多糖，利用其与二价离子的结合性，其羧基能与二价阳离子交联形成凝胶微球，作为良好的软膏基质或混悬剂的增稠剂、缓释制剂的骨架、包埋和微囊等材料，如利用海藻酸钠的水溶胀性作为片剂崩解剂，利用其成膜性制备微囊。海藻酸凝胶微球能将药物或活性物质包裹在其腔体内，可防止药物突释，并具有生物相容性、pH敏感性、粒径适宜、口服无毒、释药速率适宜、无刺激性、不影响药物的药理作用，能完全包封囊心物，以及具有符合要求的黏度、渗透性、亲水性、溶解性等特性。

在口服药物中加入海藻酸钠，由于黏度增大，药物的释放时间延长，可减慢吸收、延长疗效、减轻副反应。海藻酸钠作为眼部给药药物载体，无需外加钙离子和其他二价或多价阳离子，海藻酸钠水溶液在眼泪中形成凝胶时的浓度仍是低黏度自由流动的流体，能够延长药物释放和保持角膜长时间接触的液体剂型，可克服由于稀释和从眼中流失而造成的生物利用度低的缺点。海藻酸是酸性多糖，在胃内低pH值环境中不溶解，在肠道环境下溶解，同时可被结肠酶系降解，海藻酸钙、海藻酸-果胶-钙被用来开发作为结肠定位给药系统。如将其涂层在载有胰岛素的磷酸锌钙纳米颗粒表面能够提高该载药系统的肠道靶向性，胰岛素能在肠道模拟液中释放。

将药物通过海藻酸钠线型长链上的羧基和羟基键接枝到高分子链上，然后通过分子自组装技术制备纳米微粒，可扩大海藻酸钠作为药物转运载体的范围和改善其性能。海藻酸钠和低相对分子质量的聚 L-赖氨酸所形成的微胶囊,可以保护内分泌器官移植后的免疫排斥作用。以气体喷雾的方式将海藻酸钠与明胶/碳酸钙纳米多孔颗粒的悬浮液喷入氯化钙溶液中,制备得到海藻酸钙包裹明胶/碳酸钙多孔纳米材料的微球,降低了地塞米松(dexamethasone)的突释,且将药物释放量达到 95％所需的时间延长到了 14 天(单纯的碳酸钙多孔材料及明胶/碳酸钙多孔纳米材料所需的时间分别为 4 天和 9 天)。

以具有药物缓释功能的肝脏靶向性的甘草次酸为肝靶向化合物的海藻酸钠靶向纳米给药系统,可同时包封亲水性和疏水性抗癌药物,或只对单一抗癌药物进行包封。利用海藻酸钠和壳聚糖对经过处理的单壁碳纳米管(SWCNTs)进行非共价修饰,并引入靶向分子叶酸和蒽环类抗癌药物阿霉素,可得到兼具缓释和靶向效果的胞内给药载体体系。

海藻酸钠的亲水性特征,使它对疏水性药物的负载率较低,在制备凝胶粒子的过程中引入液体石蜡、羟基磷灰石和镁铝硅酸盐等水不溶性物质,可以提高疏水性药物的载药量,延缓药物的释放。若引入硫酸软骨素、魔芋葡聚糖、淀粉、黄原胶、透明质酸钠和卡拉胶等水溶性物质,既可以提高凝胶粒子的机械强度,又可以延长药物的释放时间。

2)组织工程支架材料

海藻酸钠纳米复合材料能够满足组织工程支架材料的要求,如采用共沉淀法制备的具有良好生物相容性和降解性能的纳米羟基磷灰石/羧甲基壳聚糖-海藻酸钠复合骨水泥,具有固化速度快、塑形方便、空隙多、骨黏合度强、抗稀散性等特点,适合填充各种骨缺损。海藻酸钠/壳聚糖复合微球与纳米羟基磷灰石/壳聚糖复合材料混合均匀,制备得到载微球复合材料,孔隙率较高且其中的微球在整个支架中分布均匀,可作为骨或软骨缺损的组织工程支架。海藻酸钠/纳米 TiO_2 复合材料组织工程支架利于细胞附着生长,可作为组织再生的组织工程支架。海藻酸钠/壳聚糖/纳米二氧化硅支架具有多孔结构且无明显的细胞毒性,适合细胞浸润吸附,可促进蛋白质吸附和增加材料的控制肿胀能力,该支架可应用于骨组织工程。

3)创伤敷料

海藻酸钠是一种理想的天然植物性创伤修复材料,在医药敷料行业中,海藻酸钠与纳米材料混纺为复合纤维用于伤口缝合及包扎的应用已相对成熟,并已有商品化产品。将海藻酸加工成海绵或者凝胶膜、片等材料,在治疗烫、烧伤和保护创面等方面有良好的应用,当海藻酸钙接触伤口时,材料中的钙离子会与血液、创口渗出液中具有的钠离子进行交换,在释放钙离子过程中,创口表面会形成凝胶薄层,凝胶可使氧气通过、阻挡细菌,防止伤口的感染,进而促进新组织的生长,毛细血管末端中血块由于钙离子释放而加速形成,从而达到迅速止血的目的。如海藻酸钠/纳米氧化石墨复合纤维具有良好的生物相容性、对细胞具有较好的亲和力,有利于细胞的生长和增殖。用铁、铜等金属离子与海藻酸盐进行离子交换,可制成海藻酸铁、海藻酸铝、海藻酸铜等海藻酸纤维,锌/钙海藻纤维有明显的抑菌和消肿效果。

4)抗菌材料

海藻酸钠与抗菌材料(如毒性低的银离子等抗菌金属离子或壳聚糖、芦荟等生物降解性和相容性好的天然抗菌剂)复合制备的纳米复合抗菌材料,具有良好的抑菌性、稳定性及安全性,如用微波处理乙酸锌、氢氧化钠、海藻酸钠不同的时间,可得到海藻酸钠/氧化锌纳米颗粒,复合物对大肠杆菌和金黄色葡萄球菌都有快且强的抑制效果,对大肠杆菌和金黄色葡萄球菌的抑制率都达到 99％以上。

采用海藻酸钠、肉桂油、丁香水等混合制得海藻纤维,这种具有芳香味的抗菌纤维对表皮葡萄球菌、大肠杆菌有抗菌性。海藻酸纤维商品 Lyocell 能抑制大多数种类的细菌,并且在纤维的洗涤、穿着使用过程中不受影响。

海藻酸钠复合纳米抗菌材料可以作为医药敷料使用,如海藻酸钠/纳米 Ag 复合海绵在抗炎特性及高效抑菌性方面性能突出,可以通过海藻酸钠的凝胶溶液与纳米 Ag 混合进行制备,纳米 Ag 在海藻酸钠体系中均匀分散,对肺炎克雷伯杆菌、金黄色葡萄球菌等菌类有较理想的抑制效果。

5)其他生物、医药方面的应用

羟基磷灰石与四氧化三铁的纳米复合材料利用壳聚糖、海藻酸钠修饰后在核磁共振造影方面效果良好。利用海藻酸钠/多壁碳纳米管复合物对四通道丝网印刷碳电极进行表面修饰,吸附福氏志贺菌抗体后,得到具有较好重现性、特异性、稳定性和准确性的酶免疫传感器,可望用于快速筛检福氏志贺菌。

海藻酸钠纳米复合材料可作为固定化生物催化剂如固定化酶和固定化细胞等,如海藻酸钠(生物可降解性和生物相容性良好)/纳米氧化石墨(比表面积巨大和官能团丰富)复合纤维固定辣根过氧化氢酶,在一定的 pH 值范围内该复合纤维可使酶保持较高的活力。

3. 重金属吸附及水处理

生物相容性和可降解性良好的海藻酸及其盐具有低毒性、增稠性、成膜性和凝胶性、对金属离子具有很强的螯合和吸附作用等性能,使得海藻酸及其盐在水处理上也有很好的应用前景。海藻酸钠与钙离子、铁离子等可形成凝胶沉淀,具有较强的吸附性,因此可用作水的净化剂。

海藻酸钠与具有多孔结构的碳纳米管等纳米材料复合后,对污水中重金属离子的吸附能力良好,如碳纳米管海藻酸钠复合材料能较好地吸附铜离子,在常温下单分子层铜离子最大吸附量为 80.65 mg/g。海藻酸钠/纳米羟基磷灰石复合膜,对 Pb^{2+} 的吸附能力较强,水溶液 pH 值为 5.0 时纳米硅粉与海藻酸钠的复合物对 Pb^{2+} 的吸附能力最强,达到了 36.51 mg/g(溶液中 Pb^{2+} 的初始浓度为 50 mg/L)。活性炭包埋海藻酸集合了活性炭和海藻酸的优点,如当体系中同时含有矿物离子和重金属离子的时候,活性炭对甲苯甲酸有吸附作用,海藻酸部分的作用是吸附金属离子。

4. 其他应用

在纺织品印花中海藻酸钠由于富含阴离子,作为棉织物活性染料印花中的糊料,使得染料容易上染纤维,得色量高,色泽鲜艳,经过洗涤,布面残留率低,手感柔软等。海藻酸钠可用于牙膏基料、洗发剂、整发剂等的制造,在造纸工业上可作为施胶,在橡胶工业中用作胶乳浓缩剂,还可以制成水性涂料和耐水性涂料。海藻胶可用作农药的稳定剂,也可用作肥料成型剂、调节剂。

6.3 魔芋葡甘聚糖

魔芋葡甘聚糖(konjac glucomannan,简称 KGM)主要来源于草本植物魔芋的提取物,魔芋是我国的特产资源,魔芋的块茎中所富含的储备性多糖,经加工处理可得到魔芋胶,又称魔芋精粉,其含量高达 50%以上,其分子式为 $(C_6H_{10}O_5)_n$,魔芋葡甘聚糖是葡萄糖和甘露糖组成的大分子多糖,具有较高相对分子质量,相对分子质量因品种和产地不同而存在差异,魔芋葡甘聚糖也是一种丰富的可再生天然高分子资源,其排名仅次于淀粉纤维素和木质素,魔芋葡甘聚糖具有良好的亲水性、凝胶性、成膜性、增稠性、黏结性、凝胶转变可逆性和生物可降解性。

魔芋葡甘聚糖是一种极好的水溶性中性多糖类纤维,也是一种良好的食用纤维,具有吸水、保湿、成膜、胶凝等功能特性,同时具有促进肠系酶类分泌,提高酶活性,清除肠道沉积废物,防治高血脂、高血压导致的一系列心血管病和肥胖病等。魔芋葡甘聚糖是一种重要的天然保健原料和食品添加剂,魔芋葡甘聚糖是迄今为止报道的食品工业领域具有最高特性黏度的多糖之一,其浓溶液为假塑性流体,当水溶液浓度高于7%时表现出液晶行为,并且还可形成凝胶,魔芋葡甘聚糖在保健食品、医药、石油、化工、农业、纺织、环保、保健及化妆品等行业都具有广泛的用途。

魔芋葡甘聚糖分子中含有葡萄糖、甘露糖残基、乙酰基,这些基团经化学改性、接枝共聚、合成聚合物互穿网络可制备离子化的新型高分子材料。魔芋葡甘聚糖对阳离子具有结合与交换能力,对有机物具有吸附和螯合作用,且其分子结构呈网状,更利于吸附悬浮粒子,絮凝能力强,形成的絮体大,沉降速率快,无毒,可用于水处理。

6.3.1　魔芋葡甘聚糖的提取和纯化

魔芋葡甘聚糖是为数不多储存在植物细胞内的非淀粉类储藏多糖,魔芋葡甘聚糖为魔芋块茎中所含主要经济成分。花魔芋含魔芋葡甘聚糖为55%左右,白魔芋含魔芋葡甘聚糖为60%左右,珠芽魔芋含魔芋葡甘聚糖高达76.6%。魔芋葡甘聚糖的提取方法是多种多样的,魔芋中非葡甘露聚糖的杂质主要是淀粉。机械法(干法)和湿法(化学处理法)是魔芋葡甘聚糖主要的提取方法,干法处理就是把新鲜的魔芋研磨成魔芋粗粉后通过风吹来纯化,所得魔芋粗粉纯度较差。

湿法分离和纯化魔芋葡甘聚糖的方法主要有铅盐沉淀法、配合法、抑酶降解法、乙醇沉淀法、真空冻干法等。铅盐沉淀法由于前处理过程中碱的使用导致部分魔芋葡甘聚糖分子脱乙酰基,使魔芋葡甘聚糖的结晶度、玻璃化温度、水溶性等结构、性质发生改变,且产物中引入了重金属,使此法提纯的魔芋葡甘聚糖不能应用于食品领域。

绿色环保的抑酶降解法由于酶的价格高,相应提高了分离纯化魔芋葡甘聚糖的成本,生产工艺比较复杂,大规模生产的价值较低。魔芋葡甘聚糖在酸性环境中初级化学结构改变,相对分子质量降低,成膜性大大降低。乙醇沉淀法提取的葡甘聚糖含量可达90%左右,该法操作简单,工艺流程无污染,不含淀粉杂质,水溶性好,凝胶性稳定,且黏度也有一定降低,而且成本较低廉,应用范围广泛。磷酸提纯法能够得到纯度高于95%的产品,且产率接近80%。

6.3.2　魔芋葡甘聚糖的基本性质

1. 魔芋葡甘聚糖的化学结构

魔芋葡甘聚糖是一种天然高分子,其黏均相对分子质量为70万~80万,光散射法测得KGM的重均相对分子质量为 $8 \times 10^5 \sim 2.619 \times 10^6$,其分子的近程结构、远程结构以及聚集态结构都具有独特性。魔芋葡甘聚糖分子由D-葡萄糖(G)和D-甘露糖(M)按 1∶1.6 或 1∶1.9的物质的量之比,以 β-1,4-吡喃糖苷键连接结合而形成,同时在甘露糖 C_6 位上还存在乙酰基团,约每19个糖残基上存在一个乙酰基,这些乙酰基的存在控制着分子水溶性的大小。在主链甘露糖的 C_3 位还存在通过 β-1,3-糖苷键结合的支链结构,每32个糖残基上有3个左右支链,支链很短,支链只有几个残基的长度。天然魔芋葡甘聚糖由放射状排列的胶束组成,魔芋葡甘聚糖粒子显示近似无定形结构,其晶体结构有甘露糖Ⅰ型(脱水多晶型)和甘露糖Ⅱ型(水合多晶型)两种。低相对分子质量、高温结晶或丙酮等非极性或少极性介质的存在则有利于甘露糖Ⅰ晶型的形成,甘露糖Ⅰ型的晶体结构中不含水分子,而高相对分子质量、低结晶温度或水、乙酸和氨等极性介质存在有利于甘露糖Ⅱ晶型的形成,甘露糖Ⅱ晶型的晶体结构中含氢键结合的结晶水。

魔芋葡甘聚糖分子具有伸展的螺旋链状结构,单股的长度达 200～400 mn,厚度为 1.0 nm,宽度为 35.0～35.2 nm,脱乙酰基后魔芋葡甘聚糖分子的高级结构发生改变,链卷曲,其直径为 40～50 nm、厚 3.5～5.0 nm。魔芋葡甘聚糖的结构示意图见图 6-12。

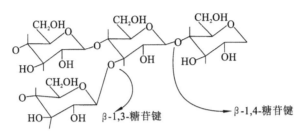

图 6-12　魔芋葡甘聚糖的结构示意图

2. 魔芋葡甘聚糖的性质

魔芋葡甘聚糖是一种水溶性的非离子型多糖,为白色粉末物质,无特殊味道,易溶于水,不溶于甲醇、乙醇、丙酮、乙醚等有机溶剂。溶于水后,会形成一种黏稠的溶胶。魔芋葡甘聚糖独特的结构,决定它具有多种独特的理化特性。

魔芋葡甘聚糖易溶于水,魔芋葡甘聚糖在冷水中溶解性好,溶胀倍数大,可吸水膨胀 80～100 倍,溶于水形成黏稠溶胶,具备非牛顿流体的特征,属于假塑性流体,有剪切变稀的性质。1% 的魔芋葡甘聚糖水溶液的黏度可达到数十至 200 Pa·s,是自然界中黏度较大的多糖之一,魔芋葡甘聚糖相对分子质量大、水合能力强和不带电荷等特性决定了它具有优良的增稠性能,具有很好的增稠作用。当魔芋葡甘聚糖的质量分数达 7% 以上时,通过偏光显微镜及圆二色谱可观测到液晶现象,其黏度并不会因此而降低,而此时其流体仍为假塑性流体,其挤压纤维保持相当程度的方向性。

魔芋葡甘聚糖在不同的体系中可以形成热不可逆和热可逆凝胶,这两种凝胶分别具有热稳定和热不稳定的特性。魔芋葡甘聚糖溶胶的浓度较高时经过加热冷却处理,可以得到具有一定强度的魔芋葡甘聚糖凝胶。酸性条件下溶胶性能良好,而偏碱性条件下则易发生凝沉现象。卡拉胶、黄原胶和魔芋葡甘聚糖一起可以制备热可逆的凝胶。在碱性条件下加热处理魔芋葡甘聚糖,分子链上的乙酰基被脱除得到对热稳定性好的凝胶,在 100 ℃下重复多次加热处理,基本不影响凝胶强度。pH=10.8～11 时形成的凝胶最好,pH<12.2 时,则可形成可逆性的凝胶,pH 值>12.2 并进行加热则形成一种弹性凝胶。魔芋葡甘聚糖凝胶进行透析除碱后仍可保持凝胶结构。将魔芋葡甘聚糖溶胶进行脱水处理,可以制得有一定黏着力的膜。改性后的魔芋葡甘聚糖成膜性良好,在碱性环境中进行加热脱水处理可以制得致密度高、透明、有黏着力的膜,对酸和热、冷水都具有稳定性。在膜中引入亲水性、疏水性的物质可以提高或降低膜的透水性。保湿剂的加入可以提高膜的柔软性,但是会降低膜的强度。

在低温下(10～15 ℃)魔芋葡甘聚糖的溶胶是糊状的或液态的,升温至常温或 60 ℃以上魔芋葡甘聚糖的溶胶转变为半凝固状态或固态,冷却后溶胶又恢复到最初的液态。这种可逆特性可以应用在农产品保鲜、食品等方面。魔芋葡甘聚糖体系的 pH 值会影响其悬浮、稳定、乳化等特性。如 pH<10、pH 为 10～12、pH>12 时,体系分别表现为:悬浮、乳化、增稠、稳定、保水；成型、保鲜、成膜、溶胶/凝胶可逆性；受热形成凝胶热不可逆、具有成膜性。

6.3.3　魔芋葡甘聚糖改性

魔芋葡甘聚糖具有优良的亲水性、凝胶性、增稠性、黏滞性、可逆性、悬浮性、成膜性与赋味性等特性，对高血脂、高血压、糖尿病、冠心病、肥胖症、便秘等有很好的预防和治疗作用，并有一定的抗癌效果，因而被广泛应用于凝胶缓释材料、手术缝合线、清水凝胶骨架、色谱填料、人工水晶体等功能材料领域。但魔芋葡甘聚糖也存在相对分子质量较大、流变性较差、亲水性强、溶胶稳定性差、易降解、在室温下 24 h 完全变稀、近中性条件下形成的魔芋葡甘聚糖膜抗水性很弱、在水中很快就会溶胀分解等问题，这些缺点限制了其应用。故实际应用中，常常采用生物学手段、物理学手段以及化学手段对其进行改性。

1. 魔芋葡甘聚糖的物理改性

魔芋葡甘聚糖的物理改性涉及纯化改性和机械共混改性。用乙醇冷浸结合胶体挤压的方法来纯化处理魔芋精粉，魔芋葡甘聚糖分子由于强烈的物理挤压和物理交联，高级结构改变，导致其黏度、水溶性及成膜性提高，拓宽了魔芋葡甘聚糖在食品领域的应用。可以用机械方法将魔芋葡甘聚糖与其他天然高分子共混以增强魔芋精粉的凝胶性能。

KGM 通过与其他天然高分子材料合成高分子材料共混可以大大改善 KGM 内部分子中的氢键作用，形成分子间的空间网络，从而使获得的膜具有较好疏水能力。用聚电解质配位法制备魔芋葡甘聚糖/壳聚糖共混物纳米粒子，饱和蛋白质和氨基酸，饱和率达 89%，释放率与魔芋葡甘聚糖和壳聚糖共混的比例有关，这种纳米粒子有望作为蛋白质的传输材料。超声波可使 KGM 主链上的 β-1,4-糖苷键发生断裂，导致相对分子质量下降，KGM 发生降解而性质发生变化。在 γ 射线的照射下，KGM 主链上的 β-1,4-糖苷键发生断裂，导致相对分子质量下降，辐射降解过程中没有产生羰基，也没有使 KGM 发生交联，形成支链或网状结构。

KGM 与黄原胶以及其他多糖如壳聚糖和卡拉胶等在热、机械作用以及溶剂分散的作用下共混，共混后高分子间相互作用导致产生物理交联，其凝胶性和成膜性得到提高，广泛地应用在医药及食品领域，如风味释放膜、温敏溶胀膜、速溶热封性膜、抗菌膜、药物缓释剂、凝胶食品等。

2. 魔芋葡甘聚糖的化学改性

有关魔芋葡甘聚糖用化学方法制备的改性衍生物早在 1959 年就有报道，Smith 等人就对魔芋葡甘聚糖的化学结构以及其甲基醚等衍生物的化学结构和制备等内容做过报道。魔芋葡甘聚糖分子结构中含有活性乙酰基和羟基，可以进行酯化、醚化、氧化、接枝、交联等化学结构的改性。

1) 酯化改性

利用 KGM 环上 2,3,6 位羟基在适宜条件下与酸、酸酐等发生酯化反应生成相应的酯，从而改善其性质。如利用马来酸酐酯化改性 KGM 后，该产物对热、pH 值稳定性好，黏度为 KGM 的 20～30 倍，稳定性提高约 4 倍。苯甲酸酯化改性 KGM 后，其成膜性、稳定性均有了明显的改善，黏度提高 2 倍以上，并具有良好的抑菌效果，可作为保鲜剂。加热魔芋葡甘聚糖、尿素（催化剂）、磷酸二氢钠和磷酸氢二钠（酯化剂），使其发生磷酸盐酯化反应，生成魔芋葡甘聚糖磷酸酯（KGMP），魔芋葡甘聚糖磷酸酯比魔芋葡甘聚糖具有更好的水溶性和分子极性，其絮凝能力也较强，可提高絮凝沉淀设备的处理能力，便于大规模应用。乙酸酯化改性 KGM后，获得不同乙酰化程度的 KGM，产物不溶于水，可溶于氯仿。

单糖分子上的某些羟基被硫酸根所取代具有良好的血液相容性或抗凝血等生物活性。如用氯磺酸对魔芋葡甘聚糖进行硫酸酯化改性,得到的硫酸酯化葡甘聚糖凝胶颗粒(KGMS),具有显著的抗凝血活性。

2)醚化改性

利用碱催化 KGM 分子结构中的活性羟基,KGM 与醚化剂(如卤代烃氯乙酸、氯乙醇等)发生醚化反应,不同的醚化剂,会形成不同的物质结构,从而具有独特的性质。魔芋精粉进行醚化改性后得到的 KGM 产物主要用于絮凝剂、印花糊料等领域。如以 NaOH 和氯乙酸为醚化剂,以乙醇溶液为反应介质对魔芋葡甘聚糖醚化改性,改性后水溶胶的成膜性能、抗菌性能等均有明显提高,热稳定性好。羧甲基魔芋葡甘聚糖具有较高的水溶胶透光率、较快的溶胀速率。

3)魔芋甘露聚糖氧化改性

通过选择不同的氧化体系,可得到不同氧化程度的氧化 KGM 衍生物,如双醛基 KGM 和双羧基 KGM。双羧基 KGM 具有很好的水溶性、可生物降解性及免疫激励能力。氧化魔芋葡甘聚糖(OKGM)与魔芋甘露聚糖相比,颜色洁白,糊液黏度低且稳定性、透明性和成膜性好,氧化主要发生在糖残基的 C_2 及 C_3 位,OKGM 的特性黏度降至 272.9 cm^3/g,约为改性前的 1/7。魔芋甘露聚糖经双氧水、过醋酸、次氯酸钠、高锰酸钾等氧化剂氧化而引起解聚,结果产生低黏度分散体,使其糊液黏度稳定性增加。氧化剂的用量、反应温度、反应的 pH 值、其他因素,如糊液的浓度等会影响 OKGM 的性能。

4)魔芋葡甘聚糖去乙酰基改性

魔芋葡甘聚糖在碱性环境中去掉乙酰基后,其发生了改变,有利于魔芋葡甘聚糖大分子氢键的形成,从而导致原来魔芋葡甘聚糖高级结构改变,有利于节点交联,进而使魔芋葡甘聚糖产生各种性能的改变。在微量碱存在下对 KGM 进行脱乙酰反应,产物具有良好的耐水性、耐热性、可分解性,且具有良好的拉伸强度、断裂伸长率、耐折度和透明度。直接对 KGM 进行脱乙酰改性,比未改性 KGM 膜的抗张强度和耐折度均有显著提高,膜面的均匀性也有一定改善。采用化学机械法脱除魔芋葡甘聚糖乙酰基的具体步骤是将含水量小于 4%的魔芋葡甘聚糖与 0.5%~5%的碱振动研磨 20~60 s,得到脱除乙酰基的魔芋葡甘聚糖,机械力化学改性可以降低 KGM 水溶胶的触变性,提高 KGM 的吸水性,使其具有较好的热稳定性。

5)魔芋葡甘聚糖的交联改性

魔芋葡甘聚糖可与硼砂、环氧氯丙烷以及戊二醛等具有两个或多个官能团的化学试剂起反应,进行化学交联,其衍生物称为交联魔芋葡甘聚糖。目前,在工业上应用于多糖的交联剂不多,主要有三聚磷酸钠、三偏磷酸钠、六偏磷酸钠、三氯氧磷以及双官能团的醛类物质。用三聚磷酸钠对 KGM 进行交联,改性后的 KGM 透明度、黏度、冻融稳定性均比未改性的 KGM 有了明显的改善,并具有一定的耐酸、耐高温能力,且有相当的抑菌效果。用三偏磷酸钠作酯化交联剂交联魔芋葡甘聚糖,可以通过调节三偏磷酸和魔芋葡甘聚糖的比来调控醚化交联改性后的凝胶的吸水溶胀程度,这种改性后的凝胶可以用作结肠靶向释药。采用三氯氧磷、氯乙酸醚化对 KGM 进行改性,可有效调控魔芋胶的流变性。魔芋葡甘聚糖通过阳离子醚化剂 3-氯-2-羟丙基三甲基氯化铵可进行酸化交联,交联改性后的魔芋葡甘聚糖具有抗细菌和真菌活性,阳离子醚化剂使魔芋葡甘聚糖具有了阳离子高聚物的抗菌特性。魔芋葡甘聚糖、丙烯酸、N,N'-亚甲基双丙烯酰胺等交联制备魔芋超强吸水树脂,凝胶强度最大可达到 153.7 g/cm^2,以甘油为交联剂制得的 KSAP 的吸水倍率最高可达 1201 g/g。

6) 魔芋葡甘聚糖的接枝共聚

通过接枝共聚可以解决 KGM 膜在水中柔软性和透水性较差的缺陷,接枝共聚物兼有天然和合成高分子的特性,其延展性、机械加工性能都有不同程度的改善。因魔芋葡甘聚糖分子结构中含大量的仲—OH 及 CH$_3$CO—,借引发剂可将丙烯酸、丙烯腈、丙烯酰胺和甲基丙烯酸甲酯等不饱和烯烃单体接枝到 KGM 聚合物的主链功能基上,形成接枝共聚物。接枝不同的单体,可以得到吸附、吸水性及热塑性等独特的接枝共聚魔芋葡甘聚糖材料。甲基丙烯酸甲酯以及丙烯酸甲酯接枝魔芋葡甘聚糖共聚材料,对废水中 Cu^{2+} 和 Pb^{2+} 的吸附量可达64.5 mg/g以及 91.3 mg/g。乙酸乙烯酯接枝魔芋葡甘聚糖材料具有不溶于水、可降解、热塑加工性等特性。以 KGM 为原料接枝丙烯酰胺、丙烯酸制备耐盐性吸水树脂,吸生理盐水倍率达 125 g/g,吸纯水倍率达 700 g/g。采用辐照技术制备丙烯酸接枝魔芋葡甘聚糖材料具有较好的吸水性能,常温 120 s 时达最大吸水量的 866.5 倍,产物内聚性、硬度和胶黏性随辐射剂量的增加而增加,而黏度随辐射剂量的增加而降低。

魔芋改性后由片状变为多孔结构,吸水倍数大增,再生后由多孔结构变为树丛状结构,孔隙变大,吸水能力进一步提升,接枝物与尿素复合后基本保持网孔结构,但网孔边缘变厚部分出现断裂。丙烯酰胺与魔芋粉的接枝共聚物是性能优良的增稠剂,基本上保留了丙烯酰胺均聚物的特点(优良的增稠、絮凝和对流体流变性的调节等作用),但共聚物相对分子质量比丙烯酰胺均聚物的大得多,而且分子链刚柔相济,对介质的适应性更强。丙烯酸丁酯接枝魔芋葡甘聚糖共聚物,接枝共聚物水溶胶的黏度和对热、酸、碱的稳定性都有明显的提高。

3. 魔芋葡甘聚糖的生物改性

KGM 的生物改性主要是酶法改性,魔芋葡甘聚糖酶催化进行酶的降解、生物酰化等化学反应生物改性最为常见。通过甘露糖酶等酶的作用,使 KGM 的空间结构发生相应的改变,长链分子水解为短链分子,酶的降解使魔芋葡甘聚糖的相对分子质量降低,使 KGM 多糖部分地转化为低聚糖或寡糖,低聚魔芋葡甘聚糖可应用于食品、医药、生物制品、农药等方面。如嗜碱性 β-甘露糖酶作为催化剂可以实现 KGM 的可控降解。魔芋葡甘聚糖用脂肪酶进行生物酰化反应制备酯化的魔芋葡甘聚糖酯,有机溶剂二甲基乙酰胺、甲苯和异辛烷以及其他非水相有机介质如离子液体 N-甲基-咪唑四氟硼酸盐和丁二酸二辛基磺酸钠异辛烷反相胶束体系均有利于脂肪酶 Novozym435 催化的魔芋葡甘聚糖与乙酸乙烯酯的酯交换反应。这种在非水介质中进行生物酶催化魔芋葡甘聚糖的改性研究可以极大限度地利用酶,使 KGM 生物催化成本得到降低。

4. 互穿聚合物网络改性

由两种或两种以上交联聚合物通过网络的互相贯穿缠接而成互穿聚合物是高分子材料常用的改性方法。具有不同相对分子质量的苄基和硝基魔芋葡甘聚糖,与蓖麻油基聚氨酯预聚物反应制备相容性较好的互穿网络材料,相对分子质量较低、链刚性较大的苄基魔芋葡甘聚糖在材料中起到类似“纳米粒子”的填充效果,互穿网络材料具有优良的力学性能、热稳定性、耐水性和生物降解性。带有半互穿聚合物网络结构的有蓖麻油基聚氨酯/硝化魔芋葡甘聚糖复合材料制膜具有显著高于聚氨酯的透光率和力学性能。用聚酯型聚氨酯与硝化魔芋葡甘聚糖在四氢呋喃中混合后交联,成功地制备了半互穿网络复合膜,复合膜具有良好的透光性,这主要是由于线型硝化魔芋葡甘聚糖穿透进入聚氨酯网络,并更容易与聚氨酯链紧密缠结,从而引起两种高聚物间相容性增加。当硝化魔芋葡甘聚糖含量为 10% 时,复合膜具有最优良的力学性能和透光性,而且伸长率高达 96%,是理想的弹性材料。当硝化魔芋葡甘聚糖的用量从

10％到90％时，可得到从高弹性到塑料的材料。

6.3.4　魔芋葡甘聚糖的应用研究

魔芋葡甘聚糖基生物质衍生物功能材料在食品、废水处理、日化、造纸、保健品、农业以及生物学等领域可广泛使用，可作为黏着添加剂用于造纸、印刷胶液、橡胶、陶瓷、摄影胶片，作为钻井泥浆处理剂和压力液注入剂用于石油工业上，作为柔软剂用于丝绸双面透印的印染糊料和后处理，作为保香剂用于烟草加工、洗发水的添加剂等。

魔芋属植物的药用历史悠久，早在《本草纲目》等古书中就有记载。魔芋葡甘聚糖具有促进人体对营养物质吸收、消化的能力，并且魔芋葡甘聚糖具有将心血管壁上的脂肪沉淀物消除的能力，在冠心病、高血压、动脉硬化、糖尿病方面有较好的效果。

魔芋葡甘聚糖水溶液的黏度大，具有抗菌性和成膜性，魔芋葡甘聚糖及其共混物或衍生物葡甘聚糖可用于水果、蔬菜、肉类等食品的防腐、防霉和保鲜，新鲜食品、农产品经过魔芋葡甘聚糖保鲜剂的处理，有防腐、保鲜的作用。魔芋葡甘聚糖在果实表面形成一层薄膜，表面能抑制水分挥发和营养物质消耗，起屏障作用，抑制病菌及霉菌的侵入和蔓延，可延缓氧气进入果实，降低果实呼吸强度。如将海藻酸钠与魔芋葡甘聚糖共混制备保鲜膜可用于荔枝的保鲜。魔芋葡甘聚糖还可用作动物饲料添加剂，用它制成的水产动物饲料水稳定性好，颗粒的散失率和粗蛋白流失率均很小，在水中仍能保持一定的硬度和弹性。魔芋葡甘聚糖磷酸酯化后黏度大大提高，可用于食品的增稠剂。魔芋葡甘聚糖与刺槐豆胶、革兰胶、玉米淀粉、黄原胶、卡拉胶等多糖形成二元复合体系，均能够产生协同作用使体系黏度增加，有利于食品增稠。由于魔芋葡甘聚糖优良的黏结性、凝胶性、乳化性、稳定性、悬浮性、成膜性等，魔芋精粉可以用作改良剂，用于面条、面包、蛋糕、冷冻食品的品质改良。魔芋葡甘聚糖加碱进行化学改性后制得可食性膜，改性后魔芋葡甘聚糖膜的耐水性和力学性能均显著提高，有望成为食品包装材料。

魔芋葡甘聚糖衍生物在环境治理方面应用较多的就是处理废水、作为抗菌或杀菌剂，魔芋葡甘聚糖分子经化学改性制备的离子化的葡甘聚糖成为水溶性好、带电荷的新型生物高分子絮凝剂。魔芋葡甘聚糖经疏水改性制备成载体，经羧甲基化和醋化改性可制备成重金属吸附材料。魔芋葡甘聚糖凝胶对重金属离子如铜、铅等有良好吸附和不易二次污染吸附，是回收废水中微量重金属最有效的方法。

魔芋葡甘聚糖经聚合反应可以作为涂料和建筑胶黏剂等使用，具有耐水、不龟裂、无挥发等特性，是一种新型的环保建筑材料。将极少的魔芋葡甘聚糖与表面活性剂和碱混合，涂抹在建筑物表面可用作防尘剂，可预防施工产生的灰尘污染。

KGM经不溶性处理可制备成固定化载体，KGM与二己基氨基乙醇（DEAE）反应制备DEAE-KGM弱碱性阴离子交换树脂，可吸附固定化环糊精葡基转移酶。KGM凝胶吸收体液后转变为水溶胶，能促进伤口的愈合，并有止血和缓释药物等功能，故可用作外科伤口的包裹材料。KGM具有优良的缓释性能，在药剂学中被广泛用作缓释制剂辅料。魔芋葡甘聚糖具有良好的生物安全性，在上消化道不被酶所消化，可作为缓释载体，具有良好的应用前景。将聚丙烯酸接枝共聚魔芋葡甘聚糖用来输送5-氨基水杨酸到结肠以治疗结肠炎。魔芋葡甘聚糖水凝胶应用于DNA缓释载体，氧化魔芋葡甘聚糖凝胶，可用来输送酮洛芬。

魔芋葡甘聚糖采用4价硼离子进行配合反应，可以制得具有一定强度的透明性凝胶，适宜用在医疗光学制品、隐形眼镜制作等方面。魔芋葡甘聚糖凝胶还具有促进伤口愈合、止血等作用。

6.4　黄　原　胶

黄原胶(xanthan)又称汉生胶,是由甘蓝黑腐病野油菜黄单胞杆菌以碳水化合物为主要原料,经好氧发酵生物工程技术生产的一种非吸附型多糖。1961 年第一个采用发酵法将黄原胶商业化生产的公司问世,1969 年黄原胶正式被美国 FDA 列为食品添加剂。1975 年被美国国家处方集收载,1983 年被联合国粮食及农业组织(FAO)和世界卫生组织(WHO)批准为食品添加剂,2010 年作为药用辅料被中国药典收载。黄原胶可用作增稠剂、悬浮剂、乳化剂和稳定剂,且由于它具有独特的流变性、良好的水溶性、高黏度、触变性、稳定性、耐酸碱和耐盐等特性,被广泛用于食品、石油、涂料和医疗等行业,是目前用途最广泛的微生物多糖。

6.4.1　黄原胶分子结构

天然黄原胶具有较高的相对分子质量,在 $2 \times 10^6 \sim 50 \times 10^6$ 之间。黄原胶是具有"五糖重复单元"结构的高聚物,由乙酸、D-甘露糖、丙酮酸、D-葡萄糖醛酸、D-葡萄糖共同组成,如图6-13所示。黄原胶一级结构由主链(β-1,4-糖苷键连接的 D-葡萄糖基)和侧链(一个 D-葡萄糖醛酸和两个 D-甘露糖交替键接)组成。黄原胶含有因乙酰(部分甘露糖在 C 被乙酰化,含量在 $60\% \sim 70\%$)和丙酮酸(部分连接在侧链末端甘露糖 4,6 位 C 上,含量在 $30\% \sim 40\%$)基团。黄原胶的构象及流变特性受丙酮酸基团和乙酰化基团在黄原胶分子链上的分布情况影响较大。在不同溶氧条件下发酵所得黄原胶,其丙酮酸含量有明显差异。一般情况下,溶氧速率小,其丙酮酸含量低。丙酮酸和乙酰基团在链上的分布并无规律,黄原胶脱去乙酰基团后,分子链柔顺性增加。

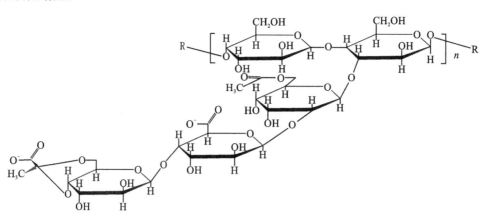

图 6-13　黄原胶结构式

黄原胶二级结构是一种主链骨架由侧链反向环绕的螺旋棒状结构,螺距为 4.7 nm。普遍认为,在低离子强度条件下,黄原胶在热处理过程中会从有序的结构转变为无序的结构,即由螺旋结构转变为卷曲链结构。

黄原胶三级结构是通过较弱的非共价键连接棒状双螺旋结构而形成的螺旋复合体,这种结构可使主链免遭外界环境如酸、碱、生物酶以及温度和其他离子的破坏,使黄原胶溶液保持稳定性,该结构状态又使黄原胶呈现溶致液晶的状态(在较低相对分子质量(约为 105)和相对高浓度下(10%)),使黄原胶具有良好的控制水流动的性质。

黄原胶生物大分子的侧链与主链间通过氢键结合形成双螺旋结构,并以多重螺旋聚合体状态存在,正是由于这些多螺旋体形成的网络结构,使其溶液在低剪切、低浓度下具有高黏度,相对其他多糖溶液具有更高的模量,以及具有假塑性,具有很好的增稠性能。

此外,各种离子如 Ca^{2+}、Mg^{2+}、Ba^{2+}、K^+、NH_4^+、Na^+ 等盐离子通过分子内和分子间的盐桥作用能连接分子链,显著影响黄原胶的构象,促进黄原胶向双螺旋结构转变。阳离子一般可先与带负电荷的侧链葡萄糖醛酸基作用而不再作用于主链,故其黏稠水溶液具有良好的抗盐性能。黄原胶水溶液对 K^+、Na^+、Ca^{2+}、Mg^{2+} 等盐具有良好的耐受性,随着盐浓度的增加,金属离子对黄原胶侧链结构的屏蔽作用会使其分子构象更加稳定。

6.4.2　黄原胶的特性

1. 增稠性

黄原胶是一种白色或浅黄色的粉末,无味、无臭、无毒,食用安全,易溶于水,是性能较为优越的生物胶,集增稠、悬浮、乳化、稳定等特性于一体。黄原胶不仅有长链高分子的一般性能且含有较多的官能团,在水溶液中呈多聚阴离子构象且构象是多样的,具有独特的理化性质。黄原胶亲水性很强,在水中能快速溶解,特别是在冷水中也能溶解,有很好的水溶性。黄原胶在低质量浓度下具有很高的黏度(3×10^{-1} g/L 的黄原胶溶液能产生 0.09 Pa·s 的有效黏度,1% 黄原胶溶液的黏度相当于明胶的 100 倍左右),有良好的增稠性能,是一种高效增稠剂,没有任何的毒副作用。黄原胶与酸、碱、盐、防腐剂、天然或合成增稠剂在同一溶液体系中有良好的兼容性。

2. 流变性

黄原胶的两种重要的流变学性能为触变性和凝胶化作用。黄原胶溶液是典型的假塑性流体,逐渐增加剪切速率能使黏度下降,使溶液发生所谓的剪切变稀。在低剪切速率下,黄原胶溶液具有高黏度,黄原胶通过分子内和分子间的非共价键,以及分子链间的缠结形成高度缠绕的网络结构,加上硬直的分子链,使其在低剪切速率下具有很高的黏度。逐渐增加剪切速率能使黏度逐步下降,即呈现黄原胶的假塑性行为,在高剪切作用(如泵送、混合、倾倒等)下,分子聚集体变为无规则的线团形式,迅速降低体系的黏度,这些分子缠结发生解缠,无序的网络结构转变为有序的随着剪切方向排布的分子链结构,从而表现出剪切变稀行为。剪切停止后,黄原胶的黏度会迅速恢复,即当剪切力取消以后,黄原胶又会还原到最初的双螺旋网状形式,溶液黏度瞬间恢复到最大。

加入二价盐、三价盐或者硼酸以及与纳米微晶纤维素复配时,黄原胶的这种触变性还会增强。在足够低的剪切速率、足够高的浓度(>1%)下,黄原胶由非共价键连接、分子链缠结构成的弱网络结构形成凝胶,易被破坏。这种假塑性对稳定悬浮液、乳浊液极为有效,并可赋予食品与饮料良好的感官性能。

黄原胶经过长时间退火处理后(长时间在构象转变温度以上加热,然后冷却),黄原胶分子趋于形成均质化的网络结构,在冷却过程中,这种网络结构吸收结合水形成凝胶。在阳离子的作用下黄原胶更趋于形成自身有序的结构,凝胶化程度减弱,在三价阳离子或者硼酸盐阴离子作用下黄原胶也可以独立形成弱凝胶。黄原胶可与淀粉、刺槐豆胶、瓜尔胶、卡拉胶、魔芋胶及结冷胶等大多数合成的或天然的多糖发生协同作用,混溶后使混合胶黏度显著提高或者形成凝胶,如塔拉胶、刺槐豆胶等半乳甘露聚糖与黄原胶进行混合可以制备具有热可逆性质的凝胶,如塔拉胶、刺槐豆胶等。多糖胶侧链的分布状况、数量多少、黄原胶分子链无序程度等可影响凝胶的能力及凝胶过程。

3. 悬浮性和乳化性

由于黄原胶同时具有亲水和亲油基团,在水中溶解后,减弱了油、水两相的不容性,可形成较稳定的油水动态平衡体系,因而具有良好的悬浮性和乳化性,对不溶性固体和油滴具有良好的悬浮作用。黄原胶因为具有显著地增加体系黏度和形成弱凝胶结构的特点,而经常被用于食品或其他产品,以提高 O/W 型乳状液的稳定性。黄原胶借助于水相的稠化作用,可降低油相和水相的不相溶性,能使油脂乳化在水中,因而它可在许多食品饮料中用作乳化剂和稳定剂。只有黄原胶的添加量达到一定量后,才能得到预定的稳定作用。在黄原胶添加量低于 0.001% 时,添加量对稳定性影响不大;添加量在 0.01%~0.02% 时,样品底部出现富水层,但是不分层;添加量大于 0.02% 时,体系迅速分层,添加量大于 0.25% 时,黄原胶具有稳定体系的作用。10 g/L 的黄原胶溶液具有约 5×10^{-4} N/cm^2 的承托力。

4. 稳定性

在黄原胶二级结构中,侧链反向缠绕主链使主链得到保护而不易降解,这决定了黄原胶具有很强的耐酸、碱、盐、热、抗酶解等特性。一般的多糖因加热会发生黏度变化,但黄原胶水溶液的黏度在较大温度范围内(-18~120 ℃)只是发生细微的变化,1% 黄原胶溶液在 0~80 ℃反复加热冷冻,其黏度几乎不变;由 25 ℃加热到 121 ℃,其黏度仅降低 3%,高温灭菌处理的黄原胶溶液,冷却后黏度也可恢复,黄原胶溶液在 -4~93 ℃温度范围内反复加热冷冻,其黏度几乎不受影响,即使低浓度的黄原胶水溶液在很广的温度范围内仍然显示出稳定的高黏度。黄原胶冻融稳定性较佳,不出现胀水、收缩现象。

黄原胶溶液在 pH 值 5~10 的条件下均能保持黏度不变。在 pH 值小于 4 和大于 11 时黏度有轻微变化。黄原胶和许多盐溶液混溶,黏度不受影响,如在 10% KCl、10% CaCl$_2$、5% Na$_2$CO$_3$ 溶液中长期存放(25 ℃,90 天),黏度几乎保持不变。黄原胶具有螺旋刚性链结构,在饱和及高浓度盐溶液中溶解性不变,水溶液黏度较高。在合适的 pH 值条件下,黄原胶可与 Mg^{2+}、Ca^{2+}、Fe^{3+}、Al^{3+} 等二价、三价金属盐形成凝胶。

由于黄原胶不是线型分子,其侧基易缔合形成高分子结构且其分子链具有一定刚性,故不易剪切降解;黄原胶稳定的双螺旋结构使其具有极强的抗氧化性和抗酶解能力。纤维素酶、淀粉酶、果胶酶、蛋白酶等通常的酶类都不能使黄原胶降解。

5. 黄原胶的溶液性能

黄原胶由于独特的多螺旋体网状结构使其具有良好的控制水流动的性质,黄原胶溶液黏度还与溶质浓度、温度、盐浓度、pH 值等因素有关。黄原胶在水溶液中存在螺旋型和不定型两种构象,当构象从有序的螺旋型(低溶解温度时)转变为无序不定型(高溶解温度时)时,聚合物分子作用方式及程度发生改变,相应的溶液黏度也发生变化。如当温度低于 40 ℃和大于60 ℃时,聚合物溶液黏度随着溶解温度的上升而减小,在 40~60 ℃范围内,溶液黏度随着溶解温度的升高而升高。黄原胶溶液浓度越高,表观黏度受温度的影响越小,黄原胶溶液的表观黏度随浓度的增加呈近似线性的趋势上升,随着黄原胶浓度的增大,胶结程度或分子间作用力增加了分子的有效尺寸及相对分子质量,溶液的黏度从而增加。

盐离子主要通过离子结合分子链使分子链的形态和运动发生变化来影响黄原胶的性能。黄原胶对 Mg^{2+}、Ca^{2+}、Na^+、K^+ 等盐的耐受性良好,因为 Mg^{2+}、Ca^{2+}、Na^+、K^+ 等离子可以经过分子间、分子内的盐桥作用起到连接分子链的作用,对黄原胶转变成双螺旋构象有促进作用,盐浓度逐渐增加,由于离子对黄原胶的侧链结构产生屏蔽作用,会起到稳定黄原胶的分子构象的效果。

体系中分子之间静电斥力的降低使分子流体力学体积减小,导致加入少量的氯化钠等单价盐使较低聚合物浓度溶液黏度稍微减小,加入大量盐到高聚合物浓度溶液中溶液黏度增加,当盐浓度超过 1% 时,盐浓度对溶液黏度几乎没有影响。

黄原胶溶液的黏度在 pH 值 3~11 范围内稳定性良好,低浓度黄原胶溶液的黏度在极高或极低时略有变化。当溶液的 pH 值小于 2.5 时,会使黄原胶分子链上带负电荷的基团与 H^+ 发生结合,分子侧链间的静电排斥作用减弱,导致分子链收缩,溶液黏度减小,在较低 pH 值下黄原胶的溶液也具有较好的稳定性,如表 6-1 所示。黄原胶在特定的酸碱环境中,会发生乙酰基团(pH>9,pH<3)和丙酮酸(pH<3)基团的脱除反应,但是,溶液黏度变化不大。

表 6-1　黄原胶在酸性环境中的黏度变化

种　　类	黄原胶浓度/(%)	酸浓度/(%)	90 天后体系黏度保留率/(%)
磷酸	2	40	100
乙酸	2	20	100
硫酸	2	10	80
盐酸	2	5	80
酒石酸	1	20	75
柠檬酸	1	20	75

6.4.3　黄原胶的提取

1955 年美国农业部研究院北部地区研究中心首次开始从事黄原胶研究。黄原胶的广泛研究则开始于 20 世纪 60 年代,发达国家的部分工业实验室进行了大量研究,直到 1964 年,美国 Merck 公司下属的 Kelco 公司首先实现了商品化和工业化生产。目前,我国黄原胶的产量较大,典型的黄原胶生产流程为菌种—种子培养—发酵—发酵液提取—灭菌—稀释—喷雾干燥—粉碎—包装—成品。在生产黄原胶的过程中,温度、氧气的传质速率、碳源、体系的 pH 值、氮源等影响黄原胶的质量和产量。为了生长和繁殖,菌种细胞必须摄取足够的营养成分,并将这些成分转换为自身需要的蛋白质、氨基酸等物质。碳源质量在 2%~4% 较为适宜,当碳源浓度太高时,将会抑制发酵液中的菌类生长。当氮源谷氨酸浓度为 15 mmol/L 时,最适合野油菜黄单胞杆菌生长,当浓度太高时,会抑制野油菜黄单胞杆菌生长。黄原胶在 28 ℃ 生产最为适宜,在 30~35 ℃ 生产时,虽然增加了产率,但是丙酮酸基团的含量减少。黄原胶在 pH 值为 7~8 的条件下生产较为适宜。黄原胶常用生物反应器喷射搅拌反应器进行生产,氧气的传质速率受到空气流量和搅拌速率的影响,一般认为气流速率为 1 L/min 较为合理,将搅拌速率控制在 200~300 r/min 的范围内,逐渐增加搅拌速率较为合理。

6.4.4　黄原胶的应用

黄原胶除作为食品添加剂和钻井液外,还用于医药、化妆品、陶瓷、搪瓷、玻璃、农药、印染、香料、胶黏剂、消防等行业。黄原胶属于生物高分子化合物,黄原胶进入人体内,难以参与代谢过程,对各脏器均不产生任何损害性效应,是一种公认的安全食用胶。在食品工业中,黄原胶可作为稳定剂、乳化剂、增稠剂、分散剂和品质改良剂等。黄原胶是目前国际上炙手可热的微胶囊药物囊材中的功能组分,在控制药物缓释方面发挥重要作用。以二环己基碳酰亚胺

(DCI)活化剂与黄原胶酯化偶联,将氯霉素、阿莫西林等药物固载在黄原胶分子链上,可得大分子药物。黄原胶在药物中作为助悬剂,能制得性质稳定、助悬性能良好、药物分散均匀、易于存放的药品,同时方便服用,还可制备为骨架控释制剂。由于其自身的强亲水性和保水性,还有许多具体医疗操作方面的应用,如可形成致密水膜,从而避免皮肤感染。如以 0.1%～0.5%黄原胶、0.5%～3%微晶纤维素/羧甲基纤维素钠和水为悬浮体系,配制成多种稳定的药物混悬液,用于治疗儿童感冒等疾病。

黄原胶为水溶性多聚糖,利用其主链或侧链上的活性羟基等基因,接枝烷烃基、羟烷基等基团,进行功能化改性,可使其具有表面活性剂类材料的性质,从而赋予产物良好的分散、稳定、增稠,以及防腐、抗菌、杀菌性能,并可直接作为食品添加剂或医用外科材料。如黄原胶羟烷基化醚具有良好的增稠、乳化稳定、防腐作用,可作为食品添加剂使用。

黄原胶分子中含有大量的亲水基团,是一种良好的表面活性物质,并具有抗氧化、防止皮肤衰老等功效。黄原胶还可作为牙膏的增稠剂和悬浮稳定剂。利用黄原胶的剪切变稀性能使牙膏易于从管中挤出和泵送分装。黄原胶还可以作为遮光剂用于防晒类护肤品中,使皮肤免受紫外线的伤害。黄原胶还能对许多护肤品提供良好的稳定性和分散性。黄原胶与表面活性剂的结合使其在洗涤剂领域也具有应用价值。

由于黄原胶的流变学特性、耐盐性能、增稠效果,低浓度的黄原胶水溶液就可保持钻井液的黏度,使钻井液具有良好的悬浮性能,可防止井室坍塌以及抑制井喷现象的发生,且此性能远好于聚丙酰胺、CMC、变性淀粉及一些多糖植物(瓜尔胶等)。由于黄原胶的抗盐性、增黏、增稠、耐高温性等,在海洋、海滩、高卤层以及永冻土层等区域的钻井作业中用于泥浆处理、完井液和三次采油等方面效果显著,对加快钻井速度、防止油井坍塌、保护油气田、防止井喷和大幅度提高采油率等都有明显的作用。黄原胶用于三次采油的流变控制液可使采收率提高10%以上。

黄原胶可以用作泡沫灭火剂、阻燃剂、农药乳化剂、农药喷雾的黏着剂、作物种子包衣、(激素、农药、肥料、含保水剂等)成膜剂、颗粒饲料黏结剂、油墨等。黄原胶也可应用于喷射印花,因其容易分散,在重复剪切作用下黏度比较稳定,且由于黄原胶具有明显的剪切变稀行为,可改善印花覆盖性与色泽均匀性。

黄原胶在低浓度时的流变性能延长瓷釉中的不可溶成分的悬浮时间,与瓷釉成分互溶,防止粉碎性瓷釉成分成团,并相应减少斑点等缺陷,可改进陶瓷加工工艺,提高产品质量。

6.5　半乳甘露聚糖

6.5.1　半乳甘露聚糖的性质

半乳甘露聚糖胶的主链是由 β-D-吡喃甘露糖残基通过 1,4-糖苷键相连的直链多糖,其侧链是由单个的 α-D-吡喃半乳糖残基通过 1,6-糖苷键与主链中吡喃甘露糖的 C_6 相连接,半乳糖与甘露糖比例因种子来源而有差异,其分子精细结构和水不溶物含量也不尽相同,从而导致不同品种半乳甘露聚糖胶理化性质的差异。但半乳甘露聚糖胶在性质上仍有如下共性。

1. 溶解度

水是半乳甘露聚糖胶的通用溶剂,半乳甘露聚糖胶都能在水中溶胀,瓜尔胶、胡芦巴胶和田菁胶在冷水中几乎全部溶解,而槐豆胶、决明胶仅部分溶于冷水。要使半乳糖侧链含量低的胶完全溶解分散于水中,可以通过加热的办法实现。商品胶的溶液通常是混浊的,混浊度主要是由于带入不溶物所引起的。在实验室中,采用非工业的方法提纯胶,可制得清晰度与水相近的溶液。

2. 流变特性

半乳甘露聚糖胶是有效的水增稠剂,其溶液为假塑性流体(非牛顿型液体)。胶液加热时可逆地稀化且当保持升高的温度时,又随时间不可逆地降解。半乳甘露聚糖胶常用的浓度在1%以下,此时溶液是浓稠的,如果浓度达到 3%,则看上去像凝胶而不像溶液。半乳甘露聚糖胶在常用的浓度范围内塑变值为零。因此,只要施加轻微的切变力,溶液就开始流动。溶液的表观黏度将随切变速率的增加而急剧下降,然后趋于稳定并接近最低极限值。

3. 衍生物

由于半乳甘露聚糖具有羟基官能团,易进行醚化和酯化反应,如羧甲基反应、羟烷基反应等。羧甲基反应改变了胶与无机盐、水合矿物质和纤维素的表面以及有机染料的反应方式,从而提高或降低了絮凝作用。随着羟烷基反应的深化,胶的生物降解性逐步降低,通过适当的取代成为高度抗降解的和黏度稳定的胶体,并且明显地改变了胶溶液的溶解度和清澈度。

4. 硼砂反应

半乳甘露聚糖大分子链中每一个单糖残基都有两个顺式羟基,这将使它可与游离的硼酸根离子进行反应,发生水合和增稠,反应在酸性条件下进行。当多糖胶溶液呈碱性时且有足够量的解离硼酸根离子则引起胶凝作用。

5. 氢键作用

半乳甘露聚糖对水化的矿石和纤维素表面有强亲和力,因为它的许多羟基官能团易于形成强氢键,再加上它的线型分子结构使之在许多作用点上都能发生接触。

6.5.2 半乳甘露聚糖的应用

半乳甘露聚糖属于中性多糖胶,是工业上有着广泛用途的植物多糖胶,它主要存在于植物种子的胚乳中。半乳甘露聚糖胶水溶液为假塑性流体,大分子在自然状态下呈缠绕的网状结构,因而它在许多工业中被用作增稠剂、稳定剂、乳化剂、黏结剂和调理剂等,其用量和应用范围位居天然多糖胶之首,主要用于石油和天然气、纺织、造纸、食品、炸药、矿业等工业部门。

1. 在食品中的应用

植物胶具有多种物理、生物和化学活性,价廉易得并且对人体无害,对环境无污染,所以它在食品中得到大量运用,特别是在增稠和稳定食品乳液中的应用已经很普遍,如在食品废水的絮凝剂方面,用植物胶合成的絮凝剂是最近的研究热点。由于植物胶优良的性能,其在食品领域也很有发展前景。

1) 增稠剂

植物多糖胶为水溶性高分子,可溶于水中产生很高的黏度,具有增稠作用,能够使食品的稠度增加,可作为馅饼馅、饮料、果酱等的填充剂,宠物食品的黏合剂,还可利用其胶黏性挂糖衣、上光、结霜,并能使某些果汁及啤酒的持气性增强。瓜尔胶为天然胶中黏度最高者,是已知胶体中增黏效果最好的胶体,同时吸水性也最好,因此瓜尔胶可以作为各种食品的增稠剂,但单独使用仍有许多缺点,因此常常与其他增稠剂复配。瓜尔胶作为增稠剂常用于面制品中,增稠剂与蛋白质相互结合形成大分子基团,淀粉嵌于网络中间,形成坚实的整体结构。瓜尔胶是通过糖苷键结合的胶体多糖,并且无臭无味,能分散在热水或冷水中形成黏稠液,用于饮料中有增稠和稳定作用,可防止制品分层、沉淀,并使产品富有良好的滑腻口感,添加量为 0.05％～0.5％。瓜尔胶用作饮料中的增稠剂,在控制用量的条件下瓜尔胶-琼脂复配稳定剂具有较好的悬浮效果和口感。瓜尔胶比淀粉增稠剂更能增加果汁的固含量。

2）稳定剂

植物多糖胶能稳定多相系统(油、水、固体物),亦能使黏度稳定,也可稳定胶体及降低表面张力,因而能使乳油液及悬浊液保持稳定,并能稳定泡沫液。瓜尔胶作为稳定剂广泛用于乳制品和食品蛋白质乳浊液体系中。瓜尔胶在溶液中的高黏度对食品体系的流变特性及稳定性有显著的影响,常常和其他物质复配,通过复配可以明显降低单一稳定剂的添加量,并且实现性能的叠加。亚麻籽胶、瓜尔胶和变性淀粉作为复配稳定剂在搅拌型酸奶中应用,添加复配稳定剂后酸奶的保质期可延长至 27 天。采用明胶、瓜尔胶、羧甲基纤维素钠(CMC-Na)、单甘酯 4 种物质复合作为乳化稳定剂,可获得良好的效果。CMC-Na、刺槐豆胶、瓜尔胶 3 种稳定剂单体存在一定程度的交互性,通过复配可以明显降低单一稳定剂添加量,在控制调配型酸性乳饮料稳定性效果相同的情况下,复配稳定剂的添加量相对于单一添加量减少约 20％。

在冰淇淋中添加稳定剂可提高冰淇淋浆料的黏度,改善油脂及含油脂固体微粒的分散度,延缓微粒冰晶的增大;改善冰淇淋的口感、内部结构和外观状态,提高冰淇淋体系的稳定性和抗融性。在冰淇淋中添加少量瓜尔胶能赋予产品滑溜和糯性的口感。另外一个好处是使产品缓慢融化,并提高产品抗骤热的性能。用植物胶稳定的冰淇淋可以避免由于冰晶生成而引起颗粒的存在。复配稳定剂可采用瓜尔胶＋魔芋精粉、瓜尔胶＋明胶＋黄原胶、瓜尔胶＋黄原胶＋卡拉胶＋CMC 等,从而使冰淇淋成品具有优良的膨胀率、抗融性、抗热波动性以及保形性。稳定剂对于非冷冻部分的水起到增稠与持水的作用,因而控制产品的水分移动,这使得冰淇淋具有咀嚼的质构。不添加稳定剂的冰淇淋质构非常粗糙,水分的移动使冰晶易长大产生冰屑。特别是在冰淇淋销售过程中,从储存仓库到销售商店,最终到达消费者手中,温度升高使冰融化成水,当温度再一次下降时,水再一次结冰,即“热波动”。每发生一次波动,就会产生较多的冰屑,而稳定剂有助于阻止冰晶长大。冰淇淋中冰晶越小,舌头就越感觉不到。稳定剂可以增加浆料黏度,但几乎不会降低冰点,主要是限制未冷冻相中的水分移动。当温度波动时,水分子难以在原有的冰晶上再冷冻,而是重新形成新的晶核,形成其他的小冰晶,而不会使原有的冰晶长大。此外,稳定剂有助于悬浮风味颗粒,并具有稳定泡沫的作用,防止冷冻产品的收缩,阻滞冷冻产品中的水分析出。

罐头食品的特征是尽可能不含流动态的水,植物胶用于稠化产品中的水分,并使肉菜固体部分表面包一层稠厚的肉汁。植物胶有时还用于限制装罐时的黏度。在软奶酪加工中植物胶能控制产品的稠度和扩散性质,由于植物胶具有结合水的特性,使更滑腻和更均匀的涂敷奶酪有可能带更多的水。

3）保鲜剂

天然涂膜保鲜法是用可食性天然化合物溶液处理果蔬,使之表面包裹一层膜的方法,这层膜能够保持水果、蔬菜的新鲜度,防止病菌感染,减少水分的挥发,推迟果蔬的生理衰老。许多植物多糖胶可被用作被膜剂,它们可覆盖于食品表面,形成一层保护性薄膜,保护食品不受氧气、微生物的氧化,从而起到保质、保鲜、保香或上光等作用。由于瓜尔胶黏度大,所以其容易在固体食品表面稳定地成膜,以达到保护食品的作用。用 0.2％瓜尔胶、0.15％卡拉胶、0.1％蔗糖酯和适量助剂涂膜草莓后,该保鲜剂可以在草莓表面形成较好的半透膜气调环境,从而可以明显减小草莓的呼吸强度,延长草莓货架期,而且该保鲜剂还可食用。魔芋葡甘聚糖(KGM)与瓜尔胶共混后成膜,共混膜的强度、抗水性、耐洗刷性、透明度、感官性能等各项性能显著提高。用 KGM 和瓜尔胶共混液对葡萄的涂膜保鲜试验表明,该共混膜具有良好的保鲜效果,可望应用于食品保鲜领域。

以刺槐豆胶与黄原胶复配胶为成膜基质,柠檬酸、CMC-Na 和吐温 80 等为成膜助剂,配以丁香、艾叶和大黄等具有抗菌作用的中草药制剂配制成可食性中草药复合涂膜保鲜剂,在低温下对荔枝进行涂膜保鲜。在低温储藏条件下,刺槐豆胶复合涂膜保鲜剂能有效阻止荔枝水分的散失和果实的腐烂,在一定程度上减慢了果皮的褐变速度,抑制了果实的呼吸作用及可溶性固形物、有机酸和维生素 C 等营养物质的消耗,延缓了采后荔枝果实衰老的速度,起到了较好的保鲜作用。利用刺槐豆胶复合涂膜保鲜剂保鲜荔枝,既达到了较好的保鲜效果,又具有使用方便、实用性好等特点,而且制作工艺简单、成本低、可食、易降解、对环境不产生污染等,达到了人们对食品安全日益重视的需求,可进一步在生产实践中进行检验推广。

4) 保油剂

瓜尔胶在肉制品中应用较多。它的增稠性、稳定性、持水性、凝胶性可提高低温蒸煮肉制品的品质,改善肉制品的组织结构、口感和风味,同时可降低生产成本、增加经济效益,与其他多糖复配使用可以达到更好的效果。复配胶能够大大改善单一亲水胶体的性能,进一步降低用量和成本,目前在肉食行业使用较为广泛。瓜尔胶、黄原胶、卡拉胶的比例为 4∶1∶1,作为一种新型复配保油剂添加到火腿肠制品当中,使火腿肠表面没有了出油现象。添加植物胶可使饼干光滑,防止油渗出,破碎率降低,口感细腻,添加量为 0.2%～0.5%。

5) 乳化剂

植物多糖胶添加到食品中后,体系黏度增加,体系中的分散相不容易聚集和凝聚,因而可使分散体系稳定。在食品中起乳化作用的植物胶或亲水胶体并不是真正的乳化剂,它们的单个分子并不具有乳化剂所特有的亲水、亲油性,植物胶因增加体系的黏度而使乳化液得以稳定,作用方式也不是按照一般乳化剂的亲水-亲油平衡机制来完成的,而是以好几种其他方式来发挥乳化稳定功能,但经常是通过增稠来阻止或减弱分散的油滴发生迁移和聚合倾向方式来完成的。阿拉伯胶和明胶可以通过保护、覆盖胶体的作用方式达到稳定乳化的功能,即胶粒被体系吸收后在分散的小球粒或颗粒周围形成一覆盖膜层,并将表面电荷均匀分配给覆膜颗粒,使其相互排斥而形成稳定的分散体系。另外,也有一些亲水胶体能起到表面活性剂的作用,可以降低体系的表面张力以达到乳化稳定的功能。

蛋白质与多糖共价复合作为一种安全可靠的蛋白改性方式被广泛关注,是最有应用前景的改善蛋白质功能特性的方法。蛋白质与多糖共价结合后形成的产物具有良好的乳化性、溶解性、抗菌性和抗氧化性。瓜尔胶作为一种多糖,其与蛋白质复合后是一种很好的乳化剂,而且瓜尔胶价廉易得,应用前景广阔。大豆蛋白与瓜尔胶复合物的乳化活性要高于原大豆蛋白,该复合物在碱性、高温条件下乳化活性最好。瓜尔胶与大豆分离蛋白反应 10 天所得的共聚物具有优良的乳化性能。亚麻籽胶的性质与阿拉伯胶相似,可取代阿拉伯胶,作为乳化剂用于巧克力奶中。10 g/L 的亚麻籽胶稀溶液即具有良好的起泡性和流体特性,在乳状液中添加0.5%～1.5%的亚麻籽胶即可取得良好的稳定和增稠效果。对 W/O 型乳状液,亚麻籽胶的乳化功能比吐温 80、阿拉伯胶、黄芪胶效果好;去离子产品的酸性多糖和中性多糖对制备 O/W 型乳状液具有很好的效果。亚麻籽胶与蛋白质结合,具有良好的吸油性、起泡性、乳化性及乳化稳定性。

6）膳食纤维

根据 1976 年 Trowell 对膳食纤维的定义，即"不被人体消化吸收的多糖类碳水化合物和木质素"，植物多糖胶均属多糖类物质，摄入后一般不能被人体消化、吸收，尽管部分可被肠道微生物分解，甚至将它们归为可部分消化的纤维物质，但可以肯定多糖类植物胶均属于膳食纤维。膳食纤维大致可分为两类：不溶性膳食纤维和水溶性膳食纤维。前者典型的例子为纤维素，它存在于绝大多数的植物中（谷物、蔬菜、水果等），后者包括被认为是增稠剂或乳化剂的一系列多糖，如瓜尔胶、刺槐豆胶、罗望子多糖、苹果果胶、柑橘果胶，以及海藻提取物卡拉胶和琼脂等。普遍认为，水溶性膳食纤维比不溶性膳食纤维具有更好的生理作用。膳食纤维有着许多重要的生理功能：能增加胃部饱满感，减少食物摄入量，具有预防肥胖症的作用；膳食纤维通过改变肠内菌群的构成与代谢，诱导大量好气菌的繁殖，从而对预防结肠癌与便秘有重要作用；膳食纤维通过降低血清胆固醇和血脂，对预防和改善冠状动脉硬化造成的心脏病具有重要的作用；膳食纤维还可以改善末梢组织对胰岛素的感受性，降低对胰岛素的需求，从而达到调节糖尿病患者血糖水平的作用；另外，膳食纤维还具有预防胆结石、乳腺癌等生理作用。近年来，膳食纤维已作为对人类健康重要的营养组分而引起人们的关注。虽然膳食纤维被认为具有各种生理功能，但它的日摄入量还是一年年趋向下降。

瓜尔胶是一种水溶性膳食纤维，水溶性膳食纤维溶胶对人体肠道的消化吸收很有帮助，但其单独使用有许多缺陷，所以在实际应用中常常用水溶性膳食纤维和非水溶性膳食纤维复配，以达到性能互补、发挥膳食纤维的综合保健作用。瓜尔胶具有较好的降血糖、减体重的作用，在降低血清、胆固醇水平方面有显著功效。在用瓜尔胶喂食大鼠 15 天后，就表现出良好的降胆固醇作用，而与之对照的燕麦可溶性纤维组在实验 30 天后才显示出降胆固醇作用，瓜尔胶作用迅速且稳定。用酶法部分水解瓜尔胶制备的产品，由于其水溶性和低黏度，容易应用于食品中，可改善便秘、脂类代谢和控制血糖。食物中含有 10%～20%浓度的瓜尔胶时，可以有效地降低摄食量并减少体重，使小肠长度增加，延迟食物在肠道中的迁移，并且减少血液中胆固醇和甘油酯的总量，提高 HDL-胆固醇的含量并减少 LDL-胆固醇的含量，降低肝脏中胆固醇的浓度。此外，值得注意的是，添加瓜尔胶会不同程度地影响钙、锌和铁的吸收。采用大豆纤维素为基料，水溶性天然植物胶-瓜尔胶、果胶为辅料复合后，制备一种兼有水溶性和非水溶性双重特性的复合膳食纤维素，性能良好。以质量分数为 2∶3 的大豆非水溶性纤维素和瓜尔胶配制固形物含量为 5 g/200 mL 的复合纤维素溶胶，发现水溶性和非水溶性纤维素复合对抑制葡萄糖的渗透具有明显的协同增效作用。罗望子胶中的多糖是葡聚木糖，它是一种理想的膳食纤维来源，可起到防治高血压的作用，另外还可增加小肠非扰动层的厚度，减弱糖类物质的吸收，防止糖尿病的发生和发展。亚麻籽胶用作膳食纤维具有营养作用，在降低糖尿病和冠状动脉心脏病的发病率、防止结肠癌和直肠癌、减少肥胖病的发生率方面，起到一定作用，可以制作营养保健食品。另外，亚麻籽胶对某些重金属中毒的解毒效果较好，其作用机理是亚麻籽胶能与某些重金属结合成稳定的配合物。

7）保水剂

植物多糖胶具有良好的持水作用，能够防止面包、蛋糕等焙烤制品老化失水，延长保质期，亦可用于冷冻食品、布丁及酸乳酪中。瓜尔胶易溶于水，但用于固体食品时，它可以很好地吸收食品中的水分，从而成为食品的保水剂。随着 CMC-Na、瓜尔胶、黄原胶添加量的增加，方便面的断条率减少，吸水率增大。烹煮损失随瓜尔胶、黄原胶添加量的增大呈现先减小后增大的趋势，当其添加量为 0.3%时，面条烹煮损失达到最小值。瓜尔胶保水剂可以提高鸡胸肉的保水率。

8）增筋剂

植物多糖胶具有黏性增强作用,能够提高食品的黏弹性,提高面团的机械耐力和气体保持能力,常用于面包、面条及其他焙烤食品。许多面条和粉皮断条率高、煮沸损失多、易糊汤。将不同的淀粉与添加剂混合,可改变原淀粉的特性,以改进竹芋粉皮的质量。植物胶用于即食面,可使面团柔软,切割时面条不易断裂,油炸时可避免吸入过多的油,不但可以节省油的用量,而且爽滑、不油腻,可增加面条的韧性,水煮不浑汤。植物胶可提高非油炸面条的弹性,防止面条在干燥过程中黏接,缩短烘干时间。植物胶添加量为 0.1%～0.5%,可使面包等的弹性增加,膨胀起发性好,蜂窝状组织均匀细密,断面不掉渣,保鲜性和口感提高。植物胶还可以用于炸薯条、虾条等膨化食品。因植物胶是纯天然产品,不同于 CMC,含有难以清除的不良化学杂质,而且黏度比 CMC 高,使用量少,所以可使产品品质提高而成本降低。瓜尔胶的耐煮性、弹韧性优良,因此在食品中特别是面中可用作增筋剂,而且它是天然多糖,可使食品保持天然绿色的本质。含瓜尔胶的玉米粉丝耐煮,在添加助剂后仍能保持制品天然绿色的本质,所得到的玉米粉丝综合性能良好。添加瓜尔胶可增加面粉的面筋数量,提高面团的可塑性、改善面团口感。以竹芋淀粉为原料做成竹芋粉皮,口感爽滑,组织细腻,富有弹性。

生产方便面时,按面粉量的 0.3%～0.5% 添加瓜尔胶可起到双重作用:一方面,使面团柔韧,切割成面条时不易断裂,出丝成型时也不易起毛边;另一方面,当面块放入热油锅油炸时,胶体可使面条与油接触面的表面张力系数变大,面条中的水分在挥发过程中所形成的小孔迅速被胶体封闭,从而阻止了油的侵入。瓜尔胶具有较高的黏度和吸水疏油性,可使面条结构紧密光滑,在油炸过程中能相对减少渗入面条的油脂数量,降低含油率并达到节油的目的。同时胶体与面筋形成网状组织,防止了淀粉分子游离到炸面的油中,可延缓油的酸败。此外,在蒸面工序中添加瓜尔胶可提高面的 α 度。α 度是衡量方便面质量的关键指标,由蒸煮时间、蒸煮压力、蒸煮温度所决定,与面粉吸水率密切相关,吸水越充分,α 度越高,面条复水性越好。添加后可使面粉吸水率增至 35%,而 α 度则提高到 93%,复水时间缩短至 2 s,复水后的面条富有弹性、有嚼劲。

9）胶凝剂

凝胶是由微量的多糖类等物质与水作用并使之变硬的状态,也称为果冻。有些食品胶如明胶、琼脂、果胶等溶液,在温热条件下为黏稠流体,当温度降低时,溶液分子交联成网状结构,溶剂和其他分散介质全部被包含在网状结构中,整个体系成了失去流动性的半固体,也就是凝胶。从分子水平看,由于多糖类高分子链间的相互作用,形成立体的网状结构,水在微小空间中处于被包围状态,在水溶液中,当高分子之间的相互作用力与高分子-水分子之间的相互作用力达到平衡时,就形成凝胶。多糖类的这种性质称为胶凝性。所有的植物多糖胶都有黏度特性并具有增稠的功能,但只有其中一部分具有胶凝的特性。有些植物胶单独存在时不能形成凝胶,但它们混合在一起使用时却能形成凝胶,即食品胶之间能呈现出增稠和凝胶的协同效应,如刺槐豆胶-卡拉胶、刺槐豆胶-黄原胶等。各种亲水胶体的胶凝特性不同,主要是因为三维网络的缠绕度、分子交联的数量和属性、形成网络各单元的相互吸引和排斥以及不同溶剂作用的差异等原因引起的。

罗望子胶溶液干燥后能形成有较高强度、较好透明度及弹性的凝胶。罗望子胶具有较强的保水作用,可有效地阻止温度降低时果冻和弹性糕点中的水分冷凝出来。与其他种子胶相比,罗望子胶具有优良的化学性质和热稳定性,使其在制作过程中保持较稳定的性质。制作马蹄糕时,分层现象是由于调粉浆时,有部分马蹄淀粉颗粒和其他淀粉颗粒没有充分溶胀,蒸煮过程中,未充分溶胀的淀粉颗粒由于密度差而沉降导致蒸出的糕体分层。而加入罗望子胶后,因其对马蹄粉的增黏作用使得粉浆混合体系的黏度大大提高,因此,那些未充分溶胀的淀粉颗粒不发生沉降,形成很好的悬浮液体系,使得蒸出的糕体均匀、无分层现象。制得的马蹄糕润滑爽口、有弹性、有咬劲。

10) 品质改良剂

(1) 抑制淀粉老化:淀粉具有黏性,还可以形成食品的骨架,在食品工业中应用广泛,但是淀粉在加工各种食品的过程中,存在着许多缺点,最主要的就是已经糊化(α化)的淀粉在放置的过程中会老化(β化),出现黏度上升和形成凝胶的现象,透明的食品变成半透明或不透明状,析水并生成不溶化的淀粉粒甚至沉淀等,所有这些现象都将导致食品的口感和风味受损、稳定性下降、品质变差。罗望子胶的特性近似于淀粉,它能使沙司、调味汁、面粉糊、面条等与糖类共存时形成高的黏度,但口感不太黏。虽然淀粉是广泛用于加工食品方面的材料,但淀粉缺少耐酸性及耐热性,常易引起分离及沉淀。由于罗望子胶耐酸、耐热、不老化,加入罗望子胶作为淀粉的品质改良剂能抑制淀粉老化,稳定食品品质,改善口感和风味。罗望子胶是相对分子质量在 50 万以上、侧链极多的高分子多糖,添加到淀粉中时,侧链上的—OH 通过氢键与淀粉相互作用,形成一种更巨大的高分子体,这种高分子体很难定向,能够稳定地存在。另一方面,在加工过程中淀粉粒容易破裂受损,罗望子胶与淀粉并用就可以将淀粉包裹起来,防止破裂,起到保护淀粉的作用,使加工的产品在放置过程中不会出现淀粉粒的聚集和老化。同时,罗望子胶还具有优良的保水性,可防止析水。罗望子胶与乳化剂同时存在。抑制淀粉老化的效果比单独使用罗望子胶或乳化剂的效果要好,用于面包和海绵蛋糕制作可以延长保存期。

(2) 赋予耐热性:罗望子胶是耐热性很好的多糖,在中性溶液中,100 ℃下加热 2 h 后黏度基本保持不变。而淀粉的耐热性随种类不同而异,总的来说,耐热性较弱。加热尤其是强热作用会使淀粉分解,导致黏度下降,引起品质变差。将罗望子胶添加到淀粉中,其高分子的分支结构通过氢键与淀粉结合形成网状组织,赋予淀粉良好的耐热性,这是罗望子胶本身坚固的主链结构对淀粉起保护作用的结果。此外,罗望子胶还具有改变淀粉糊化温度、防止在加热过程中黏度下降的作用,用于咖喱类制品可以减少淀粉的用量和杀菌前后的黏度变化,保持良好的口感。

(3) 改善产品的质构:罗望子胶与其他成分配制成面条品质改良剂,添加到不同的面条中能够提高面条强度,使面条煮后不糊汤、不软烂、有咬劲。

(4) 赋予机械耐性:在食品加工过程中,乳化是一种最常见又重要的机械处理方式。淀粉的结构缺乏机械耐性,经过机械物理处理后黏度明显下降。罗望子胶具有很强的机械耐性,因其分子结构中存在大量分支侧链,故经各种处理后不存在黏度下降的情况。罗望子胶与淀粉并用时能够保护淀粉,提高其机械加工性。

11) 食品包装材料

植物多糖胶具有薄膜赋性作用,由于瓜尔胶含有许多活性基团,因此它和其他许多物质可以发生反应,从而形成结构更加稳定、相对分子质量更大的化合物,这些物质成膜后往往可以用于食品包装,如应用于快速汤料、即食饮料、微胶囊香料等,形成微胶囊和可食性大豆蛋白膜。与合成包装材料相比,可食性膜能被生物降解、无污染,还可以作为食品风味料、营养强化剂的载体。使用大豆分离蛋白、β-CD、瓜尔胶作为复合壁材,大豆分离蛋白、β-CD 的比例为 1∶1,瓜尔胶占总固形物的 1.7%,芯材占总固形物的 22%,可得到性能优异的微胶囊,用于食品包装。以大豆分离蛋白、瓜尔胶、硬脂酸为基质,可制备复合型可食性膜。该膜成膜性能较好,具有一定的弹性和强度,透明柔软,是一种具有开发前景的绿色包装材料。

12) 菌料

瓜尔胶中含有丰富的碳元素,而且价廉易得,故可以作为菌类的碳源。用瓜尔胶作为生产 β-甘露聚糖酶的芽孢杆菌(Bacillussp)M-21 的碳源,可获得高活力的 β-甘露聚糖酶,为开发工业用酶提供一定的试验依据。

13) 脂肪替代品

脂肪作为食品的重要组成部分,对食品的风味、口感、质地等感官特性起着重要的作用。每克脂肪能够提供 37.7 kJ 的能量,摄入过量的脂肪会引起肥胖、心脏病、高胆固醇症、冠心病及某些癌症。食品中完全去掉脂肪是无法做到的,有时甚至减少它的用量也将严重影响食品的可食性,单纯减脂或无脂食品的口感粗糙,因此就需要寻找脂肪替代品。

脂肪替代品一般分为三类:化学合成类、蛋白质类和碳水化合物类。化学合成类脂肪替代品因为会导致肛瘘和渗透性腹泻等问题而受到限制,蛋白质类脂肪替代品因其容易受热变性而导致其应用上的局限性。碳水化合物类脂肪替代品来源广泛、种类繁多,因既能保持食品的风味,又不提高成本而备受青睐。碳水化合物的热量值很低,甚至不提供热量,通过结合大量不产生热量的水来代替脂肪,能够形成凝胶并增加水相黏度,使水相结构特性发生改变,产生奶油似的润滑的黏稠度并增加滑腻的口感,具有脂肪的外观和感官特性,可以替代焙烤食品、冰冻甜点、肉制品、沙司、涂抹食品、色拉调味料等食品中的脂肪,可减少因脂肪摄入过量而引起肥胖的危险。碳水化合物类脂肪替代品,不但可以直接减少食品中饱和脂肪和胆固醇的摄入,而且其作为水溶性膳食纤维,可降低体内的低密度脂蛋白(LDL),同时对体内高密度脂蛋白(HDL)没有影响。

卡拉胶是目前低脂肪肉制品工业中使用最普遍的一种脂肪替代品,它具有改善肉质,赋予产品多汁多肉的口感,有助于释放肉香,减少蒸煮损耗,提高质量等功能。果胶凝胶制成的胶粒柔软、富有弹性,具有与脂肪球相似的粒径,可以模拟脂肪球的物理性质和感官特性,还能使食品产生类似脂肪“融化”的现象。此外,刺槐豆胶、瓜尔胶、黄原胶及明胶等也可用于脂肪替代品中,如黄原胶可稳定富兰克福红肠的质构;刺槐豆胶、黄原胶分别加入到低脂肉糜中,可改善低脂肉糜制品的口感、质构及热稳定性;明胶可通过与瓜尔胶、刺槐豆胶等所含的半乳甘露聚糖作用来产生与脂肪相似的流变特性和颗粒感。将各种配料按一定比例混合,可形成混合型脂肪模拟替代品,能模拟脂肪的感官特性和特殊应用的功能性。

2. 在石油和天然气中的应用

1) 水基压裂液

石油工业生产实践中,经常使用水基压裂液破裂开含烃层以增加油和气的生产率,植物胶及其衍生物的高黏度胶体可以带着筛选过的砂子进入裂缝的岩石中,当施加水压时,砂子撑开了岩石,然后油和气以更高速度被开采出来,因为含碳氢化合物的多孔岩石暴露出更多的表面积,同时通过裂缝连接到钻井的渠道也恰好形成。植物胶产品为这种作业提供了所需要的黏度,它们具有与油田野外水相配伍的广泛范围,而且能够调整配方,以可控制的速率降低黏度。这样当作业完成流动反向时液体便于从钻井内迅速地流出。此外,植物胶还可以控制在断裂过程中多孔岩层结构液体流失,降低液体输送过程中摩擦压力损失。石油和天然气井中一般使用 1%～1.2%(重量计)的植物胶水溶液。

胡芦巴胶因其品质优良、价格低廉在石油工业引起广泛的重视。国内目前有多家工厂(吉林、西安、新宜)生产胡芦巴胶(香豆胶),主要在石油工业中用作胶凝剂。胡芦巴胶作为水基压裂中的悬浮剂和携带剂,有较低的摩阻性能。由于其剪切稳定,因此在大排量和湍流状态下减阻作用更为明显。分子中含有邻位顺式羟基,可与硼、钛、钴交联形成大分子三维网状结构冻胶,同时可以控制破胶时间,快速反排。由于胡芦巴胶水不溶物含量较低,所以破胶后的残渣也较低,对地层伤害小。胡芦巴胶黏度高,携砂比例大,这两点都优于瓜尔胶。在塔里木油田超深井上试用表明,采用胡芦巴胶交联的压裂液系列具有延迟交联、耐温、耐剪切、低滤失、快速彻底破胶、助排、破乳、残渣低、伤害小等特点,现场施工摩阻低、携砂性能强、破胶水化彻底、反排快、增产效果明显,可满足低、中、高温不同温度储层要求。近十多年来,我国已累计生产出胡芦巴胶近万吨,分别在大庆、胜利、吉林、克拉玛依、中原、塔里木、大港、长庆、延安等油田成功压裂油井几千口,使用效果得到各油田一致好评。

田菁胶与环氧丙烷在碱性和有机复合催化剂作用下可制得羟丙基田菁胶,其水不溶物含量低、溶解速率快、耐温性好、耐剪切,是油田高温深井、低渗透油气层水基压裂液的主要稠化剂,在中原油田、华北油田已规模应用。将羟丙基田菁胶用于油田压裂液,单井日增产原油至少是原产量的 2 倍,最高甚至可达 20 倍。钛交联羟丙基田菁胶在不同温度下,冻胶都具有良好的耐温性、抗盐性和抗剪切性;滤失受压力影响很小,具有较好的造壁能力和控滤能力;冻胶对地层岩芯伤害也较轻;田菁冻胶的破胶行为被认为是一种自由基式的链式反应,所以仅需添加少量氧化剂即能完成解聚反应。破胶后的水化液表面张力和界面张力比清水分别降低了63.2% 和 89.1% 以上,有利于施工后液体反排,减少地层污染。

2)钻孔液

在旋转法钻井中,钻孔液体多使用泥浆,即在水中悬浮固体,在钻探时,泥浆在钻探线和孔壁之间上下循环。钻孔液的重要作用是清除钻孔的切屑和碎片,并将其带至地面,同时润滑钻头和钻杆,保持钻孔壁完整。泥浆的配制与钻探的地质和深度有关,因此需要根据不同情况在泥浆中添加一些黏度控制剂、表面活性剂、润滑剂等。目前,半乳甘露聚糖胶常用作钻孔液的液体损失控制剂,可以吸附较大的粒子,在吸附黏土和页岩粒子中起到较大作用,用量为每桶50~600 g(1 桶约合 164 L)。

3)井下临时封闭和堵塞剂

在钻孔中时常需要临时封闭或堵塞某一渗透层,过去曾使用过许多物质如干草、海绵等纤维性材料进行此种施工,但在有细裂缝和小洞的地层中很难成功。后来改用凝胶材料(如植物多糖胶),取得了很好的效果。

3. 在炸药中的应用

使用硝酸盐、各种有机和无机的敏化组分、水及水溶性的可交联的增稠剂可制造浆状炸药或水凝胶炸药。这类炸药使用起来比以前的炸药更为安全,并且可调整配方,可以满足各种需要,成为配制炸药的最经济的方法。植物胶及其衍生物用于配制这种产品是由于植物胶能在各种困难条件下有效地增稠并且容易交联形成凝胶。浆状炸药是一种有效抗水炸药,用植物多糖胶作为胶凝剂,添加交联剂形成凝胶具有不吸水、不渗水的功能,又能使炸药的各个组成均匀分散于凝胶体系中。炸药抗水性能的好坏主要取决于胶凝剂的质量、数量和交联技术,其他性能也在不同程度上受胶凝剂的影响。不同配制的浆状炸药形态各异,可以是相当松散的、有黏结性的、可浇铸的凝胶体。浆状炸药的配制应由技术熟练的人员在适当控制的条件下去操作。

4. 在纺织印染中的应用

针织面料印花需要使用糊料,其主要原料为植物胶或淀粉,低档印花糊料可以采用羟乙基化淀粉、羧甲基化淀粉和田菁胶粉等为原料,作为毛毯、棉布的印花使用,而丝绸、丝绒、高档羊毛衫、出口针织品、纺织品印花要使用高档的印花糊料,其原料可以使用瓜尔胶等优质植物胶。植物胶及其衍生物可用作纺织品印染中染料溶液的增稠剂,主要是植物胶的羧甲基和羟烷基醚衍生物,在一定的条件下它们常可被氧化,使产品增稠能力与浓度的关系达到能够预测的水平。衍生作用促进溶解,能防止植物胶及其衍生物在印花网版上的沉积,因而有助于印花之后对胶质的清洗。国外以瓜尔胶或其改性产品为原料生产的纤织物印花糊料一直占据着高端糊料市场,作为纺织品大国,我国每年需大量进口。目前,以胡芦巴胶替代瓜尔胶,已开发出丝绸印染专用糊料,经羧甲基化改性后的胡芦巴胶,其持水性能优于海藻酸钠,可替代海藻酸钠用作活性染料印花的糊料。

植物胶在地毯工业中的应用包括染色和印花两个方面。染色时,植物胶的使用浓度应低于 0.3%,以控制染料的泳移,使染料在地毯纱束中更均匀上色。根据方法、纤维和图案的不同,空间印花法中胶的使用浓度在 0.4%～0.55%,黏度在 2500～5000 mPa・s。

以一氯乙醇或环氧乙烷为醚化剂,乙醇或异丙醇为分散剂,在碱性介质中与田菁胶缩合可制得羟乙基田菁胶。研究表明,羟乙基田菁胶具有冷水溶胀性强、成糊率高、制糊与脱糊方便、流动性、保水性、相容性、稳定性和透网性好等特点,其主要性能及印制效果已基本上达到进口的同类优质糊料因达尔卡 PA-40 的水平,适用于真丝、合纤和棉布等多种织物直接或拔染印花工艺,在手工热台板、筛网及滚筒印花机上的印花效果均良好。

5. 在造纸中的应用

植物胶的主要用途是作为铜网部添加剂,制浆过程不仅要除去木质素,从而产生一种纤维状的纤维素纸浆,而且也要除去大部分存在于木材中的半纤维素。这些几乎全部为甘露多糖和木聚糖的半纤维素大大影响了纸浆的水合性质和由纸浆制得的纸片的强度。半乳甘露聚糖能够在纸张黏结中取代和补充天然的半纤维素。一般认为,氢键是影响纤维-纤维键合的主要因素之一,植物胶多糖分子是带有伯、仲羟基的刚性长链聚合物,能够交联和键合相毗邻的纤维素。在纸浆中添加植物胶的好处包括以下几点。

(1)纸张形成:使纸浆纤维分布更加均匀(纤维管束少),改善了纸张的形成。

(2)Mullen 值:Mullen 脆裂强度增加。

(3)耐折度:耐折度增加。

(4)抗张强度:抗张强度增加。

(5)皮克(Pick)值:从纸张表面拉出一根纤维所需力的度量,应用于对印刷纸进行分级,加入胶可使皮克值增加。

(6)纸浆水合作用:纸浆一般通过锥形磨浆机或者湿法研磨机增加纤维表面积从而使它能键合更多的水,加入半乳甘露聚糖有助于键合水,并减少必要的精磨,降低能量消耗。

(7)紧度:通过平滑度和突出纤维量的测量结果得出植物胶能够改善纸张的紧度。

(8)透气度:透气度下降。

(9)平面压皱:压出一个皱纹槽所需的压力增加。

(10)纸机速度:在不损失所需要的优良性能的情况下,纸机速度增加。

(11)细粒留着率:细粒留着率增加。近年来已发现一种能突出增加排水和细粒留着率的植物胶的阳离子衍生物。

　　植物胶添加量在牛皮纸生产中为每吨 3～5 kg,再生纸为每吨 4～6 kg,新闻纸为每吨 1～2 kg。在国外瓜尔豆和刺槐豆中的半乳甘露聚糖胶在造纸生产中已得到广泛应用。近几年来,瓜尔胶系列助剂在卷烟纸行业中得到了广泛应用,瓜尔胶用于卷烟纸不但具有优良的助留、助滤和增强效果,而且制成的纸在燃烧时没有异味,能够满足卷烟用纸的需要。国内外对改性瓜尔胶作为造纸增强剂、助留助滤剂、絮凝剂、打浆增黏剂进行了深入研究,许多成果已应用于造纸实践中。

　　1) 助留助滤剂

　　阳离子型瓜尔胶能有效改善助留,显著提高填料留着率,对纸张的匀度没有太大影响,不影响脱水。其用量一般在 0.03%～0.08%,添加点一般在纸机的冲浆泵之前或在保证均匀分散的情况下直接加到纸机的流浆箱之前。阳离子型瓜尔胶溶液应稀释到 0.1%的浓度后使用。在卷烟纸中加入化学改性的阳离子瓜尔胶,可以提高细小纤维和填料的网部留着率、灰分,随着网部留着率的提高,从而也节省了生产成本。将阳离子瓜尔胶、阳离子淀粉按一定比例预先混合,经糊化后使用,阳离子淀粉的增强效果及阳离子瓜尔胶的助留助滤效果都能得到有效发挥,而且与不经预先混合而分别使用两种助剂相比,强度提高了 20%左右,更重要的是它消除了单独使用阳离子瓜尔胶时"粉尘"(瓜尔胶粉)对人体的危害及耗水量大的弊端。将一步泥浆法合成的新型助留助滤剂——阳离子羟乙基瓜尔胶(CEG)用于废新闻纸浆的抄造过程中,当 CEG 以 0.2%(以绝干浆计)的用量添加到废新闻纸浆中,细小组分的单程留着率提高了 40%,打浆度减小了 37%。阳离子瓜尔胶/膨润土二元助留助滤剂应用于脱墨浆中,二元体系比单元体系有更好的助留助滤性能,更能抗 pH 值、电导率、剪切力的干扰,且能提高成纸的强度。

　　2) 造纸增强剂

　　非离子型瓜尔胶在纸张中主要起到增强作用,且不影响纸张的透气度。添加量为成纸的 0.3%～0.5%,溶解时溶液的浓度尽量不超过 1%。在预先溶解的条件下可加到打浆后的高浓浆池中。非离子型瓜尔胶能使纸机网部滤水速率得到有效控制,提高水印辊的运行性能,改善成纸匀度。同时它还具有极强的纤维分散能力。另外,非离子型瓜尔胶还可用于表面施胶,以改善纸张的表面性能,提高卷烟纸的燃烧质量,改善包灰质量和包灰颜色。在施胶过程中,还可以与淀粉、羧甲基纤维素(CMC)、聚乙烯醇(PVA)等化学品配合使用。用于表面施胶的非离子型瓜尔胶量为 0.2～0.3 g/m²。在造纸过程中,如果淀粉助剂用量过多,则会导致纸页变硬,同时增大白水 COD 和 BOD 负荷,将改性的瓜尔胶(阳离子或中性)与胶体硅酸按适当比例混合后是一种良好的造纸增强剂,同时也能显著提高助留助滤效果。研究发现,分多次加入胶体硅酸能够改善细小纤维和填料的留着率,此外对纸页强度和其他性能也有较大改善。具体加入步骤是:先将一部分胶体硅酸与纤维和填料混合,适当加入改性瓜尔胶,当填料中形成了纤维、填料、硅酸和瓜尔胶的混合絮凝物后并在浆料加入流浆箱之前加入剩余的胶体硅酸。两性瓜尔胶可用于提高含机械浆纸张的内部强度和表面强度。由于机械木浆中含有大量的阴离子杂质,对增强剂的使用有较大的负面影响,但是两性瓜尔胶对阴离子杂质的灵敏度最低。阴离子型瓜尔胶还可以提高纸的耐折度,并减少湿强剂的使用量。阴离子型瓜尔胶用量一般为成纸的 0.2%～0.4%,溶解时溶液的浓度尽量不要超过 1%。

　　田菁胶作为瓜尔胶理想的代用品,在双高卷烟纸生产中,作为湿部添加剂,能使碳酸钙微粒更均匀地分布在纤维组织内,有利于提高纸张的白度、不透明度,能进一步提高纸的强度和透气度,同时纸张的匀度也能得以明显的改善。一般情况下,田菁胶的用量可控制在 0.3%～

0.4％范围内。田菁胶可与聚氧化乙烯（PEO）、改性淀粉复配使用,起到互补和协同作用,可以进一步提高纸张的强度和透气度,改善纸张的外观。当田菁胶与 PEO 合用时,有利于最大限度地提高纸的强度;而当田菁胶与 ZH-98 阳离子淀粉同用时,则有利于最大限度地提高纸的透气度。田菁胶的应用具有工艺简单、热稳定性好、使用方便等特点,其质量水平已达到或越过进口瓜尔胶的水平,是造纸工业中卓有成效的化学助剂之一,值得推广应用。

6. 在采矿选矿中的应用

在采矿工业中植物胶及其衍生物广泛地用作液-固分离的絮凝剂,用于矿浆的过滤、沉降或者澄清过程中。植物胶通过氢键与水合矿物的微粒结合,发生以交联为特征的凝聚作用。植物胶也用于浮选回收非贵重金属,还可作为滑石或与精矿共存的不溶性脉石的抑浮剂。目前,在钾盐矿、镍矿、铜矿、铀矿、金矿等的选矿中应用植物胶,取得了很好的效果。

中国科学院北京植物研究所将田菁胶用于贫镍矿石的选矿上,田菁胶作为脉石的抑制剂,水玻璃为分散剂,每吨矿石加 250 g 田菁胶和 300 g 水玻璃,从而提高了选矿的回收率。以一氯乙酸为醚化剂,乙醇为分散剂,在碱性介质中与田菁胶缩合即可制得羧甲基田菁胶。羧甲基田菁胶是一种阴离子型的高分子化合物,与原田菁胶相比,其水不溶物含量降低了 10 倍左右,具有更高的活性、水溶性和稳定性,甚至在冷水中就有很好的分散性和溶解性,中和至弱碱性的胶液保存半年也几乎没有明显变化。阴离子型羧甲基钠盐田菁胶对细粒煤和超细粒煤脱水的试验研究表明,使用羧甲基钠盐田菁胶作助滤剂能明显地提高细粒煤过滤脱水的技术指标。

7. 在乳胶涂料中的应用

加入植物胶的乳胶涂料的耐老化性能、耐洗刷性及储存稳定性均得到改善,并可节约生产成本。适量添加植物胶,可减少羟乙基纤维素、丙二醇、十二醇酯的用量,在不增加流平剂的情况下,乳胶涂料的流平性能也能达到优等品的要求,沾刷时流动如丝,施工时手感舒适,施工后涂膜滑腻,使其流平效果达到优质品的要求。加入植物胶的乳胶涂料具有良好的储存稳定性,未加入丙二醇的外墙乳胶涂料经多次循环冷冻试验后不变质,储存 4 个月后无分水、絮凝、结底等现象。

瓜尔胶作为水性涂料的流变助剂,产品性能均符合国家标准,因此瓜尔胶可代替传统的羟乙基纤维素（HEC）,而且生产成本低,具有明显的价格优势。在欧洲,羟乙基或羟丙基等改性瓜尔胶已开始用作水性涂料的增稠剂,以取代传统的价格昂贵的羟乙基纤维素,获得了良好的经济效益及社会效益。瓜尔胶用作增稠剂不仅可取代传统的 250 HBR,而且对乳胶漆具有良好的改进作用,它在保证一定触变性能的基础上,为系统带来良好的流平性,并且具有良好的助成膜作用。瓜尔胶作为一种流变改性助剂,对形成完美的涂膜有促进作用。在降低 20％乳液量的情况下,涂料的耐水性仍然很好,这对降低成本、保证质量具有很大意义。瓜尔胶作为助剂在高档乳胶漆中的应用均能得到满意的结果。

8. 在陶瓷工业中的应用

在坯体中添加植物多糖胶能提高坯体的可塑性和强度;釉料中添加植物多糖胶能增强釉在坯体上的附着强度,并可调节釉浆稠度和蚀变性,降低产品的缩釉、欠釉,提高釉面光泽度,从而提高瓷器的成品率和一级品率。

9. 在化妆品中的应用

化妆品中所用的水溶性高分子化合物助剂,早期多是天然胶质原料如树胶、淀粉、明胶等,由于这些天然原料不能完全满足化妆品工业发展的需要,后来逐渐使用合成的水溶性高分子化合物。但是由于合成胶的安全性得不到保证,新的植物胶及其衍生物的出现弥补了早期天然胶质原料的不足。瓜尔胶及其改性产品在日化领域的应用越来越广泛。阳离子瓜尔胶、非离子瓜尔胶等作为功能性化妆品添加剂,具有增稠调理等功能,广泛用于护发、护肤用品。羟丙基瓜尔胶用于牙膏黏合剂,可以改变牙膏的流变性能及外观。胡芦巴胶应用于护发、护肤产品,能够赋予产品良好的质感和流变形态,并起到稳定体系的作用,具有用量节俭、对皮肤刺激小等优点;胡芦巴胶经阳离子化后可制作成高级调理剂,具有优良持久的保湿性、润滑性、抗静电性能。

10. 在污水处理中的应用

传统的无机混凝剂在水处理过程中不仅耗量大、形成的絮体小、沉降速率慢、具有一定的腐蚀性,而且在废水中常常造成污泥脱水困难、污泥量大,因而其应用受到了限制。天然高分子水处理剂来源丰富、无毒、易于生物降解、无二次污染,但也存在着成分复杂、组成不稳定、性能波动大、储存过程中可能变质等问题。大部分多糖水处理剂因具有天然高分子水处理剂无毒、易于降解等优点,而成为国内外研究的热点课题之一。瓜尔胶是饮用水和废水处理中最重要的天然半乳甘露聚糖。采用半乳甘露聚糖为原料,引入磺酸基官能团,可制成廉价易得的阳离子交换树脂,同时也是一种亲水性絮凝剂。将季铵基团引入半乳甘露聚糖制得的阳离子多糖可用作水处理的絮凝剂。与无机絮凝剂相比,由瓜尔胶及其衍生物制成的絮凝剂具有较高的效率。对瓜尔胶进行氨基化阳离子改性,将改性瓜尔胶用作絮凝剂处理污水。结果表明,黏度为 $3000\sim5000$ mPa·s,阳离子取代度为 13% 的改性瓜尔胶对高岭土悬浮液有较好的絮凝效果。此外,该絮凝剂基本不受温度和水质 pH 值的影响,其絮凝性能明显优于聚丙烯酰胺、硫酸铝以及三氯化铁等絮凝剂。

6.5.3 皂荚半乳甘露聚糖亲水性凝胶骨架片

近年来,将亲水凝胶应用在多种治疗药物中控制药物释放非常受欢迎。多糖具有亲水性并且可以形成凝胶。很多多糖都能都抵抗胃和肠道消化而被结肠特定菌群降解。由于这些原因,基于多糖材料的药物输送体系尤其是控释和结肠靶向药物输送受到越来越多的关注。结肠靶向药物输送不仅可以定位治疗结肠疾病,如溃疡性结肠炎、克罗恩病和结肠癌,同时也可以降低服用剂量和减少与相关化学药剂相关不良反应发生率。从医学角度出发,结肠给药吸收是系统性吸收的一个潜在替代路线。这在结肠中是一个非常有效的剂型,可以进行特定药物如多肽、蛋白质、驱肠虫药和诊断性试剂的释放,因为结肠容量低很难吸收这些药物。对于口服型治疗结肠疾病的药物,基于结肠菌群酶对多糖载体系统的活性已被研究。

皂荚为来源于豆科皂荚属的高大乔木,可以适应多种多样的环境条件。皂荚在我国分布广泛,尤其是常被应用于医药、食品、卫生保健产品、化妆品和清洁用品。皂荚多糖胶存在于皂荚种子的胚乳中,其主要成分为半乳甘露聚糖。半乳甘露聚糖是一种应用于药物缓释的重要亲水材料。中性水溶多糖价廉易得并且具有多种结构性质。近年来,由于这些多糖材料具有易被改性、高度稳定、安全无毒、亲水、能够形成凝胶且可生物降解等特性,它们在药物靶向释放中的应用受到了极大的关注。

当加载药物的半乳甘露聚糖骨架片悬浮在溶解液中时,亲水性凝胶骨架片会形成三个区域,如图 6-14 所示:表面凝胶层、浸润层和玻璃态区域(药片核心)。凝胶层不会受到胃部和小肠环境的影响,这可以保持药片的完整性和保留加载的药物。另一方面,片芯周围的溶胀层可被结肠菌群分泌的酶所降解,导致药物在结肠实现释放。当药片到达结肠环境时,半乳甘露聚糖形成的凝胶层受到结肠菌群作用而逐渐释放加载的药物,从而实现结肠靶向药物输送。皂荚半乳甘露聚糖可被结肠菌群分泌的 β-甘露聚糖酶降解,但其不被胃和小肠所消化。这就形成了将皂荚半乳甘露聚糖用于结肠靶向药物输送的基础。

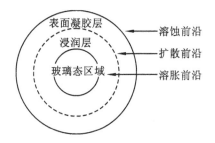

图 6-14　药物释放过程中亲水性凝胶骨架片的径向溶胀截面示意图

利用皂荚多糖胶作为新型亲水性凝胶骨架片缓释材料,将无水茶碱作为骨架片中的模型药物,不同皂荚半乳甘露聚糖含量的药物输送系统的释药性能不同。

1. 骨架片的均一性分析

对亲水性凝胶骨架片的配方组成和均一性分析列于表 6-2 中。湿法造粒制备片剂过程中,制备的软材、干燥颗粒、骨架片的照片如图 6-15 所示。由图中可以看出,制备的亲水性凝胶骨架片为白色,统一具有 12 mm 直径和 4.5 mm 厚度。片重为 500 mg,无水茶碱的含量为 100 mg/片。每个片剂的回收率在 98.7%～100.3% 范围内,根据美国药典标准偏差(SD)低于 6.0% 说明药片的含药量为均一的。

表 6-2　亲水性凝胶骨架片(片重为 500 mg)的配方组成和均一性分析

配方	半乳甘露聚糖/(%)	茶碱/(%)	乳糖/(%)	片重/mg*	密度/(g/cm³)*	回收率/(%)*
G 5	5	20	75	496.9±3.7	0.960±0.029	98.7±1.1
G 10	10	20	70	498.8±2.9	0.976±0.021	100.3±0.8
G 15	15	20	65	503.9±2.8	0.990±0.022	99.8±1.4

注:* 表示数据均为 10 个片剂测定的平均值±标准偏差(SD)。

2. 体外溶出度和药物释放动力学

对皂荚半乳甘露聚糖在胃肠道生理学环境下维持药物释放的能力进行评价,首先将骨架片放入 0.1 mol/L 的盐酸(pH 1.0)中 2 h,之后将溶出介质更换为 pH 值为 6.8 的磷酸盐缓冲溶液,在缓冲溶液中放置 4 h 后,加入 β-甘露聚糖酶。与溶出介质接触后,亲水的聚合物骨架从边缘至片芯逐渐吸水水合,形成凝胶层。药物需要扩散穿过聚合物凝胶层进入水溶液中,因此药物的扩散速率取决于凝胶层的厚度。在初期药物的释放可能是由于片剂表面药物的溶解以及多糖胶充分水合围绕片芯形成凝胶层。

具有不同多糖胶含量的皂荚半乳甘露聚糖骨架片中茶碱的释放曲线如图 6-16 所示,骨架片的释药速率随着骨架材料含量的增加而下降,这与其他类似亲水性凝胶骨架片的释药规律相一致。G10 和 G15 具有相似的释放曲线,与配方 G5 相比,它们具有更为持续的药物释放曲线。这些片剂药物释放曲线的差异可能是由于其中半乳甘露聚糖的含量不同。在体外溶出度实验中,聚合物骨架的水合程度和溶胀度随半乳甘露聚糖含量增加而增大,在骨架片表面迅速形成一个连续的凝胶层,并且药物的扩散路径随着凝胶层增厚、凝胶强度增大而变长,从而导致药物的释放速率下降。

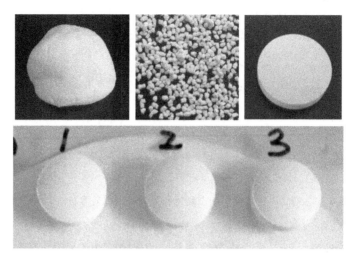

图 6-15　湿法造粒制备片剂过程中制备的软材、干燥颗粒、骨架片的照片

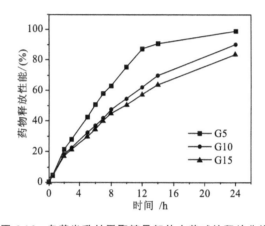

图 6-16　皂荚半乳甘露聚糖骨架片中茶碱的释放曲线

如图 6-16 所示,所有缓释体系在溶出度测定的 2～12 h 内药物释放曲线基本呈线性,这可能是由于骨架聚合物的溶胀和溶蚀同步进行从而维持恒定的凝胶层厚度(即恒定的药物扩散路径)。茶碱在本实验的 pH 范围内为水溶性的,因此茶碱从水凝胶中的释放依赖于聚合物的溶胀以及骨架片边缘的溶解与溶蚀。与 G5 相比,G10 和 G15 骨架片表现出较好的药物持续释放性能。在 24 h 后,G10 和 G15 的累积药物释放率分别为 90.2% 和 83.4%。对于 G5,在 24 h 后骨架片中几乎所有加载的茶碱(98.9%)都释放到了溶出介质中。可见,骨架材料需在一定含量以上才能达到控制药物释放的目的。当骨架材料含量较低时,片剂表面形成的凝胶层为非连续性的,同时水溶性药物的释放在骨架的内部留下了"空洞",反而导致片剂局部膨胀,甚至起到崩解剂的作用使药物迅速释放,而达不到控制药物释放的目的。因此,半乳甘露聚糖的含量在骨架片的药物缓释性能中具有重要作用。

为了解药物在亲水性凝胶骨架片中的释放机制,使用幂律模型[式(6-1)]对片剂的药物释放数据进行拟合。

$$\frac{M_t}{M_\infty} = kt^n \tag{6-1}$$

式中:M_t——药物在时间 t 时的累积释放量;

M_∞——药物在无限时间下的累积释放量,即骨架片的药物加载量;

k——比例常数,与释药体系剂型的结构和几何性质相关;

n——释放指数,用于表征药物释放机制。

指数 n 的值取决于聚合物的溶胀特性和溶胀前沿的溶蚀速率。释放指数 n 与药物释放机制的特征参数如表 6-3 所示。然而,方程仅在 $10\% \sim 80\%$ 药物释放范围内有效。当药物在化学势梯度下发生常规分子扩散时为 Fick 扩散释放。骨架溶蚀机制为与压力和亲水性玻璃态聚合物的相转变相关的药物转运机制。聚合物在水或生物体液中发生溶胀。

表 6-3　幂律模型中指数 n 值的变化对应的药物释放机制

释放指数 n	药物释放机制
0.5	Fick 扩散
$0.5 < n < 1.0$	非 Fick 扩散(扩散和骨架溶蚀协同作用)
$n > 1.0$	骨架溶蚀

亲水性凝胶骨架片的体外药物释放参数如表 6-4 所示。由表 6-4 可以看出,对于不同多糖胶含量的三种片剂计算得到的 n 值在 $0.692 \sim 0.798$ 范围内,这说明茶碱从骨架片中释放的机制均为非 Fick 扩散,药物的释放同时涉及多种机制,但更为接近骨架溶蚀机制。药物释放与时间之间的相关系数(R^2)列于表 6-4 中,用来评价药物溶解动力学。t_{20}、t_{50} 和 t_{80} 分别对应于片剂释放 20%、50% 和 80% 总加载药量所需的时间,计算这些参数的目的是为了使药物释放曲线的差异更加明显、直观。在盐酸介质中,所有的骨架片均表现出较低的 t_{20} 值。换句话说,初期药物的释放速率要高于后期。当接触到溶出介质后,聚合物开始水合形成凝胶层,同时存在于片剂表面的药物分子溶解到液体中。薄的凝胶层对应于短的药物扩散路径,因此在初期药物的释放速率较高。

表 6-4　亲水性凝胶骨架片的体外药物释放参数

配　　方	t_{20}/h	t_{50}/h	t_{80}/h	n 值	R^2
G5	1.9	6.0	10.7	0.798	0.9985
G10	2.4	8.9	17.3	0.701	0.9969
G15	2.6	9.8	19.4	0.692	0.9967

注:t_{20}、t_{50} 和 t_{80} 分别是指骨架片释放 20%、50% 和 80% 加载药量所需的时间。

药物的释放速率随骨架片中半乳甘露聚糖含量的增加而降低(表 6-4)。举例来说,G5、G10 和 G15 的 t_{50} 值分别为 6.0 h、8.9 h 和 9.8 h。从图 6-17 中药物的释放曲线和表 6-4 中的参数可以看出,G10 和 G15 体系中不存在显著的差异。与 G10 相比,G15 仅表现出稍低的药物释放速率,但 G15 中的半乳甘露聚糖含量是 G10 的 1.5 倍。因此,相对来说,G10 是具有最佳药物缓释性能的片剂。此外,研究的结果表明,皂荚多糖胶在亲水性凝胶骨架片中是一种优良的药物缓释材料,且相对其他类似材料,在皂荚多糖胶用量更低的条件下具有类似的缓释性能。

3. 溶胀性能和形态研究

当与液体介质接触后,骨架片开始从溶出介质中吸水发生溶胀,因此通过研究骨架片的溶胀性能可以反映聚合物的吸水速率。在体外溶出度测试过程中,对骨架片湿重的变化进行测定,结果如图 6-17 所示。这些骨架片均表现出很高的溶胀能力,几乎是一旦接触到溶出介质即发生溶胀,之后片剂外围的凝胶层为肉眼可见。由图 6-17 可以看出,G5、G10 和 G15 的最大湿重值分别为它们相应初始干重的 173%、251% 和 322%。在体外溶出度实验结束时(24 h),G5、G10 和 G15 的湿重值分别为 24%、160% 和 322%。这说明 G5 通过骨架溶蚀几乎释放了所有的加载药物。Munday 等(2000)曾经争论:多糖胶含量低时骨架片的吸收能力也会相应降低。这个观点可被用来解释 G15 和 G10 表现出比 G5 高的溶胀性和强的吸水性这一现象。

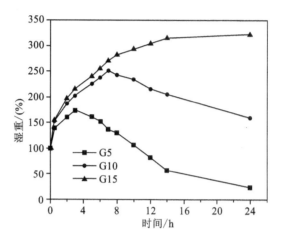

图 6-17　在溶出度测试过程中亲水性凝胶骨架片湿重的变化

对 G5、G10 和 G15 的溶胀外形变化进行拍照。G5、G10 和 G15 骨架片分别在溶出度实验 0.5 h、2 h、6 h、12 h 和 24 h 下的三组照片如图 6-18 所示。在放入溶出介质中后,所有的片剂开始溶胀,同时药片的尺寸逐渐增加,对于 G15 尤为明显,之后由于溶解装置产生的水动力应力导致片剂逐渐失去完整性。骨架片的凝胶层具有刚性和弹性结构。水凝胶由于各向同性溶胀因而具有维持骨架片原始形状的能力,因此溶胀仅仅改变亲水性凝胶骨架片的尺寸而不使其发生形变。

由图 6-18 可以看出,凝胶层的厚度逐渐增加,同时片芯的尺寸逐渐减小。在 G5 体系中,溶液迅速渗透至片剂中,表现出最快速度的水合能力。在 2 h 后,G5 的外层凝胶层开始发生明显的溶解/溶蚀现象,而 G10 在 12 h 后才发生明显的溶蚀。然而直到溶出度测定实验结束(24 h),G15 仍然保持着很好的完整度,这说明药物从 G15 中释放主要通过 Fick 扩散机制而不是通过聚合物溶蚀。G5 骨架片具有明显较高的凝胶层溶蚀速率和较快地失去完整性。在以溶蚀机制为主的药物释放过程中,含有药物的新鲜表面逐渐暴露在液体中,导致药物快速释放。G5 之所以表现出较弱的截留药物能力是由于其中的半乳甘露聚糖含量较低,因而半乳甘露聚糖对于推迟骨架片外围发生溶蚀的作用也较小。与此相反的是,G15 配方中半乳甘露聚糖的含量最高,因而 G15 片剂呈现出最大的溶胀尺寸和最为持续的药物释放。

4. 凝胶质构分析

在溶出度实验进行 2 h 和 4 h 后,对三种骨架片的表面凝胶进行质构分析,结果如图 6-19 所示。从一个典型的压缩分析中可以得到以下参数:①体系硬度,即到达指定形变所需的最大正力,F_{max};②内聚功,力-时间曲线下的正向总面积,对应于克服样品材料内部键力所需做的功;③黏附功,力-时间曲线下的负向总面积,它代表着将探针拉出样品表面,用来克服样品表

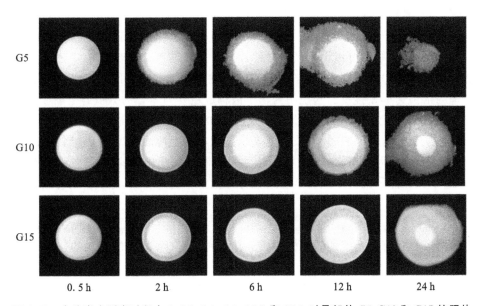

图 6-18　在溶出度测定过程中 0.5 h、2 h、6 h、12 h 和 24 h 时骨架片 G5、G10 和 G15 的照片

面和接触物表面之间的吸引力所需做的功。在凝胶质构分析中所得的参数列于表 6-5 中。

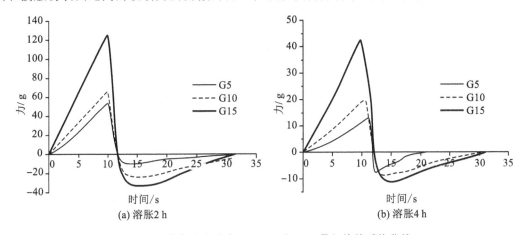

图 6-19　溶出度实验中 G5、G10 和 G15 骨架片的质构曲线

表 6-5　G5、G10 和 G15 骨架片的凝胶质构分析参数

参　　数	2 h			4 h		
	G5	G10	G15	G5	G10	G15
F_{max}/g	55.1	67.7	128.2	13.5	20.4	43.1
正向总面积/(g·s)	286.3	376.0	734.4	66.4	115.2	256.2
负向总面积/(g·s)	103.6	314.8	412.3	28.9	83.9	107.9

注：① F_{max} 为质构曲线中的最大正值力；

　　② 正向总面积和负向总面积对应于力-时间曲线下的面积。

由图 6-19 和表 6-5 中可以看出，G15 配方表现出 F_{max} 的最大值，之后为 G10 和 G5。此外，G5 和 G10 具有相似的力-时间曲线。骨架片在溶胀 2 h 后与溶胀 4 h 相比具有较高的参数值,可能是由于骨架片的表面凝胶层在 4 h 时发生了溶解/溶蚀。在凝胶质构分析中,当探针接触到凝胶表面后下移的距离为 1 mm。因此,在这种条件下得到的数据不能代表真正的凝胶性质,但是所得的结果可以用来表明骨架片凝胶表面是否发生溶蚀。G5 表现出相对较低的黏附功(负向总面积)是由于 G5 凝胶层具有较好的弹性、较差的可塑性。此外 G5 的凝胶层的形成速率与溶蚀速率相接近。这说明药物扩散释放主要与聚合物分子链弛豫过程相关。如果将体系硬度(F_{max})作为凝胶强度的定性参数,G15 的凝胶强度要高于 G10 和 G5。对溶胀的骨架片进行的质构分析结果表明,凝胶的强度越高越难发生溶蚀和高分子链解缠聚,并且在高强度凝胶体系的药物释放过程中 Fick 扩散为主导机制。与此相反的是,凝胶强度越低对溶蚀的抵抗力越低,药物分子的释放主要是通过聚合物弛豫和链解缠聚,导致药物释放动力学接近聚合物骨架溶蚀机制。

由表 6-5 可以看出,与 G5 相比,G10 和 G15 具有高的内聚力值(正向总面积)。G10 和 G15 体系的凝胶层具有阻止溶蚀的质构性质。在这种情况下,凝胶层形成的速率高于溶蚀速率,因此药物的转运是通过扩散机制穿过结实的凝胶层释放到溶出介质中的。药物的释放过程与药物在凝胶层中的扩散以及骨架片表面聚合物链的溶解和溶蚀相关。对溶胀骨架片的质构分析结果表明药物的扩散释放机制在 G10 和 G15 中占主导作用,而通过骨架溶蚀机制进行药物释放的动力学在 G5 中占主导地位。

6.5.4　皂荚甘露聚糖与黄原胶二元凝胶骨架材料

亲水性聚合物被广泛用作缓释材料应用在药物控制释放系统中。多糖具有亲水性、生物相容性和溶胀性,并且很多多糖能够抵抗肠胃道的消化作用但却能被特定的结肠细菌所降解。因此,以多糖作为缓释材料的药物输送系统备受关注,尤其是药物的控制释放和结肠定位给药。

在药物输送系统中,将一种治疗药物与亲水聚合物压合到一起,当暴露于水介质中时,聚合物吸水发生水合膨胀并形成三个区域:凝胶层、浸润层和干玻璃态核心。图 6-20 为溶胀型骨架片在溶出介质中玻璃态-橡胶态转变发生膨胀的示意图。骨架片的最外层区域由高度溶胀的聚合物凝胶组成,作为扩散屏障妨碍骨架片进一步吸收水分以及溶解药物的释放。中间层为中度溶胀状态,具有相对较高的强度。最内层区域为未被润湿的干玻璃态聚合物。水凝胶基质中药物的释放过程包括三个步骤:①水分渗入干燥聚合物基质中;②聚合物的水合与溶胀;③溶解于基质中的药物的扩散。药物在浸润层和凝胶层之间的前沿溶解,并扩散穿过凝胶层进入到溶液中。

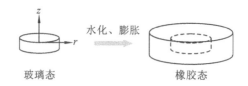

图 6-20　溶胀型骨架片在溶出介质中玻璃态-橡胶态转变发生膨胀的示意图

黄原胶(X)是野油菜黄单孢菌(*Xanthomonas campestris*)分泌于胞外的中性水溶性多糖。在结构上,黄原胶由 β-1,4-糖苷键连接的葡萄糖构成主链,由三糖单位侧链-[β-1,3-甘露糖-α-1,2-葡萄糖醛酸-β-1,4-甘露糖]每隔一个葡萄糖单位与主链相连接。尽管黄原胶溶液可以产生很高的特性黏度,在低剪切速率下呈现弱凝胶状性质,但是在任意浓度和温度下黄原胶均不能形成真正的凝胶。然而,黄原胶在药物控释配方中是一种有效的赋形剂/骨架材料。在之前的研究中,黄原胶通过与多种其他多糖相互作用以改善其控释能力。

皂荚为豆科皂荚属高大乔木,在中国有广泛的分布。半乳甘露聚糖作为储备多糖存在于皂荚种子的胚乳中。半乳甘露聚糖是一种重要的亲水材料,具有各种各样的性质,如无毒、生物可降解、廉价并且容易获得。将不同来源的半乳甘露聚糖用作药物控释材料已经被大量研究。半乳甘露聚糖可被结肠细菌分泌的 β-甘露聚糖酶降解,但却能抵抗胃和小肠的消化吸收作用,这就奠定了将皂荚半乳甘露聚糖用于结肠定向给药系统的基础。在我们之前的研究中,皂荚半乳甘露聚糖已经被用作亲水性凝胶骨架片中的缓释材料,用于结肠定向药物传送,结果证明了其在药物控释中作为缓释材料的优良性能。然而,目前还没有关于皂荚多糖和黄原胶二元混合物在亲水性凝胶骨架片中作为缓释材料的协同增效性的报道。

将皂荚半乳甘露聚糖与黄原胶按照不同比例进行混合,以评估基于两者协同相互作用的药物缓释潜力。无论是单一多糖(配方 G10 和 X10)还是二元混合物(配方 GX7∶3、GX5∶5 和 GX3∶7),制备的亲水性凝胶骨架片中骨架材料的含量为 10%。骨架片的多糖含量要相对低于其他类似基于多糖作为缓释材料的骨架片。

1. 亲水性凝胶骨架片的分析

制备骨架片的组成和物理控制列于表 6-6 中。骨架片的直径为 12 mm,厚度为 4.5 mm。药片单重约为 500 mg,无水茶碱的含量为 100 mg。药物加载的有效量在 99.8%～100.4%,标准偏差(SD)低于 6.0%,根据美国药典说明骨架片中的含药量为均匀的。

表 6-6　亲水性凝胶骨架片(片重为 500 mg)的配方组成和均一性分析

配方	半乳甘露聚糖 /(%)	黄原胶 /(%)	茶碱 /(%)	乳糖 /(%)	片重 /mg*	密度 /(g/cm³)*	回收率 /(%)*
G10	10	0	20	70	501.7±2.7	0.997±0.020	100.3±1.7
GX7∶3	7	3	20	70	504.3±2.1	1.001±0.021	100.1±1.6
GX5∶5	5	5	20	70	505.5±2.8	1.000±0.019	99.9±0.9
GX3∶7	3	7	20	70	505.1±2.9	1.001±0.022	100.4±1.8
X10	0	10	20	70	503.9±2.8	0.998±0.020	99.8±1.4

注:* 表示数据均为 10 个片剂测定的平均值±标准偏差(SD)。

2. 体外溶出度

对基于皂荚半乳甘露聚糖和黄原胶作为缓释材料的不同配方的亲水性凝胶骨架片的缓释性能进行测定。在初始 2 h 骨架片放置在 0.1 mol/L 的盐酸中,之后转移至 pH 值为 6.8 的磷酸盐缓冲溶液中放置 4 h。在溶出度实验总共进行 6 h 后,向溶出介质中加入 β-甘露聚糖酶,使酶浓度达到 0.2 U/mL。当暴露到溶出介质中后,亲水性聚合物骨架从边缘向片芯逐渐水合形成凝胶层。药物从骨架片基质中扩散至水介质的过程取决于外层凝胶层的厚度。在初始阶段,药物的释放是由于骨架片表层药物的溶解以及聚合物水合形成凝胶层所需的时间延迟。

骨架片的累积药物——茶碱体外释放作用时间的函数如图 6-21 所示。从药物释放曲线看,配方 G10 的茶碱释放速率最高,其次为 X10。与一元骨架配方相比,基于皂荚多糖和黄原胶二元混合物的药物缓释系统表现出更好的药物控制释放性能,这说明聚合物间存在协同相互作用。半乳甘露聚糖与黄原胶的比例分别为 7∶3、5∶5 和 3∶7。在这 3 种基于二元混合物骨架的配方中,药物释放速率随皂荚半乳甘露聚糖所占比例升高而下降。在溶出度测定实验进行 24 h 后,一元骨架配方 G10 和 X10 中茶碱的累积释放量分别为 91.4% 和 87.7%,在二元骨架配方 GX7:3、GX5:5 和 GX3:7 中茶碱的累积释放量分别为 75.5%、78.2% 和 80.95%。因此,当皂荚多糖与黄原胶在骨架片中以 7:3 比例混合时表现出最为持续的药物释放,即两者间表现出最强的协同相互作用。

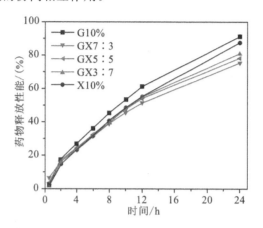

图 6-21　皂荚多糖和黄原胶亲水性凝胶骨架片中茶碱的体外释放曲线

骨架片药物释放曲线的差异可能是由于基质中亲水聚合物的水合性能和分子(包括分子间和分子内)相互作用不同。多糖胶高度水合与同步膨胀会导致药物扩散路径变长从而降低药物释放速率。聚合物间通过强的协同相互作用会形成紧实的网络结构,从而延迟溶解药物的释放。在本实验的 pH 值范围中,茶碱为可溶性药物,因此它从水凝胶基质中的释放取决于聚合物的溶胀和溶解/溶蚀。在溶出度测定 2~12 h 内,所有配方的药物释放速率均接近恒定,这意味着聚合物的溶胀和溶蚀之间具有同步性从而使凝胶层厚度维持恒定。

3. 药物释放动力学

将骨架片中茶碱的体外释放数据进行不同模型拟合,以得到可能的药物释放机制。使用的 Korsmeyer-Peppas 方程(幂律定律),如下式所示:

$$\frac{M_t}{M_\infty} = kt^n \tag{6-2}$$

式中:$\dfrac{M_t}{M_\infty}$——药物在时间 t 时的累积释放分数;

　　　k——释放速率常数,与剂型的结构和几何性质相关;

　　　n——释放指数,取决于聚合物的溶胀特性和溶胀前沿上的弛豫速率。

将药物释放数据代入式(6-2)中进行拟合得到的 n 值可将药物的释放描述为某一种释放机制。配方的 n 值小于 0.5,说明为 Fick 扩散机制,由于化学势梯度药物发生常规分子扩散。当配方的 n 值范围为 $0.5<n<1.0$ 时,表明体系为非 Fick 扩散。当 $n>1.0$ 时,药物释放机制属于骨架溶蚀机制,与亲水玻璃态聚合物在水或生物流体中溶胀或溶蚀产生的应力和相转变相关。

在溶胀型骨架片中的药物释放取决于两个步骤:①药物扩散至膨胀的聚合物中;②由于扩散和弛豫机制聚合物基质发生溶胀。对于药物释放符合非 Fick 扩散,即亲水凝胶扩散与溶蚀共同作用的情况,可使用 Peppas-Sahlin 模型[式(6-3)]对药物释放过程中扩散与溶蚀所释放药物量的比例进行定量分析。

$$\frac{M_t}{M_\infty} = k_1 t^m + k_2 t^{2m} \tag{6-3}$$

式中：k_1 和 k_2——动力学常数，分别与 Fick 扩散释放和骨架溶蚀释放有关。

式(6-3)中右侧第一项为 Fick 扩散项(F)，第二项为溶蚀项(R)。m 为 Fick 扩散指数，与片剂的几何形状有关。在本研究中，对于圆柱形的片剂来说常数 m 值为 0.45。

Korsmeyer-Peppas 和 Peppas-Sahlin 模型仅适用于药物释放过程的初期($\frac{M_t}{M_\infty} \leqslant 60\%$)。将 60% 药物随时间的释放数据进行非线性回归拟合，模型拟合所得的参数如表 6-7 所示。

表 6-7 基于皂荚半乳甘露聚糖和黄原胶作为缓释材料骨架片的体外药物释放参数

配 方	Korsmeyer-Peppas 模型：$\frac{M_t}{M_\infty} = kt^n$			Peppas-Sahlin 模型：$\frac{M_t}{M_\infty} = k_1 t^{0.45} + k_2 t^{0.9}$		
	k	n	R^2	k_1	k_2	R^2
G10	0.098	0.73	0.9981	0.061	0.046	0.9991
GX7:3	0.092	0.69	0.9978	0.065	0.034	0.9986
GX5:5	0.094	0.70	0.9974	0.066	0.036	0.9986
GX3:7	0.089	0.73	0.9967	0.056	0.040	0.9984
X10	0.083	0.76	0.9984	0.044	0.045	0.9986

对于本研究中所有的药物缓释体系，Korsmeyer-Peppas 模型［式(6-2)］拟合所得的 n 值在 0.69～0.76 范围内（表 6-7），这表明亲水性凝胶骨架片中茶碱的释放机制为非 Fick 扩散。对于 $k_1 > k_2$ 的情况，药物的释放机制主要是扩散作用；当 $k_2 > k_1$ 时，药物的释放主要归结于基质溶胀；在 $k_1 \approx k_2$ 的情况下，药物的释放机制为扩散和聚合物溶蚀共同作用的结果。由表 6-7 可以看出，对于除 X10 外所有的配方，药物的释放过程主要是通过 Fick 扩散作用。在 X10 中，茶碱的释放为 Fick 扩散和聚合物骨架溶蚀共同作用的结果。由于 Fick 扩散机制实现的药物释放量可通过式(6-4)计算出来：

$$F = \frac{1}{1 + k_2/k_1 t^m} \tag{6-4}$$

骨架溶蚀(R)与 Fick 扩散(F)的比例可从公式(6-5)中计算得出：

$$\frac{R}{F} = \frac{k_2 t^m}{k_1} \tag{6-5}$$

Fick 扩散作用所占的比例和 R/F 值作为药物释放量的函数见图 6-22。如图 6-22 所示，在药物释放初期 Fick 扩散机制占主要地位，之后骨架溶蚀作用逐渐变为主导机制。在整个溶出度测定实验中，均存在聚合物骨架溶蚀释放机制。一般来说，片剂的 n 值越高，溶蚀作用所占药物释放的比例也就越高。由表 6-7 可以看出，X10 配方中的 n 值最大为 0.76，因此骨架溶蚀释放在其体系中的作用最大，这与 Peppas-Sahlin 模型拟合的结果一致(X10 的 $k_2 > k_1$)。对于配方 GX7:3($n = 0.69$)，Fick 扩散机制在茶碱的释放中发挥主要作用。

4. 吸水性

起初，由溶胀性聚合物组成的亲水性凝胶骨架片呈干燥玻璃态。当暴露于水介质中时，骨架片中的亲水性聚合物开始吸水，发生水合与膨胀，导致片剂重量上升并形成三个区域，即凝胶层、浸润层和干玻璃态核心。以初始干重为基础，由公式(6-6)计算得出骨架片的重量增加百分比。

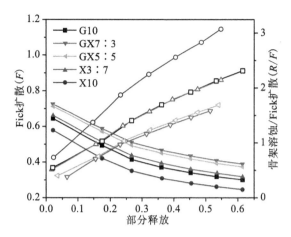

图 6-22　Fick 扩散（F，实心符号）和骨架溶蚀/Fick 扩散（R/F，空心符号）
机制在骨架片 60%药物释放过程中所占比例

$$重量增加百分比（\%）= \frac{W_t - W_0}{W_0} \times 100\% \quad (6\text{-}6)$$

式中：W_0——片剂的初始干重；

　　W_t——时间 t 时片剂的湿重。

在溶出度测定过程中，片剂的重量增加情况（初始干重）如图 6-23 所示。骨架片 G10、GX7∶3、GX5∶5、GX3∶7 和 X10 达到的最大湿重分别为相应初始干重的 248%、478%、541%、593%和 648%。配方 X10 表现出优良的吸水能力和持水能力。G10 在 10 h 时达到最大片剂重量（248%），而在 24 h 时其湿重下降至 217%，这说明聚合物发生了溶蚀。

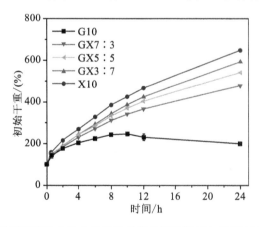

图 6-23　在溶出度测定实验中亲水性凝胶骨架片的重量增加情况（初始干重的百分数）

5. 径向膨胀和形态学研究

在本研究中，骨架片从一接触到溶出介质即开始吸水溶胀形成凝胶基质。暴露在水中一段时间后，骨架片形成的三个区域变得肉眼可辨。在药物释放过程中，对膨胀骨架片的形态学变化包括径向尺寸和三区域的形成进行观察和拍照。如图 6-24 所示，在溶出度测定实验进行 2 h、6 h、12 h 和 24 h 后，G10、GX7∶3 和 X10 骨架片溶胀形成三个区域。当被放置于液体介质中后，所有配方的骨架片迅速溶胀，导致片剂的尺寸逐渐增大。在水合 6 h 后，由于溶解装置造成的水动力应力，G10 开始失去完整性。然而，GX7∶3 和 X10 在溶出度测定结束时（24

h)仍保持有较好的完整性。水凝胶由于各向同性膨胀具有维持骨架片原始形状的能力,正因为这一原因,溶胀只改变片剂的尺寸而不使其变形。

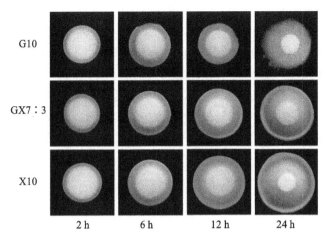

图 6-24　在溶出度测定过程中 2 h、6 h、12 h 和 24 h 时骨架片 G10、GX7∶3 和 X10 的照片

径向膨胀率可表示为溶胀直径尺寸与原始尺寸的百分比,通过式(6-7)进行计算:

$$径向膨胀率(\%) = \frac{D_t - D_0}{D_0} \times 100\% \tag{6-7}$$

式中:D_0——骨架片的初始直径;

D_t——骨架片在时间 t 时的直径尺寸。

在溶出度测定实验过程中,骨架片的径向膨胀如图 6-25 所示。骨架片的尺寸会受到溶胀速率和溶解/溶蚀速率的影响。聚合物的溶胀没有滞后时间,这说明多糖胶迅速水合形成明显的凝胶-溶液边界。由图 6-25 可以看出,在 12 h 时 G10 片剂达到恒定的直径尺寸,由于聚合物溶胀和溶解/溶蚀同步进行。X10 片剂表现出直径尺寸的迅速增加,说明它具有迅速水合和溶胀的能力。由图 6-25 可以看出,在 6～12 h 内,由于亲水性凝胶骨架片的外缘发生溶解/溶蚀导致 G10 的直径出现下降。在溶蚀型释放中,包含药物分子的新鲜表面逐渐暴露到液体当中,导致药物迅速释放。

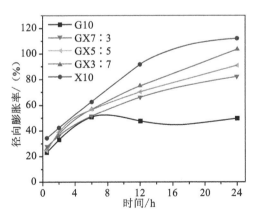

图 6-25　在溶出度测定实验过程中不同配方的亲水性凝胶骨架片的径向膨胀情况

通过研究骨架片的区域厚度变化情况来获得药物溶解机制的信息。水扩散进入骨架片中,使基质分为三个明显的区域:凝胶层(软橡胶状,具有较高的含水量)、浸润层(结实橡胶状,中度溶胀)和玻璃态区(干燥玻璃态,零或低含水量)。由片芯至片剂边缘,基质的含水量逐渐增加,这是影响药物释放的基本机制。归一化的区域厚度随时间的变化如图 6-26 所示。聚合物基质水合达到完全溶胀的速率过低会导致聚合物溶解/溶蚀的过程受吸收水分步骤所限制。本研究的结果与特定区域的时间演化模型相一致。起初,浸润层和凝胶层的厚度几乎呈线性增加。大约 2 h 后,浸润层和凝胶层的膨胀速率开始下降。之后当干燥的玻璃态核心消失时,浸润层的厚度达到最大值。模型预测:在此之后浸润层的厚度将会下降直至最终消失,同时凝胶层厚度会逐渐增加。图 6-26 表明,配方 X10 的浸润层厚度在 12～24 h 内出现下降。在溶出度实验进行 12～24 h 内的某一特定时间点,X10 骨架片达到完全润湿,与此同时它的浸润层达到最大厚度。在此之后,浸润层继续溶胀形成凝胶网络结构,导致浸润层厚度减小、凝胶层厚度增加。

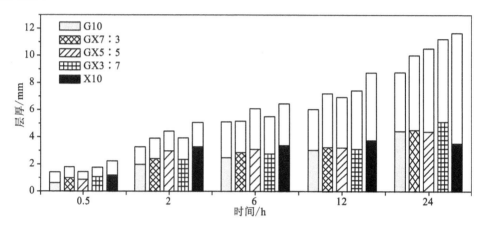

图 6-26 在溶出度测定实验过程中骨架片凝胶层厚度(上方条形)和浸润层厚度(下方条形)的变化

6.5.5 皂荚多糖胶与黄原胶二元凝胶骨架材料的缓释性能

亲水性凝胶骨架片为口服缓释制剂中常见的一个类型。此类骨架片的主要组成是亲水性聚合物。当与水接触后,亲水性聚合物发生溶胀并形成凝胶层,凝胶层可作为药物扩散的屏障。亲水性凝胶骨架片中药物的释放过程包括:溶剂渗透至干燥基质中、聚合物发生凝胶化、药物溶解及药物通过凝胶层扩散。随后,骨架片的外层完全水合并发生溶解,这一过程通常被称为溶蚀。为获得口服控释制剂期望的血浆药物浓度变化曲线和临床效果,片剂的溶蚀是药物释放的一个关键属性。药物释放的过程可通过凝胶层扩散和/或骨架片溶蚀来实现。

多糖在结肠生理环境中精确的活性使其在结肠靶向给药系统的应用中蕴含着巨大的潜力,因为多糖具有优良的位点特异性,能够满足期望的治疗效果。多糖可被结肠菌群所代谢,而且具有无毒、亲水、可形成凝胶、生物可降解、价廉、丰富易得等多种优点,因此将其作为结肠定向药物输送的载体方面的研究已经受到了广泛的关注。半乳甘露聚糖是一种线型杂多糖,在结构上甘露糖通过 β-1,4-糖苷键连接形成主链,单个半乳糖残基通过 α-1,6-糖苷键与主链上的甘露糖基相连形成支链。目前,由于其药物缓释性能和对结肠微生物降解的敏感性,半乳甘露聚糖被用作结肠靶向给药载体。

皂荚多糖胶是一种天然半乳甘露聚糖,存在于中国传统植物皂荚(*Gleditsia sinensis* Lam.)的种子中,在之前的研究中已经将皂荚多糖胶用于药物的控制释放中。当暴露在胃肠道环境(gastro-intestinal tract,GIT)模拟介质时,基于皂荚多糖胶及其与黄原胶的二元混合物的亲水性凝胶骨架片表现出水合和溶胀,之后药物从内核中持续扩散至溶出介质中。聚合物基质的组成具有决定药物释放机制的重要作用。改变皂荚多糖与黄原胶在骨架片中两者的比例,可提高片剂凝胶层强度,此后水分进入干玻璃态核心的渗透速率减慢。根据我们之前的研究结果,皂荚多糖与黄原胶的比例固定在 7∶3 时可以获得最好的缓释性能。

药物从骨架片中释放的滞后时间通常依赖于两个因素:溶胀、溶解或溶蚀造成的屏障层减小速率和溶液向片芯渗透的速率。另一方面,骨架片的药物释放性能还取决于其所处的环境。胃肠道中不同的环境条件会潜在地影响亲水性凝胶骨架片的溶胀与溶蚀,从而改变药物释放速率。为了深入了解骨架片的体外药物释放性能,对溶出介质的影响进行研究是非常有必要的。

1. 骨架片的体外药物释放性能

1) 药物释放动力学

为研究药物的释放机制,本研究中体外药物释放的数据使用 Korsmeyer-Peppas 和 Peppas-Sahlin 模型进行拟合,这两个模型仅适用于药物释放的初期阶段($\frac{M_t}{M_\infty} \leqslant 60\%$)。Korsmeyer-Peppas 方程(幂律定律)如下式所示:

$$\frac{M_t}{M_\infty} = kt^n \tag{6-8}$$

式中:$\frac{M_t}{M_\infty}$——在时间 t 时的药物释放百分比;

k——动力学常数,与剂型的结构和几何性质有关;

n——用于指示药物的释放机制类型的指数。

药物由于化学势梯度进行常规分子扩散时属于 Fick 扩散机制。由于水凝胶产生的应力和相转变而实现的药物释放属于骨架溶蚀机制。幂律模型被认为是 Fick 扩散和骨架溶蚀协同作用。当 $n<0.5$ 时为 Fick 扩散类型;当 $n>1.0$ 时为骨架溶蚀机制;当 $0.5<n<1.0$ 时属于非 Fick 扩散机制。

溶胀型基质中药物的释放取决于两个过程:①药物分子扩散至溶胀的聚合物中;②由于扩散和弛豫机制聚合物基质发生溶胀(Jelvehgari 等,2011)。为评价在非 Fick 转运过程中扩散机制和骨架溶蚀机制所占的比例,将实验数据进行 Peppas-Sahlin 模型拟合。Peppas-Sahlin 方程如下式所示:

$$\frac{M_t}{M_\infty} = k_1 t^m + k_2 t^{2m} \tag{6-9}$$

式中:k_1 和 k_2——动力学常数,分别与 Fick 扩散释放和骨架溶蚀释放相关。

公式(6-9)中右侧第一项为 Fick 扩散项(F),第二项为溶蚀项(R)。系数 m 为具有一定几何形状的缓释剂型的 Fick 扩散指数。在本研究中剂型均为圆柱形骨架片,常数 m 值为 0.45。通过 Fick 扩散机制实现的药物释放百分比可使用公式(6-10)进行计算。

$$F = \frac{1}{1 + \frac{k_2 t^m}{k_1}} \tag{6-10}$$

在药物释放过程中,骨架溶蚀机制与 Fick 扩散机制所释放药物量的比例可通过公式(6-11)进行计算。

$$\frac{R}{F} = \frac{k_2 t^m}{k_1} \tag{6-11}$$

根据所得参数 k_1 和 k_2 的值可计算出 R/F 之值,因此可以推导出非 Fick 扩散中的主要药物转运机制。

2）吸水性和溶蚀性测定

在亲水性凝胶骨架片中,聚合物经过溶胀后在溶胀前沿和溶蚀前沿之间形成明显的凝胶层。骨架片的药物释放过程为药物扩散出凝胶层和聚合物溶蚀的组合。聚合物的溶胀性对骨架片的溶蚀特性有影响。在骨架片的边缘,当聚合物稀释至不再具有完整性时将被溶解或溶蚀,即发生聚合物溶解/溶蚀现象。在体外溶出度测定实验中,使用重量法对骨架片的水合速率和溶蚀速率进行测定,并与片剂的药物释放性能进行关联。将称重过的骨架片分别放入酸阶段介质、缓冲阶段介质和两阶段介质中。在特定的时间点（0.5 h、2 h、6 h、12 h 和 24 h）下,从溶出介质中取出骨架片,用滤纸吸干多余溶液后称量并记录片剂湿重,然后在 60 ℃ 烘箱中干燥至恒重并称量。进行三次平行实验,在每一时间点使用新的骨架片样品。在初始干重基础上骨架片重量的增加率使用公式（6-12）进行计算。以发生溶蚀的骨架片的干重为基础,使用公式（6-13）计算片剂的吸水率。骨架片的累积溶蚀率可通过公式（6-14）计算得出。

$$重量增加率（\%）= \frac{W_t - W_i}{W_i} \times 100\% \tag{6-12}$$

$$吸水率（\%）= \frac{W_t - W_f}{W_f} \times 100\% \tag{6-13}$$

$$溶蚀率（\%）= \frac{W_i - W_f}{W_i} \times 100\% \tag{6-14}$$

式中：W_i——骨架片的初始干重；

$\quad W_t$——时间 t 时骨架片的湿重（吸水重量）；

$\quad W_f$——时间 t 时同一骨架片发生溶蚀后的干重。

3）统计学分析

使用软件 Minitab(R)15.1 对实验数据的统计学意义进行单因素方差分析（one-way analysis of variance,ANOVA）和 t-检验,显著性水平为 95%。p 值被用来检验由溶出介质或聚合物基质组成导致的显著性差异。当 $p < 0.05$ 时,表明存在显著性差异。

4）形态学表征

当接触到溶解液后,亲水性凝胶骨架片的结构会发生形态学变化。在酸阶段介质、缓冲阶段介质和两阶段介质中的药物释放过程中,在不同的时间点（0.5 h、2 h、6 h、12 h 和 24 h）下将骨架片从溶液中取出,之后使用数码显微镜相机进行拍照。使用软件 Image Analyzer 1.33 版本对骨架片直径和凝胶层厚度的形态学变化进行研究,以获得聚合物吸水溶胀和凝胶层形成的情况。根据公式（6-15）,径向膨胀率可以表示为骨架片膨胀后的直径与初始直径的百分比。

$$径向膨胀率（\%）= \frac{D_t - D_i}{D_i} \times 100\% \tag{6-15}$$

式中：D_i——骨架片的初始直径；

$\quad D_t$——时间 t 时骨架片的直径。

亲水性凝胶骨架片的表面粗糙度和多孔通道的形成是控制药物扩散的重要因素。使用扫描电子显微镜（SEM）观察在每个时间点取出的干燥骨架片样品的表面和截面。在高真空蒸发器小型离子溅射仪上,在氩气环境下对所有的 SEM 样品表面溅射黄金涂层,之后在不同放大倍数下进行观察。

2. 皂荚多糖胶与黄原胶二元凝胶骨架材料的性能

1) 体外溶出度

骨架片 G10、GX7：3 和 X10 分别在酸阶段介质（Acid）、缓冲阶段介质（Buffer）和两阶段介质（Two-stage）中的药物释放曲线如图 6-27 所示。由于所处的溶解环境不同，骨架片中的药物释放也变得不同。在酸性介质中，三种配方骨架片的药物释放曲线比较类似，而在缓冲液介质和两阶段介质中三种骨架片表现出不同的药物释放曲线。在酸阶段介质中药物的释放速率较高，在 24 h 后片剂中加载的所有药物几乎全部释放到了溶出液中。在这三种溶出介质中，骨架片的药物释放率以降序排列为：G10＞X10＞GX7：3。在 USP 两阶段溶出度实验中 24 h 时，骨架片 G10、GX7：3 和 X10 的累积药物释放率分别为 91.4%、75.5% 和 87.7%。

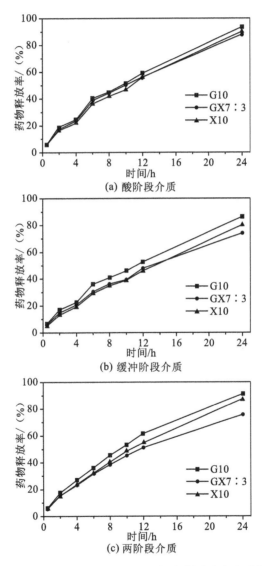

图 6-27 在三种不同的溶出介质中（酸阶段介质、缓冲阶段介质和两阶段介质）
骨架片 G10、GX7：3 和 X10 的体外药物释放曲线

皂荚多糖和黄原胶二元混合物在表观黏度和凝胶强度上存在协同增效相互作用。多糖间的正协同相互作用有利于形成更为结实和黏性的凝胶层，能够抵抗药物扩散和聚合物溶蚀，从

而阻滞药物的释放。在这三种骨架片配方中，GX7∶3 二元骨架体系表现出最好的药物控制释放性能，这证实了半乳甘露聚糖和黄原胶在亲水性凝胶骨架片中存在协同相互作用。

2) 药物释放动力学

将 60％药物释放的数据与时间进行非线性回归 Korsmeyer-Peppas 和 Peppas-Sahlin 模型拟合，得到的参数分别列于表 6-8 和表 6-9 中。由表 6-8 可以看出，对于所有的药物缓释体系 Korsmeyer-Peppas 模型公式(6-8)拟合得到的 n 值在 $0.64 \sim 0.73$ 范围内，这表明药物释放机制为非 Fick 扩散。一般而言，骨架片在缓冲阶段介质中表现出较低的 n 值，这说明与酸阶段介质和两阶段介质中的骨架片相比，其药物释放机制更为接近 Fick 扩散。

表 6-8 在三种不同的溶出介质中皂荚多糖和黄原胶二元亲水性凝胶骨架片的体外药物释放数据的 Korsmeyer-Peppas 模型拟合参数

Korsmeyer-Peppas 模型：$\dfrac{M_t}{M_\infty} = kt^n$

配方	酸阶段介质			缓冲阶段介质			两阶段介质		
	k	n	R^2	k	n	R^2	k	n	R^2
G10	0.099	0.73	0.9912	0.104	0.65	0.9915	0.098	0.73	0.9981
GX7∶3	0.104	0.69	0.9919	0.092	0.65	0.9959	0.100	0.64	0.9982
X10	0.095	0.71	0.9940	0.082	0.69	0.9954	0.092	0.70	0.9981

表 6-9 在三种不同的溶出介质中皂荚多糖和黄原胶二元亲水性凝胶骨架片的体外药物释放数据的 Peppas-Sahlin 模型拟合参数

Peppas-Sahlin 模型：$\dfrac{M_t}{M_\infty} = k_1 t^{0.45} + k_2 t^{0.9}$

配方	酸阶段介质			缓冲阶段介质			两阶段介质		
	k_1	k_2	R^2	k_1	k_2	R^2	k_1	k_2	R^2
G10	0.074	0.040	0.9866	0.078	0.032	0.9890	0.061	0.046	0.9993
GX7∶3	0.077	0.037	0.9845	0.065	0.029	0.9926	0.065	0.034	0.9989
X10	0.059	0.040	0.9896	0.051	0.033	0.9940	0.044	0.045	0.9989

Peppas-Sahlin 模型被用于评价 Fick 扩散作用和骨架溶蚀作用在非 Fick 扩散机制中所占的比例。在 Peppas-Sahlin 方程中，当 $k_1 > k_2$ 时表明 Fick 扩散为主导释药机制；当 $k_2 > k_1$ 时表明药物的释放主要归功于聚合物基质的溶胀；在 $k_1 \approx k_2$ 的情况下，药物的释放机制为扩散和聚合物弛豫/溶蚀的共同作用。由表 6-9 可以看出，除了 X10 骨架片在两阶段介质中的情况下，对于其他所有的释药体系模型拟合所得的 k_1 值均显著高于 k_2 值（$P < 0.05$，t-检验）。这说明除 X10 外的所有骨架片中的药物释放过程均以 Fick 扩散机制为主导，在 X10 中的药物释放机制为非 Fick 扩散，即 Fick 扩散和聚合物骨架溶蚀协同作用。在酸阶段介质、缓冲阶段介质和两阶段介质这三种不同的介质中，骨架片的 k_2 值具有显著性差异（$P < 0.05$，ANOVA）。另一方面，骨架片 G10、GX7∶3 和 X10 的聚合物组成对模型拟合得到的 k_1 值具有显著性差异（$P < 0.05$，ANOVA）。从实验结果可以得出结论：溶出介质影响聚合物溶胀和弛豫/溶蚀，而聚合物组成对于决定药物的扩散释放具有重要作用。这样的结果是合理的，因为聚合物水合、溶胀和溶解依赖于接触的溶出介质，而凝胶网络结构和多孔通道的形成取决于聚合物骨架的

组成。

如图 6-28 所示,骨架溶蚀释放与 Fick 扩散释放的比值(R/F)作为药物释放率的函数。由图 6-28 可以看出,药物释放的初始阶段为 Fick 扩散机制占主导地位,同时聚合物溶蚀作用随时间逐渐增加,之后骨架溶蚀成为药物释放的主导机制。在整个溶出度实验中均存在聚合物骨架溶蚀药物释放作用。通常,骨架溶蚀释放在具有较高 n 值的骨架片药物释放过程中所占比例较大(表 6-8)。对于三种溶出介质中的 R/F 曲线,X10 中骨架溶蚀释放机制所占比例要高于 G10 和 GX7:3。X10 骨架片在两阶段介质中表现出最高比例的骨架溶蚀作用,这与 Peppas-Sahlin 模型拟合的结果相一致(见表 6-9 中 $k_2 > k_1$)。对于二元聚合物骨架体系 GX7:3,在药物释放过程中其 R/F 值相对较低,说明 Fick 扩散释放为主要作用机制。

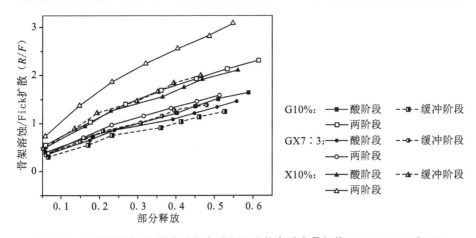

图 6-28　在酸阶段介质、缓冲阶段介质和两阶段介质中骨架片 G10、GX7:3 和 X10 的骨架溶蚀/Fick 扩散比例(R/F)随 60%药物释放的变化曲线

3) 吸水性能

在酸阶段介质、缓冲阶段介质和两阶段介质中,骨架片的重量增加率和吸水率曲线如图 6-29 所示。当与水介质相接触后,骨架片中的亲水性聚合物将吸水,发生水合和溶胀,导致凝胶层的形成和重量增加。由图 6-29(a)可以看出,骨架片的湿重逐渐增加至最大值,之后出现下降。骨架片在溶出度实验的后期出现湿重的下降说明聚合物发生了溶解/溶蚀。与 G10 和 GX7:3 相比,溶出介质进入至 X10 骨架片基质中的渗透速率较高。图 6-29(b)表明,从溶出度实验开始至结束(24 h),骨架片的水合速率呈逐渐上升趋势。本研究中的所有聚合物体系均表现出高的水合能力和溶胀能力,并且由于它们在酸性 pH 值下具有较高的溶胀性/溶解性,因而骨架片在酸阶段介质中的吸水率较高。配方 X10 具有优良的吸水能力和持水能力。统计学分析表明溶出介质对亲水性凝胶骨架片的吸水性具有显著性影响($P < 0.05$,ANOVA)。

4) 溶蚀性能

骨架片在不同溶出介质中的体外溶蚀性能如图 6-30 所示。在 24 h 后,骨架片在三种不同溶出介质中的累积溶蚀率在 79.3%～98.5%范围内。在这三种溶出介质中,骨架片在酸阶段介质中的体外溶蚀率最高,这与图 6-27 中所示在酸性环境下药物释放速率最高的结果相一致。在 USP 两阶段溶出度实验中,24 h 后骨架片 G10、GX7:3 和 X10 的累积溶蚀率分别为 89.7%、79.5%和 79.3%。对于 GX7:3 骨架片,半乳甘露聚糖和黄原胶之间的相互作用会使形成的凝胶层更为坚固,从而妨碍溶出介质的进一步渗入,显著减慢溶蚀过程的进行。在溶出度实验结束时,聚合物基质几乎完全溶解于溶出介质中,同时也实现了全部加载药物的释

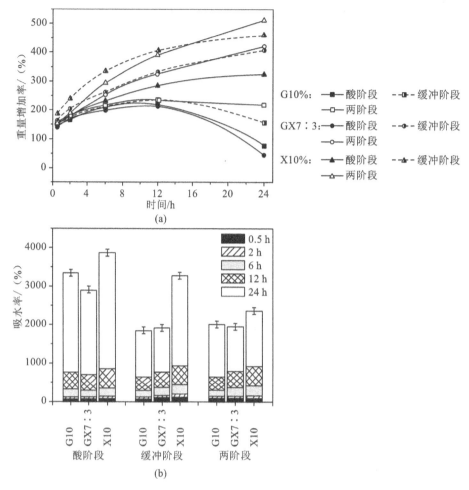

图 6-29　在酸阶段介质、缓冲阶段介质和两阶段介质中骨架片 **G10**、**GX7∶3** 和 **X10** 的重量
增加率(骨架片初始干重的百分数)和吸水率(溶蚀骨架片干重的百分数)

放,这说明在药物释放的后期阶段主要依赖于骨架片的溶蚀。对药物释放动力学的表征能够
反映出可溶蚀骨架片中的药物释放机制。骨架片在酸阶段介质、缓冲阶段介质和两阶段介质
中的溶蚀性能具有显著性差异($P<0.05$,ANOVA)。结合图 6-27、图 6-29 和图 6-30,可以证
实溶胀和溶蚀对于亲水性凝胶骨架片的药物释放具有重要影响。

5) 径向膨胀率

起初,基于溶胀性亲水性聚合物的骨架片呈干燥玻璃态。当暴露在水介质中时,骨架片中
的聚合物将会吸水发生水合和溶胀。水分渗入玻璃态聚合物中会产生应力,之后聚合物分子
会通过增加回转半径和末端距来适应这一应力,从宏观上被视为"聚合物基质的溶胀"。水分
渗入骨架片将基质分为三个明显区域:凝胶层(柔软橡胶状,具有较高含水量)、浸润层(中度溶
胀的结实橡胶状)和玻璃态片芯(干燥玻璃态,零或低含水量)。在骨架片的水合过程中,可以
观察到三个区域前沿的移动,也就是溶胀前沿(聚合物玻璃态-橡胶态转变前沿)、扩散前沿(固
态药物-溶液态药物转变前沿)和溶蚀前沿(骨架片-溶出介质边界)。

在骨架片润湿过程中,通过研究区域厚度的变化可得到药物溶解的机制。扩散前沿与溶
蚀前沿之间的距离为凝胶层厚度,凝胶层中为溶液态药物。在药物控释中,凝胶层具有重要的

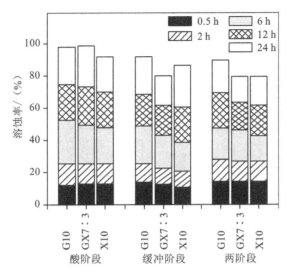

图 6-30　在酸阶段介质、缓冲阶段介质和两阶段介质中骨架片 G10、GX7∶3 和 X10 的溶蚀性能

作用。在溶出度实验的特定时间点,对于骨架片的形态学变化包括径向尺寸和凝胶层的形成进行观察和拍照。在溶出度测定实验中,骨架片径向膨胀率(即溶蚀前沿的直径)和凝胶层厚度(即扩散前沿和溶蚀前沿间的距离)的变化如图 6-31 所示。本研究中的所有配方均经过一个迅速和各向同性溶胀的过程。由图 6-31 可以看出,在不同溶出介质中骨架聚合物迅速吸水形成凝胶层,并且凝胶层厚度随溶解时间延长而逐渐增加,即药物扩散路径逐渐延长。聚合物能够迅速水合形成凝胶层来阻止最初骨架片的药物突释是聚合物的一项重要性质。

由图 6-31(a)可以看出,在酸性环境下,所有配方的骨架片均在 6 h 时达到最大径向膨胀度,随后片剂直径开始下降。在强酸溶液中,亲水性聚合物将被断链降解造成平均相对分子质量和黏度的下降。在酸性介质中,聚合物基质达到最大膨胀度的水合速率较高,这会导致 6 h 后药物的释放受骨架溶蚀所控制。在溶蚀释放时,包含有药物分子的新鲜基质表面逐渐暴露到溶出介质中,导致药物快速释放。骨架片的外观尺寸受膨胀速率和溶解/溶蚀速率的影响。当聚合物的膨胀速率与溶解/溶蚀过程同步时,骨架片达到平衡溶胀度。在这三种骨架片中,X10 表现出最显著的径向膨胀,这表明黄原胶具有很好的水合和膨胀性能。径向膨胀照片分析的结果与重量法得到的结果相一致,X10 亲水性凝胶骨架片出现最大的径向膨胀率,同时也具有最高含水率。

6) 形态学研究

在体外溶出度实验中,骨架片 G10、GX7∶3 和 X10 在三种不同溶出介质中的表面和截面 SEM 图像如图 6-32 所示。在酸阶段介质中进行药物释放 6 h 后,GX7∶3 骨架片的表面呈现出许多簇状短纤维(图 6-32(a)),可能是由于表面药物分子的释放以及表面溶蚀的结果。当放置于缓冲溶液中 6 h 后,GX7∶3 骨架片表现出不同的表面形态,表面呈长纤维束状(图 6-32(b))。对于 GX7∶3 骨架片在两阶段溶出度测定实验中 6 h 后的情况(图 6-32(c)),片剂表面具有类似的纤维束,但是纤维束的长度与图 6-32(b)相比稍短。将图 6-32(a)和图 6-32(c)进行比较可以得出骨架片的表面溶蚀情况。由于多孔通道的形成,水溶性聚合物基质的溶解/溶蚀随水分渗入片芯而逐渐加速,导致药物的释放速率加快。

填充剂乳糖具有很高的水溶性,因此它的溶解可以在通道上产生很多充满液体的小孔,促进溶出介质的渗入和药物的释放。药物分子可通过化学或物理作用吸附在孔隙表面,之后从水凝胶孔隙表面扩散至孔内。因此,对多孔通道进行形态分析对于研究药物的释放机制是至

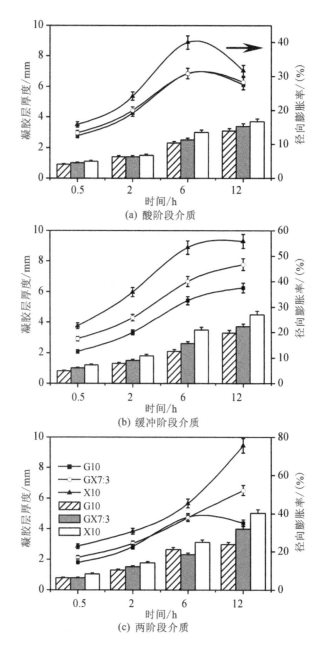

图 6-31　在酸阶段介质、缓冲阶段介质和两阶段介质中骨架片
G10、GX7∶3 和 X10 的径向膨胀率和凝胶层厚度

关重要的。由图 6-32(d)和图 6-32(f)可以看出,GX7∶3 骨架片的截面 SEM 图中显示出很多孔存在于凝胶层中。如图 6-32(e)所示,溶胀型亲水性凝胶骨架片中形成了规则的通道,并且在通道壁上存在很多小孔。由图 6-32(g)和图 6-32(i)可以看出骨架片中孔径和孔数量的差异。在两阶段介质中放置 6 h 后,GX7∶3 骨架片的截面图相对比较均一,上面分布有很多的小孔(图 6-32(h))。骨架片溶胀可以通过毛细管溶胀和分子溶胀的方式发生。在图 6-32(g)中 G10 的截面图表明其中存在大的孔隙,这是由于帮助水分渗入的毛细管压力较低从而使基质产生气泡。在大尺寸网格通道的非均匀凝胶中,药物扩散通过凝胶层的速率较快,因此药物

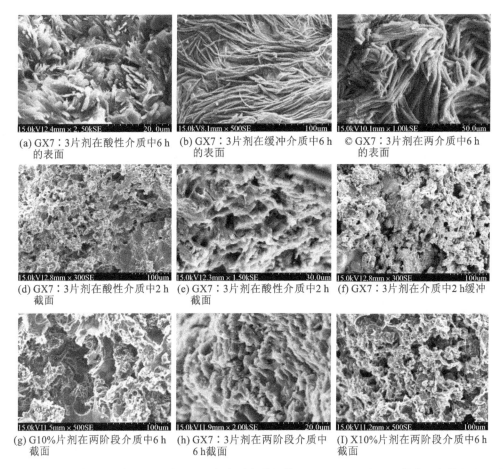

(a) GX7：3片剂在酸性介质中6 h
的表面

(b) GX7：3片剂在缓冲介质中6 h
的表面

© GX7：3片剂在两介质中6 h
的表面

(d) GX7：3片剂在酸性介质中2 h
截面

(e) GX7：3片剂在酸性介质中2 h
截面

(f) GX7：3片剂在介质中2 h缓冲

(g) G10%片剂在两阶段介质中6 h
截面

(h) GX7：3片剂在两阶段介质中
6 h截面

(I) X10%片剂在两阶段介质中6 h
截面

图 6-32　在酸阶段介质、缓冲阶段介质和两阶段介质中骨架片 G10、GX7：3 和 X10 的表面和截面 SEM 图像

的释放速率也较快。SEM 的形态学观察结果与药物释放的结果相一致,这三种骨架片的药物释放速率以降序排列为:G10＞X10＞GX7：3。

可见,皂荚多糖胶可以用作亲水性凝胶骨架片中的骨架材料,骨架材料含量对水溶性药物茶碱缓释性能有影响。骨架片配方中半乳甘露聚糖(骨架材料)的含量分别为 5％、10％ 和 15％,将所对应的片剂分别称为 G5,G10 和 G15。制备的亲水性凝胶骨架片为白色,统一具有 12 mm 直径和 4.5 mm 厚度,片重为 500 mg,无水茶碱的含量为 100 mg/片,骨架片的载药量为均一的,片剂中的药物含量的回收率在 98.7％～100.3％范围内。

体外溶出度测定实验表明载药体系均对茶碱具有缓释作用。茶碱的释放速率随骨架片中半乳甘露聚糖含量的上升而下降。片剂 G10 和 G15 具有相似的药物释放曲线,且与配方 G5 相比,它们的药物释放过程更为持续平缓。骨架片中多糖胶的含量越高,多糖胶的水合程度和溶胀度越大,导致药物扩散路径变长,从而使药物释放速率降低。皂荚半乳甘露聚糖在亲水性凝胶骨架片中是一种优良的缓释材料,可用于结肠靶向药物输送,且相对其他类似材料,在皂荚多糖胶用量更低的条件下即具有类似的缓释性能。

当接触到溶出度测定介质时,所有骨架片均发生吸水溶胀,表现出溶胀型骨架片典型的形态变化行为。G15 和 G10 表现出比 G5 更高的溶胀性和更强的吸水性。骨架片的凝胶层具有刚性和弹性结构,亲水性凝胶骨架片由于各向同性溶胀仅尺寸发生改变而不会发生形变。G15 配方中半乳甘露聚糖的含量最高,因而 G15 片剂呈现出最大的溶胀尺寸和最为持续的药物释放。

　　将药物释放的数据进行幂律模型拟合,表明这三种骨架片中茶碱的释放机制均为非 Fick 扩散。扩散机制在 G10 和 G15 体系的药物释放过程中占主导地位,而在 G5 骨架片中药物的释放主要是通过骨架溶蚀机制进行的。骨架片中凝胶层的强度越高越难发生溶蚀和高分子链解缠聚,并且扩散释药在高强度凝胶体系中作为主导机制。与此相反的是,凝胶强度越低对溶蚀的抵抗力越低,药物分子的释放主要是通过聚合物弛豫和链解缠聚,导致药物释放动力学接近聚合物骨架溶蚀机制。

　　皂荚半乳甘露聚糖(G)和黄原胶(X)的二元混合物可以用作亲水性凝胶骨架片中的缓释材料,两者分别以 7∶3、5∶5 和 3∶7 的比例混合制备出二元亲水性凝胶骨架片。与一元骨架(G 或 X)片剂相比,GX 二元基质表现出较为持续平缓的药物释放性能。GX7∶3 二元体系表现出最为持续的药物释放,其在 24 h 时的药物释放率仅为 75.5%。半乳甘露聚糖和黄原胶之间通过强的协同相互作用会形成紧实的网络结构从而延迟溶解药物的扩散释放。本研究的结果证明,皂荚多糖与黄原胶二元混合物可以作为新型缓释材料应用于结肠定向给药系统中。

　　将体外药物释放的数据分别进行 Korsmeyer-Peppas 和 Peppas-Sahlin 动力学模型拟合,缓释体系均为非 Fick 扩散机制($0.5 < n < 1.0$),并且除 X10 配方外其他所有片剂均以 Fick 扩散机制作为药物释放的主导作用,其中 GX7∶3 二元体系中药物释放的过程最为接近 Fick 扩散机制。在 X10 骨架片中药物的释放过程为扩散和聚合物溶蚀共同作用的结果。在溶蚀型释放中,包含药物分子的新鲜表面逐渐暴露到液体当中,导致药物迅速释放。

　　对骨架片的径向膨胀性能和形态学变化进行表征,使聚合物的水合性能与药物释放相关联。当被放置于液体介质中后,所有配方的骨架片迅速溶胀,导致片剂的尺寸逐渐增大。水凝胶由于各向同性膨胀具有维持骨架片原始形状的能力,正因为这一原因,溶胀只改变片剂的尺寸而不使其变形。骨架片的尺寸会受到溶胀速率和溶解/溶蚀速率的影响。当聚合物溶胀和溶解/溶蚀同步进行时,骨架片达到恒定的直径尺寸。

　　皂荚多糖和黄原胶可以作为骨架材料制备成亲水性凝胶骨架片,在酸阶段介质、缓冲阶段介质和两阶段介质中体外药物释放性能方面有显著差异。在酸阶段介质中药物的释放速率最高,且三种配方骨架片的药物释放曲线比较相似。在缓冲阶段介质和两阶段介质中,三种骨架片的药物释放速率以降序排列为:G10>X10>GX7∶3。两种多糖间的协同增效作用有利于形成更为结实和黏性的凝胶层,能够抵抗药物扩散和聚合物溶蚀,从而阻滞药物的释放。GX7∶3 二元骨架体系表现出最好的药物控制释放性能,证实了半乳甘露聚糖和黄原胶在亲水性凝胶骨架片中存在协同增效相互作用。

　　药物释放数据通过 Korsmeyer-Peppas 和 Peppas-Sahlin 动力学模型拟合,表明所有体系的药物释放机制为非 Fick 扩散。与酸阶段介质和两阶段介质相比,骨架片在缓冲阶段介质中表现出较低的 n 值,药物释放机制更为接近 Fick 扩散。除 X10 外的骨架片中的药物释放过程均以 Fick 扩散机制为主导,X10 的药物释放为 Fick 扩散和骨架溶蚀协同作用。溶出介质和骨架材料组成对体系的药物释放机制具有显著性影响($P < 0.05$,ANOVA)。溶出介质影响聚合物溶胀和弛豫/溶蚀,而骨架材料组成对于药物的扩散释放具有重要作用。聚合物骨架均表现出高的水合能力和溶胀能力,并且在酸性 pH 值作用下具有较高的溶胀性/溶解性,因而在酸阶段介质中骨架片的吸水率最高。配方 X10 具有优良的吸水能力和持水能力。统计分析表明,溶出介质对亲水性凝胶骨架片的吸水性具有显著性影响($P < 0.05$,ANOVA)。在酸性介质中,聚合物基质达到最大膨胀度的水合速率较高,这会导致在此之后的药物释放受骨架

溶蚀所控制。骨架片的径向尺寸受膨胀速率和溶解/溶蚀速率的影响,在这三种骨架片中,X10 表现出最显著的径向膨胀,这表明黄原胶具有很好的水合和膨胀性能。

溶出介质对亲水性凝胶骨架片的体外溶蚀性能具有显著性影响($P<0.05$,ANOVA)。骨架片在酸阶段介质中的体外溶蚀率最高。GX7∶3 骨架片中皂荚多糖胶和黄原胶的相互作用会使形成的凝胶层更紧实,妨碍溶出介质的进一步渗入,显著减慢溶蚀速率。在溶出度实验结束时,聚合物基质几乎完全溶解于介质中,加载药物几乎全部释放,这说明在药物释放的后期阶段主要依赖于骨架片的溶蚀作用。使用 SEM 观察骨架片表面溶蚀和内部多孔通道形成的情况。由于多孔通道的形成,水溶性聚合物基质的溶解/溶蚀随水分渗入片芯而逐渐加速,导致药物的释放速率加快,溶出介质对片剂表面的溶蚀形态和内部多孔通道的结构具有很大影响。皂荚多糖的研究为不同溶出介质中骨架片的体外药物释放性能提供了全面而深入的了解,证明了皂荚多糖在医药领域用作缓释材料的潜在应用价值。

参 考 文 献

[1] 汪怿翔,张俐娜.天然高分子材料研究进展[J].高分子通报,2008,7:66-76.

[2] 王孝华.海藻酸钠的提取及应用[J].重庆工学院学报(自然科学版),2007,21(5):124-128.

[3] 张俐娜.天然高分子改性材料及应用[M].北京:化学工业出版社,2006.

[4] 袁毅桦.基于壳聚糖与海藻酸钠的改性聚合物的制备、结构与性能研究[D].广州:华南理工大学,2012.

[5] 杨志清.海藻酸钠在经纱上浆中的应用[J].现代纺织技术,2002,10(4):21-22.

[6] 周盛华,黄龙,张洪斌.黄原胶结构、性能及其应用的研究[J].食品科技,2008,7:157-160.

[7] 高晓玲,廖映.从海藻中提取海藻酸钠条件的研究[J].四川教育学院学报,1999,15(7):104-105.

[8] 谢平.海藻酸及其盐的食用和药用价值[J].开封医专学报,1997,16(4):28-31.

[9] 赵淑璋.海藻酸钠的制备及应用[J].武汉化工,1989(1):11-14.

[10] 黄永波,卫小春,李鹏翠,等.海藻酸钠载体培养成年兔软骨细胞的生物学性状研究[J].中国矫形外科杂志,2004,12(1/2):63-65.

[11] 侯振建,刘婉乔.从马尾藻中提取高黏度海藻酸钠[J].食品科学,1997,18(9):47-48.

[12] 樊李红,杜予民,唐汝培,等.海藻酸钠/水性聚氨酯共混膜的结构表征和性能测试[J].分析科学学报,2002,18(6):441-444.

[13] 王孝华,聂明,王虹.海藻酸钠提取的新研究[J].食品工业科技,2005,26(11):146-148.

[14] 张善明,刘强,张善垒.从海带中提取高黏度海藻酸钠[J].食品加工,2002,23(3):86-87.

[15] 王春霞,张娟娟,王晓梅,等.海藻酸钠的综合应用进展[J].食品与发酵科技,2013,49(5):99-102.

[16] 吴慧玲,张淑平.海藻酸钠纳米复合材料的研究应用进展[J].化工进展,2014,33(4):954-960.

[17] 陈立贵.魔芋葡甘聚糖的改性研究进展[J].安徽农业科学,2008,36(15):6157-6160.

[18] 詹现璞,吴广辉.海藻酸钠的特性及其在食品中的应用[J].食品工程,2011(1):7-9.

[19] 樊李红,吁磊,周月,等.新型海藻酸盐复合纳米银抗菌共混纤维的制备[J].武汉大学学报,2008,54(6):682-686.

[20] 蔚芹,宁德鲁,陈海云,等.苯甲酸对魔芋葡甘聚精粉化学改性的初步研究[J].云南林业科技,1998(2):53-57.

[21] 陈蕾,罗志刚,何小维.海藻酸钠在医学工程上的应用研究进展[J].医疗卫生装备,2008,29(9):32-35.

[22] 刘映薇,于炜婷.海藻酸钠-壳聚糖-海藻酸钠(ACA)微胶囊的蛋白质通透性研究[J].中国生物医学工程学报,2006,5(6):370-373.

[23] 刘福强.碳纳米管/海藻酸钠复合材料对污水中重金属离子的吸附性能研究[D].青岛:青岛大

学,2010.

[24] 高春梅.海藻酸钠基 pH 值和温度敏感性水凝胶的制备及其性能研究[D].兰州:兰州大学,2011.

[25] 丘晓琳,李国明.低分子肝素/壳聚糖/海藻酸钠的复合微囊的制备及释药功能[J].应用化学,2005,
    6(4):361-366.

[26] 寇伟蛟,刘军海.海藻酸钠提取工艺的研究进展[J].化工科技市场,2009,32(3):14-17.

[27] 高山俊.魔芋葡甘聚糖的化学与物理改性[D].武汉:武汉大学,2002.

[28] 侯占伟.魔芋葡甘聚糖的化学改性及其性质研究[D].武汉:武汉理工大学,2008.

[29] 庞杰,林琼,张甫生,等.魔芋葡甘聚糖功能材料研究与应用进展[J].结构化学,2003,22(6):
    633-642.

[30] 崔孟忠,李竹云,徐世艾.生物高分子黄原胶的性能、应用与功能化[J].高分子通报,2003,6(3):
    23-29.

[31] 于传兴.低分子量藻酸盐及其制备方法和用途[P].中国专利,99114615.8.,2003-11-30.

[32] 程贤甦,关怀民,苏英草.海藻酸铜膜表面的配位结构及催化 MMA 聚合的性能,化学学报,2000,58
    (4):407-413.

[33] 宋向阳,徐勇,杨富国,等.海藻酸锰固定化细胞的乙醇发酵,南京林业大学学报(自然科学版),2003,
    27(4):1-4.

[34] 曹晖.魔芋葡甘聚糖的特性及其应用[J].扬州大学烹饪学报,2005,22(4):61-64.

[35] 李娜,罗学刚.魔芋葡甘聚糖理化性质及化学改性现状[J].食品工业科技,2005,26(10):188-191.

[36] 朱富荣.黄原胶的改性及其在棉织物印花中的应用[D].上海:东华大学,2013.

[37] 何东保,詹东风.魔芋精粉与黄原胶协同相互作用及其凝胶化的研究[J].高分子学报,1999(4):
    460-464.

[38] 魏福祥,王新辉,杨晓宇.天然高分子海藻酸盐成膜研究[J].日用化学工业,1998(1):22-25.

[39] 于美丽,宋继昌,孙铭,等.新型尿素吸附剂的制备及其对血液中 BUN 吸附性能分析[J].北京生物
    医学工程,2002,21(3):226-229.

[40] 王丽娟,李一峰,曾定尹.海藻酸钾散剂与寿比山降压疗效及安全性的临床对比研究[J].中西医结
    合心脑血管病杂志,2006,4(7):565-566.

[41] 蒋建新,菅红磊,朱莉伟,张卫明.功能性多糖胶开发与应用[M].北京:中国轻工业出版社,2013.

[42] 田大听,冯骈,冀小雄.海藻酸钠/TiO₂ 纳米复合材料的制备与表征[J].食品科学,2009,30(08):
    33-35.

[43] 魏靖明,张志斌,冯华,等.海藻酸钠作为药物载体材料的研究进展[J].化工新型材料,2007,35(8):
    20-23.

[44] 肖海军,薛锋,何志敏,等.纳米羟基磷灰石/羧甲基壳聚糖/海藻酸钠复合骨水泥与骨髓基质细胞的
    生物相容性[J].中国组织工程研究,2012(16):2897-2883.

[45] 菅红磊.皂荚多糖胶酶法改性及溶解缓释动力学研究[D].北京:北京林业大学,2013.

[46] 周鹏举,邓盛齐,龚前飞.靶向给药研究的新进展[J].药学学报,2010,45(03):300-306.

[47] 袁直,王蔚,张闯年.一种海藻酸钠肝靶向纳米给药系统及其制备方法[P].中国专利,101549158,
    2009-10-07.

[48] 赵艳.海藻酸钠/纳米氧化石墨复合纤维的制备及性能研究[D].天津:天津大学,2010.

[49] 李冰一,蔺嫦燕.组织工程支架材料的研究进展[J].生物医学工程与临床,2007,11(3):241-246.

第7章 蛋 白 质

7.1 概 述

蛋白质存在于一切动植物细胞中，它是由多种氨基酸组成的天然高分子化合物，相对分子质量为 30000～300000。在材料领域中正在研究与开发的蛋白质主要包括大豆分离蛋白、玉米醇溶蛋白、菜豆蛋白、面筋蛋白、角蛋白和丝蛋白等，多应用在黏结剂、生物可降解塑料、纺织纤维和各种包装材料等领域。Protein(蛋白质)这个词由希腊语 proteios 一词派生而来，意思是"最重要的部分"，确实，它是植物和动物的基本组分。生命体的细胞膜或细胞中都含有蛋白质，蛋白质是形成生命和进行生命活动不可缺少的基础物质，没有蛋白质就没有生命，蛋白质更是现代生命科学研究的重点和关键。1963 年诺贝尔化学奖得主梅里菲尔德提出了蛋白质的固相合成法，推动了实用的蛋白质合成技术的巨大进步。1965 年 8 月中国科学院生物化学研究所、北京大学化学系、上海有机化学研究所合作，在世界上首次用完全化学方法由非生命的物质人工合成蛋白质——具有生物活性的一种蛋白质分子结晶牛胰岛素。胰岛素由两段肽链共 51 个氨基酸组成，是当时唯一已知一级序列的蛋白质。中科院生物化学所负责 30 肽的B 链的合成和两段链间的拆合，北京大学化学系和上海有机化学研究所负责 21 肽的 A 链的合成。该成果于 1982 年 7 月获国家自然科学奖一等奖。现在利用蛋白质自动合成仪和相应试剂已经可以非常容易地合成 70 个氨基酸以下的小蛋白质分子。

蛋白质由 C、H、O、N、S 等元素组成，特种蛋白质还含有铜、铁、磷、铂、锌、碘等元素。组成蛋白质的单体为氨基酸，蛋白质水解得到各种 α-氨基酸的混合物。仅有大约 20 种氨基酸是维持生命存在所必不可少的。在这 20 种氨基酸中，有 11 种可以在人体中合成，其余 9 种必须从食物中获得。不同的组合方式使蛋白质具有众多不同的种类，从而也具有不同的性能。蛋白质在生命体内担负着物质输送、代谢、光合成、运动和信息传递等重要功能。

从组成来看蛋白质分为两类：一类是纯蛋白质，另一类是含有其他有机化合物的复合蛋白质。纯蛋白质有白朊、球朊、硬朊(键骨胶原、爪与毛发的角朊)。复合蛋白质有核蛋白质(加核酸)、核糖蛋白质(加磷脂质)、糖蛋白质(加糖)、色素蛋白质(加铁、铜、有机色素，如血红朊和细胞色素等)。从形态上讲蛋白质可以分为纤维蛋白质和球蛋白质两种，前者由分子内氢键键接，后者则由分子间氢键键接。纤维蛋白质(fibrous protein)是一种长形、呈丝状的蛋白质粒子，仅存在于动物体内。纤维蛋白，如毛发和指甲中的角蛋白，结缔组织中的骨胶原和肌肉中的肌球蛋白等，它们是不溶于水的高强度聚合物；球状蛋白质(globular protein)一般呈球状，结构紧密，溶于水，如酶、激素、血红蛋白和白蛋白则是水溶性的低强度聚合物。

纤维蛋白质分子的形状为线形，按构象可分为三类：α-螺旋结构，如羊毛角蛋白、肌蛋白、血纤维蛋白、胶原蛋白；β-片层结构，如羽毛中的 p-角蛋白、蚕丝中的丝心蛋白(silk fibroin)；无规线团，如花生蛋白、酪蛋白和卵蛋白。这类蛋白质可应用到食品、化妆品、服装以及环境友好型材料中。

多肽链自身扭曲折叠成特有的球形，如肌红蛋白、血红蛋白、酶等，都是球状蛋白质。这类蛋白质具有较高的生理活性,因此常被应用于药物、保健品中。

蛋白质是由天然产生的不同种类的氨基酸以酰胺键(—CO—NH—)结合生成的共聚物。由于侧基 R 不同,氨基酸有约 20 种。除了甘氨酸外,所有氨基酸都含不对称碳原子,都是 L-氨基酸。蛋白质水解可得到氨基酸,比如味精(谷氨酸钠)就是蛋白质水解的产物。

7.2 蛋白质的化学结构

蛋白质的结构有四个层次,从小到大可以分为一级结构、二级结构、三级结构和四级结构。多肽链中氨基酸特征序列称为一级结构(primary structure),链结构单元之间的分子内和分子间作用力(如氢键)使蛋白质分子链段产生了特殊的固定的空间构象,也就是蛋白质的二级结构(secondary structure)。三级结构(tertiary structure)是指蛋白质分子处于它的天然折叠状态的三维构象。具有两条或两条以上独立三级结构的多肽链组成的蛋白质,其多肽链间通过次级键相互组合而形成的空间结构称为蛋白质的四级结构(quarternary structure)。

7.2.1 蛋白质的一级结构

每一种蛋白质分子中不同氨基酸有严格相同的序列,分子有均一的长度,例如胰岛素的所有分子有相同的分子量或链长。一级结构的内容包括了决定蛋白质分子的所有结构层次构象的全部信息,主要是指蛋白质的氨基酸组成、氨基酸排列顺序和二硫键的位置、肽链数量、末端氨基酸的种类等。每种蛋白质都有自己的一级结构,氨基酸排列顺序决定了它的空间结构,也就是蛋白质的一级结构决定了蛋白质的二级结构、三级结构等高级结构。在蛋白质的一级结构中只有肽键这一共价键,肽键是氨基酸的羧基与氨基之间通过缩合反应脱掉一分子水形成的酰胺键。

由氨基酸组成的分子链称为肽,根据氨基酸数量的不同有二肽、三肽、四肽等之分,二肽分子的两端又可以分别同其他氨基酸的氨基或羧基作用,形成三肽、四肽甚至高分子多肽。

7.2.2 蛋白质的二级结构

蛋白质的二级结构是由于分子内或分子间的氢键而形成的分子在近程的空间的规则结构。多肽链主链骨架中的若干肽段,各自沿着某个轴盘旋或者折叠,并以氢键维系,从而形成有规则的构象,如 α-螺旋、β-折叠、β-转角及自由回转等,肽链间数量众多的氢键对二级结构有决定作用。二级结构描述的是蛋白质大分子的主链结构,不包含侧链的构象。

1. α-螺旋

蛋白质中常见的二级结构 α-螺旋(α-helix)结构中分子的肽链不是伸直展开的,肽链主链绕假想的中心轴盘绕成螺旋状,一般都是右手螺旋结构,螺旋是靠链内氢键(分子内 NH 基和 CO 基间的氢键)维持的(图 7-1)。在典型的右手 α-螺旋结构中,肽链以螺旋状盘卷前进,螺距为 0.54 nm,每一圈含有 3.6 个氨基酸残基,每个残基沿着螺旋的长轴上升 0.15 nm。螺旋的半径为 0.23 nm。螺旋结构被规则排布的氢键所稳定,氢键排布的方式是:每个氨基酸残基的N—H 与其氨基侧相间三个氨基酸残基的 C=O 形成氢键。这样构成的由一个氢键闭合的环,包含 13 个原子。因此,α-螺旋常被准确地表示为 3.6₁₃ 螺旋。螺旋的盘绕方式一般有右手旋转和左手旋转,在蛋白质分子中实际存在的是右手螺旋。

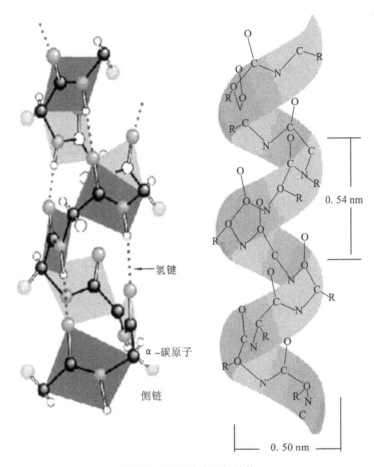

箭头标注：氢键
α-碳原子
侧链
0.54 nm
0.50 nm

图 7-1　蛋白质的二级结构

2. β-折叠

β-折叠（β-sheet）又称为 β-折叠片层（β-plated sheet），是由伸展的多肽链组成的蛋白质二级结构，由相邻两条肽链或一条肽链内两个氨基酸残基间的碳基和亚氨基形成氢键所构成的结构（图 7-2）。β 型结构包括由于分子间的氢键而产生的平行（走向都是由 N 到 C 方向）或反平行（肽链反向排列）两种片状结构。对于螺旋结构，氢键存在于单个分子链中；而对于折叠结构，氢键存在于相邻的链间。β-折叠结构的形成一般需要两条或两条以上的肽段共同参与，即两条或多条几乎完全伸展的多肽链侧向聚集在一起，相邻肽链主链上的氨基和羧基之间形成有规则的氢键，以维持这种结构的稳定。在 β-折叠结构中，多肽链几乎是完全伸展的。相邻的两个氨基酸之间的轴心距为 0.35 nm。侧链 R 交替地分布在片层的上方和下方，以避免相邻侧链 R 之间的空间障碍。在 β-折叠结构中，相邻肽链主链上的 C=O 与 N—H 之间形成氢键，氢键与肽链的长轴近于垂直。所有的肽键都参与了链间氢键的形成，因此维持了 β-折叠结构的稳定。相邻肽链的走向可以是平行和反平行两种。在平行的 β-折叠结构中，相邻肽链的走向相同，氢键不平行。在反平行的 β-折叠结构中，相邻肽链的走向相反，但氢键近于平行。从能量角度考虑，反平行结构更为稳定。β-折叠结构也是蛋白质构象中经常存在的一种结构方式，如蚕丝丝心蛋白几乎全部由堆积起来的反平行 β-折叠结构组成。球状蛋白质中也广泛存在这种结构，如溶菌酶、核糖核酸酶、木瓜蛋白酶等球状蛋白质中都含有 β-折叠结构。

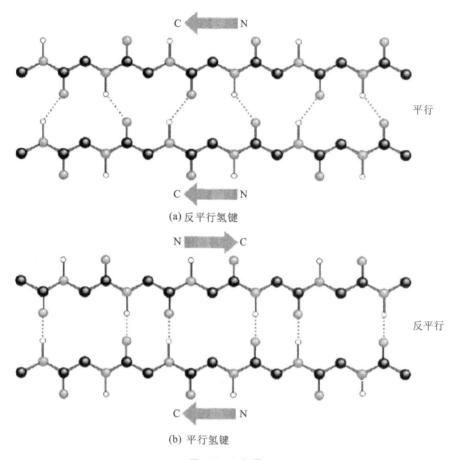

（a）反平行氢键

（b）平行氢键

图 7-2　β-折叠

3. β-转角

蛋白质分子多肽链在形成空间构象的时候，经常会出现 180°的回折（转折），回折处的结构就称为 β-转角（β-turn）结构，是多肽链中常见的二级结构（图 7-3）。β-转角经常出现在连接反平行 β-折叠片的端头。连接蛋白质分子中的二级结构（α-螺旋和 β-折叠），是使肽链走向改变的一种非重复多肽区，一般含有 2～16 个氨基酸残基。含有 5 个氨基酸残基以上的转角又常称为环。常见的转角含有 4 个氨基酸残基，在构成这种结构的四个氨基酸中，第一个氨基酸的羧基和第四个氨基酸的氨基之间形成氢键。甘氨酸和脯氨酸容易出现在这种结构中。在某些蛋白质中也有三个连续氨基酸形成的 β-转角结构，第一个氨基酸的羰基氧和第三个氨基酸的亚氨基氢之间形成氢键。β-转角有两种类型：第一类转角的特点是第 1 个氨基酸残基羰基氧与第 4 个残基的酰胺氢之间形成氢键；第二类转角的第 3 个残基往往是甘氨酸。这两种转角中的第 2 个残基大多是脯氨酸。

4. 自由回转

自由回转（random coil），又称无规卷曲、自由绕曲，是指没有一定规律的松散肽链结构。酶的功能部位常常处于这种构象区域里。

5. 超二级结构

超二级结构（supersecondary structures）也称基元，是指在球状蛋白质分子的一级结构的基础上，相邻的二级结构单位（α-螺旋、β-折叠等）在三维折叠中相互靠近。超二级结构彼此作

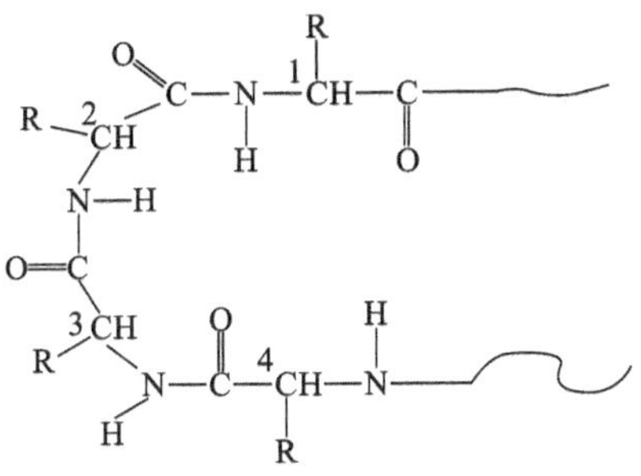

图 7-3 β-转角

用,在局部形成规则的二级结构组合体。超二级结构在结构的组织层次上高于二级结构,但没有形成完整的结构域,主要有 αα 组合、ββ 组合、βαβ 组合等形式。

7.2.3 蛋白质的三级结构

蛋白质的三级结构是指一条多肽链在二级结构或者超二级结构甚至结构域的基础上,由于其顺序上相隔较远的氨基酸残基侧链的相互作用,进行范围广泛的盘旋和折叠,从而产生特定的很不规则的球状构象,依靠次级键的维系固定所形成的特定空间结构。三级结构主要是靠氨基酸侧链之间的疏水相互作用、氢键、范德华力和静电作用维持的。蛋白质的三级结构是基于分布较远的氨基酸残基之间产生的作用,而产生的分子链总体弯曲成一定形状的立体结构。三级结构描述的是所有构成一条多肽链的原子所具有的空间排布,不包含一条与另外一条多肽链的关系。在一条多肽链上的非极性和极性侧链的基团分布状况对多肽链的折叠方式有重要的影响。因此,三级结构由疏水性基团、双硫键、极性支链上的氢键、离子键等交互反应所促成。

7.2.4 蛋白质的四级结构

蛋白质的四级结构是指在三级结构基础上多肽链之间因非共价键作用力而聚集在一起呈现的构象。在蛋白质的四级结构中有一些多肽链单元具有三级结构,这些多肽链单元称为亚基。亚基与亚基之间呈特定的三维空间分布,并以非共价键的方式连接在一起,这种蛋白质分子中各亚基的空间排布及亚基接触部位的布局和相互作用,称为蛋白质的四级结构。蛋白质的四级结构中范德华力和疏水键是主要的作用力。

7.3 蛋白质的物理性质

氨基酸是蛋白质大分子的基本结构单元,蛋白质的理化性质与氨基酸在等电点、两性电离、成盐反应、呈色反应等方面相似,又在变性、胶体性、相对分子质量等方面与氨基酸存在显著差异。

7.3.1 蛋白质的胶体性质

蛋白质的相对分子质量很大,介于一万到百万之间,其分子的大小已达到胶粒直径 1～100 nm 的范围。其分子表面有许多极性基团,亲水性极强,分子表面被多层水分子所包围而形成水化膜,从而阻止蛋白质颗粒的相互聚集,易溶于水而成为稳定的亲水胶体溶液。蛋白质分子与低分子物质相比扩散速度慢,较难透过半透膜,黏度大。这一性质在蛋白质进行分离与提纯的过程中具有重要应用,如果蛋白质溶液中混有小分子杂质,就可以通过半透膜将小分子杂质从半透膜中透出,剩下的即是纯化的蛋白质,这种方法常称作透析(dialysis)。

在一定条件下蛋白质大分子溶液会产生沉降,故可根据沉降系数来分离和检定蛋白质。蛋白质溶液具有胶体溶液的典型性质,如丁达尔现象、布朗运动等。由于胶体溶液中的蛋白质不能通过半透膜,因此可以应用透析法将非蛋白质的小分子杂质除去。

7.3.2　蛋白质的两性电离和等电点

蛋白质分子中两端具有游离的羧基和氨基,侧链中也含有一些基团,蛋白质分子中氨基酸组成不同,侧基也不相同,如赖氨酸残基中含有氨基,天门冬氨酸、谷氨酸残基中含有羧基,精氨酸及组氨酸残基中分别含有胍基和咪唑基。

蛋白质分子中含有的酸性、碱性氨基酸的含量和溶液的 pH 值都会影响蛋白质在溶液中的带电荷状态。在特定 pH 值的溶液中时蛋白质的游离正、负离子的数量相等,该 pH 值称作这一蛋白质的等电点,这种状态下的蛋白质,具有在电场中不移动的性质。各种蛋白质分子由于组成不同,因而等电点各异。当蛋白质溶液的 pH 值大于或小于等电点时,蛋白质分别带负电荷及正电荷。碱性氨基酸及酸性氨基酸含量高时蛋白质的等电点分别偏碱性及偏酸性。

7.3.3　蛋白质的变性

天然蛋白质在某些物理因素(加热、加压、脱水、搅拌、振荡、紫外线照射、超声波的作用等)或化学因素(强酸、强碱、尿素、重金属盐、十二烷基磺酸钠(SDS)等)作用下,其空间结构被破坏,从而理化性质改变、丧失生物学活性(如酶失去催化活力,激素失活),这种现象称为蛋白质的变性。变性的蛋白质相对分子质量不变。蛋白质变性是破坏了分子中的次级键——二硫键,引起蛋白质空间构象变化,这个过程中不涉及蛋白质一级结构变化。蛋白质变性后会导致部分生物学活性丧失、黏度增加及溶解度降低。当变性程度较轻时,如去除变性因素,有的蛋白质仍能恢复或部分恢复其原有功能及空间构象,这种蛋白质变性后又还原的变化称为蛋白质复性。例如,在 β-巯基乙醇和尿素作用下,核糖核酸酶中的二硫键及氢键发生变化,导致生物学活性丧失,当将体系中的 β-巯基乙醇、尿素除去后,并将巯基氧化成二硫键,该蛋白质又恢复原有的生物学活性及空间构象。如果蛋白质变性后,性质不能恢复,这样的过程称为不可逆性变性。

7.3.4　蛋白质沉淀

蛋白质沉淀(precipitation)是指蛋白质分子从溶液中凝聚析出的现象。蛋白质所形成的亲水胶体颗粒因为表面具有电荷及水化层,使得蛋白质颗粒稳定,不会凝集。若通过调节溶液 pH 值到等电点,兼性蛋白质分子间同性电荷相互排斥作用消失,并且通过脱水机除去水化层,蛋白质便会凝聚沉淀而析出。只除掉一个因素,蛋白质一般不会生成凝聚沉淀,如在等电点,蛋白质表面不带电荷,但还有水化膜起保护作用,蛋白质还不会沉淀,如果这时除去蛋白质分子的水化膜(通过加入脱水剂的方式),蛋白质分子就会互相凝聚而析出沉淀。如果使蛋白质脱水及调节 pH 值到等电点同样可使蛋白质沉淀析出。中性盐(硫酸铵[$(NH_4)_2SO_4$]、硫酸钠(Na_2SO_4)、氯化钠($NaCl$)、硫酸镁($MgSO_4$)等)、重金属盐(硝酸银($AgNO_3$)、氯化汞($HgCl_2$)、醋酸铅[$Pb(CH_3COO)_2$]、三氯化铁($FeCl_3$)等)、生物碱试剂(单宁酸、苦味酸、磷钨酸、磷钼酸、鞣酸、三氯醋酸及磺基水杨酸等)、有机溶剂(甲醇(CH_3OH)、乙醇(CH_3CH_2OH)、丙酮(CH_3COCH_3)等)、加热等都可以引起蛋白质沉淀。

因为蛋白质分子有较多的负离子,易与重金属离子如汞、铅、铜、银等结合成盐沉淀,沉淀的条件以 pH 值稍大于等电点为宜。重金属沉淀的蛋白质常是变性的,但若控制低温、低浓度等条件也可用于分离不变性的蛋白质。误服重金属盐而中毒的病人,在临床上就可以利用蛋白质与重金属盐结合的性质来解毒。在蛋白质溶液中加入大量的中性盐(如硫酸铵、硫酸钠、氯化钠等)以破坏蛋白质的胶体稳定性而使其析出,这种方法称为盐析,盐析沉淀的蛋白质,经透析除盐,蛋白质可以保持活性。利用每种蛋白质盐析需要的浓度及 pH 值不同可以对混合蛋白质进行组分的分离。如血清中的球蛋白可以通过半饱和的硫酸铵沉淀出来;血清中的白蛋白、球蛋白可以通过饱和硫酸铵沉淀出来。在 pH 值小于等电点的情况下,苦味酸、钨酸、鞣酸等生物碱试剂及三氯醋酸、过氯酸、硝酸等酸可以与蛋白质结合成不溶性的沉淀。蛋白质这一性质可以应用于尿中蛋白质检验、血液中的蛋白质去除。酒精、甲醇、丙酮等与水亲和力很大的溶剂可以破坏蛋白质颗粒的水化膜,在等电点时可以使蛋白质沉淀。分离制备各种血浆蛋白质要在低温条件下进行,因低温下蛋白质变性较缓慢。酒精消毒灭菌就是利用了有机溶剂沉淀蛋白质在常温下易变性的特点。加热等电点附近的蛋白质溶液,蛋白质变性,肽链结构的规整性将被破坏,变成松散结构,疏水基团暴露,蛋白质将发生凝固,凝聚成凝胶状的蛋白块而沉淀。变性蛋白质只在等电点附近才沉淀,沉淀的变性蛋白质也不一定凝固,例如蛋白质被强酸、强碱变性后由于蛋白质颗粒带着大量电荷,故仍溶于强酸或强碱之中,若将此溶液的 pH 值调节到等电点,则变性蛋白质凝集成絮状沉淀物,继续加热此絮状物,则变成较为坚固的凝块。

7.3.5 蛋白质的颜色反应

蛋白质的颜色反应可以用来定性、定量测定蛋白质(表 7-1)。蛋白质与水化茚三酮(苯丙环三酮戊烃)作用时,产生蓝色反应。蛋白质在碱性溶液中与硫酸铜发生双缩脲反应呈现紫红色。向含有酪氨酸的蛋白质溶液中加入米伦试剂(亚硝酸汞、硝酸汞及硝酸的混合液)会发生沉淀,继续加热沉淀则变成红色。此外,蛋白质溶液还可与酚试剂、乙醛酸试剂、浓硝酸等发生颜色反应。蛋白质溶液中加入 NaOH 或 KOH 及少量的硫酸铜溶液,会显现从浅红色到蓝紫色的一系列颜色反应。

表 7-1 蛋白质的重要颜色反应

反 应 名 称	试　　　剂	颜　　　色	反 应 基 团	有关蛋白质
双缩脲反应	稀碱、稀 $CuSO_4$	粉红色至蓝紫色	两个以上肽键	各种蛋白质
黄色反应	浓硝酸	黄色至橙黄色	苯基	含苯基的蛋白质
乙醛酸反应	乙醛酸、浓 H_2SO_4	紫色	吲哚基	含色氨酸的蛋白质
米伦反应	米伦试剂	砖红色	酚基	含酪氨酸的蛋白质

7.4　玉米醇溶蛋白

玉米作为我国传统的农作物,种植面积达到 2500 万公顷,年产量高达 1.2 亿吨。玉米湿法生产淀粉的主要副产品是含玉米醇溶蛋白 50%~60% 的玉米蛋白粉。玉米醇溶蛋白是玉米中的主要储藏蛋白,具有溶解、成膜、生物降解、抗氧化、黏结性和凝胶化等特性。美国的 Freeman 公司和日本的昭和产业株式会社是目前世界上规模较大的两家生产玉米醇溶蛋白公司。我国也有一些公司生产玉米醇溶蛋白,主要应用于药用辅料。

7.4.1　玉米醇溶蛋白组成

玉米醇溶蛋白存在于玉米胚乳细胞的玉米醇溶蛋白体内,玉米中约含干重 10% 的蛋白质,其中 50%～60% 为醇溶蛋白。玉米醇溶蛋白在玉米胚体组织细胞中以蛋白颗粒形式存在,玉米醇溶蛋白体直径约为 1 μm,分布于粒径为 5～35 μm 的淀粉粒之间。玉米醇溶蛋白富含多种氨基酸(表 7-2),如谷氨酸(21%～26%)、亮氨酸(20%)、脯氨酸(10%)和丙氨酸(10%)等,但缺乏碱性和酸性氨基酸。

表 7-2　水解玉米醇溶蛋白所得氨基酸的组成

氨基酸种类	含量/(g/100 g)	氨基酸种类	含量/(g/100 g)
蛋氨酸	2.4	丙氨酸	9.8
苏氨酸	2.7	酪氨酸	5.1
亮氨酸	19.3	脯氨酸	9.0
异亮氨酸	6.2	苯丙氨酸	7.6
丝氨酸	1.0	半胱氨酸	0.8
精氨酸	1.6	组氨酸	0.8
天门冬氨酸	1.8	谷氨酸	21.4
色氨酸	0.2	缬氨酸	1.9

玉米醇溶蛋白是由相对分子质量大小、溶解度和所带电荷各异的肽通过二硫键连接起来的非均相混合物,平均相对分子质量约为 44000,若将二硫键还原,相对分子质量便减少。根据玉米醇溶蛋白的结构和性质可以分为 α-玉米醇溶蛋白(α-zein)、β-玉米醇溶蛋白(β-zein)、γ-玉米醇溶蛋白(γ-zein)和 δ-玉米醇溶蛋白(δ-zein)4 类。α-zein 和 β-zein 为其中 2 个最主要的组分,α-zein 的含量最多,占总含量的 75%～85%。通过氨基酸序列分析,α-zein 能溶于 95% 的乙醇,相对分子质量为 $2.3×10^4$～$2.7×10^4$,β-zein 富含甲硫氨酸,可溶于 60% 的乙醇而不溶于 95% 的乙醇,占总含量的 10%～15%,相对分子质量约为 $1.7×10^4$,β-zein 的性质相对不太稳定,易沉淀和凝结,α-zein 在成分上较 β-zein 的组氨酸、脯氨酸和蛋氨酸含量少;γ-zein 占总含量的 5%～10%,含有半胱氨酸,可分为 γ-zein1 和 γ-zein2,平均相对分子质量分别为 $2.7×10^4$、$1.8×10^4$;δ-zein 含量很少,相对分子质量约为 $1.0×10^4$。

7.4.2　玉米醇溶蛋白结构

醇溶蛋白的氨基酸组成、分子形状和结构对其性质有较大的影响,玉米醇溶蛋白具有棒状或扁长椭圆球体结构,有较大的轴径比(7∶1～28∶1)。根据玉米醇溶蛋白的分子螺旋结构模型可知,玉米醇溶蛋白由 9 个连续肽链按照反相平行的方式在氢键的作用下形成稳定结构,在圆柱体的表面分布着亲水性残基,导致玉米醇溶蛋白具有对水的敏感性。在浓度为 50%～80% 的乙醇溶液中螺旋结构的含量为 33.6%～60%,α-zein 与 β-zein 的含量大致相等。

在乙醇溶液里玉米醇溶蛋白聚集形成一个个小球,这些小球的大小主要集中在 50～150 nm,很明显这些球体不是玉米醇溶蛋白单体,而是由很多蛋白单体聚集而成的。将醇溶蛋白稀释可得到分散性极好,而且大小均匀一致的蛋白结构,它们的大小集中在 15～50 nm 之间。均质化程度越高、乙醇浓度越大,得到的玉米蛋白颗粒越小。在羧甲基纤维素钠溶液中,玉米醇溶蛋白和溶质交联,黏度随着 pH 值的增加而不断增加。玉米醇溶蛋白以纤维状结构存在,玉米醇溶蛋白在乙醇中沉淀后相互交联形成纤维状结构。

7.4.3 玉米醇溶蛋白物理化学性质

玉米醇溶蛋白具有生物可降解性,能被微生物及蛋白酶分解。利用碱性蛋白酶催化玉米醇溶蛋白,可以水解成可溶性肽,这使得玉米醇溶蛋白可以进一步开发利用。玉米醇溶蛋白的玻璃化转变温度与体系湿度呈非线性的反比例关系。玉米醇溶蛋白膜使用的耐热温度优于普通塑料薄膜,其分解温度在 262 ℃ 左右,玻璃化转变温度为 171 ℃。成膜后在酸性条件下稳定,在中性及碱性条件下不稳定,具有肠溶性(溶于肠而不溶于胃)。来源于 α-zein 和 β-zein 的降解产物玉米多肽(Leu-Gin-Gin,Val-Sex-Pro,Leu-Gin-Pro,Leu--Ala-Tyr,Val-Aal-Tyr 等),具有降血压的作用。

各种可塑剂(脂肪酸、酯、乙二醇类等)可赋予玉米醇溶蛋白柔软性及黏着性,增强其热可塑性。玉米醇溶蛋白不溶于水,但具有保存水分的玻璃态,对脂质具有强抗氧化性,且其溶液及凝胶具有强黏结性。玉米醇溶蛋白成膜后在酸性条件下稳定,在中性及碱性条件下不稳定,具有肠溶性。玉米醇溶蛋白可溶于 50%～90% 乙醇,不溶于无水醇溶液(甲醇除外)、酮类(如甲酮、乙酮、丙酮)、酰胺溶液(如乙酰胺)、高浓度的盐溶液(NaCl、KBr)、酯和二醇类化合物。在 HCl 和 NaOH 溶液中,玉米醇溶蛋白中的谷氨酰胺和天冬酰胺通常转换成盐的形式,增加了溶解性。

玉米醇溶蛋白的理化性质如表 7-3 所示。玉米醇溶蛋白由于含有高比例的非极性氨基酸,具有独特的溶解性和疏水性,在水、低浓度的盐溶液中不溶解,在醇溶液、高浓度的尿素溶液、高浓度的碱溶液(pH>11)、阴离子洗涤剂中溶解。玉米醇溶蛋白在溶液中含有大量由肽主链上的羟基与亚氨基的氢键作用而形成的 α-螺旋体,因此具有较强的疏水性。

表 7-3 玉米醇溶蛋白的理化性质

性 质	特 征	性 质	特 征
热裂解温度	320 ℃	比重,25 ℃	1.25
沉降系数	1.5 s	物理形态	无定形粉末
比容	0.771	等电点,pH 值	6.2(5～9)
相对分子质量	35000(9.6～44 K)	扩散系数	3.7×10^{14} m^2/s
介电常数(500 V,25～90 ℃)	4.9～5.0	爱因斯坦黏度系数	25

在玉米醇溶蛋白中有许多含硫氨基酸,这些氨基酸可以形成很强的分子内二硫键,它们和分子间的疏水键一起构成了玉米醇溶蛋白成膜特性的分子基础。玉米醇溶蛋白成膜液涂布后,随着乙醇的挥发,薄膜干燥使得成膜液中蛋白质浓度增大,当浓度超过一定值时,分子间形成维持薄膜网络结构的氢键、二硫键、疏水键,玉米醇溶蛋白凝聚成膜。疏水性成分的比例影响蛋白质在表面的分布和排列,蛋白质的分子排列和自组装行为将影响玉米蛋白膜的性质。

单一的玉米蛋白膜具有较强的水蒸气渗透性,按照 70% 的比例加入糖(果糖、半乳糖、葡萄糖),水蒸气的渗透性都有所降低,加入半乳糖的玉米蛋白膜渗透性最低,在玉米蛋白膜中加入一定量橄榄油,膜的表面会更加平滑,水蒸气渗透性有所降低。添加油酸可提高膜的抗张强度,添加甘油可提高膜的透明度。玉米醇溶蛋白的玻璃化转变温度随着湿度的增大而不断下降,当湿度大于 16% 时,玻璃化转变温度不再发生改变。蛋白膜可以作为水溶性药物的抗湿性缓释剂。

在玉米醇溶蛋白的醇溶液中添加脂肪酸后,可作为黏合剂用于干燥食品、粉末、木材、金属、树脂等各种材料的黏合。对含 10%～30% 的玉米醇溶蛋白乙醇溶液进行加热,凝胶化后混合形成的膏糊液,也具有黏合作用。根据对象物的不同,还可利用玉米醇溶蛋白的热可塑性进行熔融压黏,对粉末可直接作为压片黏合剂使用。玉米醇溶蛋白对玻璃表面有较好的胶黏性,首先将玉米醇溶蛋白溶解在醇溶液中,在一定的湿度下具有良好的胶黏性,可以用于黏结玻璃。

用酸、碱对玉米蛋白进行处理,玉米蛋白的结构(包括二级结构、表面电荷、相对分子质量、离子大小和形态)、流变性和抗氧化特性变化显著,在酸性或碱性条件下,玉米蛋白的 α-螺旋、β-折叠、β-转角的含量降低。

pH 值和乙醇含量影响玉米醇溶蛋白溶液的流变性,pH 值越大越有益于二硫键形成,随着 pH 值增加,凝胶时间缩短。玉米蛋白中半胱氨酸会影响蛋白的凝胶特性,经过稳定性剪切试验和振荡,γ-zein 出现剪切稀化。

7.4.4　玉米醇溶蛋白的提取

玉米醇溶蛋白制备的第一步就是使用恰当的溶剂将其从玉米中萃取出来。由于其氨基酸组成主要为非极性氨基酸,所以采取的溶剂应为含有极性和非极性基团的混合溶剂。玉米醇溶蛋白从玉米胚乳、玉米粉中提取会导致成本较高,之后开发出以玉米黄粉(CGM)为原料进行提取的方法,黄粉作为湿法生产淀粉的副产物,经济性较好,且产率提高(从 5% 提高到了 30%)。常用非水溶剂、含水溶剂、酶法改性、防胶凝化等方法从玉米中萃取玉米醇溶蛋白。

当前工业上玉米醇溶蛋白的提取流程常采用在 pH 值大于 12 时,将 CGM 与乙醇或异丙醇混合加热,随后物料经过离心、过滤、冷却、添加溶剂(如苯、甲苯或正己烷),将色素和脂肪除掉(甲苯可以有效去除玉米醇溶蛋白中的油脂和色素,提高产品纯度),然后经过闪蒸、过滤、粉碎等步骤,最终制得纯的蛋白产品。还有一种方法是,异丙醇与玉米黄粉混合均匀,通过离心、过滤、冷却、沉降等步骤处理后分成两部分,其中一部分物料采用干燥、粉碎处理得到含 2% 油脂的玉米醇溶蛋白,另一部分重复原料经处理后干燥、粉碎,得到含 0.6% 油脂的玉米醇溶蛋白。在提取工艺中选用的溶剂是异丙醇、乙醇,异丙醇作溶剂提取玉米醇溶蛋白的产品得率较高。在提取工艺中通过对索氏提取器改进或结合超声波技术可以提高玉米醇溶蛋白的萃取率。

7.4.5　玉米醇溶蛋白的化学改性

天然玉米醇溶蛋白结构中高比例的非极性疏水氨基酸和较多的含硫氨基酸,决定了玉米醇溶蛋白具有强亲油性和溶解性,并可溶于一定浓度的醇溶液中,具有良好的成膜特性,天然玉米醇溶蛋白形成的薄膜材质较脆,其物理力学性能相对于传统的石油基产品较差,且性能受环境温湿度的影响较大,利用玉米醇溶蛋白的多羟基化合物、脂肪酸、糖类、戊二醛等对玉米醇溶蛋白进行化学改性,提高其溶解度、乳化性、流动性等功能特性是增加玉米醇溶蛋白附加值的重要方向。

1. 酰化改性

玉米醇溶蛋白的亲核基团如氨基、羟基、巯基、酚基、咪唑等可以与琥珀酸酐、乙酰酐等酰化试剂的亲电基团发生酰化反应,或者用离子化溶剂(惰性溶剂)(如:1-butyl-3-methylimid-azolium chloride(BMIMCl)氯化 1-丁基-3-甲基咪唑鎓等)苯甲酰化玉米蛋白,可以改变玉米醇溶蛋白的性能。蛋白质引入乙酰基后,乙酸酐中乙酰基结合在蛋白质分子亲核残基如氨基、巯基、酚基、咪唑等上,静电荷增加,分子伸展,解离为亚单位趋势增加,溶解度等都有明显变化。Lys 的—NH$_2$ 酰化反应活性最高,其次是 Tyr 酚基,His 咪唑基和 Cys 巯基只有相当少一部分可参与反应,Ser 和 Thr 羟基是弱亲核基,基本不被酰化。

通过用疏水基团或聚合物改性玉米朊亲水基团如—SH、—OH、—COOH、—NH$_2$ 等方法可提高玉米朊的疏水性,如选用 PCL 预聚物改性玉米朊,可以显著提高改性玉米朊的可塑性,并能很好地改善玉米朊的机械力学性能。用油酸、聚乙二醇类对玉米朊膜进行改性,膜的增塑效果较好,增塑膜的玻璃化转变温度(T_g)下降,增塑剂使分子间的柔性增大。

2. 交联反应

玉米醇溶蛋白含有氨基酸,故可选用适当溶剂以恰当的方法将氨基与试剂交联,反应生成不同性质的交联聚合物。玉米醇溶蛋白可采用柠檬酸、二异氰酸酯、(3-二甲基氨基丙基)-3-乙基-碳酰二亚胺盐酸盐(EDC)、N-羟基丁二酰亚胺(NHS)、硼砂、戊二醛等作为交联剂。在玉米醇溶蛋白膜中引入交联剂可导致拉伸强度值增加 2~3 倍。用 20% 的聚二醛淀粉交联改性的玉米醇溶蛋白膜的水蒸气阻隔性能最好。将玉米醇溶蛋白用无毒性的柠檬酸进行交联,蛋白交联膜对聚乳纤维支架材料表现出较好的黏附性、伸展性。异氰酸酯和二异氰酸酯可以对玉米醇溶蛋白的疏水性进行改变。使用(3-二甲基氨基丙基)-3-乙基-碳酰二亚胺盐酸盐(EDC)和 N-羟基丁二酰亚胺(NHS)两种温和而不导致蛋白质变性的交联剂加入玉米醇溶蛋白乙醇溶液使之与玉米醇溶蛋白成膜,明显改善了成膜性能。用硼砂作为玉米朊交联剂,可制得性能优良的玉米朊黏合剂。戊二醛是已知醛类中最好的蛋白质交联剂。由于玉米醇溶蛋白缺少赖氨酸,具有三个巯基基团,能与戊二醛反应的亲核的官能团是 N 末端的 α-NH$_2$、组氨酸的咪唑环、酪氨酸的酚基团。用戊二醛改性后的玉米醇溶蛋白薄膜比未改性的玉米醇溶蛋白薄膜具有更好的耐水性,改性后的玉米醇溶蛋白膜的玻璃化转变温度升高,改性后薄膜的拉伸强度比未改性的增加了 1.8 倍,伸长率增加了 1.8 倍,杨氏模量增加了 1.5 倍。

辐照对蛋白质结构的影响:蛋白质辐照可同时发生降解与交联作用,且往往是交联作用大于降解作用。蛋白质经射线辐射后会发生辐射交联,巯基氧化生成分子内或分子间的二硫键,也可以由酪氨酸和苯丙氨酸的苯环偶合而发生。辐射交联导致蛋白质发生凝聚作用,甚至出现一些不溶解的聚集体。

3. 共混改性

玉米醇溶蛋白共混改性主要有物理共混和化学共混两种方式。物理共混是通过加热、加压等简单的物理方式赋予蛋白质特定的功能性质,物理共混工艺具备连续、低耗能、高效等优点,如采用 BC45 型双螺杆挤压机对玉米粗蛋白进行挤压改性,发现螺杆转速越快,物料水分越低,膨化温度越低,越有利于获得高氮溶解指数的玉米蛋白,产品的色泽、气味也得以改善。化学共混是将蛋白质在介质中和改性剂进行类似化学反应的操作,但两者之间并无分子层面的结合作用。如利用表面活性剂的十二烷基硫酸钠的增溶作用,使之与玉米醇溶蛋白络合,从而使络合物的溶解度得到提高。

玉米醇溶蛋白含有大量—OH,可与部分试剂形成氢键,相应的玉米醇溶蛋白的性质也随之改变。如采用山梨醇、丙三醇、甘露醇等多羟基化合物作为增塑剂进行改性,山梨醇改性的玉米醇溶蛋白膜有相对较高的极限抗拉强度、拉伸断裂应力值。随着山梨醇和丙三醇的含量增加,玉米醇溶蛋白薄膜的氧渗透性下降,含有山梨醇和甘露醇的薄膜分别具有最低和最高的OP 值,丙三醇改性的薄膜表面光滑,粗糙度指数(R_q)低;丙三醇可被玉米醇溶蛋白质吸收,并与蛋白质的氨基基团形成氢键。用30％（质量分数）的聚乙二醇改性，可较大程度地提高玉米醇溶蛋白薄膜的抗拉强度，并增强其耐水性。

油酸和亚油酸改性玉米醇溶蛋白薄膜可增加玉米醇溶蛋白膜的伸长率，降低其杨氏模量，降低吸水量，再次塑化处理可以增强薄膜的柔韧性和耐水性，如添加3％（体积分数）的油酸可使膜的柔韧性大为提高（抗拉强度提高30％，伸长率提高20倍），吸水率降低1/2以上，而且膜的表面结构更加光滑，能增加膜的透明度。

加入果糖（fructose）、半乳糖（galactose）和葡萄糖（glucose）等糖类可改变纯玉米醇溶蛋白膜非常脆的特点。含有各种糖类（如果糖、半乳糖、葡萄糖，用作增塑剂）的玉米醇溶蛋白树脂的玻璃化转变温度没有明显差别。含有半乳糖的薄膜比其他薄膜具有更好的拉伸性能，显示出较高的抗拉强度、拉伸断裂应力值和杨氏模量。纯玉米醇溶蛋白膜具有较高的水汽渗透性，玉米醇溶蛋白中加入一定量的糖时，其水汽渗透性将会降低。含有半乳糖的薄膜具有最低的水汽渗透性，含有半乳糖的薄膜具有最高的水接触角。在玉米醇溶蛋白膜中加入糖类增塑剂可增加其表面张力。向玉米醇溶蛋白溶液中加入果胶，加入果胶的透水率为0.760×10^{-4} kg·mm(kPa·h·m^2)，拉伸强度为23.5×10^{-5} N/m^2。

4. 磷酸化改性

磷酸化试剂（有磷酰氯、三氯氧磷、POCl$_3$、五氧化二磷和多聚磷酸钠STMP等）中的无机磷（P）与玉米醇溶蛋白质上特定氧原子（Ser、Thr、Tyr的—OH）或氮原子氨基酯化反应发生蛋白质磷酸化作用。磷酸化作用能改善诸多蛋白溶解性、吸水性、凝胶性及表面性能，如玉米醇溶蛋白溶解度随磷酸化程度的增大而增大，呈递增趋势。

5. 脱酰胺改性

蛋白质化学去酰胺作用主要通过酶、酸、碱催化进行水解，通过羰基上O和H$^+$的质子化作用，得到羧酸根离子，蛋白质结构变化之后，相应地引起蛋白质空间构象变化，分子间氢键作用力减少，提高了溶解度。对表面疏水性而言，随着去酰胺度的增加，表面疏水性先增加后趋于平衡，且增加幅度比较大，改变了玉米醇溶蛋白的某些功能特性。

6. 其他方法改性

除了多羟基化合物改性、脂肪酸改性、糖类改性和戊二醛改性等方法以外，还有许多其他化学改性方法。

甘油/聚丙二醇（1∶3）增塑的玉米醇溶蛋白膜断裂伸长率值几乎是单纯甘油增塑膜的15倍多。聚乙二醇/甘油（1∶1）和油酸作为增塑剂添加到玉米醇溶蛋白膜中，前者增塑的膜抗张强度高于后者。聚乙二醇可减轻蛋白质分子键间的相互吸引作用，使得链的伸展得以进行，末端OH的氢键作用可维持蛋白质分子键的水分。

用水、甘油、2-巯基乙醇对玉米醇溶蛋白膜改性，水和甘油吸附于玉米醇溶蛋白上，并和酰胺键形成氢键。改性后膜的吸水率随湿度的增大而增加，DSC显示玻璃化转变温度明显降低。

具有一个以上羧酸基的羧酸是玉米醇溶蛋白有效的增塑剂，可降低玉米醇溶蛋白的黏度，延缓黏度的增加，这些试剂比传统的增塑剂如聚乙二醇更能改变黏度。

纯的玉米醇溶蛋白膜非常脆弱，加入糖可改变这一缺点，如用果糖、半乳糖和葡萄糖作为增塑剂对玉米醇溶蛋白进行增塑改性，复合膜没有出现结晶峰和熔融峰，半乳糖比果糖和葡萄糖增塑的膜抗张强度和杨氏模量大。

用聚己酸内酯（PCL）和环己二异氰酸酯（HDI）的预聚物（PCLH）化学处理玉米醇溶蛋

白,含有 10% PCLH 的改性蛋白的断裂伸长量较未改性蛋白增加了 15 倍,而断裂力降低了 1/2,随着 PCLH 含量的增加,改性蛋白薄片的柔韧性明显增加,而强度几乎不变。如果进一步利用增塑剂(二丁基酒石酸盐(DBT))进行增塑处理,可以改进产物的耐水性。

玉米醇溶蛋白常用的增塑剂有丙三醇、水等极性增塑剂,棕榈酸、辛酸、邻苯二甲酸盐和二丁基酒石酸盐、二乙酸酒石酸甘油二酯等两性增塑剂。聚合物中增塑剂的迁移速率与其自身的物理化学特性有关。极性物质可以稳定地接近极性氨基酸并与其相互作用,两性物质则与被包埋的较难接近的非极性区域产生作用。

采用交联剂(如 N-羟基丁二酰亚胺(NHS)和 1-(3-二甲氨基丙基)-3-乙基碳二亚胺(EDC))对玉米醇溶蛋白交联处理,可以改善其成膜性,抑制其在溶液中的聚集。玉米醇溶蛋白交联改性后可制得坚硬的、表面光滑平整的薄膜,交联改性可明显提高薄膜的拉伸强度。

7.4.6 玉米醇溶蛋白的应用

基于玉米醇溶蛋白的特性,其在食品、医药、工业方面具有很大的应用潜力。玉米的深度加工和综合利用不仅有利于玉米的增值,同时对环境保护也有重要意义。

1. 药物缓释材料

利用玉米醇溶蛋白良好的成膜性、抗微生物性,以及抗热、抗磨损性特点,可将其作为药片外覆的包衣,隐藏药片本身的气味,也可以提高药片的硬度,并在相对湿度低的情况下阻挡氧气的进入,玉米醇溶蛋白与药物之间呈现出较好的相容性,是生产药片壁材的最佳材料,可应用于药物输送系统,如微球结构、膜结构,也可用于抗癌药物、阻凝剂、杀寄生虫的药物输送。玉米醇溶蛋白包衣药片的特性是其有良好的肠溶性和缓释性,玉米醇溶蛋白可以使阿司匹林的释药时间延长至 6 h。玉米醇溶蛋白制备的膜作为药物成膜剂,已被制成微球结构用来运输胰岛素、肝素、伊维菌素、乳酸菌素等。

在胃液中玉米醇溶蛋白较难消化,故玉米醇溶蛋白在片剂中可作为胃中的缓释药剂的壁材、糖衣等。阿司匹林与乳糖、玉米醇溶蛋白可制成缓释片剂,玉米醇溶蛋白和乳糖可以控制阿司匹林的释放速度(玉米醇溶蛋白含量越低,释放速度越快)。

玉米蛋白形成凝胶状的涂层和网状结构在药片溶解过程中可以阻止药片破碎,通过玉米蛋白形成渗透系统孔状结构缓慢释放药物。在口服药物中,玉米醇溶蛋白纳米颗粒可以保护治疗性蛋白如过氧化氢酶、超氧化物歧化酶等抵抗胃肠道的恶劣条件,充分发挥药物作用。玉米醇溶蛋白颗粒可以保护大部分的番茄红素在胃里被释放出来。在玉米醇溶蛋白纳米颗粒的保护下叶酸-过氧化氢酶、超氧化物歧化酶可以清除体外巨噬细胞产生的活性氧。盐酸平阳霉素、玉米醇溶蛋白、蔗糖醋酸异丁酸酯所组成的原位凝胶注射对于治疗静脉畸形是相当有效的。

2. 膜材料

玉米醇溶蛋白能够形成透明、柔软、均匀的保鲜薄膜,具有较强的保水性和保油性,是理想的天然保鲜剂。基于环保、资源等方面的考虑,开发可降解的膜包装对生态环境具有重大意义,可食用、可生物降解的薄膜和涂层不仅能够控制水分、氧气、二氧化碳传输,保留香味成分,还可以防止品质劣化和增加食品的货架寿命。如配方为 10% 的玉米醇溶蛋白与 10% 的丙二醇用于苹果的保鲜,可以增加苹果的光泽度,与没有涂层的苹果相比,苹果具有较长的货架期。玉米醇溶蛋白可用于草莓保鲜,不仅延长了草莓的储藏期,还减少了草莓在储藏过程中营养成分的损耗。玉米醇溶蛋白也适用于冷却肉涂膜保鲜,最佳的涂膜条件为 8% 玉米醇溶蛋白、10.2% 植酸、12.0% 柠檬酸和 80% 乙醇溶液。

玉米蛋白膜具有脆性,利用酚类化合物如儿茶素、没食子酸、对羟基苯甲酸等对玉米蛋白进行改性,制成可以作为生物活性包装材料的具有抗菌性和抗氧化性的玉米蛋白膜。含有溶菌酶的玉米蛋白膜在 4 ℃时可以抑制奶酪中单核细胞增生李斯特氏菌产生,具有抗菌性的玉米蛋白膜活性包装能增加新鲜奶酪的安全性和奶酪品质。

利用聚羟基丁酸酯和戊酸酯的混合物作为外层结构,玉米蛋白静电纺丝纳米纤维作为夹层结构的多层结构复合膜,无论是压缩成型还是浇铸,氧气阻隔性均有所增强。利用大豆分离蛋白和玉米醇溶蛋白形成一种具有热封性的可食用的复合膜层,该膜层能有效地阻隔氧渗透。氧气阻隔性较好的膜可以用于如方便面调料包中橄榄油的包装,减少橄榄油氧化酸败。

3. 高分子材料

作为一种植物蛋白质,玉米蛋白也被用于生产具有热塑性的塑料产品,由玉米蛋白制成的热塑性塑料具有较强的脆性,只有加入一定的增塑剂或进行化学改性才能获得所需产品。在工业领域,玉米蛋白与黄麻纤维的复合物可以用于模具的生产,与聚丙烯树脂制成的模具相比,它具有更强的弯曲和拉伸性能。

采用酯类化合物对玉米醇溶蛋白进行改性,可以得到抗张强度较高的、通透性较低的产品。采用柠檬酸、丁烷四甲酸、甲醛等交联剂处理玉米醇溶蛋白,可以使玉米醇溶蛋白的抗张强度提高 2～3 倍。采用表氯酸、甲醛等交联剂处理玉米醇溶蛋白、淀粉,可以得到防水性较好的塑料膜。采用亚油酸或油酸处理玉米醇溶蛋白,可以制得抗张性能及耐受性良好的塑料。

将玉米醇溶蛋白溶于醇制成溶液,添加脂肪酸后,可制得黏合剂,应用于粉末、干燥食品、木材、树脂、金属等材料的黏合。根据对象物的不同,还可利用玉米醇溶蛋白的热可塑性进行熔融压黏。

4. 制备纤维

1919 年,Ostenberg 发明了使用机械从玉米醇溶蛋白溶液中制备纤维的方法,此方法由于成本高,无法商业化生产。经进一步改进,将玉米醇溶蛋白的乙醇溶液挤压至水、空气(干法制丝)或其他液体中(湿法制丝),通过凝固浴制备成纤维。这种方法制备的蛋白纤维强度和硬度可以通过添加直链聚酰胺、成品丝浸入改性剂(甲醛、硫酸铝、钠及氯化物的混合物)等方法进一步提高,如在凝结浴中使用乙酸,可以极大地改善玉米醇溶蛋白纤维的拉伸强度。1994 年,玉米醇溶蛋白-水混合物生产纤维方法的出现,避免了酸和碱的使用。该法将玉米醇溶蛋白和水在低温下混合,加热后挤压成丝。

20 世纪 40 年代 Croston 等人发展了湿法制造纤维的方法,使用碱水溶解玉米醇溶蛋白,然后将它挤压成丝。预塑化在该工艺中,影响成品纤维的机械性质,预塑化时间越长,纤维的拉伸强度越大,而伸长率越小。乙酰处理后的纤维较柔软,耐水性良好。

1948—1957 年,美国弗吉尼亚卡罗莱纳州化学公司、美国康奈提格州的 Taftville 公司等都开始生产玉米醇溶蛋白纤维商品 Vicara(用于纺织的纤维)、Zycon(用于制帽纤维)和 Wave-crape(用于美容业)。Vicara 纤维质地柔软,半透明,抗热、抗酸碱性,耐热水、蒸汽、化学药品,可以进行洗涤、熨烫和印染等处理。1955 年后腈纶的问世,使得成本较高的 Vicara 逐渐退出市场。

5. 玉米醇溶蛋白油墨

玉米醇溶蛋白在苯胺、蒸汽以及热印刷油墨等印刷墨的生产中可以固定油墨,并且这类油墨具有无味、易干、抗热性和抗油性良好的特点,在凸版印刷设备中应用性较好。玉米醇溶蛋白油墨可以应用于塑料膜、金属箔片、有涂层或无涂层的纸、卡纸或瓦楞纸等多种材质的印刷。

6. 涂料

利用玉米醇溶蛋白的耐久性、抗油性以及松脂对水的敏感性,可以将其用作印刷涂料,也可以作为油炸食品、食盐等食品的包装,也可将其涂抹于纤维板容器、纸包装上起保护作用,还可以与松脂混合后制作轮船发动机室地板的涂料,但玉米醇溶蛋白涂料也存在耐水性差、易分解及抗虫性差的特点,虫胶可以改善玉米醇溶蛋白涂料的抗水性。在 20 世纪 40 年代,已用玉米醇溶蛋白代替虫胶生产瓷漆、油漆和涂料。与虫胶涂料地板相比,玉米醇溶蛋白-松脂涂料可以改善地板的抗磨性,使地板保持高亮泽。玉米醇溶蛋白含量高,地板的抗磨性好。

玉米醇溶蛋白也可以涂于杂志、印刷目录、儿童书籍以及口袋书的光滑纸表面,以增加纸的光滑度和抗油性。

7. 功能性食品

溶菌酶是最常用的抗菌物质之一,在纸质包装材料中经常出现,利用玉米醇溶蛋白可以控制溶菌酶的分布和释放,在玉米醇溶蛋白中加入溶菌酶、白蛋白、EDTA 二钠,开发出了具有抗菌性、抗氧化性并能清除自由基的功能性食品。

多肽与细胞功能息息相关,利用玉米醇溶蛋白制备高抗氧化肽等功能性多肽,用酶解的方法水解醇溶蛋白可以制取玉米肽。玉米肽具有解酒、降血压、降血脂、抗疲劳、抗衰老等多种保健功能。玉米肽中亮氨酸、丙氨酸的含量较高,补充亮氨酸可以减轻疲劳感,丙氨酸有减轻麻醉和防止醉酒的功效,支链氨基酸具有在肌肉中促进蛋白质合成和抑制蛋白质分解的功能,在非常情况下可以直接向肌肉提供能量,玉米肽有利于清除体内运动时葡萄糖无氧酵解产生的大量乳酸,从而可以迅速消除疲劳,具有调整体内代谢和快速加强体质恢复的作用。

利用玉米醇溶蛋白表面疏水特性作为油脂模拟品,替代部分奶油用于冰淇淋,替代色拉油制作蛋黄酱,与普通油脂相比,所含热量较少,能够有效地预防由高热量饮食引起的问题。玉米醇溶蛋白作为低成本的澄清剂,可以降低葡萄酒的浊度并除去其中的酚类化合物,不改变葡萄酒的颜色。玉米醇溶蛋白可以作为涂层材料用于糖果、干鲜水果、坚果和用于口香糖生产。

7.5 大豆蛋白

大豆是我国主要的农作物之一,因为它兼有食用油脂资源和食用蛋白资源的特点,具有很高的营养价值,大豆蛋白是自然界中含量最丰富的蛋白质,其所含氨基酸组成与人体必需氨基酸组成相似,同时还含有丰富的钙、磷、铁、低聚糖及各种维生素,被誉为"生长着的黄金"。工业化的大豆蛋白产品包括大豆蛋白粉(SF)、大豆浓缩蛋白(SPC)、大豆分离蛋白(SPI)及大豆组织蛋白(TSP)。

7.5.1 大豆蛋白的组成

大豆蛋白是存在于大豆种子中的诸多蛋白质的总称,大豆子粒中含有 40% 的蛋白质,用水抽提脱脂大豆可得 90% 的蛋白质,大豆蛋白主要是球蛋白,在 pH≈4.5 的等电点区域内不溶解。用等电方法沉淀析出大豆蛋白后,再进行超离心分离,根据蛋白质在离心机中的沉降速度可以将不同相对分子质量的球蛋白分离出来,可将其分为 2S、7S、11S 和 15S 四组。免疫上分球蛋白、α-浓缩球蛋白、β-浓缩球蛋白、γ-浓缩球蛋白 4 种。酸沉淀中上层清液为乳清蛋白,主要成分为 2S 配 7S 组分,具体见表 7-4。

表 7-4　大豆中主要蛋白质组成

主 要 成 分	占总蛋白/(%)	次 要 成 分	相对分子质量
2S	22	胰蛋白酶抑制剂	8000～21500
		细胞色素 C	12000
7S	37	血球凝集素	110000
		脂肪氧化酶	102000
		β-淀粉酶	61700
		7S 球蛋白	180000～210000
11S	30	11S 球蛋白	350000
15S	11	有待测定	600000

注:表中 S 表示沉降系数,$1S=10^{-13}$ s=1Svedberg 单位。

从表 7-4 可以看出,除了 2S 和 15S 两个含量少的组分之外,主要的组分就是 7S 和 11S,大豆蛋白的主要成分为球蛋白(11S)和 β-浓缩球蛋白(7S),两者合在一起占球蛋白的 70%,两者的比例随品种而异。按相对分子质量由大到小排序,15S 较大,而 2S 较小。在蛋白质制取分离蛋白时,小分子的蛋白质分散于水溶液中,大分子蛋白质因难溶于溶液而残留在粕渣之中,所以在蛋白质制品中 11S 和 7S 球蛋白就成为蛋白质产品的主要成分。

单指 7S 时往往就是指 β-浓缩球蛋白,7S 球蛋白在离子强度发生变化时是不稳定的,甚至会发生聚合和析离作用。7S 蛋白的次单元结构较复杂,7S 蛋白成分中也存有少量 γ-浓缩球蛋白,它受离子强度及酸碱值的影响非常显著,如在离子强度为 0.1 和中性 pH 值,7S 会聚合成 9S 和 12S。而在低离子浓度下,仍保持 7S 型。在接近等电点的 pH 值时会发生更大的聚合作用,生成 18S 型(7S 的 4 级结构)。大豆蛋白根据离子强度和 pH 值变化易发生解离和结合。

11S 是由球蛋白组成的,是一种不均匀性的蛋白质,其相对分子质量为 340000～375000,是大豆蛋白的主要成分,其构型易受 pH 值、碱浓度、尿素、温度及酒精浓度等因素的影响。这种蛋白质具有复杂的多晶现象,它对构成 4 级结构起着重要作用。11S 球蛋白中蛋氨酸含量低,而赖氨酸含量高,疏水的丙氨酸、缬氨酸、异亮氨酸和苯丙氨酸与亲水的赖氨酸、组氨酸、精氨酸、天冬氨酸和谷氨酸的比例为 23.5%∶46.7%,11S 球蛋白的等电点为 4.64。大豆蛋白中主要成分 11S 及 7S 的氨基酸含量最多的为谷氨酸和天门冬氨酸,两者共占 45% 左右,谷氨酸较多。7S 中含必需氨基酸中的色氨酸、蛋氨酸、半胱氨酸,且 7S 球蛋白是糖蛋白。11S 和 7S 的主要差异为 7S 中含 3.8% 的甘露糖和 1.2% 的氨基葡萄糖的糖蛋白,11S 则不含糖质,用亲和色谱法可把不含糖的 11S 分开。

7.5.2　大豆蛋白的结构

蛋白质是由系列氨基酸通过肽键结合而构成的大分子,其结构具有复杂、多层次的特点,一级结构是蛋白质的化学结构,二、三、四级结构则为蛋白质的空间结构。蛋白质的基本结构以及蛋白质中的化学基团所占的比例如表 7-5 所示。如前所述,在大豆蛋白主要成分 11S 及 7S 的氨基酸中谷氨酸和天门冬氨酸含量最多,两者共占 45% 左右,并且以谷氨酸居多。其酸性氨基酸约一半为酰胺态。就人体必需氨基酸中的色氨酸、蛋氨酸、半胱氨酸的含量而言 11S

与 7S 相比，11S 比 7S 多 5～6 倍，赖氨酸则以 7S 较多，含硫氨基酸较少。胱氨酸含量与双硫键（S—S 结合）的解离与结合相关，对物性影响很大，7S 的胱氨酸含量相当少。

表 7-5　大豆蛋白中各类化学基团所占比例

基本的蛋白质结构	R	结　　构	含　　量
	酰胺	$-C\overset{O}{\underset{NH_2}{\big\|}}$	15％～40％
	酸性	$-C\overset{O}{\underset{OH}{\big\|}}$　$-CH_2-OH$	2％～10％
$-(NH-CH-\overset{O}{\overset{\big\|}{C}})_n$　R	中性	$-CH_2-OH$　$-CH\overset{CH_3}{\underset{OH}{\big\|}}$　$-\bigcirc-OH$	6％～10％
	碱性	$-NH_2$　$-HN-C\overset{CH_3}{\underset{OH}{\big\|}}$　咪唑环	13％～20％
	含硫基	$-CH_2-SH$	0～3％

大豆蛋白同时具有一、二、三、四级结构，大豆蛋白多肽链构象有 α-螺旋和 β-折叠两种。在大豆蛋白的三级结构中，非极性基团转向分子内部，形成疏水键，极性基团或者转向分子内部形成氢键或者转向分子表面与极性水分子作用。

7.5.3　大豆蛋白的特性

大豆蛋白在溶解状态下能呈现出很多功能特性，如吸水性、起泡性、凝胶吸油性、调色乳化性等，其溶解性部分决定了某些相关的物理性质，一般来说，溶解性愈大，其胶体形成能力、乳化性、起泡性等愈高。溶解度还受 pH 值和离子强度影响，大豆蛋白溶解度在 pH 值为 4.5～4.8 时最低，偏离这一 pH 值至酸性或碱性环境则溶解度都上升，而酸性时易引起解离等变化。用 pH 值为 8 的三氯化酸缓冲溶液将 pH 值降低至 6.4 时，11S 大部分沉淀下来，7S 和 2S 仍溶解，可用此法对两者进行分离。

水溶液中存在蛋白质，均质器处理生成的细微离子表面被蛋白质形成的低表面能膜所覆盖，阻止了油滴的物理性凝集，可强化周围的水化层或双层电核层。以酶和酸进行水解时乳化性能上升，以酶分解时，乳化容量增加，但乳化稳定性减小。

蛋白质起泡性包括泡形成性与泡稳定性两部分。在等电点附近泡形成性最小、泡稳定性最高。蛋白质浓度上升,泡形成性增加、泡稳定性减小。在蛋白质浓度为 3% 时,泡稳定性基本丧失,泡形成性达到最大。大豆蛋白质制品中分离蛋白泡形成性最好,乳化稳定性也好,浓缩蛋白的泡形成性次之,大豆粉则较低。

7.5.4 大豆蛋白的改性

大豆蛋白的功能与其相对分子质量、氨基酸组成及顺序、结构、表面静电荷与有效疏水性等理化性质紧密相关。大豆蛋白的改性就是通过物理改性、化学改性、酶改性以及生物工程改性等方法改变大豆蛋白的分子结构,进而改变其理化性质,达到功能性质改变的结果。如以甘油、水或其他小分子物质为增塑剂,通过热压成型可以制备出具有较好力学性能、耐水性能的大豆蛋白热塑性塑料,用醛类、酸酐类交联,能提高大豆蛋白材料的耐水性、强度,采用多元醇、异氰酸酯等处理大豆蛋白,可以制备大豆蛋白泡沫塑料,采用其他物质共混处理也可以得到耐水性、加工性能优良的可生物降解的大豆蛋白塑料。

1. 大豆蛋白的物理改性

利用热、电、磁、机械剪切等物理作用形式改变蛋白质高级结构和分子间聚集方式的方法称为物理改性,一般不涉及蛋白质一级结构。物理改性具有费用低、无毒副作用、作用时间短、对产品营养性质影响小等优点。如大豆蛋白粉干磨后与未研磨的试样相比,吸水性、溶解性、吸油性和起泡性等都得到了改进,豆乳均质处理蛋白质的乳化能力提高,挤压处理使大豆蛋白分子在高温高压下受定向力的作用而定向排列,最终压力释放,水分瞬间蒸发,形成具有耐嚼性和良好口感的纤维状蛋白。大豆蛋白的物理改性方法有超滤、质构化、低剂量辐射、高频电场、添加增稠剂及添加小分子双亲物质等,常用的物理改性方法有热处理、超声改性、超高压改性、微波改性等。

经加热处理后,蛋白质分子之间的共价键被破坏,内部结构被打开,溶解性、持水性、持油性、乳化性和乳化稳定性、起泡性和凝胶性等方面均得以改善。适度的热处理也可改善大豆蛋白的功能性和营养特性,如在 85 ℃热处理 2 min,能提高大豆蛋白质的表面活性和乳化性,还有利于大豆蛋白质的凝胶作用。

超高压处理最主要的特点是破坏或形成蛋白质的非共价键,从而对蛋白质的结构和性质产生影响。400 MPa 的压力使 SPI 的 7S 球蛋白解离为部分或全部变性的单体,11S 六聚体的多肽链的伸展而导致絮凝,明显改善了大豆分离蛋白的溶解性。

大豆分离蛋白在 200 W 超声功率下处理 5 s 后,溶解性比未经超声处理的蛋白质提高了86%,这是由于大功率超声的"声空化"作用,在水相介质中产生强大的压力、剪切力、高温,可使蛋白质发生裂解和加速某些化学反应,破坏了蛋白质的四级结构,小分子亚基或肽被释放出来,从而显著提高大豆蛋白质的溶解性。超声处理大豆分离蛋白还能提高其乳化性能、表面疏水性和起泡性等,如超声功率为 320 W,乳化性提高了 17%,乳化稳定性提高了 49%,超声功率为 640 W 时,表面疏水性提高了 39%,超声功率为 960 W 时,起泡性提高了 70%,超声功率为 800 W 时,起泡稳定性提高了 7%。

蛋白质中的极性分子通过频率 300 MHz 至 300 GHz 的电磁波(微波)产生高速的振荡作用,产生的热作用和机械作用能相应改变蛋白质结构和功能性质。当微波频率较低时,蛋白质部分极性分子结构发生改变,频率继续增大时,蛋白质分子构型相继发生变化,溶解性随微波频率增大和辐射时间延长均会有所提高,当频率过高时蛋白质分子将聚集沉淀,溶解性急剧下降。

超高压处理仅破坏蛋白质分子间的氢键、离子键等非共价键,从而使蛋白质改性,超高压均质处理提高了大豆分离蛋白的溶解性,且溶解度随压力增大而增大,超高压处理的大豆蛋白溶解度中性条件明显高于酸性条件,超高压技术处理过程简单、能耗少,常温处理最大限度保留了食品的营养成分。

将大豆分离蛋白与壳聚糖、聚羟基酯醚、淀粉等可降解高分子材料通过共混制备复合材料,是一种有效的提高大豆蛋白疏水性、加工性能、力学性能的改性方法。

大豆分离蛋白与滑石粉、膨润土、沸石等黏土矿物共混,可以得到拉伸强度显著提高、水汽渗透性下降的材料。通过水性聚氨酯(WPU)与大豆分离蛋白共混制膜,能得到抗水性能、弹性显著提高的材料,这种材料在湿度较大的环境中应用性较好。琼脂与大豆分离蛋白共混,材料的拉伸强度由 4.1 MPa 增加到 24.6 MPa,和 40% 的黄麻纤维混合,用水作增塑剂,复合材料即使在 90% 湿度条件下,其弯曲强度、拉伸强度和拉伸模量也要高于聚丙烯/黄麻纤维复合材料。

2. 大豆蛋白的化学改性

大豆蛋白的化学改性是指通过对大豆蛋白的一些基团如氨基($-NH_2$)、羟基($-OH$)、巯基($-SH$)以及羧基($-COOH$)等进行酰基化,脱酰胺化,磷酸化,氨基酸共价连接,烷基化,硫醇化,羧甲基化,磺酸化,糖基化,胍基化,氧化,化学接枝,共价交联,水解及酸、碱、盐对大豆蛋白的作用等改变蛋白质的结构,改善大豆蛋白的功能和特性,如引入带负电荷的基团来改变蛋白质的等电点,增强改性后蛋白质的抗凝聚力,引入一些含硫醇基或二硫基的基团,可提高大豆分离蛋白的强韧性、黏弹性和组织感。

大豆蛋白还可与棕榈酸等碳水化合物结合,其乳化性和起泡性均可提高。蛋白质与多羧基化合物形成共价键可增加蛋白质的功能性(溶解性等),用希夫碱还原,单糖或低聚糖与 ε-氨基酸发生美拉德反应,可生成新的糖蛋白。如大豆蛋白与半乳糖甘露聚糖经过美拉德反应形成结合体,其在 pH 值为 1~12 范围内都有良好的溶解性、热稳定性、乳化性,大豆蛋白溶液的抗氧化能力也相应得到有效改善,长时间放置不变质腐败。

大豆蛋白分子的氨基、羟基等亲核基团通过酰化反应与羧基等亲电基团反应,将亲水基团引入大豆蛋白分子结构中,如常见的琥珀酰化、乙酰化,琥珀酰化大豆蛋白在一定的 pH 值下,具有良好的表面性质、成膜性,可形成稳定的气泡,将醋酸酐引入到大豆蛋白结构的氨基酸即成为乙酰化大豆蛋白,其等电点向较低 pH 值转变,在 pH 值为 4.5~7.0 范围内溶解性提高,黏度、起泡性均有所改善。将琥珀酸酐引入到大豆蛋白分子上即成为琥珀酰化大豆蛋白,酰化后其在一定的 pH 值下,具有良好的表面性质,特别是成膜性,而且可形成稳定的气泡。

利用侧链羧基或侧链氨基形成异肽键可以将外源氨基酸导入蛋白质中,如通过共价键将蛋氨酸、半胱氨酸与蛋白质连接,得到可被肠道氨肽酶水解的异肽,可用于蛋白质氨基酸富集。

大豆蛋白材料使用 $POCl_3$ 进行磷酸化作用,可形成较好的凝胶。

大豆蛋白可以与 Na_2HPO_4、NaH_2PO_4 等磷酸盐反应,发生去酰胺化反应,从而完成氨释放,改变大豆蛋白的性能,将谷氨酰胺、天冬酰胺的弱极性转化为具有极性的谷氨酸、天冬氨酸,增强蛋白质的水化作用,并且部分肽键发生水解形成小肽分子,这都将在整个 pH 值范围内提高大豆蛋白的溶解度。

巯基和二硫键在蛋白质性能中扮演重要角色,在大豆蛋白结构中引入一些含有硫醇基、二硫键等基团,大豆蛋白在强韧性、黏弹性、组织性及凝胶性等方面均获得提高。蛋白质分子内、分子间的二硫键通过硫醇化反应断裂,亚基伸展,相应的溶解性提高、黏度降低。大豆蛋白与亚硫酸氢钠、半胱酸、亚硫酸钠反应后溶解指数及分散指数增大。大豆蛋白与脲、亚硫酸钠反应后表面活性、溶解性得到提高。大豆蛋白与溴酸钾、亚硫酸反应后黏度可降低。此外,还可将大豆蛋白与盐、碱、酸(磷酸、磺酸等)、试剂(羟甲基化试剂等)反应,对其胶凝性、吸油性、溶解性等性能进行改善。

3. 大豆蛋白的酶处理改性

植物蛋白酶、动物蛋白酶、微生物蛋白酶等蛋白酶可以使蛋白质发生部分降解,通过大豆蛋白分子间、分子内发生交联或链接功能基团,对蛋白质进行改性(表 7-6)。许多化学改性方法,包括去酰胺、磷酸化都可用酶法改性代替,如从酵母 Yarrowia lipolytica 分离的酪蛋白激酶 II(CK II),可用于大豆蛋白的磷酸化改性。蛋白酶 Alcalase 作用于大豆分离蛋白,水解度小于 6% 时,产物乳化性随其溶解性增加而改善。许多碱性内切蛋白酶(如 Alcalase)对大豆蛋白的酶解改性,其机理上属于大豆蛋白的脱酰胺化。通过动物蛋白酶,如采用胰酶(如胰凝乳蛋白酶、胰蛋白酶)对大豆分离蛋白进行水解,可提高大豆分离蛋白的表面疏水性,改善其溶解性、乳化性,用疏水专一性蛋白酶(如胃蛋白酶、胰凝乳蛋白酶等)对蛋白质进行水解,可降低大豆蛋白水解物的苦味。用木瓜蛋白酶等植物蛋白酶进行处理,水解度为 3%、13%、17% 时,酶改性蛋白质分别具有溶解度 100%、起泡性好、乳化性好的特点。微生物蛋白酶可以较快地水解大豆蛋白,改进大豆蛋白的乳化性、起泡性、溶解性等。用谷氨酰胺转氨酶催化 11S 大豆球蛋白(pH 值为 7.0～8.0,在低于 50 ℃ 范围内)和乳清蛋白可形成分子内或分子间的交联,交联蛋白质比未交联的形成膜强度高 2 倍。大豆蛋白深度酶解,可产生具有一定生理活性的大豆肽。

表 7-6 蛋白质反应基团改性方法功能效果

基 团	反 应	性 能
—NH$_2$	琥珀酰化	改善抗凝聚性、溶解性
—NH$_2$	磷酸化	改善乳化性、溶解性、发泡性
—NH$_2$	硫醇化	改善黏弹性、韧性
—NH$_2$	乙酰化	改善起泡性、乳化性、溶解度、黏度
S—S—SH	磺酸化	改善溶解性、抗凝聚性、乳化性
—OH	羧甲基化	改善溶解性、乳化性、抗菌性

MTGase 是一种能催化多肽或蛋白质的谷氨酰胺残基的 γ-羟胺基团与伯胺化合物酰基受体之间的酰基转移反应的酶,通过该反应可以以共价键的形式,在异种、同种蛋白质上接入多肽、氨基酸、氨基糖类、蛋白质、磷脂等,有效地对蛋白质的功能性质进行改变。例如,热稳定性高、溶解度大的乳清蛋白-大豆球蛋白聚合物需要以 MTGase 为催化剂制备。

枯草杆菌蛋白酶也是一种较常用的微生物蛋白酶,其来源丰富,作用底物较广泛,能水解大豆蛋白,制备小分子的肽。

此外,采用胰蛋白酶改性,还可提高大豆乳清蛋白的溶解性及乳化稳定性。

7.5.5 大豆蛋白的应用

大豆蛋白具有生物可降解性、可加工性(例如挤出和注塑的模具设备)、力学性能、阻隔性能和对水的敏感性等,作为表面活性剂、塑料添加剂、油漆、胶黏剂、涂料等广泛用于照相产品、造纸工业、胶黏剂、汽车外壳、纤维、化妆品等。部分大豆蛋白工业产品结构与性能的关系详见表 7-7。

表 7-7 大豆蛋白工业产品的结构与性能

产品类别	特性	性质	要求
涂料	油漆/墨汁	黏结性能	暴露特殊基团
	纸/包装涂料	膜力学强度	缠结
		防水性能	交联
胶黏剂	热熔	黏结强度	缠结
		防水性能	交联
	水溶性	加工	可溶性
塑料	包装	拉伸强度	缠结
		防水性能	交联
表面活性剂	润湿剂	界面稳定性	暴露特殊基团
	乳化/去污剂	表面张力	暴露特殊基团

1. 用于黏合剂

脲醛树脂胶、酚醛树脂胶和三聚氰胺甲醛树脂胶等传统的合成胶黏剂,对石油有很强的依赖性,并且在生产、运输和使用过程中会不断释放甲醛,严重影响了人们的健康,大豆蛋白胶黏剂可以解决这一直困扰人们的问题。通过对大豆蛋白进行相应的改性可以得到黏结强度和耐水性良好的胶黏性能,这类胶黏剂原料是可再生资源,环境友好,设备简单,调制和使用方便,胶合强度较好,能满足一般室内使用的人造板及胶合制品的要求,胶合板胶黏剂是大豆产品的主要用途之一。用碱和胰蛋白酶改性大豆蛋白,大豆蛋白胶黏剂的黏结强度和耐水性都有了明显的提高。用尿素对大豆蛋白改性制备的胶黏剂比用碱改性制备的胶黏剂具有更强的耐水性,用水解大豆粉与酚醛树脂反应制得的胶黏剂可用于中密度纤维板和刨花板的黏结,板材的物理力学性能优于商业酚醛树脂胶黏剂 CP-A,琥珀酰化和乙酰化改性大豆蛋白所得胶黏剂可以用于纸张涂布,用缓慢冷冻和融化的方法可以生产植物蛋白胶黏剂,用于纺织、纸箱包装及水基涂料等行业,用硼酸交联脱脂大豆粉中的多糖可以提高小麦密度板的耐水性,NaOH和乙醇都可导致大豆蛋白变性,使蛋白质分子内部的疏水性氨基酸残基暴露出来,形成更多的活性基团,从而提高大豆蛋白胶的黏接强度和耐水性。以尿素和亚硫酸钠改性大豆蛋白,与醋酸乙烯酯进行接枝共聚,并通过金属盐改性可制得具有良好综合性能的乳液胶黏剂。

2. 用于制备可降解塑料

加工成本较低的大豆蛋白用于制备可降解塑料可以在一定程度上缓解环境污染和能源危机问题。按照加工的最终形态及蛋白质含量大豆蛋白可分为脱脂大豆粉(SF)、大豆浓缩蛋白(SPC)和大豆分离蛋白(SPI),其中大豆分离蛋白具有较高(不低于 90%)的蛋白质含量,成为研究大豆蛋白可生物降解材料的主要原料。大豆分离蛋白肽键、氢键、二硫键、空间相互作用、范德华相互作用、静电相互作用和疏水相互作用等结构稳定因素被逐渐用于改性制备生物降解材料。如利用氢键的蛋白质改性,利用尿素分子的氧原子和氢原子能与蛋白质分子中的羟基作用,破坏蛋白质分子中的氢键,通过空间结构解体,将原来包埋于球状分子内部的官能团裸露出来,与水分子发生溶剂化作用,提高大豆蛋白塑料熔体的流动性,使大豆蛋白具有良好的加工性能。改性大豆蛋白具有较好的力学性能、耐水性能和透光率,其断裂伸长率能达到200%,饱和吸水率在10%以下。采用马来酸酐、邻苯二甲酸酐对 SPI 进行化学改性,大豆蛋白材料的力学性能、耐水性能和透光率都有明显改善。用脲和 SDS 处理 SPI,改性后的 SPI 表面疏水性明显提高。

3. 大豆蛋白复合材料

将大豆蛋白作为热塑性工程塑料应用的途径之一,就是将其加工成共混物或者复合材料。大豆蛋白与 20% 的聚磷酸盐复合,可将材料的弯曲模量从 1.7 GPa 提高到 2.1 GPa,且聚磷酸盐的加入使材料由脆性断裂转变为假塑性断裂,用硅烷偶联剂对聚磷酸盐预处理,能够进一步提高复合材料的弯曲模量并降低吸水率。大豆蛋白与麦草复合,改性的大豆蛋白作为黏结剂压制的板材力学性能最好,拉伸强度分别为 4.888 MPa 和 2.719 MPa,压缩强度分别为 4.286 MPa 和 0.861 MPa。大豆分离蛋白和苎麻纤维复合,复合材料的断裂应力、杨氏模量随着纤维长度的增长和质量分数的增加而提高(添加 10% 5 mm 长的纤维没有明显的增强作用,短纤维作为增强材料反而成为瑕点降低了材料的拉伸性能)。大豆分离蛋白与改性淀粉共混,改性淀粉与大豆分离蛋白之间发生了交联,对大豆分离蛋白材料起到了增强作用,提高了大豆分离蛋白在水中抗破碎能力。在大豆分离蛋白/聚(乙烯-丙烯酸酯-马来酸酐)复合材料中聚(乙烯-丙烯酸酯-马来酸酐)用量增加会导致材料的吸水率、拉伸强度和模量降低,硬度及伸长率增高。聚氨酯、黄原胶、多糖、纤维素等与大豆蛋白复合制备材料,可以应用于保鲜材料、泡沫包装材料及黏结剂等。

7.6　蚕　　丝

丝素蛋白是一种从蚕丝中提取的蛋白质,天然丝蚕丝(silk)有"纤维皇后"的美誉,是熟蚕结茧时所分泌丝液凝固而成的连续长纤维,蚕丝本身具有热绝缘效果、高度亲和性,对人体有很好的相容性,能自动调节湿度,使皮肤处于最为适合的湿度,丝素提纯工艺简单,被广泛用于服装、手术缝合线、食品发酵、食品添加剂、化妆品、生物制药、环境保护、能源利用等领域。

7.6.1　蚕丝蛋白的结构及组成

蚕丝主要由内层的丝素蛋白和外层的丝胶两部分组成,是一种天然的生物高分子蛋白,蚕丝中丝素蛋白占 70%～80%,丝胶蛋白占 20%～30%,灰分、蜡质、色素等约占 5%。丝素蛋白中氨基酸有 20 种,其中约 12% 为丝氨酸,约 30% 为丙氨酸,约 43% 为甘氨酸。丝素蛋白中,具有较小侧基的氨基酸主要在结晶区,具有较大侧基的氨基酸(如酪氨酸、苯丙氨酸、色氨酸等)主要在非晶区。丝素蛋白的构象为反平行折叠链形式,丝素纤维与聚合物主轴的方向平行排列,密切结合形成由微纤维组成的直径大约是 1 μm 的细纤维,然后大约 100 根细纤维再沿纵轴排列组成直径 10～18 μm 的单纤维,即蚕丝蛋白纤维。

丝素作为蚕丝的主体部分,赋予了蚕丝作为生物医学材料应用的一系列优良特性。丝胶是一种可溶于水的糖蛋白,可通过沸水煮的方法与丝素进行分离。作为生物材料使用时蚕丝在使用过程中应除去易引起过敏反应的丝胶。

丝素溶于浓酸、高浓度的盐、盐-有机溶剂或者酶溶液,不溶于水、稀酸和碱类溶剂,浓酸、酶溶液都是将丝素降解为小分子肽链,影响蛋白质结构,不利于形成丝素膜,$CaCl_2$、LiBr、$CaCl_2$-CH_3CH_2OH-H_2O 等的高浓度溶液等经常被用来作为溶解丝素的中性溶剂。

7.6.2　丝素的结构

丝素由重复的蛋白序列组合而成,相对分子质量比较大,为 36 万～37 万,主要是由轻链(相对分子质量 46000)和重链(相对分子质量 390000)通过二硫键以 1∶1 的比例连接。丝素蛋白重链序列中包含结构高度重复,并富含甘氨酸的中间区和 2 个结构重复性差的 C 端和 N 端,GAGAGS 作为中间区的主要部分(甘氨酸(Gly)、丙氨酸(Ala)和丝氨酸(Ser)),是蚕丝中 β-折叠微晶的构成单位,这 3 种氨基酸的质量比为 4∶3∶1,占全部氨基酸的质量分数为 80% 左右。

蚕丝可视为高分子链沿纤维长轴高度取向的半结晶高分子材料,丝素蛋白包括结晶区和非结晶区两部分,丝素蛋白的晶态结构和结晶度在决定丝素蛋白的机械性能和生物医学应用的性能方面起到了至关重要的作用。丝素蛋白的结晶部分为较为紧密的 β-折叠结构,在水中仅发生膨胀而不能溶解,亦不溶于乙醇等有机溶剂。无定形链段由结晶区的 β-折叠晶体连接成丝素蛋白网络结构,蚕丝无序结构中含 18% 的 β-折叠结构,蛋白质的晶体结构主要由其二级结构来决定,无规卷曲结构在剪切力的作用下更加松散,而 β-折叠微晶结构未发生变化。

丝素蛋白有两种结晶形态,分别称为 Silk Ⅰ(主要在非结晶区)和 Silk Ⅱ(主要在结晶区)。Silk Ⅰ 属于水溶性,是亚稳态的结构,包括无规线团和 α-螺旋结构,丝素的肽链排列不整齐且疏松,并有弯曲和缠结,当有外力作用并且拉伸时,可以变直并且伸长,去除外力又可以恢复原状,有很好的弹性性能。在 Silk Ⅰ 结构中,丝素蛋白的分子链则主要是按 α-螺旋和 β-平行结构交替堆积所形成的,在这种分子链结构中,其晶胞属于正交晶系。Silk Ⅰ 的 α-螺旋结构中氨基、羧基侧链向外伸出,使相邻的螺旋圈之间形成链内氢键,氢键的取向与中心轴平行。在 Silk Ⅰ 的分子链模型中,分子链重复单元为二肽,且整个分子链呈现出曲轴型,呈 β-平行的丙氨酸与纤维轴平行,而呈 α-螺旋的甘氨酸则与纤维轴垂直。无规卷曲结构的链段之间结合力较弱,导致丝素结晶度低、易溶于水、在水中易溶胀、机械性能差、柔软度高,对盐、酶、酸、碱及热的抵抗力较弱,Silk Ⅰ 遇热水、稀碱、剪切作用力会被拉长伸展,链内氢键就会被破坏,形成更为稳定的具有 β-折叠的结构,即 Silk Ⅱ 结构。如将蚕丝蛋白薄膜样品从 192 ℃加热至 214 ℃,β-折叠片的含量从 0.11 上升至 0.43,这是无规卷曲结构向 β-折叠转变的结果。Silk Ⅱ 属于水不溶性结构,是以反平行 β-折叠的伸展肽链形式存在的,肽链排列整齐,此晶胞属于单斜晶系,分子链由“丙氨酸-甘氨酸”的重复单元结构构成并作反向平行并列,链段排列比较整齐,结合紧密,结构较稳定。当这种结构处于外力拉伸状态时,其抵抗力强,柔软度低,在水中较难溶解,并且抵抗盐、酶、酸、碱及热的能力较强。

7.6.3　丝素蛋白性质与功能

丝素蛋白具有良好的生物相容性、可降解性和机械性能,对机体无毒性、无致敏和刺激作用,降解物对人体组织无毒副作用。丝素蛋白可在一些特殊的中性盐溶液中发生无限膨胀,形成黏稠的液体,透析除盐即可得到丝素的纯溶液,然后通过喷丝、喷雾或延展、干燥等处理,用不同的加工方法可以得到丝素蛋白纤维、溶液、粉、再生丝素、凝胶、薄膜或微孔材料等不同形态的产品,将溶解丝素纤维制备的丝素膜广泛应用于人工皮肤、创面覆盖材料、人工骨、人造血管、释药载体、酶固定载体、细胞培养基质、生物传感器等。

丝素蛋白可降解吸收,因蛋白酶作用点的不同,不同的酶对丝素蛋白的降解程度各异。去除丝胶的丝素蛋白纤维不会引起 T 细胞调节的体内应答,可以支持细胞黏附、分化和组织形成。丝素蛋白具有类似胶原蛋白的性质,能促进细胞生长。丝素蛋白因含有细胞结合结构域,有利于细胞粘连,可作为胶原蛋白的替代品。

丝素蛋白中含量高达 36% 的甘氨酸,有降低血液中胆固醇的功能,丝素蛋白降低胆固醇的效果优于单独使用甘氨酸。丝素蛋白具有很强的吸附作用,可以通过吸附凝固胆汁酸来促进对胆固醇的分解。丝素降解物中的部分多肽具有血管紧张肽转化酶(ACE)的抑制活性,ACE 抑制剂的存在能够阻止血管紧张素的生成,从而起到降低内源血压的功能。丝素蛋白中含有 6% 的酪氨酸,在酪氨酸脱氢酶的作用下可生成多巴,而多巴在酶的作用下可转化成多巴胺,从而对帕金森症有防治效果。丝素蛋白有促进胰岛素分泌的功能,胰岛素可促进人体内的糖分代谢,当体内糖分含量过高时,补充丝素蛋白可以起到调节糖分代谢的作用,从而有防治糖尿病的功效。丝素蛋白质中有 28% (摩尔分数)的丙氨酸,而丙氨酸对酒精有促进分解的作用,水溶性丝素蛋白粉末的解酒作用明显强于丙氨酸。

7.6.4　丝素蛋白的改性

由于丝素具有优秀的物理性能,近年来丝素在非纺织领域的应用也越来越多。丝素蛋白膜可以采用水合作用、热处理、有机溶剂处理、应力作用等化学及物理方法改进使用性能,或者通过将丝素蛋白溶液直接与其他高分子材料溶液共混使其进行改性处理,并制成膜使其达到所需要求。

1. 丝素蛋白的物理化学方法改性

蚕丝织物经 8-甲基环四硅氧烷(D4)低温等离子体处理后,其交织阻力、抗皱性能及织物的柔软性和拒水效果均有一定程度的提高。对蚕丝纤维及其制品进行高温特殊热处理后,可大幅度改善光泽,提高强力和水洗色牢度。丝素蛋白在 200 ℃进行热处理时,Silk Ⅱ结构随着热处理时间的延长而增加。采用延缓干燥速率的方法制得的丝素蛋白膜具有较好的机械性能和较强的酶降解性。丝素分子间的作用力会在应力的作用下遭到破坏且发生重组,丝素蛋白的二级构象相应发生变化,丝素蛋白膜的分子链从亚稳定的 Silk Ⅰ向较为稳定的 Silk Ⅱ结构转变。

丙酮、甲醇、三氟乙酸等极性溶剂可以控制丝素蛋白的构象,将无规线团构象转变为 Silk Ⅰ和 Silk Ⅱ型结晶。与水相溶性良好的溶剂可以使丝素蛋白链的构象发生转变,与水相溶性不好的溶剂则不能,因为,Silk Ⅰ型结晶结构可以被水合作用所稳定,有机溶剂的脱水作用可以使 Silk Ⅰ型转变为 Silk Ⅱ型结晶结构。其中,甲醇引起构象转变效果最为显著,如用甲醇浸泡丝素蛋白膜,诱导其二级构象由无规则卷曲、α-螺旋向 β-折叠构象转变,使丝素蛋白结构紧凑分子间的水分渗出,分子结构排列趋于有序化,使得分子间和分子内的结合力增强,转变为水不溶性的丝素蛋白膜。

通过紫外线、γ 射线和高速电子流等辐照源辐照改性,可使蚕丝材料之间的长线形大分子之间连接形成网状结构,进而增强蚕丝纤维的热稳定性、阻燃性、化学稳定性和力学强度。

2. 丝素蛋白的化学改性

在蚕丝纤维的非结晶区,氨基酸大侧链上含有羟基、氨基和羧基等很多活性基团,这些活性基团在引发剂、催化剂或者高能辐射和紫外光照射等条件下,能产生游离基,形成活性中心,这是蚕丝纤维改性的物质基础。在此基础上,利用蚕丝蛋白分子链上的羟基、酚羟基、羧基和氨基等活泼基团与多种化学试剂进行反应,对蚕丝进行化学基团改性,使蚕丝蛋白分子链上接上一些亲水性或亲油性的官能团,如接入疏水基团可促使丝素蛋白快速从无规线团转变为 β

片层结构,而亲水性基团的引入则可抑制这种转变。

用三聚氯氰活化的聚乙二醇对丝素蛋白进行化学修饰,聚乙二醇活化的丝素具有较好的机械性能及可控的降解性能,可将其作为抗粘连和抗血栓材料用于生物医学等领域。丝素中聚乙二醇含量的增加,可增加丝素的表面光滑度和亲水性能,减少人类间质细胞在丝素蛋白表面的扩散,抑制血小板在丝素蛋白表面的附着。

接枝聚合方法是一种有效的改性方法,蚕丝纤维及其制品可通过乙烯类、甲基丙烯酸酯类和丙烯酰胺等单体进行接枝共聚来改善其性能。如蚕丝纤维经甲基丙烯酸羟乙酯接枝改性后,其热分解温度和磨损强度均得到了提高。采用二乙基-2-甲基丙烯酰氧基-乙基磷酸酯(DEMEP)为单体、过硫酸钾为引发剂对蚕丝面料进行接枝处理,处理后的蚕丝具有较好的自熄性能,蚕丝的阻燃性能得到了提高。

采用"无引发剂聚合"法在丝素蛋白纤维表面接枝紫外吸收剂 2-羟基-4-丙烯酰氧二苯酮(HAOBP),接枝 0.6% HAOBP 的丝素蛋白纤维,其热稳定性、紫外稳定性均得到了显著的改善。丝素纤维接枝甲基丙烯腈后丝素纤维的拉伸模量有所降低,接枝反应使得丝素纤维变得更加柔软且有弹性。接枝 2-甲基丙烯酰氧乙基磷酸胆酰的丝素蛋白材料具有类磷脂结构,其表面具有强烈吸附血液中磷脂分子的作用,使材料的抗凝血性大幅度提高。硫酸化丝素蛋白可以使血液的凝固时间延长。2-羟基-4-丙烯酰氧二苯酮(HAOBP)、1-羟基-2-丙烯酰氧蒽醌(HAOAQ)和 1,5,8-三羟基-2-丙烯酰氧蒽醌(THAOAQ)等染料单体采用无引发剂体系接枝到蚕丝上,可以改善蚕丝的染色性能,产物色泽鲜艳、不褪色,热稳定性和抗紫外线性、力学性能良好。利用等离子体技术将褐藻多糖的硫酸酯固定在丝素膜的表面上,改性后的丝素膜凝血酶时间比经过 NH_3 等离子体处理的丝素膜延长 4 s,比纯丝素膜延长 35 s。

丝素蛋白膜采用聚乙二醇缩水甘油醚(PEGO)进行交联,交联剂用量增加后断裂伸长率及机械性能显著提高,杨氏模量、拉伸断裂强度降低。丝素蛋白采用二缩水甘油基乙醚交联改性后,产品凝胶柔韧性和强度均良好,具有大于 100 g/mm² 的压缩强度和大于 60% 的压缩变形率。丝素蛋白的溶液浓度影响凝胶的力学强度。用甲壳素交联丝素蛋白膜可以获得半渗透聚合体网状物,对离子和 pH 值都具有很好的敏感性。

3. 丝素蛋白共混改性

单纯的丝素蛋白在应用上存在一定的缺陷,例如,纯丝素膜在含水量极低时易于破碎,在低湿环境应用时强度不够,丝素膜在溶液中的溶失率较高等,丝素蛋白可以与其他材料共混,根据复合材料性能互补的原理,来改变其丝素蛋白的性能。常见的共混材料有纤维素、聚乳酸、弹性蛋白、壳聚糖、聚丙烯酰胺、胶原、尼龙、腈纶等。纤维素/丝素蛋白共混膜中加入纤维素可以有效地改变复合材料的力学性能,如纯丝素膜引入 40% 纤维素共混后,柔韧度可以提高 10 倍。丝素溶液与尼龙共混,可以提高热稳定性,降低共混膜的结晶温度。蚕丝和腈纶共混,部分丝素蛋白包裹在复合纤维的外部,改善了复合纤维的吸湿性,相对吸湿速率甚至超过蚕丝。

聚氨酯与丝素共混可制备柔软性、弹性俱佳的共混膜,聚氨酯比例增加到 50% 时,断裂伸长率提高约 4 倍。采用不同相对分子质量的聚乳酸对丝素蛋白共混改性制备具有较高的力学性能的蛋白共混膜,丝素、聚乳酸的比例为 100:3 时断裂强度可高达 38.7 MPa,断裂伸长率可达 32.5%。聚乳酸的加入使丝素蛋白膜的 β-折叠含量增多,丝素、聚乳酸的比例为 100:5 的时候,共混膜的 β-折叠构象的含量是最多的。聚乙烯基吡咯烷酮与丝素蛋白共混后,可使共混膜伸长率增加、吸湿性以及透气性增强,改善了丝素创面保护膜的性能和应用效果。

将聚乙二醇作为交联剂制备的丝素/壳聚糖共混膜对细胞产生的毒害作用较小,共混膜的力学性能得到了极大的改善。原料中壳聚糖用量对膜的性能有较大影响,如控制壳聚糖的添加量为 5%、10%、15% 或超过 15% 时,共混膜性能分别为:结晶含量高、生物相容性好,丝素蛋白由无规则卷曲的构象变化为 β-折叠构象;丝素蛋白的构象由 β-折叠变化为 α-螺旋;丝素蛋白的构象由 β-折叠变化为无规则卷曲;共混膜中的丝素、壳聚糖出现两相分离的结构。

采用化学组装技术将纳米 TiO_2 和 TiO_2、Ag 纳米粒子通过化学键将其组装到蚕丝纤维表面,丝素面料通过较强的化学键和纳米粒子之间连接,纳米粒子功能化的丝素面料不仅具有较好的吸收紫外线、较强的抗病菌能力,同时还具有较高的光催化性质及自清洁能力。

7.6.5　蚕丝的应用

蚕丝来源广泛且易得,随着人们对蚕丝结构和性能的深入研究,蚕丝也具有了广阔的发展前景。传统上蚕丝主要作为衣物使用,真丝织物具有吸湿性和透气性,可以根据外界的温度变化来对湿度进行调节,保持皮肤湿润,可抵挡和减少紫外线,不产生静电,防止皮肤瘙痒。除此之外,蚕丝制品还广泛应用在食品、发酵工业、新材料、生物制药、临床诊断治疗、环境保护、能源利用等许多方面,蚕丝非服装用途的拓宽对于促进丝织行业中的废物利用,充分利用资源,防止环境污染等具有十分重要的意义。

1.　丝素蛋白在食品方面的应用

丝素由 18 种氨基酸组成,从营养学和医学的角度来看,丝素蛋白中丰富的氨基酸及其构成的短肽对人体有特殊的保健作用,如甘氨酸在降低血液中胆固醇含量方面非常有效,是理想的预防脑血栓、高血压的物质。丙氨酸在促进酒精分解、代谢中非常有效。酪氨酸在预防老年性中风、帕金森症等方面比较有效。

2.　丝素蛋白在化妆品领域中的应用

丝蛋白作为化妆品基材,其主要优点是热稳定性好,防晒、保湿、营养等功能俱全,丝素粉光滑、细腻、透气性好、附着力强,具有蚕丝蛋白特有的柔和光泽和吸收紫外线抵御日光辐射的作用,能随环境温湿度的变化而吸收和释放水分,对皮肤角质层水分有较好的保持作用,与其他化妆品原料有较好的配伍性,添加量最多可达到 20%,使其功能性作用较突出,因此可广泛应用于化妆品领域。丝素粉已经成功应用于粉饼、洗发剂、唇膏等化妆品领域。

当丝素被降解为相对分子质量在 1000~6000 范围时,容易透过人体的表皮细胞膜而被皮肤吸收,还具有减少皮肤局部细微皱纹、抑制黑色素的作用,其中乙氨酸能发生光化作用而减少紫外线对人体的侵害,具有良好的保湿性和保温性,丝素肽的亲水基团可吸收并保持一定的水分,在皮肤和头发表面形成一层膜,能防止水分过多蒸发,有助于调节皮肤水分,使皮肤和毛发光泽柔软,富有弹性。20 世纪 70 年代日本就开发了丝素粉并用于粉底材料。

3.　丝素蛋白在医学方面的应用

手术缝线是丝素运用于医药方面的最早产品之一。眼科、整形外科手术的缝合线一般都使用真丝缝合线,真丝缝合线细度小、拉伸强度大,易打结且结头不易散开,对人体无过敏性,在伤口不留疤痕,细度小、强度大、屈性好。

丝素蛋白具有良好的生物亲和性,在生物医学领域的研究比较活跃,并取得了许多有实用价值的成果。丝素蛋白经过处理后可制得具有接近正常皮肤的柔软性、伸缩性和湿润强度的丝素膜,是用来作为人造皮肤、人造血管的极好原料。丝素的酶水解产物对遗传性的过敏性皮肤炎、组织狼疮红斑等类似疾病有治疗作用。丝素创面保护膜具有良好的柔韧性、透水性、透气性、与创面的黏附性以及与人体的生物相容性,可将药物从膜中先快后慢地释放出来,具有抑菌杀菌和保护创面的作用,可作为理想的人工皮肤材料。在深Ⅱ度创面和浅Ⅱ度创面临床试验中,丝素膜具有良好的透湿性和与创面的黏附性,可促进创面愈合。

丝素非结晶区有许多碱性氨基酸,对细胞有一定程度的吸附作用,故能吸引细胞附着在其上面,丝素膜可以作为人体细胞的培养基质,丝素与哺乳动物细胞有良好的相容性,接附在丝素膜上的株化纤维芽细胞 L-929 可形成钟纺形的类似于骨胶质细胞的物质,人体肝细胞可沿基质表面和内部的网状结构作多重结构的接附。

丝素膜本身具有特殊的多孔性网状结构,使丝素膜具有良好的吸附和填充药物的能力,还能通过化学结构与药物共价结合,是一种理想的药物释放载体。多孔性丝素水凝胶包埋阳离子型药物具有一定药物透过性,在释放药物时,具有一定程度的 pH 值响应性。如用丝素膜包埋 5-氟尿嘧啶(5-FU),复合膜中的 5-FU 溶解释放速度变慢,释放时间延长。经涂层的复合膜在接近丝素蛋白等电点(pH＝4.5)时,5-FU 在溶液中释放速度较慢,调节外部溶液 pH 值可以调控 5-FU 的释放速度。以戊二醛作为交联剂制备壳聚糖/丝素共混膜,含有 80％壳聚糖的共混膜在 pH 值为 2.0 时显示了典型药物释放的最大值。

硫酸化丝素粉丝素蛋白分子中的酪氨酸或丝氨酸的羟基被硫酸酯化,硫酸处理的丝素蛋白与未处理的相比,显示出抗凝血活性,可作为防止血液凝固的试用药,也可用来提高人工血液的抗凝固机能。

蚕丝的强度和弹性系数与生物体的肌腱相近,在丝素蛋白中导入带电化合物、带有负电荷的羧基、磷酸基,改性的丝素蛋白可与骨基质中主要无机成分羟磷灰石紧密凝聚,钙的凝聚量可比无处理的丝素蛋白高 10 倍以上。

4. 丝素蛋白在生物技术方面的应用

在生物技术领域丝素膜可作为酶的固定化载体和制备生物传感器。酶的固定化是指通过物理或化学方法将酶固定在载体上,其催化活性不受影响,应用于生物医药、食品等领域。

丝素蛋白具有良好的保湿性、吸湿性、抗微生物性、机械性能、可加工性等,是固定化载体的理想材料,丝素蛋白制成的丝素膜可以用来固定化酶并应用于传感器方面,如葡萄糖氧化酶(GOD)经丝素膜固定作为生物传感器应用于分析系统,将负载酶的丝素膜附在氧化电极表面,传感器对葡萄糖的浓度变化产生线性响应,以固定了 GOD 的丝素膜结合氧电极可作为葡萄糖生物传感器。

经丝素膜固化后的酶在热处理和电渗析方面都有较高的稳定性和活性,如用丝素蛋白膜固定过氧化氢酶、果胶酶、α-淀粉酶等,可得到具有较高酶活性的丝素膜固定化酶,且对周围的不良环境有较强的抵抗能力,便于长时间存放。丝素膜也可以与其他物质共混形成共混膜来固定化酶,用以提高膜的性能。如把葡萄糖氧化酶(GOD)固定在丝素蛋白-聚乙烯醇(PVA)共混膜上来提高丝素蛋白膜的力学强度。

用丝素蛋白溶液为材料合成生物酶防护剂后,它可直接和有毒物质(有机磷酯)发生反应,阻断毒剂对人体的侵害。如以丝素蛋白溶液为载体制得乙酰胆碱酯酶的防护剂,经过 9 个月后,丝素蛋白溶液保存的乙酰胆碱酯酶仍然具有活性,而以蒸馏水为防护剂载体的乙酰胆碱酯酶则完全丧失活性。

7.7　蜘　蛛　丝

7.7.1　前言

蜘蛛丝是由蛋白质构成的,可生物降解,蜘蛛丝是自然界产生的最好的结构材料之一。蜘蛛丝耐温性能好,它在 200 ℃以下表现出热稳定性,300 ℃以上才开始变黄,在－40 ℃时仍有弹性,只有在更低的温度下才变硬,蜘蛛丝具有特别优异的力学性能,如强度高,弹性、柔韧性、伸长度和抗断裂性能好,以及比重小、耐低温、较耐紫外线、可生物降解等。蜘蛛丝的优良综合性能是各种天然纤维和合成纤维所无法比拟的,天然蜘蛛丝纤维,特别是牵引丝,是力学性能最优异的天然蛋白质纤维,其比模量优于钢而韧性强于 Kevlar 纤维,被认为是降落伞、防弹衣等的理想材料。蜘蛛丝具有高韧性与高强度相结合的特异力学性能,在军事应用及运动器材等方面有很大的潜力,蜘蛛丝还具有很好的生物可降解性和生物相容性,在生物医用材料上也具有潜在的应用价值,可应用于生物医学的人造肌腱、人工器官、组织修复以及手术缝合线等,蜘蛛丝因为优秀的综合力学性能在高性能材料领域应用前景巨大。

蜘蛛丝蛋白在蜘蛛丝腺体腔内被水包裹,呈液晶态,当蜘蛛丝与空气接触时,就固化成不溶于水的状态。蜘蛛丝的弹性很强,其断裂延伸率达 30%～40%,而钢的延伸率只有 8%,尼龙为 20%左右。每种织网型的蜘蛛都能吐七种以上的丝蛋白,这些丝蛋白都有着不同的功能:牵引丝是蜘蛛走动时腹部拖着并固定在蜘蛛网或其依靠物一端的丝;框丝是蜘蛛网外围的框架;辐射状丝是蛛网纵向的骨架;捕获丝是蜘蛛缚住活的猎物用的丝;包卵丝是蜘蛛用来裹住蜘蛛卵的丝;附着盘由大量的卷曲细丝构成,用以将牵引丝以一定的间隔固定在物体上。其中,蜘蛛的主腺体产生的丝蛋白纤维由于具有高强度和高弹性,受到材料学家和生物学家的青睐。

7.7.2　蜘蛛丝蛋白结构及组成

1.蜘蛛丝蛋白的组成

蜘蛛不同腺体产生的丝蛋白溶液及其用途不同,不同蜘蛛种群,不同个体之间,同一蜘蛛不同腺体,同一蜘蛛不同温度、湿度、饥饿程度及不同的吐丝速率下吐出的蜘蛛丝的氨基酸组成和性能都有所不同。蜘蛛主腺体丝蛋白中甘氨酸、丙氨酸含量最多,共占总氨基酸含量的65%左右。蚕丝蛋白和蜘蛛丝蛋白分子链在氨基酸序列结构(一级结构)上相差非常大。

2.蜘蛛丝聚集态结构

蜘蛛丝的主要成分为蛋白质,其蛋白质分子的单元为带不同侧链 R 的酰胺结构,蜘蛛丝所含氨基酸种类为 17 种左右,牵引丝、包卵丝中主要的氨基酸成分都是甘氨酸、丙氨酸、谷氨酸、丝氨酸,牵引丝中甘氨酸含量最多,其次是丙氨酸,同时含有较多的脯氨酸、谷氨酸。包卵丝中含有较多的亮氨酸、苏氨酸、天门冬氨酸、丝氨酸。聚丙氨酸分子链段为 β-折叠结构,主要存在于结晶区,脯氨酸有利于分子链形成类似于 β-转角的弹性螺旋状结构,可增加纤维的弹性。中国大腹圆蜘蛛的牵引丝、蛛网框丝及包卵丝中都存在 β-折叠、α-螺旋以及无规则卷曲和β-转角构象的分子链。包卵丝中 β-折叠构象的含量比牵引丝和框丝多,框丝中 α-螺旋含量比牵引丝多,而 β-折叠构象比牵引丝少。蜘蛛丝的结晶部分主要是聚丙氨酸链段,其分子构象为β-折叠结构,纤维出了吐丝口,经过在空气中的进一步拉伸,无规则卷曲和螺旋结构进一步减少,纤维内分子链的 β-折叠构象显著。

蜘蛛丝内存在结晶区、非结晶区和中间相的结构模式,结晶区分布于非结晶区中,中间相连接于结晶区和非结晶区之间,从而对蜘蛛丝纤维起增强作用。蜘蛛牵引丝的结晶度为12%,在外力作用下,结晶区明显地发生再取向,非结晶部分虽然也有部分再取向,但由于受应变范围的限制,取向不明显。蜘蛛丝蛋白分子一级结构的特征决定了蜘蛛丝是一类由微小的结晶区(丙氨酸的重复序列)分散在连续的非结晶区(取代基较大的氨基酸残基及富含甘氨酸残基片段组成的分子链部分)而形成的复合材料。其沿纤维轴方向高度取向的结晶部分赋予了动物丝很高的强度,无定形态部分在受到应力作用时则吸收了大部分能量而使动物丝又具有惊人的韧性。

蜘蛛丝结晶度和桑蚕丝结晶度的比较如表 7-8 所示。

表 7-8　蜘蛛丝结晶度和桑蚕丝结晶度比较

试　　样	牵 引 丝	包 卵 丝	桑 蚕 丝
结晶度/(%)	7.93	4.34	22.5

蜘蛛丝是一种纳米微晶体的增强复合材料,晶粒尺寸为 2 nm×5 nm×7 nm 的微晶体构成的蜘蛛丝纤维中结晶部分含量约为 10%,作为增强材料分散在蜘蛛丝无定形蛋白质基质中。无定形区由柔韧的甘氨酸富集的聚肽链组成,无定形区内的聚肽链间通过氢键交联,由一定硬度的疏水性的聚丙氨酸组成的晶粒所增强,这些晶体排列成氢键连接的 β-折叠片层,折叠片层中分子相互平行排列,组成了似橡胶分子的网状结构。

蜘蛛丝、桑蚕丝的结晶度分别为 10%～15%、50%～60%,蜘蛛丝结晶度略小。蜘蛛丝力学性能突出源于其链状分子的结构、特殊的取向和结晶结构,当纤维丝在外界拉力作用下,随着无定形区域的取向,蜘蛛丝晶体的取向度也随之增加,如当纤维拉伸度为 10% 时,纤维结晶度不变,结晶取向增加,横向晶体尺寸(即垂直于纤维轴向)有所减少。

3. 蜘蛛丝的形态结构

从外观看,蜘蛛丝呈金黄色,包卵丝的断面形状基本为圆形,蛛网框丝和牵引丝的断面形状均为圆形,外层包卵丝较内层包卵丝粗得多。蜘蛛牵引丝具有皮芯结构,并且皮层比芯层稳定,皮层和芯层可能是由两种不同的蛋白质组成的,皮层和芯层分子排列的稳定性也不同,皮层蛋白的结构更稳定。

蜘蛛丝蛋白构成微原纤,多个微原纤的集合体形成原纤,由原纤的纤维束组成了蜘蛛丝。蜘蛛丝是一根单独的长丝,直径只有几微米。

在显微镜下发现蜘蛛丝是一根极细的螺线,看上去像长长的浸过液体的"弹簧"一样,当"弹簧"被拉长时它会竭力返回原有的长度,但是当它缩短时液体会吸收全部剩余能量,同时使能量转变成热量。

7.7.3　蜘蛛丝的性能

1. 物理性能

大腹圆蜘蛛牵引丝、框丝为白色,光滑、闪亮,具有和桑蚕丝素类似的光泽特征,外层包卵丝和内层包卵丝分别为深棕色,包卵丝经清水、肥皂水、丙酮或石油醚清洗后不褪色。它的横截面呈圆形,蛛丝的平均直径为 6.9 μm,大约是桑蚕丝的一半。大腹圆蜘蛛丝比桑蚕丝素回潮率高,蜘蛛丝属于轻质材料,络新妇属蜘蛛的牵引丝密度为 1.13～1.29 g/cm³,比桑蚕丝密度(1.33 g/cm³)低,囊状腺中液态丝蛋白相对分子质量与蚕丝丝素 H 链的相对分子质量相当,其密度与其他相关纤维的数值如表 7-9 所示。蜘蛛丝表面光滑柔和、有光泽,抗紫外线能力强,是耐高温、低温的理想纤维材料,蜘蛛丝在 200 ℃以下表现热稳定性良好,300 ℃以上才会黄变,-40 ℃时仍有弹性,只有在更低的温度下才变硬。

表 7-9　蜘蛛丝与其他相关纤维的密度

种　　类	牵 引 丝	蛛网框丝	内层包卵丝	外层包卵丝	桑 蚕 丝	Kevlar
密度/(g/cm³)	1.3325	1.3526	1.3036	1.3059	1.33～1.45	1.43～1.45

蜘蛛丝材料几乎完全由蛋白质组成,所以可以作为生物降解材料使用。蜘蛛丝不溶于稀碱、稀酸,溶于溴化钾、甲酸、浓硫酸等,并且抗大多数的水解蛋白酶。蜘蛛丝在加热处理时能在乙醇中微溶,不能被大部分蛋白酶分解。在碱性条件下,其黄色会加深;在酸性条件下,其性能会受到破坏。而且蜘蛛丝摩擦系数小,抗静电性能优于合成纤维,导湿性、悬垂性优于桑蚕丝,蜘蛛丝最吸引人的地方是具有优异的力学性能,即高强度、高弹性、高柔韧性、高断裂能,见表 7-10。大腹圆蜘蛛的牵引丝、框丝和外层包卵丝的断裂强度均比桑蚕丝丝素的大,断裂伸长率是丝素的 3～5 倍。蜘蛛丝的断裂伸长率是钢丝的 5～10 倍,是 Kevlar 的 10～20 倍。蜘蛛丝无论在干燥状态或是潮湿状态下都有很好的性能,如高回潮率、耐高低温、可生物降解等。

表 7-10　大腹圆蜘蛛各种丝与丝素等的拉伸机械性能比较

种　　类	断裂强度/(cN/mm²)	断裂伸长率/(%)	截面积/μm²
Kevlar	4000.0	4.0	/
钢丝	2000.0	8.0	/
内层包卵丝	816.0	50.8	46.98
牵引丝	713.8	37.5	20.28
框丝	678.6	83.1	39.59
外层包卵丝	488.4	46.2	95.8

蜘蛛丝的主要成分是蛋白质,所有的蜘蛛丝主要都由甘氨酸、丙氨酸、丝氨酸等小侧链的氨基酸组成。大侧链的氨基酸(如脯氨酸和亮氨酸)的含量也较高。卵茧丝、包裹丝、框丝之间在氨基酸组成上有很大差异。丝蛋白在蜘蛛的丝腺腺管中呈现液晶状态,具有高浓度而又呈现高度有序轴向排列的特点,使丝蛋白分子始终在水中溶解性能良好。蛛丝纤维中 β-折叠结构部分由于其高度有序的结构、分子间较强的氢键和范德华力等因素而具有较强的疏水性,导致蛛丝纤维不溶于水、稀酸、稀碱、尿素和大多数有机溶剂,同时它们对大多数蛋白酶也具有相当强的抵抗力,大多数能溶解球蛋白的溶剂都不能溶解蛛丝纤维。

2. 蜘蛛丝的机械性质

蜘蛛牵引丝具有高强度、高韧性和高弹性,综合性质最好,尤其是承受外力所做功的能力远大于钢丝及高性能合成纤维。表 7-11 所示为蜘蛛牵引丝和其他纤维力学性能的比较。蜘蛛大囊状腺分泌的蜘蛛丝强度为蚕丝丝素的 2 倍以上,远高于蚕丝、橡胶、合成纤维,虽然其断裂强度低于做防弹衣材料的 Kevlar、Spectra 等高性能合成纤维,断裂能最大,伸长至断裂伸长率的 70%时,弹性恢复率高达 80%～90%,韧性最好而质地最轻,拉断单位体积蛛丝所要做的功很高。当牵引丝浸入水及其他溶剂中时,其力学性能会发生明显的改变。初始模量和强度下降,伸长率增加。另外在常温时,水中的收缩率达 50%以上,因而,蜘蛛丝表现出一般纤维所没有的超收缩性能。

表 7-11　蜘蛛丝与其他纤维的力学性能比较

纤 维 种 类	初始模量/GPa	断裂伸长率/(%)	强度/GPa
N. clavipes 大囊状腺分泌的蜘蛛丝	22	9	1.1
蚕丝	9.0	20.5	0.50
涤纶	15	13	0.90
尼龙	5	18	0.90
石墨纤维	393	0.6	2.6
Spectra 1000	171	2.7	3.0
Kvelar 49	124	2.5	2.8

3. 蜘蛛丝的生物相容性

蜘蛛丝在民间作为医疗用品已有很长的历史,主要用于伤口的包扎,具有良好的止血、杀菌作用。将牵引丝植入老鼠体内,纤维对老鼠的纤维状巨细胞腺没有毒性反应,纤维表面仍然是光滑的,没有结构的畸形,有良好的阻止血栓形成的作用。蜘蛛牵引丝植入猪的皮下后,在植入区周围没有异样的反应,经过 13 天后,表面完全被上皮细胞覆盖,伤口痊愈,没有发炎。

7.7.4　蜘蛛丝蛋白的制备

1900 年的巴黎世界博览会上,展出了一块由 25000 只蜘蛛生产的 100000 码 24 股(每只蜘蛛产丝一股)纱织成的 18 码长 18 英寸宽的布,其生产成本很高,根本无法进行商业生产。蜘蛛丝的主要用途是结网,产量非常小,而且蜘蛛很难饲养,蜘蛛具有同类相食的个性,无法高密度养殖,科学家们只能利用其他各种方法制备蜘蛛丝蛋白。

第一种方法是将动物用来制造蜘蛛丝蛋白,如加拿大魁北克 NEXIA 生物技术公司将蜘蛛丝蛋白合成基因转移给山羊,使羊奶中生产的蛋白质类似于蜘蛛丝蛋白。这种基因重组的蛋白质在羊奶中含量为 2～15 g/L,其强度比芳纶大 3.5 倍。美国科学家将黑寡妇蜘蛛丝蛋白基因放入奶牛的胎盘内进行特殊培育,牛奶含有黑寡妇蜘蛛丝蛋白,纺丝成纤维,其强度比钢高 10 倍。

第二种方法是将能生产蜘蛛丝蛋白的基因移植给微生物,微生物在繁殖过程中产生类似蜘蛛丝蛋白的蛋白质。用毕赤酵母菌可分泌出与蜘蛛丝相似的蛛丝蛋白且没有不均匀的问题。俄罗斯科学家则通过将蜘蛛丝蛋白合成基因移植到一种酵母菌 *Saccharomyces cerevisiae* 中,产量可观。

第三种方法是将蜘蛛丝蛋白的合成基因移植到植物中,如烟草、土豆和花生等作物,使这些植物能大量产生类似蜘蛛丝蛋白的蛋白质。如德国的植物遗传与栽培研究所将能复制蜘蛛丝蛋白的合成基因移植给烟草和土豆,转基因烟草和土豆的叶子、块茎中含有数量可观的基因编码与蜘蛛丝蛋白相似的蛋白质,90% 以上的蛋白质分子长度在 420～3600 个氨基酸之间。这种经基因重组的蛋白质有极好的耐热性,便于提纯与精制。

第四种方法是利用转基因蚕生产蛛丝,如上海生化研究所将蜘蛛的基因采用电穿孔的方法注入很小(只有半粒芝麻大小)的蚕卵中,从而使培育出的家蚕可分泌含有蜘蛛丝基因的丝。中科院上海生命科学院生物化学与细胞生物学研究所实现了绿色荧光蛋白与蜘蛛牵引丝融合基因在家蚕丝基因中的插入,这种转基因蚕丝在紫外光下会发出绿光。

7.7.5　蜘蛛丝的应用

　　人类使用蜘蛛丝的历史已经有几千年,澳大利亚土著居民的渔线就是用蜘蛛丝制作的,蜘蛛网还被古希腊人用于伤口止血,后来到第二次世界大战,电子显微镜、枪等的十字瞄准线也用蜘蛛丝制作,蜘蛛丝由于具有多项卓越的物理性能及环保加工方式吸引了人们的注意。Kevlar等人造纤维的生产会对环境造成污染,而蜘蛛丝的生产过程是完全环保的,而且蜘蛛丝是可以完全生物降解的,其无害分解的特点使其具有广泛的用途,如弹布和薄型护身甲、微型导体、光纤、耐磨薄型织物、绳索和安全带、降落伞索、航天用系绳、可生物降解瓶子、车船上的防锈板材、眼科及显微手术用绷带、手术缝合线、人造肌腱或韧带、血管支架、渔网等。

　　蜘蛛丝可用于结构材料、复合材料和宇航服装等高强度材料,蜘蛛丝强度比同样厚度的钢材高9倍,弹性比具有弹性的其他材料高2倍,蜘蛛丝具有强度大、弹性好、柔软、质轻等优良性能,尤其是具有吸收巨大能量的能力,使弹头或弹片击入人体内的危险降到最低程度,非常适合防弹衣的制造。美国已成功地用蜘蛛丝制备防弹背心。蜘蛛丝还可以用于制备降落伞及雷达、飞机、卫星、坦克、军事建筑物的防护罩,用于制成重量轻、抗风性能好、坚固耐用的降落伞。在航空航天方面,可用作航天结构材料和织造航天服等。

　　蜘蛛丝在医学、医疗和保健方面也有广泛用途。蜘蛛丝的优越性还在于它是蛋白质纤维,具有可降解、强度大、与人体的相容性良好、韧性好、使用寿命长(常可达5~10年)等优点。通过转基因技术得到高性能的具有蜘蛛丝特点的生物材料——"生物钢",可以用于组织修复、韧带、人工关节、人类使用的假肢、神经外科、伤口缝线及人造肌腱等产品。

　　蜘蛛丝还可用于结构材料、复合材料、织造武器装备的防护材料等,如蜘蛛丝可用做结构材料和复合材料,代替混凝土中的钢筋,应用于桥梁、高层建筑和民用建筑等,可大大减轻建筑物自身的重量,用作高强度的网具,用以替换会造成白色污染的包装塑料等。

参 考 文 献

[1] 唐蔚波.大豆蛋白胶黏剂的合成与应用研究[D].无锡:江南大学,2008.
[2] 程凌燕,刘崴崴,张玉梅,等.离子液体在天然高分子材料中的应用进展[J].纺织学报,2008,19(2):129-132.
[3] 王洪杰,陈复生,刘昆仑,等.可生物降解大豆蛋白材料的研究进展[J].化工新型材料,2012,40(1):16-18.
[4] 汪广恒,周安宁.大豆蛋白复合材料的研究进展[J].塑料工业,2005,33(2):1-3.
[5] 洪一前,李永辉,盛奎川.基于大豆蛋白改性的环境友好型胶黏剂的研究进展[J].粮油加工,2007,03:83-85.
[6] 王玮,李海燕,王昱,等.大豆蛋白结构及其应用研究进展[J].安徽农学通报,2009,15(10):65-68.
[7] 杨晓泉.大豆蛋白的改性技术研究进展[J].广州城市职业学院学报,2008,293:37-44.
[8] 张涛,魏安池,刘若瑜.大豆蛋白改性技术研究进展[J].粮油食品科技,2011,19(5):26-30.
[9] 张佩,吴丽.大豆蛋白改性的研究进展及其在食品中的应用[J].山东食品发酵,2008,148(1):51-54.
[10] 郭永,张春红.大豆蛋白改性的研究现状及发展趋势[J].粮油加工与食品机械,2003,7:46-48.
[11] 罗慧谋,李毅群,周长忍.功能化离子液体对纤维素的溶解性能研究[J].高分子材料科学与工程,2005,21:233-235.
[12] 刘庆生,段亚峰.蜘蛛丝的结构性能与研究现状[J].四川丝绸,2005,103(2):16-18.
[13] 潘鸿春,宋大祥,周开亚.蜘蛛丝蛋白研究进展[J].蛛形学报,2006,15(1):52-59.

[14] 杨华军,王丹,李兴华,等. 蜘蛛丝的基础和应用研究概况[J]. 蚕桑通报,2009,40(3):1-5.

[15] 袁小红. 蜘蛛丝的研究进展及应用[J]. 北京纺织,2005,26(5):30-32.

[16] 段亚峰,冀勇斌. 蜘蛛丝开发应用的现状与进展[J]. 丝绸,2002,7,46-48.

[17] 刘海洋,张金怀,黄鲁. 蜘蛛丝研究开发进展[J]. 山东纺织科技,2005,2:54-56.

[18] 汪怿翔,张俐娜. 天然高分子材料研究进展[J]. 高分子通报,2008,7:66-76.

[19] 杨晓泉. 大豆蛋白的改性技术研究进展[J]. 广州城市职业学院学报,2008,2(3):37-46.

[20] 张慧勤,王志新. 蜘蛛丝的研究与应用[J]. 中原工学院学报,2005,16(4):47-51.

[21] 冯岚清,刘艳君. 蜘蛛丝纤维及其在生产中的应用[J]. 丝绸科技,2011,6:36-38.

[22] 周春才. 蜘蛛丝蛋白模拟聚合物的合成及其结构、性能的研究[D]. 上海:复旦大学,2004.

[23] 吴向明,雕鸿荪,沈蓓英. 大豆蛋白去酰胺改性的研究[J]. 食品与发酵工业,1996,5:7-14.

[24] 潘志娟. 蜘蛛丝优异力学性能的结构机理及其模化[D]. 苏州:苏州大学,2002.

[25] 王晓辉,任洪林,柳增善. 蜘蛛丝蛋白的研究进展[J]. 河北师范大学学报(自然科学版),2004,28(2):193-197.

[26] 陈艳雄,陈敏,朱谱新,等. 丝素蛋白的研究和应用进展[J]. 纺织科技进展,2007,2:13-18.

[27] 赵妍,田晓花. 玉米醇溶蛋白研究进展[J]. 粮食与油脂,2015,28(1):11-15.

[28] 吴国际,吕长波,鲁传华,等. 玉米醇溶蛋白的物理化学改性[J]. 中国组织工程研究与临床康复,2011,15(25):4665-4668.

[29] 石彦国,程翠林. 改善大豆蛋白功能特性的研究进展[J]. 中外食品工业,2003,11:40-44.

[30] 郭云昌,刘钟栋,安宏杰. 基于 AFM 的玉米醇溶蛋白的纳米结构研究[J]. 郑州工程学院学报,2004,25(4):8-11.

[31] 杜悦,陈野,王冠禹,等. 玉米醇溶蛋白的提取及其应用[J]. 农产品加工,2008,142(7):73-76.

[32] 常蕊. 改性玉米醇溶蛋白的黏结性及流变性研究[D]. 杭州:浙江大学,2010.

[33] 孔祥东. 丝素粉的制备及其理化性质的研究[D]. 杭州:浙江大学,2001.

[34] 田娟. 丝素蛋白的改性及其在药物释放方面的应用研究[D]. 南宁:广西大学,2012.

[35] 王玉军,柳学广,徐世清. 家蚕丝蛋白生物材料新功能的开发及应用[J]. 丝绸,2006,6:4-10.

[36] 张萌. 丝素基抗菌膜的制备及性能研究[D]. 苏州:苏州大学,2014.

[37] 陈盈君,周磊,闫景龙. 丝素在骨组织工程中的应用及进展[J]. 北京生物医学工程,2014,33(1):89-94.

[38] 纪平雄,陈芳艳,侯王君,等. 丝胶的分离与用作食品胶凝剂效果初探[J]. 广东蚕业,1998,32(4):46-49.

[39] 陈芳芳,闵思佳,朱良均. 丝素蛋白材料改性的研究进展[J]. 丝绸,2005,5:38-81.

[40] 许箐. 再生蜘蛛丝的成丝方法及其结构与性能[D]. 苏州:苏州大学,2005.

[41] 张野妹. 天然蜘蛛丝蛋白的分子构象转变特征[D]. 苏州:苏州大学,2014.

第 8 章 天 然 橡 胶

8.1 天 然 橡 胶

橡胶与钢铁、石油和煤炭并称为四大工业原料。橡胶根据其来源划分,可分为天然橡胶(nature rubber,NR)和合成橡胶两大类。具有高弹性的高分子化合物总称橡胶,因具有其他材料所没有的高弹性,也称为弹性体,相对分子质量一般在 10 万以上,一般橡胶材料能在很宽的温度范围内保持优良弹性,伸长率大而弹性模量小,橡胶还具有较高的强度、较好的气密性及防水性、电绝缘性等。天然橡胶是从橡胶树的分泌物(又称乳胶)中得到的(表 8-1),是由天然或人工种植的橡胶树经过割胶、过滤、清洗、干燥等工序加工而成,其成分中 91%～94% 是橡胶烃,其余为蛋白质、脂肪酸、灰分、糖类等非橡胶物质,含杂质的天然橡胶透明而略带黄色。目前世界天然橡胶总产量的 99% 以上来自巴西三叶橡胶树,通常所说的天然橡胶就是指巴西三叶橡胶,在哥伦布发现美洲(1492 年)以前,中美洲和南美洲的当地居民就已经开始应用天然橡胶,他们从某些树木的树皮割取胶乳,制成实心胶球、鞋子、瓶子或其他用品,这种树被当地人称为巴西橡胶树。

表 8-1 天然橡胶的来源

天 然 橡 胶	来 源
野生橡胶	由野生木本植物采制的橡胶,银色橡胶菊、野藤橡胶等也属此类
栽培橡胶	主要是三叶橡胶树
橡胶草橡胶	橡胶草,1 公顷可收 150～200 kg
杜仲胶	由杜仲树的枝叶根茎中提取,常温下无弹性,软化点高,比重大,耐水性好

天然橡胶是由人工栽培的三叶橡胶树分泌的乳汁,经凝固、加工而制得的弹性固体,它是以聚异戊二烯为主要成分的不饱和天然高分子化合物,其中顺式-1,4-聚异戊二烯结构占 97% 以上。天然橡胶是以异戊二烯为单元链节,以共价键结合而成的长链分子,其结构式如图 8-1 所示。

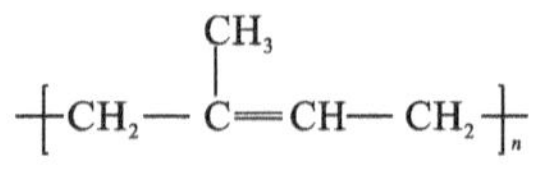

$$\left[\!\!\left[CH_2-\underset{\underset{CH_3}{|}}{C}\!\!=\!\!CH-CH_2\right]\!\!\right]_n$$

图 8-1 天然橡胶单元结构式

天然橡胶是多种相对分子质量的聚异戊二烯的混合体,天然橡胶相对分子质量从几万到几百万,多分散性指数为 2.8～10,相对分子质量分布范围很宽,并具有双峰分布的性质,相对密度为 0.98,$T_g = -70\ ℃$。天然橡胶无一定熔点,加热到 130～140 ℃完全软化,200 ℃左右开始分解,270 ℃则急剧分解。折射率为 1.52,溶解度参数 σ 为 7.9～8.1。天然橡胶为非极性物质,具有优良的介电性能,溶于非极性溶剂如苯、甲苯、汽油、二硫化碳、四氯化碳、氯仿、松节油等,耐油和耐溶剂性差,不溶于甲醇、乙醇和丙酮。天然橡胶具有很好的弹性,回弹率在 0～100 ℃范围内可达 50%～80% 及以上,最高弹性伸长率可达 1000%,是一种拉伸结晶型橡胶,具有优良的自补强性、耐屈挠耐疲劳性能和机械强度,其门尼黏度较高,具有较好的自黏性和气密性,加工性能好,容易进行塑炼、混炼、压延、压出等,作为非极性橡胶,具有优良的电性能,同时具有很好的耐碱性,但不耐强酸。

橡胶树的种类不同,其分子的立体构型也不同。巴西胶(天然橡胶)含 97% 以上的顺式-1,4 加成结构,在室温下具有弹性及柔软性,是弹性体。而古塔波胶(杜仲胶)具反式-1,4 加成结构,在室温下呈硬固状态,不是弹性体。通常天然橡胶指的是巴西胶。

天然橡胶是橡胶工业中最早应用的橡胶,20 世纪 30 年代以前,橡胶工业消耗的原料橡胶几乎全是天然橡胶。20 世纪 50 年代以来,天然橡胶与合成橡胶形成并驾齐驱的发展局面。目前,世界上天然橡胶制品已达 10 万种以上,成为用途最广的通用橡胶品种。天然橡胶作为具有优越综合性能的可再生天然资源,切合绿色、低碳、环保的发展趋势和要求,是重要的工业原料,也是重要的战略物资和经济物质。目前天然橡胶的消耗量仍约占橡胶总消耗量的40%。世界天然橡胶种植面积约 1100 万公顷,年产天然橡胶总量接近 1000 万吨。中国天然橡胶种植面积约 90 万公顷,天然橡胶生产量为 60 多万吨,列全球第五。随着石油产品资源短缺,未来天然橡胶的总需求量将稳步上升,天然橡胶的产量增长也会非常快。

天然橡胶具有优异的综合性能,因此广泛地运用于工业、农业、国防、交通运输、机械制造、医药卫生领域和日常生活等方面,如胶鞋、鞋底、雨衣、水鞋、暖水袋、松紧带、医用手套、输血管、导尿管、安全套、轮胎、传输带、传动带、密封圈、胶黏剂、氨水袋、气象气球、胶管、胶带、轧辊、电缆、软管及医疗卫生用品等。由于天然橡胶含有不饱和双键,因此在空气中易与氧发生自催化氧化,使分子链断裂或过度交联,从而使橡胶发生黏化或龟裂等老化现象,所以天然橡胶要加入防老剂以改善其耐老化性能,生胶需要用硫交联成网状结构(图 8-2)后才能产生足够的强度和可恢复的弹性。

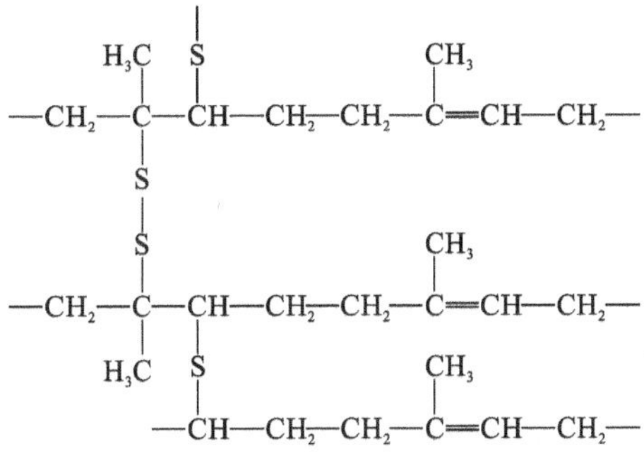

图 8-2　橡胶的交联结构

8.2　橡胶的硫化历程

最初橡胶产品凡是在气温高时或经太阳暴晒后就变软发黏,在气温低时就变硬和脆裂,制品不能经久耐用。直到美国人 C. Goodyear 于 1839 年在一个偶然的机会发现了橡胶的硫化现象,发现硫黄粉洒在晾晒的胶块上可以避免胶块发黏,使胶块表面光滑有弹性,后经一年多的实验证明在橡胶中加入硫黄粉和碱式碳酸铅,经共同加热熔化后所制出的橡胶制品可以长久地保持良好的弹性。从此天然橡胶才真正被确定具有特殊的使用价值,成为一种极其重要的工业原料。

8.2.1　橡胶硫化反应过程

硫化反应是一个多元组分(包含橡胶分子、硫化剂、其他配合剂)参与的复杂的化学过程,它包含橡胶分子与硫化剂及其他配合剂之间发生的一系列化学反应,以及在形成网状结构时伴随发生的各种反应,其中,橡胶与硫黄的反应占主导地位,它是生成大分子网状结构的基本反应,对于大多数含有有机促进剂(硫黄)的硫化体系的胶料来说,其硫化天然橡胶的反应历程大致如图 8-3 所示。

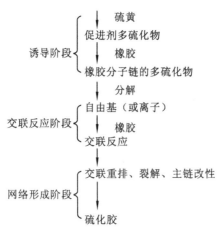

图 8-3　橡胶硫化历程

以上硫化历程可分为三个阶段。第一阶段为诱导阶段,在这个阶段中首先是硫黄分子、活化剂和促进剂体系之间发生反应,生成一种活性更大的中间化合物,在这个阶段,促进剂随着氧化锌在胶料中溶解度增加而活化。第二阶段是交联反应阶段,然后橡胶大分子链被进一步引发生成橡胶大分子自由基(或离子),通过发生连锁反应,生成分子间的交联链。第三阶段是形成橡胶大分子网络的阶段,经过前面两个阶段,交联反应已基本完成,初始形成交联的化学键进一步发生裂解、重排等反应,形成稳定的网络,获得具有相对稳定网络结构的硫化橡胶。

硫黄硫化天然橡胶的发现已经有上百年的历史,直到 1960 年才弄清楚天然橡胶的硫黄无促进剂和有促进剂的硫化历程。天然橡胶硫黄硫化或是按自由基反应机理进行,或是按离子反应机理进行,或两者兼而有之。

8.2.2　天然橡胶硫化胶的结构

硫化胶交联结构最主要的表征方式是交联密度和交联键类型。交联密度就是交联聚合物里面交联键的多少,一般用单位体积硫化胶中网链数平均相对分子质量的大小、交联键的数目来表示。硫化橡胶具有优良的性能是因为天然橡胶经过硫黄硫化后形成网链结构,网链结构中包含单硫交联键、双硫键、异构化双键、多硫键、侧链基团、分子内环硫键、改性主链(包括共轭和非共轭的二烯与三烯)和物理交联(由链间缠结形成)等。随着硫化反应的深入,硫化胶的交联密度、交联效率以及结合硫的数量都会逐渐增加,环化结构的结合硫量增高。

8.3　天然橡胶的改性

天然橡胶来源于橡胶树中的胶乳,是一种具有优越综合性能的可再生天然资源,主要成分为聚异戊二烯。天然橡胶具有在非极性溶剂中易溶胀,耐油、耐有机溶剂性差,易发生热氧老化、臭氧老化和光氧老化(由于分子结构中含有不饱和双键),作为极性基材如木材、玻璃及金属等材料的胶黏剂使用时黏着性差(由于自身的极性低)等特点。为了拓宽天然橡胶材料的应用领域,对天然橡胶进行改性,可以克服这些局限性,在保持其优良综合性质的同时,赋予其某些制品所要求的特性,大大扩展了天然橡胶这种可再生天然资源的应用范围。一般包括环氧化改性、粉末改性、树脂纤维改性,卤化、氢(卤)化、环化和接枝改性以及与其他物质的共混改性。

天然橡胶的改性可以从改变材料的凝聚态结构和分子链上的化学结构两个方面来进行,即物理改性和化学改性。改变凝聚态结构可以采用物理共混的方法,将天然橡胶和其他具有弹性、塑性的聚合物或者无机粒子共混,制备具有某些特殊性能的天然橡胶复合材料。对天然橡胶化学结构进行改性是在分子链上引入其他基团、原子、支链,使分子链带有极性、改变柔性或者使其具有新的性质,如环氧化天然橡胶、氯化天然橡胶、环化天然橡胶、接枝天然橡胶等化学改性产品。化学改性在改变橡胶分子化学结构的同时,由于改变了分子结构单元间的范德华力,也使凝聚态结构发生了变化。环氧化天然橡胶是目前较热门的改性品种,控制一定的环氧化程度,既能保持材料原来的力学性能,又能明显改善耐油性、气密性及白炭黑的增强作用。甲基丙烯酸甲酯接枝天然橡胶可有效地提高硬度、改善黏接能力。采用预氧化过程,硬脂酸锰和天然橡胶或者锰的硬脂酸盐和合成苯乙烯-2-丁二烯共聚物橡胶的预氧化物制得的低密度聚乙烯(LDPE)天然橡胶降解性材料更易降解且不含任何芳香族降解产物。

8.3.1 物理改性

天然橡胶共混改性的方法主要有熔融共混、溶液共混和乳液共混三种。由于天然橡胶不溶于大部分溶剂,故熔融共混和乳液共混被视为最有实际应用价值的方法。天然橡胶物理改性主要包括橡胶/橡胶共混改性、橡胶/树脂共混改性、橡胶/无机材料共混改性。开发最早的熔融共混型天然橡胶生产工艺是机械共混法,其具体过程为在高温、高剪切下进行共混组分的熔融物理混合。乳液共混是将聚合物以乳液状态与天然胶乳共混,分散效果较好,但仅限于能制备成乳液的聚合物体系。还可以采用辐照交联的方法硫化橡胶胶乳,然后通过喷雾干燥的方法制备出全硫化超细粉末橡胶,该超细粉末橡胶可用于聚烯烃在塑料加工机械上共混制备聚烯烃天然橡胶共混物。

1. 橡胶/橡胶共混改性

常见的天然橡胶与其他橡胶共混改性有二元共混,如天然橡胶/三元乙丙橡胶(EPDM)、天然橡胶/顺丁橡胶(BR)、顺丁橡胶/天然橡胶、天然橡胶/丁苯橡胶(SBR)、天然橡胶/丁腈橡胶(NBR)、天然橡胶/环氧化天然橡胶(ENR)、天然橡胶/氯丁橡胶(CR),以及天然橡胶/氯化聚乙烯(CPE)等。天然橡胶与三元乙丙橡胶共混可显著改善天然橡胶的耐热性、耐老化性,采用热处理-动态硫化法,可有效地解决二者共混后的共硫化性较差的问题。顺丁橡胶具有优异的弹性和耐寒性,采用并用体系可显著改善天然橡胶的耐磨耗性能和耐低温性能,同时还可提高胶料的弹性和轮胎的使用寿命。丁苯橡胶具有更优良的耐磨性、耐起始龟裂性和抗湿滑性,与天然橡胶相容性较好,用于胎面天然橡胶复合体系后,在实现改善耐磨性和抗湿滑性的同时,可以显著地降低轮胎运行中的内耗生热,降低轮胎滚动阻力。丁腈橡胶是具有优良的抗湿滑性能及耐油性能的极性橡胶,与天然橡胶并用后可以明显改善胎面胶的抗湿滑性能。天然橡胶/氯化聚乙烯并用胶具有较高的硬度、撕裂强度和耐老化性能。

　　三元共混常见体系有天然橡胶/顺丁橡胶/丁苯橡胶、天然橡胶/顺丁橡胶/丁腈橡胶、天然橡胶/丁腈橡胶/环氧化天然橡胶、天然橡胶/三元乙丙橡胶/氯丁橡胶和环氧化天然橡胶/天然橡胶/顺丁橡胶等。天然橡胶/顺丁橡胶/丁苯橡胶共混体系在抗油、耐臭氧、耐候、控制阻尼、耐磨、耐热氧老化、胎面胶的湿抓着等性能方面均得到优化提高。通过调节丁腈橡胶在天然橡胶/顺丁橡胶/丁腈橡胶共混物中的用量，可调节材料的抗湿滑、耐疲劳生热性能。天然橡胶/顺丁橡胶/杜仲胶并用胶的硫化胶耐屈挠性能较好，硫化胶与金属的黏合性能显著提高，具有较大的损耗因子和较低的动态生热，可用于橡胶-金属减震制品的开发。天然橡胶/顺丁橡胶/1,2-聚丁二烯橡胶具有良好的综合物理性能和抗湿滑性能。并用胶的压缩温升低，压缩永久变形量小，综合力学性能优异，更适合应用于轮胎胎面。

　　2. 橡胶/树脂共混改性

　　天然橡胶与塑料(聚乙烯(PE)、聚丙烯(PP)或聚苯乙烯(PS))共混是制备热塑性天然橡胶(TPNR)的常用方法之一。橡塑共混物中，如果橡胶含量高则生成热塑性弹性体，橡胶含量低则是塑料，所含的橡胶能提高塑料的抗冲击性、热塑性，兼有塑料(易加工特性)和橡胶(优良的黏弹性)的性质，在常温下显示橡胶弹性，高温下又能塑化成型。常用于汽车耐冲击零部件、电线电缆护套、铁轨枕垫以及作为改性组分提高胶黏剂强度。

　　热塑性弹性体也称为热塑性橡胶，既具有橡胶的特性，又具有热塑性塑料的性能。热塑性弹性体在室温下是柔软的，具有类似于橡胶的韧性和弹性，高温时是流动的，能塑化成型，是继天然橡胶、合成橡胶之后所谓的第三代橡胶。天然橡胶基弹性体是以为天然橡胶主体，通过与其他树脂共混、引入交联或歧化结构，并通过增塑等手段而制成的一种新型弹性体材料。

　　乙烯经均聚合制得的聚乙烯(polyethylene,PE)具有优良的热塑性、耐低温性能、化学稳定性、机械强度、抗辐照性能、耐寒性和易于加工等性能，由于聚乙烯的溶解度参数与天然橡胶相近，二者并用效果良好。硫黄的质量分数为2%时，天然橡胶/低密度聚乙烯共混物的力学性能和重复加工性能最好；低密度聚乙烯质量分数为30%时，共混物的弹性较佳。相容剂的加入明显改善了热塑性硫化橡胶(MNR/HDPE)的力学性能，如加入5%的酚醛改性高密度聚乙烯时，马来酸酐接枝天然橡胶/高密度聚乙烯热塑性硫化橡胶材料的综合性能达到最优。

　　聚苯乙烯(PS)具有透明、成型性好、刚性好、电绝缘性能好、易染色等优点，但聚苯乙烯较脆，将天然橡胶与聚苯乙烯共混，可以增加其韧性，将聚苯乙烯树脂乳液(用乳液聚合制备)与天然浓缩胶乳并用制得聚苯乙烯/天然橡胶共混性弹性体，聚苯乙烯树脂乳液可以对天然胶乳起到良好的补强作用。

　　聚氯乙烯(PVC)是性价比最为优越的通用性材料，具有难燃性、耐磨性、抗化学腐蚀性、气体及水汽渗漏性低的特点，与天然橡胶共混可以集中二者的优点，弥补聚氯乙烯热稳定性和抗冲击性较差的缺点，还可以改善天然橡胶的阻燃性、耐油性、抗撕裂等性能。天然橡胶与聚氯乙烯极性相差很大，导致相容性差，进而导致共混物的性能下降或不稳定。

　　天然橡胶和聚丙烯有一种固有的亲和力，使得形成的热塑性弹性体在不含有相容剂的条件下，天然橡胶和聚丙烯共混形成的热塑性弹性体具有优异的物理机械性能，如低温性能、加工流动性，且成本较低。

　　通过单螺杆挤出机制备天然橡胶/尼龙6(NR/PA6)热塑性弹性体，通过挤出过程可以在两相间产生桥接，增强界面间相互作用。

　　3. 橡胶/无机材料共混改性

　　炭黑一直是固体天然橡胶最重要的补强剂，并且加入炭黑处理后制品变成黑色，用白色纳米级粒子(如纳米 SiO_2 作补强剂或使用纳米粒子级着色剂)处理后,可制成彩色橡胶制品。而对于天然胶乳,炭黑粒子的渗入会降低胶粒间的黏结作用,使胶膜性能受到破坏,胶膜强度降低。因此人们研究了多种材料改性天然胶乳,具体如下。

1) 纳米粒子改性天然胶乳

由于纳米粒子具有的小尺寸效应、量子尺寸效应、表面效应和宏观量子隧道效应,引入纳米填料将使天然胶乳的性质发生很大改变,并有可能获得一些新的性能。利用溶胶凝胶法、聚合物包裹法和多羟基化合物处理的方法,可以改善纳米粒子在天然胶乳中的分散状态,并且纳米粒子对天然胶乳起稀释作用,粒子吸附在橡胶粒子表面,使天然胶乳的黏度下降,机械稳定性提高,从而得到综合性能良好的改性天然胶乳。常见的纳米粒子改性天然胶乳如表 8-2 所示。

表 8-2　部分纳米粒子改性天然胶乳

种　类	性　质
纳米蒙脱土改性天然胶乳	纳米蒙脱土可以显著提高天然胶乳膜的阻燃性能,但是蒙脱土的气体渗透率远低于橡胶分子,氧分子在胶料中的扩散受片层结构阻碍,从而阻隔橡胶分子链的氧化和降解
纳米氧化硅改性天然胶乳	纳米氧化硅由于存在大量羟基,表面活性高,容易吸附在胶乳表面,其改善天然胶乳机械性能的效果较为显著
纳米碳酸钙改性天然胶乳	纳米碳酸钙粒子与天然橡胶粒子的结合可以使整个硫化体系的解聚能升高,从而可以提高硫化胶膜的耐热性能

其他常见的纳米粒子改性天然胶乳如下。

(1) 纳米黏土。

目前对天然橡胶进行改性的层状硅酸盐包括蒙脱土、累脱石、凹凸棒土、有机蛭石等,其中蒙脱土复合天然橡胶改性应用最广泛。利用层状的硅酸盐黏土的特殊结构和性质可以制备性能优异的天然橡胶/纳米层状硅酸盐纳米复合材料,将纳米黏土引入橡胶中,可以显著提高天然橡胶材料的综合性能,如阻隔性能、力学性能、阻燃性能和耐热性能等。常用来制备天然橡胶/黏土纳米复合材料的方法有溶液插层、乳液插层和熔体插层等方法。

降低橡胶元件疲劳过程中的滞后损耗是延长其疲劳寿命的有效途径之一,以纳米黏土部分等量替代炭黑填充天然橡胶,得到纳米黏土/炭黑/天然橡胶,天然橡胶的滞后损失、动刚度、动静刚度比和压缩生成热降低。

在稳定状态下天然橡胶胶乳颗粒与纳米蒙脱土均匀混合,再通过解稳完成天然橡胶对纳米颗粒的吸附以及沉淀,实现了胶体状态下天然橡胶与纳米蒙脱土的均匀混合,使得纳米黏土在天然橡胶基体中均匀剥离分散,大大地改善了复合材料的拉伸模量、撕裂强度等力学性能,拉伸模量和撕裂强度分别提升到天然橡胶的 200% 及 69% 。

在较小黏土用量下,橡胶/层状硅酸盐纳米复合材料(橡胶基体主要包括丁苯橡胶、丁腈橡胶和天然橡胶,以及蒙脱土、累托石等层状硅酸盐)的定伸应力、弹性模量、硬度和撕裂强度等物理机械性能可以显著提高。

采用乳液共混共凝法制备天然橡胶/凹凸棒石复合材料(ANRC),复合改性后材料的拉伸强度、撕裂强度和硬度较未复合改性的纯天然硫化胶都获得了大幅度的提高。用熔融共混法制备出天然橡胶/纳米有机蛭石复合材料,可以改善天然橡胶复合材料的拉伸强度、扯断伸长率、邵氏 A 硬度、撕裂强度、模量和综合性能等。

（2）纳米炭黑。

炭黑是橡胶工业重要的补强原料,纯橡胶轮胎磨耗寿命不足 5000 km,而加入炭黑后其磨耗寿命可达 5×10^4 km 以上。在橡胶制品中加入炭黑,可以减少生胶的用量、降低成本、提高轮胎等制品的耐磨性等功能特性,原位接枝炭黑能提高天然橡胶的硫化速度、拉伸强度、定伸应力和撕裂强度等。纳米炭黑作为橡胶工业最重要和最便宜的补强剂和填充剂,具有良好的补强、着色、导电和耐候性能。将炭黑聚集体在剪切力下打碎得到纳米炭黑,同时在其表面原位接枝有机小分子,添加到天然橡胶中,纳米炭黑相对于普通炭黑对天然橡胶有较好的补强作用及分散性。由于纳米炭黑粒径小、用量大,在橡胶基体中的分散性较差,造成补强程度低、加工性能低、产品使用寿命下降等不良影响。马来酸酐预处理炭黑有利于降低天然橡胶的滚动阻力。炭黑造粒可以改善 NR 的混炼特性,改善炭黑在 NR 中的分散性,降低转子的转矩和混炼生热,缩短硫化时间,提高 NR 硫化胶的力学性能。

（3）纳米白炭黑。

白炭黑能赋予胶料极好的抗张强度、抗撕裂强度、良好的屈挠性和刚性,是橡胶工业中最主要的浅色填料,其补强效果仅次于炭黑。橡胶/粒状白炭黑复合材料在降低滚动阻力和生热方面优于炭黑。白炭黑表面含有大量的羟基,表面极性和亲水性较强,与橡胶分子的相容性较炭黑差,在橡胶中填充时分散不佳,会影响补强效果,并使加工性能变差,使用有机改性剂进行表面改性后的白炭黑,表面极性和亲水性降低,在橡胶基体中的分散性得到提高,与基体界面结合得到加强,可以降低胶料的门尼黏度、生热和滚动阻力,改善加工性能、耐磨性。常用的偶联剂有硅烷偶联剂、硅氧烷类化合物、氯硅烷类改性剂和醇类改性剂等。双(三乙氧基丙基硅烷)四硫化物、双(三乙氧基丙基硅烷)二硫化物、3-丙酰基硫代-1-丙基-三甲氧基硅烷等偶联剂均使白炭黑填料网络化程度大幅度减轻,弹性模量和损耗模量变小,增大了胶料的流动性,加工性能得到改善。具有较强碱性的环己胺改性白炭黑能有效地改善硫化性能及增强效果。多元醇能促进白炭黑填充 NR 胶料硫化,如二甘醇的活性最高,硫化速度最快,物理性能最优。改性剂间苯二酚六次甲基四胺(PY)、硅烷偶联剂 KH-550 和 Si-69 对白炭黑都能起到很好的改性作用。

（4）纳米碳酸钙。

纳米碳酸钙(又称超细碳酸钙,其颗粒尺寸小于 100 nm)毒性小、价格便宜、补强效果好,由于其价格低廉,作为各种高分子材料的增强型填料具有广阔的应用前景,将其填充在天然橡胶中,可提高橡胶综合性能,降低生产成本,是优良的白色补强材料。纳米碳酸钙作为补强填料可以部分或大部分替代白炭黑、炭黑等价格昂贵的填料,适宜在浅色橡胶制品中应用。在自补强橡胶、非自补强橡胶、极性橡胶、非极性橡胶、饱和橡胶、非饱和橡胶等弹性体中,纳米碳酸钙都可较大幅度地提高被填充胶料的力学强度。目前,工业上多用硬脂酸、偶联剂对纳米碳酸钙进行表面处理,克服纳米粒子自身的团聚现象,使纳米粒子均匀分散在聚合物基体中,并增加其与聚合物之间的界面相容性。如间苯二酚和六次甲基四胺改性碳酸钙天然橡胶硫化胶(填充量为 100 份时)比未改性碳酸钙天然橡胶硫化胶的 100% 定伸强度提高 130%,拉伸强度提高 101%,撕裂强度提高 70%。

（5）纳米氧化锌。

采用纳米氧化锌做活化剂,可以显著提高产品的性能,尤其是拉伸强度、压缩永久变形和热老化性能,延长产品的使用寿命,在用量为普通氧化锌的60%时,仍超过采用普通氧化锌胶料的性能。纳米氧化锌做活化剂,硫化胶的耐磨性、耐热老化性能、300%定伸应力都可以被有效改善,压缩疲劳温升及压缩永久变形可以被降低或减小,在受力形式为定负荷变形的材料制品中有较好的应用。氧化锌除具有硫化活性剂的作用外,还具有硫化、补强、相容的作用。氧化锌是橡胶硫化的重要活性剂,通过它能促进橡胶交联密度的提高,确保各项物理机械性能的获得。纳米氧化锌可以降低氧化锌用量,并保证有较高的活性。

采用纳米氧化锌作为硫化活性剂的天然橡胶表现出较好的抗硫化还原能力,纳米氧化锌对焦烧有延迟作用,可增加胶料加工时的安全性,提高胶料的热稳定性和耐老化性能。纳米氧化锌加入白炭黑填充的天然橡胶中,可使焦烧时间和正硫化时间提前,加快天然橡胶的硫化速度,提高天然橡胶的力学性能。3份用量纳米氧化锌与5份用量普通氧化锌对天然橡胶的物理机械性能改善能力相当,相应地可以使生产成本降低。

（6）碳纳米管。

碳纳米管分为单壁碳纳米管和多壁碳纳米管,是由石墨片卷曲而成,长径比非常大,在复合材料增强改性中应用广泛,具有导热性好、机械强度高、比表面积大等优良的性能。将碳纳米管作为增强纤维用于天然橡胶的复合改性,可以提高天然橡胶的强度、密度,并使纳米复合材料具有导电性。将碳纳米管加入到橡胶中,不仅可以提高橡胶的热降解温度,而且可以降低其热降解速度。选用300%定伸应力为1.8 MPa、拉伸强度为7.1 MPa、扯断伸长率为690%的纯天然橡胶为基体,当添加25份的球磨处理碳纳米管后,天然橡胶的300%定伸应力和拉伸强度分别提高至12.3 MPa、25.5 MPa,扯断伸长率下降为490%。

碳纳米管可以与橡胶直接通过开炼机或密炼机进行机械混炼,然后于一定的温度与压力下进行硫化,从而得到碳纳米管/橡胶复合材料,还可以将经超声波分散处理的碳纳米管有机溶剂悬浮液加入到橡胶溶液中,再烘干、硫化,制得复合材料。喷雾干燥法也是制备碳纳米管/橡胶复合材料的有效方法,如将碳纳米管去离子水悬浮液加入到橡胶乳液中,制成碳纳米管/橡胶悬浮液,然后采用喷雾干燥器喷射出CNTs/橡胶粉末,最后硫化制得复合材料。

（7）纳米微晶纤维素。

纳米微晶纤维素具有纯度高、质量轻、力学性能优异、透明度高、可再生性好等优点,它可作为一种天然的、新型的高强度补强剂应用于聚合物材料改性中。可以采用共凝沉法制备纳米微晶纤维素/天然橡胶(NCC/NR)复合材料,纳米微晶纤维素对天然橡胶有较好的补强作用,复合材料的储能模量提高,损耗因子下降。从棕榈树中提取了微原纤化纤维素和纤维素晶须,并将其作为补强剂填充到天然橡胶基体中,两种纤维素纳米颗粒均可大幅度提升复合材料的力学性能,对天然橡胶在玻璃化温度以上的硬度提高作用尤为明显。采用纳米微晶纤维素部分替代炭黑制备天然橡胶/纳米微晶纤维素/炭黑复合材料,纳米微晶纤维素提高了炭黑补强天然橡胶的扯断伸长率,并保持在500%以上,永久变形率下降至30%以下。

（8）纳米 Al_2O_3。

填充纳米 Al_2O_3 的硫化天然橡胶具有优良的耐磨性和耐疲劳性能,纳米 Al_2O_3/炭黑并用增强天然橡胶,可以获得综合性能(如拉伸强度、撕裂强度、耐磨性和耐疲劳性等)优良的天然橡胶硫化胶。

（9）纳米二氧化钛。

将二氧化钛添加到天然橡胶中,可制备出高抗菌性能的纳米复合材料。用粒径为 20～40 nm 的纳米二氧化钛填充天然橡胶制备橡胶复合材料,纳米二氧化钛在天然橡胶中分散颗粒大小与其原生颗粒大小相近,分散良好,在橡胶复合材料中可起到良好的抗菌作用,纳米二氧化钛用量的增加导致杀菌性能明显提高,热氧老化不影响橡胶复合材料中纳米二氧化钛发挥其抗菌特性。

2）非纳米粒子改性天然胶乳

非纳米粒子(包括黏土、白炭黑、石墨粉、淀粉和高岭土)对天然胶乳的改性效果不及纳米粒子。其中黏土胶早已工业化,具有优于半补强炭黑胶的综合性能,但耐老化性能较差。天然橡胶/石墨粉复合物对微波的屏蔽效果可达 42 dB,石墨粉在天然橡胶中的分散越均匀,复合物的微波屏蔽效果越好。采用凝聚共沉法制备高岭土/天然橡胶复合材料,甜菜碱改性高岭土对硫化胶具有明显的补强作用,改性高岭土粒子与橡胶基体结合紧密,界面比较模糊,片状和粒径较小的高岭土填充的天然橡胶硫化胶有较高的力学性能。

8.3.2 化学改性

天然橡胶中平均每四个主链碳原子便有一个双键,通过控制反应条件可以选择发生自由基型反应或者发生离子型反应,可以选择反应活性中心,顺式-1,4-聚异戊二烯单元的双键和烯丙基这两个部位是天然橡胶的反应活性中心,从而根据结构设计引入各种官能团。

天然橡胶化学改性方法有环氧化改性、卤化改性、卤烷化改性、环化改性、氢化改性、氢卤化改性、接枝改性、液体天然橡胶和难结晶天然橡胶制法等。

1. 环氧化改性

环氧化天然橡胶是在受控条件下与芳香族或脂肪族过氧酸反应,在分子链的不饱和双键上引入环氧键(—C—O—C—)和少量的碳氧双键(—C —O)而制得。环氧化天然橡胶(ENR)在主链上具有极性环氧基团,因此耐油性良好,透气性较低,湿抓着力、滚动阻力和拉伸强度较高。环氧化天然橡胶(ENR)是指利用橡胶主链上的不饱和性,用有机过氧酸上的氧原子亲电性攻击天然橡胶的双键,经环状中间过渡状态后,将环氧基团引入天然橡胶。

环氧化改性天然橡胶具有优良的黏合性、气密性、耐湿性以及耐油性,使天然橡胶的应用范围更为广泛。环氧化天然橡胶中存在活性较大的基团(环氧基团和碳氧双键),导致性能不稳定及耐老化性能差的问题。通过与胺类防老剂反应、与硅氧烷反应、与卤素反应以及与其他高聚物共混改性,可以解决这些问题。通过环氧基与某些胺类化合物的反应可将芳胺类防老剂接枝到环氧化天然橡胶分子链上,从而根本上改善环氧化天然橡胶的老化性能。环氧化天然橡胶的环氧基团在硅氧烷作用下开环后交联,环氧化天然橡胶与硅氧烷作用可使环氧化天然橡胶得到较好的补强,其补强效果比炭黑要好。向环氧化天然橡胶胶乳中通入氯气在室温下反应可以得到氯化环氧化天然橡胶,通入溴溶液可得到溴化环氧化天然橡胶,卤化后的环氧化天然橡胶产物与金属、玻璃的黏合性能好。

环氧基团遇水会分解,转变成四氧呋喃环和羟基,在酸性或碱性条件下可促进环氧基的开环反应,可以通过改变羟基的含量来控制反应产物的透气性。采用有机过氧酸制备的环氧化天然橡胶,在环氧基团的水解过程中,环氧基的氧原子经过质子化形成中间体,中间体受到邻位上环氧基中的氧原子亲核攻击,形成四氢呋喃环。

以二氧化碳为原料与环氧化天然橡胶反应可以制备环状碳酸酯化天然橡胶,这是一种绿色聚合物,集中了天然橡胶的柔软性和碳酸酯基的高极性,称为一种功能性有机材料。如以脱蛋白胶乳为原料制备的液态环氧化天然橡胶(环氧化率 33%)中,LiBr 可以作为环状碳酸酯化天然橡胶制备反应的催化剂,与超临界二氧化碳反应可制得环状碳酸酯化天然橡胶。环氧基通过环氧基的氧原子与路易氏酸 Li^+ 发生配位反应而活化,环氧基的碳原子受 Br^- 的 SN2 型亲核攻击形成中间体 A。二氧化碳可以与中间体 A 形成中间体 B,脱掉溴以后环闭合,形成环状碳酸酯。而天然橡胶中所含的蛋白质会吸附水,如果反应体系中有水,LiBr 和水会相互作用,而 Br^- 对环氧基的亲核攻击为此反应过程中的反应速度控制步骤,LiBr 与环氧化天然橡胶的相互作用就会相应地受到影响,所以制备环状碳酸酯化天然橡胶时,需要除去天然橡胶中的蛋白质。

环氧化天然橡胶可以与其他高聚物共混,由于环氧基的活性,可与共混物中的其他基团发生某种程度的化学反应,从而引入新的性质。如使用环氧化丁二烯和苯乙烯的三嵌段共聚物作为环氧化天然橡胶/丁苯橡胶(SBR)共混物的增容剂,可改善环氧化天然橡胶共混材料的拉伸强度、加工性能、硫化时间、定伸应力、撕裂强度、耐油性和焦烧时间等性能。环氧化天然橡胶和聚乳酸混合,聚乳酸向环氧基进行 SN2 型亲核攻击,在 3 号位的碳原子上形成新的碳氧键,两相区界面紧密结合,可以作为耐冲击性能优异的中性碳复合材料而得以应用。

2. 卤化改性

卤素在天然橡胶主链的 C —C 键上发生加成反应的天然橡胶称为卤化天然橡胶,氯化天然橡胶(CNR)是其中较常见的品种,是第一种已经有工业化产品的天然橡胶衍生物。氯化天然橡胶由于漆膜具有耐水性好、耐腐蚀性强、耐候性佳等特点,常应用在重大工程涂装中,氯化天然橡胶涂料已占涂料总消耗量的 10%。氯化天然橡胶在耐磨性、快干性、黏附性、成膜性、抗腐蚀性、耐候性、绝缘性和阻燃性等方面性能优良,广泛地应用于船舶漆、集装箱漆、路标漆、化工重防护漆、涂料、油墨添加剂和胶黏剂等方面。

氯化天然橡胶传统上采用溶液法工艺进行生产,在天然橡胶的四氯化碳溶液(2%～5%)中,分批或连续通入氯气,将天然橡胶经氯化反应制得氯化天然橡胶,氯质量分数在 60% 以上,产品是白色粉末状产品。

氯化天然橡胶胶乳法生产工艺相对溶剂法成本较低、污染较小。通常在加入酸性水的反应釜中通入氯气,同时滴加已经稳定化处理的天然胶乳,然后在表面活性剂作用下即可制成颗粒细小、分散均匀的乳液,在引发剂作用下通过紫外光引发,逐步升温完成深度氯化,得到产物。

3. 环化改性

天然橡胶具有不饱和键而易环化,质子酸、路易斯酸、热、电磁微粒子辐射都会引起天然橡胶环化。环化使天然橡胶的构型完全改变,相对分子质量急剧下降,密度、折光率升高,不饱和度大为降低。环化天然橡胶可用作橡胶的补强剂,增加硫化胶的硬度、定伸应力和耐磨性能,可作为鞋底、坚硬的模制品、机械的衬里、耐酸碱涂料、金属、木材、聚乙烯、聚丙烯及混凝土的黏合剂等来使用。

如固体橡胶、橡胶溶液或天然胶乳的环化反应可以由碳阳离子诱导发生,生成具有双环或三环的结构,完全改变天然橡胶的构型。天然橡胶环化改性以后相对分子质量下降,密度、折光率升高,软化点为 95～120 ℃,而不饱和度降低(50% 左右)。

可以用密炼机或开炼机来环化天然橡胶,如采用此法,将芳香族磺酸加入天然橡胶,在 125～150 ℃下 2～5 h 就能得到黑色树脂状环化天然橡胶产物。

也可以用溶液法来环化天然橡胶,先用酚类溶剂使橡胶溶胀,再用磷酸使橡胶环化,完成环化反应通常需 24 h 以上,或者天然橡胶在氯锡酸作用下,在芳香烃溶剂中回流几小时,也能使天然橡胶环化。

乳液法也可以制备环化天然橡胶,如在离心浓缩胶乳中,在稳定剂(如对苯磺酸与环氧乙烷的缩合物)作用下边搅拌边加入 98% 的硫酸,100 ℃反应 2.5 h,胶乳充分环化,制得环化天然橡胶。

4. 氢化改性

天然橡胶耐老化性较差,因为天然橡胶分子链中存在易产生自由基的不饱和双键,而自由基会促进老化。可采用金属催化剂、氢气、二酰亚胺等将天然橡胶双键氢化来解决这个问题。完全氢化的天然橡胶是一种乙烯与丙烯之比为 1:1 的共聚物,氢化天然橡胶的乙烯与丙烯链节互相交替和头尾结合序列极其规整,因而具有高度结晶性。天然橡胶氢化后,橡胶的耐氧、臭氧老化性能以及耐酸碱腐蚀性都会提高。天然橡胶如果 100% 氢化就会没有不饱和双键,相应地不能用硫黄硫化,但是可以用过氧化物硫化,也可保留 3%～8% 的不饱和度,可制得硫黄硫化的三元乙丙橡胶。

氢气氢化天然橡胶双键需要在特高压反应釜内,以甲苯或氯苯为溶剂,需要 Os 系、Pd 系等催化剂催化才能完成氢化。二酰亚胺法则是利用肼的氧化或者 p-甲苯磺酰肼的热分解产生二酰亚胺,然后进行氢的顺式加成,完成氢化反应。天然胶乳氢化还可以使用氯化钯或者肼的方法,但是这种方法使用了价格昂贵的、不易除去的或有毒的试剂,且氢化效率较低。

5. 氢卤化改性

天然橡胶还可以通过双键将卤化氢加成到分子链上得到氢卤化改性天然橡胶。如将 HCl 加成到 NR 分子链上,该反应属同型聚合物反应,所以只引起轻微的环化。氢氯化天然橡胶是白色粉末,是一种高度结晶性物质,有阻燃性能,对许多化学物质稳定,具有较大的附着力,可用作橡胶与金属之间的黏合材料、涂料、包装的透明胶膜等。氢氯化天然橡胶可以采用将卤化氢直接加入到对酸稳定的天然胶乳中制备,或者在卤化物溶液中 10 ℃加压的条件下制备。但是氢氯化天然橡胶氯含量不能过高,当氯含量达到 33.3% 时,氢氯化天然橡胶将变脆失去弹性不能应用,氯含量应控制在 29%～30.5%,以保持材料的工业应用性能。

6. 天然橡胶的化学解聚

天然胶乳降解制得一种稠厚而有流动性的液体,相对分子质量为 10000～30000,这种解聚天然橡胶亦称为液体天然橡胶。液体天然橡胶因为价格低廉、高清洁化、制造工艺简单(可浇注成型,现场硫化)、节能等优点,已广泛用于电工元件埋封材料、密封剂、胶黏剂、防护涂层、汽车轮胎等。

由自由基可以引发天然橡胶的解聚,根据反应条件的不同化学键断裂位置也不同,如在光催化剂二氧化钛的存在下紫外光辐射引发,则 1、4 位置间的 C—C 键断裂,生成烯丙基自由基,更稳定的 •OH 自由基进一步捕抓烯丙基自由基会形成末端含羟基的 3 种结构;如果在氧气存在下用过硫酸钾引发解聚,则会在双键部位发生主链断裂,产生末端羰基结构。

7. 化学改性法制备难结晶天然橡胶

天然橡胶具有结晶性,因产生橡胶结晶而具有自补强作用,可以增加韧性和抗破裂能力,同时结晶会使橡胶变硬,弹性下降。通过在天然胶乳中加入硫代苯甲酸,与橡胶反应制备难结晶天然橡胶,橡胶在反应中产生异构化部分生成反式-1,4 结构,只要生成的反式-1,4 结构达到 6%,结晶速率就可以减慢 500 倍以上,这种难结晶橡胶可以用于制造低温条件下使用的橡胶制品。

　　8. 接枝改性

　　接枝共聚物是由 A、B 两种结构不同的聚合物分别作为主链和支链,可以集合两种聚合物的性能,接枝共聚是高聚物改性的常用方法。天然橡胶可通过接枝改性进行广泛的化学修饰,在天然橡胶大分子的长分子链中,每个单体单元中都存在一个双键,主链上除双键碳原子外都是 α-碳原子,双键作为可以进行加成聚合的官能团,在天然橡胶改性中可以通过脱氢生成自由基,接上各种改性单体,天然橡胶主链上的碳原子均可作为活性位点接上单体。天然橡胶接枝改性后产物集合天然橡胶的基本特性和改性单体的一些特性于一体,得到具有某些特殊性能的天然橡胶接枝共聚物,提高天然橡胶制品的综合性能,扩大其使用范围。天然橡胶能够用多种乙烯系化合物接枝,可在合适的条件下与烯类单体(如甲基丙烯酸甲酯(MMA)、苯乙烯(ST)、丙烯腈(AN)、醋酸乙烯酯(VAc)、丙烯酸(AA)、丙烯酸甲酯(MA)、丙烯酰胺(AAM)、丙烯酸乙酯(EA)、丙烯酸丁酯(BA)等)反应,可以制备单体聚合物为支链的天然橡胶接枝共聚物,将烯类单体聚合物的某些性能赋予天然橡胶接枝共聚物。如天然橡胶与甲基丙烯酸甲酯接枝共聚物作为通用橡胶制品使用时其补强性大大提高,可作为硬橡胶材料用于汽车制品,作为胶黏剂使用时其黏合性能明显优于纯天然橡胶;天然橡胶可接上各种乙烯类单体(如苯乙烯等),使接枝共聚物有耐磨、耐屈挠、耐老化和高拉伸强度等性能;天然橡胶与丙烯腈接枝,可以提高橡胶的耐油性和耐溶剂性;天然橡胶与顺丁烯二酸酐接枝,可以提高橡胶的耐屈挠性。

　　1) 天然橡胶接枝改性方法

　　天然橡胶接枝改性的聚合方法主要有溶液法、乳液法、悬浮法、熔融法和辐射法。

　　(1) 溶液法。

　　溶液法是指天然橡胶和单体在溶液中发生接枝反应。采用溶液法制备天然橡胶接枝改性产物的反应控制性好,产品性能好。溶液法首先是将天然橡胶在苯、甲苯和甲乙酮等有机溶剂中溶解或溶胀,在合适的温度下经引发剂引发天然橡胶和单体接枝聚合,即可得到天然橡胶接枝改性产品。如采用溶液聚合法在天然橡胶分子链上接枝极性的甲基丙烯酸甲酯(MMA),非极性的天然橡胶分子链接枝上了极性的聚甲基丙烯酸甲酯支链,导致接枝后的橡胶其结构和性能较接枝前均有明显的变化。此方法中溶解天然橡胶需要使用大量有机溶剂,造成产品成本较高,不易后处理,且污染环境。

　　(2) 乳液法。

　　在天然胶乳中进行接枝反应的方法称为乳液法,这种方法较溶液法成本较低、易操作、不污染环境,但是反应不均匀。如以天然胶乳为原料,用氧化还原引发体系(过硫酸钾/硫代硫酸钠),使含有吸水性功能基团的单体(如丙烯酰胺)与天然胶乳接枝共聚,可以制备腻子型吸水膨胀天然橡胶。用乳液聚合法对天然胶乳接枝季铵盐单体,使其具有抗菌效果。通过接枝季铵盐单体,使胶乳材料对大肠杆菌具有了明显的抗菌效果。

　　(3) 悬浮法。

　　悬浮法是将天然橡胶分散在水相介质中,由引发剂引发产生自由基而发生接枝反应。该法有利于传质、传热,产物为珠状小颗粒,便于成型加工。采用悬浮聚合法可合成天然橡胶接枝甲基丙烯酸甲酯和苯乙烯的共聚物。以过氧化二苯甲酰(BPO)与 N,N-二甲基苯胺(DMA)聚合,聚合速率较快。在分散体系中,以聚乙烯醇(PVA)与甲基纤维素(MC)配合使用,效果最好。在水性悬浮体系中,以过硫酸钾为引发剂,采用丙烯酸羟乙酯(HEA)对硫化橡胶胶粉进行表面接枝改性,使胶粉表面部分羟基化,对胶粉的表面物理化学性质产生重大影响,经过表面羟基化改性的硫化胶粉,可作为与聚氨酯、环氧树脂、聚酯树脂等极性材料相容的新型柔性填充剂。

（4）熔融法。

熔融法是指将单体与天然橡胶在开炼机、密炼机或流变仪中混炼,由引发剂裂解产生自由基或在剪切应力作用下直接产生自由基,引发天然橡胶与单体接枝共聚。如利用 Haake 流变仪的高温高剪切作用,在 170 ℃下,将环氧天然橡胶 ENR 对白炭黑固态原位接枝,可以得到一种高分散疏水型白炭黑。

（5）辐射法。

辐射法接枝改性天然橡胶主要有 γ-射线、紫外线和电子束引发改性等。γ-射线具有很高的辐射能量,橡胶表面被 γ-射线照射,分子链发生断裂,产生自由基,引发单体(如丙烯酰胺(AAM)、甲基丙烯酸-羟基乙酯(HEMA)和 N-乙烯基吡咯烷酮(NVP)等)聚合反应,在表面生成新的物质。如在^{60}Co γ-射线辐射源下,用甲基丙烯酸全氟烷基代乙酯(Zonyl™)改性天然橡胶胶乳,发现当 Zonyl™ 质量分数为 0.94% 时,天然橡胶表面已产生疏水效果。

紫外线辐射相对于其他高能辐射来说,具有对材料的穿透力小、改性不破坏材料本体性能的特点。利用光接枝的方法可以在硅橡胶、氟橡胶的表面接入生物活性基团、极性基团等特征官能团,改善性能,拓宽了两种橡胶材料制品的适用范围。紫外线辐射由于所需设备成本低,连续化操作方便,在工业上具有广阔的发展空间。

电子束引发接枝可以生成完全由温度响应的离子源和自由基,是一种极具工业化价值的天然橡胶材料表面改性的新方法。

先对 NR 膜进行等离子预处理,然后用 UV 法分别接枝丙烯酰胺和丙烯酸以提高 NR 表面性能,如亲水性和疏水性,接枝 HFA 后的 NR 对水接触角为 109°。

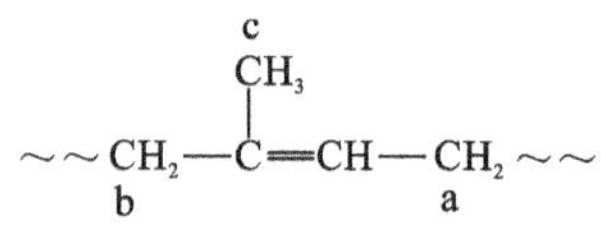

2）接枝机理

在天然橡胶的分子链中,每个异戊二烯链节都含有一个双键,双键碳原子可以进行加成反应,天然橡胶分子链中 1,4-聚合链节中双键旁边有三个 α 位置可以脱氢产生自由基(图 8-4),从而接上单体,因此在天然橡胶主链的任何碳原子上都可以接上单体。自由基反应能力受电子效应及空间位阻的影响,三个位置上 C—H 的反应活性顺序为 a>b>c,异戊二烯单元中的侧甲基是供电子基团,可以使双键的电子云密度增加,所以此位置上的 α-H 易于发生取代反应。a、b 两位是仲氢,c 位是伯氢,一般脱仲氢比脱伯氢容易,所以 a、b 位比 c 位反应活性大。a 位脱氢后形成的大分子自由基,因与侧甲基的超共轭作用,a 位更加稳定。a 位活性大于 b 位,不同位置上 C—H 的解离能是不相同的,a 位 C—H 键解离能为 320.5 kJ/mol,b 位 C—H 键解离能为 331.4 kJ/mol,c 位C—H 键解离能为 349.4 kJ/mol。

图 8-4　天然橡胶分子链中 1,4-聚合链节

在天然橡胶接枝烯类单体反应中,存在链引发、链增长、链转移、链终止等基元反应。

链引发:引发剂分解生成引发剂自由基,引发剂自由基再遇到单体和天然橡胶生成初级自由基:

反应中自由基引发剂可以直接攻击大分子链引发接枝共聚,还可以先引发单体生成初级

长链自由基,再在大分子上发生链转移,前者共轭稳定性较高。

链增长:均聚长链自由基可以与天然橡胶大分子自由基或者另一初级长链自由基发生双基终止,生成接枝共聚物或者生成均聚物,也可以向天然橡胶大分子发生链转移,继续发生链增长。

链转移:天然橡胶大分子自由基的链转移反应对产物接枝链的长短有重要影响,反应体系中发现大分子自由基不仅对单体和橡胶分子链发生链转移,还对引发剂、均聚物、均聚物初级长链自由基发生链转移(表 8-3)。如在苯乙烯接枝天然胶乳反应、聚异戊二烯与苯乙烯的接枝天然橡胶反应中均有此现象。

表 8-3　天然橡胶大分子自由基的链转移与链终止反应

链转移	对单体的链转移	$NR-M_n \cdot + M \longrightarrow M \cdot + NR-M_n$ $M_m \cdot + M \longrightarrow M \cdot + M_m$
	对天然橡胶大分子链的链转移	$NR-M_n \cdot + NR-H \longrightarrow NR \cdot + NR-M_n$ $M_m \cdot + NR-H \longrightarrow NR \cdot + M_m$
	对引发剂的链转移	$NR-M_n \cdot + I \longrightarrow I \cdot + NR-M_n$
	对均聚物基的链转移	$NR-M_n \cdot + M_m \longrightarrow M \cdot + NR-M$
	对均聚物初级长链自由基	$NR-M_n \cdot + M_m \cdot \longrightarrow M_a \cdot - M_b \cdot + NR$
链终止	双基结合链终止	$NR \cdot + M_m \cdot \longrightarrow NR-M_m$ $NR-M_n \cdot + M_m \cdot \longrightarrow NR-M_{n+m}$ $NR-M_n \cdot + NR-M_m \cdot \longrightarrow NR-M$ $M_n \cdot + M_m \cdot \longrightarrow M_{n+m}$

3) 天然橡胶的接枝单体

天然橡胶接枝除常规烯类单体,如甲基丙烯酸酯类、丙烯酸酯类、苯乙烯(St)、马来酸酐(MAH)、丙烯腈(AN)、醋酸乙烯酯(VAc)、甲基丙烯酸二甲氨基乙酯(DMAEMA)、丙烯酸二甲氨基乙酯(DMAEA)、丙烯酸(AA)、丙烯酰胺(AAM)等外,还有淀粉黄原酸盐、二乙烯苯、甲基丙烯酸的特殊酯类、二聚环戊二烯、5-亚甲基-2-降冰片烯、N,N-二甲氨基丙烯酰胺、丙烯酸羟乙酯、尼龙、丁烯酮等单体。

单一组分接枝天然橡胶常见的品种有天然橡胶接枝甲基丙烯酸甲酯、天然橡胶接枝马来酸酐、天然橡胶接枝邻氨基苯酚等。如天然橡胶接枝甲基丙烯酸甲酯,具有较好的定伸应力、拉伸强度和硬度、抗冲击性能、耐屈挠龟裂性能、动态疲劳性能、黏合性、可填充性,可应用于黏合剂(作为胶乳使用)、天然橡胶补强剂、橡胶与树脂共混的相容剂、环氧树脂的增韧剂等。通过邻氨基苯酚接枝改性天然橡胶制备抗氧剂,对丁腈橡胶硫化胶在热处理时比普通抗氧剂有更好的保护能力。有机硅氧烷接枝改性天然胶乳的机械稳定性黏度均高于未改性胶乳的,与未改性胶乳生胶膜及硫化胶乳胶膜相比,接枝改性胶乳生胶膜及其硫化胶乳胶膜有更好的力学性能和耐溶剂、耐水性能。有些烯类单体含功能基团,这些含功能基团的烯类单体均聚物与天然橡胶之间接枝共聚,可以得到功能性天然橡胶。如用甲基丙烯酸二甲氨基乙酯(NDMA)与β-环糊精形成的包络物与天然胶乳接枝共聚,单体分子两端都有双键,包络结构使单体一端双键参与,而另一端的双键可以保留,以制备光敏粒子。

也可以采用两种单体与天然橡胶发生接枝反应,以甲基丙烯酸甲酯为接枝单体,丙烯酸为共单体,甲基丙烯酸甲酯与天然橡胶反应一段时间后丙烯酸才加入反应体系,单体转化率和接枝率有所提高,所得胶黏剂的极性增强。

4)天然橡胶接枝常用引发体系

在一般情况下,引发剂加得多,自由基也生成得多,则高聚物分子的聚合度小,接枝反应所加引发剂量的多少,会影响天然橡胶分子链的长短。有时自由基能将天然橡胶分子链打断,降低天然橡胶分子链的聚合度。天然橡胶的接枝反应并非都能形成接枝链,在溶液法天然橡胶接枝马来酸酐的反应中,由于马来酸酐分子结构对称,无诱导或共轭效应,空间位阻较大,不易均聚,其接枝形式是以单分子悬挂到橡胶大分子链上为主的。

天然橡胶接枝反应可以用热引发体系(过氧化二苯甲酰(BPO)、偶氮二异丁腈(AIBN)、叔丁基过氧化氢(t-BHP)、异丙苯过氧化氢(CHP)、过氧化二异丙苯(DCP)、过硫酸钾(KPS)、过硫酸铵(APS)和双氧水等)、氧化还原引发体系(过硫酸盐/亚硫酸氢钠、过硫酸盐/硫代硫酸钠、叔丁基过氧化氢/四乙烯五胺、异丙苯过氧化氢/四乙烯五胺、过氧化二苯甲酰/葡萄糖、过氧化二苯甲酰/N,N-二甲基苯胺、过氧化氢/硫代硫酸钠、溴酸钾/硫脲、高锰酸钾/抗坏血酸等)和离子引发体系(N,N-二甲基苯胺/二价铜、三价锰的乙酰丙酮配合物,过硫酸钾/一价银、五价钒体系,四价铈体系等)等引发反应。在热或光的作用下,当分子中原子获得的振动能量足以克服化学键能时,分子就会发生均裂而产生自由基;氧化还原引发体系则由氧化剂和还原剂之间发生氧化还原反应而产生能引发聚合的自由基,采用氧化还原体系的反应温度比热引发体系低,而反应速率一般比热引发体系高。离子引发体系通过不同价态离子之间电子的跃迁产生自由基,其反应动力学和氧化还原引发体系相似。

对于热引发剂,氧中心自由基(BPO、KPS等产生的自由基)比碳中心自由基(如 AIBN 等产生的自由基)更有利于天然橡胶的接枝共聚。这是因为氧中心自由基更易在天然橡胶大分子链上夺取氢原子。

AIBN 很难引发天然橡胶接枝共聚。用 BPO 引发 MMA 与天然胶乳的接枝共聚,认为 BPO 是在橡胶粒子内部引发 MMA 的接枝聚合。采用过硫酸盐引发亲水性单体甲基丙烯酰胺(MAA)与天然胶乳的接枝共聚发现,与油溶性单体不同,MAA 的接枝聚合点是在胶粒表面。

在过氧化二苯甲酰(BPO)作引发剂引发天然橡胶接枝甲基丙烯酸甲酯反应中,引发剂初级自由基可以通过氢取代和双键加成两种方式与橡胶主链发生反应,形成的烯丙基自由基(氢取代产生,有共轭稳定作用,是主要的引发方式)和烷基自由基都可以引发自由基聚合作为接枝点。

8.4 天然橡胶应用

天然橡胶在工程上的应用已有 100 多年的历史。现有合成橡胶在一种或几种性能方面可能会优于天然橡胶,但各种工程性能综合平衡程度无法与天然橡胶比拟,尤其在抗震地基隔离系统的应用中,天然橡胶的刚性度对于温度、频率和振幅的敏感性比合成橡胶低,这也是合成橡胶无法比拟的。通过天然橡胶与其他材料,如纤维、塑料等,按一定方式组合的天然橡胶复合材料,主要有纤维增强天然橡胶复合材料、塑料增强天然橡胶热塑性材料及热固性材料、天然橡胶增韧塑料热塑性材料和天然橡胶与合成橡胶共混物材料。

天然橡胶按应用需要进行化学改性,常见的品种有环氧化天然橡胶、氯化天然橡胶、液体天然橡胶、天甲橡胶和脱蛋白天然橡胶等改性天然橡胶,这些橡胶均有其各自优异的专用性能,并保持了天然橡胶综合性能优异的特点。

在天然胶乳的乳清中,糖类物质含白坚木皮醇,白坚木皮醇经适当的旋光异构纯化处理得到白坚木皮醇旋光体,这是一种高价值材料,可作为合成抗癌药物和抗血栓药物的助剂。乳清中的一系列成分可作为生物合成和化学合成的催化剂、抗生素等。

8.5　杜　仲　胶

8.5.1　概述

杜仲(*Eucommia ulmoides* Oliver)又名思仲、木棉等,是杜仲科杜仲属落叶乔木,杜仲的干燥树皮是中国名贵滋补药材。杜仲皮、叶、果、雄花内均含有多种营养成分和活性成分,如氨基酸、桃叶珊瑚苷、绿原酸(在杜仲叶中的含量高达 2.50%～5.28%)、松脂素二葡萄糖苷、京尼平苷酸、多糖等,以及多种矿质元素,如 Mn、Fe、Zn、Ca、Cu、K、Mg 等。杜仲花粉是我国独有的珍贵药用资源,含有大量的杜仲黄酮(槲皮素)(含量为 3.5%)、氨基酸(含量为 21.88%)等活性、营养成分。杜仲果仁和杜仲油的活性成分桃叶珊瑚苷和高活性 α-亚麻酸含量在所有植物中为最高,分别为 11.3% 和 66.4%。杜仲除了含有大量的药用成分以外,杜仲胶是杜仲中含量相对较高的成分之一,将杜仲皮或叶折断后拉成的银白色胶丝,就是杜仲胶,杜仲各组织中均含有杜仲胶,尤其以成熟果实中含量最高,达到 8%～10%,树皮中为 6%～10%,而根皮、叶中含量则分别为 10%～12% 和 4%～5%。

杜仲胶资源非常丰富。印度尼西亚、马来西亚一带出产同类结构的古塔波胶,巴西、圭亚那等国出产同类结构的巴拉塔胶;杜仲胶则是中国特有资源,产自同名杜仲树,我国有丰富的杜仲资源,野生杜仲主要分布在我国的中部地区,杜仲在我国的适生范围较广,主要分布于湖北、湖南、贵州、甘肃、福建、陕西、河南、四川、山西、云南、广西、江苏、浙江、江西、安徽等省(自治区)。

杜仲胶为反式聚异戊二烯的高聚体,是普通天然橡胶的同分异构体(天然橡胶为顺式异戊二烯的高聚体),其组成与天然橡胶相同,由于结构上的不同,从而造成了两者性质上的很大差异,如天然橡胶通常比较柔软,富有弹性,而杜仲胶极易结晶,具有质地较硬、熔点低、耐酸碱、耐摩擦、耐腐蚀,易于加工、电绝缘性好等特点。在高分子结构中杜仲胶的反式结构易于有序排列,呈现折叠链的形式,易结晶,而天然橡胶的顺式结构则有序结构较少,大多为无规线团结构,聚集态结构呈现无定形结构。天然橡胶和杜仲胶的结构相同,构型不同(图 8-5),导致性能不同。反式结构的杜仲胶因为易结晶而呈现硬性橡胶特点,顺式结构的天然橡胶呈现柔软的弹性橡胶的特点。常温下杜仲胶表现为硬质塑料,长期使用只能作塑料代用品(如海底电缆、高尔夫球的制作原料等)。20 世纪 80 年代,反式-聚异戊二烯硫化橡胶制法的出现促进了杜仲胶的改性与利用,目前可以硫化制得高弹性体,也可以控制交联度产生新材料,如形状记忆功能材料,还是制造海底电缆以及飞机轮胎等的重要原料。杜仲胶具有良好的生物相容性和低毒性,是最常用的固体封闭材料,如杜仲胶是最有效的封闭牙齿根管系统的材料,此时杜仲胶材料的老化速率受口腔中细菌的数量和种类、材料可接触到的氧的量、材料与唾液的接触情况、唾液的成分等很多因素的影响。由于杜仲胶坚韧耐磨,对人体副作用较小,也被用来做人造关节。通过硫化改性或与其他材料共混及深度加工,杜仲胶可作为覆盖塑料、橡胶领域的新型功能材料和工业材料,有着广泛的用途。

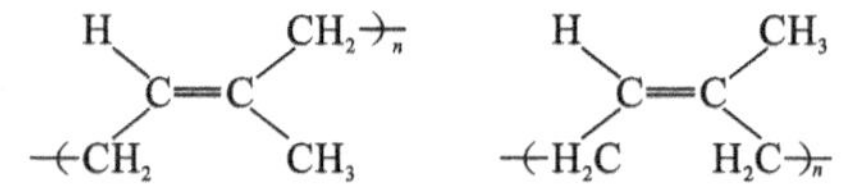

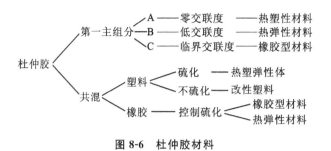

(a)反式-聚异戊二烯   (b)顺式-聚异戊二烯

图 8-5　天然橡胶与杜仲胶

天然橡胶本身就是弹性体,天然橡胶通过硫化从线型高分子变成网状高分子,从而获得足够的工程力学性能(高的强伸性、低蠕变等)。杜仲胶是易结晶高分子,如果控制其结晶度在适宜程度,杜仲胶就会出现高弹性,如果桥键量较少,不足以有效地抑制结晶,杜仲胶弹性就不明显,每增加一个交联点,就会增加其无规度,把交联度逐渐提高到临界值,硫化网络达到整体无序,杜仲胶的高弹性才能体现出来。

杜仲胶正好处在从橡胶到塑料过渡的临界位置,杜仲胶的链结构具双键、链柔性、有序链的易结晶性三大特征,链柔性是保持弹性的基础,双键可以硫化,反式结构的有序性使其容易结晶,控制三者的关系,就能使处于临界位置的杜仲胶获得不同性能的材料。杜仲胶的硫化过程中交联度不同,对应材料性能不同,杜仲胶零交联度时是线型热塑性结晶高分子(A 阶段),未硫化的杜仲胶是结晶热塑性高分子,杜仲胶是热的不良导体,绝热性好,在 60 ℃左右软化,可手捏成型,不会伤及肌肤,冷却后具有一定的硬度和刚度。杜仲胶在低交联度时是网状热弹性结晶高分子(B 阶段),低交联度的杜仲胶是硬质热弹性体,是交联网络型结晶材料,受热后具有橡胶弹性,受力可变形,冷却至室温时变硬,并冻结在变形态,可作为热刺激性状记忆功能材料。杜仲胶在临界交联度成为无定形网状橡胶型高分子(C 阶段),交联度增至临界值,杜仲胶变成柔软的弹性体,由于是有序弹性,动态疲劳性能较好。可以通过控制杜仲胶的交联度获得不同性能材料,它具有优良的加工性,易于和塑料、橡胶等共混。杜仲胶的双键,共混时能以硫化、不硫化两种状态出现,从而又可得到性能不同、用途各异的材料(图 8-6)。

```
                       ┌ A ── 零交联度 ─── 热塑性材料
         ┌ 第一主组分 ─┼ B ── 低交联度 ─── 热弹性材料
         │             └ C ── 临界交联度 ── 橡胶型材料
杜仲胶 ──┤
         │       ┌ 塑料 ─┬ 硫化 ──── 热塑弹性体
         └ 共混 ─┤       └ 不硫化 ── 改性塑料
                 └ 橡胶 ─── 控制硫化 ─┬ 橡胶型材料
                                      └ 热弹性材料
```

图 8-6　杜仲胶材料

天然杜仲胶转化成反式-聚异戊二烯硫化橡胶,解决了杜仲胶高硬度、低弹性的问题,开发出三大类不同用途的材料:热塑性材料、热弹性材料和橡胶功能材料。利用杜仲胶低熔点、硬塑料的特性,作为热塑性材料可以用来制作各种假肢套、运动安全康复护具、保健腰围及杜仲护膝等各种运动防护用品。杜仲胶在受热状态下具有高弹性,在受力状态下冷却时,材料变形被结晶“冻结”起来,通过再次受热结晶熔融,变形会自动消失,恢复原始状态,根据这种功能杜仲胶可作为热弹性材料用于生产低温(60 ℃)形状记忆功能材料。杜仲胶结晶已完全消失而变成高弹性体,这种弹性体动力学性能优良,如硬度及定伸强度等,动态疲劳性能优于天然橡胶、顺丁橡胶,可用来制造摩托车、汽车和飞机上的高质量轮胎。另外,这种高弹性材料还可以制成耐寒、耐水的海底电缆、地下电缆、高绝缘性电缆和耐腐蚀的化学品容器以及耐磨鞋底等。

8.5.2　杜仲胶的性能与提取工艺

1. 杜仲中成分的分布

杜仲树的树皮、茎、叶子及种壳均含银白色丝棉状胶丝——杜仲胶,杜仲树的皮、叶及种荚的含胶量如表 8-4 所示。

表 8-4　杜仲皮、叶及种荚的含胶量(质量分数)情况　　　　　(单位:%)

种　　类	橡　　胶	树　　脂	水
杜仲种荚	10.84	8.43	9.13
杜仲皮	7.95	7.41	11.10
杜仲叶子	4.3	4.24	9.7

2. 杜仲胶的形态特征

杜仲植株体内的含胶细胞是合成、储藏杜仲胶的细胞,杜仲含胶细胞是一种十分细长、丝状、端部膨大、细胞腔内充满橡胶颗粒的分泌单细胞。杜仲含胶细胞存在于根、茎、叶、花、果等各个器官中(表 8-5),含胶细胞在植物体内的分布与维管束系统密切相关,所有器官中的含胶细胞都是沿器官的纵轴排列。含胶细胞的长度和所在器官的长度有一定相关性,通常该类器官的长轴长则其橡胶丝也长,反之则短。杜仲含胶细胞是一种分泌细胞,横断面多呈圆形,直径为韧皮薄壁细胞的 $1/4 \sim 1/3$,成熟细胞腔内将充满分泌物——橡胶颗粒。含胶细胞内橡胶物质的合成和积累是相对独立的,不会通过胞间连丝在细胞间转移与运输。

表 8-5　杜仲含胶细胞的位置

杜仲器官	位　　置
根	含胶细胞生长于根部韧皮部中
茎	含胶细胞在幼茎中生长于原生韧皮部和皮层营养组织中;在老茎中生长于次生韧皮部中
叶	含胶细胞在叶内生长于主脉的上下营养组织和叶片的各级叶脉韧皮部中,在叶柄中生长于营养组织及维管组织韧皮部中
花	含胶细胞生长于维管组织的韧皮部内
果	含胶细胞生长于果皮的维管组织中

8.5.3　杜仲胶的性能

1. 杜仲胶的一般性能

从植物组织中提取杜仲胶,经高度纯化、脱色后可得到白色固体。杜仲胶分子链易于结晶,基质内有两种晶体结构共存,通常温度下为硬质固体。α 晶型的熔点为 65 ℃,β 晶型的熔点为 55 ℃。55 ℃下软化,熔点为 65 ℃,即只要温度达到 65 ℃以上,α 晶型熔化,则材料即可熔融。α 晶型和 β 晶型可互相转化,β 晶型只是一种亚稳态,在一定条件下 β 晶型可以向 α 晶型转变。其物理常数见表 8-6。

表 8-6 杜仲胶的物理常数

物理量	相对密度	软化点/℃	体积膨胀系数/℃⁻¹	热导率/[kJ/(cm·s·℃)]	熔点/℃	硬度(邵氏A)
值	0.96～0.99	55	0.0008	129.6	65	98

2. 杜仲胶的力学性能

由于提取来源不同(如叶、种子等),相对分子质量也不同,黏均相对分子质量小于5×10^4,材料的应力-应变曲线(图 8-7)呈现脆性断裂而失去塑性形变特征,成为脆性材料。杜仲胶是一种晶区、非晶区共存的部分结晶高分子材料,杜仲胶在拉伸过程中,达到屈服强度极限后,应力迅速降低,然后保持在屈服应力下,曲颈逐步扩展至全区,随后由于受到强力变形而断裂(图 8-7 中曲线 2)。杜仲胶的来源(如叶子、果实等)、提取方法差异(如溶剂法、发酵法等)等会影响杜仲胶的相对分子质量,不同相对分子质量的杜仲胶其应力-应变行为不同,如黏均相对分子质量小于5×10^4的杜仲胶成为脆性材料,应力-应变曲线呈现为脆性断裂而失去塑性变形特征(图 8-7 中曲线 1),相对分子质量达 200 万后成为很坚韧的韧性材料,其应力-应变曲线也失去屈服特征,但强度仍很高(图 8-7 中曲线 3),成为坚韧的韧性材料。

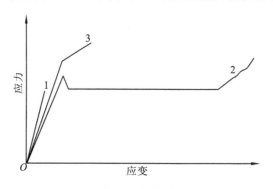

图 8-7　杜仲胶应力-应变曲线

相对分子质量低的脆性材料,加热到熔点以上时是一种高黏性的树脂状熔融物,基本状态属于热熔胶范围,可用作热熔胶。超大相对分子质量的杜仲胶不仅在常温下失去屈服特征,加热后也失去热可塑性,而表现出热弹性,加工性差。

3. 杜仲胶的电性能

杜仲胶电绝缘性能优良,可用作海底电缆用绝缘材料,其具体电性能如表 8-7 所示。

表 8-7　杜仲胶的电性能

物理量	介电常数	体积电阻/(Ω/cm)	表面电阻/(Ω/cm)	介电强度/(MV/m)
值	2.6	1.5×10^4	1×10^{12}	27.2

4. 杜仲胶的耐溶剂性及化学稳定性

杜仲胶可溶于芳香烃、氯代烃中,石油醚、乙酸乙酯中也可溶解,不溶于酮及醇类极性溶剂,耐氢氟酸、浓盐酸、NaOH 等,但是不耐硝酸及热硫酸。杜仲胶分子链上有双键,易于发生光降解或氧化降解,杜仲胶长期存放时要注意避光、隔绝空气。

5. 杜仲胶的提取方法

杜仲胶可以从杜仲树的树皮、叶子及果实中提取。为了保护资源,不破坏林木,目前,杜仲胶主要从杜仲树的叶子和果实中提取。杜仲胶的提取分为三大步骤:细胞壁的破除、杜仲胶的提取、杜仲胶的分离与纯化。

从杜仲果实中提取杜仲胶常用碱浸法、发酵法、溶剂法和综合法等。碱浸法、发酵法、溶剂法提取杜仲胶存在较多问题,实用性不高。碱浸法是用碱溶液浸提干果,再将碱浸提物用浓盐酸浸提即可。碱浸法消耗的 NaOH 量太大、成本高、环境污染严重,橡胶烃纯度低;发酵法是将干果发酵,用 NaOH 浸提、冲洗、干燥,得到产物,花费时间长,产品杜仲胶的纯度不高,故发酵法不适于提取杜仲胶;溶剂法是提取杜仲果实、杜仲叶,主要步骤为备料、漂洗、干燥、抽提、碱煮、冲洗、沉淀等。苯-甲醇法是首先粉碎干果,在苯中浸提,利用有机溶剂苯将原料中的胶浸提出来,然后过滤,加甲醇沉淀,甲醇使胶与其他组分分离,弃去沉淀液,自然干燥沉淀物即为杜仲粗胶。溶剂法利用有机溶剂将原料中的胶浸提出来,胶丝流失量小、纯度较高,但溶剂抽提需经过多次反复提取,将浸提液蒸馏得到杜仲胶,由于浸提液中的杂质会沉析在杜仲胶里不易除去,不便于精制,产品纯度会受影响。

综合法是用无机溶剂与有机溶剂相结合,首先将原料打碎、碱浸、加入少量甲苯使胶丝游离出来,溶剂抽提,抽提液冷冻将杜仲胶沉淀出来,得到的杜仲胶产品纯度较好,且胶处于疏松状态,较易进一步提纯净化得到纯白色的杜仲胶精胶。综合法将物理方法与化学方法相结合,将胶从果实中浸提出来,通过冷冻法使胶沉淀而发生相分离,综合法提取的胶纯度(即橡胶烃含量)最高、出胶率也高,溶剂法(甲苯法)提取的粗胶纯度(即橡胶烃含量)也较高,发酵法最差,碱浸法居中。综合法同其他几种方法相比具有一定优势,但是提取过程中使用了易燃、毒性大的甲苯,应用的可操作性、安全性较差,目前,绿色环保的杜仲胶提取方法仍是重要的研究方向。

碱洗法、机械法、溶剂法、溶剂-沉淀法等都可以用来从杜仲叶中提取杜仲胶。机械法分离杜仲胶的主要工艺流程是备料、漂洗、发酵、冲洗甩干、蒸煮、脱水甩干、打碎、过筛、漂洗、压块及成型。机械法在连续大规模生产中较适用,但存在胶丝流失较严重的问题,产率低,且只能制得粗胶,所含杂质较多。

8.5.4　杜仲胶的物理结构

1. 杜仲胶的结晶特性

由于杜仲胶为反式结构,易结晶,杜仲胶存在 2 种晶型,即 α 晶型和 β 晶型,熔点分别为 65 ℃ 和 55 ℃,α 型晶体的等同周期比 β 型晶体的长 1 倍,其大分子空间排列结构如图 8-8 所示。两种晶型可以通过 X 射线衍射曲线区分,也可以通过偏光显微镜区分,β 型显示出黑十字消光球晶结晶形态,α 晶型显示出树枝状球晶结晶形态。α 晶型属于单斜晶系(monoclinic),$P2_1/C$ 空间群,链直线群为 P_c,晶胞参数 $a_0 = 0.789$ nm,$b_0 = 0.629$ nm,$c_0 = 0.877$ nm,$\beta = 102°$;β 晶型属于正交晶系(orthorhombic),$P2_12_12_1$ 空间群,链的直线群为 P_1,晶胞参数 $a_0 = 0.778$ nm,$b_0 = 0.1178$ nm,$c_0 = 0.472$ nm,$\alpha = \beta = \gamma = 90°$。

除了 α 晶型和 β 晶型之外,杜仲胶还有 2 种具有争议的晶型:γ 晶型(单斜晶系,晶胞参数 $a_0 = 0.59$ nm,$b_0 = 0.92$ nm,$c_0 = 0.79$ nm,$\beta = 94°$)、δ 晶型(六方晶系(hexagonal),晶胞参数 $a_0 = 0.695$ nm,$b_0 = 0.695$ nm,$c_0 = 0.661$ nm,$\alpha = \beta = 90°$,$\gamma = 120°$),杜仲胶在拉伸条件下结晶可以得到 γ 晶型,在杜仲胶稀溶液喷射制备单晶的方法中可以得到 δ 晶型。

2. 杜仲胶结晶方法

制备杜仲胶结晶常用的方法有熔融结晶、稀溶液结晶和搅拌下的溶液结晶。

杜仲胶的熔融温度、结晶温度、冷却速度都会影响熔融结晶的晶型。杜仲胶加热至 77 ℃ 以上熔融,然后骤冷就得到单一的 β 晶型;若杜仲胶在 70 ℃ 以下熔融再冷却,则可以得到大

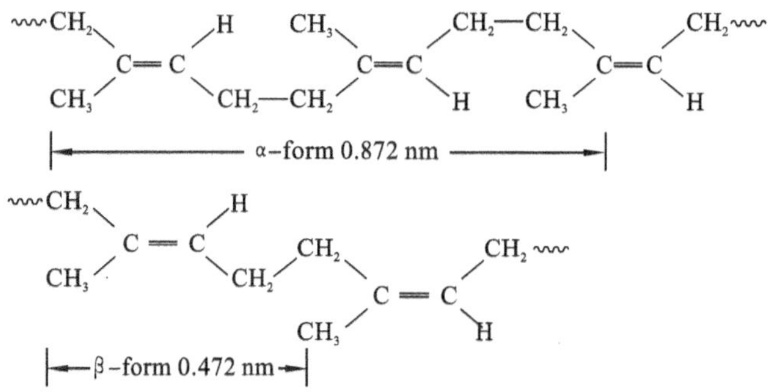

图 8-8　杜仲胶的晶型

量 α 晶型和少量 β 晶型。所以熔融温度影响杜仲胶的晶型。当结晶温度较高时,有利于 α 晶型的形成;当结晶温度较低时,有利于 β 晶型的形成。冷却速度也会影响杜仲胶的晶型,从 70 ℃ 迅速冷却至 0 ℃ 或慢速冷却至 50 ℃,大多为 β 晶型,而从 70 ℃ 迅速冷却至结晶温度,结晶温度越高,则 α 晶型越多,详见表 8-8。利用杜仲胶的稀溶液培养结晶,经过过冷处理后可得到 α 晶型,不经过过冷处理的结晶,结晶温度低时呈 β 晶型,结晶温度高时呈 α 晶型(表 8-9)。相对分子质量也对晶型有影响,随着相对分子质量的降低,杜仲胶直接结晶成 α 晶型晶体的结晶温度有所升高。如 $M_r = 1.1 \times 10^5$ 的杜仲胶样品,$T_c = 30$ ℃ 结晶为 α 晶型;$M_r = 2.5 \times 10^5$ 的杜仲胶样品,$T_c = 20$ ℃ 已全部结晶为 α 晶型(表 8-9)。

　　将杜仲胶在 49 ℃(这个温度接近纤维状物能从溶液结晶的最高温度)搅拌时,从乙酸正丁酯中结晶,可得到 β 晶型。这种晶体是一种纤维状物质,有双折射性,熔化后尺寸收缩 1/4。

表 8-8　冷却速度对杜仲胶晶型的影响

从 70 ℃ 开始冷却	α、β 峰面积之比
迅速降温到 0 ℃	0.11
迅速降温到 30 ℃	0.14
迅速降温到 40 ℃	0.3
迅速降温到 50 ℃	1.76
缓慢降温到 50 ℃	0.05
缓慢降温到 54 ℃	0.03

表 8-9　杜仲胶结晶温度的影响

溶液浓度/(g/L)	T_c/℃	DSC 出峰位置/℃
5.4×10^{-4}	10	60(α)
	20	62(α)
	30	66(α)
	32	68(α)
0.011	10	50(α)
	25	62(α)

8.5.5　杜仲胶改性

1. 杜仲胶硫化改性

杜仲胶和天然橡胶具有相同的化学组成,二者的分子链在构型上存在差异,性状迥然不同。顺式-1,4-聚异戊二烯结构的天然橡胶呈现无规线团结构,常温下为柔软的弹性体;反式-1,4-聚异戊二烯的杜仲胶,分子链的碳碳双键之间有三个单键,可以自由旋转,属于柔性链,两个亚甲基—CH_2—在双键键轴方向的异侧,反式长链杜仲胶大分子是微观有序的,以折叠链的形式出现,易于堆集而呈现结晶状态,常温为易结晶硬质塑料。

利用杜仲胶的双键,通过化学改性方法使其转变为弹性体,从而拓宽杜仲资源的应用范围。采用硫代苯磺酸、SO_2 等作为异构化试剂可以使杜仲胶异构化,异构化之后的硫化橡胶的强度和伸长率都很低,不具备工业应用价值。杜仲胶链结构的柔性和有序性是一对矛盾,杜仲胶柔性分子链富有弹性,只是由于分子链的有序性导致结晶而无法实现,杜仲胶有双键硫化交联,可以通过交联来抑制结晶作用。采用传统的天然橡胶硫化配方对杜仲胶进行硫化,只得到了类似皮革的硬质材料,这是杜仲胶交联度过低导致的(表 8-10 中 B 阶段的 DSC 曲线),交联点各向同性分布作用不足以抵偿有序分子链间各向异性取向聚集作用时,杜仲胶仍然可以结晶,即低交联度不能完全有效地抑制杜仲胶的结晶。如果改变工艺条件,在 143 ℃下用极细的、分散很好的硫黄对杜仲胶进行硫化,得到的硫化产品在 20 ℃下,经过 10 个月仍能保持无定形态。可见改变工艺条件把交联度逐步提高,一旦交联度达到一个确定的临界值,结晶将消失,并使杜仲胶获得高弹性(表 8-10 中 C 阶段的 DSC 曲线)。可见杜仲胶是可以通过硫化抑制结晶的,杜仲胶适度硫化可以解决其结构有序性带来的结晶问题,杜仲胶硫化过程中交联度增加就是有序弹性链间各向异性取向聚集作用与交联点间桥键各向同性作用互相竞争的结果。杜仲胶的硫化过程分为零交联度、低交联度和临界交联度三个阶段,不同阶段材料性能不同,详见表 8-10。

表 8-10　杜仲胶的三阶段特性

阶段	交联度	DSC 曲线	σε 曲线	特　　性
A	零交联度			热塑性
B	低交联度			热弹性
C	临界交联度			橡胶型

杜仲胶的熔点与交联度密切相关,随着交联度的增加,熔点下降,如当交联剂硫的含量为0.5%、3%、6% 时,杜仲胶的熔点分别为 55 ℃、45 ℃、40 ℃。

由于杜仲胶的特殊性能和用途,通过硫化改性和深度加工,可以开发出一系列覆盖塑料、橡胶领域的新型特殊功能材料,从而为杜仲胶的大规模开发利用,实现杜仲胶的产业化发展奠定基础。

2. 杜仲胶共混改性

杜仲胶是典型的柔性链高分子材料,熔点低,其优良的加工性是目前已知的塑料品种无法比拟的,适用塑料加工中所有加工方法,还具有手工可捏塑性、剪裁性,可以开发各种特殊形状的模型及工艺品。杜仲胶与橡胶相比,虽无弹性,但具有优良的热塑加工性,与塑料相比,结晶能力低、熔点低,因此,又表现出更为方便的加工操作性能。这就使得杜仲胶在共混加工时,有明显的优势。杜仲胶与橡胶、塑料等优异的共混性所制成的高分子合金,具有耐屈挠、耐磨、耐油和耐水等优异性能,用途更为广泛。

杜仲胶作为热塑性材料,具有在低温条件下可塑加工的特点和优良的耐寒、耐酸碱、高绝缘、耐水、高阻尼等特性。杜仲胶的高阻尼性使得它可以作为减震材料与隔音材料。杜仲胶/氯丁橡胶复合材料具有良好的隔音和吸声性能。杜仲胶与天然橡胶、顺丁橡胶等并用,可大大降低混炼时的能耗,并明显改善橡胶的动态疲劳性能,混炼温度明显降低,通过改变配方比例,可以得到性能变化范围较宽的材料,并且杜仲胶可以部分替代天然橡胶。杜仲胶和天然橡胶共混,杜仲胶的量大于50%时,共混物是热塑弹性体,在杜仲胶用量小于50%时,共混物性能接近天然橡胶,属高弹性体。由于杜仲胶的引入,改善了焦烧特性,还大大降低了混炼温度、混炼胶的生热性、动态力学性能谱的损耗峰。顺丁橡胶耐磨性好,但生胶强度极低,不能单独使用,杜仲胶的加入明显地提高了生胶强度,加工性得到改善(表8-11),硫化胶的性能很好,具有优异的动态拉伸疲劳性能(表8-12),用此体系作轮胎胎面胶,可以制成外胎。

表 8-11　杜仲胶/顺丁橡胶不同并用比生胶强度

杜仲胶与顺丁橡胶比	0/100	20/80	40/60	60/40	80/20
生胶抗拉强度/(kg/cm)	—	12	49	120	220
伸长率/(%)	—	约100	约100	—	约400

表 8-12　天然橡胶/顺丁橡胶与杜仲胶/顺丁橡胶性能对比

种　　类	抗拉强度/(kg/cm)	动态拉伸疲劳/min	伸长率/(%)	磨耗/(mg/min)
天然橡胶/顺丁橡胶	190	约20	>600	38
杜仲胶/顺丁橡胶	约190	>120	>500	<10

杜仲胶与塑料共混,不仅明显降低体系的加工温度,还可以改善塑料的冲击性能。如杜仲胶与聚丙烯或聚乙烯(1∶1)共混时,混匀后的体系,在70 ℃附近即具有柔性的可塑性,而聚丙烯的加入又提高了室温硬度。杜仲胶与聚乙烯有很好的共混相容性,加工成薄膜,不仅可与金属很好地黏合,又具有很好的透雷达波性能,可制备孔隙雷达波导天线密封用透雷达波密封薄膜等。杜仲胶还含有双键,共混时,可以方便地加以利用(硫化或者不硫化)。杜仲胶可以作为一种独特的低温成型、高冲击性能的新型材料,杜仲胶通过和不同的材料、以不同方式共混,可以得到性能更为优异而富于变化的新型材料。

8.5.6　杜仲胶的应用

杜仲胶用途广泛,可用于轮胎行业、高分子材料行业以及医药保健行业等。杜仲胶材料工程学覆盖了热塑性材料、热弹性材料、橡胶型材料、热塑弹性体及改性塑料,应用领域十分广阔。杜仲胶是发展绿色轮胎的一种理想材料,杜仲胶大分子链柔顺、弹性较好、大分子链规整、生热低、易结晶,在硫化共混橡胶中以微晶相存在,在遇到裂纹时会使撕裂拐弯,因而抗撕、耐穿刺。在轮胎胶料中可以用杜仲胶替换部分天然橡胶,如天然橡胶、杜仲胶、顺丁橡胶并用硫化,制备成轮胎,含有杜仲胶的胶料,将会使轮胎具有高弹性、低生热、耐磨、耐撕、耐扎刺等特点,可以解决长期以来困扰轮胎行业的轮胎耐磨性、轮胎强度、轮胎寿命等一系列重大问题。

杜仲胶没有任何毒副作用,也没有合成高分子普遍存在的催化剂残留问题,在医疗领域应用前景广泛。根据杜仲胶低交联度阶段具有热塑性材料熔点低的特点,可将其作为热塑性材料使用,如用热水将杜仲胶板加热变软后,直接包敷在骨折病人的相应部位,冷后变硬,即起到固定作用,且具有洁净、便捷、可根据需要塑形的特点,直接 X 射线透视方便,在运动安全康复护具、假肢套等方面已经开始推广使用。杜仲胶属于天然高分子材料,无任何毒副作用,也没有催化剂残留问题,因此在医疗领域极具吸引力。牙科填充材料中杜仲胶作为基材,占全球市场的 65% 左右;其低温可塑性使之可作为骨科外固定夹板、假肢等材料;其形状记忆特性使之可作为矫形器材重复使用,可提高材料利用率,显著降低医疗费用。

杜仲胶适度交联具有热弹性及冷却可固定的特性,可开发成热刺激型形状记忆材料,包括管道内外夹层覆盖材料、密封堵漏材料、紧固销钉等紧固件、异型管件接头材料、各种容器的内衬与填缝材料、医科固定用敷料,以及用于汽车保险杠、玩具等领域。由于杜仲胶在抗霉烂变质、抗水解、抗酸碱盐腐蚀等方面性能优异,因此对于在水(海、湖、河等)底以及地下输送气、水、油的管线铺设中有重要应用。

参 考 文 献

[1] 何兰珍,郭璇华,杨磊.改性天然橡胶的研究和进展[J].热带农业工程,2002,4:8-15.

[2] 谢磊,李青山.天然橡胶的改性[J].世界橡胶工业,2008,35(10):1-4.

[3] 彭政,钟杰平,廖双泉.天然橡胶改性研究进展[J].高分子通报,2014,5(4):41-49.

[4] 刘坚.天然橡胶的化学改性[J].特种橡胶制品,2001,22(3):57-62.

[5] 赵艳芳,廖建和,廖双泉.天然橡胶共混改性的研究概况[J].特种橡胶制品,2006,27(1):55-62.

[6] 何兰珍,刘毅,陈冰.天然橡胶改性的研究[J].湛江师范学院学报,2002,23(6):46-49.

[7] 赵艳芳,郑诗选,刘丹,等.天然橡胶共混改性最新研究综述[J].热带作物学报,2014,35(2):413-418.

[8] 麻飞鹏,刘燕,麻远平.天然橡胶纳米改性技术研究进展[J].广东化工,2010,205(37):43-46.

[9] 高天明.天然橡胶纳米复合材料研究进展[A].中国热带作物学会 2007 年学术年会论文集,2007:178-181.

[10] 路学成,周庆丰,王鹏.聚合物基纳米复合材料的制备与研究[J].合成树脂及塑料,2005,22(6):62-66.

[11] 姚岐轩.层状硅酸盐/橡胶纳米复合材料(一)用熔融插层法提高层状硅酸盐/天然橡胶纳米复合材料的工艺和加工性能[J].世界橡胶工业,2008,35(1):1-6.

[12] 王益庆.层状硅酸盐/橡胶纳米复合材料制备机理及工业化技术研究[D].北京:北京化工大学,2005.

[13] 胡盛,杨眉,沈上越,等.凹凸棒石的改性及其在天然橡胶中的应用[J].硅酸盐学报,2008,36(6):858-861.

[14] 韩炜,刘炜,吴弛飞.纳米有机蛭石/天然橡胶复合材料的制备及性能[J].复合材料学报,2006,23(6):77-81.

[15] N Tricas,E Vidal Escales,S Borros. Influence of carbon black amorphous phase content on rubber filled compounds[J]. Compos. Sci. Technol. ,2003,63:1155-1159.

[16] 于占昌.天然橡胶的化学改性[J].世界橡胶工业,2011,38(8):1-6.

[17] 陈丽.天然橡胶接枝甲基丙烯酸羟乙酯的合成与表征[D].广州:华南理工大学,2012.

[18] 刘继潭.新型高分子材料杜仲胶的应用研究[J].现代商贸工业,2012,4:291-291.

[19] 朱岳.杜仲胶替代部分天然橡胶制备高耐磨型轮胎胶料的研究[D].西安:西北工业大学,2006.

[20] 何文广.杜仲不同器官杜仲胶含量、相对分子质量及其分布的动态研究[D].杨凌:西北农林科技大学,2009.

[21] 汪怿翔,张俐娜.天然高分子材料研究进展[J].高分子通报,2008,7:66-76.

第9章 生 漆

9.1 概 述

大漆,又名中华生漆,生漆(oriental lacquer)是漆树科植物漆树经人工砍割,从韧皮部溢出的汁液,生漆是人类所知使用最早的优良天然涂料,生漆涂刷的器物入土千年不朽,素有"涂料之王"之称,常用作名贵漆器的漆膜,它所显示的超耐久性是近代合成涂料无法比拟的,是现代工业、农业、国防、科技的重要原料。我国是世界上最早使用大漆的国家,浙江省姚县河姆渡村考古发现的新石器时代遗址出土的漆器证明,大约在 7000 年前,中华先民就已开始使用漆了。

漆树的另一重要功能在于它的药用价值,漆树的叶、花、根、皮、果实、干漆和木心均可入药,治疗多种疾病,民间本草书籍记载其具有止咳、通经、化瘀、杀虫、消肿等功效。远在 1300 年以前,唐《甄权药性本草》即有干漆可"杀三虫,治女人经脉不通"的记载,宋《大明诸家本草》也论及干漆可治"传痨、除风"。干漆性温,味辛,有少毒,入肝、脾、胃三经,功能为破瘀血,消积痞,燥湿,杀虫,为通经药物。20 世纪 60 年代初期,把干漆引入抗癌中成药平消片,经药理实验证明,该药抑制 EAC 瘤株生长效果显著,能提高机体免疫力。漆花含有丰富的蜜液,是重要的蜜源植物。漆树汁提取物含有丰富的黄酮类化合物,具有抗肿瘤、抗炎、抑菌等药理作用,漆树籽加工得到的漆油和漆蜡具有延缓衰老、降血糖、增强记忆力等独特的食用保健功效。我国生漆资源丰富,占世界总产量的 85%,我国共有漆树资源 5 亿多株,发现漆树品种 200 多个,此外,还发现一些我国特产的珍稀树种,陕西秦岭分布的自然变异的三倍体漆树"大红袍",生长快、产漆量高,浙江分布的"金漆"树所产的生漆自然氧化干燥后显天然金黄色,且对人体无过敏反应。中华生漆,数千年长用不衰,主要在于它的机械性能、抗腐蚀性、耐热性及超耐久性,如长沙马王堆西汉墓出土文物中,漆器至今还色泽艳丽。

生漆是漆树的主要次生代谢产物,主要由漆酚、漆多糖、漆酶、糖蛋白和水分、脂肪酸、少量金属离子等物质组成。漆酚是由系列邻苯二酚衍生物组成的混合物,主要由饱和漆酚、单烯漆酚、双烯漆酚和三烯漆酚等含有不饱和脂肪族侧基的漆酚类化合物组成。漆膜的基本骨架由漆酚构成,生漆固化成膜的基本反应物是漆酚,直接影响漆膜的光泽、附着力、韧性等。漆酚可溶于有机溶剂、植物油而不溶于水,生漆中漆酚比例越大,或脂肪取代基双键比例越高,生漆的性能越好。漆多糖(lacquer polysaccharide)是优良的天然催化剂和稳定剂,使生漆中所有的组分成为稳定而均匀的乳液。干燥速度和漆膜性能会受生漆多糖影响。除此之外,生漆多糖还具有促进白细胞生长的特点,可以用于免疫等方面。漆酶(laccase)是存在于生漆中的一种含铜的多酚氧化酶,能促进多羟基酚的氧化,不溶于有机溶剂及水,而溶于漆酚中,是漆酚常温固化成膜的必需天然催化剂,其化学结构尚未弄清。漆酶可以应用在生漆干燥成膜、毛发染色、固定化漆酶电极、催化有机物合成、催化酚类和芳胺有毒物质的氧化聚合而除去等方面,在成膜过程中不起主要作用。水分是乳胶体的主要组成部分,在生漆进行自然干燥过程中,水分扮演重要角色,水分含量直接影响生漆性能。体系中的水含量过多,就会导致漆酚的含量相对变少,会导致漆膜在附着力、外在光泽等方面性能变差,且易腐败,不能长时间存放。为此,生漆的最佳含水量应控制在 4%～6% 的范围,含量过高或者过低均不能得到理想的漆膜。上述 4 种组分有机配合,使生漆能形成具有特殊性能的漆膜。

9.2　生漆的化学组成

生漆为白色黏稠液体,是一种油包水型乳液,主要成分为漆酚(40%～80%)、漆酶(1.0% 以下)、漆多糖(5%～7%)、糖蛋白(2%～5%)及水分(15%～40%)等,见表 9-1,此外,生漆中还含有油分、甘露糖醇、葡萄糖、微量的有机酸、烷烃、二黄烷酮,以及钙、锰、镁、铝、钾、钠、硅等元素。漆酚是生漆的主要成膜物,以邻苯二酚衍生物为主,具有化学活性,可与多种物质反应,便于漆酚的化学改性。漆酶是一种糖蛋白,可以催化对漆酚的氧化聚合反应,是常温下漆膜干燥不可缺少的催化剂。漆多糖则使生漆的各种成分形成稳定的乳状液,对漆膜具有增强作用。水分在漆酶催化、漆酚离子化中有重要作用。

漆酚由饱和漆酚、单烯漆酚、双烯漆酚和三烯漆酚等异构体组成,异构体含量不同,漆膜性质差异较大,如单烯漆酚和三烯漆酚在整体漆酚中占 90%,二烯漆酚占剩余的 10% 的时候,形成的漆膜具有最短的表干时间,得到的漆膜具有较强的附着力,并且具有最大的耐冲击强度,漆膜表面具有较好的光泽。生漆中的各种成分及含量受漆树品种、生长环境和割漆时间等的影响而不同,见表 9-1。在生漆的乳化作用中,糖蛋白发挥重要作用,有利于生漆液的稳定,也有利于漆酶的催化。

表 9-1　不同产地生漆的化学组成

组　　分	占比/(%)		相对分子质量	化 学 组 成
	中国漆树	越南漆树		
漆酚	40～80	52	320	—OH
水分	15～40	30	18	
漆多糖	5～7	17	67000～23000	—COO—、—OH、—O—、金属离子
糖蛋白	2～5	2	20000	蛋白质、10%的糖分
漆酶	<1	<1	120000	蛋白质、45%的糖分

天然生漆在漆酶的催化作用下发生氧化聚合反应,完成自然干燥成膜的过程。漆酶催化漆酚时,首先氧化酚羟基,得到漆酚醌自由基,然后得到漆酚醌。

漆酚醌不是最终产品,只是中间产物,邻苯醌会在漆液中的水分存在下通过偶合反应形成漆酚的二聚体。漆酚二聚体因为存在活性中心(亲核和亲电中心)及不饱和侧链,可以发生聚合反应,最终得到长链状或网状的漆酚多聚体。生漆中的漆酚、漆酶、漆多糖、糖蛋白以及水分、金属离子等物质组成一种油包水型反应性生物基微乳系统,是生漆成膜的物质基础,其生漆乳液结构模型如图 9-1 所示。漆酚既是油相介质,也是反应物,水分子、漆多糖、漆酶等聚集于其内形成"微水池",疏水性的糖蛋白自组装成反相微乳球形胶团的外壳,漆酶是其生物催化剂。

生漆体系中的亲水性的漆多糖、漆酶、糖蛋白、灰分与水分一起构成反相微球,在漆酚介质中亲水性组分,如氨基酸残基、亲水性的多糖链等,因其排斥效应,紧密团聚在一起,在微球的壳内排列成具有极性的内核。具有两亲性的糖蛋白分子在疏水作用驱动下自组装成有序结构,在界面成为两性单分子层膜结构。这种球形糖蛋白单分子的壳层具有亲脂性,可以阻挡水溶性分子的扩散,这些球形反相微球分散在漆酚介质中。漆酶分布在由糖蛋白限定的球形"微水池"内,与漆酚介质不接触,这样漆酚对漆酶的抑制作用被降到最低,漆酶具有的生物催化活性在这种独特的微环境中得到很好的保护。生漆微乳液中的糖蛋白可以在单分子壳层间分散或重新聚集、重排、滑动而不影响乳液结构的稳定性,这种疏水作用形成的两相单分子壳层具有热力学稳定性。漆酚因具有亲水的酚羟基和疏水的长侧链,是一种双亲分子,因为超分子作用力,漆酚分子会通过疏水相互作用以及氢键作用而使其亲水基团相互靠近聚集,而憎水的长侧链部分则远离极性部分,并通过芳香环之间的 π-π 堆积相互作用、重力沉降作用聚集形成层状乳液结构。

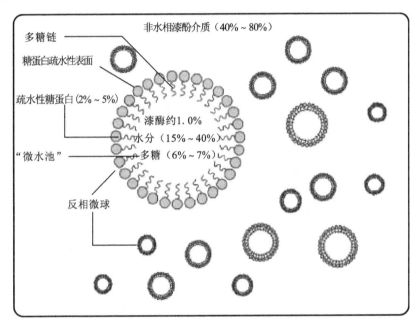

图 9-1 生漆乳液结构模型

9.2.1 漆酚

漆酚在生漆中是非常重要的组分,在生漆总量中占 40%～80%,结构中含有末端不饱和结构,侧链是具有 15～17 个碳原子的长侧链并且饱和度不同,是一类多酚类化合物的混合物,具体有邻苯二酚、间苯二酚或单元酚等多酚,漆酚是这些混合物的总称,具体有锡蔡酚、虫漆酚等 15-碳邻苯二酚结构,银杏酚、腰果酚等单元酚结构,银杏二酚、腰果二酚等强心酚结构等类型,此类化合物同时具有芳烃化合物与脂肪族化合物的特性。在自然界中,不存在由单一的某种结构式漆酚组成的生漆。漆酚的长侧链具有不同的饱和度,根据所含双键的数量可分为三烯漆酚、双烯漆酚、单烯漆酚和饱和漆酚四种组分。其中具有共轭双键结构的三烯漆酚在漆酚总含量中所占比例最高,在 50% 以上,双烯漆酚、单烯漆酚在漆酚总含量中占 5%～15%,饱和漆酚在漆酚总含量中占 5%。漆酚这一生漆主要组分,直接影响生漆的成膜特性和生漆品质。漆酚中各种酚类化合物含量的差异、结构差异与树种部位与季节呈显著性相关,一般而言,漆酚在生漆中的含量越高,漆酚长侧链中含有不饱和双键的量就越多,相应漆酚的化学活性就越高,漆液成膜性能越佳,质量越好。生漆组成成分的变化主要取决于漆树品种、割漆时间及其生长的土地条件。不同的生漆均含有几种不同结构式的漆酚,比例各异,具体见表9-2。

表9-2　不同产地漆树漆酚的差异

漆 树 产 地	漆　　　　酚
中国大陆、朝鲜、日本	3-正烃基邻苯二酚结构的侧链烃基碳原子以 C_{15} 为主,其次为 C_{17},至少含有 18 种邻苯二酚结构衍生物; 　漆酚含量及组成:三烯侧链漆酚(含量为 60%～70% 及以上)>双烯漆酚和单烯漆酚>饱和漆酚; 　三烯漆酚的侧链上具有共轭双键结构
中国台湾和越南	侧链以 C_{17} 为主,其次为 C_{15} 的 3-正烃基邻苯二酚
柬埔寨、缅甸、老挝和泰国	包含 3-烃基邻苯二酚、4-烃基邻苯二酚、5-烃基间苯二酚。侧链为 C_{15}、C_{17},链末端含有苯基的 C_{16} 和 C_{18} 混合烃基

1. 漆酚的物理性质

漆酚具酸香味,密度为 0.9687 g/cm³,沸点为 210～220 ℃,显酸性(漆酚中含有酚羟基,可以游离出 H^+),能溶于苯、酮、醇、醚类等有机溶剂和植物油、矿物油中,不溶于水(但因其有一对亲水羟基,因而可与水混合成乳液)。漆酚是主要的成膜物质,漆酚存于油相,在生漆乳液中,油相漆酚主要作为漆酚单体的储存区,在水相附近的漆酚则定向排列,含羟基的邻苯二酚核朝向水相,侧链朝向油相内核。我国生漆中,氢化漆酚是一种结晶性固体,熔点为 58～59 ℃,其余三种不饱和漆酚均为无色油状黏稠液体。单烯漆酚、双烯漆酚含量都很少,总计为 5%～15%,而三烯漆酚含量最多,占漆酚总量的 50% 以上。

不同产地生漆中各种漆酚、水分、树胶质含量不同,导致漆酚生漆黏滞系数较大,且产地不同黏滞系数差异很大,详见表9-3,重庆城口大木漆的黏滞系数较低,为 113 P(泊),陕西岚皋大木漆的黏滞系数较高,为 680 P。其中水分、树胶质对生漆黏滞系数有较大影响,不同生漆的黏滞系数都随温度的增加迅速降低。

表9-3　几种液体的黏滞系数(20 ℃)

液 体 种 类	水	乙　醇	蓖 麻 油	甘　　油	岚皋大木漆	城口大木漆
$\eta/10^{-5}$ P	1006	1192	9.86×10^5	8.3×10^5	6.80×10^7	1.13×10^7

生漆具有较大的电阻率,漆酚的含量决定生漆的电阻率。聚集态漆酚电阻率高于纯漆酚,是高性能的绝缘体,纯漆酚及聚集态漆酚可以作为具有绝缘性能的材料使用。来源不同的生漆,由于漆酚含量各异,相应的电阻率也不同。水含量显著影响电阻率,生漆的水含量为 20%～30%,这使得生漆(电阻率为 4.9×10^7～1.8×10^8 Ω·cm)比纯漆酚(电阻率为 1.0×10^9 Ω·cm)的电阻率低一个数量级,而凝聚态漆酚具有高达 1.0×10^{10} Ω·cm 的电阻率。

原始生漆在低温无氧情况下进行分离,分离产品中含有 7%～9% 的漆酚二聚体和多聚体,将漆酚二聚体分离可得到 20 多种化合物,主要的结构有四种类型,如联苯型、苯并呋喃型、苯环与侧链交联型和侧链氧化聚合型。

2. 漆酚的提取纯化

漆酚极易发生氧化聚合反应,要分离提取漆酚单体极为困难。漆酚类化合物溶于多种有机溶剂,不溶于水,提取漆酚一般采用萃取方法,萃取得到的漆酚产品含有杂质,需进一步分离萃取以纯化漆酚,分离萃取后漆酚具有较高的纯度,为 95%～98%。

混合漆酚的提纯中可以利用漆酚与铅离子易于形成沉淀的特性,可以达到较好的提纯效果。也可以利用漆酚的双键与银离子能形成可逆的 π 配合物的特性,将漆酚分离纯化。色谱柱也可以用于漆酚分离,如以三氧化二铝和石油醚分别作为填充剂和洗脱液,利用柱层析就可以分离漆酚二甲醚。由于树脂的结构单元与漆酚相同,对漆酚具有选择性吸附,利用此法分离纯化后,可以将漆酚含量从原生漆中的 78.8% 提高到 98.6%。

3. 漆酚的测定

漆酚分析测定方法较多,常用的方法为采用柱层析分离定性鉴定。采用气相色谱法测定我国生漆中的四种漆酚组分的含量,发现其中三烯漆酚具有最高的含量。也可以用气-质联用来鉴定漆酚含量,如毒常春藤漆酚,漆酚经硅烷化处理,测得该植物的漆酚含量中幼藤比老藤要高,并且二烯漆酚的含量比三烯漆酚要高。薄层色谱法也可以用于对漆酚进行分离,如以乙醚-石油醚(1∶1)为展开剂,用薄层扫描仪对漆酚(如漆酚中的主要同系物三烯漆酚)进行定量测定。

漆树中没有衍化的漆酚也可以用反相液相色谱来进行分离,如采用该方法可以对经丙酮粗提取的漆酚产品进行纯化,制备漆酚单体,在没有衍生化处理的情况下,分离得到 10 多个漆酚组分。气液色谱也可以在较短时间分离漆酚同系物。

液相色谱法可以在不进行化学修饰的条件下分离漆酚,液相色谱与质谱联用技术也可应用于漆酚分离测定,如气-质、液-质色谱等技术可以快速准确分离分析漆酚类化合物,如采用强极性毛细管柱从中国生漆中分离出硅醚化漆酚 21 个,经气-质色谱技术鉴定出饱和漆酚 1 个,侧链 C_{15}、C_{17} 的单烯漆酚 3 个,二烯漆酚 4 个,三烯漆酚 5 个,用 IR 进一步证明单烯以顺式结构为主,三烯漆酚中有共轭双键和末端双键。

9.2.2　漆酶

漆酶(laccase,EC1.10.3.2)是目前受到广泛关注的少数酶种之一,是一种典型的含糖蛋白质,其相对分子质量为 1.2×10^5～1.4×10^5,含糖量为 45%,占生漆总量小于 1%,是一种含铜的多酚氧化酶,每个漆酶蛋白质分子含 4 个铜离子,漆酶的铜结合区是最强的活性位点,在生漆干燥和成膜过程中对漆酚的氧化聚合具有重要的催化作用,可促使生漆固化成膜,是生漆常温干燥不可缺少的高分子催化剂。催化机理是在从底物吸收电子的同时将作为第二底物的氧分子还原成水。

漆酶是一种含铜的多酚氧化酶,即对苯二酚氧化还原酶,属铜蓝氧化酶蛋白家族(与人体血浆铜蓝蛋白(EC1.10.3.1)和植物抗坏血酸氧化酶(EC1.10.3.3)同源),存在于生漆的含氮物中,除柄孢漆酶是四聚体外,其他漆酶一般由 500 多个氨基酸单一多肽组成,含 19 种氨基酸:Asp、Glu、Thr、Ser、Pro、Gly、Ala、Val、Cys、Met、Ile、Leu、Tyr、Gln、Phe、Lys、His、Arg、Trp。漆酶蛋白质晶体结构研究发现,典型的漆酶含有 4 个铜离子,分别结合于不同的位点,Ⅰ型铜处于疏水区,与漆酚紧密接合,首先接受电子。Ⅱ型铜和Ⅲ型铜存在于亲水区,其中Ⅲ型铜是 O_2 分子的结合位点和还原位点。

组成漆酶的各种同工酶皆为糖蛋白(含有 10%～80% 的糖残基)。糖分包括果糖(5.4%,物质的量分数,下同)、葡萄糖(3.5%)、甘露糖(42.6%)、半乳糖(27.5%)、岩藻糖和阿拉伯糖(11.6%),还含有甘露糖以及葡萄糖胺(9.5%)等。由于分子中糖基的差异,不同来源、不同种植物或真菌、同一植物不同部位的漆酶相对分子质量不同,漆树漆酶的相对分子质量一般为

$1.2\times10^5\sim1.4\times10^5$。

漆酶蛋白主要由亲油性氨基酸构成,在生漆中,糖蛋白占 $1\%\sim5\%$,通常大木漆中含量较多。漆酶在植物体内通常以无活性的前体形式存在,前体一般由 N 末端导肽、中间 Cu 结合区(漆酶的活性中心)和疏水性的 C 末端疏水区三部分组成。N 末端和 C 末端的中间区域是与铜结合的保守区域,富含 His 残基,每个 Cu 与 3 个 His 残基以配位键相连。有些漆酶抑制剂(如氰化物等)能与 Cu 形成配位化合物,使酶失活。

漆树漆酶具有很大的开发利用前景,如从日本漆树中提取漆酶,通过生物突变方法合成工程酶,可用于指导药物合成、生物传感器与生物燃料电池。添加漆树粉能保持解冻后牛肉肉色稳定。漆酶能够催化联苯酚、木质素、多酚、氨基多胺、苯酚、芳基二胺和特定无机离子的氧化反应,已在纸浆生物漂白、纺织印染和有机污染物处理等领域得到广泛的研究和应用。

9.2.3　漆多糖

漆多糖(树胶质)主要是一种多糖化合物,约占生漆总量的 3%,为黄色透明的胶状物,且具有树胶清香味,其性能和阿拉伯胶相似,从生漆中分离的漆多糖精品为白色粉末,不溶于乙醇、乙醚、丙酮等有机溶剂中,易溶于水而呈黏稠状。漆多糖含量及组分的变化与漆树品种和产地等有关,一般大木漆中树胶含量较多,小木漆中含量较少。多糖是优良的天然催化剂和稳定剂,能使生漆中漆酚、漆酶、水分等各种成分均匀分布于生漆中,成为稳定、均匀的乳液,在生漆快速干燥与成膜过程中具有重要作用。

漆多糖是具有高度分支结构的水溶性酸性杂多糖,有两种组分,相对分子质量分别为 8.4×10^7 和 2.7×10^7。漆多糖是一种由半乳糖通过 β-(1→3) 和 β-(1→6) 糖苷键构成骨架和支链,葡萄糖醛酸位于链末端的,具有多层分支、结构复杂的酸性杂多糖。主要的单糖结构单元为半乳糖(65%),其他为阿拉伯糖、鼠李糖、葡萄糖和己糖醛酸等,己糖醛酸为最常见的带一个负电荷的结构单糖,集合了非糖取代基和糖醛酸二者的性能。漆多糖中的非还原性末端葡萄糖醛酸与 Ca^{2+}、Mg^{2+} 和 Na^+ 等离子结合,生成盐类化合物。

漆多糖可避免水分损失,结合水(润湿性)及持水性提高了氧在漆液中的扩散力和溶解力,这保证了涂膜氧气供给充足,对漆酚酶促氧化聚合反应有促进作用,这是在生漆固化过程中漆多糖最突出的性质之一。漆多糖赋予漆膜在使用中的超耐久性,这是由于漆酚羟基与漆多糖结合,形成了保护层,起到阻止漆膜氧化降解的作用。

漆多糖的分离方法较复杂,常见分离方式是首先将一些有机物质和漆酚分离出去(将生漆加入丙酮中,搅拌、浸泡、离心),然后将得到的沉淀用丙酮继续洗涤至灰色或者清洗的溶液无色,然后将沉淀在沸水浴中继续加热,将不溶于水的物质分离出去,制得多糖粗产品的溶液(呈蓝色),将 Ca^{2+}、Mg^{2+}、Na^+ 等金属阳离子以羧酸盐的形式进行脱盐处理,漆多糖转化成酸性多糖,从而将糖蛋白有效分离。这种方法纯化精制后无核酸及蛋白质存在,纯化效果好。此法分离得到的漆多糖呈白色粉状,易溶于水,其水溶液呈黏稠状且略带淡黄色,稍溶于低浓度的乙醇,不溶于有机溶剂(高浓度乙醇、丙酮、乙醚、正丁醇等),在浓硫酸存在下与 α-萘酚作用界面呈紫色。

9.2.4　糖蛋白

糖蛋白主要由亲油性氨基酸构成,不溶于水。糖蛋白的相对分子质量约为 20000,在生漆中占总量的 $1\%\sim5\%$,在大木漆中的含量大于在小木漆中的含量。糖蛋白在生漆乳化中可以稳定生漆及催化漆酶。葡萄糖、甘露糖、果糖、半乳糖、阿拉伯糖等碳水化合物在生漆糖蛋白中约占 10%，亲油性氨基酸含量约占蛋白质的 90%。

亲油组分对漆酚有亲和力，使得糖蛋白在水中不溶解，如果使用 SDS-二巯基乙醇进行处理，90%以上的蛋白质可以溶于水。而亲水性氨基酸残基及多糖链能以氢键结合水分子。生漆中各主要成分能成为均匀稳定分布、不易破坏变质的乳状体，主要是由于结合于油相的糖蛋白和结合于水相的多糖的存在，导致水溶液的表面张力下降，漆酚的分散能力增加。糖蛋白以稳定剂的作用参与了生漆的乳化，使不溶于水的单体可以溶于胶束，导致难溶于水的漆酚在水中的溶解度增大（增溶作用），糖蛋白、水、漆酚之间由分子间弱作用力驱动，可以通过自组装作用形成两亲性界面，形成微球状的微观结构和均匀的宏观乳液。糖蛋白分散性和乳化作用极好，对漆液的流变性和物理性能有影响，对漆酶的催化有促进作用，有利于形成稳定的漆液，糖蛋白对干燥速度和漆膜的性能也有重要影响。

9.2.5　水分及其他物质

生漆中的水分在形成漆酶的特殊结构和催化功能方面有着重要的作用。生漆中水分的含量不但与漆树品种、生长环境和割漆时间有关，而且也与割漆技术有关，若割漆时，切口过深而切入木质部，漆液的含水量就多。一般说来，生漆中水分越少，其质量就越高。我国天然生漆中含水量一般达 15%~40%。

漆液是典型的 W/O（油包水）型的反相微乳液结构，水分微球在漆酚中分布均匀。水在生漆中不但是形成乳液体系的主要成分之一，也参与了在自然条件下生漆的聚合过程，在生漆自然干燥过程中是漆酶进行催化所必需的条件。水分对漆液的理化性质及流变性有重要影响，尤其是氧气在漆液中的吸收及传递，漆液含有适量水对酶促形成的漆酚醌氧化聚合反应非常有利，可促使生漆进行干燥成膜，所以，如果没有适宜的水分含量，生漆成膜过程将受影响，如水分在生漆中的含量低于 4%时，生漆将很难自干。生漆漆酶在生漆中的"微水池"内进行催化氧化，水分在稳定漆酶催化活性中具有重要作用，有效水或水分活度左右漆酶的催化活性。同时，水分也具有促进漆酚离子化的作用，参与生漆成膜过程。生漆如果脱水，生漆乳液体系被破坏，稳定性下降，漆酶容易遭受自由基及油相成分的破坏，漆酶的催化活性就会丧失，使精制漆极难自干。生漆中的水分作为漆酶的催化反应介质，是控制漆酶蛋白质分子质构及酶促反应中的重要活性成分。

生漆中油分约占 1%，还含有微量的钙、镁、钠、铝、镁、硅等元素以及极少量的葡萄糖、甘露醇及己酸，其中镁、钠、钾等离子还可以与糖未还原末端的羧基结合形成缓冲体系，利于漆液 pH 的稳定。

9.2.6　漆蜡与漆油

漆油与漆蜡在漆树的果实及种子中含量较高，不仅有营养、保健价值，也是一种有重要用途的化工原料，可应用于制造化妆品、蜡烛、肥皂、硬脂酸等产品中。漆油中存在油酸、亚油酸等多种有价值的不饱和脂肪酸，不同品种的漆油中脂肪酸的构成不同。漆籽外果皮和中果皮含蜡 40%~45%。漆蜡呈固体，颜色为灰绿或灰白色，溶解性好，可溶于多种溶剂，如二硫化碳、四氯化碳、氯仿、三氯乙烷、乙醚、石油醚、苯、甲苯、松节油和热乙醇等。漆蜡由游离脂肪醇、游离脂肪酸、三甘油酯组成，含量分别为 1%~2%、3%~15%、90%~95%，其中结合脂肪酸含有二元脂肪酸、硬脂酸、油酸及棕榈酸，含量分别为 2%~5%、3%~5%、15%~35%、

70％～75％。漆蜡可以精制高级脂肪醇,如三十烷醇等,可以替代棕榈油作为表面活性剂,应用在化妆品、润滑、洗涤、制皂等领域。漆蜡不会导致皮肤过敏,没有毒副作用,还具有止血和防治胃病的功效,可以药用和食用,我国部分地区有漆蜡茶、漆蜡酒产品,还可以作为手术后、生产后的营养品。漆油中有丰富的油酸和亚油酸,含量分别为 20％和 60％,可以用于分离精制油酸、亚油酸、硬脂酸、棕榈酸和相应的盐。

9.3　生漆的成膜与老化

9.3.1　生漆成膜的物质基础

　　生漆中各个主要组成部分是生漆成膜的物质基础。生漆的成膜过程是在温和的条件下进行的极为复杂的氧化聚合过程。水的存在,在漆酶的催化反应系统中,对电子、质子的移动,漆酶的空间取向以及构象变化起着十分重要的作用。生漆中的水分活度影响着漆酶催化反应的电子、质子传递以及漆酶柔性空间的取向与构象变化,决定着生漆"微水池"中生物大分子的自组装结构。如果没有水的存在,"活性微球"就不能形成,漆酶就因此失去了催化活性,结果导致生漆难以聚合成膜。氧气具有漆酶恢复催化活性的活化作用,是漆酶的底物之一。溶解氧的存在是漆酶恢复氧化活性必不可少的条件,缺氧的生漆常因漆酶活性被抑制而不能干燥成膜。漆液的乳液聚合体系包含水相、油相和胶束相三个相,在漆酶的催化而聚合成膜的过程中,这三个相组成动态平衡,成分在不断地变动,漆酶的存在是生漆聚合成膜的必要条件,否则生漆很难在自然条件下干燥。漆酶驱动生漆的成膜过程,漆酶的催化活性由生漆中各组分之间的相互作用、水分活度等因素决定。脂肪酸族侧链的双键结构、漆酶分子的组氨酸的咪唑基、芳香族环、酚羟基是生漆成膜聚合过程的特征功能基,其他功能基会影响生漆乳液的超分子自组装行为。生漆成膜氧化聚合反应过程由漆酚中的功能基团(如酚羟基、苯环、侧链双键结构等)参加,这些基团的反应性决定固态漆膜的结构,漆酚侧链基因的碳-碳双键的空气氧化则是生漆成膜过程的补充要素。底物结合部位和催化部位是漆酶分子的活性中心的主要构成部分,其中漆酶分子中的组氨酸的咪唑基是唯一能充当 H^+ 受体的催化功能基团,是漆酶催化反应最有效、最活泼的功能基团。组氨酸还可以与铜离子配合作为辅酶参与氧化还原过程,参与漆酶的催化循环,其中,辅酶具有携带、转移电子的作用。

　　多糖中部分基团(如羧基、羟基等)具有水化性质,可以通过氢键与蛋白质、水等产生作用,大大促进了生漆的持水性。生漆是 W/O 型天然乳液,多糖、糖蛋白等组分中的可解离羧基等基团参与氢键、疏水键等作用力的形成,还能与多种金属离子结合形成缓冲体系,稳定了水、漆酚与漆酶间的平衡。

9.3.2　生漆成膜的分子机理

　　生漆的成膜过程是通过漆酚在漆酶和氧的作用下,由小分子聚合成低聚物最后交织成高聚物,形成链状→网状→体型结构的过程,这个过程主要包括两个反应体系,即酶促氧化反应体系的生物化学反应过程和自氧化反应体系的非酶促自由基聚合过程。生漆中主要的成膜物质是漆酚,漆酶是生物催化剂,生漆是在生物酶的作用下完成其成膜过程的,自然干燥的生漆膜是经漆酶催化不断吸氧,侧链发生交联反应的聚合过程。漆酚既是漆酶的反应底物,又是成膜聚合的反应介质,在有氧条件下,生漆中的漆酚在漆酶的作用下,形成漆酚自由基,随后发生非酶促的自由基氧化聚合反应,从漆酚单体形成漆酚二聚体、三聚体、高聚体,最后通过超分子相互作用自组装并聚集形成连续的漆膜。漆酚的聚合过程大概可分为以下几个阶段。

1. 酶促氧化反应过程

漆酚在漆酶的作用下,邻苯二酚核首先失去一个电子和一个质子形成漆酚半醌自由基,漆酚半醌自由基孤电子离域分散于邻苯二酚核上,而被共振作用所稳定。

2. 漆酚醌的形成

漆酚半醌自由基是带孤电子的活泼基团,具有较高的氧化活性。在常温下容易与另一自由基、π键以及另一分子进行偶合反应,漆酚的偶合反应是生漆成膜反应过程的起始。用漆酶催化对苯二酚的氧化过程,发现在漆酶催化过程中产生了漆酚醌,在氧的存在下,漆酚分子中的两个酚羟基在氧和漆液中漆酶的作用下,被氧化变成邻醌结构化合物。

若生漆乳液暴露在空气中,表面部分易转变成红棕色。漆液成膜的第一阶段,漆酚在漆酚醌经漆酶催化形成。漆酶可以催化漆酚氧化及对苯二酚氧化反应。

3. 漆酚的二聚作用

在通常温度下,漆酚的半醌自由基易于通过二聚作用形成漆酚二聚体,天然生漆干燥过程中生成漆酚二聚体主要是由漆酶催化三烯漆酚和漆酚醌发生偶联作用形成的。不同的双键自由基、漆酚半醌自由基、邻苯二酚核之间发生偶合,形成许多结构各异的二聚体,如二苯并呋喃型、联苯型、苯核-侧链偶合二聚型等。主要的反应有漆酚半醌自由基直接进攻漆酚的苯环或进攻漆酚侧链,分别形成联苯型二聚体及共轭三烯结构二聚体。

4. 网状漆酚高分子化合物的形成

漆酶进一步作用,邻醌类化合物相互氧化聚合成长链或网状结构。随着反应的进行,生漆的黏度增高,这时聚合物由于高度交联而形成不规则的三维体型网状结构膜。中间过渡态二聚体及醌型化合物通过进一步反应,发生氧化聚合,生成网状或长链聚合物。漆膜聚合后颜色通常发生变化,由深褐色变成黑色。

5. 漆酚体型高聚物

通过氧化作用,聚合物由于高度交联而形成不规则的三维体型网状结构膜,基本上就是一个极为巨大的分子漆膜中各结构单元漆酚以各种键型互相连接起来。漆膜的形成则是多分子的漆酚核与核及核侧聚合形成空间网状物而导致的结果。侧链的不饱和键会进一步聚合成为空间体型结构,固化成膜。这个过程中漆酶中的铜则是起着载体作用。漆酚二聚体进一步氧化交联形成漆酚多聚体,漆酚侧链双键在有氧条件下,能与氧反应形成氢过氧化物,生成非酶促自由基,引发自氧化反应。漆酚、多糖、糖蛋白之间由于超分子相互作用形成漆酚-多糖-糖蛋白聚集体。随着水分蒸发,漆酚-多糖-糖蛋白聚集体进一步形成连续的超分子结构,漆膜硬度随之增加。连接方式有芳核-芳核、芳核-侧链以及侧链-侧链连接三类,它们通过醚型键或碳-碳键键合,醚型键键合有酚醚键、二芳基醚键及烷醚键三种键型,碳-碳键键合有芳核-芳核、芳核-侧链及侧链-侧链三种键型,各种键型间还有碳原子结合位置的不同。因此,漆膜结构中各种键型的多样性,造成其化学结构的复杂性,分子链的分支相当紧密,漆膜变得非常硬,即使加热也难以破坏它的共价结构。

9.3.3　生漆的老化机理

生漆漆膜具有很强的抗氧能力,但是若将生漆涂膜暴露在日光下,却易被光氧化降解。生漆漆膜的老化是光氧化降解过程,漆酚多聚体中存在两种光敏基团,即邻苯二酚核和侧链双键,固化后的漆膜在紫外光照下,侧链迅速氧化分解,并有部分漆膜分解为挥发性物质,使漆膜质量减少。生漆的老化既存在光降解,也存在部分交联反应。生漆膜的老化是在光照条件下进行光化学交联,从而使交联密度变大,弹性下降,质地变脆而致老化,而且在光降解反应中还会生产羰基化合物(醛、酮、酸及酯类等)等产物,又可作为光引发剂,吸光后产生自由基,加速反应的进行,使漆膜大分子裂解的速度大于交联速率,从而使生漆漆膜聚集体裂解,完全粉化。生漆漆膜在光照下的老化是反相胶粒逐层脱落或是漆膜被氧化造成的,漆膜内部与表层反相胶粒粒子的大小不同而使生漆膜在光照下产生光泽度的变化。生漆膜网络结构中侧链双键最易产生光氧化。生漆漆膜的光氧化降解是其耐候性差的根本原因,但对保护生态环境有益,不容易产生"白色污染"。

9.4　生漆的化学性质

生漆是目前世界上唯一来自绿色植物,在生物酶催化常温下能自干的"水性"天然高分子涂料。漆酚的分子结构具有酚羟基、多个活性基团、不饱和双键、共轭双键等活性部位,可发生氧化反应、酚醛缩合反应、曼尼希反应、配合反应,以及醚化、酯化、酰化、偶联化等多种化学反应,漆酚芳香环上的两个互成邻位的酚羟基可发生酚类反应,漆酚苯环上的邻位和对位氢原子受酚羟基和侧链的影响,非常活泼,成为活性部位,漆酚芳香环侧链上的不饱和双键和共轭双键可发生烯烃类反应,漆酚的性质会随着反应的发生而改善,从而拓宽生漆的应用范围。

漆酚苯环结构中有两个性质活泼的酚羟基,显示弱酸性,可以发生氧化、缩合脱水、漆酚金属配位、酯化、醚化等反应。漆酚侧链双键上可以发生加氢、氧化和加成反应。

9.4.1　聚合反应

1. 酶催化氧化聚合反应

漆酶催化漆酚,酚羟基被氧化生成漆酚醌自由基,继续反应生成漆酚醌。漆酚醌具有很强的氧化能力,它能夺取氧化基质上的氢原子,还原成漆酚。在生漆的酶促氧化聚合成膜过程中,漆酶的催化只有在初级氧化过程进行,漆酶随着漆酚多聚体的形成而失活,漆酚形成漆酚醌或联苯漆酚醌后,就可以通过醌类化合物的强氧化还原作用促进漆酚发生聚合反应。漆酚醌二聚体的亲电和亲核中心存在较多的活泼氢,可继续氧化聚合生成漆酚多聚体,形成体型网状结构的漆酚聚合物。

2. 酚醛缩合反应

漆酚与醛反应的是漆酚改性的一种重要方法,可以赋予改性漆酚独特的性质,常用此方法制备生漆基材料的中间体。漆酚芳环上的酚羟基、烃基等都是供电子基团,容易在酚羟基的邻位和对位上与醛发生亲电取代反应。通过酚醛缩合可由醛产生的亚甲基为桥,将其他活性基团连接在漆酚上。等物质的量的漆酚与甲醛缩合交联反应,首先羟甲基化,然后羟基和另一个漆酚苯环上的氢缩合脱水,通过亚甲基($-CH_2-$)桥键,形成线型大分子。漆酚缩甲醛的凝胶时间与漆酚/甲醛的摩尔比以及反应 pH 值有关,该反应受酸碱催化,在酸性的条件下,漆酚缩甲醛形成线型结构,在碱性条件下,可形成支化的产物结构。

3. 曼尼希反应

胺类化合物、醛和含有活泼氢原子的化合物三者进行缩合时,氨甲基取代活泼氢原子的反应,称为曼尼希反应,先由胺和醛反应生成中间体 N-羟甲基胺,然后再与含有活泼氢原子的化合物缩合。利用漆酚结构单元中的芳环上酚羟基的邻位和对位上的活泼氢原子与醛和胺发生曼尼希反应,可以在漆酚芳香环上引入氨基,生成漆酚改性产品漆酚胺。

9.4.2　氧化还原反应

漆酚具有很强的清除自由基的能力和抗氧化性。漆酚作为氢供体释放出氢与环境中的自由基结合,可以中止自由基引发的连锁反应,阻止氧化过程的继续传递和进行,漆酚还可以通过还原反应降低环境中的氧含量。在漆酶存在时,有氧条件下,漆酚很容易被氧化生成氧自由基,生成邻醌,邻醌可夺取其他物质中的氢还原为酚,也可发生聚合生成聚合物。

在常温条件下,pH 提高会增快漆酚的氧化速度,漆酚在高锰酸钾、双氧水、重铬酸钾、氯酸钾等强氧化剂作用下,其芳环会开裂而被氧化降解,残留的侧链转化为软脂酸。

9.4.3　酰化反应

漆酚含有的酚羟基可以与酰氯、酸酐发生酰化反应生成酯化产物。漆酚与乙酸酐发生乙酰化反应可以用来测定漆酚含量,以丙酮为溶剂,吡啶为催化剂,漆酚、乙酸酐反应生成酯,反应完成后,加入水,水解过量酸酐,以酚酞为指示剂,用标准 KOH 溶液滴定析出的酸,以计算漆酚含量。聚氨酯可以由二异氰酸酯与漆酚发生反应来制备,如果再与蓖麻油作用,可以制备出性能优异的涂料产品。

9.4.4　醚化

漆酚结构中的酚羟基可以通过醚化反应转化为醚,醚化之后漆酚的反应活性和极性都会减弱,稳定性增加,醚化反应可用来保护酚羟基,应用在漆酚的分离和结构测定中。醚化可以制备漆酚苄醚、三甲基硅醚、乙基醚、甲基醚等。由于漆酚羟基呈酸性,遇氢氧化钠水溶液漆酚即被破坏,因此无水的条件对于漆酚反应生成酚盐,然后与烷基化试剂作用生成醚的反应很重要。氯乙酸、氯乙烯等脂肪族卤化物在碱性介质中与漆酚也易生成相应的醚。在乙醇钠存在下,环氧氯丙烷和漆酚生成漆酚二环氧基醚,这是制备浅色生漆的基础反应之一。二甲基乙氧基氯硅烷与漆酚反应可以水解成硅醇,在170 ℃加热固化,可以作为一种性能优良的耐高温绝缘漆来使用。

漆酚苄醚可以以氢化方法脱去苄基得到还原态漆酚,或者采用金属钠加乙醇将漆酚苄醚还原成漆酚,并且侧链上的非共轭双键不受还原反应的影响。碘化氢加入到醚化漆酚中可以制备游离漆酚。

9.4.5　金属配位反应

漆酚与金属的配合物多用在漆酚催化剂、重防腐涂料、金属抗锈涂料等方面。漆酚是带有长侧链的邻苯二酚,其结构具有典型的形成金属配合物的特征条件,漆酚的未共用的电子对在两个邻位酚羟基上的氧原子上,氧原子具有较大的电负性,氢原子很容易从羟基中解离成质子,于是漆酚可以与具有价键空轨道的金属离子(如铅、锡、铋、锌、汞、铁、铜等)发生配位反应,邻位酚羟基上的氧原子上的孤电子对供给金属离子的价键空轨道,形成漆酚金属配位环状螯合物。

重金属离子可以与漆酚发生配合反应,并伴随着氧化还原反应,漆酚得到醌结构,Cu^{2+}、Fe^{3+}、Cr^{6+} 等高价的金属离子通过还原反应变成 Cu^+、Fe^{2+}、Cr^{3+} 等。电子在发生配位反应时从酚氧基配体轨道跃迁到金属离子的某一轨道,多酚配合后在紫外-可见光区吸收会发生变化。某些金属离子如 Mo^{6+}、Al^{3+} 和 Fe^{3+} 等与漆酚的配合物具有鲜明的颜色且吸光系数很高。如 $FeCl_3$ 与漆酚在乙醇中配位得到漆酚醌铁螯合物,这一生成黑蓝色螯合物的颜色反应被用来定量分析漆酚,在此反应中漆酚被 Fe^{3+} 氧化成醌结构,Fe^{3+} 还原成 Fe^{2+}。

金属离子与漆酚的螯合物兼备了金属离子与漆酚的性质,如漆酚具有化学稳定性、热稳定性、可以聚合成高分子等性质,电子结构不同的金属离子性质不同,金属离子性质的差异决定了漆酚螯合物具有各自的特性。

添加 $Fe(OH)_3$ 作为黑料制备黑推光漆,可以使黑推光漆颜色持久、永不褪色,$Fe(OH)_3$ 与漆酚的羟基生成漆酚-Fe^{3+} 螯合物,进一步经过氧化还原反应,得到黑色的漆酚-Fe^{2+} 螯合物,这种螯合物具有更加稳定的空间结构。乙酸铁与漆酚进行反应可以用来制备可溶性三价铁盐。四氯化钛与漆酚反应可以用来制备黑褐色漆酚-钛螯合物,该螯合物具有不溶解、不熔化的性质。

9.4.6　加氢反应

漆酚侧链上不饱和双键催化加氢可制备饱和漆酚,也能测定加氢量的多少从而确定其不饱和度。生漆中的三烯、双烯、单烯漆酚等不饱和漆酚经过南蓝镍(Raney Ni)催化,进行催化加氢反应,可以制备饱和结构的漆酚。

9.4.7　氧化反应

在高湿(相对湿度 80%)或常温条件下漆酚侧链含有不饱和双键(单烯、双烯、三烯漆酚)均可发生氧化反应。漆酚双键在有氧或氧供体存在的适当条件下可以与氧反应形成过氧化物。这种氧化作用可以受自身催化,故也称"自氧化反应"。在氧化过程中,过氧化物最初生成,自由基连锁反应随后与酶促氧化反应偶合发生,漆酚中三烯的含量影响氧化速率。在有大量氧气存在时,侧链间也可生成具有—C—O—C—结构的化合物。

9.4.8　加成反应

漆酚侧链双键包含 1,2-二元取代基型($CHR = CHR'$)和部分末端的双键,1,2-二元取代的双键具有较大的空间位阻,在 100 ℃以下发生均聚合反应较难,空间位阻较小的末端双键易于和苯乙烯等单体发生共聚合反应,如苯乙烯优先与三烯苯酚中的位阻较小的双键发生共聚合反应,得到苯酚苯乙烯交替结构共聚物。

具有相反极性的烯类单体之间可以促进共聚合反应,如连接供电子基的漆酚侧链双键基团与双键连接吸电子基的顺丁烯二酸酐,可以在引发剂作用下发生共聚合反应生成交替共聚物。并且该反应即使在较低温度下也能反应,在 70 ℃下即使在没有引发剂存在条件下顺丁烯二酸酐也能与漆酚发生反应(漆酚与顺丁烯二酸酐摩尔比为 0.6),温度升高时漆酚消耗顺丁烯二酸酐的量也增加(140 ℃时,漆酚与顺丁烯二酸酐摩尔比为 0.82)。漆酚的共轭双键可以发生加成反应。漆酚的双键发生加成反应,漆酚侧链进行加成反应会形成网状结构的漆酚。

硫与漆酚侧链双键加成,200 ℃时硫与漆酚侧链的双键发生加成反应,得到一种硫桥,漆酚分子间硫桥使得漆酚形成三维网络,固化为块状的固体。

漆酚侧链双键与酚醛树脂可以发生加成反应,在高温下,漆酚侧链的双键也能与热固性的酚醛树脂发生加成反应。

漆酚具有多酚结构,能与蛋白质发生结合反应,漆酚对酶、细菌、病毒的抑制性等生物活性都与漆酚、蛋白质的结合有关。早在 1803 年,人们就提出了多酚与蛋白质的可逆结合现象,多酚-蛋白质反应的机理目前得到公认的是 1988 年提出的多酚-蛋白质反应的疏水键-氢键多点键合理论,即"手-手套"(hand-in glove)模型,如图 9-2 所示。漆酚分子中的两个游离酚羟基与蛋白质上的基团(如主链的肽基—NH—CO—,侧链上的—OH、—NH$_2$ 以及—COOH 等)通过在蛋白质表面形成疏水键-氢键与蛋白质分子间多点交联发生结合反应,酚羟基、芳环、侧链基团等因素使漆酚同时具有亲水性和疏水性。蛋白质中的芳环、脂肪族侧链氨基酸残基(如缬氨酸、亮氨酸、苯丙氨酸)、辅氨酸残基(对蛋白质构型有影响)等在疏水作用力作用下形成"疏水袋"区域,漆酚的分子进入"疏水袋"中并进一步通过形成氢键作用力加强结合。氢键和疏水键的协同作用促进多酚-蛋白质分子进行反应,利于产物紧密结合。

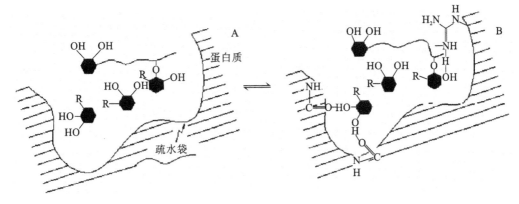

图 9-2　漆酚-蛋白质反应机理

漆酚也可与多糖类天然化合物发生复合反应,参与生漆成膜过程,多糖结构上具有疏水腔,在调节漆酚与蛋白质结合反应中非常有效,漆酚可以与多糖、蛋白质通过氢键、疏水键等连接起来形成结构独特的复合物,可以使生漆黏度提高,这种结构使得漆酶、糖蛋白在生漆中易于分散而不易沉淀。

漆酚还可以发生均聚合反应,利用酸类对漆酚均聚合有催化作用可以将浓硫酸催化漆酚聚合,利用产物不溶于苯及乙醇混合溶剂的性质,可以将这个反应用于漆酚的定量分析。磷酸催化漆酚在室温或 50 ℃时可以发生聚合反应得到灰白色黏稠物质,产物不溶于石油醚、可溶于苯,遇空气易氧化变黑。漆酚和适量盐酸反应,产物是柔软的固体;如果漆酚和过量浓盐酸加热较长时间,得到无黏性、块状反应产物。液态四氯化锡与漆酚乙醇溶液可以发生聚合反应,可以得到柔软的固体产物。

9.5　生漆的改性方法

随着合成油漆品种日新月异,各种不同用途的漆要求各异,生漆存在生胶干燥太慢、干燥条件过于苛刻(受漆酶限制,使用温度 20～30 ℃,相对湿度不低于 80%)、黏度太大、对金属表面黏接力差、对某些介质(尤其是强碱)耐腐蚀性差、对人体产生过敏性及毒性的问题。目前大量化工设备的防腐涂料,仍然用合成油漆。为了扩大生漆用途,有必要对生漆进行改性,漆酚中的功能基团是生漆改性的切入点,利用功能团改性可以制备具有不同功能特性的改性生漆。提高生漆膜的光泽度和韧性是最早的生漆改性内容。其方法是在生漆中掺入桐油或其他干性油、半干性油(如梓油、亚麻仁油、豆油等)制成生漆涂料,著名的"广漆"、"金漆"等在生漆中混合桐油或者其他干性油(如亚麻仁油、乌柏仁油及紫苏籽油等),这是最早的生漆改性方法。这些改性产品在生漆漆膜脆薄、光亮度弱、色素重等方面均有所改善。有人用甲醛、环氧类单体或乙烯类单体进行改性,但这些方法往往不能保持生漆原有的优良性能。将生漆中漆酚与有机或无机金属化合物反应,合成漆酚-金属螯合物,并进一步聚合得到具有优越防腐性能(耐强酸及强碱)、光敏、热敏、半导、耐高温、阻燃、耐有机溶剂及具有催化作用等特性的涂料,又保持了生漆原有的优良性能。近年来,随着人们对生漆的研究逐渐深入,改性方法多元化,制备出许多性能优良的高分子材料。

9.5.1　漆酚改性树脂

漆酚可以与醇酸树脂、酚醛树脂、环氧树脂、呋喃甲醛树脂、糠醛树脂等树脂共混制备生漆改性涂料。通过缩聚反应对漆酚进行改性是制备漆酚改性树脂的基本反应。漆酚缩醛改性漆酚缩甲醛树脂、漆酚缩糠醛树脂都具有比生漆更为优异的性能。为解决生漆在自然条件下难于固化成膜以及漆膜对金属附着力较差的问题,还可以通过添加第三组分通过共缩聚的方法制备性能优良的酚醛改性树脂。如甲醛、苯胺与漆酚的共缩聚物(PUFA),该改性产品既有漆酚缩甲醛清漆的优良物理性能,又有苯胺-NH_2的基团带来的耐碱性能。1960 年甲醛与漆酚缩聚物清漆研究成功,其后生漆改性成果逐渐增多,这些生漆改性涂料具有良好的耐热、耐油、耐酸碱性能,能自然干燥,有效改善了生漆的干燥条件苛刻、对人体有过敏毒性的缺点。

采用物理、化学方法制备的互穿聚合物网络(简称 IPN),是改性漆酚的重要方法,兼有漆酚及改性组分的特性。在漆酚缩甲醛聚合物(UF)中具有活性较高的羟甲基(—CH_2OH)及易聚合、交联的不饱和侧链,因此漆液的贮存稳定性差,漆膜脆性大,不耐紫外线照射。而采用多羟基丙烯酸树脂(MPA)和漆酚缩甲醛树脂(UFP)共混制备的互穿聚合物网络涂料具有优良膜性能。具有互穿聚合物网络结构的漆酚甲醛缩聚物-醇酸树脂(PUF-AIR),涂膜的抗紫外线和柔韧性得到明显的改善。如果在此体系中,进一步引入金属离子,金属离子与氧原子形成配位键,可以起到提高交联密度的作用,相应提高漆膜的综合性能。如用 $FeCl_3$ 对 PUF-AIR进行改性,漆膜的耐腐蚀性能和抗溶剂性能显著提高。

还可以通过环氧烷烃对漆酚进行改性制备环氧改性漆酚树脂,如环氧氯丙烷与酚羟基发生醚化反应,得到多环氧基的漆酚环氧树脂,固化时不会进一步氧化成醌,该改性漆酚的漆膜颜色浅、柔韧性、耐碱性能好,如果进一步与丙烯酸反应制备漆酚基环氧丙烯酸树脂,将会进一步提高产品的性能。还可以将环氧树脂与漆酚或漆酚缩醛树脂共混,环氧树脂、漆酚和缩醛树脂中酚羟基、环氧基、羟甲基及羟基会发生交联反应,对于残存的羟基可以采用甲基醇封端。环氧树脂 E-12 与漆酚糠醛树脂在适宜的配比条件下反应,可以制得耐磨性能、耐碱性(漆酚缩糠醛树脂中的酚羟基被环氧基醚化改善耐碱性)、柔韧性(漆膜中漆酚糠醛树脂由于环氧树脂链的引入,交联密度降低,柔韧性提高)良好的环氧改性漆酚糠醛树脂。

利用苯环上的羟基、树脂中的活泼氢原子与异氰酸酯反应可以制备聚氨酯改性漆酚树脂,通过侧链双键交联,可以生成网状体型结构改性漆酚聚合物。如用 2,4-甲苯二异氰酸酯(TDI)来改性生漆,可以得到成膜速率较高和物理机械性能优良的聚合物。还可以将生漆与聚氨酯按不同配比混合,得到耐紫外线、耐水性能优越的漆膜。采用异佛尔酮二异氰酸酯、聚乙二醇、二羟基丙酸、乙二胺改性漆酚,该漆酚/聚氨酯-脲(PUU)分散体系制备的漆膜在硬度、热降解性等方面有提高,并且可以抑制细菌生长及提升耐腐蚀性等。

通过对生漆的主要成膜物漆酚的改性,可以改善生漆漆膜光泽度、成膜条件以及对金属材料附着力差的问题。

漆酚是生漆的连续相,漆多糖、漆酶、灰分及水作为分散相,生漆具有良好的分散性,在生漆分散体系环境中对生漆进行改性可以提高生漆资源利用率并保持生漆原有的性能,具有较好的发展前景。

漆酚主要的活性基团为邻苯二酚的酚羟基,针对此特点分别应用苯甲醚化、甲醚化、乙酰化、硅甲基化对漆酚进行改性等。

9.5.2 生漆水基化

漆酚在涂料的应用是其化学改性的一个主要方向。随着人们环保意识的增强和环保法规的健全,水性涂料以水为分散介质,具有安全、无毒、不污染环境等优点,在涂料市场中具有广阔的发展前景。天然生漆这一传统油包水型(W/O)涂料经相反转制备成能以水直接分散的水包油型(O/W)乳液,可为生漆在水性涂料方面的应用提供便捷途径。水性环氧树脂涂料既具有溶剂型环氧树脂涂料的附着力强、耐腐蚀性和耐化学药品等特性,又具有不含挥发性有机化合物、不含或少含有害空气污染物等优点,得到广泛的应用。乳液聚合、相反转技术、亲水性单体共聚合成水溶性树脂等方法是涂料的水性化常用的方法,生漆水性化改性常用相反转技术。如以相反转技术制备漆酚缩甲醛二乙烯三胺聚合物的水基分散体系,漆酚缩甲醛二乙烯三胺树脂乳液与环氧树脂乳液配制的水性涂料,在自然条件下能固化成膜,具有较好的耐化学介质性能、抗溶剂性能和耐热性能等综合性能。通过相反转技术,将漆酚缩甲醛聚合物在复合表面活性剂吐温 20/司班 20 作用下乳化为水包油乳液,控制低乳化温度和高乳化剂用量可以制备粒径小且分布均匀的乳液。还可以选取合适的乳化剂(如苯乙烯-丙烯酸酯共聚物(SA)、聚乙烯醇缩甲醛(PVFM)、聚乙烯醇(PVA-124)等)通过相反转法制备水性黑推光漆或者将乳化生漆变为微乳液。

反应型乳化剂除了含有乳化基团外,还有可以发生聚合反应的基团,克服了传统乳化剂对漆膜的负面作用。如采用环氧氯丙烷、聚乙二醇、漆酚为原料制备的反应型漆酚基乳化剂(UE)与 PVA 复配后,用于生漆的乳化,得到水性的水包油型乳液,可以直接采用水进行稀释,乳化效果优于传统的乳化剂。但是加入乳化剂会降低漆膜性能,加入乳化剂的生漆与天然生漆在漆膜性能上的差异还有待改进。水基化的生漆可以降低生漆黏度,利于施工,生漆水基化后还可与其他涂料复合使用,得到高性能的漆膜,相应地拓宽了使用范围。

9.5.3 漆酚金属螯合高聚物

漆酚金属螯合高聚物的研究是将漆酚改性成高性能和功能材料的一个重要途径,漆酚钛螯合高聚物防腐蚀涂料,具有比国内外报道的各类涂料更优异的耐腐蚀性能,得到了广泛的应用,解决了化工设备重防腐中耐高温,耐酸、碱、盐等腐蚀的难题。

漆酚的特殊的结构决定了改性生漆除了作为涂料使用之外,还可以作为功能材料。漆酚金属高聚物是一种高性能材料,可以作为防腐涂料、催化剂应用于工业生产中。漆酚树脂固载化三氯化铁、Cu^{2+} 等漆酚金属催化剂在生产醋酸丁酯、催化酯化等反应中有较高的催化剂活性和稳定性,选择性强,易于回收。

漆酚金属高聚物的合成方法主要有用漆酚羟基与金属离子的配位反应,生成漆酚金属配位物后,再发生漆酚的侧键交联反应,生成漆酚金属高聚物;用漆酚与氢氧化钠反应,生成漆酚钠与金属化合物反应,得到漆酚金属配位物,进一步交联固化为漆酚金属高聚物;漆酚与酯类进行酯交换(如漆酚与硼酸丁酯进行酯交换可以合成硼酸漆酚酯)。

漆酚金属高聚物具有优异的性能,如黑推光漆是在生漆中加入 $Fe_2(SO_4)_3$,具有黑度好、坚韧度高、成膜性能佳的特点。漆酚的非金属元素化合物改性主要是以漆酚与硅、氟、硼等元素化合物发生酯交换反应,元素化合物对漆酚的性能有显著的改善作用,如漆酚钛螯合物具有耐强酸、强碱、高温的性能,漆酚锑螯合物具有优良的阻燃性能,漆酚铝螯合物具有优良的耐热性能,将漆酚与有机硅树脂混合,再与重金属(Au、Ag)胶体反应,得到的改性生漆不易褪色、耐紫外光照射、耐水性能极佳,用烷氧基有机硅单体通过酯交换反应制备的改性生漆涂料具有防腐、优异的耐高温油介质、耐沸水等性能。

9.5.4　纳米粒子改性

通过将钛、锡、铝、钼及一些稀土金属氧化物的纳米杂化物等纳米微粒分散于传统涂料中可得到纳米复合涂料。如将纳米微粒分散到漆酚改性树脂中,得到的有机/无机纳米杂化材料具有良好的机械、光、电、磁和催化等功能特性。如采用 Sol-Gel 法制备漆酚缩甲醛聚合物/多羟基丙烯酸树脂/TiO_2 纳米复合涂料(UFP/MPA/TiO_2),随着纳米 TiO_2 粒子的引入,该复合涂膜具有较好的抗紫外线性能、常规物理力学性能和动态力学性能。以漆酚、六次甲基四胺和有机蒙脱土为原料,经插层缩聚后所得产物,再经丁醇醚化,获得漆酚甲醛缩聚物蒙脱土纳米复合涂料,具有原漆酚缩甲醛清漆的常规物理机械性能,同时,抗紫外能力有了很大提高。漆酚缩甲醛聚合物/多羟基丙烯酸树脂/TiO_2 纳米复合涂料集合了纳米 TiO_2 颗粒的优点(如折射率高、紫外吸收能力强、分散性好、表面结合能高等)和丙烯酸树脂的优良耐候性,改性的漆酚树脂涂膜具有较高的紫外屏蔽性和耐候性。漆酚钛聚合物/蒙脱土纳米复合材料(PUTi/OM-MT)以漆酚、六次甲基四胺和有机蒙脱土为原料,可以有效改善漆酚钛聚合物涂料的抗紫外线性能,如在波长 253.8 nm 的紫外灯下连续照射 600 h,在涂料的涂膜上均未发现粉化、开裂、脱落和起泡等现象。

纳米微粒具有较大的比表面积,在溶液中常常由于易吸附而发生团聚,纳米粒子在漆酚改性树脂中均匀分散将会有效提高漆膜性能,所以提高纳米粒子在漆酚树脂中的分散性是制备高性能漆酚材料的关键,如可以采用阴离子表面活性剂十二烷基硫酸钠(SDS)处理纳米 TiO_2,将纳米 TiO_2 表面转化为憎水表面,再将其与漆酚环氧清漆共混,就可以提高纳米 TiO_2 在漆酚环氧清漆中的分散性,得到分散均匀的生漆纳米粒子复合改性涂料。改性后的纳米 TiO_2 和漆酚缩醛环氧清漆之间会形成较强的氢键,氢键的形成会提高漆酚缩醛环氧清漆的耐碱、耐高温及机械性能。

9.6　生漆的应用

天然涂料生漆除了用于各种涂料外,也可以用于制备漆酚有机硅、漆酚钛环氧树脂、漆酚冠醚、漆酚缩甲醛、漆酚聚氨酯树脂、漆酚环氧树脂、漆酚有机金属螯合物等漆酚基高分子材料。随着生漆成膜机理及改性方法研究的不断深入,改性生漆作为涂料已被广泛应用于传感器、催化剂、工业防腐、吸附材料、古建筑物修复、工艺品等方面。

9.6.1　涂料

生漆使用历史悠久,耐腐蚀性能突出,几千年前制作的涂漆木器出土后仍然光亮如初。生漆漆膜特别是漆酚与钛、铁、锰、锡、铜、钼、镍等金属离子反应制备的系列漆酚金属高聚物可用作优良的防腐涂料,在化工、船舶、石油行业等领域中发挥着重要作用。如钛与漆酚制备的防腐蚀涂料,由于具有良好的耐强酸、强碱、海洋化学介质腐蚀及物理机械性能,且与多种基材(如金属、水泥、木材等)附着良好,广泛用于化工设备、海洋设施等防腐蚀涂料领域。

以生漆乳化制备的水性涂料由于绿色环保、节能低耗,是未来涂料行业的发展方向,可作为水性涂料直接成膜保持生漆的原有性能,也可以乳化后与其他涂料复配使用,改进性能,如以漆酚缩醛类聚合物水基分散体系作为环氧树脂/漆酚缩醛胺水性复合涂料的固化剂可以制备复合涂料。以漆酚、环氧氯丙烷、聚乙二醇为原料,合成漆酚基乳化剂,可制成水性良好的涂料。

漆酚及改性树脂(如漆酚缩甲醛树脂、漆酚环氧树脂等)膜性能突出,可以作为基体材料制备导电涂料,导电涂料具有一定的消静电荷、导电的能力,涂覆在不导电的材料上,应用于工业生产、海洋防污、日常生活等领域。漆酚、石墨分别作为基材和导电填料经紫外光固化制备的石墨/漆酚复合导电涂料,涂料膜电阻率为 442 $\Omega \cdot cm$。

9.6.2　催化剂

化学反应的催化剂中常常使用强酸,但是在工业应用中存在污染环境、腐蚀设备的问题,高分子金属催化剂能多次重复使用,具有良好的催化活性,且不会腐蚀设备,反应温和,副反应少,产物纯度高。漆酚金属盐聚合物在醚、酯、缩酮和缩醛的合成反应中具有较好的稳定性、选择性,如利用 $FeCl_3$ 和 $SnCl_4$ 固载于漆酚聚合物上,制备成固体高分子催化剂——漆酚铁锡聚合物,能催化醋酸正丁酯、丙烯酸正丁酯、乙醇单乙醚醋酸酯及环己酮缩乙二醇等酯与缩酮进行反应,可以克服传统催化剂硫酸、磷酸等酸催化剂在有机化学合成中的副反应多、催化剂与产物分离复杂及废酸易造成环境污染等缺点。

漆酚金属盐制备的催化剂对多种反应有催化作用,如漆酚镨聚合物对乙酸丁酯、乙酸苄酯合成反应有催化作用,钛、钕、锡等漆酚金属聚合物对乙酸-丁醇酯化反应有明显的催化作用,漆酚缩甲醛镧配合物对甲基丙烯酸甲酯的聚合反应有催化作用,漆酚的铝盐、铁锡盐及铁盐等漆酚金属聚合物对缩酮合成反应有催化作用,含有 C(15) 的漆酚冠醚能在多种介质中与阳离子发生选择性配合,可作为相转移催化剂而广泛应用于有机反应中。

9.6.3　吸附材料

电影胶印、制镜、电镀、采矿等行业的废水中都含有较高浓度的银离子,重金属离子进入人体或动物体内会逐渐富集,对内脏器官造成严重损害。漆酚-水杨酸树脂对 Ag^+ 吸附速率较快,吸附容量较高,饱和吸附量达 637 mg/g,且被吸附 Ag^+ 容易解吸,可应用于含银废水中 Ag^+ 的富集分离。漆酚可以用于金属离子的吸附,如用漆酚与 8-羟基喹啉(AR)聚合反应产物可以吸附 Fe^{3+}、Pb^{2+}、Cd^{2+}、Hg^{2+} 和 Cu^{2+} 等金属离子。漆酚-水杨酸接枝树脂能与 Hg^{2+}、Ag^+ 等离子形成金属离子配合物而吸附金属离子,被吸附的重金属离子易解吸、可再生利用。

漆酚可以用于吸附气体,带孤对电子的有害气体 SO_2、HCHO、H_2S、NH_3 作为配体与能接受孤对电子的物质结合完成气体的吸附,如漆酚镨高聚物(PUPr),中心原子 Pr(Ⅲ)的配位数并未达到饱和,可以吸附有孤对电子的气体,对有害气体有一定的吸附性能(对电负性较大的 SO_2 气体 1 h 吸附量可达到 4.05 mmol/g)。

漆酚乙醇溶液和甲醛制成粒径为 0.5～1.0 mm 的漆酚缩甲醛聚合物多孔微球,对乙二胺和二乙烯三胺吸附能力强,对氯仿、四氯化碳等有机物气体吸附性能也较佳。

9.6.4　传感器

化学传感器(chemical sensor)是对各种化学物质敏感并将其浓度转换为电信号进行检测的仪器,具有设备简单、操作方便、分析速度快、测量范围广等优点,化学传感器在生产流程分析、环境污染监测、矿产资源的探测、气象观测和遥测、工业自动化、医学上远距离诊断和实时监测、农业上生鲜保存和鱼群探测、防盗、安全报警和节能等各方面都有重要的应用。

漆酚树脂具有三维网状结构,能固化微量水、氯化钾、石墨粉等,可以解决常用固态传感器接触测量溶液时存在因外层的聚乙烯醇(PVA)内参膜发生溶胀致使传感器失效,缩短使用时间的问题。如可以将含有活性物的聚氯乙烯膜涂在漆酚树脂表面,制备成稳定性、选择性、重现性良好的全固态传感器,已用于烟碱类药物成分及柠檬黄等的测定。

漆酚中的酚羟基能和金属离子发生配位反应从而在表面吸附金属离子,改性漆酚树脂中保留部分有活性的酚羟基,利用漆酚树脂的这种特性,在一定环境中,使金属离子强烈吸附于树脂表面,可以制备出掺杂有漆酚金属盐树脂的固体传感器,该传感器能选择性地对某些金属离子产生良好的电化学响应,对金属离子测定的增敏作用明显,并能检测出溶液中痕量的 Cu^{2+}。

9.6.5　医药应用

中国生漆多糖具有抗肿瘤、抗 HIV、促进凝血等生物学活性,还具有良好的促进白细胞生长等免疫方面的作用。浓度为 0.016 mg/mL 的漆多糖可以把牛血浆细胞的凝结时间由 5.42 min 缩短到 1 min。50% 被磺化的漆多糖在浓度为 0.5 μg/mL 时具有很强的抗 HIV 活性。

漆树籽加工产生的漆油和漆蜡具有延缓衰老、增强记忆力、降血糖等独特的食用保健功效,特别是漆树汁提取物含有丰富的黄酮类化合物,具有明确的抗肿瘤、抗炎、抑菌等药理作用。漆油中含有 60% 以上亚油酸,具有调整血脂和抗动脉硬化作用,可减少冠心病的发病率和死亡率。漆树乙醇提取物具抗氧化、抗细胞凋亡、抑制人肿瘤细胞增殖等作用。经生漆炮制所得干漆,主要成分为漆酚,在临床上对治疗冠心病有一定疗效,干漆提取液能明显延长凝血时间,具有抗凝血酶作用,干漆对治疗慢性盆腔炎和子宫内膜异位的有效率达 94% 左右。黄酮类漆树提取物具有抗氧化、抗癌、抑菌、抗炎、治疗糖尿病、保护神经细胞等作用。以干漆组方的平消片在临床主要用于治疗肿瘤,可以缩小瘤体、提高人体免疫力、抑制肿瘤、延长生命。大黄蟅虫丸也是以干漆组方,主要用于脂肪肝、肝硬化等肝病及静脉曲张等。

漆籽油具有抗动脉粥样硬化、降血脂等功能,可以用于食用与保健领域,亚油酸具有降低胆固醇、改善脂肪代谢、抗氧化、调节免疫、抗癌等功能。

9.6.6　其他

漆酚硅锡树脂的热稳定性比生漆更好,并且具有良好的耐化学介质、耐腐蚀性能,可以用漆酚与四氯化硅、四氯化锡反应合成,该树脂是性能优良的高分子材料,可以通过热压的方式来进行加工及成型。用漆酚、聚乙二醇和环氧氯丙烷为原料制备的反应型乳化剂对生漆具有突出的乳化作用,生漆的油包水型乳液可以在该乳化剂作用下变成水包油型,改善了生漆的涂装污染。

9.6.7 漆酶的应用

漆酶的主要生物化学特性就是催化漆酚形成高分子聚合膜。漆酶具有作用底物广泛、催化性能特殊，可降解、反应条件温和及特异性等特点，它在生物检测、生物制浆、生物漂白，及降解有毒化合物、氧化难降解的环境污染物等方面具有潜在的应用价值，是一种环境保护用酶，在工业和生物技术领域具有广阔的应用前景。

漆酶能选择性地催化木质素的降解，如果用漆酶选择性地降解木质素生产纸浆，可使生产在常温、常压下进行，并可以避免传统的造纸工业中的部分纤维素和半纤维素降解。漆酶对植物和动物的致病真菌具有毒力作用（漆酶和木质素反应产生的酚类等都是有毒物质，可用作杀虫剂，作为食(药)用菌和植物抵抗杂菌的毒素），可防护和抵抗紫外线损害、氧化还原作用及细胞壁酶类的进攻。利用漆酶能催化酚类化合物聚合的粘连，这一黏合功能可以催化羧酸类、芳胺类和酚类等化工单体发生聚合反应，相应产品可应用于染色工业、光电材料和树脂材料等方面。漆酶的催化反应能形成有颜色的产物这一特性可用于智能包装渗漏指示剂，将漆酶在催化过程中消耗氧气的过程转化为可被高度灵敏地检测到的电信号，用于测量酚类化合物的生物传感器应用于纸浆厂的污水测定。漆酶能够降解牛仔布上的主要染料靛蓝。

漆酶中有一个蓝色发色辅基 Cu^{2+}，这个蓝色发色辅基在还原基质中可以被还原并脱色，当酶被氧分子再次氧化时，就会再次显示出蓝色，可作为氧生物传感器，这种氧生物传感器具有足够的灵敏度和稳定性，可以检测的氧浓度范围很大。漆酶还可用于检测胰岛素、肾上腺素。

生物燃料电池是利用酶或者微生物组织作为催化剂，将燃料的化学能转化为电能的。漆酶在阴极催化氧还原生成水，应用在无隔膜电池方面，当底物 pH 值为 5 时，电池具有较好的电流输出。

目前，漆酶的理论与应用研究已经在生物、物理、化学、医学等多个领域，分子、细胞、生物组织等多水平展开。漆酶在食品和环保工业上的应用研究也日益活跃。

参 考 文 献

[1] 李林.漆树树皮结构与树皮及生漆化学成分研究[D].西安:西北大学,2008.

[2] 刘彩琴.陕西漆树不同品种的比较研究[D].西安:西北大学,2010.

[3] 何源峰.生漆漆酚的结构修饰及生物活性的研究[D].北京:中国林业科学研究院,2013.

[4] 徐景文.天然生漆基互传网络聚合物的研究[D].福州:福建师范大学,2006.

[5] 夏建荣.紫外光固化天然生漆及其复合体系的研究[D].福州:福建师范大学,2011.

[6] 郑燕玉.天然生漆的水基化及其复合体系的研究[D].福州:福建师范大学,2008.

[7] 杨文光.中国的高级天然树脂——生漆[J].中国生漆,2005,24(1):41-46.

[8] 石玉,王庆,张飞龙.天然生漆改性研究进展[J].当代化工,2010,39(1):71-73.

[9] 周壮丽.生漆应用研究进展[J].中国生漆,2009,28(1):39-45.

[10] 董艳鹤,王成章,宫坤,等.漆树资源的化学成分及其综合利用研究进展[J].林产化学与工业,2009,29:225-233.

[11] 张飞龙,李钢.生漆的组成结构与其性能的关系研究[J].中国生漆,2000,19(3):31-39.

[12] 张飞龙.生漆成膜的分子机理[J].中国生漆,2012,31(1):13-21.

[13] 张飞龙.生漆成膜反应过程的研究[J].中国生漆,1992,11(2):18-33.

[14] 张飞龙.生漆成膜的分子基础——Ⅰ生漆成膜的物质基础[J].中国生漆,2010,29(1):26-45.

[15] 孙祥玲,吴国民,孔振武.天然生漆的水基化改性及其性能研究[J].生物质化学工程,2014,48(4):18-23.

[16] 张飞龙.生漆精制过程对漆液流变性质的影响研究[J].林产化学与工业,2007,28(4):81-85.

[17] 张飞龙,张武桥,魏朔南.中国漆树资源研究及精细化应用[J].中国生漆,2007,26(2):36-51.

[18] 张飞龙,李钢.生漆的组成结构与其性能的关系研究[J].中国生漆,2000,19(3):31-37.

[19] 杜予民.漆树液精油化学成分的研究[J].高等学校化学学报,1990,11(6):605-610.

[20] 王国栋,陈晓亚.漆酶的性质、功能、催化机理和应用[J].植物学通报.2003,20(4):469-475.

[21] 傅志东.生漆和漆酚物理性质的研究[J].物理,1984,17(4):218-221.

[22] 万云洋,杜予民.漆酶结构与催化机理[J].化学通报,2007,4:662-670.

[23] 张飞龙.生漆科学研究动态聚焦[J].中国生漆,2001,20(2):12-17.

[24] 王曼玲,胡中立,周明全,等.植物多酚氧化酶的研究进展[J].植物学通报,2005,22(2):215-222.

[25] 张飞龙.漆酶催化反应动力学特性研究[J].中国生漆,1990,9(1):11-17.

[26] 杜予民,孔振武,李海萍,等.生漆多糖的分离和结构研究[J].高分子学报,1994,3:301-306.

[27] 孙祥玲,吴国民,孔振武.生漆改性及其应用进展[J].生物质化学工程,2014,48(2):41-48.

[28] 陈钦慧,林金火.苯胺改性漆酚甲醛缩聚物的研究[J].林产化学与工业,2002,22(4):63-65.

[29] 陈钦慧,林金火.漆酚甲醛缩聚物/醇酸树脂IPN的研究[J].中国生漆,2001,20(2):1-4.

[30] 刘建桂,陈钦慧,徐艳莲,等.漆酚铁聚合物-醇酸树脂互穿聚合物网络涂料的研究[J].林产化学与工业,2005,25(2):91-94.

[31] 徐景文,林金火,刘灿培.生漆与二异氰酸酯的反应及漆膜性能[J].化学研究与应用,2005,17(6):832-834.

[32] 廉鹏.生漆的化学组成及成膜机理[J].陕西师范大学学报(自然科学版),2004,32(6):99-102.

[33] 林金火,陈文定.漆酚硼衍生物的研究(Ⅱ)——丁氧基硼酸氢化漆酚脂的合成及结构表征[J].中国生漆,1995,14(2):1-4.

[34] 徐艳莲,胡炳环,林金火,等.漆酚钛聚合物/蒙脱土纳米复合材料的制备、结构与性能[J].高分子学报,2005,6:825-828.

[35] 胡炳环,陈文定.新型漆酚钛螯合高聚物防腐蚀涂料中试研究[J].林产化学与工业,1998,18(1):17-22.

[36] 杨珠,邓丰,林金火,等.漆酚缩醛胺/环氧树脂水性涂料的涂膜性能研究[J].中国生漆,2006,25(2):1-5.

[37] 刘永志,夏建荣,林金火.紫外光固化法制备漆酚/石墨复合导电涂料的研究[J].中国生漆,2010,29(2):13-15.

[38] 徐艳莲,林金火.漆酚缩甲醛锕配合物的制备、结构及性能[J].功能高分子学报,2004,17(2):229-234.

[39] 陈钦慧,林金火.漆酚镨高聚物吸附有害气体的性能研究[J].离子交换与吸附,2005,21(2):184-188.

[40] 杨珠,张志华,邓丰,等.漆酚醛树脂多孔微球对有机物的吸附性能[J].离子交换与吸附,2007,23(1):77-81.

[41] 史伯安.漆酚-喔星功能聚合物的合成及特性研究[J].功能材料,2005,36(5):277-279.

[42] 潘宇,李顺祥,傅超凡.漆树的现代研究进展[J].科技导报,2013,31(26):74-80.

[43] 李林.漆树树皮结构与树皮及生漆化学成分研究[D].西安:西北大学,2008.

第 10 章 植 物 单 宁

10.1 概　　述

植物单宁(vegetable tannin)又名植物多酚(plant polyphenols),在自然界中的储量非常丰富,主要存在于植物的皮、根、叶和果肉中,植物被昆虫伤害所形成的虫瘿中单宁含量高,75%以上的中草药中含有单宁类化合物,如五倍子中所含单宁的量可高达70%,所以大多数中药复方汤剂和中成药中都含有单宁。植物中多酚含量仅次于纤维素、木质素、半纤维素,是植物体内的复杂酚类次生代谢产物,具有多元酚结构而得此名。多酚在植物中的存在形式有三种:游离态、酯化态和结合态。植物中游离酚多以原花青素、类黄酮为主,酯化酚、结合酚多为酚酸类,结合酚与纤维素、蛋白质、木质素、类黄酮、葡萄糖、酒石酸等以结合的形式存在于植物组织的初生壁和次生壁中。植物品种不同、发育阶段不同,所含多酚的存在形式和含量都不尽相同。植物多酚的存在形式影响其抗氧化性,游离态的多酚才表现出抗氧化性,酯化态和结合态的多酚须被酸解、碱解或酶解后才能表现出抗氧化性。

人类在远古时代主要用植物单宁鞣制皮革,这是人们早期认识和利用植物单宁。1796 年Seguin 定义了 一个专门的术语"tannin"(单宁)来表示植物水浸提物中能使生皮转变为革的化学成分。研究之后发现,这种化学成分是一系列的多酚类化合物。1803 年,人们将栎树皮浸提液鞣制皮革。1823 年,澳大利亚出现了单宁商品化产品。19 世纪后期,德、法相继建厂,生产栲胶。1957 年,White 指出栲胶中产生鞣制作用的是相对分子质量在 500~3000 的植物多酚成分。1962 年,Bate-Smith 定义单宁为相对分子质量在 500~3000 的植物多酚。相对分子质量小于 500 的单宁往往具有更高活性。将植物中含有的单宁及与单宁有生源关系的化合物作为一类研究对象,统称为植物多酚。而"植物多酚"这一术语是由 Haslam 在 1981 年根据单宁的分子结构及相对分子质量提出的,包括了所有单宁以及与单宁的衍生物质。"植物多酚"概念的提出意味着人们更注重从化学结构的角度认识这类化合物。

按照单宁的化学结构特征,植物中单宁可分为水解单宁(聚棓酸酯类多酚,图 10-1)、缩合单宁(聚黄烷醇类多酚,图 10-2)和新型单宁三大类。其中,水解单宁主要是聚棓酸酯类多酚,即棓酸及其衍生物与多元醇以酯键连接而成,以一个多元醇为核心,通过酯键与多个酚羧酸连接而成,分子结构为 C_6-C_1 型,分为棓酸单宁和鞣花单宁两类(棓酸单宁水解后产生棓酸(没食子酸),鞣花单宁水解后产生鞣花酸),水解单宁在酸、碱、酶的作用下不稳定,易于水解。缩合单宁则主要是聚黄烷醇类多酚或原花色素,即羟基黄烷醇类单体的组合物,单体之间以 C—C 键相连,分子结构为 C_6-C_3-C_6 型,按照相对分子质量分为黄烷醇单体和聚合体,500~3000 的聚合体称为缩合单宁,进一步缩合产物称为红粉和酚酸,也称为原花色素。原花色素通常指从植物中分离得到的一切无色、在热酸处理下能产生花色素的物质,包括单体原花色素(黄烷-3-醇,黄烷-3,4-二醇)和聚合体原花色素(二聚体、寡聚体、红粉、酚酸等)。黄烷醇单体根据中间3 个碳氧化还原程度、环合的位置及苯基的取代位置,主要包括花色素、黄酮类、黄酮醇、黄烷-3-醇等 10 种,典型结构有黑荆树皮单宁、落叶松树皮单宁、杨梅树皮单宁、红粉和酚酸,缩合单宁则相对稳定,但在强酸作用下会缩合成不溶于水的物质。新型单宁兼有水解单宁和缩合单宁二者的结构和性质,主要有黄烷-鞣花酸单宁、原花青素-鞣花酸单宁、黄酮-鞣花酸单宁和查尔烷缩合单宁。尽管水解单宁和缩合单宁在分子结构、化学性质、应用范围上存在明显差异,但它们的结构单元都是由多环芳核和活性官能团组成,酚羟基较多,也正是由于多元酚的结构,植物单宁具有一系列独特的化学性质,从 20 世纪 80 年代开始,它们就被大量运用在医药、食品、保健品、日用品、水处理制革等方面。

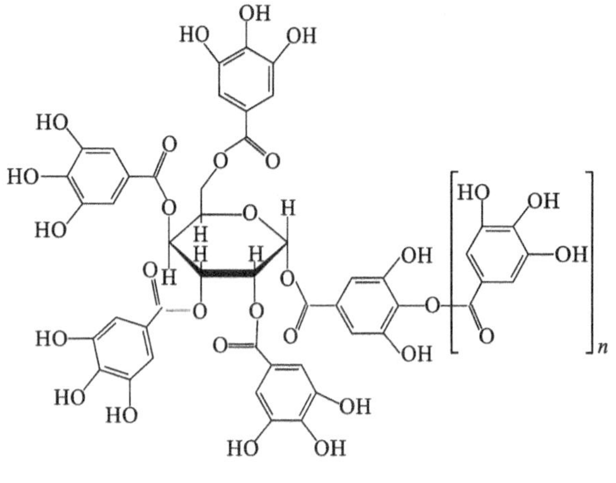

图 10-1　水解单宁

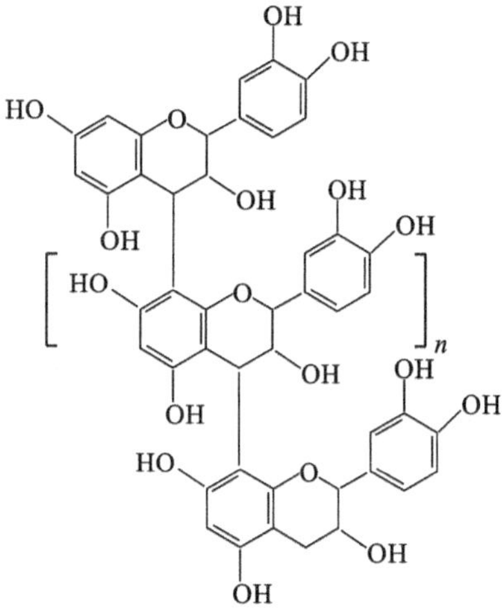

图 10-2　缩合单宁

10.2　植物单宁的制备、组成和特性

过去人们常把单宁作为无效成分去除,由于分离技术的不断提高,对单宁单体的提纯、分离和结构鉴定技术有了很大的进展。

10.2.1　植物单宁的提取

常见的提取植物单宁的方法有溶剂提取法、超声波辅助提取法、微波辅助提取法、超临界 CO_2 萃取法以及半仿生提取法等。其中微波、超声波辅助、超临界萃取等技术大大提高了单宁的提取效率和纯度。

1. 溶剂提取法

植物单宁溶剂提取法是基于"相似相溶"原理提取天然植物活性成分,常采用煎煮法、浸提法、回流法等方法,通常选择对有效成分溶解度大,对其他杂质不溶或溶解度小的溶剂,利用所提有效成分在溶剂中溶解度的不同,使有效成分从植物组织中溶出。植物单宁一般采用水或有机溶剂提取,由于单宁的组成复杂,水作为单宁的提取溶剂时存在提取时间长、提取温度较高、溶出的杂质多等问题,纯溶剂不能完全提取单宁组分,一般采用水与其他溶剂组合使用效果较理想,单宁在有机溶剂(如乙醚、乙酸乙酯、丙酮、丙醇、甲醇、乙醇等)水溶液中溶解度更大,采用水、有机溶剂(50%～70%)复合溶剂体系溶解效果更好,如丙酮-水复合体系具有较强的溶解单宁的能力,该溶剂体系能够将单宁-蛋白质的连接键打开,丙酮可以通过蒸发除去,当前使用普遍。采用丙酮-水溶液为提取剂提取白葡萄皮渣和红葡萄皮渣中的单宁,丙酮体积分数为 50%,单宁提取率为 3.80%,且单宁纯度为 84.97%。低聚的缩合单宁及水解单宁能在乙酸乙酯中溶解,甲醇能醇解水解单宁中的缩酚酸键,乙醚溶解能力较差,只能溶解相对分子质量小的多元酚。乙醇回流法、甲醇冷浸法、乙醇热浸法等都是常用的提取方法。针对不同来源与种类的植物单宁,其对应的适宜萃取工艺条件如料液比例、提取溶剂、时间、温度、提取次数等提取条件是不同的。

2. 超声波辅助提取法

超声波辅助提取法是采用超声波辅助溶剂进行提取,声波产生高速、强烈的空化效应和搅拌作用,破坏植物的细胞,使溶剂渗透到药材细胞中,缩短提取时间,提高提取率。这种方法具有较高的提取效率,超声波能诱使细胞组织变形或破壁,使活性成分的提取效果更好,提取率大大高于传统工艺,具有较短的提取时间、较低的提取温度,适用于易氧化或水解、遇热不稳定的成分提取。超声波辅助提取法已被广泛应用于植物单宁的提取,如不论何种溶剂为提取剂,采用超声波辅助提取法的提取效果都要优于传统的浸提法。采用超声波提取法提取五倍子单宁,优化条件下提取 2 次就可以达到五倍子单宁最大提取量的 92.27%。超声波辅助提取法不仅提取时间短,而且提取率较高。

3. 微波辅助提取法

微波是指频率在 $3.0 \times 10^8 \sim 3.0 \times 10^{11}$ Hz 的电磁波,是无线电波中亚毫米波、毫米波、厘米波、分米波的统称。微波具有吸收、反射和穿透等特性。金属等会反射微波,微波具有较强的穿透力,可以穿透瓷器、塑料、玻璃而不被吸收,能够渗透到细胞基质内部,由于吸收了微波能,细胞内部的温度将迅速上升,从而使细胞内部的压力超过细胞壁膨胀所能承受的能力,结果细胞破裂,其内的有效成分自由流出,并在较低的温度下溶解于萃取介质中。此外,微波还能够提高溶剂活性,降低溶剂的传质阻力,从而加快溶剂提取的速度,所以微波辅助提取法是一种快速高效提取生物活性成分的提取技术。微波辅助提取法被广泛地应用于中草药及天然产物的提取中,优势显著,具有提取效率高、提取选择性强、设备简单、能耗低、污染小、产品质量好等特点。采用微波辅助丙酮提取石榴果渣中的单宁,提取时间为 10 s,单宁得率最高可达 18.52%。

4. 超临界 CO_2 萃取法

超临界流体在具有较高的溶解能力的同时,还具有较高的传质速率、较好的流动性能和很快达到平衡的能力,温度和压力在临界点附近的微小变化都能引起溶解能力的显著变化,这使超临界流体具有良好的可调节性和选择性。超临界 CO_2 萃取法是一种以超临界流体 CO_2 为萃取溶剂进行有效成分萃取分离的方法。超临界 CO_2 可使单宁不受空气和光的影响,且通过等温降压或者等压升温,可以将单宁与萃取剂分离。超临界 CO_2 萃取法萃取能力强,提取率高,操作温度低,提取时间快,生产周期短。采用超临界 CO_2 萃取法萃取五倍子中的单宁酸,单宁酸得率为 57.83%,单宁酸含量大于 96%。

5. 半仿生提取法

半仿生提取法(semi-bionic extraction method,SBE 法)是从生物药剂学的角度,模仿口服药物在胃肠道的转运过程,采用活性指导下的导向分离方法,保证被提取物的生物活性,用特定 pH 值的酸性水和碱性水,依次连续提取得到高含量提取物成分的提取新技术。半仿生提取法具有有效成分损失少、生产周期短、生产成本低等特点。半仿生提取法得到的总单宁得率最高为 43.2%,采用超声波辅助-半仿生法提取石榴皮中单宁,能够提高单宁对 DPPH 自由基、ABTS 自由基等的清除能力。

10.2.2　植物单宁的纯化

单宁是许多结构性质非常相似的化合物的混合物,且单宁粗提物中通常含有蛋白质、色素、糖类和脂类等杂质,需进一步分离纯化。常见的单宁的分离纯化技术主要有有机溶剂萃取法、沉淀法、柱层析法、薄层色谱法、制备型高效液相色谱法和膜分离法等。

单宁的水溶液先通过氯仿或者乙醚等溶剂萃取初步纯化,除去其中的弱极性成分,之后再利用甲醇、乙酸乙酯、正丁醇等进行分步萃取。工业单宁酸用溶剂提纯、纯化,纯度大于 90%。有机溶剂易残留,不利于环保和健康。

目前,植物单宁纯化、分离常用柱层析方法,根据组分在流动相和固定相中分配系数不同,经多次反复分配将组分分离开来,得到纯化产品。该方法具有易于实现工业化大规模生产、分离效率高、选择性强等优点。

膜分离法是以选择性透过膜为分离介质,以膜两侧压力差为动力,使原料中的不同组分有选择性地透过膜组件,从而达到分离提纯目的的分离方法。膜分离技术既有分离、浓缩、纯化和精制的功能,又有高效、节能、环保、分子级过滤及过滤过程简单、易于控制等特征,是一种绿色节能新技术。采用聚砜膜纯化单宁,操作温度为 40 ℃,纯化单宁含量可达 64% 左右。

10.2.3　植物单宁的分析

单宁的定性分析有传统的颜色反应、沉淀反应和色谱分析法等。可以通过颜色反应和沉淀反应初步定性鉴定结构不明确的单宁。单宁的定性可通过使明胶溶液变混浊或生成沉淀来进行,如在单宁溶液中滴加明胶,会立即产生白色沉淀,水解单宁遇三氯化铁溶液会变成蓝黑色或蓝色,缩合单宁遇三氯化铁溶液会变成墨绿色或绿色。有色沉淀还可以初步判断单宁的类别,如缩合单宁遇到溴水会产生橙色或黄色的沉淀,与甲醛、盐酸共沸可发生 Mannich 反应,产生红色的鞣红沉淀,与石灰水反应会生成红棕色或棕色的沉淀,有间苯三酚型 A 环的缩合单宁,能够与香草酸-盐酸反应变红色,遇茴香醛-硫酸呈橙色。水解单宁与醋酸铅-醋酸反应产生沉淀,与三价铁盐反应呈绿色,与石灰水反应产生青灰色沉淀。

单宁的色谱分析法通常有液相色谱分析法(根据相同色谱条件下待测样品与标准品的出峰时间是否一致)、薄层色谱分析法(在同一色谱条件下,同一薄层板上展开的待测样品与单宁对照品是否一致)和红外谱图分析法(主要用来鉴定是否为水解单宁)。

单宁的定量方法有很多,如化学发光法、原子吸收光度法、^{13}C-核磁共振法、红外光谱法、高效液相色谱法、重量法、紫外-可见分光光度法、薄层扫描法、热透镜光谱法、容量法、高灵敏示波电位动力学分析法和电化学传感器法等。皮粉法、高锰酸钾法、干酪素法、配合滴定法、比色法和分光光度法等单宁的经典含量测定方法简单、操作简便,仪器价格低廉,因此在工业中被广泛应用。

干酪素法有较高的选择性,干酪素能选择性地结合有生理活性的单宁,所以可以用于测定有生理活性的单宁,而无生理活性的单宁如鞣酐则不能被测定,一般适于测定侧柏叶等含量较低的单宁。皮粉法没有选择性,皮粉法是利用皮粉蛋白质与单宁的结合来测定单宁,单宁可通过分子中的酚羟基与蛋白质中的酰胺基形成氢键而结合成不溶于水的沉淀,通过重量分析可测定单宁含量。皮粉法的测定需要时间较长、样品量大、测定结果偏高,一般只用于测定单宁含量高的生药,不适于样品较少或含量低的样品测定。配合滴定法就是利用单宁分子内的多个邻位酚羟基可作为多基配体与一个中心离子(如铜、锡、铋、锌、汞、铁等)配合,形成环状的螯合物,在不同的 pH 值下产生沉淀。配合滴定法可以准确精密地测定啤酒花中单宁含量,终点清晰明显。比色法利用特定试剂与单宁发生颜色反应,样品中的单宁含量可以通过吸光度测定(直接紫外分光光度法:利用单宁在紫外区 280 nm 波长处具有最大紫外吸收值,通过测定吸光度值直接测定单宁含量的方法),该方法在目前的应用最为广泛,如正丁醇-盐酸法测定单宁是以花色素反应为基础的,即在热酸作用下原花青素会生成红色物质,在这个条件下脱除质子,发生氧化得到花色素。在酸作用下聚合原花青素单元之间的连接键很容易被打开,上部单元、下部单元分别生成花色素及黄烷-3-醇。正丁醇-盐酸和香草醛法具有灵敏性、专一性和简单迅速的特点,在其他多酚共存的情况下,能选择性地用于样品中黄烷醇类多酚的定量测定,并可用于微量测定。正丁醇-盐酸法在测定原花青素的含量时,数值偏低,这可能是由于该方法对原花青素的结构反应较灵敏,有较高的选择性,对于儿茶素等单体原花青素不反应,原花青素聚合体的花色素反应可能也不完全。

香草醛法利用香草醛和多酚类物质酚醛缩合反应的一对一的特异结合,可以根据正碳离子吸光度测定出原花色素含量。如图 10-3 所示,在酸催化作用下,原花青素分子中的间苯三酚与香草醛发生缩合而形成有色的正碳离子,即醛以 A 环上的 6、8 位为亲核活性中心,通过亚甲基(—CH₂—)桥键与多酚交联形成大分子,A 环产生红色的发光基团。该法所依赖的反应基团为原花青素 A 环的间苯二酚或间苯三酚,儿茶素及其低聚体等都能参加反应,可同时测定单体和聚合体的总含量。

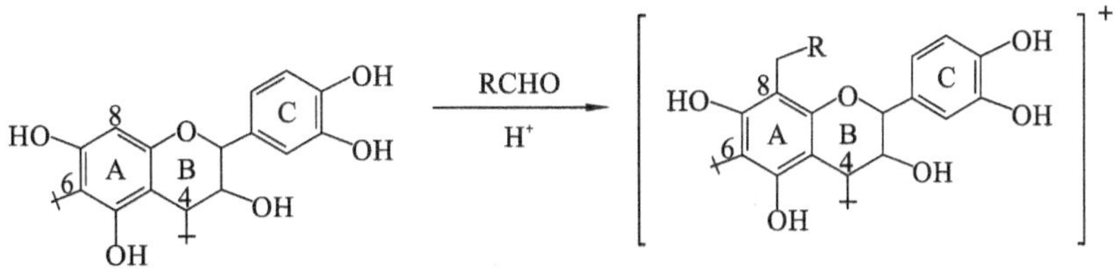

图 10-3　酚醛缩合反应

其他方法如铁盐催化比色法的测定原理是原花青素在稀酸的作用下,形成中间产物,然后形成花青素,一定量的过渡金属离子(Fe^{3+})可以提高反应程度和颜色的稳定性,这个自动氧化过程需要氧的参加。

10.2.4　单宁的特性

1. 单宁的理化特性

单宁具有较多酚羟基,是一种多酚类物质,易被氧化而难以获得无色单体,多呈米黄色、棕色甚至褐色。单宁分子式为 $C_{76}H_{52}O_{46}$,相对分子质量通常在 500~3000,多数为无定形粉末,少数能形成晶体。单宁极性较强,可溶于水、乙醇、丙酮等强极性溶剂,也可溶于乙酸乙酯,不溶于乙醚、氯仿、苯及石油醚等。与稀酸共沸,缩合单宁可生成暗红色的鞣红沉淀,而水解单宁则可被水解成酚酸。缩合单宁与溴水可产生橙红色或黄色沉淀。水解单宁无此反应。单宁与蛋白质有强烈的相互作用,可与蛋白质相结合而形成不溶于水的沉淀。单宁能与多种生物碱和金属离子发生作用而生成沉淀物,单宁可与许多金属离子配合,如单宁水溶液加三氯化铁试剂,水解单宁显蓝色或蓝黑色反应,并常有沉淀产生,缩合单宁显绿色或墨绿色,工业上利用该性质制造蓝黑墨水。单宁与亚铁盐作用呈墨绿色,多数单宁有酚基而呈弱酸性。单宁因有较多酚羟基,故其水溶液显弱酸性,能与生物碱相结合形成不溶或难溶于水的沉淀,可作为检出生物碱的沉淀试剂。单宁极易被氧化,特别在碱性条件下氧化更快,故单宁可作为抗氧化剂。水解单宁和缩合单宁遇到石灰水会产生青灰色沉淀或棕红色、棕色沉淀。水解单宁和缩合单宁遇到醋酸铅试剂都会生成沉淀,缩合单宁生成的沉淀可溶于稀醋酸。缩合单宁与甲醛、盐酸在受热状态,会发生 Mannich 反应,产生缩合,生成鞣红沉淀。单宁的这些特性在工业上已经得到广泛应用。

2. 单宁的氧化还原性

酚羟基的化学活性影响单宁的生理活性,邻位酚羟基使单宁能与蛋白质、酶、生物碱、多糖、一些金属离子及其他生物大分子发生反应、静电作用。

单宁分子中具有较多邻位酚羟基,所以有较强的还原性,在生物体内具有较强的清除氧自由基和抗氧化的能力,可阻断和抑制链式自由基氧化反应。原花青素是迄今为止所发现的最有效的自由基清除剂之一,它对 70 多种疾病具有直接或间接的预防治疗作用。单宁的聚合程度越大,酚羟基个数越多,对自由基的抑制越强。相对分子质量较大的单宁抗氧化能力远较茶多酚和没食子酸强。如山楂单宁黄酮类提取物可以清除 1,1-二苯基苦基苯肼(1,1-diphenyl-2-picryl-hydrazyl,DPPH)自由基。有效抑制细胞体系及非细胞体系的低密度脂蛋白(low density lipoprotein,LDL)氧化。

单宁的酚羟基,尤其是邻位酚羟基(邻苯二酚、邻苯三酚)容易被氧化,在有酶、空气、水分的环境中氧化反应加快,表现为颜色加深。pH 值为 2.5 时,氧化较慢;pH 值大于 3.5 时,单宁容易发生氧化反应,碱性环境会显著加快氧化速度。没食子酸可以由水解单宁和低相对分子质量茶单宁降解得到,在食品保存中作为天然抗氧化剂使用。单宁的还原反应会消耗环境中的氧,释放出的氢可以结合环境中的自由基,使连锁反应中止,从而阻止氧化过程的继续传递和进行。

3. 单宁的抑菌性

相对分子质量越大的黑荆树皮单宁级分与蛋白质发生沉淀的程度越大,对某些水解酶活力的抑制作用越强;相对分子质量适中的单宁级分,对某些细菌的抑制作用最明显。单宁能凝固微生物体内的原生质,对多种酶和病菌具有明显的抑制作用(表 10-1)。

表 10-1　单宁对病菌的抑制作用

单　　宁	抑菌抗癌作用
黑树莓单宁	能降低 RAW 264.7 小鼠巨噬细胞中的一氧化氮含量、细胞因子水平和前列腺素 E_2 水平,表现出明显的抗炎能力。根多酚有抗炎功能,对炭疽杆菌、鲍氏不动杆菌、金黄色葡萄球菌有致死活性
虎杖单宁	可以显著抑制福氏痢疾杆菌、金黄色葡萄球菌、沙门氏菌、大肠杆菌等,还具有降血糖的功能
芒果多酚	可以抑制对苏云金芽孢杆菌、金黄色葡萄球菌、枯草芽孢杆菌、大肠杆菌等,抑菌效果与浓度呈正相关
茶单宁	抑制幽门螺旋菌
槟榔单宁	抑制链球菌,减少龋齿的形成

续表

单　宁	抑菌抗癌作用
梓檬桉叶单宁	抑制艾氏腹水癌的发展，乙酸乙酯和水提取物抑制率分别为 29.79% 和 18.48%。其抗癌活性可能来源于提取物中的黄酮类、单宁类和皂苷类
石榴皮多酚粗提物	强烈抑制人宫颈癌细胞，抑制率与石榴皮多酚粗提物浓度成正比
儿茶酚及其衍生物	对小鼠艾氏腹水癌实体型及肝癌实体瘤生长均有明显的抑制作用

4. 单宁的医药特性

单宁对多种诱变剂有多重抑制活性，并能促进生物大分子和细胞的损伤修复，体现出一定的抗癌作用。柿子单宁对蛇毒蛋白有较好的抑制效果，对多种毒素有高效解毒作用，如印度眼镜蛇、菲律宾眼镜蛇、台湾眼镜蛇等的毒素。

单宁可以改善血液流变性，还可以通过降低小肠中的胆固醇的吸收来降低血脂浓度，从而减少心脑血管疾病的发生。单宁具有突出的抗高血压性质。缩合单宁抑制血管紧张肽转化酶的作用与其化学结构有一定的规律，其活性随其聚合度的增加而增加。缩合单宁与血管紧张肽转化酶的相互作用相当强，比与其他蛋白酶如胰蛋白酶、氨肽酶、梭肽酶的作用要强数十倍。一些水解类单宁，如鞣酸、云实素、大黄单宁等可以减少脑出血、脑梗死的可能。目前已使用单宁衍生物 6-O-酰基-D-葡萄糖云实素和 1,2,3,4,6-五-O-酰基-β-D-葡萄糖治疗高血压。

单宁通过邻位酚羟基与金属离子发生配位反应，得到环状的螯合物，可用作生物碱和一些重金属中毒时的解毒剂，因为它们能结合生成沉淀，减少被机体的吸收量。单宁在配合的同时使高价金属离子被还原，自身氧化成醌，还可能与金属离子产生静电作用。

单宁具有收敛性，内服可用于治疗胃肠道出血、溃疡和水泻等症；外用于创伤、灼伤的创面，可使创伤表面渗出物中蛋白质凝固，形成痂膜，可保护创面，以减少分泌和血浆损失，还可防止细菌感染。植物单宁在化妆品中可以起到收敛、防晒、美白保湿以及抗皱等作用，另外，植物单宁还具有抗衰老活性及抗突变活性等。单宁能使创面的微血管收缩，有局部止血作用。

单宁通过与蛋白质反应，可以具有止血、解毒、消炎、抑菌、抗病毒、抗龋齿、抗过敏等生理活性，通过清除自由基性质，可以实现延缓衰老、抗心脑血管疾病、促进免疫、抗肿瘤和癌变、抗白内障、抑制脂质过氧化、抗突变等功能。

5. 单宁的其他特性

单宁可以清除自由基，达到抗皱和保持皮肤弹性、防晒和抗紫外线的效果。单宁还能抑制酪氨酸酶，可达到避免黑色素增加，保持美白的目的。

单宁有涩味，这是其与唾液蛋白结合，使舌上皮组织收缩导致的。食物中具有较高含量的单宁时，会影响人体对蛋白质、纤维素、淀粉和脂肪的消化，降低食物的营养价值，严重时甚至导致中毒、消化道疾病和牲畜死亡。单宁与蛋白质结合的主要形式为氢键。单宁的大量酚羟基与蛋白质主链的肽键，侧链上的 OH、NH_2 以及 $COOH$ 以氢键的形式多点结合。不同的单宁对于不同的蛋白质的亲和力差异上，结构越松散、相对分子质量越大、氨基酸脂肪基越大、疏水性氨基酸含量越高的蛋白质与单宁结合能力越强，与单宁的结合越好，从而说明了在单宁-蛋白质反应中疏水键也是一种重要的形式。

10.3　植物单宁的化学结构

五倍子、橡碗、柯子、丁香等所含的单宁为水解单宁，水解单宁是植物体内没食子酸的代谢产物,是棓酸及其衍生物与葡萄糖、多元醇主要通过酯键结合成的化合物。在酸、酶或碱的作用下易水解(图 10-4),产生多元醇及多元酚羧酸类(如没食子酸、鞣花酸)。根据所产生多元酚羧酸的不同,水解单宁又可分为没食子单宁(gallotannins)和鞣花单宁(ellagitannins)。缩合单宁是以黄烷-3-醇为基本结构单元的缩合物,具有 C_6—C_3—C_6 结构(图 10-5),在水溶液中不易分解。

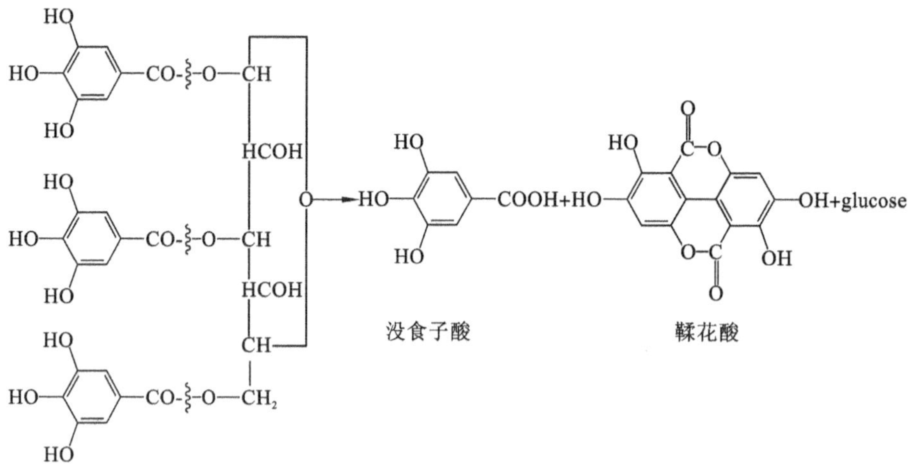

没食子酸　　　　　鞣花酸

图 10-4　水解单宁水解过程

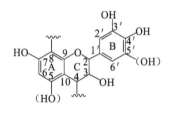

图 10-5　缩合单宁的化学结构

坚木、黑荆树、落叶松的树皮提取的天然多酚类化合物都属于缩合单宁,如黑荆树单宁结构主要是由间苯二酚 A 环和邻苯三酚或邻苯二酚 B 环的黄烷醇单元组成,其中 A 环的 C(6)和 C(8)位碳原子可以通过与羟甲基、甲醛等发生反应得到亚甲基桥。

缩合单宁和水解单宁都含有数目众多的酚羟基,以邻位酚羟基(联苯三酚、邻苯二酚)最为典型,相对分子质量较大,且分布较宽,但在组成单元骨架上完全不同,由此造成它们在化学性质、应用范围上的显著差异。

木材工业用的热固性聚合类黄酮单宁黄酮单体主要是由间苯三酚(松树单宁类黄酮单体)或间苯二酚 A 环(黑荆树和坚木单宁类黄酮单体)和连苯二酚或连苯三酚 B 环组成。间苯三酚 A 环与间苯二酚 A 环型单宁相比,环上两个酚羟基的供电子作用使得苯环上的电子云密度增加,特别是在 C(6)和 C(8)位上,增强了芳环的亲核性,从而更容易发生亲电取代反应,所以间苯三酚 A 环单宁反应活性高、固化速度更快。

单宁中类黄酮单体之间的连接方式受来源的影响较大,如松树单宁、原花青素、原翠雀素单宁以 C(4)—C(8)连接,原菲瑟素、原刺槐素单宁主要是 C(4)—C(6)连接。如果单宁大分子中只含有 C(4)—C(6)或 C(4)—C(8)连接时,分子为线型结构,坚木单宁基本由线型分子组成,易于水解。单宁大分子若同时含有 C(4)—C(6)和 C(4)—C(8)连接时,则为支链型结构,支链型结构不含有反应活性位,在改性过程中,不能与甲醛发生反应,黑荆树单宁分子中存在大量的支链型结构,不易水解(表 10-2)。

表 10-2　单宁类别

类　　别	分类标准与化学结构	举　　例
1. 可水解单宁	可水解单宁是多元醇、酚酸以酯键、苷键链接而成，故在酸、碱或酶的作用下可水解生成多元醇及酚酸。根据可水解单宁所产生的酚酸的类别又可分为鞣花单宁和没食子单宁	
1）没食子单宁	水解生成的酚酸为没食子酸或其缩合物（常见的有间-双没食子酸、对-双没食子酸、六羟基联苯二甲酸）	五倍子单宁
2）鞣花单宁	水解生成的酚酸为鞣花酸或其他与六羟基联苯二甲酸有生源关系的物质	老鹳草素
2. 缩合单宁	羟基黄烷类单体组成的缩合物，水解试剂处理不产生明显的低相对分子质量化合物，相反，在酸中趋向于聚合成无定形的化合物（鞣红）	肉桂单宁
3. 复杂单宁	含可水解单宁和缩合单宁两种类型的结构单元，具有两种单宁的特征	
1）黄酮-鞣花单宁	鞣花酸单宁的糖基上连接有黄酮苷类结构	蒙栎鞣宁 B
2）黄烷-鞣花单宁	可水解单宁的葡萄糖上通过 C—C 键连接有黄烷结构	狭叶栎单宁 A
3）查儿烷缩合单宁	查尔烷是这类单宁分子中的单元组成之一	地榆查尔黄烷 A-1
4）原花青素-鞣花单宁	以葡萄糖为中心同时连接有缩合单宁结构和水解单宁结构	蒙栎鞣宁

10.4　植物单宁的化学特性

植物单宁作为一类储量丰富、可再生的绿色资源，已成为人类利用的重要资源之一。多酚化学的不断发展，使人们对多酚的利用逐渐从粗放式转向精细化，对植物多酚的精细化利用已经成为多酚化学发展的主要内容。

10.4.1　植物单宁与蛋白质、生物碱、多糖的反应

植物单宁最重要的化学特性是能够与蛋白质产生结合反应。在 19 世纪初，人们就发现了单宁与蛋白质结合的现象。单宁的结构中含有大量的酚羟基，而蛋白质中含有很多的酰胺键、羟基、氨基、羧基，两者之间可以以氢键的形式发生多点结合。单宁与蛋白质的结合形式不是只有氢键，氨基酸中的疏水键影响单宁-蛋白质的结合。手-手套模型成功地解释了单宁-蛋白质之间的结合机理，植物单宁先通过氨基酸中的疏水基团进入疏水袋，向蛋白质分子靠近，然后其中的酚羟基再与蛋白质分子中的酰胺键、羟基、氨基、羧基等发生多点氢键结合（图10-6）。植物单宁与生物碱、多糖甚至与核酸、细胞膜等生物大分子的分子复合反应也与此相似。

10.4.2　植物单宁与金属离子的配合反应

从植物单宁的结构可以知道，其分子内含有较多的邻位酚羟基，能够作为多基配体与一个

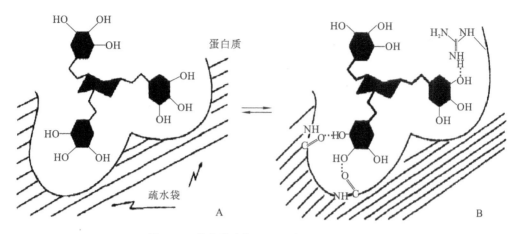

图 10-6　植物单宁与蛋白质的结合反应机理

中心离子(如铅、锡、铋、锌、汞、铁、铜)配合,形成螯合物,在一定的 pH 条件下发生沉淀,所形成的螯合物一般有颜色。这一性质应用在鞣剂和染料、金属抗锈涂料、水处理剂和农药等方面。单宁与三价铁离子的配合反应,单宁一般是以一个离子态的氧负离子和一个酚羟基与铁发生配合,或者是两个离子态的氧负离子与铁配合,形成二价或者是一价的配离子,在酸性状态,形成的是一配基配合物,在 pH 4~6 之间形成二配基配合物,在碱性状态下才能形成三配基配合物。单宁在与重金属离子发生配合反应的同时,常常发生氧化还原反应,使高价的金属离子如 Cr^{6+}、Cu^{2+}、Fe^{3+} 还原成 Cr^{3+}、Cu^+、Fe^{2+},单宁氧化成醌。反应时溶液的 pH 值影响配位的方式。此外,多酚还与金属离子发生静电作用。

　　碱族、碱土族金属离子能通过静电作用使单宁的溶解度降低,对于周期表中的同类金属元素(Li-K,Mg-Ba),金属活性越强,促使单宁的溶解度降低越明显。单宁遇到 Ca^{2+} 是个特殊案例,由于电荷数和原子半径两方面的因素,它能与单宁生成溶于水的配合物,这一性质使植物单宁可以成为有效的锅炉水处理剂。单宁通过螯合锅垢的钙盐,达到预防钙盐沉积的效果。钢材表层的氧化铁膜结合单宁形成 Fe_2O_3 单宁酸铁的配合物,硬化钢材的表面,可以保护钢材,阻止钢材的腐蚀。在药理学、营养学上,金属离子与单宁的配合作用也有重要影响,如单宁通过食物影响铁、钙离子在人体的吸收,人体组织外或细胞外的钙离子与单宁配合,可拮抗平滑肌和心肌钙诱导的收缩,降低血压。

10.4.3　植物单宁的抗氧化性

　　植物单宁中含有的邻苯二酚或邻苯三酚中的邻位羟基,在有空气、水分以及较高 pH 值(pH>3.5)的时候易被氧化,氧化速率快,消耗掉环境中的氧。单宁还能作为氢供体与环境中的氧自由基结合,从源头上阻止自由基引发的连锁反应,从而阻止氧化反应,具有抗氧化性。

10.4.4　衍生化反应

　　单宁酸是一类多聚的酚类物质,能发生亚硫酸化、醚化、酯化、磺化、酰基化、偶氮化等衍生化反应,利用单宁酸衍生化反应可进一步对单宁酸改性,如提高其脂溶性等,从而拓宽单宁的应用范围。

10.4.5　固化单宁

植物单宁是一类两亲性多聚酚类物质,其分子中芳环是疏水部分,单宁的酚羟基使其具有一定的亲水性,会影响单宁在离子吸附方面的应用,如将植物单宁与不溶于水的高分子材料结合在一起,则可充分发挥二者的优势,拓宽其应用范围。含单宁高分子材料的主要合成途径有两种:酚-醛缩合单宁树脂是利用多酚与醛的反应,通过醛类物质形成桥键,使多酚与聚合物的相应活性基团缩合,形成高分子多酚树脂,主要用于离子交换及作为吸附材料;高分子底物经过接枝方法连接单宁,得到固化单宁。

1. 单宁-醛树脂

单宁的酚羟基使其具有一定的亲水性,过渡金属离子与单宁可以产生程度不同的螯合作用。螯合作用受溶液的 pH 控制,如酸性环境中发生解吸,碱性、中性环境中发生吸附。制备单宁离子树脂就是为了解决单宁水溶性的问题。缩合单宁的间苯三酚 A 环结构 C(6)和 C(8)位具有亲电性,可以与醛类发生酚醛缩合反应,单宁的酚醛缩合反应已用于木材胶黏剂的生产。单宁-醛树脂保持了单宁的一些性质,能与多种金属离子配合,可吸附重金属离子(如 Cr^{6+}、Cu^{2+}、Cd^{2+}、Pb^{2+}、Mn^{2+} 等),如柿子单宁树脂对从溶液中的铀、钼和金都有很强的吸附能力,尤其对 $HAuCl_4$ 的吸附可达 100%。

单宁离子交换树脂典型的制备方法是将粉状黑荆树皮单宁溶于等量的蒸馏水,用浓 NaOH 溶液调 pH 至 7,加入聚甲醛,在沸水浴中加热 2 h。将生成的树脂分散于 5% 的盐酸中,加热回流 2 h,过滤、水洗至中性,再将树脂放入 4% 的 NaOH 溶液中,在室温中静置过夜、过滤、水洗。

2. 固化单宁的方法

单宁采用氧化偶合或辐射引发自由基聚合进行接枝共聚等方法,通过酯键、醚键、配位键、氢键等固化到聚乙烯、聚丙烯酸树脂、纤维素、聚丙烯酰胺等底物上,从单宁的角度讲,称之为单宁的固化。将单宁接枝在某些高分子底物上,从底物讲,就是用单宁对高聚物进行改性。底物和单宁的类别不影响单宁的固化,如缩合单宁、水解单宁均可采用不同的方法固化,底物如壳聚糖、褐藻胶、琼脂、纤维素、蛋白质等天然高分子材料和聚乙烯吡咯烷酮、聚乙烯乙酸酯、聚苯乙烯、聚丙烯酸等合成高分子材料都可以用作底物制备固化单宁。单宁固化后,仍然可以保持单宁的生理活性,如抗氧化、清除自由基、抗微生物、抗病毒、与金属离子配合及其衍生比反应等,同时赋予高聚物许多新的性能。如选用天然高分子-胶原纤维做底物固化单宁,通过改性胶原纤维可以得到结构稳定、耐化学试剂侵蚀、耐微生物、热稳定性好的植鞣革,并将单宁的亲水性引入到改性材料中,产品具有良好的透水汽性。大部分的单宁活性反应部位在单宁固化的过程中被保存下来,并且存在一定的空间间隙,比未处理的植物单宁具有更大优越性。固化单宁产品不仅能用于金属离子的选择性吸附,如用于从海水中回收放射性元素铀,效率可达 99%,也可用于贵金属金等的回收,还能用于蛋白质、生物碱、多糖的吸附,如用于除去酒中的蛋白质,这一方法也能用于高分子材料的表面改性。固化单宁还可以用于制备酶固定床、氧化还原树脂、水处理剂、气体脱硫剂等。

单宁固化有较多的形式和方法,首先单宁固化物可以制成膜、纤维、树脂等形式,底物与单宁可以有多重化学键结合方式,固化方式主要有共价键、氢键、疏水键接枝固化等方式。

1) 共价键接枝固化

利用单宁中缩合单宁 A 环的 C(6)、C(8)及水解单宁的酚羟基发生酰基化、醚化、酯化等系列反应,形成共价键,制备接枝单宁固化物,通常包括碱处理底物、环氧激活、插入桥键、单宁偶合等步骤。

单宁酸先后分别与丙烯酸-丁二烯共聚物、甲基丙烯酸-2-羟基乙酯(HEMA)反应,通过形成酯键等共价键,制备同时具有亲水性和疏水性的固化单宁,用于吸附重金属离子时,既可以在有机溶剂环境中,也可以在水溶液环境中进行。

在底物和单宁之间用一段柔性链作为桥键,可以减少单宁分子活动的空间位阻,保持单宁的活性。甲基丙烯酸缩水甘油酯可以提供较好的桥键,一端连接多孔聚乙烯中空纤维,另一端偶合单宁。若采用带氨基的桥键,固化单宁反应活性较强,如对金属离子具有更强的捕获能力,其原因是氨基和单宁羟基的协同的螯合作用。如通过醛类交联将单宁固化到苎麻纤维上,在酸性条件下,苎麻纤维分子结构中活性较高的酚羟基,与甲醛发生交联反应。杨梅单宁 A 环的 6,8 位为亲核活性中心,通过酚醛缩合反应可以与醛相结合,将杨梅单宁固化到苎麻纤维上,得到改性单宁吸附材料,固化单宁中单宁分子的邻苯三酚结构及其所含棓酰基上的大量酚羟基是用以吸附金属离子的关键基团,故所得的固化单宁材料可用于吸附稀土离子。Mannich 反应是胺类化合物与醛类化合物和含有活泼氢原子的化合物进行的缩合反应,活泼氢化合物中含有的活泼氢原子被氨甲基取代。杨梅单宁 A 环上有活泼氢原子,乙二胺分子中含氨基,故乙二胺可在甲醛的存在下与苎麻纤维接枝杨梅单宁材料发生 Mannich 反应,经 Mannich 反应改性,得到带氨基桥键的苎麻纤维接枝杨梅单宁。改性后的材料引入了—NH_2 基团,可以增加对稀土离子螯合吸附的位点,可提高材料对轻稀土离子的吸附容量。

底物也会影响固化单宁的反应活性。当接在柔性底物,如纤维素、壳质素上时,所得的固化物也是一类柔性的可压缩的材料。当采用刚性的合成树脂作为底物时,得到的产物往往具有优良的机械性能。

2) 氢键或疏水键接枝固化单宁

单宁具有酚羟基、苯环等独特的分子结构,可以与蛋白质、聚乙烯吡烷酮、纤维素等高分子材料发生有效的非共价键结合。如柿子单宁(缩合类)可以以疏水键和氢键与牛血清蛋白结合,可将牛血清蛋白作为桥键连接单宁与底物(如聚苯乙烯膜)制备固化单宁,将这种固化单宁用于碱性磷酸酯酶的固定,可以增大固化酶的活性。采用氢键或疏水键固化单宁,可以很容易地除去单宁,这种材料多用于生化领域。

10.5　植物单宁的应用

单宁可以用作金属配合剂、气体脱硫剂、防垢除垢剂、选矿抑制剂、泥浆减黏剂、电池电极添加剂、木材胶黏剂、制革鞣剂等,在日用化工、木材加工、食品、石油开采、医药、制革、水处理、涂料、采矿等领域有较广泛的应用。

10.5.1　单宁制备功能材料

最早利用单宁的是利用植物单宁能与蛋白质纤维发生结合和交联的性质,将其作为制革生产的鞣剂用于制革工业,单宁是制革工业的重要原料。含单宁(6%以上)植物的水提取液经浓缩所得的固体(粗单宁)称为“栲胶”,主要用作制革鞣剂、木工胶黏剂、石油钻井液稀释剂等。如塔拉单宁可以用于鞣制轻革,成革颜色好,富有弹性,摩洛哥产的塔拉单宁与硫黄鞣制绵羊皮,效果良好。植物单宁具有对金属离子和蛋白质的吸附性能,使其在功能高分子材料方面有众多用途。植物单宁应用于农业、医药、食品、材料、化工等领域。

植物单宁含有大量的酚羟基,使其具有一定的亲水性,在水中以胶体形式存在,这会在一定程度限制其在很多领域的应用,对植物单宁进行疏水改性可以解决这一问题,如把植物单宁与不溶于水的高分子材料结合在一起,不仅解决了其亲水性的问题,还可充分发挥高分子材料的优势。植物单宁可以通过酚醛反应、固化单宁等方式与高分子材料的结合。酚醛反应是通过醛类物质使单宁自身聚合成不溶于水的聚合物树脂,可以应用于离子交换及作为吸附材料。固化单宁是把单宁固化到聚合物底物上,固化单宁具有与金属离子配合、抗微生物、清除自由基、抗病毒、抗氧化性等植物单宁的性质,还具有材料自身的性能,可以大大拓宽单宁的使用范围。如将单宁固化到聚氨酯材料上,可以提高材料的热性能、机械性能、组分相容性、交联密度等,如单宁固化到淀粉聚氨酯互穿网络中,可以提高材料的杨氏模量及拉伸强度。固化单宁还可用于贵重金属的回收、酶固定床、氧化还原树脂、水处理剂、气体脱硫剂等。

10.5.2　在水处理领域的应用

水处理的目的是去除水中影响水质的杂质,水处理与水和溶质的分离纯化、金属的防腐清洗、胶体的分散凝聚、微生物的培养和控制等过程密切相关,水处理剂包括絮凝剂、缓蚀剂、阻垢剂、吸附剂、除氧剂等。单宁具有除垢、防垢、分散、除氧、缓蚀、抑菌等多重功效,可作为絮凝剂,如单宁阴离子絮凝剂、阳离子絮凝剂和两性絮凝剂等,适用于各种类型的水质处理。单宁-甲醛阳离子交换树脂、单宁-苯酚-甲醛离子交换树脂和单宁吸附树脂等,还可以配合废水中的有毒金属离子,对水起到净化作用。

1. 单宁絮凝剂

单宁广泛用于饮用水、废水和工业废水处理,其本身能够生物降解,不会对环境造成二次污染,可减轻污水后续处理的压力。因本身是天然大分子物质,其水溶液有半胶体溶液的性质,蛋白质、多糖、非离子表面活性剂、金属离子(特别是重金属盐)等易与单宁结合产生沉淀,这样单宁容易从水中絮凝沉淀下来。但天然植物单宁电荷密度较小,性质多活泼,很易发生缩合或者降解失去活性,将含氮基团、磺酸基等带电荷的基团引入单宁中,单宁稳定性得到改善,可以提高单宁的絮凝性能。目前单宁改性主要有三个方面:阳离子化、阴离子化、两性化。单宁类化合物的阳离子产品作为絮凝剂自 20 世纪 80 年代起用于水处理,胶体和悬浮物颗粒通常都是带负电荷的,单宁的阳离子通过与水中微粒的负电荷中和及吸附架桥作用来使微粒絮凝,适用于处理有机物质含量较高的废水。单宁含有酚羟基、羧基等活性基团,能与带正电荷粒子如金属离子悬浮颗粒配合形成稳定螯合物,产生沉淀,因此可用来去除废水中的有毒重金属离子。两性单宁既带有阴离子基团,又带有阳离子基团,其阳离子可以捕捉水中的有机悬浮杂质,阴离子可以促进无机悬浮物的沉降,在处理许多其他絮凝剂难以处理的水质时有很好的应用效果。

单宁氨基化阳离子改性作为絮凝剂处理含氟量为 25 mg/L 的废水,沉降速度达到 6.5 cm/min,处理后废水中氟的浓度小于 1 mg/L,除氟效果明显。单宁用甲醛、二甲胺和氯化苄进行阳离子改性,制备多功能絮凝剂,对采油污水处理絮凝效果好,还具有阻垢和缓蚀能力、能提高杀菌效果。具有阳离子特性的邻苯二酚单宁(黑荆树树皮的水性提取物)制备植物型絮凝剂,在较宽的 pH 值范围内具有活性,用于处理饮用水、工业用水、锅炉、冷却塔用水、一般的生活和工业污水。落叶松栲胶用甲醛、二甲胺进行阳离子化改性,与聚合氯化铝(PAC)复合反应,得到阳离子单宁-聚铝复合絮凝剂,处理高有机物含量废水(糖厂废糖蜜废水)时有较好的絮凝效果。植物单宁与二甲胺、甲醛及环氧氯丙烷进行季铵化反应制备季铵盐型絮凝剂,处理活性污泥水均比无机絮凝剂好。在水处理中,单宁还可用于净化含蛋白质和表面活性剂废水,使之生成絮凝物沉淀再除去,以降低 COD,避免水中蛋白质类有机物发出恶臭。单宁单独使用不能起到有效的絮凝作用,而与无机絮凝剂如铝盐等复配会收到良好的效果。硫酸铝与单宁联合使用,对浊度的去除率均比单独使用硫酸铝有了很大提高。单宁与仲胺、甲醛进行Mannich 反应将氨甲基引入 A 环,制成的胺化单宁是一种两性化合物。价廉无毒的絮凝丹即是两性絮凝剂,絮凝丹用于城市饮用水的净化和其他污水处理,可以提高絮凝物的沉降过滤速率。

2. 单宁作为其他水处理剂

1) 离子交换树脂

单宁含有各种活性官能团(酚羟基、羧基等),可以作为多基配位体与离子配合,形成环状的螯合物。利用植物单宁的特性,可制备功能型高分子树脂,植物单宁的特殊化学结构决定了其具有可对 Pb、Fe、Cu、Cr 等金属离子进行交换、配合等反应的化学性质(如单宁中大量儿茶素亚基形成单宁-金属配合物,单宁树脂对铜类元素及稀有元素表现出很好的吸附性能),可在不同的 pH 值下产生沉淀,因此单宁-甲醛阳离子交换树脂、单宁-苯酚-甲醛离子交换树脂和单宁吸附树脂等单宁树脂可用来处理含重金属离子废水。还可将单宁接枝在某些高分子底物上得到固化单宁,用固化柿子(杨梅、落叶松)单宁处理含重金属的工业废水回收金、铀、钍等,固化柿子单宁具有良好的吸附金、铀、钍的能力,可以应用于批次或柱式反应器中吸附金属离子。

2) 缓蚀剂

植物单宁作为天然有机高分子缓蚀剂,具有来源方便、价格低廉、绿色环保的特点。单宁酸可水解成为 3,4,5-三羟基苯甲酸,具有大羟基,经配位键配合在金属表面而形成保护膜,故可用于锌、铜、铁及其合金的钝化处理上,提高金属的钝化质量。用阿拉伯胶、放射松提取单宁处理钢材的表面,可以形成均匀蓝色的耐腐蚀性膜,减少钢材氧化,改善刚才附着涂料的能力,延长钢材使用期限。将单宁进行改性或将它与其他聚合物复配使用,如对单宁进行氨甲基化、季铵盐化和磺化改性,改性后的单宁在很大程度上提高了其缓蚀、阻垢和杀菌等性能。单宁进行吡啶季铵化改性,将其与乌洛托品和丙炔醇复配,对多种金属都有较好的缓蚀作用,并且在汽车水箱清洗中得到了成功应用。

3) 阻垢剂

单宁是一种优良的绿色阻垢剂,具有低毒、易生物降解、原料来源广、易制取、处理温和、使用便捷、价格低的特性,可以在冷却水系统、蒸汽锅炉、汽车水箱、内燃机水箱等体系中发挥预清洗、抗冻、防垢和除垢的作用。

10.5.3　单宁在医药中的应用

传统中医认为富含单宁草药具有"清热解毒、逐瘀通经、收敛止血、利尿通淋"等功效。来源不同的单宁,成分不同,医疗功效也不同,甜茶由于含有鞣花单宁聚合物而具有抗过敏作用,绿茶和食用果蔬由于含有单宁成分,可有效降低癌症和肿瘤发病率,详见表 10-3。众多的单宁改性产品或水解产物是药物合成的理想中间体,如三甲氧基苯甲醛可以通过桔酸(桔单宁水解产物)进行制备。

表 10-3　单宁的医疗功效

单 宁 种 类	功　　效
茶单宁	对胃溃疡、胃炎有疗效
睡莲单宁	对眼部感染、白带、喉炎有疗效
柿子单宁	对葡萄球菌、白喉菌、伤风杆菌、细菌毒素、蛇毒有抑制效果
贯众单宁	对感冒病毒有抑制效果
二聚鞣花单宁	对抑制艾滋病有一定疗效
桑椹、肉桂、杜仲等提取单宁	有保护肝、肾的作用
葡萄籽单宁	可显著降低高胆固醇饮食大鼠的血清 LDL。具有减轻氧化性应激,抑制动脉硬化、胃溃疡、白内障,抑制运动氧化应激产生的活性氧效果
槟榔单宁	可降低血压
柿子单宁、大黄单宁	可减小导致脑出血、脑梗死的可能性
鞣花酸单宁	具有抑制由二醇环氧化物引起的诱变及其致癌作用

10.5.4　单宁在食品中的应用

从植物中提取的纯化单宁,作为一种天然的食品添加剂,除了可以调节食品的风味外,还可以起到高效、无毒、具有保健性的抗氧化和防腐蚀作用。单宁活跃的化学特性使其影响植物源食品(如茶、葡萄酒、啤酒、果汁、咖啡等)的色泽、风味。低相对分子质量的茶多酚和没食子酸作为天然抗氧化剂用于食品保存,乌龙茶提取物(含 30% 单宁)作为糖果中的防龋齿原料,苹果酚具有消除活性氧、抗菌、防龋齿、抑制血压上升、降低胆固醇等作用,甜茶单宁(鞣花单宁为活性成分)对花粉病等过敏症有抑制作用而被用于饮料、糖果、保健品添加剂。

10.5.5　单宁在日用化学品中的应用

植物单宁具有天然、高效、无毒、保健、作用温和等优点,广泛用于化妆品、染发剂、脱臭剂、牙膏等日化品。单宁的抗氧化、抗衰老、抗紫外线(单宁对紫外光吸收能力强、吸收范围宽)、增白及保湿等性能被用于天然化妆品,对防止皮肤老化有独到的功效。植物单宁与蛋白质以疏水键和氢键等复合,在日化品中称之为收敛性,含单宁的化妆品因此对皮肤也有很好的附着力,并可收缩较大的毛孔、收敛松弛的皮肤,使皮肤细腻。单宁的抗氧化清除自由基、吸收紫外光、酶抑制能力,使其能抑制酪氨酸酶和过氧化氢酶的活性,也能使黑色素还原脱色,还能有效清除活性氧,起到维持皮肤弹性、美白、防皱的作用。

植物单宁可以与金属离子生成深色的配合物,且对头发角朊蛋白具有附着性,使得单宁成为理想的制备染发剂材料,如采用单宁酸和二胺衍生物制备的自氧化型染发剂,使用安全。单宁酸对硫化氢、氨等有异味的气体有脱除作用,将茶多酚添加到花露水、香水中,具有抗过敏、消炎、抗菌除臭等功能。植物单宁具抑菌、抑制胶原酶的特性,可以洁齿、除口臭、消炎、防治牙周炎、抑制龋齿。

10.5.6　单宁基胶黏剂

木材工业早期使用的胶黏剂都是以天然高分子物质为原料。现在随着石化产品价格的不断攀升和人们环保意识的加强,天然胶黏剂(如单宁胶黏剂、大豆蛋白胶黏剂和木质素胶黏剂等)的开发和利用再一次引起人们的关注。目前真正用于生产胶黏剂的工业单宁的品种很少且主要以缩合单宁为主,主要来源于一些富含单宁的树种加工的树皮下脚料,如黑荆树单宁、坚木单宁和落叶松单宁。

单宁中缩合单宁产量占单宁总产量的90%,缩合单宁在自然界分布较广,特别是合金欢、白破斧木、铁杉、漆树和松树等树种的树皮或木材中大量存在,这些树种均可制取工业单宁。工业单宁不但可以直接用作单宁基胶黏剂,而且可以替代部分的苯酚用于酚醛树脂的生产和作为填料或添加剂对酚醛、脲醛树脂进行改性。单宁胶黏剂是以单宁与固化剂(如醛类物质甲醛、乙二醛,三羟甲基硝基甲烷,六次甲基四胺等)反应得到胶黏剂,该反应活性高,固化速度快,单宁胶黏剂主要用于木材的胶接,单宁可以部分或全部取代酚醛树脂胶黏剂中的酚类物质。

参 考 文 献

[1] 范小曼.白花败酱单宁的提取、分离及活性研究[D].杭州:浙江大学,2014.

[2] 钱彩虹.菜籽壳中单宁的提取分离、构成及性质的研究[D].武汉:华中农业大学,2004.

[3] 汪丽.改性植物单宁絮凝去除铜绿微囊藻的研究[D].北京:北京林业大学,2013.

[4] 吴陈亮.落叶松单宁两性水处理剂的研制[D].哈尔滨:东北林业大学,2004.

[5] 兰平.葡萄渣凝缩单宁的提取及单宁基粘剂研制[D].南京:南京林业大学,2013.

[6] 陈荟芸.肉桂单宁提取分离纯化及抗氧化活性研究[D].南宁:广西大学,2014.

[7] 郭珊珊.石榴中类单宁的分离纯化、结构及活性研究[D].武汉:华中农业大学,2007.

[8] 马志红,陆忠兵,石碧.单宁酸的化学性质及应用[J].天然产物研究与开发,2003,15(1):87-91.

[9] 辛玉军.植物单宁改性酚醛树脂的制备及其应用[D].广州:华南理工大学,2011.

[10] 陈艳.天然植物单宁的絮凝性能研究[D].苏州:苏州科技学院,2008.

[11] 刘建.固化单宁大孔吸附树脂的合成及吸附机理研究[D].北京:北京林业大学,2006.

[12] 狄莹,石碧.含植物单宁的功能高分子材料[J].高分子材料科学与工程,1998,14(2):20-23.

[13] 罗晔,朱晓玲,郭嘉,等.单宁酸提取与纯化技术的现状及展望[J].广州化工,2009,37(8):19-20.

[14] 王红,陈秀秀,刘军海.单宁的提取纯化技术研究进展[J].辽宁化工,2011,40(8):864-867.

[15] 黄占华,方桂珍.植物单宁的应用及研究进展[J].林产化工通讯,2005,39(5):39-44.

[16] 戈进杰,吴睿,施兴海.应用单宁与淀粉为交联剂改性聚氨酯[J].高分子学报,2003,6:809-815.

[17] 李丙菊,黄嘉玲,汪永梅,等.江西黑荆树单宁胶粘剂压制胶合板的研究[J].林产化工通讯,1994,4:16-20.

[18] 宋立江,狄莹,石碧.植物多酚研究与利用的意义及发展趋势[J].化学进展,2000,12(2):161-170.

[19] 廖学品,邓辉,陆中兵.胶原纤维固化单宁及其对 Cu^{2+} 的吸附[J].林产化学与工业,2003,23(4):11-16.

[20] 汪晓军,万小芳,黄顺炜.天然高分子改性缓蚀剂的研究[J].材料保护,2003,36(12):45-46.

[21] 吴剑平,房华,罗文静,等.阳离子单宁-聚铝复合絮凝剂处理高有机物废水的研究[J].林产化学与化工,2004,24(2):11-14.

[22] 张力平,孙长霞,李俊清,等.植物多酚的研究现状及发展前景[J].林业科学,2005,41(6):157-162.

[23] 陈树大,谢林明,蔡丽玲,等.固定化单宁的制备及其对蛋白质和铁离子吸附的性能[J].嘉兴高等专

科学校学报,1998(4):47-50.

[24] 秦小玲,刘艳红.植物单宁在水处理中的研究与应用[J].工业水处理,2006,26(3):8-11.

[25] 宋立江,狄莹,石碧.植物多酚的研究与利用的意义及发展趋势[J].化学进展,2000,12(2):161-170.

[26] 杨丹丹,陈中兴.天然水处理剂单宁的改性及性能研究[J].华东理工大学学报,2001,27(4):
     388-391.

[27] 张力平,孙长霞,江明开.落叶松单宁净化有毒金属离子的研究[J].林产工业,2004,31(2):32-34.

[28] 陈笳鸿,汪咏梅,毕良武,等.我国西部地区植物单宁资源开发利用现状及发展建议[J].林产化学与
     工业,2002,22(3):65-69.

第 11 章 糠　　醛

11.1　概　　述

　　糠醛(furfural)又称呋喃甲醛,是重要的杂环类有机化合物,外观为无色或浅黄色油状液体,与空气接触,尤其是在有酸环境存在时,会自动氧化为黄棕色,其制法是以阔叶木材、油茶壳、棉籽壳、甘蔗渣、玉米芯稻壳等农林作物为原料,将戊聚糖催化水解转化为戊糖,戊糖脱水环化成糠醛。在我国北方,一般是以富含戊聚糖的玉米芯为原料,经与稀硫酸共热、汽提、冷凝、蒸馏、真空精制而得。糠醛在精细化工领域是较为重要的一类产品,以糠醛为原料直接或间接合成的化工产品多达千余种,应用在医药、农药、日化、树脂等众多领域,是一种广泛用于石油化工、化学工业、医药、食品、合成橡胶、合成树脂等行业的重要有机化工原料和化学溶剂。

　　1832 年,德国化学家 Doebernier 在利用糖和淀粉制取甲酸时,意外发现了糠醛。随后,人们对糠醛的物理化学性质及合成方法进行了深入的研究。1922 年,美国 Quakeroats 公司以燕麦壳为原料实现了糠醛的工业化生产,收率可达 52.26%。20 世纪 40 年代,糠醛在医药、农药、合成橡胶等领域应用广泛,随着人们对糠醛改性衍生物研究开发的深入,尤其是在铸造业中应用广泛的呋喃树脂,对糠醛工业发展起到了较大的促进作用。70 年代后,能源、资源危机逐渐显现,使得利用农林废料生产糠醛,并发展其改性化工产品成为重要发展方向。

　　糠醛工业的发展在历史上经历了三次较快的发展时期。最初是 20 年代初期,美国实现了大规模的生产糠醛工业化,促进了糠醛的开发及生产。在 40 年代医药、农药、合成橡胶等方面大量应用糠醛,促使糠醛经历了第二次较快的发展。60、70 年代糠醛有了更大规模的发展,主要是糠醛的深加工产品(如糠醇、四氢呋喃、呋喃树脂等)扩展了应用范围,如应用于精密铸造方面。糠醛的生产是以取之不尽、用之不竭的可再生的农林作物为原料,大力发展糠醛产业,对于缓解石油、煤、天然气等能源日益紧张的问题,意义重大。

11.2　糠醛生产原理

　　生产糠醛的原料主要来自于戊聚糖含量高的农林废料,原料中含有戊聚糖(半纤维素)、纤维素、木质素。半纤维素(戊聚糖)在酸作用下水解生成戊糖,戊糖发生脱水环化反应生成糠醛。其中第一步水解反应速度较快,且戊糖收率很高,而第二步脱水环化反应速度则较慢,同时还伴有副反应发生。反应过程:戊聚糖→戊糖→中间体→糠醛及缩合物→分解产物及树脂。

　　糠醛生产中常用的催化剂有硫酸、盐酸、磷酸、醋酸、酸式盐、氢型沸石、负载磺酸的硅土、强酸弱碱盐,Ti、Zn、Al 等金属的盐类,TiO_2、ZrO_2、ZnO、Fe_2O_3 等金属氧化物等,应用较多的有磷酸盐、过磷酸钙、重过磷酸钙以及硝酸盐和氯化铵等。催化剂的催化活性与其电离能有关,这是因为戊糖脱水环化的速率常数与催化剂电离能之间存在函数关系。

　　工业上生产糠醛的方法主要有两步法和一步法。戊聚糖的水解反应、戊糖的脱水环化反应、生成糠醛的反应均在同一个反应器内连续完成,称一步法,一步法的设备投资少、操作简单,是糠醛工业中应用广泛的一种方法。

木质纤维原料经与酸混合、蒸汽蒸煮、纯碱中和、糠醛蒸气冷凝、共沸、蒸馏、冷凝、静置、分层,得粗糠醛,再经纯碱中和、静置分层、抽真空精制而得糠醛。在一步法生产过程中,蒸煮过后会产生大量的残渣,糠醛收率低,使用大量蒸汽来提出糠醛,且存在废水、废气污染严重等问题。糠醛水溶液蒸馏,冷凝过程中还会产生大量的废液,原料的利用率低。

在提高原料的综合利用和环境保护的发展趋势下,为了使植物纤维原料中的半纤维素和纤维素得到充分利用,出现了两步法糠醛生产工艺。第一步通过使用有机溶剂乙醇来脱除半纤维素和木质素,形成黑液,黑液经过滤后,得到戊糖溶液和残渣木质素,第一步水解反应速率很快,且戊糖收率很高。第二步戊糖溶液在较高温度条件下脱水环化生成糠醛,第二步脱水环化速率较慢,同时有副反应发生(如:在高温和酸性条件下糠醛易聚合生成低聚产物;在碱性条件下糠醛易发生羟醛缩合等副反应;高温下糠醛还易发生分解反应)。在第二步中,可通过加入对硝基甲苯、甲基异丁基酮、1,1,2-三氯乙烷、醋酸丁酯等溶剂作为糠醛的萃取剂,取代一步法的水蒸气汽提。两步法糠醛生产工艺较为复杂,这两步反应在两个不同的反应器中完成,设备投资较高,但是糠醛收率能达到 70% 以上,两步法工艺使糠醛得率比传统工艺提高了约 15%,蒸汽消耗量节约了约 30%,电耗节约了约 15%,可以显著提高经济效益。

以醋酸作催化剂,可较大程度地水解半纤维素,而弱化对纤维素的水解。水解后的残渣纤维素制葡萄糖的收率达到 90%,最后得到的葡萄糖溶液经发酵可转化为乙醇,滤渣用于水解生产乙醇,每生产 1 L 糠醛能获得 2 L 乙醇,糠醛渣是生产燃料乙醇的最廉价的可持续的生物质资源。提取糠醛后的残渣可用于制浆造纸,所抄纸张基本符合国家颁布的技术指标。糠醛渣采用改良硫酸法或无机盐法,可用作复合肥料。糠醛渣还可用于制备活性炭等产品。第二步脱水过程的戊糖浓度和酸浓度是影响糠醛得率的主要因素,使用 TiO_2 作催化剂后,使糠醛产率提高到 14.5%,适当使用固体助催化剂会使糠醛得率增加。用加压使原料水解,可缩短反应周期,降低副产物的形成,提高了木糖和葡萄糖纯度,有利于后续木糖脱水环化生产糠醛或者葡萄糖发酵生产乙醇。

在处理糠醛废水中有两个重点内容,其一是将废水循环利用,达到消除或减少排放的目的,其二是将废水中的油脂、醋酸钠、醋酸等组分回收利用。如回收醋酸,采用乙酸乙酯对废水进行精馏及萃取,回收率(90% 以上)及纯度(工业一级,99%)均较高。

糠醛的废水常采用 PACT(powdered activated carbon treatment)工艺、膜蒸馏、相转移等废水处理方法进行处理。如糠醛的废水采用相转移法处理时,首先将废水进行冷却及过滤等处理,然后通过相转移柱发生高效分离,中和得到的醋酸后进行浓缩、活性炭脱色、离心结晶,得到醋酸钠晶体,经相转移法处理后,97% 的废水能被净化成可用于锅炉给水的洁净水,糠醛和醋酸均可以回收。

在糠醛的生产过程中,为了抑制副反应提高收率,通常采用汽提、溶剂萃取、超临界 CO_2 萃取等操作将生成的糠醛及时从体系中分离出来。

11.3　产品应用

糠醛分子结构中存在着羰基、双烯、环醚等官能团,它兼具醛、醚、双烯和芳香烃等化合物的性质,可以发生氢化、氧化、氯化、硝化和缩化等化学单元反应,可以制备大量衍生产品,因而在工业生产中应用相当广泛,其下游产品覆盖农药、医药染料、涂料、树脂等行业。

11.3.1 糠醛的主要衍生物

糠醛可以采用氧化、氢化、脱羰、缩合等化学反应进行深加工,是研究开拓糠醛应用领域的有效途径。

1. 糠醛的氧化产品

1) 糠酸

糠醛在中性或碱性介质中,用次氯酸钠、高锰酸钾、空气等氧化,经无机酸酸化而得糠酸,又称呋喃酸、2-呋喃甲酸。它主要用作有机合成原料,如合成四氢呋喃、糠酸酯、糠酰胺等,在塑料工业、食品工业上可作为热固性树脂、增塑剂、防腐剂等,还可用于香料和医药的合成等。

2) 糠氯酸

原料采用氯气和糠醛或直接氯化的糠醛,在盐酸催化条件下,经氯气氯化可以制得糠氯酸(又称黏氯酸)。在化工、轻工、医药等领域,糠氯酸的应用逐渐扩大。它用作有机合成中间体,主要用于合成磺胺嘧啶类等药物及杀菌剂、除草剂,以及新农药杀螨灵、速螨酮、克草净等。

3) 反丁烯二酸

反丁烯二酸又称富马酸,在 V_2O_5 催化下将糠醛经 $KClO_3$ 或 $NaClO_3$ 氧化而得。富马酸主要用于生产耐化学腐蚀性能好的不饱和聚酯树脂。富马酸还是医药和光学漂白剂等精细化工产品的中间体,在医药工业中用于解毒药物二巯基丁二酸钠的生产,还可以作为食品酸味添加剂,用于清凉饮料、水果糖、果子冻、冰淇淋,以及合成树脂媒染剂的中间体等。此外,富马酸衍生物也有广泛的用途,如富马酸甲酯可用作食品防腐、防霉、保鲜剂;富马酸亚铁是含铁量较高的抗贫血药物,可用于缺铁性贫血。富马酸苄酯是室内喷雾除臭剂,富马酸乙酯、富马酰氯、富马二腈等都是重要的有机合成中间体。

4) 顺酐

顺酐具有共轭双键结构,是糠醛以 V_2O_5 为催化剂,在沸腾床中气相氧化生成。顺酐化学性质活泼,在工业上广泛用于农药、不饱和树脂、水溶性漆、医药等的制备,是重要的基本有机化工原料之一。

2. 糠醛的氢化产品

1) 糠醇

糠醇又名呋喃甲醇,可采用糠醛与氢在铜、铬催化剂作用下制备,糠醇是无色、有特殊气味、易流动的液体。全世界有 50% 糠醛用于生产糠醇,是糠醛最主要的下游产品之一。糠醇具有羟甲基的特性,可发生聚合、羟甲基化、烷氧基化等多种化学反应。糠醇可以制造呋喃树脂,在机械工业的铸造工艺中作砂芯黏结剂。糠醇除用作化工原料、选择性溶剂、清漆及颜料的溶剂、浮选剂和火箭燃料外,可以用来生产四氢糠醇,合成纤维、橡胶、农药等。糠醇经重排、水解可制取乙酰丙酸,乙酰丙酸既有羧酸的性质,又有酮的性质,应用于树脂、医药、香料、溶剂、涂料和油墨,以及橡胶和塑料的助剂、润滑油添加剂、表面活性剂等各种化工产品。

2) 四氢糠醇

糠醛在镍、铬、铜系催化剂存在下气相加氢,制得四氢糠醇(又叫四氢呋喃甲醇)。四氢糠醇无色,对光、热稳定性好,沸点高、难挥发。四氢糠醇可用于丁二酸、戊二酸、二氢呋喃、赖氨酸、吡喃和吡啶等的合成,也可以作为耐寒增塑剂、溶剂、脱色剂、脱臭剂、食用香料原料等。

3) 2-甲基呋喃

2-甲基呋喃是由糠醛在 Cu-Cr-Al 催化剂作用下升温加压而得。2-甲基呋喃是重要的有机中间体,可作为戊二醇、乙酰丙醇、戊二烯以及酮类和甲基四氢呋喃的生产原料,也是生产2-甲基-5-烷巯基呋喃、2-甲基-3-呋喃硫醇、2-甲基-5-酰基呋喃、磷酸伯胺喹(抗痢疾药)、磷酸氯喹(抗痢疾药)、维生素 B₁ 等的重要母体或原料。2-甲基呋喃在镍催化剂存在下气相加氢而得2-甲基四氢呋喃。它主要用作树脂、天然橡胶、引发剂、溶剂等。

4) 糠胺

糠醛在甲醇溶剂中经氢化、氨化制得糠胺。糠胺主要用于有机合成和医药,也用作抗腐蚀剂。

3．脱羧基反应

糠酸脱羧可以制得呋喃,糠醛经过真空精馏、脱羧基等也可以制得呋喃。呋喃可用于制备四氢呋喃、药物(如呋喃丙胺、呋喃西林、喃喃坦丁、痢特灵、噻吩、吡咯、四氢噻吩、四氢呋喃、四氢吡咯等)、除草剂、稳定剂和洗涤剂等。

呋喃由镍催化加氢制得四氢呋喃,1,4-丁二醇催化脱水、环化也可以制得四氢呋喃。四氢呋喃熔点低,又有优良的溶解性,是有机合成常用的溶剂,还可以发生自聚及共聚反应,制取聚醚型聚氨酯弹性体。四氢呋喃也是己二腈、己二酸、己二胺的合成原料。

4．缩合反应

糠醛与乙醛缩合得 2-呋喃基丙烯醛,是抗血吸虫病药物呋喃丙胺的重要中间体,也用于其他有机合成中。糠醛与丙二酸反应、呋喃丙烯醛氧化或糠醛与醋酐缩合皆可制备 2-呋喃丙烯酸,用于制备化学品(如庚酮二酸、庚二酸、乙烯呋喃及其酯类)及药物的中间体(如呋喃丙胺、呋呋胺等治疗血吸虫病的药物)。将糠醛与亚硫酸氢钠反应,得到呋喃基羟基甲磺酸钠,然后在乙醇中与邻苯二胺反应,制备麦穗宁。麦穗宁可用于杀菌剂、防霉剂、驱虫剂等,也可用于防治小麦黑穗病、大麦条纹病、白雾病、瓜类蔫萎病。糠醛与丙酮缩合得糠叉丙酮,糠叉丙酮单体可用于制造耐化学腐蚀的塑料混凝土、乙丙橡胶促进剂、玻璃钢的黏合剂和防腐涂料(糠醛丙酮甲醛树脂)等。

5．其他反应方法制取糠醛衍生物

糠醛经硝化、酰化、水解制得 5-硝基糠醛,再与盐酸氨基脲缩合制备呋喃西林,它是硝基呋喃类抗菌药物。5-硝基糠醛二乙酸酯由糠醛经硝化、酯化制备,它是合成药物的中间体,主要用于呋喃西林等的生产。

糠醛氢化得糠醇,糠醇氯化加热分解为焦袂糠酸,然后与甲醛、乙醛反应,还原得到麦芽酚和乙基麦芽酚。由糠醛为起始原料与格氏试剂反应,制得糠基丙醇,再用氯气氯化,然后水解得乙基麦芽酚。麦芽酚和乙基麦芽酚都是吡喃酮的衍生物,是优良的增香剂和食品添加剂,广泛用于食品、医药、香烟、牙膏、化妆品、感光材料等方面。其特点是用量少、效果明显,在各类食品中加入极少的用乙基麦芽酚配制的护肤霜,可抑制黑色素的生长。在饲料中加入微量乙基麦芽酚,有促进仔猪生长的作用。乙基麦芽酚还在感光材料中具有涂布均匀、防止斑点和条纹的作用。

11.3.2　在香料合成中的应用

以糠醛为起始原料直接或间接合成的香料产品达数百种,它们作为香味修饰剂和增香剂,广泛应用于食品、饮料、化妆品等行业。如糠醛衍生物乙基麦芽酚使香味增浓,且香味持久,香感好。到目前为止,世界各国已合成呋喃类香料 100 余种,获得 FEMA、COE 和 IOFI 批准使用的有近百种,以糠醇和相应酸酐为原料,制备酯类化合物的香气特征情况见表 11-1。

表 11-1　糠酸和糠醇酯类化合物的香气特征

名　　称	香　　味	名　　称	香　　味
糠酸甲酯	酸甜水果味	糠酸乙酯	烧烤味
糠酸丙酯	烧烤味	糠酸丁酯	花香
糠酸仲丁酯	绿天竺葵味	糠酸异戊酯	巧克力味
糠酸己酯	清新草香	乙酸糠酯	水果味
丙酸糠酯	梨味	戊酸糠酯	水果味
异丁酸糠酯	水果味	异戊酸糠酯	水果味
辛酸糠酯	草香、果香	丁烯酸糠酯	蛋卷香味

11.3.3　医药合成

糠醛可以制备杀螨剂、杀虫剂、灭菌剂、速螨酮、富马酸二甲酯、呋喃双胺、磺胺嘧啶、呋喃嘧酮、富马酸二苄酯、5-(对硝基苯)-2-糠醛、糠胺、富马酸亚铁、2-呋喃丙烯醛、呋喃唑酮等具有杀螨、杀虫、杀菌、防霉、防腐、除臭、抗血吸虫、抗血丝虫、抗细菌感染、治疗缺铁性贫血等功能的农药和医药。

11.3.4　合成树脂

以具有呋喃环的糠醇和糠醛作原料,本身进行均聚或与其他单体(尿醛、酚醛、酮醛等)进行共缩聚而得到的缩聚产物称为呋喃树脂。传统呋喃树脂的合成一般首先是脲醛合成或酚醛的合成反应,然后合成脲酚醛树脂,最后是共缩聚制备糠醇脲醛、糠醇酚醛、糠醇脲酚醛的反应。用糠醛作原料,可以制备具有优良电绝缘性、机械强度、耐腐蚀(溶剂、强碱、强酸)及耐高温等功能的树脂。呋喃树脂为棕红色、琥珀色液体,微溶于水,易溶于酯、酮等有机溶剂,在强酸作用下固化为不溶、不熔的固形物,作为砂(型)芯黏结剂应用于铸造业。呋喃树脂种类有糠酮/甲醛树脂、糠酮树脂、糠醛树脂、糠醇树脂等。

糠醇树脂是呋喃树脂系列产品中的一种。糠醇分子中的羟甲基可以与另一个分子中的 α-氢原子缩合,形成次甲基键,缩合形成的产物中仍留有羟甲基,可以继续进行缩聚反应,最终形成线型缩聚产物糠醇树脂。糠醇树脂可以由甲醛与糠醇发生缩聚反应制备,还可以加入改性剂尿素(调节含氮量),产品具有极强的耐化学腐蚀能力,以及优良的耐热、耐水性能。糠醇树脂可作为涂料、黏结剂(砂芯黏结剂及黏结陶瓷、金属、橡胶、木材等)等,具有吸湿性好、高温强度高、固化速度快、热膨胀性适中、分解温度高等特点,改性产品可以满足铸铁、铸钢和其他有色金属铸造工艺的要求。

具有热固性的糠醛树脂可以在加热、酸碱催化的条件下由糠醛衍生物或糠醛通过缩聚来制备,产品耐酸碱腐蚀、耐辐射、耐高温。如糠醛和苯酚可以生成苯酚糠醛树脂,材料可以用来浸渍砂轮和制动衬带。耐高温的玻璃钢及玻璃纤维增强塑料等可以由糠醛树脂热压固化来制备,在无线电器材、绝缘材料、化工防腐材料、耐高温材料、航空材料等方面有着广泛的用途。糠酮树脂由糠醛与丙酮缩聚而成,在酸的作用下能固化为不熔体型结构,能耐酸碱、溶剂、腐蚀,耐高温,电绝缘性良好。

糠醇可与酚醛缩聚生成糠醇酚醛热固树脂,缩聚反应一般用氢氧化钠、碳酸钾、其他碱土金属的氢氧化物等碱性催化剂。用糠醛苯酚树脂制备的压塑粉适于压制形状比较复杂或较大的制品。模压制品有较好的耐热性、尺寸稳定性以及电性能。呋喃树脂主要有呋喃树脂玻璃钢、呋喃树脂胶泥、呋喃树脂石制品等。呋喃树脂玻璃钢是由防腐蚀纤维材料、呋喃树脂玻璃钢粉、呋喃树脂按照一定的工艺固化而成,主要用于制作整体玻璃钢槽罐、地沟、设备基础的块材面层和整体面层的隔离层等。如具有良好耐芳烃溶剂腐蚀性能的储罐内衬可使用呋喃树脂,结构层使用不饱和聚酯树脂的大型呋喃/聚酯玻璃钢制备,扩大了玻璃钢储罐的应用领域。将呋喃树脂和环氧树脂以一定比例混合后,制出环氧呋喃玻璃钢制品,防腐性能增强,制品的弯曲、拉伸等力学性能得到提高。复合树脂玻璃钢具有强度高、耐温、耐腐蚀、抗渗透性能强的特点,广泛用于工业建筑物、钢结构防腐及防水、防潮工程。呋喃树脂胶泥主要用途为砌筑耐腐蚀块材。呋喃树脂自硬砂具有在室温下使铸型和型芯自行硬化,可省去烘干工艺的特点。

11.3.5　有机溶剂

糠醛及其衍生物是一类特殊的有机溶剂,利用糠醛的共轭双键可合成多种有机合成溶剂,在石油加工过程中作选择溶剂,并用于从其他 C_4 烃类中萃取丁二烯、硝化纤维素的溶剂、二氯乙烷萃取剂、精制润滑油、植物油、松香等,主要用途和基本合成方法详见表 11-2。

表 11-2　以糠醛为原料的系列有机合成原料和溶剂

用　　途	名　　称
有机合成	呋喃、糠醇、四氢糠醇、糠酸、糠氯酸、富马酸、富马酸二乙酯、呋喃丙烯酸、糠偶酰、糠酰氯
溶剂	四氢糠醇、富马酸二乙酯、糠偶因

11.3.6　合成纤维

在合成纤维工业中,糠醛是合成各种尼龙和呋喃涤纶的原料。例如,糠醛催化脱羰基、加氢得四氢呋喃,四氢呋喃与一氧化碳合成己二酸,己二酸转化为己二胺,最终生产尼龙-6。

11.3.7　食品行业

糠醛及其衍生的糠酸和糠醇可以作为防腐剂应用在食品行业中,如木糠醇可以由糠醛为原料制备,产品可以直接添加到糖果、口香糖、食品中。还可以用糠醛合成重要的有机酸——苹果酸,口感接近天然果汁并具有天然香味,广泛应用于酒类、果酱、饮料、口香糖等多种食品中。

11.3.8　生物燃料

糠醛作为一种潜在的生物燃料平台得到广泛关注,糠醛可以制备种类丰富的衍生物,这些衍生物可以作为生物燃料潜在组分,如图 11-1 所示。

糠醛可制备各种燃料单体。例如,单体的不饱和的呋喃(如 MF 和 EFE)可提供优良的汽油调和性能,尤其对于汽油的辛烷值,这在混合 10%(体积分数)MF 的汽油道路试验中得到了证实。

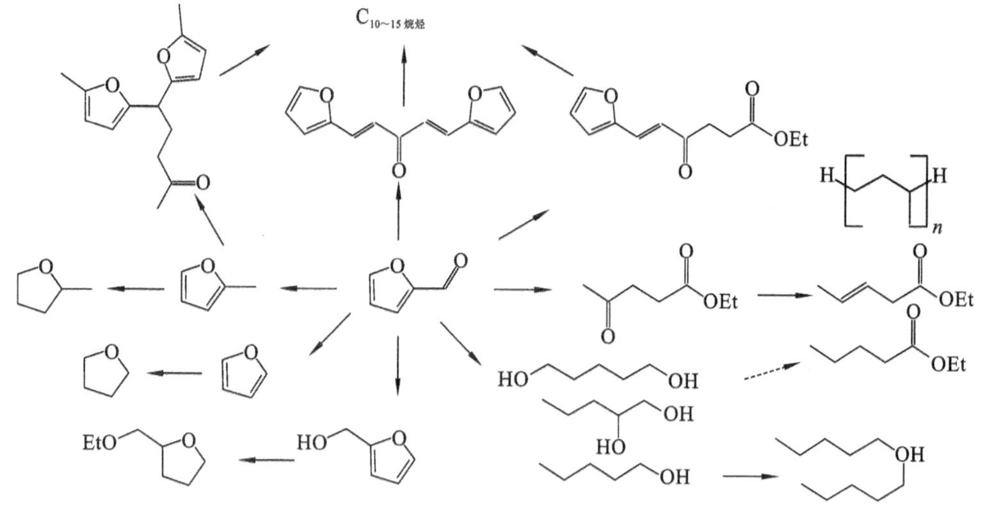

图 11-1　呋喃制备生物燃料

11.4　糠醛及糠醛聚合物的研究进展

　　糠醛可以作为系列聚合物的原材料,在当前倡导利用可再生资源、经济可持续发展的背景下受到普遍关注。糠醛(F)和 5-羟甲基糠醛(HMF)很容易由资源丰富生物 C_5 和 C_6 碳水化合物资源制备,并且可以制备多种结构不同的单体,图 11-2 至图 11-4 列出了已经被合成以及用于聚合的系列糠醛衍生物单体。这些单体适用于任何类型的聚合过程。本节重点介绍糠醇、共轭聚合物、聚酯和使用 Diels-Alder 反应(D-A)来制备热可逆大分子结构的新型应用。

　　除了制备这些单体、研究它们在聚合反应和共聚反应中的行为、评价材料的性能和可能的应用外,另一个重要方向是研究特定呋喃结构的化学特性,制备本体聚合物。这包括末端功能化大分子、嵌段和接枝共聚物以及利用呋喃的 D-A 反应二烯烃特征制备热可逆聚合物体系结构。呋喃的 D-A 反应如图 11-5 所示。

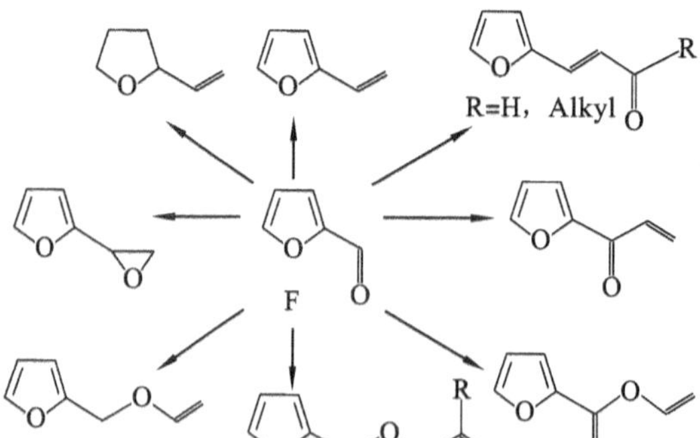

图 11-2　糠醛(F)制备的单体

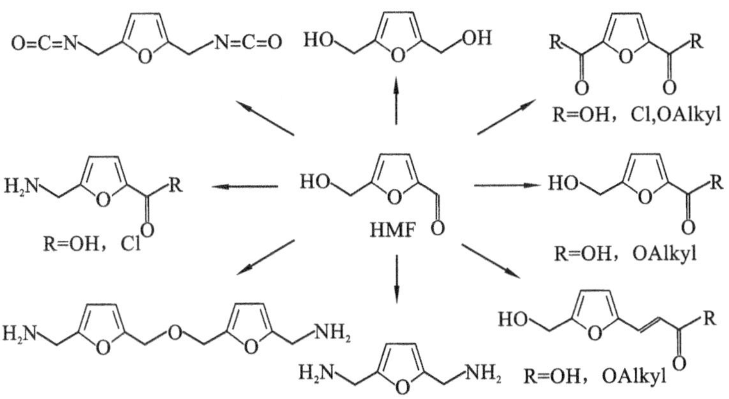

图 11-3　5-羟甲基糠醛(HMF)制备单体

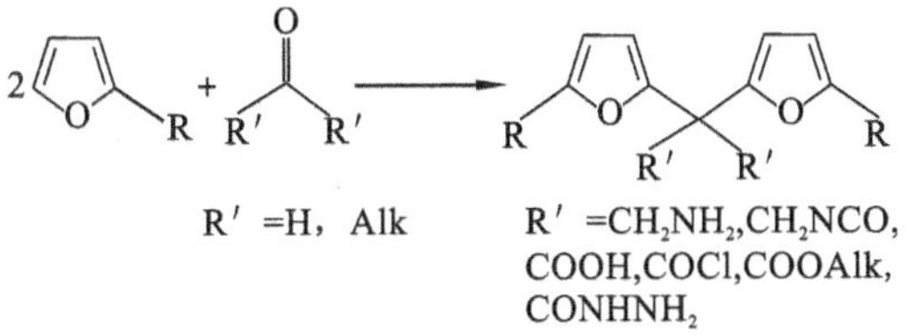

图 11-4　由 2-取代呋喃制备双呋喃单体

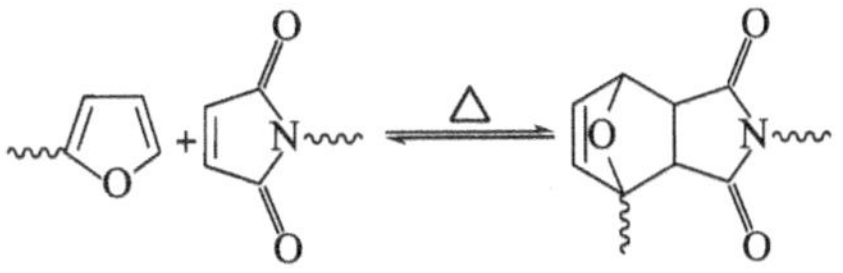

图 11-5　呋喃和马来酰亚胺端基的 D-A 反应平衡

11.4.1　糠醛和 5-羟甲基糠醛

　　传统研究主要集中在采用酸技术制备糠醛,以玉米芯、甘蔗渣制备的戊糖为原料,大约每年生产 30 万吨糠醛,最近的研究热点集中在化学利用生物质的新体系,如利用沸石、离子液体等。在常规定义不太明确的"呋喃树脂"中,糠醛作为单体或共聚单体的研究进展不是很顺利,或者说在过去十年中这个领域没有取得显著的成果。

　　同样,在研究利用可再生资源的呼声持续高涨的背景下,从单糖、多糖等生物质衍生物制备 HMF 的研究成果迅速增加。这些研究大多使用 D-果糖、菊糖和葡萄糖等作为前体,集中于研究新型催化剂、反应介质或工艺条件等。在几年时间内,这个问题已被广泛、深入地研究,相应的 HMF 已经接近商品化。但是,HMF 存在存储困难的问题,因为即使在相对温和的环境中,它还是非常容易降解,因此,将其在原位转化成稳定的衍生物似乎是最理想的解决方法。

　　事实上,结合最近的研究热点采用新的和更有效的方法制备 HMF,已经有一些成果问世,如关于其氧化制备高度稳定的分子 2,5-二醛呋喃(diformylfuran)和 2,5-呋喃二羧酸(FDA)或其相应酯的研究,这些都是非常有潜在应用价值的聚合单体。

11.4.2　糠醇及其聚合物

　　绝大多数的糠醛被转换成糠醇(FA),糠醇作为一种成熟的工业品取得了显著的新进展,用于制备用途更加广泛的各种材料(图 11-6)。

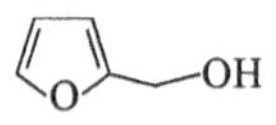

图 11-6　糠醇

FA 酸催化缩聚是一个复杂的体系,通过使用各种模型化合物进行系统研究,对于其复杂机理有了初步的认识。反应过程受两个不可避免的副反应所影响,副反应可以改变正常的线性增长的过程,产生不饱和序列,发生分子间的 D-A 反应,产生黑色的交联产物(DA)。

这种聚合的化学-流变学的分析结果进一步证实了先前提出的初步机制和相应依据,并在线性增长和分子间 D-A 结合的竞争之间,发现了一个有趣的动力学现象,提出了早期扩散控制机制。通过非常详细的 ATR-IR 研究,对这个聚合反应得出了类似的结论。通过降低反应率,可以有效识别一些中间结构,包括活性碳正离子的种类。

下面进一步讨论热处理交联聚糠醇导致的碳化过程,在近期的研究中,FA 已引起了相当大的关注,研究主要碳源和其他材料的制备和表征,以及其聚合和随后的碳化。例如介孔和微孔的碳、二氧化硅纳米复合材料、碳纳米复合材料、玻璃类碳、氧化锌-碳复合物、碳薄膜和泡沫,以及介孔晶 TiO_2。另一个聚糠醇正蓄势待发的领域是合成有机-无机杂化材料,包括纳米级的形貌和生物基的纳米材料。这些体系中存在糠基-醇盐中间体的形成,例如通过醇盐的交换,从硅氧烷接入一个或几个糠醇基团,其次是酸催化的糠醇基团聚合反应和/或水解硅氧烷的溶胶-凝胶过程。

FA 成功应用的另一个领域是木材防腐和改性。对 FA 浸渍木材和随后的酸性催化剂催化聚合进行了优化,可以显著改善木材性能,如尺寸稳定性、机械和化学性能、耐微生物腐烂和昆虫攻击性能,以及生态友好性等,这些促使了 FA 的商业化。

作为对聚糠醇新用途的开发,聚糠醇为高度多孔聚合物基体提供机械加固作用。这类材料,采用先将糠醇气相吸附到这些材料中,然后再原位聚合的方法制备。

11.4.3　共轭聚合物

呋喃、噻吩、聚吡咯等一直都被广泛深入研究,而它的同系物,2,5-取代杂环结构,无论采用了哪种合成工艺制备,对于它的序列尚未有明确的结论。可能在聚合过程中,呋喃环的二烯特征会导致不同的插入模式,因此不规则的大分子结构很难被控制。这已经阻碍了它作为一个有潜在应用价值的共轭聚合物的发展。因此,研究重点已经转移到与其他的杂环制备共聚物,如噻吩等,接入了呋喃基、苯胺和亚苯基的聚合单体,制备了其交替低聚物。

2,5-呋喃乙烯撑齐聚物是共轭呋喃大分子材料中最好的成果。鉴于其经典合成方法相当麻烦,碱催化 5-甲基糠醛缩聚为 PFV 和它的低聚物是更简单的直接制备方法,并且还带有末端醛基。

该聚合物显示良好的导电性,在常用的溶剂中具有良好的溶解度和耐大气氧化性。它可通过在反应性端基上连接聚醚链进行塑化。它的低聚物,如二聚体到五聚体,在整个可见光谱中显示光、电致发光能力。利用它的二聚体奇特的光化学行为,可以开发制备光交联的聚乙烯醇和脱乙酰壳多糖材料。5-甲基糠醛作为工业上生产糠醛产生的副产品,用于制备系列共轭大分子和具有高科技应用的材料,是一个非常有用的大分子前体。

11.4.4　聚酯

最早是在 20 世纪 70 年代,Moore 实验室对呋喃聚酯进行了开创性的研究工作。至今,有关呋喃聚酯的研究成果已经相当丰富。按大分子结构将呋喃聚酯分为两类,一类为由 FDA

（基于 HMF）制备，另一类由双-呋喃酸残基结构（基于糠醛）制备。前一种类型的聚酯在 Moore 的工作之后几乎被遗忘，直到最近 Alessandro Gandini 实验室开始这类研究。聚（2,5-亚乙基呋喃）(PEF)是最重要的商业聚酯——聚（对苯二甲酸乙二醇酯）(PET)的杂环同系物，采用传统单体缩聚法与酯交换聚合法都成功制备了 PEF，但是后一种方法具有更高的相对分子质量，并且聚合物的结晶度显著升高。这种新型聚酯体系的表征结果表明，它是一种基于可再生资源的潜在的替代 PET 产品，并且它的性能与对应的石油来源制备的产品非常相近。该研究现在已经被扩展到使用脂肪族二元醇如丙二醇，糖二醇如单硝酸异山梨糖二醇，苯环结构如 1,4-双羟基-甲基苯，双酚苄基结构如对苯二酚等制备其他聚（2,5-呋喃二甲酸）类聚合物。这种来自可再生资源的聚酯具有优异的性能和很广泛的潜在应用。最近研究热点集中于改进 HMF 生产过程，这对于这类聚酯和基于 FDA 和 2,5-呋喃羧基醛的聚合物的发展非常有促进作用。

在 20 世纪的最后二十年，对第二种呋喃聚酯进行了深入研究。基于二呋喃的二酸和全面的系列二醇（图 11-7）之间种类繁多的组合，完善了结构、性能之间的关系及材料应用领域的标准。糠醛作为二元酸的前体，对苯二甲酸乙二醇酯和二呋喃二酸单元都与乙二醇酯化，可以制备非晶呋喃芳香族无规共聚酯，呋喃聚酯是新材料的又一个有价值的研究方向（图 11-8）。

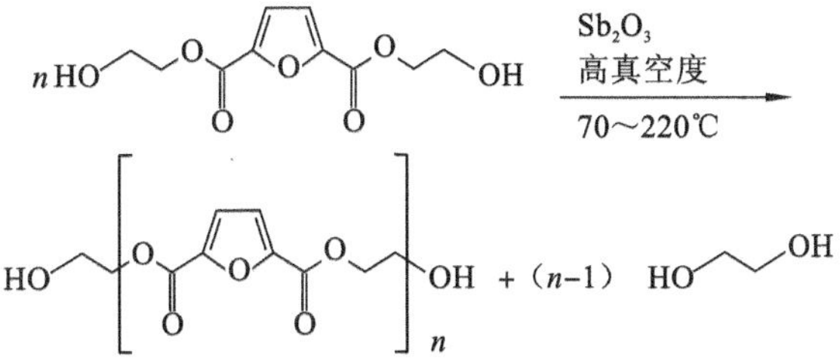

图 11-7　酯交换聚合反应机制

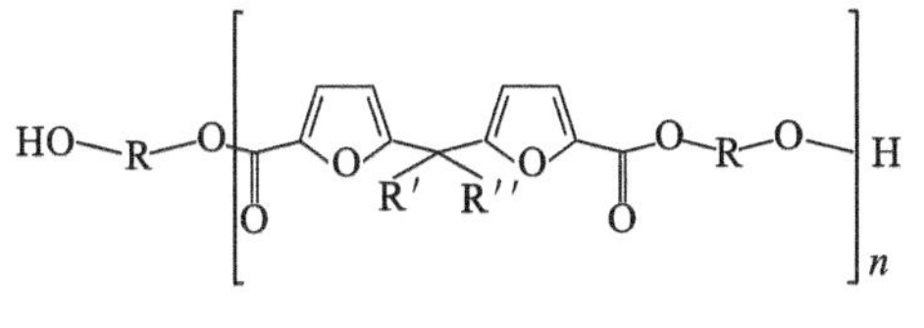

图 11-8　呋喃聚酯系列的一般结构

11.4.5　D-A 反应系统

在过去十年中，关于可逆的 D-A 反应应用在呋喃（二烯）和马来酰亚胺（亲二烯体结构）体系中制备新型大分子的研究，取得了丰富的研究成果。需要强调的是，呋喃-马来酰亚胺加成物实际上是它的苏式和赤式形式的混合物，加成物的组成随着反应参数的变化而变化。这是与采用 D-A 反应的有机合成密切相关的，因为聚合物增长与降解都不受加成物的立体化学构型影响。

根据制备方法不同，反应体系可以根据以下方法分类：①生成线型聚合物；②生成网络型聚合物；③生成树枝状或超支化聚合物。在所有情况下，最基本的动机当然是采用尽可能简洁的模式，利用构造物的热可逆性回复到起始试剂。点击化学是一种非常有用的方法，因为它具有简单可逆偶合的特点，D-A 正反应和 D-A 逆反应都不受副反应的影响。温度与图 11-5 中的平衡有关，依赖于反应向前和向后进行所需的速率，但是，通常情况下，60°~65°确保正反应速率和可忽略的 D-A 逆反应影响,然而 100°～110°下可充分恢复到加成物基本完全降解状态。

组合的光谱方法在单官能团的模型化合物的 D-A 正反应和逆反应过程中得到有效的应用,如 UV 和 NMR 光谱关联法。近期,这个方法被延伸到糠醛类聚合物的聚合-解聚系统的研究。第一个这样的研究是处理二呋喃和双马来酰亚胺单体的线性 D-A 缩聚反应,如图 11-9 所示。

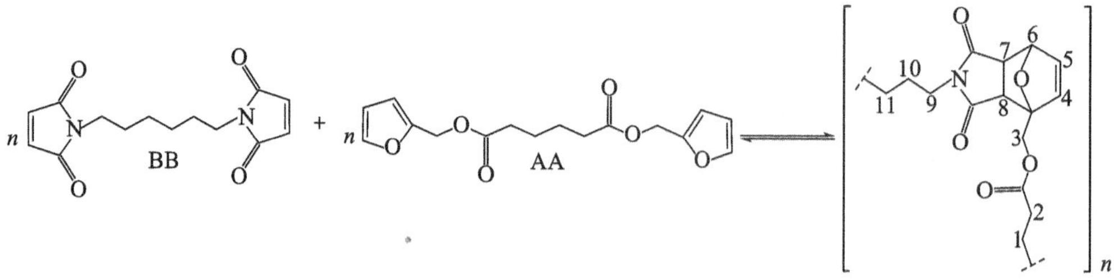

图 11-9　互补的双官能团单体之间可逆 D-A 缩聚

含有 2 个以上官能团的单体(一个或两个)非线性缩聚,如图 11-10 所示。

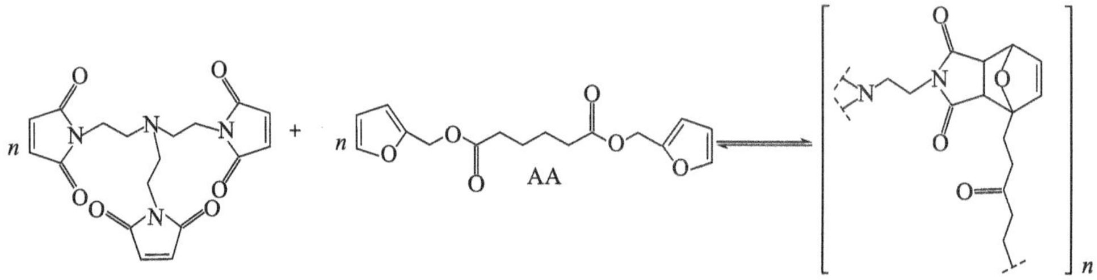

图 11-10　三马来酰亚胺和二呋喃单体的可逆 D-A 非线性缩聚

通过单体之间的摩尔比变化,可以检测非凝胶化和交联的状态。这两种类型的体系简便并且显示出良好的可回收性。

这种广泛的方法还可应用于 AB 单体,例如分子的一端连接呋喃杂环,另一端为马来酰亚胺部分。为了避免过早聚合,马来酰亚胺功能基团(甚至呋喃环)可以采用 DA 加合物的形式被保护,可以很容易通过加热化合物来脱除保护,从而便于研究它的聚合,如图 11-11 所示。

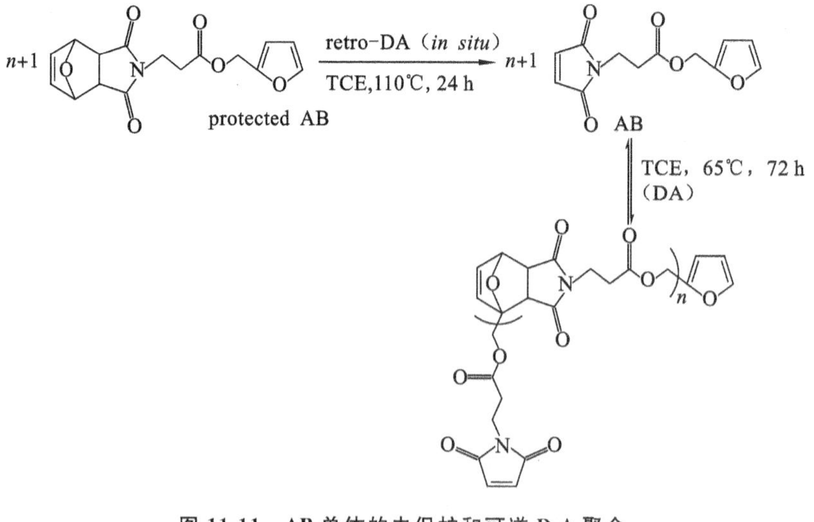

图 11-11　AB 单体的去保护和可逆 D-A 聚合

当前正在进行的研究工作还包括 AB_n 型和 A_nB 单体($n>1$)的合成和聚合,随后的超支化大分子材料的表征,以及其他大分子结构,如接支和梳形共聚物。

除了从上述总结的糠醛研究进展以外,在过去的几年中许多其他的研究者发表了关于呋喃和马来酰亚胺杂环可逆偶合制备热可逆网络的研究。尽管方法略有不同,在特定的问题上根据实际状况进行修改,但整体的思想基本上是相同的,即建立一个可以容易地可逆回到起始单体或聚合物的交联材料。

11.4.6 其他体系

近年来关于支链含有呋喃结构的聚合物研究较为少见。从 HMF 制备 5-羟甲基-2-乙烯基呋喃以及其自由基聚合的研究结果表明:这种结构不是特别适合作为合成的单体。尿素与2,5-二甲酰基呋喃的反应可以得到线型聚合物,但其有限的表征和较低的热稳定性表明对这个系统以及随后的产品还需要做进一步研究。具有良好的热稳定性的新型呋喃聚酰肼、聚噁二唑已有报道,特别是聚噁二唑的结构具有这类材料的显著特征。

11.4.7 展望

在本世纪之初呋喃的聚合物就已经获得了显著的进展。一方面,开发基于 D-A 反应或共轭结构的新颖(智能型)材料;另一方面,聚酯和从新的方向开发糠醇已经成为新的热点。事实上,许多世界各地的实验室都在积极参与 C_6 糖和/或多糖转换成羟甲基糠醛的工艺过程优化,这是开发石油资源替代型高科技材料路上一个非常关键的奠基石,因为它将为利用可再生资源制备缩聚物提供可行的方法。

有关呋喃聚合物降解性的研究鲜有报道,可能的原因是这类材料不像纤维素、淀粉等一样被列为"可再生"材料并且不参与自然生命循环。因此通过建立一个结构与性能的关系,实现在特定结构存在下(如果有的话)呋喃杂环聚合物可以生物降解,这是一个值得密切关注的研究方向。

参 考 文 献

[1] 王东.糠醛产业现状及其衍生物的生产与应用(一)[J].化工中间体,2003,20:16-18.

[2] 王素芬,苏东海,周凌云.废物糠醛渣的农业利用研究进展[J].河北农业科学,2009,13(11):97-99.

[3] 李凭力,肖文平,常贺英,等.糠醛生产工艺的发展[J].林产工业,2006,33(2):13-17.

[4] 殷艳飞,房桂干,施英乔,等.生物质转化制糠醛及其应用[J].生物质化学工程,2010,45(1):53-56.

[5] 李志松.糠醛生产工艺研究综述[J].广东化工,2010,3:40-41.

[6] 李美松,马文展.以糠醛为原料的精细化工产品开发与应用进展[J].湖北化工,1999,6:6-8.

[7] 尹玉磊,李爱民,毛燎原.糠醛渣综合利用技术研究进展[J].现代化工,2011,31(11):22-26.

[8] 周林成,李彦锋,门家虎,等.糠醛系功能高分子材料的研究进展[J].功能材料,2004,4(36):499-502.

[9] 江俊芳.糠醛的生产及应用[J].化学工程与装备,2009,10:137-139.

[10] 王景明.糠醛深加工初探[J].天津化工,1997,2:7-10.

[11] Alessandro Gandini. Furans as offspring of sugars and polysaccharides and progenitors of a family of remarkable polymers:a review of recent progress[J]. Polym. Chem. ,2010,1:245-251.

[12] Andreia A Rosatella,Svilen P Simeonov,Raquel F M Fradea et al. 5-Hydroxymethylfurfural(HMF) as a building block platform: biological properties, synthesis and synthetic applications[J]. Green Chem. ,2011,13:754.

[13] Jean-Paul Lange,Evert van der Heide,Jeroen van Buijtenen,et al. Furfural—a promising platform for lignocellulosic biofuels[J]. Sus. Chem. ,2012,5:150-166.

[14] Ajit Singh Mamman,Jong-Min Lee,Yeong-Cheol Kim,et al. Furfural:hemicellulose/xylosederived biochemical,biofuels[J]. Bioprod. Bioref. ,2008,2:438-454.

[15] João R M Almeida,Magnus Bertilsson,Marie F Gorwa-Grauslund,et al. Metabolic effects of furaldehydes and impacts on biotechnological processes[J]. Appl. Microbiol. Biotechnol. ,2009,82:625-638.

[16] 蒋建新,卜令习,于海龙,等.木糖型生物质炼制原理与技术[M].北京:科学出版社,2013.